普通高等教育基础课系列教材

线性代数：从理论到应用

(数据科学与统计专业适用)

高光远 编

机 械 工 业 出 版 社

本书是针对数据科学与统计专业学生编写的线性代数教材，共分为5章：线性方程组与矩阵的运算、线性方程组的解集结构与向量空间、正交与奇异值分解、行列式、特征值与特征向量. 本书兼顾理论和应用、证明和计算，强调理论与应用结合、代数与几何结合、分析推理与直观感觉结合. 学生通过对本书的学习，可以为以后专业课的学习打下扎实的线性代数基础. 同时，本书使用 Julia 软件作为计算、绘图工具，开放源代码，学生可以进行一定的计算和编程训练. 在数字时代，线性代数的工具性对于人才发展至关重要，进行“工具型”的线性代数基础教育，可以培养学生在数字时代的数学能力和问题解决能力. 此外，本书包含了丰富的思政元素，可以引导学生树立正确的世界观、人生观、价值观.

本书除适合数据科学与统计专业学生使用外，也可供数学相关专业学生阅读.

图书在版编目（CIP）数据

线性代数：从理论到应用：数据科学与统计专业适用 / 高光远编. —北京：机械工业出版社，2024.4
普通高等教育基础课系列教材
ISBN 978-7-111-75842-6

Ⅰ.①线… Ⅱ.①高… Ⅲ.①线性代数-高等学校-教材 Ⅳ.①O151.2

中国国家版本馆 CIP 数据核字（2024）第 098116 号

机械工业出版社（北京市百万庄大街 22 号 邮政编码 100037）
策划编辑：汤 嘉 责任编辑：汤 嘉
责任校对：高凯月 马荣华 景 飞 封面设计：张 静
责任印制：常天培
北京机工印刷厂有限公司印刷
2024 年 10 月第 1 版第 1 次印刷
184mm×260mm · 21.25 印张 · 474 千字
标准书号：ISBN 978-7-111-75842-6
定价：69.00 元

电话服务 网络服务
客服电话：010-88361066 机 工 官 网：www.cmpbook.com
010-88379833 机 工 官 博：weibo.com/cmp1952
010-68326294 金 书 网：www.golden-book.com
封底无防伪标均为盗版 机工教育服务网：www.cmpedu.com

前　言

2022 年 6 月，在一门精算课程期末考试中，我让学生们计算汽车保险奖惩系数的稳态分布，其中一个问题是计算 2×2 马尔可夫转移概率矩阵的特征值与特征向量. 最后，仅有极少数学生准确回答了这个问题. 这反映了当前很多大学代数教育的问题：在低年级，为了打好数学基础，学生需要学习高等代数、数学分析，而不仅只学线性代数和微积分，但是，在高年级，学生对专业课中所应用的向量空间、投影、特征值、特征向量、奇异值分解等缺乏深刻理解.

作为一名统计学院的老师，我非常了解代数在数据科学时代的重要性. 代数是数据科学、机器学习、统计学、计算机科学、工程学等学科的基础，它在这些领域中发挥着关键作用. 但是，当前大部分线性代数和高等代数教材都难以满足非数学专业的要求：大部分线性代数教材理论不够完整，缺少必要的证明，无法让学生从一定高度理解专业课中代数的应用，这会影响学生以后的深造；一些高等代数教材包含太多证明细节，虽然完整和深刻，但缺乏必要的直观解释和实际应用，学生无法把生硬的理论放入已有知识框架中，难以与其他知识产生联系.

对于非数学专业的学生，我们既需要提供一个完整的代数知识框架，也需要帮助搭建从理论到实践的桥梁. 当前，大部分代数教材由数学系老师编写，主要内容是介绍理论，忽视了代数的“工具性”. 理论和应用通常彼此促进，理论支持应用，应用需求促使理论完善，忽视哪一方面都难以发挥代数的巨大作用.

基于理论与应用同样重要的理念，我们编写了本书. 在编写过程中，我们参考了很多国内外有影响力的代数教材. 其中，北京大学丘维声老师编写的《高等代数（上）》和麻省理工学院 Strang 教授编写的 *Introduction to Linear Algebra*（*fifth edition*）给了我们很大启发. 为了保证知识结构的完整性，本书涵盖了《高等代数（上）》的所有理论知识和 *Introduction to Linear Algebra*（*fifth edition*）前 9 章理论知识. 同时，本书引入了很多应用实例，或帮助读者建立代数理论与实践的联系，或启发读者对理论进行更深入的研究.

我们相信，在数据科学时代，代数应该是丰富多彩的.

本书简介

线性代数是大学数学最主要的基础课程之一，构成了高等代数上半部分. 本书分为 5 章：第 1 章线性方程组与矩阵的运算，第 2 章线性方程组的解集结构与向量空间，第 3 章正交与奇异值分解，第 4 章行列式，第 5 章特征值与特征向量. 这 5 章将讲述线性代数中的经典理论与应用，如线性方程组解集结构、线性变换、矩阵的秩、线性无关、向量空间的基与维度、正交矩阵、向量组正交规范化、行列式计算、特征值和特征向量计算、复矩阵、矩阵的对角化、二次型、正定矩阵等；同时，讲述一些前沿的重要理论与应用，如数据科学中的奇异值分解、多维牛顿迭代法，统计学中的主成分分析、最小二乘法、马尔可夫转移概率矩阵，工程学中的微分方程组、简谐运动. 本书兼顾理论和应用、证明和计算，强调理论与应用结合、代数与几何结合、分析推理与直观感觉结合. 学生通过学习本书，能够为以后专业课打下扎实的代数基础，同时，锻炼抽象和泛化思维，培养严谨的推理能力和敏锐的数学直觉，并进行一定的计算和编程训练. 为了让读者把握线性代数的核心内容，我们对一些难度偏大、非重要的概念、定理、证明、例子等标注了星号，读者可以略过星号内容.

思政设计

在线性代数的学习中，学生能够体会并理解党的多项基本方针和政策，如坚持“原则”、解放“思想”、灵活“应用”、“实”事求“是”；了解著名数学家的生平及其经典语录，树立正确的世界观、人生观、价值观，培养爱国情怀，“让党放心、不负人民”.

本书特色

本书最大的特色是不仅提供了严谨的定义和严格的定理证明，还包含了丰富的应用案例，使用 Julia 软件进行计算. 本书搭建了从理论到应用的桥梁，让读者既深刻理解线性代数中重要的定义、定理，又感受到线性代数的重要应用价值. 具体而言，本书的特色体现在以下五方面：

1. 包含丰富的应用案例. 在第 2 章，应用多维牛顿迭代法解非线性方程组，求电荷平衡状态的位置. 在第 3 章，应用奇异值分解、低秩估计，对图像进行压缩. 在第 5 章，应用奇异值分解，对表格数据进行主成分分析；应用矩阵的幂运算，求马尔可夫链的稳态分布，介绍谷歌网页排序算法 PageRank；应用矩阵的指数运算，解微分方程组，求简谐运动的位移、速度函数.
2. 使用 Julia 软件作为计算、绘图工具，并开放源代码. 本书使用 Julia 软件进行 $\boldsymbol{LU}$ 分解、逆矩阵计算、图像压缩、函数拟合、$\boldsymbol{QR}$ 分解等. 虽然手算仍是每位学生必备的技能，但在计算机时代，从长远看来，每位学生需要了解计算机如何进行计算，并能读懂计算机的输出结果. 此外，本书大部分插图用 Julia 软件绘制.

3. 把行列式放在第 4 章. 几乎所有教材的第 1 章都介绍行列式，很多学生在没有接触线性代数核心内容之前，就迷失在复杂的公式和抽象的证明中. 本书从解线性方程组入手，首先讲述矩阵运算、向量空间、欧几里得空间，让学生更容易掌握线性代数的核心部分. 本书前三章的证明均不使用行列式，使读者对重要的定义和定理有深刻而直观的理解.
4. 帮助备考考研线性代数. 本书涵盖考研线性代数的所有知识点，包括行列式、矩阵、向量、线性方程组、特征值与特征向量、二次型等. 本书从理论和应用都比考研线性代数更广更深，且知识结构比其他大部分线性代数教材、考研辅导资料更加合理，有助于考研的学生深刻理解线性代数的核心内容，充分备考.
5. 衔接高等代数下半部分. 本书涵盖了北京大学丘维声老师编写的《高等代数（上）》的所有理论知识，可以用于高等代数上半部分的教学，并无缝衔接北京大学丘维声老师编写的《高等代数（下）》.

特别感谢

本书的校核、习题答案的编写、相关人物的简介主要由助教完成，特别感谢助教周昊男、刘子璇、刘忠南、羊绍沛、林雨微. 作者在新疆财经大学 2024 年春季学期授课时，统计与数据科学学院的闫海波、邵荣侠、孙莉、梁晓辉、范东军、陈旭老师对本书提出了宝贵建议，特别提出了标星部分难度偏大、非重要的内容，方便学生掌握核心内容.

高光远

2024 年 5 月

目　录

第 1 章　线性方程组与矩阵的运算

解线性方程组是一个古老而经典的数学问题，多个未知量需要同时满足多个线性方程．高斯于 1809 年发表了解线性方程组的一种方法，现在称为**高斯消元法**．而东汉（25—220 年）以前，中国古代著名数学著作《九章算术》（见图 1.1）就已经使用这种方法了．

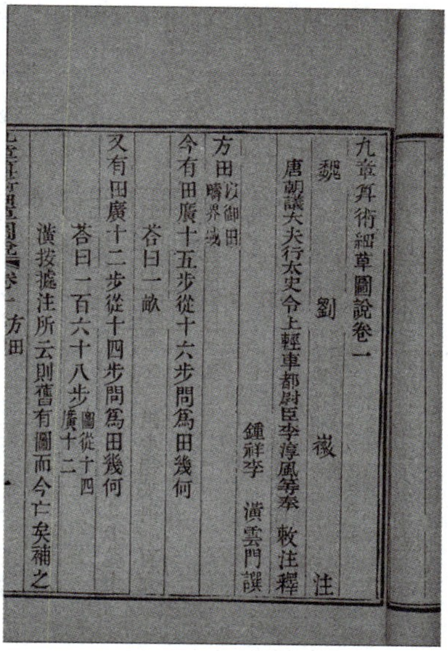
九章算術細草圖說卷一
魏　劉　徽　注
唐朝議大夫行太史令上輕車都尉臣李淳風等奉　敕注釋
鍾祥李　潢雲門譔
方田以御田疇界域
今有田廣十五步從十六步問爲田幾何
荅曰一畝
又有田廣十二步從十四步問爲田幾何
荅曰一百六十八步　圖從十四廣十二
潢按據注所云則舊有圖而今亡矣補之

图 1.1　《九章算术》

本章 1.1 节先回顾了**向量**及其**线性组合**、**内积**，后续章节会更深入讲解向量的相关知识．它们出现在这里的原因有两个：首先，线性方程组可以写成矩阵-向量的乘积 $\boldsymbol{Ax}=\boldsymbol{b}$，需要向量这个工具去理解线性方程组；其次，让大家从一开始就接触到代数的核心内容，包括向量、向量空间、线性组合等，随着时间推移，我们会对这些概念有更深入的理解．

本章第二部分以**解线性方程组**、**消元法**为背景，使用矩阵乘法表示消元法过程，即 $\boldsymbol{PA}=\boldsymbol{LU}$ 分解，并穿插介绍了几种特殊矩阵和矩阵的运算，重点包括**矩阵乘法**和**矩阵的逆**．通过消元法可以得到系数矩阵的**主元**（pivot），主元与矩阵的有效大小、是否可逆、行列式等密切相关．

大部分学生在高中学习中已经接触过本章的部分知识，但本章从更抽象的角度讲述这些知识.

1.1 向量

先回顾一下向量（vector），**二维向量** $\boldsymbol{v}=(v_1,v_2)$ 是一个**有序数对**，它既有大小也有方向，对应二维平面坐标系 (笛卡儿坐标系) 的从原点 $(0,0)$ 到点 (v_1,v_2) 的箭头，或者可以认为直接对应点 (v_1,v_2). 这样，二维坐标系中所有点构成了一个**向量空间**（vector space）$\mathbb{R}^2=\{(x,y):x,y\in\mathbb{R}\}$. 向量用加粗的小写字母 $\boldsymbol{u},\boldsymbol{v}$ 表示，强调包含多个元素，也可以用带箭头的小写字母 $\vec{u},\vec{v}$ 表示，强调方向. 我们一般用小写字母 u,v 表示某个数字，也称为**标量**（scalar）.

在定义向量时，需要明确向量中元素的个数，即向量的**维度**（dimension）n，以及元素属于哪个**数域**（number field）F. 记号 $\boldsymbol{v}\in F^n$，说明向量 $\boldsymbol{v}$ 是一个 n 元有序数组 $\boldsymbol{v}=(v_1,\cdots,v_n)$，同时有序数组中每个**元素**（component）都属于数域 F，$v_i\in F$. 实数集 $\mathbb{R}$ 和复数集 $\mathbb{C}$ 都是数域. 定义数域的目的是使得向量的**线性组合**（linear combination）都还在该数域上定义的向量空间上，比如两个实数的乘积必为实数. 关于数域，请参见附录 B.1.

记号 1.1 在本书中，F 总是表示 $\mathbb{R}$ 或者 $\mathbb{C}$. 如果没明确说明数域，一般指定义在 $\mathbb{R}$ 的向量、矩阵或者向量空间. 用 V 表示一般的向量空间，它可能是 $\mathbb{R}^2,\mathbb{R}^n,\mathbb{C}^n$ 等.

定义 1.1 所有 n 维向量构成的集合称为向量空间，记为 F^n，n 维向量空间是长度为 n 的有序数组的集合，数组中的每个元素属于 F:

$$F^n=\{\boldsymbol{v}=(v_1,\cdots,v_n):v_i\in F,i=1,\cdots,n\},$$

其中，称 v_i 是向量 $\boldsymbol{v}$ 的第 i 个坐标 或者元素.

线性组合

向量的两个基本运算是**向量加法**（vector addition）$\boldsymbol{v}+\boldsymbol{w}$ 和**标量乘法**（scalar multiplication）$c\boldsymbol{v}$. 向量的算术性质主要基于这两种基本运算. 这里没有定义向量的乘积，本节后面将定义两个向量的点积 (也称为内积)，点积和向量的长度、方向密切相关. 后面章节还将定义两个向量的张量积（也称为外积）.

定义 1.2 F^n 中的向量加法定义为对应坐标相加:

$$\boldsymbol{v}+\boldsymbol{w}=(v_1,\cdots,v_n)+(w_1,\cdots,w_n)=(v_1+w_1,\cdots,v_n+w_n).$$

一个数 $c\in F$ 与向量 $\boldsymbol{v}\in F^n$ 的标量乘积定义为用 c 乘以向量的每个坐标

$$c\boldsymbol{v}=c(v_1,\cdots,v_n)=(cv_1,\cdots,cv_n).$$

如图 1.2 所示，向量加法 $\boldsymbol{v}+\boldsymbol{w}$ 几何意义为，把 $\boldsymbol{w}$ 的起点从原点平移到 $\boldsymbol{v}$ 的终点，然后连接原点与平移后 $\boldsymbol{w}$ 的终点得到的箭头为 $\boldsymbol{v}+\boldsymbol{w}$，如图 1.2 所示. 标量乘法 $c\boldsymbol{v}$ 的几何意义为，保持 $(c>0)$ 或者反向 $(c<0)$ 向量 $\boldsymbol{v}$ 的方向，放大 $(|c|>1)$ 或者缩小 $(|c|<1)$ 向量 $\boldsymbol{v}$ 的长度.

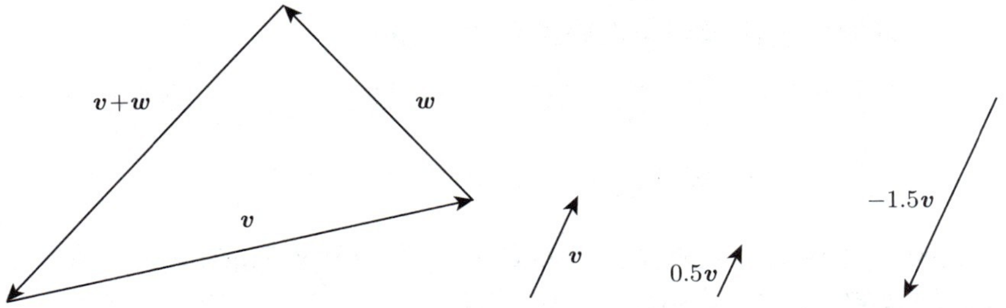

图 1.2　向量加法与标量乘法

如果把这两种基本运算结合起来，得到两个向量的**线性组合** $x_1\boldsymbol{v}+x_2\boldsymbol{w}$. 假设这两个向量是 2 维且不共线向量，则所有线性组合构成的集合 $\{x_1\boldsymbol{v}+x_2\boldsymbol{w}: x_1, x_2\in\mathbb{R}\}$ 刚好为二维平面 $\mathbb{R}^2$，称为向量组 $\boldsymbol{v},\boldsymbol{w}$ **张成的向量空间**（spanned vector space），$\boldsymbol{v},\boldsymbol{w}$ 为该向量空间的一个**基**（basis），该**向量空间的维度**（dimension of vector space）为 2. 后面章节将严格定义向量组张成的向量空间、基、维度，它们是线性代数的核心内容. 这里我们通过一个很小的例子引出了这几个重要概念，因为它们都是基于线性组合.

例 1.1　已知 $\boldsymbol{u}=\begin{pmatrix}1\\2\\3\end{pmatrix}, \boldsymbol{v}=\begin{pmatrix}-3\\1\\-2\end{pmatrix}, \boldsymbol{w}=\begin{pmatrix}2\\-3\\-1\end{pmatrix}$，计算 $\boldsymbol{u}+\boldsymbol{v}$，所有线性组合 $x_1\boldsymbol{u}+x_2\boldsymbol{v}$ 的几何特征是什么？所有线性组合 $x_1\boldsymbol{u}+x_2\boldsymbol{v}+x_3\boldsymbol{w}$ 的几何特征是什么？

解　易知 $\boldsymbol{u}+\boldsymbol{v}=-\boldsymbol{w}$. 因为 $\boldsymbol{u},\boldsymbol{v}$ 不共线，所以所有线性组合 $x_1\boldsymbol{u}+x_2\boldsymbol{v}$ 是三维空间 $\mathbb{R}^3$ 的一个平面. 因为 $\boldsymbol{u}+\boldsymbol{v}=-\boldsymbol{w}$，所以 $\boldsymbol{w}$ 在 $x_1\boldsymbol{u}+x_2\boldsymbol{v}$ 平面内，进而所有线性组合 $x_1\boldsymbol{u}+x_2\boldsymbol{v}+x_3\boldsymbol{w}$ 和平面 $x_1\boldsymbol{u}+x_2\boldsymbol{v}$ 一样.

如果 $\boldsymbol{w}^*=\begin{pmatrix}2\\-3\\1\end{pmatrix}$，则 $\boldsymbol{w}^*$ 不在 $x_1\boldsymbol{u}+x_2\boldsymbol{v}$ 的平面，进而所有线性组合 $x_1\boldsymbol{u}+x_2\boldsymbol{v}+x_3\boldsymbol{w}^*$ 是整个三维空间 $\mathbb{R}^3$.

以上表示列向量的方式占用太多空间，我们有时采用如下记号表示**列向量**（column vector），并和**行向量**（row vector）区分.

记号 1.2　在本书中，默认向量的形状是列向量，既可以记作 $\boldsymbol{u}=(1,2,3)$，也可以记作 $\boldsymbol{u}=\begin{pmatrix}1\\2\\3\end{pmatrix}$，或者 $\boldsymbol{u}=\begin{pmatrix}1\\2\\3\end{pmatrix}$. 行向量记作 $\boldsymbol{u}^{\mathrm{T}}=(1\ 2\ 3)$ 或者 $\boldsymbol{u}^{\mathrm{T}}=(1,2,3)^{\mathrm{T}}$. $\boldsymbol{u}^{\mathrm{T}}$ 读 $\boldsymbol{u}$ 转置（transpose）. 向量空间的元素既可以写成列向量也可以写成行向量，因为它们都是有序数组.

向量的点积

和向量乘法相关的运算是**点积**（dot product），也称为**内积**（inner product）. 向量的线性组合的结果仍为 F^n 中的向量，即向量空间对于线性组合封闭（以后章节详细讨论）. 但是，两个向量的点积为标量，不属于向量空间. 在二维平面上，根据向量的点积，可以计算向量的长度或者两个向量之间的夹角.

定义 1.3 对于 $\boldsymbol{v}, \boldsymbol{w} \in \mathbb{R}^n$，$\boldsymbol{v} = (v_1, \cdots, v_n), \boldsymbol{w} = (w_1, \cdots, w_n)$ 的点积定义为

$$\boldsymbol{v} \cdot \boldsymbol{w} = \langle \boldsymbol{v}, \boldsymbol{w} \rangle = v_1 w_1 + \cdots + v_n w_n$$

定义了点积的**有限维实向量空间**称为**欧几里得空间**（Euclidean space），简称**欧氏空间**. **希尔伯特空间**（Hilbert space）是有限维欧几里得空间的一个推广，使之不局限于实数和有限的维数. 与欧几里得空间相仿，希尔伯特空间是一个定义了**内积**（inner product）（点积的推广）的向量空间，其上有距离和角的概念.

在二维空间中，向量 $\boldsymbol{v} = (v_1, v_2)$ 的长度是原点到 (v_1, v_2) 的距离，也可以写成自身点积的算术平方根

$$\sqrt{v_1^2 + v_2^2} = \sqrt{\boldsymbol{v} \cdot \boldsymbol{v}}$$

类似地，n 维向量的**长度（模）**（length、norm、modulus）也可以利用点积定义.

定义 1.4 向量的长度为它自身点积的算术平方根：

$$||\boldsymbol{v}|| = \sqrt{\boldsymbol{v} \cdot \boldsymbol{v}} = (v_1^2 + \cdots + v_n^2)^{1/2}$$

长度为 1 的向量称为**单位向量**（unit vector），在二维向量空间，单位向量在单位圆上 $\boldsymbol{v} = (\cos\theta, \sin\theta)$. 对于非单位向量 $\boldsymbol{v}$，可以对其进行标准化，即不改变方向，把长度变为 1，

$$\boldsymbol{u} = \frac{\boldsymbol{v}}{||\boldsymbol{v}||}$$

当两个向量 $\boldsymbol{u}, \boldsymbol{v}$ 的点积为 0 时，称两个向量是**正交**（orthogonal、perpendicular）的，记作 $\boldsymbol{u} \perp \boldsymbol{v}$. 正交在二维空间的表现就是垂直、$90°$ 角. 正交的定义可以推广到希尔伯特向量空间上，如果向量空间中的元素是函数，可以定义两个函数的内积，进而定义内积为 0 的两个函数是正交函数. 在以后的学习中，我们可以感受到如果存在正交，那么很多计算可以简化.

例 1.2 证明：在二维空间上的两个非零向量 $\boldsymbol{u}, \boldsymbol{v}$ 的点积为 0，则这两个向量垂直.

证明 如图 1.3，在二维空间上，从 $\boldsymbol{v} = (v_1, v_2)$ 终点到 $\boldsymbol{w} = (w_1, w_2)$ 的终点的向量为 $\boldsymbol{w} - \boldsymbol{v}$，原因是 $\boldsymbol{v} + (\boldsymbol{w} - \boldsymbol{v}) = \boldsymbol{w}$. 这样 $\boldsymbol{v}, \boldsymbol{w}, \boldsymbol{w} - \boldsymbol{v}$ 构成一个三角形，如图 1.4 所示.

如果 $\boldsymbol{v}, \boldsymbol{w}$ 的点积为 0，即 $w_1 v_1 + w_2 v_2 = 0$，则向量 $\omega - v$ 长度的平方为

$$||\boldsymbol{w} - \boldsymbol{v}||^2 = (w_1 - v_1)^2 + (w_2 - v_2)^2 = w_1^2 + w_2^2 + v_1^2 + v_2^2 - 2(w_1 v_1 + w_2 v_2) = w_1^2 + w_2^2 + v_1^2 + v_2^2$$

即

$$||\boldsymbol{w}-\boldsymbol{v}||^2 = ||\boldsymbol{v}||^2 + ||\boldsymbol{w}||^2$$

根据勾股定理，这个三角形为直角三角形，$\boldsymbol{v},\boldsymbol{w}$ 夹角为 90°，记作 $\boldsymbol{v}\perp\boldsymbol{w}$. ■

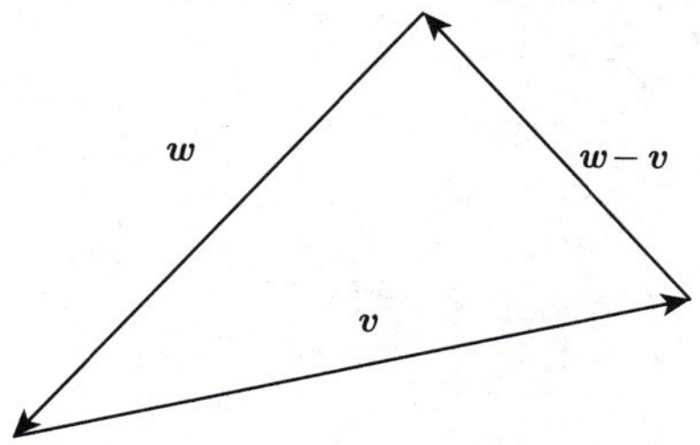

图 1.3　向量减法

一般地，向量的点积与向量夹角的三角函数有关，根据三角函数的性质可以证明如下定理.

定理 1.1　对于 $\boldsymbol{v},\boldsymbol{w}\in\mathbb{R}^2$，它们的夹角 θ 满足

$$\cos\theta = \frac{\langle \boldsymbol{v},\boldsymbol{w}\rangle}{||\boldsymbol{v}||\ ||\boldsymbol{w}||}$$

证明　这是余弦定理的向量表示，

$$\cos\theta = \frac{||\boldsymbol{w}||^2 + ||\boldsymbol{v}||^2 - ||\boldsymbol{w}-\boldsymbol{v}||^2}{2||\boldsymbol{w}||\ ||\boldsymbol{v}||} = \frac{2\langle \boldsymbol{w},\boldsymbol{v}\rangle}{2||\boldsymbol{w}||\ ||\boldsymbol{v}||} = \frac{\langle \boldsymbol{v},\boldsymbol{w}\rangle}{||\boldsymbol{v}||\ ||\boldsymbol{w}||}$$ ■

把 n 个含有 m 个元素的向量 $\boldsymbol{v}_1,\cdots,\boldsymbol{v}_n$ 放在一起就形成了大小为 $m\times n$ 的矩阵

$$\boldsymbol{A} = \begin{pmatrix} | & | & \cdots & | \\ \boldsymbol{v}_1 & \boldsymbol{v}_2 & \cdots & \boldsymbol{v}_n \\ | & | & \cdots & | \end{pmatrix}$$

矩阵 $\boldsymbol{A}$ 的列向量张成的空间记作 $C(\boldsymbol{A})$，它是向量空间 F^m 的一个**子空间**（以后章节详细讨论）. 这里把矩阵看作多个向量的有序组合，矩阵还可以从其他角度理解.

习题

1. 我们常用平行四边形法则计算两向量 $\boldsymbol{v}+\boldsymbol{w}$ 之和，平行四边形中两条对角线对应的向量如何表示？
2. 假设一个时钟的中心为原点，时钟的时针长度为 1，时针在 1,2,⋯,12 点的位置形成了 12 个向量，时钟的中心设为原点. 请问：
   (a) 这 12 个向量之和等于多少？

(b) 移除时针在 2 点的向量，证明：剩余 11 个向量之和为时针在 8 点的向量；

(c) 写出时针在 2 点的向量.

3* 已知不共线的二维向量 $\boldsymbol{u},\boldsymbol{v}$，考虑它们的线性组合 $c\boldsymbol{u}+d\boldsymbol{v}$，且 $c+d=1$，证明：向量 $c\boldsymbol{u}+d\boldsymbol{v}$ 的终点都在 $\boldsymbol{u},\boldsymbol{v}$ 终点确定的直线上.

4. 已知 4 个向量

$$\boldsymbol{u}=\begin{pmatrix}2\\-1\\0\end{pmatrix},\quad \boldsymbol{v}=\begin{pmatrix}-1\\2\\-1\end{pmatrix},\quad \boldsymbol{w}=\begin{pmatrix}0\\-1\\2\end{pmatrix},\quad \boldsymbol{b}=\begin{pmatrix}1\\0\\0\end{pmatrix}.$$

写出方程 $x_1\boldsymbol{u}+x_2\boldsymbol{v}+x_3\boldsymbol{w}=\boldsymbol{b}$ 对应的三元一次线性方程组，解该线性方程组.

5. 求与 $\boldsymbol{v}=(3,4)$ 同向的单位向量；求所有与 $\boldsymbol{v}=(3,4)$ 垂直的单位向量.

6. 已知单位向量 $\boldsymbol{v},\boldsymbol{w}$，求以下向量的点积：

(a) $\boldsymbol{v},-\boldsymbol{v}$;

(b) $\boldsymbol{v}+\boldsymbol{w},\boldsymbol{v}-\boldsymbol{w}$;

(c) $\boldsymbol{v}-2\boldsymbol{w},\boldsymbol{v}+2\boldsymbol{w}$.

7. 求所有与 $\boldsymbol{v}=(1,1,1)$ 垂直的向量，它们构成的集合的几何特征是什么？求所有同时与 $\boldsymbol{v}=(1,1,1),\boldsymbol{w}=(1,2,3)$ 垂直的向量，它们构成的集合的几何特征是什么？

8. 向量 $\boldsymbol{v}=(v_1,v_2),v_1\neq 0$ 所在直线的斜率为多少？如果 $\boldsymbol{v}\perp\boldsymbol{w},\boldsymbol{w}=(w_1,w_2)$，$w_1\neq 0$，证明：这两个向量所在直线的斜率满足乘积为 -1.

9. 已知 $\boldsymbol{v},\boldsymbol{w}$ 不共线，$(\boldsymbol{w}-c\boldsymbol{v})\perp\boldsymbol{v}$，求 c.

10. 已知 $x+y+z=0$，求 $\boldsymbol{v}=(x,y,z),\boldsymbol{w}=(z,x,y)$ 之间的夹角.

1.2 线性方程组

本章主要考虑未知量个数等于方程个数的情形，下章将移除这个限制. 已知三维向量空间 $\mathbb{R}^3$ 中的三个向量，$\boldsymbol{u}=\begin{pmatrix}1\\2\\3\end{pmatrix},\boldsymbol{v}=\begin{pmatrix}-3\\1\\-2\end{pmatrix},\boldsymbol{w}=\begin{pmatrix}2\\-3\\1\end{pmatrix}$，上一节考虑了这三个向量的线性组合 $x_1\boldsymbol{u}+x_2\boldsymbol{v}+x_3\boldsymbol{w}$，可以把向量的线性组合写成**矩阵-向量乘积**的形式：

$$x_1\boldsymbol{u}+x_2\boldsymbol{v}+x_3\boldsymbol{w}=\begin{pmatrix} | & | & | \\ \boldsymbol{u} & \boldsymbol{v} & \boldsymbol{w} \\ | & | & | \end{pmatrix}\begin{pmatrix} x_1 \\ x_2 \\ x_3 \end{pmatrix}=\boldsymbol{A}\boldsymbol{x} \tag{1.1}$$

矩阵-向量乘法 $\boldsymbol{Ax}$ 可以看成矩阵 $\boldsymbol{A}$ 列向量的线性组合. 假设矩阵 $\boldsymbol{A}$ 有 m 行 n 列，则 $\boldsymbol{x}$ 必须有 n 个元素与 $\boldsymbol{A}$ 中 n 个列向量对应. 如果想知道哪个线性组合可以得到零向量，则需要解方程 $\boldsymbol{Ax}=\boldsymbol{0}$，这里的 $\boldsymbol{0}$ 不是标量，而是三维向量空间 $\mathbb{R}^3$ 中的零（列）向量 $(0,0,0)$.

矩阵-向量方程 $\boldsymbol{Ax}=\boldsymbol{0}$ 也可以写成我们熟悉的**线性方程组**（system of linear equations）形式：

$$\begin{array}{rcrcrcl} 1x_1 & - & 3x_2 & + & 2x_3 & = & 0, \\ 2x_1 & + & 1x_2 & - & 3x_3 & = & 0, \\ 3x_1 & - & 2x_2 & + & 1x_3 & = & 0. \end{array} \tag{1.2}$$

综上所述，我们有两种角度理解 $\boldsymbol{Ax}=\boldsymbol{0}$，第一种是列向量的线性组合(1.1)，第二种是线性方程组 (1.2). 现在，大家可能更熟悉第二种 (1.2)，但是，第一种(1.1)是这门课强调的角度，因为从这种角度看向量是基本单位，进而可以使用与向量相关的工具研究 $\boldsymbol{AX}=\boldsymbol{0}$ 解集结构.

定义 1.5 形如 (1.2) 的方程组称为在 F 上的线性方程组，线性方程组可以用矩阵-向量方程 $\boldsymbol{Ax}=\boldsymbol{b}$ 表示，其中 $\boldsymbol{A}$ 称为<u>系数矩阵</u>，$\boldsymbol{b}$ 称为<u>常数项</u>，$\boldsymbol{x}$ 称为<u>未知量</u>. 把 $\boldsymbol{b}$ 放入 $\boldsymbol{A}$ 的最后一列，形成的矩阵 $(\boldsymbol{A}\ \ \boldsymbol{b})$ 称为<u>增广矩阵</u>. 如果 $\boldsymbol{b}=\boldsymbol{0}$，称为<u>齐次线性方程组</u>，否则称为<u>非齐次线性方程组</u>. 如果未知量个数为 n，则系数矩阵 $\boldsymbol{A}$ 的列数为 n，称为<u>n 元线性（一次）方程组</u>. 满足 $\boldsymbol{Ax}_0=\boldsymbol{b}$ 的一个向量 $\boldsymbol{x}_0\in F^n$ 称为方程组的一个解，所有解构成的集合 $\{\boldsymbol{x}\in F^n:\boldsymbol{Ax}=\boldsymbol{b}\}$ 称为方程组的<u>解集</u>.

记号 1.3 通常用大写字母 $\boldsymbol{A},\boldsymbol{B},\cdots$ 表示矩阵，$\boldsymbol{A}_{m\times n}$ 表示矩阵的大小为 $m\times n$，即 m 行 n 列. 当方程数目等于未知量个数时，系数矩阵的行数等于列数 n，称矩阵为<u>n 级方阵</u> 或者<u>n 级矩阵</u>. 矩阵中第 i 行 j 列的元素记为 $A(i,j)$ 或者 a_{ij}. 通常用加粗斜体小写字母 $\boldsymbol{u},\boldsymbol{v},\cdots$ 表示列向量，其中的元素表示为 $\boldsymbol{v}=(v_1,\cdots,v_n)$.

线性方程组 (1.2) 的解集结构如何?矩阵 $\boldsymbol{A}$ 的列向量**线性无关**，$\boldsymbol{A}$ **可逆**，所以 $\boldsymbol{Ax}=\boldsymbol{0}$ 的解为 $\boldsymbol{x}=\boldsymbol{A}^{-1}\boldsymbol{0}=\boldsymbol{0}$，且只有这个零解. 判断多个向量是否线性无关是线性代数的一个重点，这里已经给出了一个重要方法：把向量放在矩阵 $\boldsymbol{A}$ 的列上，判断 $\boldsymbol{Ax}=\boldsymbol{0}$ 解的个数. 如果只有一个零解 $\boldsymbol{x}=\boldsymbol{0}$，那么列向量**线性无关**；如果还有其他非零解，则说明列向量**线性相关**. 注意：这里先快速地预览了本章的一些重点，后面章节会详细讲解这里粗略提到的知识点：线性无关、线性相关、矩阵可逆、解的个数.

在讨论线性方程组有没有解时，需要指定一个数域. 严格地讲，应该称数域 F 上的线性方程组，即它的系数和常数项都属于 F，因为解线性方程组只涉及加减乘除，且数域对于这四种运算封闭，所以解（如果存在）也在数域 F 上. 如果没有明确说明，所有

线性方程组均指在 $\mathbb{R}$ 上的线性方程组.

线性方程组的几何意义

前面提到两种角度看 $\boldsymbol{A}\boldsymbol{x}=\boldsymbol{b}$，一种是基于方程组的每一个方程，即考虑 $\boldsymbol{A}\boldsymbol{x}$ 的行列"点积"，称为 $\boldsymbol{A}$ 的行角度；另一种是基于系数矩阵的列向量，即考虑 $\boldsymbol{A}$ 的列向量线性组合，称为 $\boldsymbol{A}$ 的列角度. 考虑以下二元线性方程组在两个角度下的几何意义.

$$\begin{cases} x - 2y = 1, \\ 3x + 2y = 11. \end{cases}$$

1. 行角度：每个方程表示二维坐标平面 $\mathbb{R}^2$ 上的一条直线，求两条直线的交点（见图 1.4）.

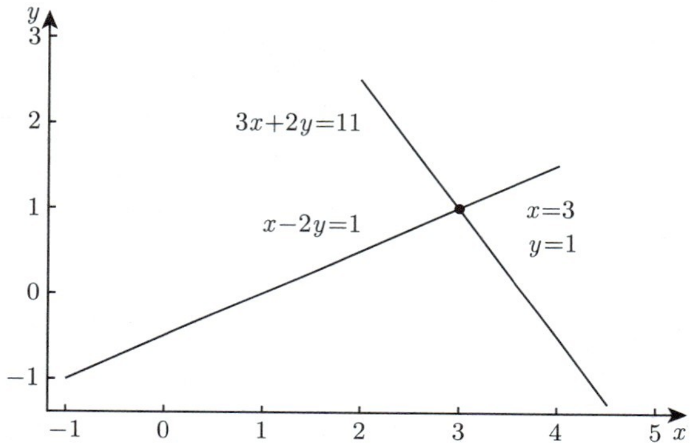

图 1.4　二元线性方程组的几何意义（行角度）

2. 列角度：求两个向量 $(1,3),(-2,2)$ 的线性组合，使之为 $(1,11)$（见图 1.5）.

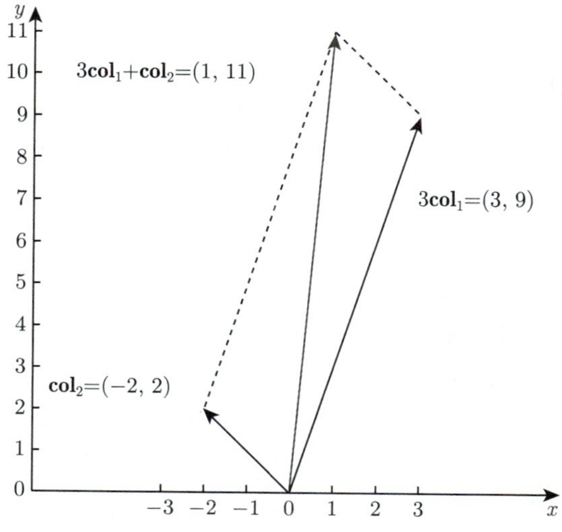

图 1.5　二元线性方程组的几何意义 (列角度)

再考虑如下三元线性方程组在两个角度下的几何意义.

$$\begin{cases} x + 2y + 3z = 6, \\ 2x + 5y + 2z = 4, \\ 6x - 3y + z = 2. \end{cases}$$

1. 行角度：每个方程表示三维坐标平面 $\mathbb{R}^3$ 上的一个平面，先求两个平面的相交线，再求相交线与第三个平面的交点（见图 1.6）.

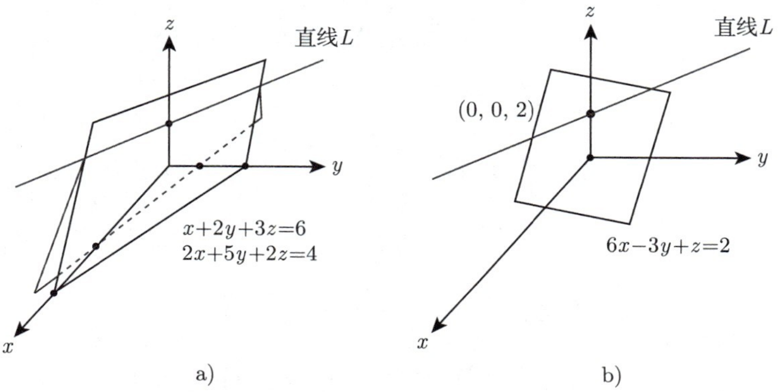

图 1.6　三元线性方程组的几何意义 (行角度)

2. 列角度：求三个向量 $(1,2,6),(2,5,-3),(3,2,1)$ 的线性组合，使之为 $(6,4,2)$（见图 1.7）.

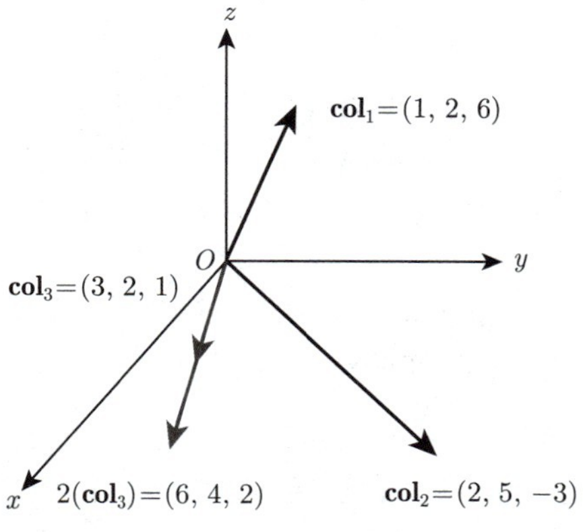

图 1.7　三元线性方程组的几何意义 (列角度)

如果是四元线性方程组，在行角度下，需要考虑四维空间中超平面的交线、交点等；而在列角度，只需要考虑四个四维向量的线性组合. 从列角度看待线性方程组，让我们走得更远，更容易理解 n 元线性方程组的几何意义. 从列角度理解 $\boldsymbol{Ax} = \boldsymbol{b}$ 非常重要！

矩阵的乘法

我们可以从行角度和列角度理解矩阵-向量乘法运算 $\boldsymbol{Ax}$，进而推广到矩阵-矩阵乘法运算 $\boldsymbol{AB}$. 首先，总结一下矩阵-向量乘法 $\boldsymbol{Ax}$.

1. 行角度：右向量 $\boldsymbol{x}$ 中所有元素的线性组合，组合权重为 $\boldsymbol{A}$ 的某一行向量，

$$\boldsymbol{Ax}=\begin{pmatrix} - & \boldsymbol{a}^{\mathrm{T}} & - \\ - & \boldsymbol{b}^{\mathrm{T}} & - \\ - & \boldsymbol{c}^{\mathrm{T}} & - \end{pmatrix}\begin{pmatrix} x_1 \\ x_2 \\ x_3 \end{pmatrix}$$

$$=\begin{pmatrix} - & \boldsymbol{a}^{\mathrm{T}}\boldsymbol{x} & - \\ - & \boldsymbol{b}^{\mathrm{T}}\boldsymbol{x} & - \\ - & \boldsymbol{c}^{\mathrm{T}}\boldsymbol{x} & - \end{pmatrix}=\begin{pmatrix} a_1x_1+a_2x_2+a_3x_3 \\ b_1x_1+b_2x_2+b_3x_3 \\ c_1x_1+c_2x_2+c_3x_3 \end{pmatrix}$$

$$=\begin{pmatrix} \boldsymbol{A}(1,1)x_1+\boldsymbol{A}(1,2)x_2+\boldsymbol{A}(1,3)x_3 \\ \boldsymbol{A}(2,1)x_1+\boldsymbol{A}(2,2)x_2+\boldsymbol{A}(2,3)x_3 \\ \boldsymbol{A}(3,1)x_1+\boldsymbol{A}(3,2)x_2+\boldsymbol{A}(3,3)x_3 \end{pmatrix}.$$

可见，为了计算 $\boldsymbol{Ax}$ 中的第 2 个元素，我们只需要 $\boldsymbol{A}$ 的第 2 行，但需要 $\boldsymbol{x}$ 的全部元素.

2. 列角度：左矩阵 $\boldsymbol{A}$ 中所有列向量的线性组合，组合权重为 $\boldsymbol{x}$：

$$\boldsymbol{Ax}=\begin{pmatrix} | & | & | \\ \boldsymbol{e} & \boldsymbol{f} & \boldsymbol{g} \\ | & | & | \end{pmatrix}\begin{pmatrix} x_1 \\ x_2 \\ x_3 \end{pmatrix}=\begin{pmatrix} | \\ x_1\boldsymbol{e}+x_2\boldsymbol{f}+x_3\boldsymbol{g} \\ | \end{pmatrix}.$$

以上两种角度可以推广到矩阵-矩阵乘法 $\boldsymbol{AB}$ 中，得到行-行、列-列、行-列、列-行四种角度，从不同角度进行计算得到的结果相同：

1. 行-行角度：把向量 $\boldsymbol{x}$ 中的每个元素扩充为一个行向量 $\boldsymbol{u}^{\mathrm{T}},\boldsymbol{v}^{\mathrm{T}},\boldsymbol{w}^{\mathrm{T}}$，进而形成矩阵 $\boldsymbol{B}$. $\boldsymbol{AB}$ 乘积的每一行是，右矩阵 $\boldsymbol{B}$ 中所有行向量的线性组合，组合权重为 $\boldsymbol{A}$ 的某一行向量，

$$\boldsymbol{AB}=\begin{pmatrix} - & \boldsymbol{a}^{\mathrm{T}} & - \\ - & \boldsymbol{b}^{\mathrm{T}} & - \\ - & \boldsymbol{c}^{\mathrm{T}} & - \end{pmatrix}\begin{pmatrix} - & \boldsymbol{u}^{\mathrm{T}} & - \\ - & \boldsymbol{v}^{\mathrm{T}} & - \\ - & \boldsymbol{w}^{\mathrm{T}} & - \end{pmatrix}$$

$$
\begin{aligned}
&= \begin{pmatrix} - & \boldsymbol{a}^{\mathrm{T}}\boldsymbol{B} & - \\ - & \boldsymbol{b}^{\mathrm{T}}\boldsymbol{B} & - \\ - & \boldsymbol{c}^{\mathrm{T}}\boldsymbol{B} & - \end{pmatrix} \\
&= \begin{pmatrix} - & a_1\boldsymbol{u}^{\mathrm{T}} + a_2\boldsymbol{v}^{\mathrm{T}} + a_3\boldsymbol{w}^{\mathrm{T}} & - \\ - & b_1\boldsymbol{u}^{\mathrm{T}} + b_2\boldsymbol{v}^{\mathrm{T}} + b_3\boldsymbol{w}^{\mathrm{T}} & - \\ - & c_1\boldsymbol{u}^{\mathrm{T}} + c_2\boldsymbol{v}^{\mathrm{T}} + c_3\boldsymbol{w}^{\mathrm{T}} & - \end{pmatrix} \\
&= \begin{pmatrix} - & \boldsymbol{A}(1,1)\boldsymbol{u}^{\mathrm{T}} + \boldsymbol{A}(1,2)\boldsymbol{v}^{\mathrm{T}} + \boldsymbol{A}(1,3)\boldsymbol{w}^{\mathrm{T}} & - \\ - & \boldsymbol{A}(2,1)\boldsymbol{u}^{\mathrm{T}} + \boldsymbol{A}(2,2)\boldsymbol{v}^{\mathrm{T}} + \boldsymbol{A}(2,3)\boldsymbol{w}^{\mathrm{T}} & - \\ - & \boldsymbol{A}(3,1)\boldsymbol{u}^{\mathrm{T}} + \boldsymbol{A}(3,2)\boldsymbol{v}^{\mathrm{T}} + \boldsymbol{A}(3,3)\boldsymbol{w}^{\mathrm{T}} & - \end{pmatrix}.
\end{aligned}
$$

2. 列-列角度：在向量 $\boldsymbol{x}$ 右边增加两列向量 $\boldsymbol{y},\boldsymbol{z}$，形成矩阵 $\boldsymbol{B}$. $\boldsymbol{AB}$ 乘积的每一列是，左矩阵 $\boldsymbol{A}$ 中所有列向量的线性组合，组合权重为 $\boldsymbol{B}$ 的某一列向量：

$$
\begin{aligned}
\boldsymbol{AB} &= \begin{pmatrix} | & | & | \\ \boldsymbol{e} & \boldsymbol{f} & \boldsymbol{g} \\ | & | & | \end{pmatrix} \begin{pmatrix} | & | & | \\ \boldsymbol{x} & \boldsymbol{y} & \boldsymbol{z} \\ | & | & | \end{pmatrix} \\
&= \begin{pmatrix} | & | & | \\ A\boldsymbol{x} & A\boldsymbol{y} & A\boldsymbol{z} \\ | & | & | \end{pmatrix} \\
&= \begin{pmatrix} | & | & | \\ x_1\boldsymbol{e} + x_2\boldsymbol{f} + x_3\boldsymbol{g} & y_1\boldsymbol{e} + y_2\boldsymbol{f} + y_3\boldsymbol{g} & z_1\boldsymbol{e} + z_2\boldsymbol{f} + z_3\boldsymbol{g} \\ | & | & | \end{pmatrix}.
\end{aligned}
$$

可见，为了计算 $\boldsymbol{AB}$ 的第 2 列，我们需要 $\boldsymbol{A}$ 的所有列，但只需要 $\boldsymbol{B}$ 的第 2 列.

3. 行-列角度：这是很多人使用的“行列点积”方法求矩阵乘积中每个元素. 从行-行角度、列-列角度，第一行第一列的元素都是 $\boldsymbol{A}(1,1)\boldsymbol{B}(1,1) + \boldsymbol{A}(1,2)\boldsymbol{B}(2,1) + \boldsymbol{A}(1,3)\boldsymbol{B}(3,1)$ 即 $\boldsymbol{A}$ 的第一行与 $\boldsymbol{B}$ 的第一列点积. 同理，可推广至 $(\boldsymbol{AB})(i,j)$ 为 $\boldsymbol{A}$ 第 i 行与 $\boldsymbol{B}$ 第 j 列点积：

$$
\begin{aligned}
\boldsymbol{AB} &= \begin{pmatrix} - & \boldsymbol{a}^{\mathrm{T}} & - \\ - & \boldsymbol{b}^{\mathrm{T}} & - \\ - & \boldsymbol{c}^{\mathrm{T}} & - \end{pmatrix} \begin{pmatrix} | & | & | \\ \boldsymbol{x} & \boldsymbol{y} & \boldsymbol{z} \\ | & | & | \end{pmatrix} \\
&= \begin{pmatrix} \boldsymbol{a}\cdot\boldsymbol{x} & \boldsymbol{a}\cdot\boldsymbol{y} & \boldsymbol{a}\cdot\boldsymbol{z} \\ \boldsymbol{b}\cdot\boldsymbol{x} & \boldsymbol{b}\cdot\boldsymbol{y} & \boldsymbol{b}\cdot\boldsymbol{z} \\ \boldsymbol{c}\cdot\boldsymbol{x} & \boldsymbol{c}\cdot\boldsymbol{y} & \boldsymbol{c}\cdot\boldsymbol{z} \end{pmatrix}
\end{aligned}
$$

$$
= \begin{pmatrix} \boldsymbol{a}^{\mathrm{T}}\boldsymbol{x} & \boldsymbol{a}^{\mathrm{T}}\boldsymbol{y} & \boldsymbol{a}^{\mathrm{T}}\boldsymbol{z} \\ \boldsymbol{b}^{\mathrm{T}}\boldsymbol{x} & \boldsymbol{b}^{\mathrm{T}}\boldsymbol{y} & \boldsymbol{b}^{\mathrm{T}}\boldsymbol{z} \\ \boldsymbol{c}^{\mathrm{T}}\boldsymbol{x} & \boldsymbol{c}^{\mathrm{T}}\boldsymbol{y} & \boldsymbol{c}^{\mathrm{T}}\boldsymbol{z} \end{pmatrix}.
$$

4. 列-行角度：把 $\boldsymbol{A}$ 分割为 3 个列向量，看作只有 1 行的“分块”矩阵，$\boldsymbol{B}$ 分割为 3 个行向量，看作只有 1 列的“分块”矩阵，从行-列角度计算，

$$
\begin{aligned}
\boldsymbol{AB} &= \begin{pmatrix} | & | & | \\ \boldsymbol{e} & \boldsymbol{f} & \boldsymbol{g} \\ | & | & | \end{pmatrix} \begin{pmatrix} - & \boldsymbol{u}^{\mathrm{T}} & - \\ - & \boldsymbol{v}^{\mathrm{T}} & - \\ - & \boldsymbol{w}^{\mathrm{T}} & - \end{pmatrix} \\
&= \boldsymbol{e}\boldsymbol{u}^{\mathrm{T}} + \boldsymbol{f}\boldsymbol{v}^{\mathrm{T}} + \boldsymbol{g}\boldsymbol{w}^{\mathrm{T}} \\
&= \begin{pmatrix} - & e_1\boldsymbol{u}^{\mathrm{T}} & - \\ - & e_2\boldsymbol{u}^{\mathrm{T}} & - \\ - & e_3\boldsymbol{u}^{\mathrm{T}} & - \end{pmatrix} + \begin{pmatrix} - & f_1\boldsymbol{v}^{\mathrm{T}} & - \\ - & f_2\boldsymbol{v}^{\mathrm{T}} & - \\ - & f_3\boldsymbol{v}^{\mathrm{T}} & - \end{pmatrix} + \begin{pmatrix} - & g_1\boldsymbol{w}^{\mathrm{T}} & - \\ - & g_2\boldsymbol{w}^{\mathrm{T}} & - \\ - & g_3\boldsymbol{w}^{\mathrm{T}} & - \end{pmatrix} \qquad (1.3) \\
&= \begin{pmatrix} | & | & | \\ u_1\boldsymbol{e} & u_2\boldsymbol{e} & u_3\boldsymbol{e} \\ | & | & | \end{pmatrix} + \begin{pmatrix} | & | & | \\ v_1\boldsymbol{f} & v_2\boldsymbol{f} & v_3\boldsymbol{f} \\ | & | & | \end{pmatrix} + \begin{pmatrix} | & | & | \\ w_1\boldsymbol{g} & w_2\boldsymbol{g} & w_3\boldsymbol{g} \\ | & | & | \end{pmatrix},
\end{aligned}
$$

其中，$\boldsymbol{e}\boldsymbol{u}^{\mathrm{T}}$ 称为向量 $\boldsymbol{e}, \boldsymbol{u}$ 的张量积（外积），第三个等号从行-行角度计算外积，第四个等号从列-列角度计算外积，外积 $\boldsymbol{e}\boldsymbol{u}^{\mathrm{T}}$ 每一行为 $\boldsymbol{u}^{\mathrm{T}}$ 的倍数，每一列为 $\boldsymbol{e}$ 的倍数，外积 $\boldsymbol{e}\boldsymbol{u}^{\mathrm{T}}$ 行数等于 $\boldsymbol{e}$ 的维度，列数等于 $\boldsymbol{u}$ 的维度. 式 (1.3) 说明了矩阵乘积 $\boldsymbol{AB}$ 可以分解为外积之和.

不难发现这四种角度都要求 $\boldsymbol{A}$ 的列数等于 $\boldsymbol{B}$ 的行数，且乘积的行数等于 $\boldsymbol{A}$ 的行数，列数等于 $\boldsymbol{B}$ 的列数，记作 $\boldsymbol{A}_{m\times n}\boldsymbol{B}_{n\times p} = (\boldsymbol{AB})_{m\times p}$. 这和要求 $\boldsymbol{Ax}$ 中 $\boldsymbol{A}$ 的列数等于 $\boldsymbol{x}$ 的维数是吻合的. 我们直接给出以下矩阵乘法运算法则（结合律、分配律），它们是显然的：

(1) 结合律：$(k\boldsymbol{A})\boldsymbol{B} = \boldsymbol{A}(k\boldsymbol{B})$, $(\boldsymbol{AB})\boldsymbol{C} = \boldsymbol{A}(\boldsymbol{BC})$, $k \in \mathbb{R}$;

(2) 分配律：$(\boldsymbol{A}+\boldsymbol{B})\boldsymbol{C} = \boldsymbol{AC} + \boldsymbol{BC}$, $\boldsymbol{A}(\boldsymbol{B}+\boldsymbol{C}) = \boldsymbol{AB} + \boldsymbol{AC}$.

这里出现了矩阵加法 $\boldsymbol{A}+\boldsymbol{B}$，和复杂的矩阵乘法运算不同，矩阵加法符合我们的直觉，即相应位置的元素相加：

$$
\begin{pmatrix} 1 & 2 \\ 3 & 4 \end{pmatrix} + \begin{pmatrix} 5 & 6 \\ 7 & 8 \end{pmatrix} = \begin{pmatrix} 6 & 8 \\ 10 & 12 \end{pmatrix}.
$$

在矩阵乘法运算中，需要特别注意以下几点：

(1) 矩阵乘法没有交换律，即 $\boldsymbol{AB}$ 不一定等于 $\boldsymbol{BA}$;

(2) $\boldsymbol{AB} = \boldsymbol{0}$ 推不出 $\boldsymbol{A} = \boldsymbol{0}$ 或者 $\boldsymbol{B} = \boldsymbol{0}$. 但如果 $\boldsymbol{A} = \boldsymbol{0}$ 或者 $\boldsymbol{B} = \boldsymbol{0}$，则 $\boldsymbol{AB} = \boldsymbol{0}$;

(3) $\boldsymbol{AC} = \boldsymbol{BC}$ 推不出 $\boldsymbol{A} = \boldsymbol{B}$.

下例可以说明以上这三点.

例 1.3 假设

$$\boldsymbol{A}=\begin{pmatrix}0&1\\0&0\end{pmatrix},\boldsymbol{B}=\begin{pmatrix}0&0\\0&1\end{pmatrix},\boldsymbol{I}=\begin{pmatrix}1&0\\0&1\end{pmatrix}$$

求 $\boldsymbol{AB},\boldsymbol{BA},\boldsymbol{AI}$.

解

$$\boldsymbol{AB}=\begin{pmatrix}0&1\\0&0\end{pmatrix},\boldsymbol{BA}=\begin{pmatrix}0&0\\0&0\end{pmatrix},\boldsymbol{AI}=\boldsymbol{A}=\boldsymbol{AB}.$$

这里 $\boldsymbol{I}$ 的特点是只有对角元素为 1，其余为 0，此类矩阵称为单位矩阵.

如果有 $\boldsymbol{AB}=\boldsymbol{0}$，我们定义如下**零因子**：

定义 1.6 对于矩阵 $\boldsymbol{A}\neq 0,\boldsymbol{B}\neq 0$，如果 $\boldsymbol{AB}=\boldsymbol{0}$，称 $\boldsymbol{A}$ 为 $\boldsymbol{B}$ 的左零因子，$\boldsymbol{B}$ 为 $\boldsymbol{A}$ 的右零因子. 左零因子和右零因子统称零因子.

分块矩阵

在讨论矩阵-矩阵乘法的四种角度时，我们使用了**分块矩阵**的想法.

定义 1.7 由矩阵 $\boldsymbol{A}$ 的若干行、若干列的交叉位置元素按原来顺序排成的矩阵称为 $\boldsymbol{A}$ 的一个子矩阵(submatrix). 把一个矩阵 $\boldsymbol{A}$ 的行分成若干组，列分成若干组，从而 $\boldsymbol{A}$ 被分成若干个子矩阵，把 $\boldsymbol{A}$ 看成是由这些子矩阵组成的，这称为矩阵的分块，这种由子矩阵组成的矩阵称为分块矩阵（block matrix）.

矩阵分块的好处包括：使得矩阵结构变得更清楚，使得矩阵运算可以通过分块矩阵形式来进行，使得有关矩阵的证明、计算变得较容易. 两个分块矩阵相乘需满足两个条件：左矩阵的列组数等于右矩阵的行组数；左矩阵的每个列组所含列数等于右矩阵相应行组所含行数. 我们直接给出以下分块矩阵乘法公式：

$$\underbrace{\begin{pmatrix}\underbrace{\boldsymbol{A}_{11}}_{m_1\times n_1}&\cdots&\underbrace{\boldsymbol{A}_{1v}}_{m_1\times n_v}\\\underbrace{\boldsymbol{A}_{21}}_{m_2\times n_1}&\cdots&\underbrace{\boldsymbol{A}_{2v}}_{m_2\times n_v}\\\vdots&\vdots&\vdots\\\underbrace{\boldsymbol{A}_{h1}}_{m_h\times n_1}&\cdots&\underbrace{\boldsymbol{A}_{hv}}_{m_h\times n_v}\end{pmatrix}}_{h\times v}\underbrace{\begin{pmatrix}\underbrace{\boldsymbol{B}_{11}}_{n_1\times s_1}&\cdots&\underbrace{\boldsymbol{B}_{1t}}_{n_1\times s_t}\\\underbrace{\boldsymbol{B}_{21}}_{n_2\times s_1}&\cdots&\underbrace{\boldsymbol{B}_{2t}}_{n_2\times s_t}\\\vdots&\vdots&\vdots\\\underbrace{\boldsymbol{B}_{v1}}_{n_v\times s_1}&\cdots&\underbrace{\boldsymbol{B}_{vt}}_{n_v\times s_t}\end{pmatrix}}_{v\times t}$$

$$=\underbrace{\begin{pmatrix}\boldsymbol{A}_{11}\boldsymbol{B}_{11}+\ldots+\boldsymbol{A}_{1v}\boldsymbol{B}_{v1}&\ldots&\boldsymbol{A}_{11}\boldsymbol{B}_{1t}+\ldots+\boldsymbol{A}_{1v}\boldsymbol{B}_{vt}\\\boldsymbol{A}_{21}\boldsymbol{B}_{11}+\ldots+\boldsymbol{A}_{2v}\boldsymbol{B}_{v1}&\ldots&\boldsymbol{A}_{21}\boldsymbol{B}_{2t}+\ldots+\boldsymbol{A}_{2v}\boldsymbol{B}_{vt}\\\vdots\qquad\qquad\vdots&&\vdots\qquad\qquad\vdots\\\boldsymbol{A}_{h1}\boldsymbol{B}_{11}+\ldots+\boldsymbol{A}_{hv}\boldsymbol{B}_{v1}&\ldots&\boldsymbol{A}_{h1}\boldsymbol{B}_{1t}+\ldots+\boldsymbol{A}_{hv}\boldsymbol{B}_{vt}\end{pmatrix}}_{h\times t}$$

矩阵 $\boldsymbol{A}$ 对向量 $\boldsymbol{x}$ 的线性变换 *

以下是重要知识点**线性变换**（linear transformation）的一个预览，随着学习的深入，我们会有更深刻的认识. 我们可以把矩阵 $\boldsymbol{A}_{m\times n}$ 看作一个函数 f，它对输入向量 $\boldsymbol{x}\in F^n$ 进行了一个线性变换

$$f: F^n \to F^m, \boldsymbol{x} \mapsto f(\boldsymbol{x}) = A\boldsymbol{x}.$$

该函数满足

$$f(c\boldsymbol{x}) = cf(\boldsymbol{x}),\quad f(\boldsymbol{x}+\boldsymbol{y}) = f(\boldsymbol{x}) + f(\boldsymbol{y}).$$

此线性变换可以看作改变**基向量**，输入向量 $\boldsymbol{x}=(x_1,x_2)$ 在基向量 $\boldsymbol{i}=(1,0),\boldsymbol{j}=(0,1)$ 下的坐标是 (x_1,x_2)，向量 $\boldsymbol{x}$ 表示为基向量的线性组合 $\boldsymbol{x}=x_1\boldsymbol{i}+x_2\boldsymbol{j}$. 在 $f(\boldsymbol{x})=\boldsymbol{A}\boldsymbol{x}$ 中，矩阵 $\boldsymbol{A}$ 的作用是把两个基向量 $\boldsymbol{i},\boldsymbol{j}$ 分别变为 $\boldsymbol{A}$ 的列向量 $\boldsymbol{i}^*=\boldsymbol{A}(\ ,1),\boldsymbol{j}^*=\boldsymbol{A}(\ ,2)$，所以 $\boldsymbol{A}\boldsymbol{x}$ 的意义是把基向量进行的变换 $\boldsymbol{i}\to\boldsymbol{i}^*,\boldsymbol{j}\to\boldsymbol{j}^*$ 作用于任意向量 $\boldsymbol{x}$，输出结果为 $x_1\boldsymbol{i}^*+x_2\boldsymbol{j}^*$. 3Blue1Brown 用动画描述了过程 $\boldsymbol{x}\mapsto f(\boldsymbol{x})=\boldsymbol{A}\boldsymbol{x}$.

例 1.4　已知把二维向量逆时针旋转角度 θ 是一种线性变换，可以用 $\boldsymbol{x}\mapsto\boldsymbol{A}\boldsymbol{x}$ 表示. 如图 1.8所示，该线性变换使得 $\boldsymbol{i}=(1,0)$ 变为 $\boldsymbol{i}^*=(\cos\theta,\sin\theta)$，使得 $\boldsymbol{j}=(0,1)$ 变为 $\boldsymbol{j}^*=(-\sin\theta,\cos\theta)$，故旋转矩阵为

$$\boldsymbol{A}=\begin{pmatrix}\cos\theta & -\sin\theta\\ \sin\theta & \cos\theta\end{pmatrix}$$

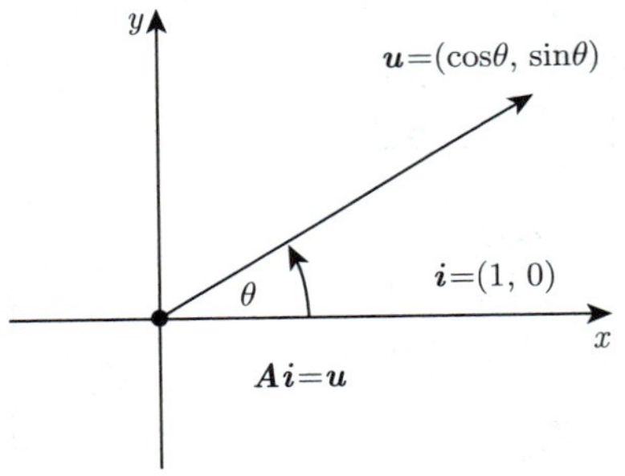

图 1.8　旋转矩阵

假设某一单位向量与水平轴夹角为 α，其坐标为 $\boldsymbol{x}=(\cos\alpha,\sin\alpha)$，在 $\boldsymbol{A}$ 的作用下，它应该逆时针旋转 θ，此时与水平轴夹角为 $\alpha+\theta$，写成矩阵形式为

$$\boldsymbol{A}\boldsymbol{x}=\begin{pmatrix}\cos\theta & -\sin\theta\\ \sin\theta & \cos\theta\end{pmatrix}\begin{pmatrix}\cos\alpha\\ \sin\alpha\end{pmatrix}=\begin{pmatrix}\cos(\alpha+\theta)\\ \sin(\alpha+\theta)\end{pmatrix}.$$

这里我们没有计算矩阵-向量乘积 $\boldsymbol{A}\boldsymbol{x}$，而是根据矩阵的几何意义写出 $\boldsymbol{A}\boldsymbol{x}$ 的结果. 可以验证，它和矩阵-向量乘积得到的结果一致.

假设旋转矩阵 $\boldsymbol{B}$ 的作用刚好和 $\boldsymbol{A}$ 相反，顺时针旋转 θ，则

$$\boldsymbol{B}=\begin{pmatrix}\cos\theta & \sin\theta\\ -\sin\theta & \cos\theta\end{pmatrix}.$$

先逆时针旋转 θ，再顺时针旋转 θ，用矩阵表示是 $\boldsymbol{BA}$，它保持输入向量不变，即：

$$\boldsymbol{BA}=\begin{pmatrix}\cos\theta & \sin\theta\\ -\sin\theta & \cos\theta\end{pmatrix}\begin{pmatrix}\cos\theta & -\sin\theta\\ \sin\theta & \cos\theta\end{pmatrix}=\begin{pmatrix}1 & 0\\ 0 & 1\end{pmatrix}=\boldsymbol{I}.$$

同样地，我们没有计算矩阵-矩阵乘积 $\boldsymbol{BA}$，而是根据矩阵的几何意义写出 $\boldsymbol{BA}$ 的结果. 可以验证，它和矩阵-矩阵乘积得到的结果一致.

还可以从另一种角度理解 $\boldsymbol{Ax}$：把 $\boldsymbol{A}$ 的列向量看作某一特殊**坐标系**下的基向量，$\boldsymbol{x}$ 为该坐标系下的向量的坐标，$\boldsymbol{A}$ 的作用是把在这一特殊坐标系下的坐标 $\boldsymbol{x}$，转变为标准坐标系 $\boldsymbol{i},\boldsymbol{j}$ 下的坐标，即 $\boldsymbol{Ax}$. 从这个角度看，$\boldsymbol{x}$ 的坐标是在特殊坐标系下的，$\boldsymbol{Ax}$ 的坐标是在标准坐标系下的.

我们之后常常遇到的问题是，把标准坐标系下的向量的坐标转变为特殊坐标系下的坐标，所以应该使用**逆矩阵**（inverse matrix）作用在向量上，$\boldsymbol{A}^{-1}\boldsymbol{x}$ 为向量 $\boldsymbol{x}$ 在特殊坐标系下的坐标. 有时，在特殊坐标系下需要进行线性变换 $\boldsymbol{B}$，然后再变回标准坐标系下，这样就有了形如 $\boldsymbol{ABA}^{-1}$ 的线性变换，这种类型的表达式在这门课程的后半部分会遇到，比如矩阵的对角化 $\boldsymbol{C}=\boldsymbol{X\Lambda X}^{-1}$.

这一节我们已经接触到了线性代数的核心内容，矩阵乘法、线性变换、逆矩阵. 虽然它们偏离了解方程这条主线，但当我们看到矩阵-向量乘法 $\boldsymbol{Ax}$，忍不住要挖掘它背后的含义，而所有这些核心内容和 $\boldsymbol{Ax}$ 密切相关.

习题

1. 计算

(a)

$$\begin{pmatrix}1 & 2\\ 3 & 4\end{pmatrix}+\begin{pmatrix}5 & 6\\ 7 & 8\end{pmatrix};$$

(b)

$$\begin{pmatrix}5 & 6\\ 7 & 8\end{pmatrix}+\begin{pmatrix}1 & 2\\ 3 & 4\end{pmatrix};$$

(c) 虽然书中没有给出矩阵数量乘法的定义，但显然等于所有元素乘以某个数字.

$$-1\times\begin{pmatrix}1 & 2\\ 3 & 4\end{pmatrix};$$

(d)

$$\begin{pmatrix}1 & 2\\3 & 4\end{pmatrix}-\begin{pmatrix}1 & 2\\3 & 4\end{pmatrix}.$$

2. 从行–行、列–列、行–列、列–行四种角度计算矩阵乘积，最终答案已给出，请写出过程.

$$\begin{pmatrix}1 & 2\\3 & 4\end{pmatrix}\begin{pmatrix}5 & 6\\7 & 8\end{pmatrix}=\begin{pmatrix}19 & 22\\43 & 50\end{pmatrix}.$$

3. 计算

$$\begin{pmatrix}5 & 6\\7 & 8\end{pmatrix}\begin{pmatrix}1 & 2\\3 & 4\end{pmatrix}.$$

4*. 讲义从几何意义说明了

$$\begin{pmatrix}\cos\theta & \sin\theta\\-\sin\theta & \cos\theta\end{pmatrix}\begin{pmatrix}\cos\theta & -\sin\theta\\\sin\theta & \cos\theta\end{pmatrix}=\begin{pmatrix}1 & 0\\0 & 1\end{pmatrix}=\boldsymbol{I}.$$

请利用矩阵乘法和三角函数公式证明以上等式.

5. 已知如下线性方程组 $\boldsymbol{Ax}=\boldsymbol{0}$,

$$\begin{cases}1x_1 - 3x_2 + 2x_3 = 0,\\2x_1 + 1x_2 - 3x_3 = 0,\\3x_1 - 2x_2 + 1x_3 = 0.\end{cases}\tag{1.4}$$

请说明，解 $\boldsymbol{x}=(x_1,x_2,x_3)$ 垂直于系数矩阵 $\boldsymbol{A}$ 的行向量.

6. 证明：如果向量 $\boldsymbol{v}=(a,b)$ 与向量 $\boldsymbol{w}=(c,d)$ 成倍数，$\boldsymbol{v}=k\boldsymbol{w}$，则向量 (a,c) 与 (b,d) 也成倍数.

7. 证明：如果矩阵 $\begin{pmatrix}a & b\\c & d\end{pmatrix}$ 的行成倍数，则列也成倍数.

1.3 消元法

消元法（elimination method）又称为高斯消元法，它是解线性方程组最基本的方法. 消元法通过对增广矩阵 $(\boldsymbol{A}\vdots\boldsymbol{b})$ 进行**初等行变换**，包括把一行的倍数加到另一行上、互换两行，把增广矩阵变为**阶梯形矩阵** $(\boldsymbol{U}\vdots\boldsymbol{c})$. 然后，通过**回代法**（back substitution）求得阶梯形线性方程组 $\boldsymbol{Ux}=\boldsymbol{c}$ 的解，即从最后一个方程开始，求出最后一个未知量的解，然后代入前面的方程，依次求出其他未知量的解.

消元法的一般步骤

以下通过解一个三元线性方程组 $\boldsymbol{Ax}=\boldsymbol{b}$ 说明消元法的一般步骤.

$$\underbrace{\begin{pmatrix}1&3&1\\1&1&-1\\3&11&6\end{pmatrix}}_{\boldsymbol{A}}\underbrace{\begin{pmatrix}x_1\\x_2\\x_3\end{pmatrix}}_{\boldsymbol{x}}=\underbrace{\begin{pmatrix}9\\1\\35\end{pmatrix}}_{\boldsymbol{b}} \tag{1.5}$$

$$\left(\begin{array}{ccc|c}\boxed{1}&3&1&9\\1&1&-1&1\\3&11&6&35\end{array}\right)\xrightarrow[r_3-3r_1]{r_2-r_1}\left(\begin{array}{ccc|c}\boxed{1}&3&1&9\\0&\boxed{-2}&-2&-8\\0&2&3&8\end{array}\right)\xrightarrow{r_3+r_2}\left(\begin{array}{ccc|c}\boxed{1}&3&1&9\\0&\boxed{-2}&-2&-8\\0&0&\boxed{1}&0\end{array}\right)$$

1. r_2-r_1 表示第 1 行乘以 -1 加到第 2 行，r_3-3r_1 表示第 1 行乘以 -3 加到第 3 行，消去第 1 列主元以下的元素；
2. r_3+r_2 表示（新的）第 2 行乘以 1 加到（新的）第 3 行，消去第 2 列主元以下的元素；
3. 使用回代法，从解最后一个方程开始，每次得到一个未知量的解，把已经得到的解代入前面的方程，进而求得所有未知量的解：

$$1x_3=0 \implies x_3=0$$

$$-2x_2-2x_3=-8 \implies -2x_2-0=-8 \implies x_2=4$$

$$1x_1+3x_2+1x_3=9 \implies x_1+12+0=9 \implies x_1=-3.$$

方框中的元素称为**主元**（pivot），稍后给出正式定义. 可以使用初等行变换进一步化简阶梯形增广矩阵：

$$\left(\begin{array}{ccc|c}\boxed{1}&3&1&9\\0&\boxed{-2}&-2&-8\\0&0&\boxed{1}&0\end{array}\right)\xrightarrow[r_2+2r_3]{r_1-r_3}\left(\begin{array}{ccc|c}\boxed{1}&3&0&9\\0&\boxed{-2}&0&-8\\0&0&\boxed{1}&0\end{array}\right)\xrightarrow{r_1+\frac{3}{2}r_2}$$

$$\left(\begin{array}{ccc|c}\boxed{1}&0&0&-3\\0&\boxed{-2}&0&-8\\0&0&\boxed{1}&0\end{array}\right)\xrightarrow{-\frac{1}{2}r_2}\left(\begin{array}{ccc|c}\boxed{1}&0&0&-3\\0&\boxed{1}&0&4\\0&0&\boxed{1}&0\end{array}\right)$$

1. 使用最后 1 行消去最后 1 列主元以上的元素；
2. 使用倒数第 2 行消去倒数第 2 列主元以上的元素；
3. 第 2 行除以 -2.

最终得到的矩阵称为**简化行阶梯形矩阵**. 从简化行阶梯形矩阵可以更快速找到方程的解，即变换后的常数项 $\boldsymbol{x}=(-3,4,0)$.

定义 1.8 矩阵的初等行（列）变换包括：

1. 把一行（列）的倍数加到另一行（列）上；
2. 互换两行（列）；
3. 用一个非零数乘某一行（列）.

在阶梯形矩阵中，非零行从左边数起第一个不为 0 的元素称为主元.

有如下特点的矩阵称为阶梯形矩阵：零行（如果有零行）在下方，主元的列指标随着行指标的递增而严格递增.

进一步，有如下特点的阶梯形矩阵称为简化行阶梯形矩阵：每个非零行的主元都是 1，每个主元所在的列的其余元素都是 0.

我们看一个需要行交换才能化简为阶梯形的例子.

例 1.5 对增广矩阵进行如下初等行变换，得到阶梯形矩阵.

$$\left(\begin{array}{ccc|c}\boxed{1} & 3 & 1 & 9\\ 1 & 3 & -1 & 1\\ 3 & 11 & 6 & 35\end{array}\right)\xrightarrow[r_3-3r_1]{r_2-r_1}\left(\begin{array}{ccc|c}\boxed{1} & 3 & 1 & 9\\ 0 & 0 & -2 & -8\\ 0 & 2 & 3 & 8\end{array}\right)\xrightarrow{r_2\leftrightarrow r_3}\left(\begin{array}{ccc|c}\boxed{1} & 3 & 1 & 9\\ 0 & \boxed{2} & 3 & 8\\ 0 & 0 & \boxed{-2} & -8\end{array}\right)$$

在第二步，第二行和第三行互换，使得矩阵中主元的列指标随行指标递增而递增，即主元呈阶梯形排列，这样得到了阶梯形矩阵. 从另外一个角度看，第二行应该出现主元的位置出现了零，我们可以在以下行中相应的列寻找非零元素，然后交换行. 最后，通过回代法求解未知量：

$$-2x_3=-8 \Longrightarrow x_3=4$$

$$2x_2+3x_3=8=2x_2+12 \Longrightarrow x_2=-2$$

$$x_1+3x_2+x_3=9=x_1-6+4 \Longrightarrow x_3=11$$

不难证明以下定理：

定理 1.2 任意一个矩阵都可以通过一系列初等行变换化成阶梯形矩阵，并且可以进一步化简为简化行阶梯形矩阵. 经过初等行变换变成的阶梯形方程组和简化行阶梯形矩阵与原线性方程组同解.

如果方阵阶梯形矩阵的某一行没有主元，即出现零行，该阶梯形矩阵和其对应的原始方阵称为奇异矩阵（singular matrix），奇异矩阵不可逆. 对于 n 级方阵，只有找到全部 n 个非零主元（在阶梯形中），该方阵才可逆，我们后面会详细讨论这点.

不难发现，方阵经过初等行变换和列交换有以下这两种形式：

$$\boldsymbol{I},\begin{pmatrix}\boldsymbol{I} & \boldsymbol{F}\\ 0 & 0\end{pmatrix},$$

其中 $\boldsymbol{I}$ 表示对角线元素为 1，其余元素为零的矩阵，称为单位矩阵（方阵）. 行数大于列数矩阵经过初等行变换和列交换有以下这两种形式：

$$\begin{pmatrix}\boldsymbol{I}\\ 0\end{pmatrix},\begin{pmatrix}\boldsymbol{I} & \boldsymbol{F}\\ 0 & 0\end{pmatrix}.$$

行数小于列数矩阵经过初等行变换和列交换有以下这两种形式：

$$\begin{pmatrix} \boldsymbol{I} & \boldsymbol{F} \end{pmatrix}, \begin{pmatrix} \boldsymbol{I} & \boldsymbol{F} \\ 0 & 0 \end{pmatrix},$$

注意：对系数矩阵进行列交换时，还需要对 $\boldsymbol{x}$ 中相应的元素进行交换，如矩阵方程

$$\begin{pmatrix} 1 & 3 & 1 \\ 1 & 1 & -1 \\ 3 & 11 & 6 \end{pmatrix} \begin{pmatrix} x_1 \\ x_2 \\ x_3 \end{pmatrix} = \begin{pmatrix} 9 \\ 1 \\ 35 \end{pmatrix}, \tag{1.6}$$

与矩阵方程

$$\begin{pmatrix} 1 & 1 & 3 \\ 1 & -1 & 1 \\ 3 & 6 & 11 \end{pmatrix} \begin{pmatrix} x_1 \\ x_3 \\ x_2 \end{pmatrix} = \begin{pmatrix} 9 \\ 1 \\ 35 \end{pmatrix} \tag{1.7}$$

同解. 可见对系数矩阵 $\boldsymbol{A}$ 进行列交换只会影响未知量在 $\boldsymbol{x}$ 中的位置.

例 1.6　简化行阶梯形矩阵

$$\begin{pmatrix} 1 & 0 & 0 & 0 \\ 0 & 1 & 0 & 0 \\ 0 & 0 & 0 & 1 \\ 0 & 0 & 0 & 0 \end{pmatrix}$$

交换第 3、4 列得到 $\begin{pmatrix} 1 & 0 & 0 & 0 \\ 0 & 1 & 0 & 0 \\ 0 & 0 & 1 & 0 \\ 0 & 0 & 0 & 0 \end{pmatrix} = \begin{pmatrix} \boldsymbol{I}_{3\times3} & \boldsymbol{0}_{3\times1} \\ \boldsymbol{0}_{1\times3} & \boldsymbol{0}_{1\times1} \end{pmatrix}$，更容易看清它的结构.

总结一下消元法的一般步骤：首先，对系数矩阵 $\boldsymbol{A}$ 进行初等行变换，使之变为阶梯形（对于方阵，是上三角形）$\boldsymbol{U}$，同样的行变换需要作用于常数项 $\boldsymbol{b}$，可以借助增广矩阵 $(\boldsymbol{A} \mid \boldsymbol{b})$，把行变换同时应用于系数矩阵和常数项；然后，基于阶梯形线性方程组 $\boldsymbol{U}\boldsymbol{x} = \boldsymbol{c}$，从最后一个方程开始，使用回代法求出未知量. 注意，为了方便将来讨论 $\boldsymbol{A}$ 的 $\boldsymbol{LU}$ 分解，我们常常停止在阶梯形矩阵，而不继续化简为简化行阶梯形.

消元法的矩阵表示

使用矩阵乘法可以把消元法抽象地表达出来. 因为消元法对系数矩阵 $\boldsymbol{A}$ 进行了行变换，所以，可以用 “**消元矩阵**” 左乘 $\boldsymbol{A}$ 表示初等行变换.

记号 1.4　$\boldsymbol{E}$ 表示消元矩阵，作用是消去主元以下的元素；$\boldsymbol{P}$ 表示置换矩阵，作用是行互换；$\boldsymbol{D}$ 表示对角矩阵（主对角线以外的元素全为 0 的方阵），作用是某一行乘以常数.

继续以线性方程组(1.5)为例说明消元法的矩阵表示：

$$\underbrace{\begin{pmatrix} 1 & 3 & 1 \\ 1 & 1 & -1 \\ 3 & 11 & 6 \end{pmatrix}}_{\boldsymbol{A}} \underbrace{\begin{pmatrix} x_1 \\ x_2 \\ x_3 \end{pmatrix}}_{\boldsymbol{x}} = \underbrace{\begin{pmatrix} 9 \\ 1 \\ 35 \end{pmatrix}}_{\boldsymbol{b}}.$$

增广矩阵的初等行变换为：

$$\left(\begin{array}{ccc|c} \boxed{1} & 3 & 1 & 9 \\ 1 & 1 & -1 & 1 \\ 3 & 11 & 6 & 35 \end{array}\right) \xrightarrow[r_3-3r_1]{r_2-r_1} \left(\begin{array}{ccc|c} \boxed{1} & 3 & 1 & 9 \\ 0 & \boxed{-2} & -2 & -8 \\ 0 & 2 & 3 & 8 \end{array}\right) \xrightarrow{r_3+r_2} \left(\begin{array}{ccc|c} \boxed{1} & 3 & 1 & 9 \\ 0 & \boxed{-2} & -2 & -8 \\ 0 & 0 & \boxed{1} & 0 \end{array}\right)$$

现在用消元矩阵的乘法来表示消元法的第一步，即消去第一行主元以下的元素，具体而言：

1. 保持第一行不变；
2. 从第二行减去第一行，得到新的第二行；
3. 从第三行减去三倍第一行，得到新的第三行.

以上过程可以用消元矩阵 $\boldsymbol{E}_1 = \begin{pmatrix} 1 & 0 & 0 \\ -1 & 1 & 0 \\ -3 & 0 & 1 \end{pmatrix}$ 左乘 $\boldsymbol{A}$ 得到. 消元矩阵 $\boldsymbol{E}_1$ 的第一行对应 $\boldsymbol{A}$ 第一行的变换，第二行对应 $\boldsymbol{A}$ 第二行的变换，第三行对应 $\boldsymbol{A}$ 第三行的变换. 消元矩阵 $\boldsymbol{E}_1$ 也可以通过对**单位矩阵**（identity matrix）$\boldsymbol{I} = \begin{pmatrix} 1 & 0 & 0 \\ 0 & 1 & 0 \\ 0 & 0 & 1 \end{pmatrix}$ 进行同样的行变换得到. 由单位矩阵经过一次初等行变换得到的矩阵又称为**初等矩阵**. 消元矩阵下三角中的非零元素称为**消元乘数**，如 $-1, -3$. 可以通过计算矩阵乘积验证消元矩阵的正确性，

$$\boldsymbol{E}_1\boldsymbol{A} = \begin{pmatrix} 1 & 3 & 1 \\ 0 & -2 & -2 \\ 0 & 2 & 3 \end{pmatrix}.$$

同理,可以得到第二个消元矩阵为 $\boldsymbol{E}_2 = \begin{pmatrix} 1 & 0 & 0 \\ 0 & 1 & 0 \\ 0 & 1 & 1 \end{pmatrix}$,进而 $\boldsymbol{E}_2\boldsymbol{E}_1\boldsymbol{A} = \begin{pmatrix} 1 & 3 & 1 \\ 0 & -2 & -2 \\ 0 & 0 & 1 \end{pmatrix} = \boldsymbol{U}$. E_2, E_1 的作用可以在表情矩阵上形象地表示出来：

$\boldsymbol{A} =$  ,

可以通过计算矩阵乘积验证消元矩阵的正确性，$E_1 A = \begin{pmatrix} 1 & 3 & 1 \\ 0 & -2 & -2 \\ 0 & 2 & 3 \end{pmatrix}$. 同理，

可以得到第二个消元矩阵为 $E_2 = \begin{pmatrix} 1 & 0 & 0 \\ 0 & 1 & 0 \\ 0 & 1 & 1 \end{pmatrix}$，进而 $E_2 E_1 A = \begin{pmatrix} 1 & 3 & 1 \\ 0 & -2 & -2 \\ 0 & 0 & 1 \end{pmatrix} = U$.

E_2, E_1 的作用可以在表情矩阵上，形象地表示出来：

$$A = \begin{pmatrix} \bullet & \bullet & \bullet \\ \bullet & \bullet & \bullet \\ \bullet & \bullet & \bullet \end{pmatrix}$$

$$E_1 A = \begin{pmatrix} \bullet & \bullet & \bullet \\ \bullet - \bullet & \bullet - \bullet & \bullet - \bullet \\ \bullet - 3\,\bullet & \bullet - 3\,\bullet & \bullet - 3\,\bullet \end{pmatrix}$$

$$U = E_2 E_1 A = \begin{pmatrix} \bullet & \bullet & \bullet \\ \bullet - \bullet & \bullet - \bullet & \bullet - \bullet \\ \bullet + \bullet - 4\,\bullet & \bullet + \bullet - 4\,\bullet & \bullet + \bullet - 4\,\bullet \end{pmatrix}$$

从上面可以看出

$$E = E_2 E_1 = \begin{pmatrix} 1 & 0 & 0 \\ -1 & 1 & 0 \\ -4 & 1 & 1 \end{pmatrix}$$

所以，消元法可以用以下矩阵运算表示

$$\underbrace{E_2 E_1}_{E} A = U$$

矩阵 A 被左边的消元矩阵从右往左乘，先用 E_1 消去第一列非主元元素，然后基于新的矩阵 $E_1 A$，用 E_2 消去新矩阵的第二列非主元元素. 注意，消元的顺序不能改变，即矩阵乘法没有交换律，$E_2 E_1 \neq E_1 E_2$. 把两个消元矩阵相乘得到 $E = E_2 E_1$，**消元乘数**被混杂起来，新的数字 -4 并没有出现在单步消元矩阵 E_1, E_2 中. 这是因为 E 直接作用在 A 上，而在消元法中，第二步的消元乘数是基于中间过程的新矩阵 $E_1 A$.

两个消元矩阵 E_1, E_2 为下三角矩阵，它们的乘积 E 也为下三角形矩阵，这个结论可以从代数上证明. 另外，这也是由于消元法的机制决定的：把主元所在的行加到主元下面的行，而不是主元上面的行. 消元法解线性方程组 $Ax = b$，可以用矩阵乘法表示为

$$EAx = Eb \Rightarrow Ux = c$$

即把 $Ax = b$ 转化为两个简单的计算，计算向量 $Eb = c$ 利用回代法解 $Ux = c$.

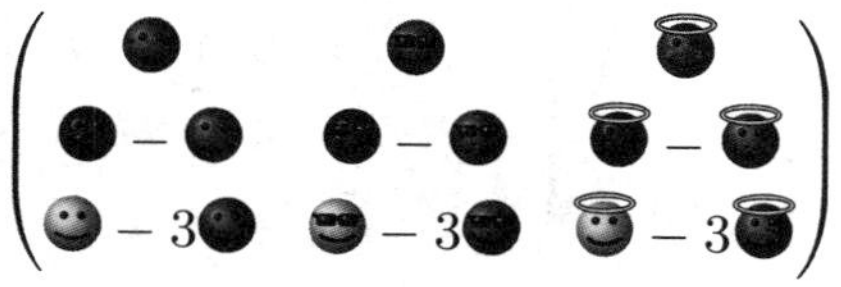

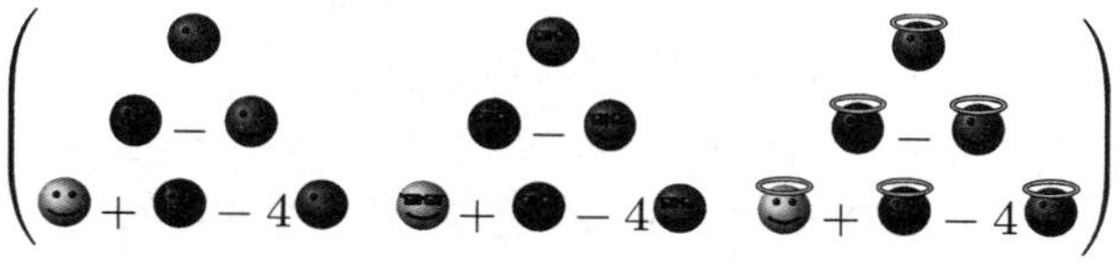

例 1.7 如果想把上三角矩阵 $\begin{pmatrix} 1 & 3 & 1 \\ 0 & -2 & -2 \\ 0 & 0 & 1 \end{pmatrix}$ 的第二行乘以 $-\dfrac{1}{2}$，相应的初等矩阵为多少？

解 相应的初等矩阵为对角矩阵 $\boldsymbol{D}=\mathbf{diag}\left(1,-\dfrac{1}{2},1\right)$，可以得到

$$\begin{pmatrix} 1 & 0 & 0 \\ 0 & -\dfrac{1}{2} & 0 \\ 0 & 0 & 1 \end{pmatrix}\begin{pmatrix} 1 & 3 & 1 \\ 0 & -2 & -2 \\ 0 & 0 & 1 \end{pmatrix}=\begin{pmatrix} 1 & 3 & 1 \\ 0 & 1 & 1 \\ 0 & 0 & 1 \end{pmatrix}.$$

如果对角矩阵 $\boldsymbol{D}$ 右乘矩阵，则对矩阵进行初等列变换：

$$\begin{pmatrix} 1 & 3 & 1 \\ 0 & -2 & -2 \\ 0 & 0 & 1 \end{pmatrix}\begin{pmatrix} 1 & 0 & 0 \\ 0 & -\dfrac{1}{2} & 0 \\ 0 & 0 & 1 \end{pmatrix}=\begin{pmatrix} 1 & -\dfrac{3}{2} & 1 \\ 0 & 1 & -2 \\ 0 & 0 & 1 \end{pmatrix}.$$

我们总结一下几种常见的特殊矩阵.

定义 1.9 只有一个元素是 1，其余元素全为 0 的矩阵称为<u>基本矩阵</u>. 主对角线以外的元素全为 0 的方阵称为<u>对角矩阵</u>，记作 $\boldsymbol{D}=\mathbf{diag}(d_1,\cdots,d_n)$. 单位矩阵是对角线元素为 1 的对角矩阵 $\boldsymbol{I}=\mathbf{diag}(1,\cdots,1)$. 主对角线下（上）方的元素全为 0 的方阵称为上（下）三角形矩阵. 由单位矩阵经过一次初等行（列）变换得到的矩阵称为初等矩阵.

主对角线上的所有子矩阵都是方阵，而位于主对角线上下方的所有子矩阵都为 0 的分块矩阵称为<u>分块对角矩阵</u>，记为 $\mathbf{diag}(\boldsymbol{A}_1,\boldsymbol{A}_2,\cdots,\boldsymbol{A}_n)$，其中，$\boldsymbol{A}_1,\cdots,\boldsymbol{A}_n$ 是方阵. 主对角线上的所有子矩阵都是方阵，而位于主对角线下（上）方的所有子矩阵都为 0 的分块矩阵称为分块上（下）三角矩阵.

由于有三种初等行变换，相应的有三类初等矩阵：单位矩阵某一行的倍数加到另外一行（如本节中的 $\boldsymbol{E}_2$）；互换单位矩阵的两行（如 $\boldsymbol{P}$，后面讨论）；把单位矩阵的某一行乘以个常数（如例 1.7中的 $\boldsymbol{D}$）. 本节的消元矩阵 $\boldsymbol{E}_1$ 不是初等矩阵，而是两个初等矩阵的乘积，表示进行了两次初等行变换：

$$\boldsymbol{E}_1=\underbrace{\begin{pmatrix} 1 & 0 & 0 \\ 0 & 1 & 0 \\ -3 & 0 & 1 \end{pmatrix}}_{E_{31}}\underbrace{\begin{pmatrix} 1 & 0 & 0 \\ -1 & 1 & 0 \\ 0 & 0 & 1 \end{pmatrix}}_{E_{21}},$$

其中 $\boldsymbol{E}_{31}$ 用于消去元素 $\boldsymbol{A}(3,1)$，$\boldsymbol{E}_{2,1}$ 用于消去元素 $\boldsymbol{A}(2,1)$，易知 $\boldsymbol{E}_{31}\boldsymbol{E}_{21}=\boldsymbol{E}_{21}\boldsymbol{E}_{31}$.

例 1.8 假设

$$\boldsymbol{A}=\begin{pmatrix} 1 & 2 \\ 3 & 4 \end{pmatrix},\boldsymbol{B}=\begin{pmatrix} 5 & 6 \\ 7 & 8 \end{pmatrix},$$

则分块对角矩阵

$$\begin{pmatrix} \boldsymbol{A} & \boldsymbol{0}_{2\times 2} \\ \boldsymbol{0}_{2\times 2} & \boldsymbol{B} \end{pmatrix} = \begin{pmatrix} 1 & 2 & 0 & 0 \\ 3 & 4 & 0 & 0 \\ 0 & 0 & 5 & 6 \\ 0 & 0 & 7 & 8 \end{pmatrix}$$

注意：分块对角矩阵不一定是对角矩阵，分块三角矩阵也不一定是三角矩阵.

我们总结一下特殊矩阵的运算，不难证明以下定理：

定理 1.3 用一个对角矩阵左 (右) 乘一个矩阵 $\boldsymbol{A}$，就相当于用对角矩阵的主对角元分别去乘 $\boldsymbol{A}$ 的相应的行 (列). 两个 n 级上 (下) 三角矩阵 $\boldsymbol{AB}$ 的乘积仍为上 (下) 三角矩阵，并且 $\boldsymbol{AB}$ 的主对角元等于 $\boldsymbol{A}$ 与 $\boldsymbol{B}$ 的相应主对角元的乘积. 用初等矩阵左 (右) 乘一个矩阵 $\boldsymbol{A}$，就相当于 $\boldsymbol{A}$ 做了一次相应的初等行 (列) 变换.

LU 分解

消元法写成 $\boldsymbol{EA} = \boldsymbol{U}$ 有两个问题：

1. 矩阵 $\boldsymbol{E}$ 的计算需要进行矩阵乘法运算，消元矩阵 $\boldsymbol{E}_1, \boldsymbol{E}_2$ 的元素在 $\boldsymbol{E}$ 中混在一起.
2. 我们想把高斯消元法看成是对 $\boldsymbol{A}$ 的简化，即写成 $\boldsymbol{A} =$ 某些简单矩阵相乘，而不是 $\boldsymbol{EA} = \boldsymbol{U}$.

把消元法“逆过来”，就可以解决以上两个问题，即通过上三角矩阵 $\boldsymbol{U}$ 得到 $\boldsymbol{A}$. 逆消元法同样涉及对 $\boldsymbol{U}$ 进行行变换，用矩阵运算表示就是

$$\boldsymbol{A} = \boldsymbol{LU}$$

其中 $\boldsymbol{L}$ 表示下三角矩阵（稍后说明为什么是下三角矩阵），$\boldsymbol{U}$ 表示上三角矩阵. $\boldsymbol{L}$ 中有效的元素有 $n(n-1)/2$ 个，$\boldsymbol{U}$ 中有效的元素有 $n(n+1)/2$ 个，总有效元素之和刚好等于原矩阵 $\boldsymbol{A}$ 中的元素个数.

表面上看，$\boldsymbol{L}$ 的计算需要先计算矩阵的乘积 $\boldsymbol{E} = \boldsymbol{E}_2\boldsymbol{E}_1$，然后计算矩阵的逆 $\boldsymbol{L} = \boldsymbol{E}^{-1}$，但实际上，$\boldsymbol{L}$ 的计算甚至比 $\boldsymbol{E}$ 的计算都简单！从 $\boldsymbol{A}$ 到 $\boldsymbol{U}$ 进行了两步消元 $\boldsymbol{E}_1, \boldsymbol{E}_2$，从 $\boldsymbol{U}$ 逆到 $\boldsymbol{A}$ 需先把第二步消元 $\boldsymbol{E}_2$ 逆回去，再把第一步消元 $\boldsymbol{E}_1$ 逆回去. 第二步消元法的逆为，把 $\boldsymbol{U}$ 第三行减去第二行，相应的矩阵为

$$\boldsymbol{E}_2^{-1} = \begin{pmatrix} 1 & 0 & 0 \\ 0 & 1 & 0 \\ 0 & 1 & 1 \end{pmatrix}^{-1} = \begin{pmatrix} 1 & 0 & 0 \\ 0 & 1 & 0 \\ 0 & -1 & 1 \end{pmatrix},$$

这里，我们并没有计算 $\boldsymbol{E}_2$ 的逆矩阵，而是把第二步消元的逆过程用矩阵表示出来，逆

矩阵 E_2^{-1} 刚好把 E_2 中非对角线元素取负号. 可以验证

$$E_2^{-1}E_2 = \begin{pmatrix} 1 & 0 & 0 \\ 0 & 1 & 0 \\ 0 & 0 & 1 \end{pmatrix}.$$

第二步消元的逆过程为：

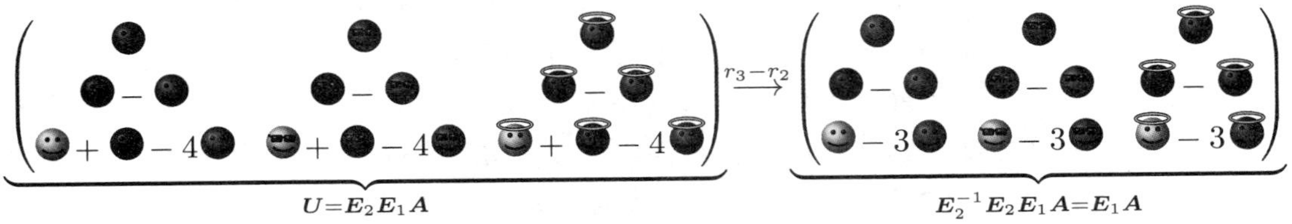

$$\underbrace{\qquad\qquad}_{U=E_2E_1A} \xrightarrow{r_3-r_2} \underbrace{\qquad\qquad}_{E_2^{-1}E_2E_1A=E_1A}$$

基于 E_1A, 第一步消元法的逆为, 把新矩阵 E_1A 的第二行和第三行分别加上新矩阵 E_1A (也是 U) 的第一行的 1 倍和 3 倍, 相应的矩阵为

$$E_1^{-1} = \begin{pmatrix} 1 & 0 & 0 \\ -1 & 1 & 0 \\ -3 & 0 & 1 \end{pmatrix}^{-1} = \begin{pmatrix} 1 & 0 & 0 \\ 1 & 1 & 0 \\ 3 & 0 & 1 \end{pmatrix}.$$

这里, 我们仍没有计算 E_1 的逆, 但通过推理, 它的逆即为把 E_1 非对角线元素取负号. 第一步消元的逆过程为

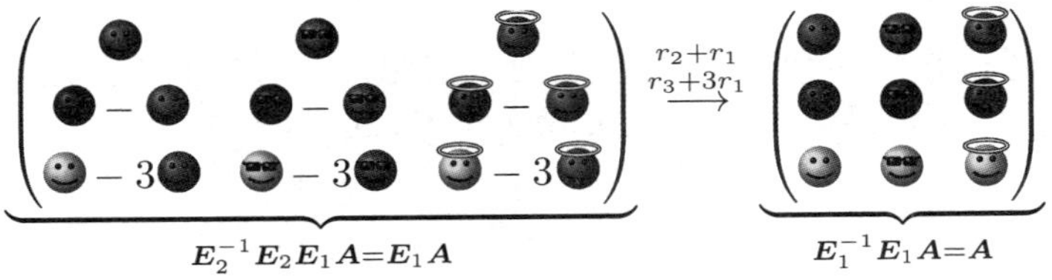

$$\underbrace{\qquad\qquad}_{E_2^{-1}E_2E_1A=E_1A} \xrightarrow[r_3+3r_1]{r_2+r_1} \underbrace{\qquad\qquad}_{E_1^{-1}E_1A=A}$$

在 "逆消元" 的过程中, 我们始终把 U 的上面的行加到下面的行, 并没有使用中间新矩阵的行, 故逆消元矩阵的消元乘数没有混杂. 具体而言:

1. A 的最后 1 行等于 U 的最后 1 行加上 -1 乘以 U 的第 2 行再加上 3 乘以 U 的第 1 行;
2. A 的第 2 行等于 U 的第 2 行加上 1 乘以 U 的第 1 行.

根据上面的步骤, 我们可以写出逆消元矩阵为

$$E^{-1} = E_1^{-1}E_2^{-1} = \begin{pmatrix} 1 & 0 & 0 \\ 1 & 1 & 0 \\ 3 & -1 & 1 \end{pmatrix},$$

即 $A=LU$ 分解中的矩阵 $L=E^{-1}$. 注意: L 可以从 E_1, E_2 "直接读出", 并不需要任何计算, 即改变 E_1, E_2 中非对角元素的符号, 并放在 L 相应的位置. 可见 $L=E^{-1}$ 的计算比 $E=E_2E_1$ 的计算简单, 不需要计算矩阵的乘积或者矩阵的逆.

高斯消元法可以写成 $\boldsymbol{A}=\boldsymbol{E}^{-1}\boldsymbol{U}=\boldsymbol{L}\boldsymbol{U}$，其中 $\boldsymbol{L}$ 为消元矩阵的逆矩阵，它的作用是把上三角矩阵 $\boldsymbol{U}$ 还原为原始系数矩阵 $\boldsymbol{A}$，$\boldsymbol{L}$ 中的元素准确地记录了消元过程. 矩阵分解 $\boldsymbol{A}=\boldsymbol{L}\boldsymbol{U}$ 在解线性方程组上的优势体现在以下两方面.

1. 把复杂的 $\boldsymbol{A}\boldsymbol{x}=\boldsymbol{b}$ 分解为两个简单线性方程组

$$\boldsymbol{L}\underbrace{(\boldsymbol{U}\boldsymbol{x})}_{\boldsymbol{c}}=\boldsymbol{b}.$$

使用正代法解下三角线性方程组 $\boldsymbol{L}\boldsymbol{c}=\boldsymbol{b}$, 然后使用回代法解上三角线性方程组 $\boldsymbol{U}\boldsymbol{x}=\boldsymbol{c}$.

2. 对于解不同的常数项 $\boldsymbol{b}$，可以重复利用 $\boldsymbol{L},\boldsymbol{U}$: 使用增广矩阵时，消元步骤没有被保存，对于不同的常数项需要进行多次消元，$\boldsymbol{L}\boldsymbol{U}$ 分解把消元步骤保存在 $\boldsymbol{L}$，把阶梯形系数矩阵保存在 $\boldsymbol{U}$.

例 1.9 根据如下消元过程，写出矩阵 $\boldsymbol{L}$.

$$\boldsymbol{A}=\begin{pmatrix}1&2&0\\2&5&1\\-3&1&-1\end{pmatrix}\xrightarrow[r_3+3r_1]{r_2-2r_1}\begin{pmatrix}1&2&0\\0&1&1\\0&7&-1\end{pmatrix}\xrightarrow{r_3-7r_2}\begin{pmatrix}1&2&0\\0&1&1\\0&0&-8\end{pmatrix}=\boldsymbol{U}$$

这里“r_2-2r_1”表示“第 2 行 $-2\times$ 第 1 行”.

解 可以写出消元矩阵为

$$\boldsymbol{E}_1=\begin{pmatrix}1&0&0\\-2&1&0\\3&0&1\end{pmatrix},\quad \boldsymbol{E}_2=\begin{pmatrix}1&0&0\\0&1&0\\0&-7&1\end{pmatrix}$$

根据 $\boldsymbol{E}_1,\boldsymbol{E}_2$，可以直接写出矩阵 $\boldsymbol{L}$，不需要矩阵乘法、逆运算，

$$\boldsymbol{L}=\begin{pmatrix}1&&\\2&1&\\-3&7&1\end{pmatrix}$$

例 1.10 使用例 1.9的 $\boldsymbol{L}\boldsymbol{U}$ 分解，解如下线性方程组

$$\underbrace{\begin{pmatrix}1&2&0\\2&5&1\\-3&1&-1\end{pmatrix}}_{\boldsymbol{A}=\boldsymbol{L}\boldsymbol{U}}\underbrace{\begin{pmatrix}x_1\\x_2\\x_3\end{pmatrix}}_{\boldsymbol{x}}=\underbrace{\begin{pmatrix}5\\15\\-4\end{pmatrix}}_{\boldsymbol{b}}$$

解 首先，通过正代法求解 $\boldsymbol{L}\boldsymbol{c}=\boldsymbol{b}$:

$$\underbrace{\begin{pmatrix} 1 & & \\ 2 & 1 & \\ -3 & 7 & 1 \end{pmatrix}}_{\boldsymbol{L}} \underbrace{\begin{pmatrix} c_1 \\ c_2 \\ c_3 \end{pmatrix}}_{\boldsymbol{c}} = \underbrace{\begin{pmatrix} 5 \\ 15 \\ -4 \end{pmatrix}}_{\boldsymbol{b}}$$

从第一行得到 $c_1 = 5$，从第二行得到 $2c_1 + c_2 = 10 + c_2 = 15 \implies c_2 = 5$，从第三行得到 $-3c_1 + 7c_2 + c_3 = -15 + 35 + c_3 = -4 \implies c_3 = -24$. 这一步和把消元法应用到常数项得到的结果一致.

然后，通过回代法求解 $\boldsymbol{Ux} = \boldsymbol{c}$

$$\underbrace{\begin{pmatrix} 1 & 2 & 0 \\ & 1 & 1 \\ & & -8 \end{pmatrix}}_{\boldsymbol{U}} \underbrace{\begin{pmatrix} x_1 \\ x_2 \\ x_3 \end{pmatrix}}_{\boldsymbol{x}} = \underbrace{\begin{pmatrix} 5 \\ 5 \\ -24 \end{pmatrix}}_{\boldsymbol{c}}$$

从最后一行得到 $-8x_3 = -24 \implies x_3 = 3$，从第二行得到 $x_2 + x_3 = x_2 + 3 = 5 \implies x_2 = 2$，从第一行得到 $x_1 + 2x_2 = x_1 + 4 = 5 \implies x_1 = 1$. 所以，$\boldsymbol{x} = (1, 2, 3)$.

在消元过程中，可能需要行交换，这时可以左乘**置换矩阵**，如 $\boldsymbol{P}_{23}\boldsymbol{A}$ 可以互换 $\boldsymbol{A}$ 的第二三行，其中

$$\boldsymbol{P}_{23} = \begin{pmatrix} 1 & 0 & 0 \\ 0 & 0 & 1 \\ 0 & 1 & 0 \end{pmatrix}$$

是单位矩阵 $\boldsymbol{I}$ 进行一次行交换得到的初等矩阵，下角标表示互换的行指标，可见 $\boldsymbol{P}_{23} = \boldsymbol{P}_{32}$.

如果消元过程中需要行互换，那么是否还存在 $\boldsymbol{LU}$ 分解？答案是仍然可以进行 $\boldsymbol{LU}$ 分解，但变成了 $\boldsymbol{PA} = \boldsymbol{LU}$. 我们通过下面的例子说明需要行互换的 $\boldsymbol{LU}$ 分解. 假设某系数矩阵 $\boldsymbol{A}$ 的消元过程如下，最终得到阶梯形矩阵 $\boldsymbol{U}$：

$$\begin{pmatrix} \boxed{1} & 3 & 1 \\ 1 & 3 & -1 \\ 3 & 11 & 6 \end{pmatrix} \xrightarrow[r_3 - 3r_1]{r_2 - 1r_1} \begin{pmatrix} \boxed{1} & 3 & 1 \\ 0 & 0 & -2 \\ 0 & 2 & 3 \end{pmatrix} \xrightarrow{r_3 \leftrightarrow r_2} \begin{pmatrix} \boxed{1} & 3 & 1 \\ 0 & \boxed{2} & 3 \\ 0 & 0 & \boxed{-2} \end{pmatrix},$$

其中，在第二步，第二行和第三行进行了交换. 消元法对应的矩阵乘法为

$$\underbrace{\begin{pmatrix} 1 & & \\ & & 1 \\ & 1 & \end{pmatrix}}_{\boldsymbol{P}_{23}} \underbrace{\begin{pmatrix} 1 & & \\ -1 & 1 & \\ -3 & & 1 \end{pmatrix}}_{\boldsymbol{E}_1} \underbrace{\begin{pmatrix} 1 & 3 & 1 \\ 1 & 3 & -1 \\ 3 & 11 & 6 \end{pmatrix}}_{\boldsymbol{A}} = \underbrace{\begin{pmatrix} 1 & 3 & 1 \\ & 2 & 3 \\ & & -2 \end{pmatrix}}_{\boldsymbol{U}}.$$

然而，基于 $\boldsymbol{P}_{23}\boldsymbol{E}_1\boldsymbol{A}=\boldsymbol{U}$ 很难对 $\boldsymbol{A}$ 进行 $\boldsymbol{LU}$ 分解，因为求 $\boldsymbol{P}_{23}\boldsymbol{E}_1$ 的逆不像之前简单. 对于矩阵 $\boldsymbol{A}$，我们可以在第一步先互换第二三行，这样在以后消元中不需要行互换：

$$\begin{pmatrix} \boxed{1} & 3 & 1 \\ 1 & 3 & -1 \\ 3 & 11 & 6 \end{pmatrix} \xrightarrow{r_3\leftrightarrow r_2} \begin{pmatrix} \boxed{1} & 3 & 1 \\ 3 & 11 & 6 \\ 1 & 3 & -1 \end{pmatrix} \xrightarrow[r_3-1r_1]{r_2-3r_1} \begin{pmatrix} \boxed{1} & 3 & 1 \\ 0 & \boxed{2} & 3 \\ 0 & 0 & \boxed{-2} \end{pmatrix}.$$

该消元过程可以表示为：

$$\underbrace{\begin{pmatrix} 1 & & \\ -3 & 1 & \\ -1 & & 1 \end{pmatrix}}_{\boldsymbol{E}_1}\underbrace{\begin{pmatrix} 1 & & \\ & & 1 \\ & 1 & \end{pmatrix}}_{\boldsymbol{P}_{23}}\underbrace{\begin{pmatrix} 1 & 3 & 1 \\ 1 & 3 & -1 \\ 3 & 11 & 6 \end{pmatrix}}_{\boldsymbol{A}} = \underbrace{\begin{pmatrix} 1 & 3 & 1 \\ & 2 & 3 \\ & & -2 \end{pmatrix}}_{\boldsymbol{U}},$$

进而可以得到 $\boldsymbol{PA}=\boldsymbol{LU}$ 分解：

$$\underbrace{\begin{pmatrix} 1 & & \\ & & 1 \\ & 1 & \end{pmatrix}}_{\boldsymbol{P}_{23}}\underbrace{\begin{pmatrix} 1 & 3 & 1 \\ 1 & 3 & -1 \\ 3 & 11 & 6 \end{pmatrix}}_{\boldsymbol{A}} = \underbrace{\begin{pmatrix} 1 & 3 & 1 \\ 3 & 11 & 6 \\ 1 & 3 & -1 \end{pmatrix}}_{\boldsymbol{P}_{23}\boldsymbol{A}} = \underbrace{\begin{pmatrix} 1 & & \\ 3 & 1 & \\ 1 & & 1 \end{pmatrix}}_{\boldsymbol{L}=\boldsymbol{E}_1^{-1}}\underbrace{\begin{pmatrix} 1 & 3 & 1 \\ & 2 & 3 \\ & & -2 \end{pmatrix}}_{\boldsymbol{U}}.$$

这里还有个问题：根据 $\boldsymbol{PA}=\boldsymbol{LU}$，应该是先确定 $\boldsymbol{P}$，先行互换然后再进行 $\boldsymbol{LU}$ 分解，但是，如何在消元前知道合适的行互换呢？实际上，我们在消元过程中发现如何行互换，然后返回已经完成的消元步骤，对 $\boldsymbol{E}$ 和 $\boldsymbol{L}$ 进行相应的调整，最终得到 $\boldsymbol{PA}=\boldsymbol{LU}$.

已知含有行互换的 $\boldsymbol{LU}$ 分解 $\boldsymbol{PA}=\boldsymbol{LU}$，如何求解线性方程组 $\boldsymbol{A}x=\boldsymbol{b}$？根据 $\boldsymbol{PAx}=\boldsymbol{LUx}=\boldsymbol{Pb}$，包含三步：第一，对 $\boldsymbol{b}$ 进行排序 $\boldsymbol{Pb}$；第二，使用正代法解 $\boldsymbol{Lc}=\boldsymbol{Pb}$；第三，使用回代法解 $\boldsymbol{Ux}=\boldsymbol{c}$.

例 1.11 已知

$$\underbrace{\begin{pmatrix} 1 & 0 & 0 \\ 0 & 0 & 1 \\ 0 & 1 & 0 \end{pmatrix}}_{\boldsymbol{P}}\underbrace{\begin{pmatrix} 1 & 3 & 1 \\ 1 & 3 & -1 \\ 3 & 11 & 6 \end{pmatrix}}_{\boldsymbol{A}} = \underbrace{\begin{pmatrix} 1 & 0 & 0 \\ 3 & 1 & 0 \\ 1 & 0 & 1 \end{pmatrix}}_{\boldsymbol{L}}\underbrace{\begin{pmatrix} 1 & 3 & 1 \\ 0 & 2 & 3 \\ 0 & 0 & -2 \end{pmatrix}}_{\boldsymbol{U}}.$$

解线性方程组 $\boldsymbol{Ax}=\boldsymbol{b}=(9,1,35)$.

解

$$\boldsymbol{Pb}=\underbrace{\begin{pmatrix} 1 & 0 & 0 \\ 0 & 0 & 1 \\ 0 & 1 & 0 \end{pmatrix}}_{\boldsymbol{P}}\underbrace{\begin{pmatrix} 9 \\ 1 \\ 35 \end{pmatrix}}_{\boldsymbol{b}} = \begin{pmatrix} 9 \\ 35 \\ 1 \end{pmatrix},$$

$$\underbrace{\begin{pmatrix}1&0&0\\3&1&0\\1&0&1\end{pmatrix}}_{L}\boldsymbol{c}=\underbrace{\begin{pmatrix}9\\35\\1\end{pmatrix}}_{\boldsymbol{Pb}}\Longrightarrow\boldsymbol{c}=\begin{pmatrix}9\\8\\-8\end{pmatrix},$$

$$\underbrace{\begin{pmatrix}1&3&1\\0&2&3\\0&0&-2\end{pmatrix}}_{\boldsymbol{U}}\boldsymbol{x}=\underbrace{\begin{pmatrix}9\\8\\-8\end{pmatrix}}_{\boldsymbol{c}}\Longrightarrow\boldsymbol{x}=\begin{pmatrix}11\\-2\\4\end{pmatrix}.$$

习题

1. 已知线性方程组为

$$\begin{cases}x+2y+2z=1,\\4x+8y+9z=3,\\3y+2z=1.\end{cases}$$

   (a) 请写出对应的增广矩阵 $(\boldsymbol{A}\quad\boldsymbol{b})$.

   (b) $\boldsymbol{A}$ 可通过先左乘消元矩阵 $\boldsymbol{E}_1$，再左乘置换矩阵 $\boldsymbol{P}_{32}$，转化为上三角矩阵. 请写出矩阵 $\boldsymbol{E}_1$、$\boldsymbol{P}_{32}$，并根据转换过程，利用回代法求解方程组.

   (c) $\boldsymbol{A}$ 可通过先左乘置换矩阵 $\boldsymbol{P}_{32}$，再左乘消元矩阵 $\boldsymbol{E}_1$，转化为上三角矩阵. 请写出矩阵 $\boldsymbol{E}_1$、$\boldsymbol{P}_{32}$，并根据转换过程，利用回代法求解方程组.

2. 已知矩阵 $\boldsymbol{A}$，存在消元矩阵 $\boldsymbol{E}_1,\boldsymbol{E}_2$ 使得 $\boldsymbol{E}_2\boldsymbol{E}_1\boldsymbol{A}=\boldsymbol{E}\boldsymbol{A}=\boldsymbol{U}$ 为上三角矩阵.

$$\boldsymbol{A}=\begin{pmatrix}1&1&0\\4&6&1\\-2&2&0\end{pmatrix}$$

   (a) 请写出消元矩阵 $\boldsymbol{E}_1,\boldsymbol{E}_2$;

   (b) 求矩阵 $\boldsymbol{E}=\boldsymbol{E}_2\boldsymbol{E}_1$;

   (c) 求矩阵 $\boldsymbol{E}^{-1}=\boldsymbol{E}_1^{-1}\boldsymbol{E}_2^{-1}$.

3. 矩阵 $\boldsymbol{M}=\begin{pmatrix}a&b\\c&d\end{pmatrix}$ 的行列式定义为

$$\det(\boldsymbol{M})=\begin{vmatrix}a&b\\c&d\end{vmatrix}=ad-bc.$$

   将 $\boldsymbol{M}$ 的第二行减去第一行的 l 倍，得到新矩阵 $\boldsymbol{M}^*$. 请证明：对于任意的 l，都有 $\det(\boldsymbol{M})=\det(\boldsymbol{M}^*)$.

4. 计算下列矩阵的乘积.

(a)

$$\begin{pmatrix}0&0&1\\0&1&0\\1&0&0\end{pmatrix}\begin{pmatrix}1&2&3\\4&5&6\\7&8&9\end{pmatrix}\begin{pmatrix}0&0&1\\0&1&0\\1&0&0\end{pmatrix};$$

(b)

$$\begin{pmatrix}1&0&0\\-1&1&0\\-1&0&1\end{pmatrix}\begin{pmatrix}1&2&3\\1&3&1\\1&4&0\end{pmatrix}.$$

5. (a) 请证明：当矩阵 $\boldsymbol{B}$ 的第三列为全 0 列时，对任意矩阵 $\boldsymbol{E}$（满足与矩阵 $\boldsymbol{B}$ 相乘的条件），$\boldsymbol{EB}$ 的第三列也为全 0 列；

(b) 请证明：当矩阵 $\boldsymbol{B}$ 的第三行为全 0 行时，对任意矩阵 $\boldsymbol{E}$（满足与矩阵 $\boldsymbol{B}$ 相乘的条件），$\boldsymbol{EB}$ 的第三行不一定为全 0 行.

6.

$$\boldsymbol{E}_3\boldsymbol{E}_2\boldsymbol{E}_1\begin{pmatrix}1&0&0&0\\-a&1&0&0\\0&-b&1&0\\0&0&-c&1\end{pmatrix}=\boldsymbol{I}$$

其中 $\boldsymbol{I}$ 为单位矩阵. 请写出三个消元矩阵 $\boldsymbol{E}_3,\boldsymbol{E}_2,\boldsymbol{E}_1$,及它们的乘积 $\boldsymbol{E}_3\boldsymbol{E}_2\boldsymbol{E}_1$.

7. 已知如下变换: 先对矩阵 $\boldsymbol{A}=\begin{pmatrix}a&b\\c&d\end{pmatrix}$ 左乘 $\boldsymbol{E}$ 进行行变换，再右乘 $\boldsymbol{F}$ 进行列变换.

$$\boldsymbol{EA}=\begin{pmatrix}1&0\\1&1\end{pmatrix}\begin{pmatrix}a&b\\c&d\end{pmatrix}=\begin{pmatrix}a&b\\a+c&b+d\end{pmatrix}$$

$$(\boldsymbol{EA})\boldsymbol{F}=(\boldsymbol{EA})\begin{pmatrix}1&1\\0&1\end{pmatrix}=\begin{pmatrix}a&a+b\\a+c&a+c+b+d\end{pmatrix}$$

(a) 改变变换顺序，先列变换再行变换. 计算 $\boldsymbol{E}(\boldsymbol{AF})$.

(b) 比较 $(\boldsymbol{EA})\boldsymbol{F}$ 与 $\boldsymbol{E}(\boldsymbol{AF})$，请问：这体现了矩阵乘法遵循什么规则？

8. 已知如下变换：先对矩阵 $\boldsymbol{A}=\begin{pmatrix}a&b\\c&d\end{pmatrix}$ 左乘 $\boldsymbol{E}$ 进行行变换，再左乘 $\boldsymbol{F}$ 继续进行行变换.

$$\boldsymbol{EA}=\begin{pmatrix}1&0\\1&1\end{pmatrix}\begin{pmatrix}a&b\\c&d\end{pmatrix}=\begin{pmatrix}a&b\\a+c&b+d\end{pmatrix}$$

$$\boldsymbol{F}(\boldsymbol{EA})=\begin{pmatrix}1&1\\0&1\end{pmatrix}\begin{pmatrix}a&b\\a+c&b+d\end{pmatrix}=\begin{pmatrix}2a+c&2b+d\\a+c&b+d\end{pmatrix}$$

(a) 改变变换顺序. 计算 $\boldsymbol{E}(\boldsymbol{F}\boldsymbol{A})$.

(b) 比较 $\boldsymbol{F}(\boldsymbol{E}\boldsymbol{A})$ 与 $\boldsymbol{E}(\boldsymbol{F}\boldsymbol{A})$，请问：这体现出了矩阵乘法遵循或不遵循什么规则？

9. 已知三个线性方程组.

$$\boldsymbol{A}\boldsymbol{x}_1 = \begin{pmatrix}1\\0\\0\end{pmatrix} \quad \boldsymbol{A}\boldsymbol{x}_2 = \begin{pmatrix}0\\1\\0\end{pmatrix} \quad \boldsymbol{A}\boldsymbol{x}_3 = \begin{pmatrix}0\\0\\1\end{pmatrix}$$

(a) 若 $\boldsymbol{X} = (\boldsymbol{x}_1 \;\; \boldsymbol{x}_2 \;\; \boldsymbol{x}_3)$，即 $\boldsymbol{X}$ 的列为 $\boldsymbol{x}_1, \boldsymbol{x}_2, \boldsymbol{x}_3$，求 $\boldsymbol{A}\boldsymbol{X}$.

(b) 若上述三个线性方程组的解分别为 $\boldsymbol{x}_1 = (1,0,1), \boldsymbol{x}_2 = (0,1,0), \boldsymbol{x}_3 = (0,0,1)$. 请写出矩阵 $\boldsymbol{A}$，并求解线性方程组 $\boldsymbol{A}\boldsymbol{x} = \boldsymbol{b}, \boldsymbol{b} = (3,5,8)$.

10. 如果 $\boldsymbol{B}\boldsymbol{A} = \boldsymbol{I}$，则称 $\boldsymbol{A}$ 的**左逆矩阵**为 $\boldsymbol{B}$，$\boldsymbol{B}$ 的**右逆矩阵**为 $\boldsymbol{A}$. 已知方阵 $\boldsymbol{A}, \boldsymbol{B}, \boldsymbol{C}$ 满足 $\boldsymbol{B}\boldsymbol{A} = \boldsymbol{I}, \boldsymbol{A}\boldsymbol{C} = \boldsymbol{I}$，证明 $\boldsymbol{A}$ 的左逆矩阵 $\boldsymbol{B}$ 等于 $\boldsymbol{A}$ 的右逆矩阵 $\boldsymbol{C}$，即 $\boldsymbol{B} = \boldsymbol{C}$.

11. 已知 $\boldsymbol{A} = \begin{pmatrix}1 & 0 & 1\\2 & 2 & 2\\3 & 4 & 5\end{pmatrix}$，写出消元矩阵 $\boldsymbol{E}_1, \boldsymbol{E}_2$，将矩阵 $\boldsymbol{A}$ 转换为上三角矩阵，即 $\boldsymbol{E}_2\boldsymbol{E}_1\boldsymbol{A} = \boldsymbol{U}$.

12. 将对称矩阵 $\boldsymbol{A} = \begin{pmatrix}a & a & a & a\\a & b & b & b\\a & b & c & c\\a & b & c & d\end{pmatrix}$ 进行 $\boldsymbol{L}\boldsymbol{U}$ 分解，并指出当 a, b, c, d 满足哪 4 个条件时，$\boldsymbol{U}$ 有 4 个主元.

1.4 矩阵的逆

矩阵的逆可以看做是**逆函数**，它把 $\boldsymbol{A}$ 的线性变换“逆了回去”：

$$\boldsymbol{A}^{-1}(\boldsymbol{A}\boldsymbol{x}) = \boldsymbol{x},\; f^{-1}(f(\boldsymbol{x})) = \boldsymbol{x}.$$

定义 1.10 对于数域 F 上的方阵 $\boldsymbol{A}$，如果存在数域 F 上的方阵 $\boldsymbol{B}$，使得

$$\boldsymbol{A}\boldsymbol{B} = \boldsymbol{B}\boldsymbol{A} = \boldsymbol{I}$$

那么称 $\boldsymbol{A}$ 是可逆矩阵，$\boldsymbol{A}$ 逆为 $\boldsymbol{A}^{-1} = \boldsymbol{B}$.

定理 1.4 如果 $\boldsymbol{A}$ 是可逆矩阵，那么 $\boldsymbol{A}$ 逆是唯一的.

证明 假设 $\boldsymbol{B}, \boldsymbol{C}$ 都为 $\boldsymbol{A}$ 逆，则 $\boldsymbol{B} = \boldsymbol{B}(\boldsymbol{A}\boldsymbol{C}) = (\boldsymbol{B}\boldsymbol{A})\boldsymbol{C} = \boldsymbol{C}$，故 $\boldsymbol{A}$ 逆是唯一的. ■

定理 1.5 如果 $\boldsymbol{A}$ 有左逆 $\boldsymbol{B}$ 和右逆 $\boldsymbol{C}$，那么 $\boldsymbol{B}=\boldsymbol{C}$ 且为 $\boldsymbol{A}$ 的逆.

证明 $\boldsymbol{B}=\boldsymbol{B}(\boldsymbol{AC})=(\boldsymbol{BA})\boldsymbol{C}=\boldsymbol{C}$，可知 $\boldsymbol{BA}=\boldsymbol{AC}=\boldsymbol{AB}$，根据逆矩阵定义，$\boldsymbol{B}=\boldsymbol{C}$ 为 $\boldsymbol{A}$ 的逆. ■

矩阵的逆常用在理论证明中的公式变形，可逆矩阵 $\boldsymbol{A}$ 从等式的左边移到右边变成 $\boldsymbol{A}^{-1}$，类似于除法. 例如，对于可逆矩阵 $\boldsymbol{A}$ 和任意向量 $\boldsymbol{b}$，$\boldsymbol{Ax}=\boldsymbol{b}$ 的解可以写成 $\boldsymbol{x}=\boldsymbol{A}^{-1}\boldsymbol{b}$.

单位矩阵是一个简单且非常重要的矩阵，它是一个对角元素为 1 的对角矩阵. 下面是一个 5 级单位矩阵

$$\boldsymbol{I}=\begin{pmatrix}1&0&0&0&0\\0&1&0&0&0\\0&0&1&0&0\\0&0&0&1&0\\0&0&0&0&1\end{pmatrix}=\begin{pmatrix}\boldsymbol{e}_1&\boldsymbol{e}_2&\boldsymbol{e}_3&\boldsymbol{e}_4&\boldsymbol{e}_5\end{pmatrix},$$

其中，列向量 $\boldsymbol{e}_1,\cdots,\boldsymbol{e}_5$ 是向量空间 $\mathbb{R}^5$ 的一个**标准正交基**. 单位矩阵类似于数字 1，有如下性质 $\boldsymbol{Ix}=\boldsymbol{xI}=\boldsymbol{x}, \boldsymbol{IA}=\boldsymbol{AI}=\boldsymbol{A}$. 主对角线上元素都为同一个数 k，其余元素全为 0 的 n 级矩阵称为**数量矩阵**，等于 $k\boldsymbol{I}$.

记号 1.5 $\boldsymbol{I}$ 可以代表任意大小的单位矩阵，看起来定义比较模糊，实际上，从使用中可以推断出单位矩阵的大小，比如从 $\boldsymbol{IA}, \boldsymbol{A}+\boldsymbol{I}$ 可以推断出 $\boldsymbol{I}$ 的大小.

高斯-若尔当算法

高斯㊀-若尔当㊁算法（Gauss-Jordan algorithm）是一种手算逆矩阵的方法. 现在，我们很少手算一个矩阵的逆，但我们有必要了解一下这个算法. 首先，它可以帮助我们理解什么情况下逆矩阵存在；其次，它是一个很好的消元法应用实例. 根据 $\boldsymbol{A}$ 逆的

㊀ 高斯 (见图 1.9) 出生于德国的勒茨堡（Leipzig），是一位著名的数学家、物理学家和天文学家. 高斯在许多领域做出了突出的贡献，包括数论、代数、几何学、概率论、流体力学和天文学等. 他是现代数学和科学研究的奠基人之一，被誉为“数学之王”. 高斯在哥廷根大学学习期间，完成了他的杰作《算术探究》（*Disquisitiones Arithmeticae*）. 他从 1807 年直到去世，几乎半个世纪担任哥廷根天文台的台长. 在法国大革命和拿破仑战争期间，高斯带队进行了测绘工作，这些工作为德国军队提供了重要的帮助. 高斯为德国的胜利和它在欧洲的地位做出了重要的贡献. 在代数中，高斯首次使用复数的概念，并发展了复数的运算法则和复平面的几何基础. 他提出了高斯消元法来求解线性方程组，并为线性代数的发展做出了重要贡献. 在概率论中，高斯提出了高斯分布（也称为正态分布），这是一种常见的连续型概率分布，广泛应用于统计学和自然科学中. 在物理学中，高斯的工作包括电磁学和天体力学. 他发现了高斯定律，描述了电场的分布和电荷之间的关系. 他研究了磁场、电磁感应和光的干涉等问题，并对地球磁场进行了研究. 高斯的贡献还延伸到天文学领域. 他使用几何学和数学方法计算行星的轨道、潮汐力和陀螺仪的运动等. 他还提出了高斯球面法和高斯曲率等概念，被广泛应用于地理学和地图投影等领域.

㊁ 若尔当是一位德国测地学家、制图家和数学家，在测地学领域有重要贡献，他著有大量的作品，其中最著名的是《测量学手册》（*Handbook of Geodesy*）. 在数学领域，若尔当改进了消元法的稳定性. 若尔当是 Jordan 法语发音的中文翻译.

定义和定理 1.5，需要求解方程 $\boldsymbol{AX}=\boldsymbol{I}$，并证明当 $\boldsymbol{AX}=\boldsymbol{I}$ 有解 $\boldsymbol{X}=\boldsymbol{B}$ 时，存在 $\boldsymbol{C}$ 使得 $\boldsymbol{CA}=\boldsymbol{I}$.

图 1.9 高斯（Johann Carl Friedrich Gauβ，1777—1855）

图 1.10 若尔当（Wilhelm Jordan，1842—1899）

方程 $\boldsymbol{AX}=\boldsymbol{I}$ 可以写成：

$$\boldsymbol{A}\underbrace{\begin{pmatrix}\boldsymbol{x}_1 & \cdots & \boldsymbol{x}_n\end{pmatrix}}_{\boldsymbol{X}}=\underbrace{\begin{pmatrix}\boldsymbol{e}_1 & \cdots & \boldsymbol{e}_n\end{pmatrix}}_{\boldsymbol{I}}.$$

从列-列角度看，解 $\boldsymbol{AX}=\boldsymbol{I}$ 等价于解 n 个线性方程组 $\boldsymbol{Ax}_j=\boldsymbol{e}_j, j=1,\cdots,n$，因而需要对 n 个增广矩阵 $(\boldsymbol{A}\mid\boldsymbol{e}_1),\cdots,(\boldsymbol{A}\mid\boldsymbol{e}_n)$ 进行初等行变换得到简化行阶梯形矩阵. 不难发现，n 个增广矩阵的系数矩阵相同，所以它们的初等行变换相同. 我们把 $\boldsymbol{e}_1,\cdots,\boldsymbol{e}_n$ 同时放在 $\boldsymbol{A}$ 右边，对 $(\boldsymbol{A}\mid\boldsymbol{I})$ 进行初等行变换. 单位矩阵 $\boldsymbol{I}$ 的特点是进行初等行变换不会产生零行，因而，如果 $\boldsymbol{A}$ 的简化行阶梯形出现零行，则 $\boldsymbol{AX}=\boldsymbol{I}$ 无解，只有当 $\boldsymbol{A}$ 的简化行阶梯形为 $\boldsymbol{I}$ 时，$\boldsymbol{AX}=\boldsymbol{I}$ 才有解，增广矩阵中 $\boldsymbol{I}$ 那部分即为 $\boldsymbol{AX}=\boldsymbol{I}$ 的解（$\boldsymbol{A}$ 的右逆）. 如果 $\boldsymbol{AX}=\boldsymbol{I}$ 有解 $\boldsymbol{X}=\boldsymbol{B}$，说明初等行变换可以把 $\boldsymbol{A}$ 变为 $\boldsymbol{I}$，这可以用一系列初等矩阵左乘 $\boldsymbol{A}$ 表示，$\cdots\boldsymbol{E}_3\boldsymbol{PE}_2\boldsymbol{E}_1\boldsymbol{A}=\boldsymbol{I}$，即 $\boldsymbol{CA}=\boldsymbol{I}$（$\boldsymbol{C}$ 为 $\boldsymbol{A}$ 的左逆）. 根据定理 1.5，$\boldsymbol{B}=\boldsymbol{C}=\boldsymbol{A}^{-1}$. 综上所述，高斯–若尔当算法可以表示为：

$$\boxed{\begin{pmatrix}\boldsymbol{A} & \boldsymbol{I}\end{pmatrix}\xrightarrow[\text{row ops}]{}\begin{pmatrix}\boldsymbol{I} & \boldsymbol{A}^{-1}\end{pmatrix}}$$

高斯–若尔当算法说明了如果存在右逆 $\boldsymbol{B}$ 使得 $\boldsymbol{AB}=\boldsymbol{I}$，则必然存在一个左逆 $\boldsymbol{C}$，且 $\boldsymbol{B}=\boldsymbol{C}=\boldsymbol{A}^{-1}$. 因而，我们有如下定理：

定理 1.6 设 $\boldsymbol{A},\boldsymbol{B}$ 都是数域 F 上的 n 级矩阵，如果 $\boldsymbol{AB}=\boldsymbol{I}$，那么 $\boldsymbol{A},\boldsymbol{B}$ 都是可逆矩阵，并且 $\boldsymbol{A}^{-1}=\boldsymbol{B},\boldsymbol{B}^{-1}=\boldsymbol{A}$.

定理 1.6说明了判断 $\boldsymbol{A}$ 是否可逆，只需判断 $\boldsymbol{A}$ 是否有左逆或者右逆. 高斯-若尔当算法还说明了 $\boldsymbol{AX}=\boldsymbol{I}$ 有解的条件，即 $\boldsymbol{A}$ 的简化行阶梯形为 $\boldsymbol{I}$ 或者 $\boldsymbol{A}$ 的主元个数为 n，进而有如下定理：

定理 1.7 矩阵 $\boldsymbol{A}$ 可逆的条件是 $\boldsymbol{A}$ 的简化行阶梯形为 $\boldsymbol{I}$，即 $\boldsymbol{A}$ 有 n 个非零主元.

换个角度看高斯-若尔当算法：如果一系列初等行变换把 $\boldsymbol{A}$ 变为 $\boldsymbol{I}$，那么同样的行变换可以把 $\boldsymbol{I}$ 变为 $\boldsymbol{A}^{-1}$. 为什么？初等行变换相当于 $\boldsymbol{A}$ 左乘一系列初等矩阵，如果 $\cdots \boldsymbol{E}_3\boldsymbol{P}\boldsymbol{E}_2\boldsymbol{E}_1\boldsymbol{A}=\boldsymbol{I}$，那么 $\boldsymbol{A}^{-1}=\cdots \boldsymbol{E}_3\boldsymbol{P}\boldsymbol{E}_2\boldsymbol{E}_1$，所以，同样的行变换作用于 $\boldsymbol{I}$ 上得到 $\cdots \boldsymbol{E}_3\boldsymbol{P}\boldsymbol{E}_2\boldsymbol{E}_1\boldsymbol{A}\boldsymbol{I}=\boldsymbol{A}^{-1}$.

例 1.12 求矩阵 $\boldsymbol{A}=\begin{pmatrix}1&4&1\\1&2&-1\\3&14&6\end{pmatrix}$ 的逆.

解 以下展示了高斯消元法的步骤，$\boldsymbol{A}\to\boldsymbol{U}\to\boldsymbol{D}\to\boldsymbol{I}$

$$\underbrace{\begin{pmatrix}1&4&1\\1&2&-1\\3&14&6\end{pmatrix}}_{\boldsymbol{A}}\longrightarrow\begin{pmatrix}1&4&1\\0&-2&-2\\0&2&3\end{pmatrix}\longrightarrow\underbrace{\begin{pmatrix}\boxed{1}&4&1\\0&\boxed{-2}&-2\\0&0&\boxed{1}\end{pmatrix}}_{\boldsymbol{U}}$$

$$\longrightarrow\begin{pmatrix}1&0&-3\\0&-2&-2\\0&0&1\end{pmatrix}\longrightarrow\underbrace{\begin{pmatrix}1&0&0\\0&-2&0\\0&0&1\end{pmatrix}}_{\boldsymbol{D}}$$

$$\longrightarrow\underbrace{\begin{pmatrix}1&0&0\\0&1&0\\0&0&1\end{pmatrix}}_{\boldsymbol{I}}.$$

为了计算 $\boldsymbol{A}$ 的逆，把 $\boldsymbol{A}$ 和 $\boldsymbol{I}$ 写在一起，并同步进行以上的初等行变换

$$\left(\begin{array}{ccc|ccc}1&4&1&1&0&0\\1&2&-1&0&1&0\\3&14&6&0&0&1\end{array}\right)\longrightarrow\left(\begin{array}{ccc|ccc}1&4&1&1&0&0\\0&-2&-2&-1&1&0\\0&2&3&-3&0&1\end{array}\right)$$

$$\longrightarrow\left(\begin{array}{ccc|ccc}\boxed{1}&4&1&1&0&0\\0&\boxed{-2}&-2&-1&1&0\\0&0&\boxed{1}&-4&1&1\end{array}\right)\longrightarrow\left(\begin{array}{ccc|ccc}1&0&-3&-1&2&0\\0&-2&-2&-1&1&0\\0&0&1&-4&1&1\end{array}\right)$$

$$\longrightarrow\left(\begin{array}{ccc|ccc}1&0&0&-13&5&3\\0&-2&0&-9&3&2\\0&0&1&-4&1&1\end{array}\right)\longrightarrow\left(\begin{array}{ccc|ccc}1&0&0&-13&5&3\\0&1&0&4.5&-1.5&-1\\0&0&1&-4&1&1\end{array}\right),$$

所以我们得到 $\boldsymbol{A}^{-1}=\begin{pmatrix}-13&5&3\\4.5&-1.5&-1\\-4&1&1\end{pmatrix}$.

初等变换不仅可以用来求逆矩阵，还可以用来求解 $\boldsymbol{AX}=\boldsymbol{B}$，假设 $\boldsymbol{A}$ 是可逆矩阵，则 $\boldsymbol{X}=\boldsymbol{A}^{-1}\boldsymbol{B}$. 如果对增广矩阵 $(\boldsymbol{A}\mid\boldsymbol{B})$ 施行初等行变换，使 $\boldsymbol{A}$ 化为单位矩阵，则同样的初等行变换将 $\boldsymbol{B}$ 化为 $\boldsymbol{A}^{-1}\boldsymbol{B}$. 类似地，若求解 $\boldsymbol{XA}=\boldsymbol{B}$，假设 $\boldsymbol{A}$ 是可逆矩阵，则 $\boldsymbol{X}=\boldsymbol{BA}^{-1}$. 如果对矩阵 $\begin{pmatrix}\boldsymbol{A}\\\boldsymbol{B}\end{pmatrix}$ 施行初等列变换，把 $\boldsymbol{A}$ 化为单位矩阵，则同样的初等列变换将 $\boldsymbol{B}$ 化为 $\boldsymbol{BA}^{-1}$.

例 1.13　解矩阵方程

$$\begin{pmatrix}1&1&-1\\0&2&2\\1&-1&0\end{pmatrix}\boldsymbol{X}=\begin{pmatrix}1&-1&1\\1&1&0\\0&1&0\end{pmatrix}$$

解　设矩阵 $\boldsymbol{A}=\begin{pmatrix}1&1&-1\\0&2&2\\1&-1&0\end{pmatrix},\boldsymbol{B}=\begin{pmatrix}1&-1&1\\1&1&0\\0&1&0\end{pmatrix}$，则 $\boldsymbol{AX}=\boldsymbol{B}$

由

$$(\boldsymbol{A}\mid\boldsymbol{B})=\begin{pmatrix}1&1&-1&1&-1&1\\0&2&2&1&1&0\\1&-1&0&0&1&0\end{pmatrix}\xrightarrow{r_3-r_1}\begin{pmatrix}1&1&-1&1&-1&1\\0&2&2&1&1&0\\0&-2&1&-1&2&-1\end{pmatrix}$$

$$\xrightarrow{r_3+r_2}\begin{pmatrix}1&1&-1&1&-1&1\\0&2&2&1&1&0\\0&0&3&0&3&-1\end{pmatrix}\xrightarrow[\frac{1}{3}r_3]{\frac{1}{2}r_2}\begin{pmatrix}1&1&-1&1&-1&1\\0&1&1&\frac{1}{2}&\frac{1}{2}&0\\0&0&1&0&1&-\frac{1}{3}\end{pmatrix}$$

$$\xrightarrow[r_2-r_3]{r_1+r_3}\begin{pmatrix}1&1&0&1&0&\frac{2}{3}\\0&1&0&\frac{1}{2}&-\frac{1}{2}&\frac{1}{3}\\0&0&1&0&1&-\frac{1}{3}\end{pmatrix}\xrightarrow{r_1-r_2}\begin{pmatrix}1&0&0&\frac{1}{2}&\frac{1}{2}&\frac{1}{3}\\0&1&0&\frac{1}{2}&-\frac{1}{2}&\frac{1}{3}\\0&0&1&0&1&-\frac{1}{3}\end{pmatrix}$$

所以，$\boldsymbol{X}=\boldsymbol{A}^{-1}\boldsymbol{B}=\begin{pmatrix}\frac{1}{2}&\frac{1}{2}&\frac{1}{3}\\\frac{1}{2}&-\frac{1}{2}&\frac{1}{3}\\0&1&-\frac{1}{3}\end{pmatrix}$

矩阵的逆在理论证明中非常有用，但在实际中很少计算矩阵的逆. 当计算 $\boldsymbol{A}^{-1}\boldsymbol{B}$ 或者 $\boldsymbol{A}^{-1}\boldsymbol{b}$ 时，通常使用其他更有效的方法求解方程组 $\boldsymbol{AX}=\boldsymbol{B}$ 或者 $\boldsymbol{Ax}=\boldsymbol{b}$，而不需要计算 $\boldsymbol{A}^{-1}$. 计算 $\boldsymbol{A}^{-1}$ 相当于求解了 n 个 n 元线性方程组，计算量很大.

一方面，如果 $\boldsymbol{B}$ 的列数很少时，利用高斯消元法求解 $\boldsymbol{AX}=\boldsymbol{B}$ 比求逆矩阵 $\boldsymbol{A}^{-1}$ 更容易. 另一方面，对于很多特殊矩阵 $\boldsymbol{A}$，有其他方法可以快速解出 $\boldsymbol{AX}=\boldsymbol{B}$. 比如，

实际应用中的很多大型矩阵 $\boldsymbol{A}$ 是**稀疏矩阵**，高斯消元法得到的 $\boldsymbol{L},\boldsymbol{U}$ 也是稀疏矩阵. 稀疏矩阵在计算中比**稠密矩阵**更加快捷，因为很多含 0 的乘法并不需要进行. 需要注意的是，尽管 $\boldsymbol{A}$ 是稀疏矩阵，它的逆可能是稠密矩阵，如果求逆，我们失去了原始矩阵的稀疏性. 例如：

1. 对于上三角矩阵 $\boldsymbol{A}=\boldsymbol{U}$，如果计算 $\boldsymbol{A}^{-1}\boldsymbol{b}$，其实不需要求 $\boldsymbol{A}$ 的逆矩阵，用回代法解方程 $\boldsymbol{Ax}=\boldsymbol{Ux}=\boldsymbol{b}$，从下往上代；
2. 对于下三角矩阵 $\boldsymbol{A}=\boldsymbol{L}$，如果计算 $\boldsymbol{A}^{-1}\boldsymbol{b}$，其实不需要求 $\boldsymbol{A}$ 的逆矩阵，用正代法解方程 $\boldsymbol{Ax}=\boldsymbol{Lx}=\boldsymbol{b}$，从上往下代.

例 1.14　计算 $\boldsymbol{L}=\begin{pmatrix}1&&\\1&1&\\3&-1&1\end{pmatrix}$ 的逆 $\boldsymbol{L}^{-1}$.

解　解如下线性方程组

$$\underbrace{\begin{pmatrix}1&&\\1&1&\\3&-1&1\end{pmatrix}}_{\boldsymbol{L}}\boldsymbol{x}_j=\boldsymbol{e}_j,$$

其中，$\boldsymbol{e}_1,\boldsymbol{e}_2,\boldsymbol{e}_3$ 为 3 级单位矩阵的列向量.

这里，系数矩阵 $\boldsymbol{L}$ 不需要进行消元，对于 $\boldsymbol{e}_1$，通过正代法求解 $\boldsymbol{x}_1$：

$$\underbrace{\begin{pmatrix}1&&\\1&1&\\3&-1&1\end{pmatrix}}_{\boldsymbol{L}}\underbrace{\begin{pmatrix}a\\b\\c\end{pmatrix}}_{\boldsymbol{x}_1}=\underbrace{\begin{pmatrix}1\\0\\0\end{pmatrix}}_{\boldsymbol{e}_1},$$

$a=1,\ 1a+1b=0\implies b=-1,\ 3a-1b+1c=0\implies c=-4$, 所以 $\boldsymbol{x}_1=(1,-1,-4)$.

把常数项替换为 $\boldsymbol{e}_2,\boldsymbol{e}_3$，继续解方程组

$$\underbrace{\begin{pmatrix}1&&\\1&1&\\3&-1&1\end{pmatrix}}_{\boldsymbol{L}}\underbrace{\begin{pmatrix}d\\e\\f\end{pmatrix}}_{\boldsymbol{x}_2}=\underbrace{\begin{pmatrix}0\\1\\0\end{pmatrix}}_{\boldsymbol{e}_2},$$

$$\underbrace{\begin{pmatrix}1&&\\1&1&\\3&-1&1\end{pmatrix}}_{\boldsymbol{L}}\underbrace{\begin{pmatrix}g\\h\\i\end{pmatrix}}_{\boldsymbol{x}_3}=\underbrace{\begin{pmatrix}0\\0\\1\end{pmatrix}}_{\boldsymbol{e}_3},$$

通过正代法得到 $\boldsymbol{x}_2=(0,1,1),\boldsymbol{x}_3=(0,0,1)$, 所以 $\boldsymbol{L}^{-1}=(\boldsymbol{x}_1\ \boldsymbol{x}_2\ \boldsymbol{x}_3)=\begin{pmatrix}1&&\\-1&1&\\-4&1&1\end{pmatrix}$.

矩阵可逆的条件

类似于逆函数，不是所有的矩阵都有逆矩阵. 如果 $\boldsymbol{A}\boldsymbol{x}_1=\boldsymbol{b},\boldsymbol{A}\boldsymbol{x}_2=\boldsymbol{b},\boldsymbol{x}_1\neq\boldsymbol{x}_2$，即两个不同的输入向量对应同一个输出向量，则无法求得 $\boldsymbol{A}$ 的逆矩阵，或者说 $\boldsymbol{A}$ 是**奇异矩阵**. 非方阵不存在逆矩阵，只有方阵可能存在逆矩阵. 矩阵可逆的充要条件包括：

1. 经过初等行变换化简成的简化阶梯形矩阵是单位矩阵；
2. 可以表示为一些初等矩阵的乘积；
3. 非零主元的个数等于列数或者行数；
4. 满秩矩阵；
5. 列向量 (行向量) 无关；
6. 列向量 (行向量) 为 F^n 的一个基；
7. 列空间 (行空间) 为 F^n；
8. 行列式不等于 0；
9. 所有特征值不等于 0.

其中，前 3 点来自定理 1.7，以后将学习其他充要条件. 可逆矩阵还有如下重要性质：

1. 初等矩阵都可逆，且是与它同型的初等矩阵互逆（包括：一行乘一个常数、一行倍数加到另一行、两行互换位置）；
2. 如果 $\boldsymbol{A},\boldsymbol{B}$ 都可逆，那么 $(\boldsymbol{A}\boldsymbol{B})^{-1}=\boldsymbol{B}^{-1}\boldsymbol{A}^{-1}$；
3. 如果 $\boldsymbol{A}$ 可逆，那么 $(\boldsymbol{A}^{\mathrm{T}})^{-1}=(\boldsymbol{A}^{-1})^{\mathrm{T}}$；
4. 用一个可逆矩阵乘一个矩阵 $\boldsymbol{A}$，不改变 $\boldsymbol{A}$ 的可逆性.

第 1 点显然成立. 第 2 点成立的原因是 $\boldsymbol{B}^{-1}\boldsymbol{A}^{-1}(\boldsymbol{A}\boldsymbol{B})=\boldsymbol{I}$. 第 2 点还可以这么理解，对向量 $\boldsymbol{x}$ 先做 $\boldsymbol{B}$ 变换，再做 $\boldsymbol{A}$ 的变换，相当于 $\boldsymbol{A}\boldsymbol{B}\boldsymbol{x}$，如何从得到的结果回到 $\boldsymbol{x}$? 先把 $\boldsymbol{A}$ 的变换逆回去，再把 $\boldsymbol{B}$ 的变换逆回去，即 $(\boldsymbol{A}\boldsymbol{B})^{-1}=\boldsymbol{B}^{-1}\boldsymbol{A}^{-1}$. 第 3 点成立的原因是 $(\boldsymbol{A}\boldsymbol{A}^{-1})^{\mathrm{T}}=(\boldsymbol{A}^{-1})^{\mathrm{T}}\boldsymbol{A}^{\mathrm{T}}=\boldsymbol{I}^{\mathrm{T}}=\boldsymbol{I}$，这里用到了本章最后一节中的转置运算法则 $(\boldsymbol{A}\boldsymbol{B})^{\mathrm{T}}=\boldsymbol{B}^{\mathrm{T}}\boldsymbol{A}^{\mathrm{T}}$. 第 4 点成立的原因是可逆矩阵可以写成一些初等矩阵的乘积，可逆矩阵与 $\boldsymbol{A}$ 相乘相当于对 $\boldsymbol{A}$ 进行初等变换，不影响 $\boldsymbol{A}$ 的简化行阶梯形.

算法效率 *

n 级矩阵与向量相乘需要进行 n^2 次乘积运算和 $(n-1)^2$ 次加法运算，当 n 很大时，总运算次数大约与 n^2 成正比. n 级矩阵与 n 级矩阵相乘需要进行 n^3 次乘积运算和 $(n-1)^3$ 次加法运算，当 n 很大时，总运算次数大约与 n^3 成正比. 大型矩阵的计算通常需要基于其特殊结构，如稀疏性、正交性，以提升计算速度. 与 n 级方阵相关的计算，当 n 很大时，其运算量可以总结如下：

1. 大约与 n^2 成正比: 矩阵-向量乘积，解三角形线性方程组 $\boldsymbol{U}\boldsymbol{x}=\boldsymbol{c},\boldsymbol{L}\boldsymbol{c}=\boldsymbol{b}$;
2. 大约与 n^3 成正比: 矩阵-矩阵乘积，$\boldsymbol{L}\boldsymbol{U}$ 分解，解含有 n 列常数项的三角形线性方程组 $\boldsymbol{L}\boldsymbol{X}=\boldsymbol{B}$，已知 $\boldsymbol{A}=\boldsymbol{L}\boldsymbol{U}$ 分解求 $\boldsymbol{A}$ 的逆；

这里说明为什么 $\boldsymbol{LU}$ 分解需要进行大约正比与 n^3 的运算次数. 当消去第一列主元以下的元素时，需要进行大约 n^2 次乘积和 n^2 次减法（实际为 $n(n-1)$ 次），当消去第二列主元以下的元素时，需要进行大约 $(n-1)^2$ 次乘积和 $(n-1)^2$ 次减法，所以，为了得到 $\boldsymbol{U}$，需要进行的乘法、减法运算次数大约都为

$$n^2+(n-1)^2+\cdots+2^2+1^2=\frac{1}{3}n\left(n+\frac{1}{2}\right)(n+1),$$

当 n 很大时，以上运算次数大约等于 $n^3/3$.

以下图像 (见图 1.11、图 1.12) 表示了五个 $200, 500, 1000, 2000, 4000$ 级随机方阵在 $\boldsymbol{LU}$ 分解和解方程 $\boldsymbol{LUx}=\boldsymbol{b}$ 所花费的时间，注意横纵坐标都取了对数，所以在 n 非常大时，运算时间的对数平行于 $3\ln n$ 或者 $2\ln n$.

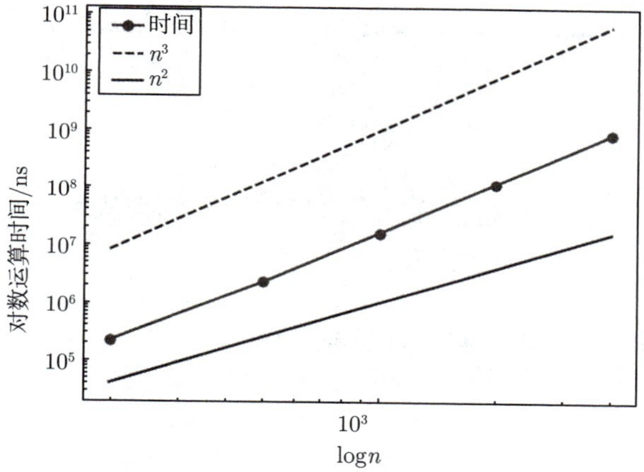

图 1.11 $\boldsymbol{LU}$ 分解所用时间

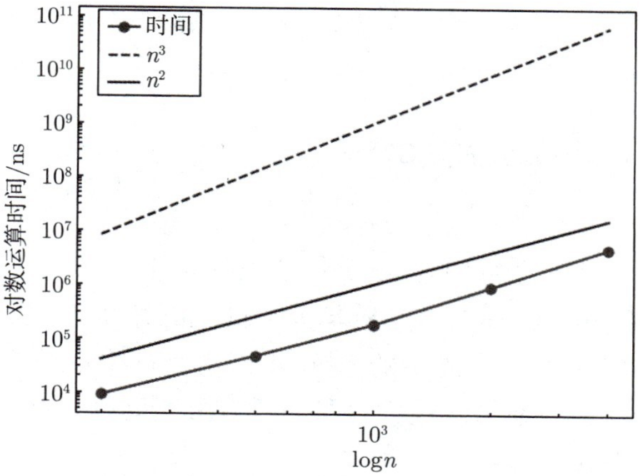

图 1.12 解方程 $\boldsymbol{LUx}=\boldsymbol{b}$ 所用时间

假设 $\boldsymbol{A}=\boldsymbol{LU}$ 分解的运算次数约为 c_1n^3，从 $\boldsymbol{LUX}=\boldsymbol{I}$ 解 $\boldsymbol{A}$ 的逆的运算次数约为 c_2n^3，计算 $\boldsymbol{A}^{-1}\boldsymbol{b}$ 的运算次数约为 d_1n^2，从 $\boldsymbol{LUx}=\boldsymbol{b}$ 解 $\boldsymbol{x}$ 的运算次数约为 d_2n^2.

易知通过求逆矩阵 $\boldsymbol{A}^{-1}$ 解 $\boldsymbol{Ax}=\boldsymbol{b}$ 的运算次数约为 $(c_1+c_2)n^3+d_1n^2$. 通过 $\boldsymbol{A}=\boldsymbol{LU}$ 分解，解 $\boldsymbol{Ax}=\boldsymbol{b}$ 的运算次数约为 $c_1n^3+d_2n^2$, 比通过求逆方式解 $\boldsymbol{Ax}=\boldsymbol{b}$ 减少了大约 c_2n^3 的计算量，可见，$\boldsymbol{LU}$ 分解可以极大地提升大型矩阵的运算效率.

奇异矩阵

回忆一下消元法，通过一系列行变换，把 $\boldsymbol{A}$ 变为上三角矩阵. 行变换对应左乘矩阵，可以设计消元矩阵 $\boldsymbol{E}_2\boldsymbol{E}_1$，左乘到 $\boldsymbol{A}$ 上：

$$\underbrace{\begin{pmatrix} \boxed{1} & 3 & 1 \\ 1 & 1 & -1 \\ 3 & 11 & 6 \end{pmatrix}}_{\boldsymbol{A}} \to \underbrace{\begin{pmatrix} \boxed{1} & 3 & 1 \\ 0 & \boxed{-2} & -2 \\ 0 & 2 & 3 \end{pmatrix}}_{\boldsymbol{E}_1\boldsymbol{A}} \to \underbrace{\begin{pmatrix} \boxed{1} & 3 & 1 \\ 0 & \boxed{-2} & -2 \\ 0 & 0 & \boxed{1} \end{pmatrix}}_{\boldsymbol{E}_2\boldsymbol{E}_1\boldsymbol{A}},$$

$$\underbrace{\boldsymbol{E}_2\boldsymbol{E}_1}_{\boldsymbol{E}}\boldsymbol{A}=\boldsymbol{U}_2.$$

注意：虽然我们习惯从左向右看，但这里应该理解为从右向左乘，先乘以 $\boldsymbol{E}_1$，再乘以 $\boldsymbol{E}_2$. 在实际中，更有用的是把 $\boldsymbol{EA}=\boldsymbol{U}$ 写成

$$\boldsymbol{A}=\boldsymbol{E}^{-1}\boldsymbol{U}=\boldsymbol{E}_1^{-1}\boldsymbol{E}_2^{-1}\boldsymbol{U}=\boldsymbol{LU},$$

这里：

$$\boldsymbol{E}_2^{-1}=\begin{pmatrix} 1 & 0 & 0 \\ 0 & 1 & 0 \\ 0 & 1 & 1 \end{pmatrix}^{-1}=\begin{pmatrix} 1 & 0 & 0 \\ 0 & 1 & 0 \\ 0 & -1 & 1 \end{pmatrix},\ \boldsymbol{E}_1^{-1}=\begin{pmatrix} 1 & 0 & 0 \\ -1 & 1 & 0 \\ -3 & 0 & 1 \end{pmatrix}^{-1}=\begin{pmatrix} 1 & 0 & 0 \\ 1 & 1 & 0 \\ 3 & 0 & 1 \end{pmatrix},$$

$$\boldsymbol{L}=\boldsymbol{E}_1^{-1}\boldsymbol{E}_2^{-1}=\begin{pmatrix} 1 & 0 & 0 \\ 1 & 1 & 0 \\ 3 & -1 & 1 \end{pmatrix}.$$

高斯消元法可以看成把系数矩阵 $\boldsymbol{A}$ 分解成下三角矩阵 $\boldsymbol{L}$ 和上三角矩阵 $\boldsymbol{U}$ 的乘积，其中，$\boldsymbol{L}$ 记录了消元过程，$\boldsymbol{U}$ 是系数矩阵消元后的上三角矩阵. 当计算机进行高斯消元法时，它做的就是 $\boldsymbol{LU}$ 分解，把复杂的矩阵 $\boldsymbol{A}$ 转变为两个简单矩阵的乘积. 基于这两个简单矩阵，我们可以快速地解线性方程组（或者求矩阵的行列式），即使用正代法解 $\boldsymbol{Lc}=\boldsymbol{b}$，使用回代法解 $\boldsymbol{Ux}=\boldsymbol{c}$.

$$\boldsymbol{Ax}=\boldsymbol{b} \implies x=\boldsymbol{A}^{-1}\boldsymbol{b}=(\boldsymbol{LU})^{-1}\boldsymbol{b}=\underbrace{\boldsymbol{U}^{-1}\underbrace{\boldsymbol{L}^{-1}\boldsymbol{b}}_{\text{正代}}}_{\text{回代}}. \tag{1.8}$$

在以下的 $\boldsymbol{LU}$ 分解中，我们发现矩阵 $\boldsymbol{A}$ 只有三个主元，第四行没有主元是零行，第三列没有主元，这样的矩阵称为**奇异矩阵**.

$$\underbrace{\begin{pmatrix} 2 & -1 & 0 & 3 \\ 4 & -1 & 1 & 8 \\ 6 & 1 & 4 & 15 \\ 2 & -1 & 0 & 0 \end{pmatrix}}_{\boldsymbol{A}} = \underbrace{\begin{pmatrix} 1 & 0 & 0 & 0 \\ 2 & 1 & 0 & 0 \\ 3 & 4 & 1 & 0 \\ 1 & 0 & \dfrac{3}{2} & 1 \end{pmatrix}}_{\boldsymbol{L}} \underbrace{\begin{pmatrix} 2 & -1 & 0 & 3 \\ 0 & 1 & 1 & 2 \\ 0 & 0 & 0 & -2 \\ 0 & 0 & 0 & 0 \end{pmatrix}}_{\boldsymbol{U}}$$

易知 $\boldsymbol{U}$ 进一步化简得到的简化行阶梯形不是单位矩阵，进而 $\boldsymbol{A}$ 不可逆. 也就是说 $\boldsymbol{Ax} = \boldsymbol{b}$ 的解不再是唯一解 $\boldsymbol{A}^{-1}\boldsymbol{b}$. 因为 $\boldsymbol{U}$ 不可逆，式 1.8不再成立，只有 $\boldsymbol{Ux} = \boldsymbol{L}^{-1}\boldsymbol{b} = \boldsymbol{c}$ 成立，这里 $\boldsymbol{L}$ 为对角元素为 1 的下三角矩阵，可以通过初等行变换得出主元都为 1，所以 $\boldsymbol{L}$ 可逆. 通过正代法求解 $\boldsymbol{Lc} = \boldsymbol{b}$，对于任意 $\boldsymbol{b}$ 可以解出 $\boldsymbol{c} = (c_1, c_2, c_3, c_4)$：

$$c_1 = b_1,\ c_2 = b_2 - 2b_1,$$

$$c_3 = b_3 - 3b_1 - 4(b_2 - 2b_1) = b_3 - 4b_2 + 5b_1,$$

$$c_4 = b_4 - b_1 - \frac{3}{2}(b_3 - 4b_2 + 5b_1) = b_4 - \frac{3}{2}b_3 + 6b_2 - \frac{17}{2}b_1.$$

然后，通过回代法求解 $\boldsymbol{Ux} = \boldsymbol{c}$，因为 $\boldsymbol{Ux}$ 的最后一行为零，故 c_4 必须为零，否则无解，即要求向量 $\boldsymbol{b}$ 满足 $b_4 - \dfrac{3}{2}b_3 + 6b_2 - \dfrac{17}{2}b_1 = 0$，否则无解. 这说明，方程组是否有解取决于 $\boldsymbol{b}$ 是否满足 $b_4 - \dfrac{3}{2}b_3 + 6b_2 - \dfrac{17}{2}b_1 = 0$. 方程组有解、无解也称作**方程组相容、不相容**.

在线性方程组 $\boldsymbol{Ax} = \boldsymbol{b}$ 中，如果 $\boldsymbol{A}$ 是奇异矩阵，那么对于大部分常数项 $\boldsymbol{b}$，方程无解，对于一些特殊的 $\boldsymbol{b}$，方程组可能有解（且不唯一）. 对于 2 级矩阵 $\boldsymbol{A}$，从 $\boldsymbol{Ax} = \boldsymbol{b}$ 的行图像可知，可逆矩阵意味着两条线的交点，奇异矩阵意味着两条平行线或者没有交点或者有无数个交点. 不同奇异矩阵的“异常性”不同，有些矩阵比别的矩阵更加“异常”，以下是四个奇异矩阵，分别有 2、2、1、0 个主元.

$$\underbrace{\begin{pmatrix} 2 & -1 & 0 & 3 \\ 4 & -2 & 1 & 8 \\ 6 & -3 & 4 & 17 \\ 2 & -1 & 0 & 3 \end{pmatrix}}_{\boldsymbol{A}} = \underbrace{\begin{pmatrix} 1 & 0 & 0 & 0 \\ 2 & 1 & 0 & 0 \\ 3 & 4 & 1 & 0 \\ 1 & 0 & 2 & 1 \end{pmatrix}}_{\boldsymbol{L}} \underbrace{\begin{pmatrix} 2 & -1 & 0 & 3 \\ 0 & 0 & 1 & 2 \\ 0 & 0 & 0 & 0 \\ 0 & 0 & 0 & 0 \end{pmatrix}}_{\boldsymbol{U}}$$

$$\underbrace{\begin{pmatrix} 0 & -1 & 0 & 3 \\ 0 & -2 & 0 & 8 \\ 0 & -3 & 0 & 17 \\ 0 & -1 & 0 & 3 \end{pmatrix}}_{\boldsymbol{A}} = \underbrace{\begin{pmatrix} 1 & 0 & 0 & 0 \\ 2 & 1 & 0 & 0 \\ 3 & 4 & 1 & 0 \\ 1 & 0 & 2 & 1 \end{pmatrix}}_{\boldsymbol{L}} \underbrace{\begin{pmatrix} 0 & -1 & 0 & 3 \\ 0 & 0 & 0 & 2 \\ 0 & 0 & 0 & 0 \\ 0 & 0 & 0 & 0 \end{pmatrix}}_{\boldsymbol{U}}$$

$$\underbrace{\begin{pmatrix}2&-1&0&3\\4&-2&0&6\\6&-3&0&9\\2&-1&0&3\end{pmatrix}}_{\boldsymbol{A}}=\underbrace{\begin{pmatrix}1&0&0&0\\2&1&0&0\\3&4&1&0\\1&0&2&1\end{pmatrix}}_{\boldsymbol{L}}\underbrace{\begin{pmatrix}2&-1&0&3\\0&0&0&0\\0&0&0&0\\0&0&0&0\end{pmatrix}}_{\boldsymbol{U}}$$

$$\underbrace{\begin{pmatrix}0&0&0&0\\0&0&0&0\\0&0&0&0\\0&0&0&0\end{pmatrix}}_{\boldsymbol{A}}=\underbrace{\begin{pmatrix}1&0&0&0\\1&1&0&0\\0&0&1&0\\1&0&2&1\end{pmatrix}}_{\boldsymbol{L}}\underbrace{\begin{pmatrix}0&0&0&0\\0&0&0&0\\0&0&0&0\\0&0&0&0\end{pmatrix}}_{\boldsymbol{U}}$$

如果 $\boldsymbol{A}$ 是零矩阵，那么 $\boldsymbol{Ax}=\boldsymbol{b}$ 只有当 $\boldsymbol{b}=\boldsymbol{0}$ 时有解，解为所有向量. 直觉上，主元越少，矩阵越异常，对有解的常数项 $\boldsymbol{b}$ 要求越高，如果有解，那么解的范围更广. 在第 2 章我们将量化这些直觉，重要的一个工具就是矩阵的**秩**（rank）. 奇异矩阵的秩等于（非零）主元的个数 r. 秩不可能超过行数或者列数. 秩越小，矩阵越异常. 秩和解集的特征有很大关系，稍后可以看到，使得 $\boldsymbol{Ax}=\boldsymbol{b}$ 存在解的常数项 $\boldsymbol{b}$ 向量形成了一个维数为 r 的子空间.

广义逆矩阵 *

对于奇异矩阵，它的逆矩阵称为**广义逆矩阵**. 当 $\boldsymbol{A}$ 可逆时，$\boldsymbol{AA}^{-1}=\boldsymbol{I}$，两边同时乘以 $\boldsymbol{A}$，$\boldsymbol{AA}^{-1}\boldsymbol{A}=\boldsymbol{A}$. 如果 $\boldsymbol{A}$ 不可逆，$\boldsymbol{AXA}=\boldsymbol{A}$ 的解称为 $\boldsymbol{A}$ 的广义逆矩阵，简称**广义逆**（generalized inverse），记作 $\boldsymbol{A}^-$. 可以证明奇异矩阵 $\boldsymbol{A}$ 的广义逆不唯一. 我们直接给出以下求奇异矩阵或非方阵广义逆的定理.

定理 1.8　*假设 $m\times n$ 矩阵 $\boldsymbol{A}$ 不可逆，如果 $\mathrm{rank}(\boldsymbol{A})=r$，且*

$$\boldsymbol{A}=\boldsymbol{P}\begin{pmatrix}\boldsymbol{I}_r&\boldsymbol{0}\\\boldsymbol{0}&\boldsymbol{0}\end{pmatrix}\boldsymbol{Q},$$

其中，$\boldsymbol{P},\boldsymbol{Q}$ 分别是 m,n 级可逆矩阵，$\boldsymbol{I}_r$ 为 r 级单位矩阵，则方程 $\boldsymbol{AXA}=\boldsymbol{A}$ 的通解是

$$\boldsymbol{X}=\boldsymbol{Q}^{-1}\begin{pmatrix}\boldsymbol{I}_r&\boldsymbol{B}\\\boldsymbol{C}&\boldsymbol{D}\end{pmatrix}\boldsymbol{P}^{-1},$$

其中，$\boldsymbol{B},\boldsymbol{C},\boldsymbol{D}$ 分别是 $r\times(m-r),(n-r)\times r,(n-r)\times(m-r)$ 任意矩阵.

每一个通解都是 $\boldsymbol{A}$ 的一个广义逆.

如何理解

$$\boldsymbol{A}=\boldsymbol{P}\begin{pmatrix}\boldsymbol{I}_r&\boldsymbol{0}\\\boldsymbol{0}&\boldsymbol{0}\end{pmatrix}\boldsymbol{Q}.$$

因为 $\boldsymbol{P},\boldsymbol{Q}$ 可逆，我们把它变形为

$$\boldsymbol{P}^{-1}\boldsymbol{A}\boldsymbol{Q}^{-1}=\begin{pmatrix}\boldsymbol{I}_r & \boldsymbol{0}\\ \boldsymbol{0} & \boldsymbol{0}\end{pmatrix}$$

可见，$\boldsymbol{P}^{-1},\boldsymbol{Q}^{-1}$ 的作用是对 $\boldsymbol{A}$ 进行初等行变换、列变换，使 $\boldsymbol{A}$ 变为

$$\begin{pmatrix}\boldsymbol{I}_r & \boldsymbol{0}\\ \boldsymbol{0} & \boldsymbol{0}\end{pmatrix}$$

多数情况下，广义逆不唯一，有时我们希望广义逆唯一，这就引出了下述概念.

定义 1.11　设 $\boldsymbol{A}$ 是 $m\times n$ 的矩阵，矩阵方程组

$$\begin{cases}\boldsymbol{AXA} & =\boldsymbol{A},\\ \boldsymbol{XAX} & =\boldsymbol{X},\\ (\boldsymbol{AX})^{\mathrm{T}} & =\boldsymbol{AX},\\ (\boldsymbol{XA})^{\mathrm{T}} & =\boldsymbol{XA}.\end{cases}$$

称为 $\boldsymbol{A}$ 的Penrose 方程组,它总是有解,且唯一. 这个唯一解称为 $\boldsymbol{A}$ 的Moore-Penrose 广义逆,也叫作伪逆(pseudoinverse) 记作 $\boldsymbol{A}^{+}$.

我们略过 Penrose 方程组有唯一解的证明. Moore-Penrose 广义逆可以通过第 3.3 节**奇异值分解**得到.

习题

1. 已知 $\boldsymbol{A}$ 为可逆矩阵，通过交换 $\boldsymbol{A}$ 的前两行得到矩阵 $\boldsymbol{B}$. 请问矩阵 $\boldsymbol{B}$ 是否为可逆矩阵，如何从 $\boldsymbol{A}^{-1}$ 得到 $\boldsymbol{B}^{-1}$?
2. 求下列矩阵的逆.

(a)

$$\boldsymbol{A}=\begin{pmatrix}0&0&0&2\\0&0&3&0\\0&4&0&0\\5&0&0&0\end{pmatrix};$$

(b)

$$\boldsymbol{B}=\begin{pmatrix}3&2&0&0\\4&3&0&0\\0&0&6&5\\0&0&7&6\end{pmatrix}.$$

3. 已知 $\boldsymbol{A},\boldsymbol{B}$ 为方阵，且 $\boldsymbol{C}=\boldsymbol{AB}$ 为可逆矩阵，则 $\boldsymbol{A}$ 为可逆矩阵. 请由此写

出 $\boldsymbol{A}^{-1}$ 的公式（公式中包含 $\boldsymbol{C}^{-1},\boldsymbol{B}$）.

4. 已知 $\boldsymbol{A},\boldsymbol{B},\boldsymbol{C}$ 为方阵，且 $\boldsymbol{M}=\boldsymbol{ABC}$ 为可逆矩阵，则 $\boldsymbol{B}$ 为可逆矩阵（$\boldsymbol{A},\boldsymbol{C}$ 同理）. 请由此写出 $\boldsymbol{B}^{-1}$ 的公式（公式中包含 $\boldsymbol{M}^{-1},\boldsymbol{A},\boldsymbol{C}$）.
5. 矩阵 $\boldsymbol{B}$ 为矩阵 $\boldsymbol{A}^2$ 的逆. 证明：$\boldsymbol{AB}=\boldsymbol{A}^{-1}$.
6. 通过对 $(\boldsymbol{A}\mid\boldsymbol{I}),(\boldsymbol{B}\mid\boldsymbol{I})$ 作行变换，求 $\boldsymbol{A}^{-1},\boldsymbol{B}^{-1}$.

   (a)
$$\boldsymbol{A}=\begin{pmatrix}2&1&1\\1&2&1\\1&1&2\end{pmatrix};$$
   (b)
$$\boldsymbol{B}=\begin{pmatrix}2&-1&-1\\-1&2&-1\\-1&-1&2\end{pmatrix}.$$
7. 请判断下列说法是否正确. 若认为正确请给出理由，若认为错误请举出反例.
   (a) $\boldsymbol{A}$ 为 4×4 的矩阵，当 $\boldsymbol{A}$ 存在全 0 行时，$\boldsymbol{A}$ 不可逆；
   (b) 主对角线下方为 1 的矩阵都是可逆的；
   (c) 若 $\boldsymbol{A}$ 可逆，则 $\boldsymbol{A}^{-1},\boldsymbol{A}^2$ 均可逆.

8.* (a) $\boldsymbol{A}$ 为 4×4 的矩阵，$\boldsymbol{A}$ 每行均为 $0,1,2,3$ 这四个数字的某种排列，是否可以构造一个 $\boldsymbol{A}$，使之为可逆矩阵.
   (b) $\boldsymbol{B}$ 为 4×4 的矩阵，$\boldsymbol{B}$ 每行均为 $0,1,2,-3$ 这四个数字的某种排列，是否可以构造一个 $\boldsymbol{B}$，使之为可逆矩阵.

9. 请证明
$$\begin{pmatrix}1&0&0&0\\a&1&0&0\\b&0&1&0\\c&0&0&1\end{pmatrix}\begin{pmatrix}1&0&0&0\\0&1&0&0\\0&d&1&0\\0&e&0&1\end{pmatrix}\begin{pmatrix}1&0&0&0\\0&1&0&0\\0&0&1&0\\0&0&f&1\end{pmatrix}=\begin{pmatrix}1&0&0&0\\a&1&0&0\\b&d&1&0\\c&e&f&1\end{pmatrix}.$$

1.5　矩阵的转置与置换矩阵

把矩阵 $\boldsymbol{A}$ 的行和列互换，得到的矩阵称为 $\boldsymbol{A}$ 的**转置**（transpose），记作 $\boldsymbol{A}^{\mathrm{T}}$，有 $(\boldsymbol{A}^{\mathrm{T}})_{ij}=\boldsymbol{A}_{ji}$. 对于复矩阵，我们常常同时进行转置和取共轭，记为 $\boldsymbol{A}^H=\overline{(\boldsymbol{A}^{\mathrm{T}})}$，称为**共轭转置**（Hermitian transpose）. 我们将在最后一章详细讲解共轭转置运算. 矩阵的转置有以下运算法则：

1. $(\boldsymbol{A}+\boldsymbol{B})^{\mathrm{T}}=\boldsymbol{A}^{\mathrm{T}}+\boldsymbol{B}^{\mathrm{T}}$；

2. $(k\boldsymbol{A})^{\mathrm{T}} = k\boldsymbol{A}^{\mathrm{T}}$;

3. $(\boldsymbol{AB})^{\mathrm{T}} = \boldsymbol{B}^{\mathrm{T}}\boldsymbol{A}^{\mathrm{T}}$;

4. $(\boldsymbol{A}^{-1})^{\mathrm{T}} = (\boldsymbol{A}^{\mathrm{T}})^{-1}$.

证明 从矩阵乘法的列-列角度得到

$$\boldsymbol{AB} = \begin{pmatrix} | & | & | \\ \boldsymbol{e} & \boldsymbol{f} & \boldsymbol{g} \\ | & | & | \end{pmatrix}\begin{pmatrix} | & | & | \\ \boldsymbol{x} & \boldsymbol{y} & \boldsymbol{z} \\ | & | & | \end{pmatrix} = \begin{pmatrix} | & | & | \\ \boldsymbol{Ax} & \boldsymbol{Ay} & \boldsymbol{Az} \\ | & | & | \end{pmatrix} = \begin{pmatrix} | & | & | \\ x_1\boldsymbol{e}+x_2\boldsymbol{f}+x_3\boldsymbol{g} & y_1\boldsymbol{e}+y_2\boldsymbol{f}+y_3\boldsymbol{g} & z_1\boldsymbol{e}+z_2\boldsymbol{f}+z_3\boldsymbol{g} \\ | & | & | \end{pmatrix},$$

所以

$$(\boldsymbol{AB})^{\mathrm{T}} = \begin{pmatrix} - & (x_1\boldsymbol{e}+x_2\boldsymbol{f}+x_3\boldsymbol{g})^{\mathrm{T}} & - \\ - & (y_1\boldsymbol{e}+y_2\boldsymbol{f}+y_3\boldsymbol{g})^{\mathrm{T}} & - \\ - & (z_1\boldsymbol{e}+z_2\boldsymbol{f}+z_3\boldsymbol{g})^{\mathrm{T}} & - \end{pmatrix}$$

从矩阵乘法的行-行角度得到:

$$\boldsymbol{B}^{\mathrm{T}}\boldsymbol{A}^{\mathrm{T}} = \begin{pmatrix} - & \boldsymbol{x}^{\mathrm{T}} & - \\ - & \boldsymbol{y}^{\mathrm{T}} & - \\ - & \boldsymbol{z}^{\mathrm{T}} & - \end{pmatrix}\begin{pmatrix} - & \boldsymbol{e}^{\mathrm{T}} & - \\ - & \boldsymbol{f}^{\mathrm{T}} & - \\ - & \boldsymbol{g}^{\mathrm{T}} & - \end{pmatrix} = \begin{pmatrix} - & \boldsymbol{x}^{\mathrm{T}}\boldsymbol{A}^{\mathrm{T}} & - \\ - & \boldsymbol{y}^{\mathrm{T}}\boldsymbol{A}^{\mathrm{T}} & - \\ - & \boldsymbol{z}^{\mathrm{T}}\boldsymbol{A}^{\mathrm{T}} & - \end{pmatrix} = \begin{pmatrix} - & (x_1\boldsymbol{e}+x_2\boldsymbol{f}+x_3\boldsymbol{g})^{\mathrm{T}} & - \\ - & (y_1\boldsymbol{e}+y_2\boldsymbol{f}+y_3\boldsymbol{g})^{\mathrm{T}} & - \\ - & (z_1\boldsymbol{e}+z_2\boldsymbol{f}+z_3\boldsymbol{g})^{\mathrm{T}} & - \end{pmatrix}.$$

故 $(\boldsymbol{AB})^{\mathrm{T}} = \boldsymbol{B}^{\mathrm{T}}\boldsymbol{A}^{\mathrm{T}}$ ■

第 4 点的证明如下：因为 $(\boldsymbol{AA}^{-1})^{\mathrm{T}} = (\boldsymbol{A}^{-1})^{\mathrm{T}}\boldsymbol{A}^{\mathrm{T}} = \boldsymbol{I}^{\mathrm{T}} = \boldsymbol{I}$, 所以，$(\boldsymbol{A}^{-1})^{\mathrm{T}} = (\boldsymbol{A}^{\mathrm{T}})^{-1}$.

矩阵的转置与内积有特别的关系：

$$\boldsymbol{x}\cdot(\boldsymbol{Ay}) = \boldsymbol{x}^{\mathrm{T}}(\boldsymbol{Ay}) = (\boldsymbol{x}^{\mathrm{T}}\boldsymbol{A})\boldsymbol{y} = (\boldsymbol{A}^{\mathrm{T}}\boldsymbol{x})^{\mathrm{T}}\boldsymbol{y} = (\boldsymbol{A}^{\mathrm{T}}\boldsymbol{x})\cdot\boldsymbol{y}$$

以上等式说明两个内积相等，在等式左边，矩阵 $\boldsymbol{A}$ 作用在向量 $\boldsymbol{y}$ 上，在等式右边，矩阵 $\boldsymbol{A}^{\mathrm{T}}$ 作用在向量 $\boldsymbol{x}$ 上，所以，把矩阵从点积的一边移到另一边，需要变成它的转置 $\boldsymbol{A}^{\mathrm{T}}$.

注意 $\boldsymbol{x}^{\mathrm{T}}\boldsymbol{y}$ 表示两个向量的内积，是一个标量，$\boldsymbol{x}^{\mathrm{T}}\boldsymbol{y} \in F$，$\boldsymbol{x}, \boldsymbol{y}$ 的维数需要相等. $\boldsymbol{x}\boldsymbol{y}^{\mathrm{T}}$ 是秩为 1 的矩阵，行数等于 $\boldsymbol{x}$ 的维数，列数等于 $\boldsymbol{y}$ 的维数：

$$\begin{pmatrix} 1 \\ 2 \\ 3 \end{pmatrix} (\pi \quad e) = \begin{pmatrix} \pi & e \\ 2\pi & 2e \\ 3\pi & 3e \end{pmatrix}.$$

定义 1.12　满足 $\boldsymbol{A}^{\mathrm{T}} = \boldsymbol{A}$ 的矩阵 $\boldsymbol{A}$ 称为对称矩阵(symmetric matrix). 相应地，如果复矩阵的共轭转置等于它本身，称为**自共轭矩阵、厄米特矩阵** (Hermitian matrix). 满足 $\boldsymbol{A}^{\mathrm{T}} = -\boldsymbol{A}$ 称为斜对称矩阵 或者反对称矩阵.

实对称矩阵是自共轭矩阵的一种，因为实数的共轭复数等于它本身. 对称矩阵的逆矩阵也为对称矩阵，因为 $(\boldsymbol{S}^{-1})^{\mathrm{T}} = (\boldsymbol{S}^{\mathrm{T}})^{-1} = \boldsymbol{S}^{-1}$. 在后面章节中，我们常常会遇到形如 $\boldsymbol{A}^{\mathrm{T}}\boldsymbol{A}$ 的矩阵，即使 $\boldsymbol{A}$ 不是方阵（当然也不对称），但 $\boldsymbol{A}^{\mathrm{T}}\boldsymbol{A}$ 是方阵且对称，因为 $(\boldsymbol{A}^{\mathrm{T}}\boldsymbol{A})^{\mathrm{T}} = \boldsymbol{A}^{\mathrm{T}}\boldsymbol{A}$. 如果 $\boldsymbol{A}$ 的大小为 $m \times n$，则 $\boldsymbol{A}^{\mathrm{T}}\boldsymbol{A}$ 大小为 $n \times n$. 注意 $\boldsymbol{A}\boldsymbol{A}^{\mathrm{T}}$ 也为对称矩阵，它的大小为 $m \times m$.

记号 1.6　$\boldsymbol{S}$ 表示对称矩阵或者 Hermitian 矩阵.

如果已知 $\boldsymbol{LU}$ 分解 $\boldsymbol{A} = \boldsymbol{LU}$，则 $\boldsymbol{A}^{\mathrm{T}} = \boldsymbol{U}^{\mathrm{T}}\boldsymbol{L}^{\mathrm{T}}$，其中，$\boldsymbol{U}^{\mathrm{T}}$ 是下三角矩阵，$\boldsymbol{L}^{\mathrm{T}}$ 是上三角矩阵，此分解可以帮助快速求解 $\boldsymbol{A}^{\mathrm{T}}\boldsymbol{x} = \boldsymbol{b}$. 一般地，如果已知 $\boldsymbol{PA} = \boldsymbol{LU}$，则 $\boldsymbol{A} = \boldsymbol{P}^{-1}\boldsymbol{LU} \implies \boldsymbol{A}^{\mathrm{T}} = \boldsymbol{U}^{\mathrm{T}}\boldsymbol{L}^{\mathrm{T}}\boldsymbol{P}$，这里应用了 $\boldsymbol{P}^{-1} = \boldsymbol{P}^{\mathrm{T}}$，我们稍后证明. 进而 $\boldsymbol{A}^{\mathrm{T}}\boldsymbol{x} = \boldsymbol{b}$ 变为

$$\boldsymbol{U}^{\mathrm{T}} \underbrace{\boldsymbol{L}^{\mathrm{T}} \underbrace{\boldsymbol{P}\boldsymbol{x}}_{\boldsymbol{a}}}_{\boldsymbol{c}} = \boldsymbol{b}.$$

所以，解线性方程组 $\boldsymbol{A}^{\mathrm{T}}\boldsymbol{x} = \boldsymbol{b}$ 需要进行以下几步：

1. 使用正代法从 $\boldsymbol{U}^{\mathrm{T}}\boldsymbol{c} = \boldsymbol{b}$ 解 $\boldsymbol{c}$;
2. 使用回代法从 $\boldsymbol{L}^{\mathrm{T}}\boldsymbol{a} = \boldsymbol{c}$ 解 $\boldsymbol{a}$;
3. 交换 $\boldsymbol{a}$ 元素的顺序得到 $\boldsymbol{x} = \boldsymbol{P}^{\mathrm{T}}\boldsymbol{a}$.

例 1.15　已知如下分解，解线性方程组 $\boldsymbol{A}^{\mathrm{T}}\boldsymbol{x} = \boldsymbol{b} = (2, 8, 5)$.

$$\underbrace{\begin{pmatrix} 1 & & \\ & & 1 \\ & 1 & \end{pmatrix}}_{\boldsymbol{P}} \underbrace{\begin{pmatrix} 1 & 3 & 1 \\ 1 & 3 & -1 \\ 3 & 11 & 6 \end{pmatrix}}_{\boldsymbol{A}} = \underbrace{\begin{pmatrix} 1 & 3 & 1 \\ 3 & 11 & 6 \\ 1 & 3 & -1 \end{pmatrix}}_{\boldsymbol{PA}} = \underbrace{\begin{pmatrix} 1 & & \\ 3 & 1 & \\ 1 & 0 & 1 \end{pmatrix}}_{\boldsymbol{L}} \underbrace{\begin{pmatrix} 1 & 3 & 1 \\ & 2 & 3 \\ & & -2 \end{pmatrix}}_{\boldsymbol{U}}$$

解

$$\underbrace{\begin{pmatrix} 1 & & \\ 3 & 2 & \\ 1 & 3 & -2 \end{pmatrix}}_{\boldsymbol{U}^{\mathrm{T}}} \underbrace{\begin{pmatrix} c_1 \\ c_2 \\ c_3 \end{pmatrix}}_{\boldsymbol{c}} = \underbrace{\begin{pmatrix} 2 \\ 8 \\ 5 \end{pmatrix}}_{\boldsymbol{b}} \implies \boldsymbol{c} = (2, 1, 0),$$

$$\underbrace{\begin{pmatrix} 1 & 3 & 1 \\ & 1 & 0 \\ & & 1 \end{pmatrix}}_{L^{\mathrm{T}}} \underbrace{\begin{pmatrix} a_1 \\ a_2 \\ a_3 \end{pmatrix}}_{a} = \underbrace{\begin{pmatrix} 2 \\ 1 \\ 0 \end{pmatrix}}_{c} \Longrightarrow \boldsymbol{a} = (-1, 1, 0),$$

$$\underbrace{\begin{pmatrix} x_1 \\ x_2 \\ x_3 \end{pmatrix}}_{x} = \underbrace{\begin{pmatrix} 1 & & \\ & & 1 \\ & 1 & \end{pmatrix}}_{P^{\mathrm{T}}} \underbrace{\begin{pmatrix} -1 \\ 1 \\ 0 \end{pmatrix}}_{a} \Longrightarrow \boldsymbol{x} = (-1, 0, 1).$$

Cholesky 分解

已知对称矩阵的 $\boldsymbol{LU}$ 分解 $\boldsymbol{S} = \boldsymbol{LU}$，且 $\boldsymbol{U}$ 的主元为正数（$\boldsymbol{S}$ 称为**正定矩阵**，详见最后一章），后面我们会看到，矩阵 $\boldsymbol{A}^{\mathrm{T}}\boldsymbol{A}, \boldsymbol{A}\boldsymbol{A}^{\mathrm{T}}$ 属于这类矩阵（当 $\boldsymbol{A}$ 列满秩时）. 进一步把 $\boldsymbol{U}$ 中对角线的元素（主元）提取到一个对角矩阵 $\boldsymbol{D}$，得到

$$\boldsymbol{S} = \boldsymbol{L}\underbrace{\boldsymbol{D}\hat{\boldsymbol{U}}}_{\boldsymbol{U}}.$$

可以证明，$\hat{\boldsymbol{U}} = \boldsymbol{L}^{\mathrm{T}}$，进而 $\boldsymbol{S} = \boldsymbol{LDL}^{\mathrm{T}}$. 容易验证 $(\boldsymbol{LDL}^{\mathrm{T}})^{\mathrm{T}} = \boldsymbol{LDL}^{\mathrm{T}}$. 可以看到，对称矩阵 $\boldsymbol{LU}$ 分解的计算量大大减少，我们不需要计算消元之后的系数矩阵 $\boldsymbol{U}$，只需要记录消元乘数 $\boldsymbol{L}$ 中的消元乘数和主元 $\boldsymbol{D}$. 进一步，我们取主元的算术平方根，把对角矩阵变为 $\boldsymbol{D} = \boldsymbol{KK}$. 最终，

$$\boldsymbol{S} = \boldsymbol{LDL}^{\mathrm{T}} = \boldsymbol{LKKL}^{\mathrm{T}} = (\boldsymbol{LK})(\boldsymbol{LK})^{\mathrm{T}} = \hat{\boldsymbol{L}}(\hat{\boldsymbol{L}})^{\mathrm{T}}, \tag{1.9}$$

其中，矩阵 $\hat{\boldsymbol{L}} = \boldsymbol{LK}$ 为下三角矩阵. 式(1.9)称为正定矩阵的 **Cholesky 分解**，它把正定矩阵分解为一个下三角矩阵与该下三角矩阵转置的乘积. 注意：正定矩阵的高斯消元中不会出现行互换，因而正定矩阵的 Cholesky 分解不会出现 $\boldsymbol{PS} = \hat{\boldsymbol{L}}(\hat{\boldsymbol{L}})^{\mathrm{T}}$.

例 1.16 已知 $\boldsymbol{A} = \begin{pmatrix} 4 & -2 & -7 & -4 & -8 \\ 9 & -6 & -6 & -1 & -5 \\ -2 & -9 & 3 & -5 & 2 \\ 9 & 7 & -9 & 5 & -8 \\ -1 & 6 & -3 & 9 & 6 \end{pmatrix}$，对 $\boldsymbol{A}^{\mathrm{T}}\boldsymbol{A}$ 进行 $\boldsymbol{LU}$ 分解，并写成 Cholesky 分解的形式.

解

$$\boldsymbol{A}^{\mathrm{T}}\boldsymbol{A} = \begin{pmatrix} 183 & 13 & -166 & 21 & -159 \\ 13 & 206 & -58 & 148 & 8 \\ -166 & -58 & 184 & -53 & 146 \\ 21 & 148 & -53 & 148 & 41 \\ -159 & 8 & 146 & 41 & 193 \end{pmatrix}$$

$$
\boldsymbol{A}^{\mathrm{T}}\boldsymbol{A}=\underbrace{\begin{pmatrix}1.0&0.0&0.0&0.0&0.0\\0.071&1.0&0.0&0.0&0.0\\-0.907&-0.225&1.0&0.0&0.0\\0.115&0.714&-0.041&1.0&0.0\\-0.869&0.094&0.266&1.118&1.0\end{pmatrix}}_{\boldsymbol{L}}\underbrace{\begin{pmatrix}183.0&13.0&-166.0&21.0&-159.0\\0.0&205.077&-46.208&146.508&19.295\\0.0&0.0&23.009&-0.940&6.118\\0.0&0.0&0.0&40.885&45.711\\0.0&0.0&0.0&0.0&0.303\end{pmatrix}}_{\boldsymbol{U}}
$$

$$
=\underbrace{\begin{pmatrix}1.0&0.0&0.0&0.0&0.0\\0.071&1.0&0.0&0.0&0.0\\-0.907&-0.225&1.0&0.0&0.0\\0.115&0.714&-0.041&1.0&0.0\\-0.869&0.094&0.266&1.118&1.0\end{pmatrix}}_{\boldsymbol{L}}\underbrace{\begin{pmatrix}183.0&0.0&0.0&0.0&0.0\\0.0&205.077&0.0&0.0&0.0\\0.0&0.0&23.009&0.0&0.0\\0.0&0.0&0.0&40.885&0.0\\0.0&0.0&0.0&0.0&0.303\end{pmatrix}}_{\boldsymbol{D}}
$$

$$
\underbrace{\begin{pmatrix}1.0&0.071&-0.907&0.115&-0.869\\0.0&1.0&-0.225&0.714&0.094\\0.0&0.0&1.0&-0.041&0.266\\0.0&0.0&0.0&1.0&1.118\\0.0&0.0&0.0&0.0&1.0\end{pmatrix}}_{\boldsymbol{L}^{\mathrm{T}}}
$$

$$
=\underbrace{\begin{pmatrix}13.528&0.0&0.0&0.0&0.0\\0.961&14.321&0.0&0.0&0.0\\-12.271&-3.227&4.797&0.0&0.0\\1.552&10.231&-0.196&6.394&0.0\\-11.754&1.347&1.275&7.149&0.551\end{pmatrix}}_{\hat{\boldsymbol{L}}}\underbrace{\begin{pmatrix}13.528&0.961&-12.271&1.552&-11.754\\0.0&14.321&-3.227&10.231&1.347\\0.0&0.0&4.797&-0.196&1.275\\0.0&0.0&0.0&6.394&7.149\\0.0&0.0&0.0&0.0&0.551\end{pmatrix}}_{\hat{\boldsymbol{L}}^{\mathrm{T}}}
$$

置换矩阵

在消元法中，有时需要使用**置换矩阵**（permutation matrix），置换矩阵 $\boldsymbol{P}_{ij}$ 左乘 $\boldsymbol{A}$ 使得 $\boldsymbol{A}$ 互换第 i,j 行. 置换矩阵的行是单位矩阵行的任意排列，置换矩阵每行每列仅有 1 个非零元素 1.

例 1.17 写出 3×3 的所有置换矩阵.

解 3×3 大小的置换矩阵一共有 $3!=6$ 个：

$$
\boldsymbol{I}=\begin{pmatrix}1&0&0\\0&1&0\\0&0&1\end{pmatrix}\qquad \boldsymbol{P}_{21}=\begin{pmatrix}0&1&0\\1&0&0\\0&0&1\end{pmatrix}\qquad \boldsymbol{P}_{32}\boldsymbol{P}_{21}=\begin{pmatrix}0&1&0\\0&0&1\\1&0&0\end{pmatrix}
$$

$$
\boldsymbol{P}_{31}=\begin{pmatrix}0&0&1\\0&1&0\\1&0&0\end{pmatrix}\qquad \boldsymbol{P}_{32}=\begin{pmatrix}1&0&0\\0&0&1\\0&1&0\end{pmatrix}\qquad \boldsymbol{P}_{21}\boldsymbol{P}_{32}=\begin{pmatrix}0&0&1\\1&0&0\\0&1&0\end{pmatrix}
$$

根据排列数的计算规律，一共有 $n!$ 个 n 级置换矩阵. 可以看到 $\boldsymbol{P}^{-1}$ 也为置换矩阵：对于置换一次的矩阵，其逆等于它本身，如例 1.17左边两列的置换矩阵；对于置换两次的矩阵，其逆不等于它本身，如 $(\boldsymbol{P}_{32}\boldsymbol{P}_{21})^{-1}=\boldsymbol{P}_{21}\boldsymbol{P}_{32}$.

定理 1.9 置换矩阵的逆等于其转置，$\boldsymbol{P}^{-1}=\boldsymbol{P}^{\mathrm{T}}$.

证明 记 n 级单位矩阵 $\boldsymbol{I}=(\boldsymbol{e}_1\ \boldsymbol{e}_2\ \cdots\ \boldsymbol{e}_n)$，易知对于任意 $i\neq j$，有 $\boldsymbol{e}_i^{\mathrm{T}}\boldsymbol{e}_j=0$，且 $\boldsymbol{e}_i^{\mathrm{T}}\boldsymbol{e}_i=1$. 记 n 级置换矩阵 $\boldsymbol{P}=(\boldsymbol{e}_{\tau_1}\ \boldsymbol{e}_{\tau_2}\ \ldots\ \boldsymbol{e}_{\tau_n})$，其中下角标 $\tau_1,\ldots,\tau_n$ 是 $1,\ldots,n$ 的一个排列. 不难计算

$$\boldsymbol{P}^{\mathrm{T}}\boldsymbol{P}=\begin{pmatrix}\boldsymbol{e}_{\tau_1}^{\mathrm{T}}\\ \boldsymbol{e}_{\tau_2}^{\mathrm{T}}\\ \vdots\\ \boldsymbol{e}_{\tau_n}^{\mathrm{T}}\end{pmatrix}(\boldsymbol{e}_{\tau_1}\ \boldsymbol{e}_{\tau_2}\ \cdots\ \boldsymbol{e}_{\tau_n})=\boldsymbol{I},$$

所以 P^{T} 为 P 逆. ■

定理 1.9说明 $\boldsymbol{P}$ 的任意两个列向量正交，且每列的模为 1. 这类方阵称为**正交矩阵**（orthonormal matrix）或者**酉矩阵**（unitary matrix）. 酉矩阵是 (实) 正交矩阵在复矩阵上的推广，满足 $\boldsymbol{P}^{\mathrm{H}}\boldsymbol{P}=\boldsymbol{P}\boldsymbol{P}^{\mathrm{H}}=\boldsymbol{I},\boldsymbol{P}^{-1}=\boldsymbol{P}^{\mathrm{H}}$。

习题

1. 计算对称矩阵 $\boldsymbol{S}$ 的 $\boldsymbol{LDL}^{\mathrm{T}}$ 分解.

$$\boldsymbol{S}=\begin{pmatrix}1&4&5\\4&2&6\\5&6&3\end{pmatrix}.$$

2. 请写出分块矩阵 $\boldsymbol{M}$ 的转置，并写出当 $\boldsymbol{A},\boldsymbol{B},\boldsymbol{C},\boldsymbol{D}$ 满足什么条件时，$\boldsymbol{M}$ 为对称矩阵.

$$\boldsymbol{M}=\begin{pmatrix}\boldsymbol{A}&\boldsymbol{B}\\\boldsymbol{C}&\boldsymbol{D}\end{pmatrix}.$$

3. 请判断下列说法是否正确. 若认为正确请给出理由，若认为错误请举出反例.
   (a) 分块矩阵 $\begin{pmatrix}\boldsymbol{0}&\boldsymbol{A}\\\boldsymbol{A}&\boldsymbol{0}\end{pmatrix}$ 一定是对称矩阵；
   (b) 若矩阵 $\boldsymbol{A},\boldsymbol{B}$ 均为对称矩阵，则 $\boldsymbol{AB}$ 也为对称矩阵；
   (c) 若可逆矩阵 $\boldsymbol{A}$ 不是对称矩阵，则矩阵 $\boldsymbol{A}^{-1}$ 也不是对称矩阵；
   (d) 当矩阵 $\boldsymbol{A},\boldsymbol{B},\boldsymbol{C}$ 为对称矩阵时，$\boldsymbol{ABC}$ 的转置为 $\boldsymbol{CBA}$.

4.* 我们知道当矩阵 $\boldsymbol{P}_1,\boldsymbol{P}_2$ 为置换矩阵时，$\boldsymbol{P}_1\boldsymbol{P}_2$ 也为置换矩阵. 考虑 4×4 的置换矩阵，求 $\boldsymbol{P}_1,\boldsymbol{P}_2,\boldsymbol{P}_3,\boldsymbol{P}_4$，使得 $\boldsymbol{P}_1\boldsymbol{P}_2\neq\boldsymbol{P}_2\boldsymbol{P}_1$，$\boldsymbol{P}_3\boldsymbol{P}_4=\boldsymbol{P}_4\boldsymbol{P}_3$（只需求一

组 $\boldsymbol{P}_1, \boldsymbol{P}_2, \boldsymbol{P}_3, \boldsymbol{P}_4$）.

5. 已知矩阵 $\boldsymbol{A}$ 为 $m \times n$ 的矩阵（$m \neq n$），$\boldsymbol{S}$ 为 $m \times m$ 的对称矩阵.
   (a) 请证明: $\boldsymbol{A}^{\mathrm{T}}\boldsymbol{S}\boldsymbol{A}$ 为对称矩阵，并写出矩阵 $\boldsymbol{A}^{\mathrm{T}}\boldsymbol{S}\boldsymbol{A}$ 的行列数;
   (b) 请证明: $\boldsymbol{A}^{\mathrm{T}}\boldsymbol{A}$ 的对角线元素非负.
6. 计算如下对称矩阵 $\boldsymbol{S}$ 的 $\boldsymbol{L}\boldsymbol{D}\boldsymbol{L}^{\mathrm{T}}$ 分解.
   (a)
$$\boldsymbol{S} = \begin{pmatrix} 1 & 3 \\ 3 & 2 \end{pmatrix};$$
   (b)
$$\boldsymbol{S} = \begin{pmatrix} 1 & b \\ b & c \end{pmatrix};$$
   (c)
$$\boldsymbol{S} = \begin{pmatrix} 2 & -1 & 0 \\ -1 & 2 & -1 \\ 0 & -1 & 2 \end{pmatrix}.$$
7. 计算矩阵 $\boldsymbol{A}$ 的 $\boldsymbol{L}\boldsymbol{U}$ 分解.
   (a)
$$\boldsymbol{A} = \begin{pmatrix} 0 & 1 & 1 \\ 1 & 0 & 1 \\ 2 & 3 & 4 \end{pmatrix};$$
   (b)
$$\boldsymbol{A} = \begin{pmatrix} 1 & 2 & 0 \\ 2 & 4 & 1 \\ 1 & 1 & 1 \end{pmatrix}.$$
8. 已知对称矩阵 $\boldsymbol{S}$.
$$\boldsymbol{S} = \begin{pmatrix} 1 & 3 & 0 \\ 3 & 11 & 4 \\ 0 & 4 & 9 \end{pmatrix}$$
   (a) 对 $\boldsymbol{S}$ 作行变换 $\boldsymbol{E}_1\boldsymbol{S}$，消除第一列主元下的元素 $s_{2,1}$，请写出矩阵 $\boldsymbol{E}_1$. 验证 $\boldsymbol{E}_1\boldsymbol{S}\boldsymbol{E}_1^{\mathrm{T}}$ 可以消除 $s_{2,1}s_{1,2}$;
   (b) 对 $\boldsymbol{E}_1\boldsymbol{S}$ 作行变换 $\boldsymbol{E}_2\boldsymbol{E}_1\boldsymbol{S}$，即消除第二列主元下的元素 $s_{3,2}$，请写出矩阵 $\boldsymbol{E}_2$. 验证 $\boldsymbol{D} = \boldsymbol{E}_2\boldsymbol{E}_1\boldsymbol{S}\boldsymbol{E}_1^{\mathrm{T}}\boldsymbol{E}_2^{\mathrm{T}}$ 将 $\boldsymbol{S}$ 转化为对角矩阵 $\boldsymbol{D}$;
   (c) 对矩阵 $\boldsymbol{S}$ 进行 Cholesky 分解，即 $\boldsymbol{S} = \boldsymbol{L}\boldsymbol{D}\boldsymbol{L}^{\mathrm{T}} = \hat{\boldsymbol{L}}\hat{\boldsymbol{L}}^{\mathrm{T}}$.

9* 方阵 $\boldsymbol{B}$ 中位于东南角的元素全为 0（即反对角线下方的元素全为 0），称 $\boldsymbol{B}$ 为西北矩阵.

(a) 请问 $\boldsymbol{B}^{\mathrm{T}}, \boldsymbol{B}^2$ 是否也为西北矩阵；

(b) 请问 $\boldsymbol{B}^{-1}$ 是西北矩阵，还是东南矩阵；

(c) 矩阵 $\boldsymbol{B}, \boldsymbol{C}$ 分别为西北矩阵、东南矩阵，请说明矩阵 $\boldsymbol{BC}$ 的形状（上三角、下三角、东南、西北）.

10* 已知矩阵 $\boldsymbol{P}$ 为置换矩阵.

(a) 证明：存在正整数 k，使得 $\boldsymbol{P}^k = \boldsymbol{I}$；

(b) 请写出一个 5×5 的置换矩阵 $\boldsymbol{P}$，使得 $\boldsymbol{P}^k = \boldsymbol{I}$ 成立的最小 k 为 6.

11. 已知矩阵 $\boldsymbol{Q}$ 为正定矩阵，即 $\boldsymbol{Q}^{\mathrm{T}} = \boldsymbol{Q}^{-1}$.

(a) 证明：矩阵 $\boldsymbol{Q}$ 的列向量均为单位向量；

(b) 证明：矩阵 $\boldsymbol{Q}$ 的任意两个列向量正交；

(c) 写出一个 2×2 的矩阵 $\boldsymbol{Q}$，其中 $q_{11} = \cos\theta$.

第 2 章　线性方程组的解集结构与向量空间

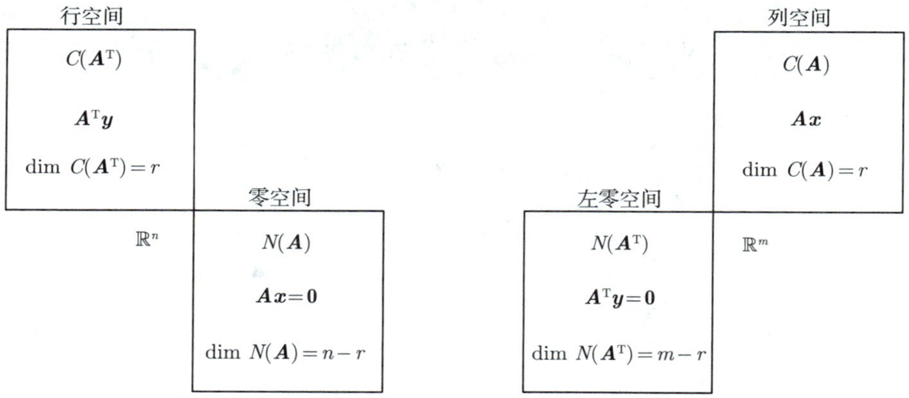

矩阵的四个子空间

在第 1 章，我们初步接触了**向量空间**、**基向量**、**维数**、**线性组合**、**线性相关**、**秩**这些概念. 在这一章，我们将深入学习这些重要概念，它们是线性代数的核心部分. 把这些知识应用在解线性方程组，考虑任意形状的系数矩阵，我们可以更深刻地理解线性方程组解集的特征：是否有解、为什么有解或者无解、解是否唯一、为什么唯一或者不唯一、**解集**是否构成**子空间**、解集的几何意义是什么、解集的基是什么、解集的**维数**是多少?

向量空间不一定由我们熟悉的有序数组构成. 某个向量空间可能包含了所有的 $m\times n$ 矩阵，或者包含了所有的可导函数，又或者包含了所有的 5 次多项式函数. 这时，向量分别指矩阵、可导函数、5 次多项式函数. 在定义向量空间时，还需要定义其中的向量是如何进行运算的.

世界是多元的，也是**非线性**的. 如何解多元非线性方程组? 把它们转化为线性方程! 通过解一系列线性方程组，得到非线性方程的解. 本章最后一节介绍了**牛顿法**，它和机器学习领域中**梯度下降法**有密切联系. 此外，还简要介绍了**矩阵微分**，也是机器学习领域中的重要知识.

2.1 向量空间及其子空间

一般地，**向量空间**（vector space）是一些“东西”的集合，这些“东西”可以互相加减，可以和标量相乘，通过这些运算得到的结果还在这个集合中. 我们先看最熟悉的“东西”：**有序数组**.

定义 2.1 数域 F 上所有 n 元有序数组组成的集合 $F^n=\{(v_1,\cdots,v_n):v_i\in F,i=1,\cdots,n\}$，连同定义在它上面的加法运算和数量乘法运算，及其满足的 7 条运算法则一起，称为数域 F 上的一个 n 维向量空间. F^n 的元素称为 n 维向量. 称 v_i 是向量 $\boldsymbol{v}$ 的第 i 个分量（元素、坐标）. 在 F^n 中定义加法运算为

$$\boldsymbol{v}+\boldsymbol{w}=(v_1,\cdots,v_n)+(w_1,\cdots,w_n)\xlongequal{\text{def}}(v_1+w_1,\cdots,v_n+w_n).$$

定义数量乘法为

$$k\boldsymbol{v}=k(v_1,\cdots,v_n)\xlongequal{\text{def}}(kv_1,\cdots,kv_n).$$

记 $V=\boldsymbol{F}^n$，7 条运算法则如下：

1. 加法交换律：$\boldsymbol{v}+\boldsymbol{w}=\boldsymbol{w}+\boldsymbol{v}$;
2. 加法结合律：$(\boldsymbol{u}+\boldsymbol{v})+\boldsymbol{w}=\boldsymbol{u}+(\boldsymbol{v}+\boldsymbol{w})$;
3. 加法单位元：存在 $\boldsymbol{0}\in V$，使得 $\boldsymbol{0}+\boldsymbol{v}=\boldsymbol{v}$;
4. 加法逆元：对于所有 $\boldsymbol{v}\in V$，存在唯一 $\boldsymbol{w}\in V$，使得 $\boldsymbol{v}+\boldsymbol{w}=\boldsymbol{0}$;
5. 标量乘法单位元：对于所有 $\boldsymbol{v}\in V$，$1\boldsymbol{v}=\boldsymbol{v}$;
6. 标量乘法结合律：对于所有 $\boldsymbol{v}\in V$，任意 $c,d\in F$，使得 $(cd)\boldsymbol{v}=c(d\boldsymbol{v})$;
7. 乘法分配律：对于所有 $\boldsymbol{v},\boldsymbol{w}\in V$，任意 $c,d\in F$，有 $(c+d)\boldsymbol{v}=c\boldsymbol{v}+d\boldsymbol{v}$，$c(\boldsymbol{v}+\boldsymbol{w})=c\boldsymbol{v}+c\boldsymbol{w}$.

这 7 条法则看起来非常显然，但当向量空间中的元素不为有序数组时，这 7 条法则也需要满足. 如果某一向量空间满足这 7 条法则，本章我们得出的适用于有序数组的结论，大部分可以推广到一般的向量空间上. 这里没有定义两个向量的乘积，定义了向量内积的向量空间称为**欧几里得空间**或者**希尔伯特空间**. 基于向量加法、标量乘法，我们无法知道向量的大小和方向，而内积可以告诉我们向量的大小和方向.

本章的运算仅限于向量加法和标量乘积. 定义标量乘法时需要明确 F，当向量不为有序数组时，也需要定义 F，称 V 是 F 上的向量空间，而不是简单地说 V 是向量空间. 但通常，F 的选取在上下文中是很明显的或者无关紧要的.

记号 2.1 V 表示一般的向量空间，n 元有序数组写成一列

$$\boldsymbol{a}=\begin{pmatrix}a_1\\a_2\\\vdots\\a_n\end{pmatrix},$$

称为列向量，也可以写作 $\boldsymbol{a}=(a_1,\cdots,a_n)$. 行向量写作 $\boldsymbol{a}^{\mathrm{T}}=(a_1\ \ a_2\ \ \cdots\ \ a_n)$，或者 $\boldsymbol{a}^{\mathrm{T}}=(a_1,\cdots,a_n)^{\mathrm{T}}$. 通常，向量 $\boldsymbol{a}$ 是指列向量，F^n 既可以看作 n 维列向量组成的向量空间，也可以看作 n 维行向量组成的向量空间.

子空间

我们会经常考虑向量空间的一个子集，不同于一般的子集定义，我们希望这个子集在进行向量加法和标量乘积时得到的结果不会落在子集以外. 这样的子集称为**子空间**（subspace）.

定义 2.2 如果 V 的子集 U（采用与 V 相同的加法和标量乘法，满足 7 条运算法则）满足 $\boldsymbol{u},\boldsymbol{v}\in U,c,d\in F\implies c\boldsymbol{u}+d\boldsymbol{v}\in U$，则称 U 是 V 的一个线性子空间，简称子空间.

可见判断子空间的关键点是，对向量加法和标量乘法封闭.

例 2.1 判断以下向量空间的子集是否为子空间：

1. $\mathbb{R}^3$ 中过原点的直线；
2. $\mathbb{R}^3$ 中过原点的线段；
3. $\mathbb{R}^3$ 中不过原点的直线；
4. $\mathbb{R}^3$ 中过原点的平面；
5. 所有 5 级上三角形矩阵；
6. 4 级零矩阵.

解

1. $\mathbb{R}^3$ 中过原点的直线是子空间；
2. $\mathbb{R}^3$ 中过原点的线段不是子空间，标量乘法可能落在线段外；
3. $\mathbb{R}^3$ 中不过原点的直线不是子空间，$\boldsymbol{a}-\boldsymbol{a}=\boldsymbol{0}$，子空间必须包含零向量；
4. $\mathbb{R}^3$ 中过原点的平面是子空间；
5. 所有 5 级上三角形矩阵是子空间；
6. 4 级零矩阵是子空间，且只有一个零向量，只含有零向量的子空间称为平凡子空间，它的维数等于 $\boldsymbol{0}$.

一种常见的构造子空间的方式是考虑一组向量所有可能的**线性组合**（linear combination）.

定义 2.3 通过向量加法和标量乘积可以把一组向量 $\boldsymbol{v}_1,\cdots,\boldsymbol{v}_n$ 组合成一个新的向量，

$$\boldsymbol{w}=c_1\boldsymbol{v}_1+\cdots+c_n\boldsymbol{v}_n$$

称为向量组的一个线性组合，标量 $c_1,\cdots,c_n$ 称为系数，称 $\boldsymbol{w}$ 可以由 $\boldsymbol{v}_1,\cdots,\boldsymbol{v}_n$线性表出.

定义 2.4 V 中一组向量 $\boldsymbol{v}_1,\boldsymbol{v}_2,\cdots,\boldsymbol{v}_n$ 的所有线性组合所构成的集合称为这组向量张成的空间（spanned space），记为 $\mathrm{span}(\boldsymbol{v}_1,\cdots,\boldsymbol{v}_n)$，

$$\mathrm{span}(\boldsymbol{v}_1,\cdots,\boldsymbol{v}_n)=\{c_1\boldsymbol{v}_1+\cdots+c_n\boldsymbol{v}_n:c_1,\cdots,c_n\in F\}$$

零向量张成的空间定义为 $\mathbb{Z}=\{\boldsymbol{0}\}$.

不难证明，$\text{span}(\boldsymbol{v}_1, \cdots, \boldsymbol{v}_n)$ 中任意两个向量的和仍在此向量空间中，任意一向量与标量的乘积也在此向量空间中.

矩阵的列空间和行空间

和矩阵相关的子空间是矩阵的**列空间（行空间）**（column space、row space），它是矩阵列（行）向量张成的子空间，包含所有列（行）向量的线性组合.

定义 2.5　对于 $m \times n$ 矩阵 $\boldsymbol{A}$，列向量张成的子空间称为矩阵 $\boldsymbol{A}$ 的列空间，记作 $C(\boldsymbol{A}) \subset \mathbb{R}^m$. 矩阵 $\boldsymbol{A}$ 行向量张成的子空间称为矩阵 $\boldsymbol{A}$ 的行空间，记作 $C(\boldsymbol{A}^{\mathrm{T}}) \subset \mathbb{R}^n$.

用向量空间的语言，解线性方程组 $\boldsymbol{Ax} = \boldsymbol{b}$ 就是把常数项 $\boldsymbol{b}$ 用 $\boldsymbol{A}$ 的列向量线性表出，如果 $\boldsymbol{b}$ 在 $\boldsymbol{A}$ 的列空间，$\boldsymbol{b} \in C(\boldsymbol{A})$，则方程有解，如果 $\boldsymbol{b} \notin C(\boldsymbol{A})$，则方程无解.

例 2.2　解线性方程组

$$\underbrace{\begin{pmatrix} 1 & 0 \\ 4 & 3 \\ 2 & 3 \end{pmatrix}}_{\boldsymbol{A}} \underbrace{\begin{pmatrix} x_1 \\ x_2 \end{pmatrix}}_{\boldsymbol{x}} = \underbrace{\begin{pmatrix} 0.4 \\ 2.5 \\ 1.7 \end{pmatrix}}_{\boldsymbol{b}}.$$

解　图 2.1 展示了 $\boldsymbol{A}$ 的列向量与 $\boldsymbol{b}$ 的几何关系.

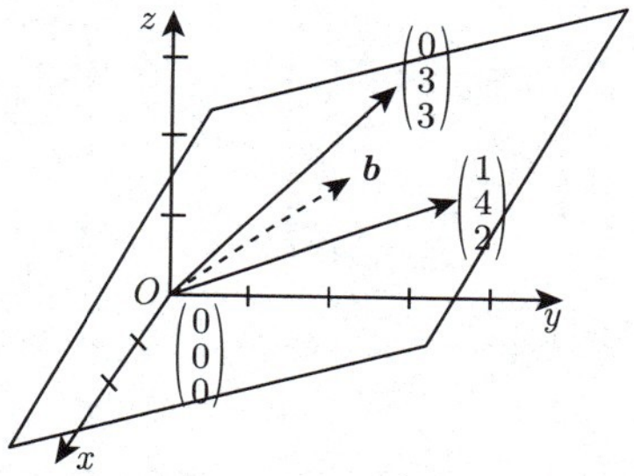

图 2.1　$\boldsymbol{A}$ 的列向量与 $\boldsymbol{b}$ 的几何关系

从图 2.1 中可以看出，$\boldsymbol{b}$ 刚好在列向量张成的平面 $C(\boldsymbol{A}) \subset \mathbb{R}^3$，$\boldsymbol{b}$ 可以由列向量线性表出，$\boldsymbol{b} = 0.4(1,4,2) + 0.3(0,3,3)$，且这是唯一的线性表出，所以方程只有一个解.

可以看到，只有当 $\boldsymbol{b}$ 处于该平面，方程才有解，且唯一. 大部分 3 维向量不在这个平面，如果 $\boldsymbol{b}$ 是从三维空间随机抽取的一个向量，那么方程无解的可能性更大.

列空间 $C(\boldsymbol{A})$ 是三维空间的一个平面，故列空间 $C(\boldsymbol{A})$ 的维数 等于 2. 如果

$$\boldsymbol{A} = \begin{pmatrix} 1 & 2 \\ 4 & 8 \\ 2 & 4 \end{pmatrix},$$

那么 $C(\boldsymbol{A}) \subset \mathbb{R}^3$ 为 3 维空间的一条直线，维数为 1，只有处于这条直线上的向量 $\boldsymbol{b}$ 才会使方程 $\boldsymbol{Ax} = \boldsymbol{b}$ 有解，且解不唯一. 例如，当 $\boldsymbol{b} = (1,4,2)$ 时，$\boldsymbol{x}_1 = (1,0)$ 和 $\boldsymbol{x}_2 = (0,0.5)$ 都为方程的解. 当方程的解不唯一时，我们需要学习解集结构.

习题

1. 在 $\mathbb{R}^4$ 中，判断向量 $\boldsymbol{b}$ 能否由向量组 $\boldsymbol{a}_1,\boldsymbol{a}_2,\boldsymbol{a}_3$ 线性表出. 若能，写出一种表出方式.

$$\boldsymbol{a}_1=\begin{pmatrix}2\\-5\\3\\-4\end{pmatrix},\ \boldsymbol{a}_2=\begin{pmatrix}-5\\11\\3\\10\end{pmatrix},\ \boldsymbol{a}_3=\begin{pmatrix}-3\\7\\-1\\6\end{pmatrix},\ \boldsymbol{b}=\begin{pmatrix}13\\-30\\2\\-26\end{pmatrix}$$

2. 假设 $1\leqslant r<n$，证明：$\mathbb{R}^n$ 的下述子集 U 是一个子空间：

$$U=\{(a_1,a_2,\cdots,a_r,0,\cdots,0):\ a_i\in\mathbb{R},i=1,2,\cdots,r\}.$$

3. 证明：如果线性方程组 I 的增广矩阵的第 i 个行向量 $\boldsymbol{a}_i$ 可以由其余行向量线性表出：

$$\boldsymbol{a}_i=c_1\boldsymbol{a}_1+\cdots+c_{i-1}\boldsymbol{a}_{i-1}+c_{i+1}\boldsymbol{a}_{i+1}+\cdots+c_m\boldsymbol{a}_m.$$

那么把方程组 I 的第 i 个方程去掉后得到的方程组 Ⅱ 与 I 同解.

4. 在 $\mathbb{R}^4$ 中，设

$$\boldsymbol{a}_1=\begin{pmatrix}1\\0\\0\\0\end{pmatrix},\ \boldsymbol{a}_2=\begin{pmatrix}1\\1\\0\\0\end{pmatrix},\ \boldsymbol{a}_3=\begin{pmatrix}1\\1\\1\\0\end{pmatrix},\ \boldsymbol{a}_4=\begin{pmatrix}1\\1\\1\\1\end{pmatrix}.$$

证明：$\mathbb{R}^4$ 中任一向量 $\boldsymbol{b}=(b_1,b_2,b_3,b_4)$ 可以由向量组 $\boldsymbol{a}_1,\boldsymbol{a}_2,\boldsymbol{a}_3,\boldsymbol{a}_4$ 线性表出，且表出方式唯一.

5. 把向量 $\boldsymbol{b}$ 增广到矩阵 $\boldsymbol{A}$ 的最后一列，得到增广矩阵 $\boldsymbol{B}=(\boldsymbol{A}\,|\,\boldsymbol{b})$. 证明：如果 $C(\boldsymbol{A})=C(\boldsymbol{B})$，则方程组 $\boldsymbol{A}\boldsymbol{x}=\boldsymbol{b}$ 有解.

6. 如果 $\boldsymbol{A}$ 是 6×6 的可逆矩阵，计算 $C(\boldsymbol{A})$.

7. 如果对于任一向量 $\boldsymbol{b}\in\mathbb{R}^9$，$9\times 12$ 的线性方程组 $\boldsymbol{A}\boldsymbol{x}=\boldsymbol{b}$（9 个方程、12 个未知数）有解，计算 $C(\boldsymbol{A})$.

8. 证明：$\boldsymbol{A}$ 和 $(\boldsymbol{A}\,|\,\boldsymbol{A}\boldsymbol{B})$ 有相同的列空间.

2.2 线性相关和线性无关的向量组

已知 3×2 矩阵 $\boldsymbol{A}=\begin{pmatrix}1&2\\4&8\\2&4\end{pmatrix}$，为什么矩阵 $\boldsymbol{A}$ 有两列，列空间却只是一条直线？因为这两个列向量的方向相同，它们的线性组合只可能在同一条直线上. 这两个列向量称

为**线性相关**（linearly dependence）. 可见，线性相关的向量组中有些向量是“冗余”的，它们的“信息”被别的向量“包含”. 相反，**线性无关**（linearly independence）的向量组中所有向量都是“特别”的，它们的“信息”彼此不重叠.

定义 2.6 对于向量组 $\boldsymbol{v}_1,\cdots,\boldsymbol{v}_n\in\boldsymbol{F}^n$，如果存在至少一个向量可以由其余向量线性表出，则向量组称为是线性相关的. 如果任意向量都无法由其余向量线性表出，则向量组称为是线性无关的.

线性相关和线性无关是线性代数中最基本的概念之一. 可以从不同角度来理解线性无关和线性相关：

1. 线性组合：只有系数全为零的向量组的线性组合等于零向量，则向量组线性无关；有系数不全为零的向量组的线性组合等于零向量，则向量组线性相关.
2. 齐次线性方程组 $\boldsymbol{Ax}=\boldsymbol{0}$ 的解：只有零解，$\boldsymbol{A}$ 的列向量线性无关；有非零解，$\boldsymbol{A}$ 的列向量线性相关.
3. 部分-整体：向量组的部分向量线性相关，则整个向量组线性相关；整个向量组线性无关，则部分向量组线性无关.
4. 分量（坐标）增减：向量组线性相关，则每个向量去掉一些相同位置的分量，得到的新向量组（称为**缩短组**）仍线性相关；向量组线性无关，则每个向量增加一些相同位置的分量，得到的新向量组（称为**延伸组**）仍线性无关.

第 1 点成立的原因是：如果有系数不全为零的向量组的线性组合等于零向量，假设为 $c_1\boldsymbol{v}_1+\cdots+c_n\boldsymbol{v}_n=0$，则存在至少一个向量可以由其余向量线性表出，所以它们线性相关. 第 2、3 点是显然的. 第 4 点成立的逻辑是，如果向量组 $\boldsymbol{v}_1,\cdots,\boldsymbol{v}_n$ 线性相关，则存在 $c_1,\cdots,c_n$ 使得 $c_1\boldsymbol{v}_1+\cdots+c_n\boldsymbol{v}_n=0$，每个向量去掉一些位置形成新的向量组 $\boldsymbol{u}_1,\cdots,\boldsymbol{u}_n$，也有 $c_1\boldsymbol{u}_1+\cdots+c_n\boldsymbol{u}_n=0$，即缩短组仍线性相关；如果向量组 $\boldsymbol{v}_1,\cdots,\boldsymbol{v}_n$ 线性无关，假设延伸组 $\boldsymbol{u}_1,\cdots,\boldsymbol{u}_n$ 线性相关，则存在不全为零的系数 $c_1,\cdots,c_n$ 使得 $c_1\boldsymbol{u}_1+\cdots+c_n\boldsymbol{u}_n=0$，进而 $c_1\boldsymbol{v}_1+\cdots+c_n\boldsymbol{v}_n=0$，这与 $\boldsymbol{v}_1,\cdots,\boldsymbol{v}_n$ 线性无关矛盾，故假设不成立，即延伸组 $\boldsymbol{u}_1,\cdots,\boldsymbol{u}_n$ 线性无关.

例 2.3 证明：设向量组 $\boldsymbol{v}_1,\cdots,\boldsymbol{v}_n$ 线性无关，则向量 $\boldsymbol{w}$ 可以由 $\boldsymbol{v}_1,\cdots,\boldsymbol{v}_n$ 线性表出的充要条件是 $\boldsymbol{w},\boldsymbol{v}_1,\cdots,\boldsymbol{v}_n$ 线性相关.

证明 （必要性）假设向量 $\boldsymbol{w}$ 可以由 $\boldsymbol{v}_1,\cdots,\boldsymbol{v}_n$ 线性表出，则根据定义向量组 $\boldsymbol{w},\boldsymbol{v}_1,\cdots,\boldsymbol{v}_n$ 线性相关.

（充分性）假设 $\boldsymbol{w},\boldsymbol{v}_1,\cdots,\boldsymbol{v}_n$ 线性相关，则它们的一个线性组合等于 0：

$$c\boldsymbol{w}+c_1\boldsymbol{v}_1+\cdots+c_n\boldsymbol{v}_n=\boldsymbol{0}\implies c\boldsymbol{w}=-c_1\boldsymbol{v}_1-\cdots-c_n\boldsymbol{v}_n,$$

假设 $c=0$，因为 $\boldsymbol{v}_1,\cdots,\boldsymbol{v}_n$ 线性无关，所以 $c_1=\cdots=c_n=0$，即所有系数都为 0，矛盾，所以 $c\neq 0$. 进而，向量 $\boldsymbol{w}$ 可以由 $\boldsymbol{v}_1,\cdots,\boldsymbol{v}_n$ 线性表出. ■

例 2.4 证明：F^n 中，任意 $n+1$ 个向量都线性相关.

证明 把 $n+1$ 个 n 维向量放入矩阵 $\boldsymbol{A}$ 的列，则方程组 $\boldsymbol{Ax}=\boldsymbol{0}$ 中未知量个数等于 $n+1$，方程个数等于 n，方程个数少于未知量个数，有非零解，则这 $n+1$ 个向量线

性相关. ■

事实上，如果可以找到 $n+1$ 个线性无关的向量，则说明这个向量空间的维数至少为 $n+1$，这与 F^n 矛盾. 在 F^n 中，最多可以找到 n 个线性无关的向量，它们构成了 F^n 的一个基.

例 2.5 证明：如果向量 $\boldsymbol{w}$ 可以由向量组 $\boldsymbol{v}_1,\cdots,\boldsymbol{v}_n$ 线性表出，则表出方式唯一的充要条件是 $\boldsymbol{v}_1,\cdots,\boldsymbol{v}_n$ 线性无关.

证明 （必要性）设 $\boldsymbol{w}$ 可以由向量组 $\boldsymbol{v}_1,\cdots,\boldsymbol{v}_n$ 线性表出，且表出方式唯一，

$$\boldsymbol{w}=a_1\boldsymbol{v}_1+\cdots+a_n\boldsymbol{v}_n$$

假设 $\boldsymbol{v}_1,\cdots,\boldsymbol{v}_n$ 线性相关，则

$$c_1\boldsymbol{v}_1+\cdots+c_n\boldsymbol{v}_n=\mathbf{0}$$

把 $c_1\boldsymbol{v}_1+\cdots+c_n\boldsymbol{v}_n$ 加到 $\boldsymbol{w}$ 的线性表出 $a_1\boldsymbol{v}_1+\cdots+a_n\boldsymbol{v}_n$，得到一个新的 $\boldsymbol{w}$ 的线性表出，与表出方式唯一矛盾，所以假设不成立，$\boldsymbol{v}_1,\cdots,\boldsymbol{v}_n$ 线性无关.

（充分性）设 $\boldsymbol{w}$ 可以由向量组 $\boldsymbol{v}_1,\cdots,\boldsymbol{v}_n$ 线性表出，且 $\boldsymbol{v}_1,\cdots,\boldsymbol{v}_n$ 线性无关. 假设 $\boldsymbol{w}$ 有两个线性表出：

$$\boldsymbol{w}=a_1\boldsymbol{v}_1+\cdots+a_n\boldsymbol{v}_n,\ \boldsymbol{w}=c_1\boldsymbol{v}_1+\cdots+c_n\boldsymbol{v}_n,$$

则 $\boldsymbol{w}-\boldsymbol{w}=(a_1-c_1)\boldsymbol{v}_1+\cdots+(a_n-c_n)\boldsymbol{v}_n=\mathbf{0}$. 因为 $\boldsymbol{v}_1,\cdots,\boldsymbol{v}_n$ 线性无关，所以 $a_1=c_1,\cdots,a_n=c_n$. 即两个线性表出相同，所以表出方式唯一. ■

对于线性方程组

$$\underbrace{\begin{pmatrix}1&2\\4&8\\2&4\end{pmatrix}}_{\boldsymbol{A}}\underbrace{\begin{pmatrix}x_1\\x_2\end{pmatrix}}_{\boldsymbol{x}}=\underbrace{\begin{pmatrix}2\\8\\4\end{pmatrix}}_{\boldsymbol{b}},$$

向量 $\boldsymbol{b}$ 可以由 $\boldsymbol{A}$ 的列向量表出，由于 $\boldsymbol{A}$ 的列向量线性相关，所以表出方式不唯一，即方程组有多个解.

向量组的秩

我们感觉到一个向量组 S 中，如果一个向量 $\boldsymbol{v}\in S$ 可以被其他向量线性表出，那么这个向量对于这个向量组不是很重要. 这种直观认识非常正确，当我们考虑 S 张成的向量空间时，S 中是否包含 $\boldsymbol{v}$ 并不重要，不会影响 S 张成的向量空间.

定义 2.7 如果向量组的一个部分组满足以下条件，则称为极大线性无关组：第一，这个部分组本身是线性无关的，第二，从这个向量组的其余向量（如果还有的话）中任意取一个添加进部分组，得到新的部分组都线性相关.

以下考虑两个向量组的线性表出. 关于等价关系，请参考附录 B.1.

定义 2.8 假设向量组 $S_1=\{\boldsymbol{v}_1,\cdots,\boldsymbol{v}_s\}$ 的每一个向量都可以由向量组 $S_2=\{\boldsymbol{w}_1,\cdots,\boldsymbol{w}_r\}$ 线性表出，那么称 S_1 可以由 S_2 线性表出. 如果 S_1 和 S_2 可以相互表出，那么称 S_1 与 S_2 等价，记作 $S_1\cong S_2$. 等价关系具有反身性、对称性 (交换性)、传递性.

反身性和交换性是显然的，以下证明传递性. 假设 $S_1\cong S_2, S_2\cong S_3=\{\boldsymbol{u}_1,\cdots,\boldsymbol{u}_m\}$，则

$$\boldsymbol{v}_i=\sum_{j=1}^{r}c_{ij}\boldsymbol{w}_j,\quad \boldsymbol{w}_j=\sum_{l=1}^{m}d_{jl}\boldsymbol{u}_l,\quad i=1,\cdots,s, j=1,\cdots,r$$

则

$$\boldsymbol{v}_i=\sum_{j=1}^{r}c_{ij}\sum_{l=1}^{m}d_{jl}\boldsymbol{u}_l=\sum_{l=1}^{m}\left(\sum_{j=1}^{r}c_{ij}d_{jl}\boldsymbol{u}_l\right),$$

即 S_1 可以由 S_3 线性表出. 同理可证明 S_3 可以由 S_1 线性表出，所以 S_1 与 S_3 等价.

命题 2.1 向量组与它的极大线性无关组等价. 向量组的任意两个极大线性无关组等价.

证明 极大线性无关组显然可以由向量组线性表出. 向量组中的向量分为两类：属于极大线性无关组和不属于极大线性无关组. 根据极大线性无关组的定义，显然这两类向量都可以被极大线性无关组表出，即向量组中任意向量可以被极大线性无关组线性表出. 所以，向量组与它的极大线性无关组等价.

根据等价的对称性和传递性，可以得到任意两个极大线性无关组等价. ■

以下考虑向量组中向量的个数与线性相关的关系.

命题 2.2 设向量组 $\boldsymbol{v}_1,\cdots,\boldsymbol{v}_r$ 可以由向量组 $\boldsymbol{w}_1,\cdots,\boldsymbol{w}_s$ 线性表出，

1. 如果 $r>s$, 那么 $\boldsymbol{v}_1,\cdots,\boldsymbol{v}_r$ 线性相关；
2. 如果 $\boldsymbol{v}_1,\cdots,\boldsymbol{v}_r$ 线性无关，那么 $r\leqslant s$.

证明 先证明第一点，第二点是第一点的逆否命题，可以直接由第一点得出. 由已知条件，$\boldsymbol{v}_i=\sum\limits_{j=1}^{s}c_{ij}\boldsymbol{w}_j, i=1,\cdots,r$. 所以，

$$\begin{aligned}d_1\boldsymbol{v}_1+\cdots+d_r\boldsymbol{v}_r=&(d_1c_{11}+d_2c_{21}+\cdots+d_rc_{r1})\boldsymbol{w}_1+\\&(d_1c_{12}+d_2c_{22}+\cdots+d_rc_{r2})\boldsymbol{w}_2+\\&\vdots+\\&(d_1c_{1s}+d_2c_{2s}+\cdots+d_rc_{rs})\boldsymbol{w}_s\end{aligned}$$

解线性方程组

$$\begin{cases}d_1c_{11}+d_2c_{21}+\cdots+d_rc_{r1}=0,\\d_1c_{12}+d_2c_{22}+\cdots+d_rc_{r2}=0,\\\qquad\vdots\\d_1c_{1s}+d_2c_{2s}+\cdots+d_rc_{rs}=0.\end{cases}$$

因为未知量个数 r 大于方程个数 s，所以方程组必有非零解，取一个非零解，则使得 $\boldsymbol{v}_1,\cdots,\boldsymbol{v}_r$ 的线性组合为零向量，所以 $\boldsymbol{v}_1,\cdots,\boldsymbol{v}_r$ 线性相关. ■

严格证明比较烦琐，可以这么解释以上命题. 如果 $\boldsymbol{w}_1,\cdots,\boldsymbol{w}_s$ 线性无关，则它的线性组合最多可以产生 s 个线性无关的向量. 例如，三维空间中 2 个不共线向量的线性组合都在一个平面，一个平面上不可能有 3 个向量线性无关. 现在有 $r>s$ 个向量被 $\boldsymbol{w}_1,\cdots,\boldsymbol{w}_s$ 线性表出，则这 r 个向量必定线性相关. 命题 2.2 的第二点可以直接得出如下定理.

定理 2.1　等价的线性无关向量组所含向量的个数相同. 向量组的任意两个极大线性无关组所含向量的个数相等.

从以上几个命题可以看出，对于一个向量组，线性无关向量的数目有个最大值. 比如，在三维空间 $\mathbb{R}^3$ 上，尽管有无穷多个向量，但不可能找到 4 个线性无关的向量. 这就是**秩**（rank）的定义.

定义 2.9　向量组的极大线性无关组所含向量的个数称为这个向量组的秩. 零向量组成的向量组的秩规定为 0. 向量组的秩记为 $\operatorname{rank}(\boldsymbol{v}_1,\cdots,\boldsymbol{v}_n)$.

秩是非常重要的概念，它告诉了我们向量组的有效大小. 回到本章最开始的矩阵，可以看到 $\boldsymbol{A}=\begin{pmatrix}1&2\\4&8\\2&4\end{pmatrix}$ 的列向量组的秩为 1，行向量组的秩也为 1. 稍后我们会定义矩阵的秩.

定理 2.2　向量组线性无关的充要条件是它的秩等于它所含向量的个数. 如果向量组 S_1 可以由向量组 S_2 线性表出，那么 S_1 的秩小于或者等于 S_2 的秩. 等价的向量组有相同的秩.

证明　（必要性）如果向量组线性无关，那么极大线性无关组包含的向量的个数等于向量组中向量的个数，所以它的秩等于它所含向量的个数.

（充分性）如果秩等于向量组所含向量的个数，那么极大线性无关组包含的向量个数等于向量组中向量个数，即所有向量都在极大线性无关组中，所以向量组线性无关.

向量组 S_1 可以由向量组 S_2 线性表出，则 S_1 的极大线性无关组也可由 S_2 的极大线性无关组表出，所以，S_1 的极大线性无关组中向量的个数小于 S_2 的极大线性无关组中向量的个数，即 S_1 的秩小于或者等于 S_2 的秩.

向量组 S_1 可以由向量组 S_2 线性表出，则 S_1 的秩小于或者等于 S_2 的秩；向量组 S_2 可以由向量组 S_1 线性表出，则 S_2 的秩小于或者等于 S_1 的秩. 所以，等价的向量组有相同的秩. ■

例 2.6　证明：在 n 维向量空间 F^n 中，任一线性无关的向量组所含的向量的个数不超过 n.

证明　在 n 维向量空间 F^n，任一极大线性无关组中向量的个数为 n，所以任一线性无关的向量组所含的向量的个数不超过 n. ■

例 2.7　主对角占优的 n 级矩阵 $\boldsymbol{A}$ 满足

$$|a_{ii}| > \sum_{j \neq i} |a_{ij}|$$

证明：主对角占优的 n 级矩阵 $\boldsymbol{A}$ 的列向量组的秩等于 n.

证明　设 $\boldsymbol{A}$ 的列向量为 $\boldsymbol{v}_1, \cdots, \boldsymbol{v}_n$. 列向量组的秩等于 n 表示 $\boldsymbol{v}_1, \cdots, \boldsymbol{v}_n$ 线性无关. 这里用反证法证明，即假设 $\boldsymbol{v}_1, \cdots, \boldsymbol{v}_n$ 线性相关，然后推出矛盾. 假设

$$c_1\boldsymbol{v}_1 + \cdots + c_n\boldsymbol{v}_n = \boldsymbol{0}, \tag{2.1}$$

其中，$c_1, \cdots, c_n$ 不全为 0. 假设系数中的最大绝对值为 c_l：

$$|c_l| = \max(|c_1|, \cdots, |c_n|)$$

考虑方程组 (2.1) 的第 l 个方程（关于 $\boldsymbol{v}_i$ 第 l 个分量）：

$$c_1 a_{l1} + \cdots + c_l a_{ll} + \cdots c_n a_{ln} = 0.$$

得到

$$a_{ll} = -\frac{c_1}{c_l}a_{l1} - \cdots - \frac{c_{l-1}}{c_l}a_{ll-1} - \frac{c_{l+1}}{c_l}a_{ll+1} \cdots - \frac{c_n}{c_l}a_{ln} = -\sum_{j \neq l} \frac{c_j}{c_l} a_{lj}$$

根据 $|c_l| = \max(|c_1|, \cdots, |c_n|)$，得到

$$|a_{ll}| \leqslant \sum_{j \neq l} \frac{|c_j|}{|c_l|} |a_{lj}| \leqslant \sum_{j \neq l} |a_{lj}|$$

与主对角占优条件矛盾，所以列向量组线性无关. ■

基与维数

一个向量组 S 中，如果一个向量 $\boldsymbol{v} \in S$ 可以被其他向量线性表出，那么当 S 张成向量空间 SS 时，并不需要使用 $\boldsymbol{v}$. 张成的向量空间 SS 所使用的必要向量称为向量空间 SS 的一个**基**（basis)，基中的向量称为**基向量**（basis vector）. 不同的基可以张成相同的向量空间，并且这些基中所包含的向量个数相同，称为向量空间的**维数**（dimension）.

在三维空间中，一条过原点的直线至少需要一个向量张成，一张平面至少需要两个不共线（线性无关）的向量张成，整个空间至少需要三个不共面（线性无关）的向量张成.

定义 2.10　设 V 是 F^n 的一个子空间，如果 $\boldsymbol{v}_1, \cdots, \boldsymbol{v}_r \in S$，并且满足（1）它们线性无关；（2）$V$ 中每个向量都可以由它们线性表出，那么称 $\boldsymbol{v}_1, \cdots, \boldsymbol{v}_r$ 是 V 的一个基. $\boldsymbol{e}_1 = (1, 0, \cdots, 0), \boldsymbol{e}_2 = (0, 1, \cdots, 0), \cdots, \boldsymbol{e}_n = (0, 0, \cdots, 1)$ 称为 F^n 的标准基.

基是向量空间的一个极大线性无关组，所以基所含的基向量个数相等. 以下是向量空间维数的定义.

定义 2.11 F^n 的非零子空间 V 的任意两个基所含向量个数相等，称为维数，记作 $\dim V$.

任意向量都可以由基向量唯一地线性表出，如果不唯一，把两个不同的线性表出相减得到，基向量的系数不全为零的线性组合等于零向量，这与基向量线性无关矛盾.

定义 2.12 设 $\boldsymbol{v}_1,\cdots,\boldsymbol{v}_r$ 是 $\mathbb{F}^n$ 的子空间 V 的一个基，则 V 的每一个向量 $\boldsymbol{v}$ 都可以由基向量唯一地线性表出：

$$\boldsymbol{v}=x_1\boldsymbol{v}_1+\cdots+x_r\boldsymbol{v}_r$$

有序数组 $(x_1,\cdots,x_r)$ 称为 $\boldsymbol{v}$ 在基 $\boldsymbol{v}_1,\cdots,\boldsymbol{v}_r$ 下的坐标.

假设向量 $\boldsymbol{v}$ 在 F^n 标准基下的坐标为 $\boldsymbol{b}=(b_1,\cdots,b_n)$，在基 $\boldsymbol{v}_1,\cdots,\boldsymbol{v}_r$ 下的坐标为 $\boldsymbol{x}=(x_1,\cdots,x_r)$，两个坐标的关系为

$$\underbrace{\begin{pmatrix}\boldsymbol{v}_1 & \boldsymbol{v}_2 & \cdots & \boldsymbol{v}_r\end{pmatrix}}_{\boldsymbol{A}}\boldsymbol{x}=\boldsymbol{b}$$

其中，矩阵 $\boldsymbol{A}$ 的列向量为 $\boldsymbol{v}_1,\cdots,\boldsymbol{v}_r$. 所以，已知标准基下的坐标为 $\boldsymbol{b}$，求特殊基下的坐标，等价于解方程组 $\boldsymbol{A}\boldsymbol{x}=\boldsymbol{b}$.

命题 2.3 设两个子空间 $V,W\subseteq F^n$，如果 $V\subseteq W$，那么

$$\dim V\leqslant\dim W.$$

如果 $V\subseteq W$ 且 $\dim V=\dim W$，那么 $V=W$.

证明 记 V 的一个极大线性无关组 V_1，W 的一个极大线性无关组 W_1，因为 $V\subseteq W\implies V_1\subseteq W$，所以 V_1 可以被 W_1 线性表出，进而 V_1 含有的向量个数小于或者等于 W_1 含有的向量个数，即 $\dim V\leqslant\dim W$.

如果 $\dim V=\dim W$，说明 V_1 和 W_1 包含的向量个数相等，因为 V_1 线性无关，所以 V_1 是 W 的一个极大线性无关组（也是 V 的极大线性无关组），进而 $V=W$. ■

命题 2.4 向量组 $S=\{\boldsymbol{v}_1,\cdots,\boldsymbol{v}_s\}$ 的一个极大线性无关组是这个向量组张成的子空间 $SS=\mathrm{span}(\boldsymbol{v}_1,\cdots,\boldsymbol{v}_s)$ 的一个基，从而

$$\dim SS=\mathrm{rank}S.$$

证明 这个极大线性无关组中向量的个数既是 S 的秩，也是 SS 的维数. ■

线性无关、基、维数的概念不仅适用于有序数组，也适用于其他广义向量. 如果 3 个 3×4 的矩阵 $\boldsymbol{A}_1,\boldsymbol{A}_2,\boldsymbol{A}_3$ 的非零线性组合不可能为零矩阵，即方程 $c_1\boldsymbol{A}_1+c_2\boldsymbol{A}_2+c_3\boldsymbol{A}_3=\boldsymbol{0}$ 无非零解，我们可以说这 3 个矩阵线性无关.

习题

1. 证明：如果向量组 $\boldsymbol{a}_1,\boldsymbol{a}_2,\boldsymbol{a}_3$ 线性无关，那么向量组 $3\boldsymbol{a}_1-\boldsymbol{a}_2,5\boldsymbol{a}_2+2\boldsymbol{a}_3,4\boldsymbol{a}_3-7\boldsymbol{a}_1$ 也线性无关.
2. 判断下述向量组是否线性无关.

$$\boldsymbol{a}_1=(1,1,1,1),\ \boldsymbol{a}_2=(1,-1,1,-1),$$

$$\boldsymbol{a}_3=(1,1,-1,-1),\ \boldsymbol{a}_4=(1,-1,-1,1).$$

3. 设向量组 $\boldsymbol{a}_1,\cdots,\boldsymbol{a}_n$ 线性无关，$\boldsymbol{b}=c_1\boldsymbol{a}_1+\cdots+c_n\boldsymbol{a}_n$. 如果 $c_i\neq 0$，那么用 $\boldsymbol{b}$ 替换 $\boldsymbol{a}_i$ 后得到的向量组 $\boldsymbol{a}_1,\cdots,\boldsymbol{a}_{i-1},\boldsymbol{b},\boldsymbol{a}_{i+1},\cdots,\boldsymbol{a}_n$ 也线性无关.
4. 证明：由非零向量组成的向量组 $\boldsymbol{a}_1,\cdots,\boldsymbol{a}_n,(n\geqslant 2)$ 线性无关的充分必要条件是：每一个 $\boldsymbol{a}_i,1<i\leqslant n$ 都不能用它前面的向量线性表出.
5. 求下述向量组的一个极大线性无关组和它的秩.

$$\boldsymbol{a}_1=(3,0,-1),\ \boldsymbol{a}_2=(-2,5,4),\ \boldsymbol{a}_3=(6,15,8)$$

6. 证明：如果向量组 $\boldsymbol{a}_1,\cdots,\boldsymbol{a}_n$ 与向量组 $\boldsymbol{a}_1,\cdots,\boldsymbol{a}_n,\boldsymbol{b}$ 有相等的秩，那么 $\boldsymbol{b}$ 可以由 $\boldsymbol{a}_1,\cdots,\boldsymbol{a}_n$ 线性表出.
7. 假设

$$\boldsymbol{a}_1=(2,3,4,7),\ \boldsymbol{a}_2=(5,-1,3,2)$$

$$\boldsymbol{a}_3=\begin{pmatrix}-3\\4\\1\\5\end{pmatrix},\ \boldsymbol{a}_4=\begin{pmatrix}0\\-1\\7\\2\end{pmatrix},\ \boldsymbol{a}_5=\begin{pmatrix}6\\2\\1\\5\end{pmatrix},$$

(a) 证明：$\boldsymbol{a}_1,\boldsymbol{a}_2$ 线性无关；

(b) 求 $\boldsymbol{a}_1,\boldsymbol{a}_2,\boldsymbol{a}_3,\boldsymbol{a}_4,\boldsymbol{a}_5$ 的一个极大线性无关组，其中包括 $\boldsymbol{a}_1,\boldsymbol{a}_2$.

8. 设 $r<n$，在 $\mathbb{R}^n$ 中，令

$$U=\{(a_1,\cdots,a_r,0,\cdots,0)\in\mathbb{R}^n:a_i\in\mathbb{R},i=1,\cdots,r\},$$

求子空间 U 的一个基和维数.

9. 设 $\boldsymbol{A}$ 是 n 级矩阵. 证明：如果 $\boldsymbol{A}$ 可逆，那么 $\boldsymbol{A}$ 的列向量组是 $\mathbb{R}^n$ 的一个基，行向量组也是 $\mathbb{R}^n$ 的一个基.

10. 设 $\mathbb{R}^n$ 中的向量组

$$\boldsymbol{a}_1=\begin{pmatrix}a_{11}\\0\\0\\\vdots\\0\end{pmatrix},\ \boldsymbol{a}_2=\begin{pmatrix}a_{12}\\a_{22}\\0\\\vdots\\0\end{pmatrix},\ \cdots,\boldsymbol{a}_n=\begin{pmatrix}a_{1n}\\a_{2n}\\a_{3n}\\\vdots\\a_{nn}\end{pmatrix},$$

其中 $a_{11}a_{22}\cdots a_{nn}\neq 0$. 证明：$\boldsymbol{a}_1,\cdots,\boldsymbol{a}_n$ 是 $\mathbb{R}^n$ 的一个基.

11. 判断 $\mathbb{R}^4$ 中的向量组

$$\boldsymbol{a}_1=(0,0,0,1),\ \boldsymbol{a}_2=(0,0,1,1),$$

$$\boldsymbol{a}_3=(0,1,1,1),\ \boldsymbol{a}_4=(1,1,1,1)$$

是否为 $\mathbb{R}^4$ 的一个基. 如果是，求 $\boldsymbol{b}=(b_1,b_2,b_3,b_4)$ 在此基下的坐标.

2.3 齐次线性方程组的解集结构

线性方程组 $\boldsymbol{Ax}=\boldsymbol{b}$ 的解集结构，由系数矩阵 $\boldsymbol{A}$ 和常数项 $\boldsymbol{b}$ 决定，我们已经知道如果 $\boldsymbol{b}\in C(\boldsymbol{A})$，那么方程组有解. 特别地，当 $\boldsymbol{b}=\boldsymbol{0}$ 时，$\boldsymbol{b}\in C(\boldsymbol{A})$，因为子空间必定含有零向量，齐次线性方程组 $\boldsymbol{Ax}=\boldsymbol{0}$，必定有零解 $\boldsymbol{x}=\boldsymbol{0}$. 齐次线性方程组是否有非零解呢？由上节可知，如果列向量线性相关，那么有非零解. 为了弄清楚齐次线性方程组的解集结构，有必要分析一下系数矩阵 $\boldsymbol{A}$ 的特点.

矩阵的秩

我们首先定义**矩阵的秩**.

定义 2.13 矩阵 $\boldsymbol{A}$ 的列向量组的秩称为 $\boldsymbol{A}$ 的列秩，行向量组的秩称为行秩. 矩阵 $\boldsymbol{A}$ 的列秩等于 $\boldsymbol{A}$ 的列空间的维数，行秩等于行空间的维数.

那么行秩和列秩的关系如何？首先研究阶梯形矩阵的行秩和列秩，假设 $m\times n$ 的阶梯形矩阵 $\boldsymbol{U}$ 的主元个数为 r. 不难看出主元所在的行线性无关（称为**主行**），无主元的行为零行，所以行向量组的秩为 r，主行（非零行）是行向量组的一个极大线性无关组，是行空间的一个基（含有一组基向量）.

我们把主元所在的列记作 $\boldsymbol{u}_{j_1},\cdots,\boldsymbol{u}_{j_r}$，称为**主列**，易知主列向量线性无关，主列向量张成的空间记作 S_1，维数为 r. 记子空间：

$$S_2=\{(u_1,\cdots,u_r,0,\cdots,0)\in\mathbb{R}^m:u_1,\cdots,u_r\in\mathbb{R}\}$$

易知 $S_1 \subseteq C(\boldsymbol{U}) \subseteq S_2$，所以 $\dim S_1 \leqslant \dim C(\boldsymbol{U}) \leqslant \dim S_2$，即 $r \leqslant \dim C(\boldsymbol{U}) \leqslant r$，进而 $\dim C(\boldsymbol{U}) = r$. 所以，主列向量是列向量组的一个极大线性无关组，是列空间的一个基（含有一组基向量）.

证明列秩等于 r 的另一种方法是，把 $\boldsymbol{U}$ 的主列放在最左边，得到矩阵

$$\boldsymbol{V} = \boldsymbol{U}\boldsymbol{P} = \begin{pmatrix} \boldsymbol{U}_p & \boldsymbol{U}_f \\ \boldsymbol{0} & \boldsymbol{0} \end{pmatrix} \text{ 或者 } \boldsymbol{V} = \boldsymbol{U}\boldsymbol{P} = \begin{pmatrix} \boldsymbol{U}_p & \boldsymbol{U}_f \end{pmatrix}$$

其中，$\boldsymbol{P}$ 为置换矩阵，$\boldsymbol{U}_p$ 表示 $\boldsymbol{U}$ 中主列不属于零行的部分，$\boldsymbol{U}_f$ 表示 $\boldsymbol{U}$ 中非主列不属于零行的部分. 可知 $\boldsymbol{U}_p$ 为 $r \times r$ 上三角矩阵，它的列向量线性无关，$C(\boldsymbol{U}_p) = \mathbb{R}^r$. 所以，$\boldsymbol{U}_f$ 的列向量都可以由 $\boldsymbol{U}_p$ 的列向量线性表出，$\boldsymbol{U}_p$ 的列向量是矩阵 $(\boldsymbol{U}_p\boldsymbol{U}_f)$ 的列向量组的极大线性无关组. 可见，$\boldsymbol{V}$ 中主列为 $\boldsymbol{V}$ 列向量组的极大线性无关组，$\boldsymbol{V}$ 的列秩为 r. 因为 $C(\boldsymbol{U}) = C(\boldsymbol{V})$，所以 $\boldsymbol{U}$ 的列秩也为 r.

定理 2.3 阶梯形矩阵的行秩等于列秩，都等于主元的数量或者非零行的个数，主元所在的列构成 $C(\boldsymbol{U})$ 的一个极大线性无关组（基），非零行构成 $C(\boldsymbol{U}^{\mathrm{T}})$ 的一个极大线性无关组（基）.

对任意矩阵 $\boldsymbol{A}$ 进行初等行变换可以得到阶梯形矩阵 $\boldsymbol{U}$，初等行变换是否会改变矩阵的行秩、列秩呢？显然，初等行变换可逆，意味着 $\boldsymbol{A}$ 和 $\boldsymbol{U}$ 的行向量可以互相线性表出，它们是等价的.

定理 2.4 初等行变换不会改变行秩，也不会改变行空间，$C(\boldsymbol{U}^{\mathrm{T}}) = C(\boldsymbol{A}^{\mathrm{T}})$.

初等行变换可以改变列空间，比如非零行加到零行上显然会改变列空间，$C(\boldsymbol{A}) \neq C(\boldsymbol{U})$. 那么初等行变换是否会改变列空间的维数呢？

经过初等行变换 $\boldsymbol{A} \to \boldsymbol{U}$，容易证明 $\boldsymbol{A}\boldsymbol{x} = \boldsymbol{0}$ 和 $\boldsymbol{U}\boldsymbol{x} = \boldsymbol{0}$ 同解（见定理 2.7），即初等行变换没有改变列向量之间的关系. $\boldsymbol{U}$ 中极大线性无关列向量（主列）的位置刚好是 $\boldsymbol{A}$ 中极大线性无关列向量的位置. 从 $\boldsymbol{A}$ 中很难看出哪些列向量是极大线性无关组，但经过初等行变换，可以容易看出 $\boldsymbol{U}$ 中的极大线性无关组，进而推断出 $\boldsymbol{A}$ 中的极大线性无关组.

证明初等行变换不改变列秩的另一种方法是，把 $\boldsymbol{U}$ 的主列放在最左边，$\boldsymbol{A}$ 的相应列向量也放在最左边，$\boldsymbol{LU}$ 分解变为 $\boldsymbol{AP} = \boldsymbol{LUP}$：

$$\underbrace{\begin{pmatrix} \boldsymbol{A}_p & \boldsymbol{A}_f \end{pmatrix}}_{\boldsymbol{AP}} = \boldsymbol{L}\underbrace{\begin{pmatrix} \boldsymbol{U}_p & \boldsymbol{U}_f \end{pmatrix}}_{\boldsymbol{UP}} = \begin{pmatrix} \boldsymbol{LU}_p & \boldsymbol{LU}_f \end{pmatrix} = \begin{pmatrix} \boldsymbol{LU}_p & \boldsymbol{LU}_p\boldsymbol{X} \end{pmatrix}.$$

这里，$\boldsymbol{U}_f = \boldsymbol{U}_p\boldsymbol{X}$ 是因为 $\boldsymbol{U}_p$ 是 $\boldsymbol{U}$ 列向量组的极大线性无关组，所以任意矩阵 $\boldsymbol{U}_f$ 可以写成 $\boldsymbol{U}_p\boldsymbol{X}$，且 $\boldsymbol{X}$ 唯一. 从上式可知，方程组 $\boldsymbol{A}_p\boldsymbol{x} = \boldsymbol{0}$ 和 $\boldsymbol{LU}_p\boldsymbol{x} = \boldsymbol{0}$ 同解，唯一解为 $\boldsymbol{x} = \boldsymbol{0}$，所以 $\boldsymbol{A}_p$ 的列向量线性无关. 此外，$\boldsymbol{A}_f = \boldsymbol{LU}_p\boldsymbol{X} = \boldsymbol{A}_p\boldsymbol{X}$，即 $\boldsymbol{A}_f$ 的列向量均可以由 $\boldsymbol{A}_p$ 中的列向量线性表出. 综上所述，$\boldsymbol{A}_p$ 的列向量是 $\boldsymbol{A}$ 列向量组的一个极大线性无关组，$\boldsymbol{A}$ 的列秩为 $\boldsymbol{A}_p$ 的列数，等于 $\boldsymbol{U}_p$ 的列数，即为 $\boldsymbol{U}$ 的列秩.

定理 2.5　矩阵的初等行变换改变列空间，但不改变列秩，也不改变列向量组的线性相关性.

我们从阶梯形矩阵的列秩、行秩得到了一般矩阵的列秩、行秩. 对于某个矩阵 $\boldsymbol{A}$，列秩等于行秩，称为**矩阵的秩**，记作 $\mathrm{rank}(\boldsymbol{A})$.

定理 2.6　如果一个 n 级矩阵 $\boldsymbol{A}$ 的秩等于 n，称 $\boldsymbol{A}$ 为<u>满秩矩阵</u>（full rank matrix）. 其充要条件是有 n 个非零主元.

证明　（必要性）对 $\boldsymbol{A}$ 进行初等行变换变成阶梯形矩阵，因为 $\boldsymbol{A}$ 的秩等于 n，所以可以得到 n 个非零主元.

（充分性）对 $\boldsymbol{A}$ 进行初等行变换变成阶梯形矩阵，如果得到了 n 个主元，说明阶梯形矩阵的秩为 n，因为初等行变换不改变矩阵的秩，所以 $\boldsymbol{A}$ 是满秩矩阵. ∎

定义 2.14　对于 $m \times n$ 矩阵 $\boldsymbol{A}$（$m \neq n$），如果 $\mathrm{rank}(\boldsymbol{A}) = \min(m, n)$，称 $\boldsymbol{A}$ 为满秩矩阵. 若 $m > n$，则 $\mathrm{rank}(\boldsymbol{A}) = n$，又称为<u>列满秩矩阵</u>（full column rank matrix）；若 $m < n$，则 $\mathrm{rank}(\boldsymbol{A}) = m$，又称为<u>行满秩矩阵</u>（full row rank matrix）.

秩为 1 的矩阵有什么特点？行向量应该成比例，列向量也成比例：

$$\boldsymbol{A} = \begin{pmatrix} & & & \\ & & & \\ & & & \end{pmatrix} = \begin{pmatrix} \\ \\ \end{pmatrix}\begin{pmatrix} & & & \end{pmatrix} = \boldsymbol{u}\boldsymbol{v}^{\mathrm{T}}$$

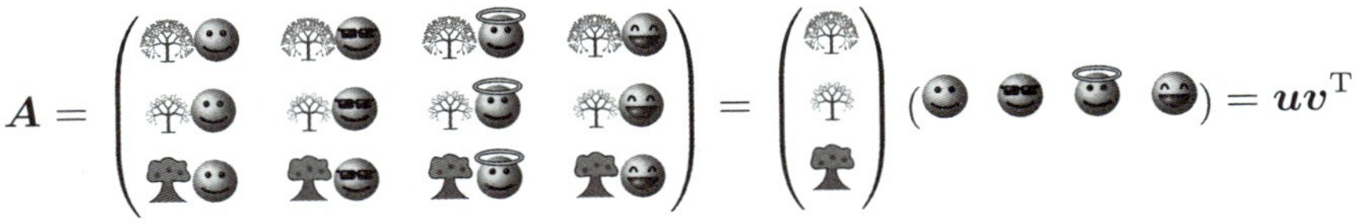

秩为 1 的矩阵可以写成列向量乘以行向量，其中列向量为列空间的基，行向量为行空间的基.

LU 分解

根据 $\boldsymbol{LU}$ 分解，可以很快得出 $C(\boldsymbol{A}), C(\boldsymbol{A}^{\mathrm{T}})$. 已知如下 $\boldsymbol{LU}$ 分解：

$$\underbrace{\begin{pmatrix} 1 & 0 & 3 \\ 1 & 1 & 7 \\ 4 & 2 & 20 \end{pmatrix}}_{\boldsymbol{A}} = \underbrace{\begin{pmatrix} 1 & 0 & 0 \\ 1 & 1 & 0 \\ 4 & 2 & 1 \end{pmatrix}}_{\boldsymbol{L}} \underbrace{\begin{pmatrix} 1 & 0 & 3 \\ 0 & 1 & 4 \\ 0 & 0 & 0 \end{pmatrix}}_{\boldsymbol{U}}$$

可见 $\boldsymbol{A}$ 的秩为 2，行空间的维数是 2，行空间的基可以直接从 $\boldsymbol{U}$ 中读出，为 $(1\,0\,3)$，$(0\,1\,4)$ 或者 $(1\,0\,3), (1\,1\,7)$. 列空间的维数也为 2，列空间的基是 $\boldsymbol{A}$ 的主列，为 $(1, 1, 4)$，$(0, 1, 2)$. 注意：

$$C(\boldsymbol{A}) \neq C(\boldsymbol{U}), C(\boldsymbol{A}^{\mathrm{T}}) = C(\boldsymbol{U}^{\mathrm{T}}).$$

根据矩阵乘法的列-行角度，$\boldsymbol{A}$ 可以写成两个秩为 1 的矩阵之和

$$\begin{pmatrix} 1 & 0 & 3 \\ 1 & 1 & 7 \\ 4 & 2 & 20 \end{pmatrix} = \begin{pmatrix} 1 \\ 1 \\ 4 \end{pmatrix}(1, \ 0, \ 3) + \begin{pmatrix} 0 \\ 1 \\ 2 \end{pmatrix}(0, \ 1, \ 4) = \begin{pmatrix} 1 & 0 & 3 \\ 1 & 0 & 3 \\ 4 & 0 & 12 \end{pmatrix} + \begin{pmatrix} 0 & 0 & 0 \\ 0 & 1 & 4 \\ 0 & 2 & 8 \end{pmatrix}.$$

例 2.8 根据以下 $\boldsymbol{A}=\boldsymbol{LU}$ 分解，把 $\boldsymbol{A}$ 写成单位秩矩阵之和.

$$\underbrace{\begin{pmatrix}1&2&0\\2&5&1\\-3&1&-1\end{pmatrix}}_{\boldsymbol{A}}=\underbrace{\begin{pmatrix}1&0&0\\2&1&0\\-3&7&1\end{pmatrix}}_{\boldsymbol{L}}\underbrace{\begin{pmatrix}1&2&0\\0&1&1\\0&0&-8\end{pmatrix}}_{\boldsymbol{U}}.$$

解

$$\begin{aligned}\boldsymbol{A}&=\begin{pmatrix}1\\2\\-3\end{pmatrix}(1,\ \ 2,\ \ 0)+\begin{pmatrix}0\\1\\7\end{pmatrix}(0,\ \ 1,\ \ 1)+\begin{pmatrix}0\\0\\1\end{pmatrix}(0,\ \ 0,\ \ -8)\\&=\begin{pmatrix}1&2&0\\2&4&0\\-3&-6&0\end{pmatrix}+\begin{pmatrix}0&0&0\\0&1&1\\0&7&7\end{pmatrix}+\begin{pmatrix}0&0&0\\0&0&0\\0&0&-8\end{pmatrix}.\end{aligned}$$

从以上几个例子可以看出，$\boldsymbol{LU}$ 分解中 $\boldsymbol{L}$ 揭示出列空间的基，$\boldsymbol{U}$ 揭示出行空间的基. 对于非方阵，我们有类似的结论.

$$\underbrace{\begin{pmatrix}1&2&3&1\\1&4&5&-3\\1&6&7&-7\end{pmatrix}}_{\boldsymbol{A}}=\underbrace{\begin{pmatrix}1&0&0\\1&1&0\\1&2&1\end{pmatrix}}_{\boldsymbol{L}}\underbrace{\begin{pmatrix}\boxed{1}&2&3&1\\0&\boxed{2}&2&-4\\0&0&0&0\end{pmatrix}}_{\boldsymbol{U}}$$

矩阵 $\boldsymbol{L}$ 记录了高斯消元法的乘数，$\boldsymbol{U}$ 为阶梯形矩阵，有两个主元，矩阵的秩为 2. 行空间的基为 $\boldsymbol{U}$ 中主行 $(1\ 2\ 3\ 1)$ 和 $(0\ 2\ 2\ -4)$，或者 $\boldsymbol{A}$ 中主行 $(1\ 2\ 3\ 1)$ 和 $(1\ 4\ 5\ -3)$. 列空间的基为 $\boldsymbol{A}$ 中主列 $(1,1,1),(2,4,6)$，原因是 $\boldsymbol{U}$ 的前两列是极大线性无关列向量组（主列），所以 $\boldsymbol{A}$ 中对应的列向量为 $C(\boldsymbol{A})$ 的基，$C(\boldsymbol{A})\neq C(\boldsymbol{U})$，$C(\boldsymbol{A}^{\mathrm{T}})=C(\boldsymbol{U}^{\mathrm{T}})$.

是否可以从 $\boldsymbol{L}$ 中找到列空间 $C(\boldsymbol{A})$ 的基? 矩阵乘法 $\boldsymbol{LU}$ 的列-列角度告诉我们，$\boldsymbol{A}$ 的每一列是 $\boldsymbol{L}$ 的所有列的线性组合，组合系数由 $\boldsymbol{U}$ 相应的列确定. $\boldsymbol{L}$ 为初等矩阵可逆，它的列向量线性无关，$\boldsymbol{A}$ 的第 1 列等于 $\boldsymbol{L}$ 的第 1 列乘以 1，$\boldsymbol{A}$ 的第二列为 $\boldsymbol{L}$ 的第 1、2 列的线性组合，且第 2 列的系数不为 0，所以 $\boldsymbol{A}$ 的前两列线性无关. $\boldsymbol{A}$ 的第 3, 4 列都为 $\boldsymbol{L}$ 的前两列的线性组合，所以和 $\boldsymbol{A}$ 的前两列线性相关. $\boldsymbol{L}$ 的前两列为列空间 $C(\boldsymbol{A})$ 的基. 一般地，如果 U 中主元行指标为 $1,\cdots,r$（因为零行都在最下面），列指标 $C_1,\cdots,C_r$，那么 $C(A)$ 的基为 $\boldsymbol{A}$ 的 $C_1,\cdots,C_r$ 列，或者为 $\boldsymbol{L}$ 的 $1,\cdots,r$ 列.

$\boldsymbol{LU}$ 分解揭示了行空间、列空间，也间接证明了行秩等于列秩，$\boldsymbol{L}$ 表示包含列的信息，$\boldsymbol{U}$ 表示包含行的信息. 同时，它还说明秩为 r 的矩阵可以写成 r 个秩为 1 的矩阵之和：

$$\boldsymbol{A}=\begin{pmatrix}1&2&3&1\\1&4&5&-3\\1&6&7&-7\end{pmatrix}$$

$$
=\underbrace{\begin{pmatrix}1&0&0\\1&1&0\\1&2&1\end{pmatrix}}_{L}\underbrace{\begin{pmatrix}\boxed{1}&2&3&1\\0&\boxed{2}&2&-4\\0&0&0&0\end{pmatrix}}_{U}
$$

$$
=\begin{pmatrix}1\\1\\1\end{pmatrix}(1\ \ 2\ \ 3\ \ 1)+\begin{pmatrix}0\\1\\2\end{pmatrix}(0\ \ 2\ \ 2\ \ -4)+\begin{pmatrix}0\\0\\1\end{pmatrix}(0\ \ 0\ \ 0\ \ 0)
$$

$$
=\begin{pmatrix}1&2&3&1\\1&2&3&1\\1&2&3&1\end{pmatrix}+\begin{pmatrix}0&0&0&0\\0&2&2&-4\\0&4&4&-8\end{pmatrix}.
$$

列空间 $C(\boldsymbol{A})$ 的基为 $\boldsymbol{A}$ 的第 1,2 列，或者 $\boldsymbol{L}$ 的第 1,2 列；行空间 $C(\boldsymbol{A}^{\mathrm{T}})$ 的基为 $\boldsymbol{A}$ 的第 1,2 行，或者 $\boldsymbol{U}$ 的第 1,2 行.

例 2.9 已知如下 $\boldsymbol{LU}$ 分解：

$$
\underbrace{\begin{pmatrix}2&-1&0&3\\4&-2&1&8\\6&3&4&17\\2&-1&0&3\end{pmatrix}}_{A}=\underbrace{\begin{pmatrix}1&0&0&0\\2&1&0&0\\3&4&1&0\\1&0&2&1\end{pmatrix}}_{L}\underbrace{\begin{pmatrix}2&-1&0&3\\0&0&1&2\\0&0&0&0\\0&0&0&0\end{pmatrix}}_{U}
$$

$$
\underbrace{\begin{pmatrix}0&-1&0&3\\0&-2&0&8\\0&-3&0&17\\0&-1&0&3\end{pmatrix}}_{A}=\underbrace{\begin{pmatrix}1&0&0&0\\2&1&0&0\\3&4&1&0\\1&0&2&1\end{pmatrix}}_{L}\underbrace{\begin{pmatrix}0&-1&0&3\\0&0&0&2\\0&0&0&0\\0&0&0&0\end{pmatrix}}_{U}
$$

把 $\boldsymbol{A}$ 写成单位秩矩阵之和，并指出 $C(\boldsymbol{A})$ 和 $C(\boldsymbol{A}^{\mathrm{T}})$ 的基.

解

$$
\underbrace{\begin{pmatrix}2&-1&0&3\\4&-2&1&8\\6&3&4&17\\2&-1&0&3\end{pmatrix}}_{A}=\underbrace{\begin{pmatrix}1&0&0&0\\2&1&0&0\\3&4&1&0\\1&0&2&1\end{pmatrix}}_{L}\underbrace{\begin{pmatrix}2&-1&0&3\\0&0&1&2\\0&0&0&0\\0&0&0&0\end{pmatrix}}_{U}
$$

$$
=\begin{pmatrix}1\\2\\3\\1\end{pmatrix}(2\ \ -1\ \ 0\ \ 3)+\begin{pmatrix}0\\1\\4\\0\end{pmatrix}(0\ \ 0\ \ 1\ \ 2)
$$

$$
=\begin{pmatrix}2 & -1 & 0 & 3\\ 4 & -2 & 0 & 6\\ 6 & -3 & 0 & 9\\ 2 & -1 & 0 & 3\end{pmatrix}+\begin{pmatrix}0 & 0 & 0 & 0\\ 0 & 0 & 1 & 2\\ 0 & 0 & 4 & 8\\ 0 & 0 & 0 & 0\end{pmatrix}
$$

列空间 $C(\boldsymbol{A})$ 的基为 $\boldsymbol{A}$ 的第 1,3 列 $(2,4,6,2),(0,1,4,0)$，或者 $\boldsymbol{L}$ 的第 1,2 列 $(1,2,3,1)$, $(0,1,4,0)$. 行空间 $C(\boldsymbol{A}^{\mathrm{T}})$ 的基为 $\boldsymbol{A}$ 的第 1,2 行，或者 $\boldsymbol{U}$ 的第 1,2 行.

$$
\underbrace{\begin{pmatrix}0 & -1 & 0 & 3\\ 0 & -2 & 0 & 8\\ 0 & -3 & 0 & 17\\ 0 & -1 & 0 & 3\end{pmatrix}}_{\boldsymbol{A}}=\underbrace{\begin{pmatrix}1 & 0 & 0 & 0\\ 2 & 1 & 0 & 0\\ 3 & 4 & 1 & 0\\ 1 & 0 & 2 & 1\end{pmatrix}}_{\boldsymbol{L}}\underbrace{\begin{pmatrix}0 & -1 & 0 & 3\\ 0 & 0 & 0 & 2\\ 0 & 0 & 0 & 0\\ 0 & 0 & 0 & 0\end{pmatrix}}_{\boldsymbol{U}}
$$

$$
=\begin{pmatrix}1\\ 2\\ 3\\ 1\end{pmatrix}\begin{pmatrix}0 & -1 & 0 & 3\end{pmatrix}+\begin{pmatrix}0\\ 1\\ 4\\ 0\end{pmatrix}\begin{pmatrix}0 & 0 & 0 & 2\end{pmatrix}
$$

$$
=\begin{pmatrix}0 & -1 & 0 & 3\\ 0 & -2 & 0 & 6\\ 0 & -3 & 0 & 9\\ 0 & -1 & 0 & 3\end{pmatrix}+\begin{pmatrix}0 & 0 & 0 & 0\\ 0 & 0 & 0 & 2\\ 0 & 0 & 0 & 8\\ 0 & 0 & 0 & 0\end{pmatrix}
$$

列空间 $C(\boldsymbol{A})$ 的基为 $\boldsymbol{A}$ 的第 2,4 列 $(-1,-2,-3,-1),(3,8,17,3)$，或者 $\boldsymbol{L}$ 的第 1,2 列 $(1,2,3,1)$，$(0,1,4,0)$. 行空间 $C(\boldsymbol{A}^{\mathrm{T}})$ 的基为 $\boldsymbol{A}$ 的第 1,2 行，或者 $\boldsymbol{U}$ 的第 1,2 行.

核空间、零空间

有了矩阵的秩、$\boldsymbol{LU}$ 分解这些工具，我们现在研究齐次线性线性方程组的解集结构. 先介绍几个和 $\boldsymbol{Ax}=\boldsymbol{0}$ 相关的概念：**主变量、自由变量、主列、自由列、解空间、零空间、核空间、基础解系**.

定义 2.15　以主元为系数的未知量称为主变量，其余未知量称为自由变量. 主元所在列称为主列，其余列称为自由列.

定义 2.16　数域 F 上 n 元齐次线性方程组 $\boldsymbol{Ax}=\boldsymbol{0}$ 的解集是 F^n 的一个子空间，称它为方程组的解空间. 解空间的一个基称为齐次方程组的一个基础解系. 齐次线性方程组的解空间也称为系数矩阵 $\boldsymbol{A}$ 的零空间 或者核空间，记作 $N(\boldsymbol{A})$.

为什么齐次线性方程组的解集是一个子空间？首先，零向量是解，$0\in N(\boldsymbol{A})$；其次，如果 $\boldsymbol{x}_1,\boldsymbol{x}_2$ 是解，那么 $c_1\boldsymbol{x}_1+c_2\boldsymbol{x}_2$ 也是解，即 $N(\boldsymbol{A})$ 对于线性组合封闭. 求齐次线性方程组的解集需要应用初等行变换把系数矩阵 $\boldsymbol{A}$ 变为阶梯形矩阵 $\boldsymbol{U}$，进而解方程 $\boldsymbol{Ux}=\boldsymbol{0}$.

定理 2.7　对齐次线性方程组进行初等行变换不会改变解集，即 $N(\boldsymbol{A})=N(\boldsymbol{U})$.

证明　应用初等行变换把系数矩阵 $\boldsymbol{A}$ 变为阶梯形矩阵 $\boldsymbol{U}$ 的 $\boldsymbol{LU}$ 分解表示为 $\boldsymbol{PA}=\boldsymbol{LU}$，其中 P,L 是可逆矩阵. 先证明 $\boldsymbol{Ax}=\boldsymbol{0}\implies\boldsymbol{Ux}=\boldsymbol{0}$:

$$\boldsymbol{Ax}=\boldsymbol{0}\implies\boldsymbol{PAx}=\boldsymbol{0}\implies\boldsymbol{LUx}=\boldsymbol{0}\implies\boldsymbol{Ux}=\boldsymbol{L}^{-1}\boldsymbol{0}=\boldsymbol{0}.$$

再证明 $\boldsymbol{Ux}=\boldsymbol{0}\implies\boldsymbol{Ax}=\boldsymbol{0}$:

$$\boldsymbol{Ux}=\boldsymbol{0}\implies\boldsymbol{LUx}=\boldsymbol{L0}=\boldsymbol{0}\implies\boldsymbol{PAx}=\boldsymbol{0}\implies\boldsymbol{Ax}=\boldsymbol{0}.\ \blacksquare$$

方程 $\boldsymbol{Ux}=\boldsymbol{0}$ 是说 $\boldsymbol{U}$ 中列向量的一个线性组合等于零向量. 一般地，分两种情况讨论：

1. 如果没有自由列，或者说每列都有主元，或者 $\boldsymbol{U}$ 为列满秩 $r=n$，则列向量线性无关，齐次线性方程组有唯一的零解. $N(\boldsymbol{A})=\{0\}$，$\dim N(\boldsymbol{A})=0$.
2. 如果有自由列，或者说有些列无主元，秩小于列数 $r<n$. 不妨设所有主列 $p_1,\cdots,p_r$ 都在自由列 $f_{r+1},\cdots,f_n$ 前面，则自由列 f_{r+1} 可以由主列唯一地线性表出，记为 $f_{r+1}=c_1p_1+\cdots+c_rp_r$，方程的一个解为 $\boldsymbol{s}_1=(-c_1,\cdots,-c_r,1,0,0,\cdots)$. 同理，$f_{r+2}$ 可以由主列唯一地线性表出，记为 $f_{r+2}=d_1p_1+\cdots+d_rp_r$，方程的另一个解为 $\boldsymbol{s}_2=(-d_1,\cdots,-d_r,0,1,0,\cdots)$，一共可以找到 $n-r$ 个这样的解.

命题 2.5　齐次线性方程组的解都可以由以上得出的 $n-r$ 个解唯一地线性表出（注：$r=\operatorname{rank}(\boldsymbol{A})$）.

证明　用分块矩阵表示 $\boldsymbol{Ux}=0$:

$$\boldsymbol{Ax}=\boldsymbol{0}\to\begin{pmatrix}\boldsymbol{U}_p & \boldsymbol{U}_f\\ \boldsymbol{0} & \boldsymbol{0}\end{pmatrix}\begin{pmatrix}\boldsymbol{x}_p\\ \boldsymbol{x}_f\end{pmatrix}=\boldsymbol{0},$$

其中 $\boldsymbol{U}_p$ 表示主列与非零行相交的 $r\times r$ 子矩阵，$\boldsymbol{U}_f$ 表示自由列与非零行相交的 $r\times n-r$ 子矩阵. 可知：

$$\boldsymbol{U}_p\boldsymbol{x}_p+\boldsymbol{U}_f\boldsymbol{x}_f=0\implies\boldsymbol{U}_p\boldsymbol{x}_p=-\boldsymbol{U}_f\boldsymbol{x}_f\implies\boldsymbol{x}_p=-\boldsymbol{U}_p^{-1}\boldsymbol{U}_f\boldsymbol{x}_f,$$

即主变量可以由自由变量唯一地线性表出，所以解向量可以写成

$$\begin{pmatrix}-\boldsymbol{U}_p^{-1}\boldsymbol{U}_f\boldsymbol{x}_f\\ \boldsymbol{x}_f\end{pmatrix}.$$

因为最多可以找到 $n-r$ 个线性无关的 $\boldsymbol{x}_f$，且主变量 $\boldsymbol{x}_p$ 由 $\boldsymbol{x}_f$ 唯一确定，则最多可以找到 $n-r$ 个线性无关的解向量，即核空间的维度为 $n-r$. 以上找到的 $n-r$ 个解向量 $\boldsymbol{s}_1,\cdots,\boldsymbol{s}_{n-r}$ 的最后 $n-r$ 个元素形成的向量组线性无关，则解向量组 $\boldsymbol{s}_1,\cdots,\boldsymbol{s}_{n-r}$ 也线性无关，所以 $\boldsymbol{s}_1,\cdots,\boldsymbol{s}_{n-r}$ 是核空间的一个基（极大线性无关向量组），称为方程组的一个基础解系. ■

从命题 2.5 的证明可以直接得出如下定理：

定理 2.8　n 元齐次线性方程组的解空间 $N(\boldsymbol{A})$ 的维数为 $\dim N(\boldsymbol{A}) = n - \operatorname{rank}(\boldsymbol{A})$. 当有非零解时，它的每个基础解系所含解向量的个数都等于 $n - \operatorname{rank}(\boldsymbol{A})$.

以下给出基础解系的另一个定义：

定义 2.17　齐次线性方程组有非零解时，如果它的有限多个解满足线性无关，且每个解都可以由这些有限多个解线性表出，那么称这些有限多个解为一个基础解系.

我们通过一个例子说明如何求齐次线性方程组的解集，或者说求矩阵 A 的核空间. 已知 A 消元过程的 $\boldsymbol{LU}$ 分解表示如下

$$\underbrace{\begin{pmatrix} 1 & 2 & 3 & 1 \\ 1 & 4 & 5 & -3 \\ 1 & 6 & 7 & -7 \end{pmatrix}}_{\boldsymbol{A}} = \underbrace{\begin{pmatrix} 1 & 0 & 0 \\ 1 & 1 & 0 \\ 1 & 2 & 1 \end{pmatrix}}_{\boldsymbol{L}} \underbrace{\begin{pmatrix} 1 & 2 & 3 & 1 \\ 0 & 2 & 2 & -4 \\ 0 & 0 & 0 & 0 \end{pmatrix}}_{\boldsymbol{U}},$$

只需解 $\boldsymbol{Ux} = 0$，或者求 $N(\boldsymbol{U})$：

$$\underbrace{\begin{pmatrix} \boxed{1} & 2 & 3 & 1 \\ 0 & \boxed{2} & 2 & -4 \\ 0 & 0 & 0 & 0 \end{pmatrix}}_{\boldsymbol{U}} \underbrace{\begin{pmatrix} x_1 \\ x_2 \\ x_3 \\ x_4 \end{pmatrix}}_{\boldsymbol{x}} = 0,$$

显然，$\boldsymbol{U}$ 主元所在的前两列（主列）线性无关，无主元的后两列（自由列）可以由主列线性表出. 易知，$N(\boldsymbol{A})$ 的一个基，或者齐次线性方程的一个基础解系是

$$\boldsymbol{s}_1 = \begin{pmatrix} -1 \\ -1 \\ 1 \\ 0 \end{pmatrix}, \quad \boldsymbol{s}_2 = \begin{pmatrix} -5 \\ 2 \\ 0 \\ 1 \end{pmatrix},$$

矩阵 $\boldsymbol{A}$ 的核空间为 $\boldsymbol{s}_1, \boldsymbol{s}_2$ 张成的子空间，$N(\boldsymbol{A}) = \operatorname{span}(\boldsymbol{s}_1, \boldsymbol{s}_2) = \{c_1\boldsymbol{s}_1 + c_2\boldsymbol{s}_2 : c_1, c_2 \in \mathbb{R}\}$，$N(\boldsymbol{A})$ 也是 $\boldsymbol{Ax} = \boldsymbol{0}$ 的解集、解空间.

对于齐次线性方程组，肯定有零解，如果有自由变量，即主元个数少于列数、秩小于未知量个数、非零行小于未知量数目、$r < n$，则齐次线性方程组有非零解且不唯一，$\dim N(\boldsymbol{A}) = n - r$. 如果 $m < n$，矩阵为宽形矩阵，则 $r \leqslant m < n$，进而 $\boldsymbol{A} \to \boldsymbol{U}$ 必有自由列，$\boldsymbol{Ax} = \boldsymbol{0}$ 必然有非零解，且解不唯一. 这也是我们之前常说的如果方程数目 m 小于变量数目 n，则齐次线性方程组必然有非零解.

定理 2.9　齐次线性方程组如果有非零解，那么它有无穷多解. 无穷多解的充要条件是，它的非零行个数 r 小于未知量数目 n. 如果齐次方程组的方程数目小于未知量数目，则必有非零解.

对于有无穷多解的齐次线性方程组 $\boldsymbol{Ax}=\mathbf{0}$，矩阵 $\boldsymbol{A}$ 不可逆，通过它的**广义逆** *，我们可以求得方程组的通解.

定理 2.10* 齐次线性方程组 $\boldsymbol{Ax}=\mathbf{0}$ 的通解是

$$\boldsymbol{x}=(\boldsymbol{I}_n-\boldsymbol{A}^-\boldsymbol{A})\boldsymbol{v},$$

其中 $\boldsymbol{A}^-$ 是 $\boldsymbol{A}$ 的任意给定的一个广义逆，$\boldsymbol{v}$ 为 F^n 中任意向量.

证明 当 $\boldsymbol{x}=(\boldsymbol{I}_n-\boldsymbol{A}^-\boldsymbol{A})\boldsymbol{v}$，$\boldsymbol{Ax}=\boldsymbol{A}(\boldsymbol{I}_n-\boldsymbol{A}^-\boldsymbol{A})\boldsymbol{v}=(\boldsymbol{A}-\boldsymbol{AA}^-\boldsymbol{A})\boldsymbol{v}=\mathbf{0}$，所以 $\boldsymbol{x}=(\boldsymbol{I}_n-\boldsymbol{A}^-\boldsymbol{A})\boldsymbol{v}$ 是 $\boldsymbol{Ax}=0$ 的解. 如果 $\boldsymbol{y}$ 是 $\boldsymbol{Ax}=0$ 的一个解，则 $(\boldsymbol{I}_n-\boldsymbol{A}^-\boldsymbol{A})\boldsymbol{y}=\boldsymbol{y}-\boldsymbol{A}^-\boldsymbol{Ay}=\boldsymbol{y}$. 综上所述，$\boldsymbol{x}=(\boldsymbol{I}_n-\boldsymbol{A}^-\boldsymbol{A})\boldsymbol{v}$ 是 $\boldsymbol{Ax}=0$ 的通解. ■

习题

1. 求下述矩阵 $\boldsymbol{A}$ 的列空间的一个基和行空间的维数.

$$\boldsymbol{A}=\begin{pmatrix}-3&4&-1&0\\1&-11&4&1\\0&1&2&5\\-2&-7&3&1\end{pmatrix}$$

2. 对于 λ 的不同取值，讨论下述矩阵的秩？

$$\boldsymbol{A}=\begin{pmatrix}-1&2&\lambda&1\\-6&1&10&1\\\lambda&5&-1&2\end{pmatrix}$$

3. 证明：如果 $m\times n$ 矩阵 $\boldsymbol{A}$ 的秩为 r，那么它的任何 s 行组成的子矩阵 $\boldsymbol{A}_1$ 的秩大于或等于 $r+s-m$.

4*. 设 $\boldsymbol{A},\boldsymbol{B}$ 分别是数域 $\mathbb{R}$ 上的 $s\times n$、$s\times m$ 矩阵，用 $(\boldsymbol{A}\ \boldsymbol{B})$ 表示在 $\boldsymbol{A}$ 的右边添写上 $\boldsymbol{B}$ 得到的 $s\times(n+m)$ 矩阵. 证明：$\mathrm{rank}(\boldsymbol{A})=\mathrm{rank}(\boldsymbol{A}\ \boldsymbol{B})$ 当且仅当 $\boldsymbol{B}$ 的列向量组可以由 $\boldsymbol{A}$ 的列向量组线性表出.

5*. 设 $\boldsymbol{A}$ 是 $s\times n$ 矩阵，$\boldsymbol{B}$ 是 $l\times m$ 矩阵. 证明：

$$\mathrm{rank}\begin{pmatrix}\boldsymbol{A}&\mathbf{0}\\\mathbf{0}&\boldsymbol{B}\end{pmatrix}=\mathrm{rank}(\boldsymbol{A})+\mathrm{rank}(\boldsymbol{B}).$$

6*. 设 $\boldsymbol{A}$ 是 $s\times n$ 矩阵，$\boldsymbol{B}$ 是 $l\times m$ 矩阵，$\boldsymbol{C}$ 是 $s\times m$ 矩阵. 证明：

$$\mathrm{rank}\begin{pmatrix}\boldsymbol{A}&\boldsymbol{C}\\\mathbf{0}&\boldsymbol{B}\end{pmatrix}\geqslant\mathrm{rank}(\boldsymbol{A})+\mathrm{rank}(\boldsymbol{B}).$$

7*. 设 $\boldsymbol{A}$, $\boldsymbol{B}$ 是数域 $\mathbb{R}$ 上的 $s\times n$, $l\times m$ 矩阵. 证明：如果 $\operatorname{rank}(\boldsymbol{A})=s$, $\operatorname{rank}(\boldsymbol{B})=l$, 那么

$$\operatorname{rank}\begin{pmatrix}\boldsymbol{A} & \boldsymbol{C}\\ \boldsymbol{0} & \boldsymbol{B}\end{pmatrix}=\operatorname{rank}(\boldsymbol{A})+\operatorname{rank}(\boldsymbol{B}).$$

8. 求下述数域 $\mathbb{R}$ 上齐次线性方程组的一个基础解系，并写出它的解集.

$$\begin{cases} x_1+3x_2-5x_3-2x_4=0,\\ -3x_1-2x_2+x_3+x_4=0,\\ -11x_1-5x_2-x_3+2x_4=0,\\ 5x_1+x_2+3x_3=0.\end{cases}$$

9*. 设 $\boldsymbol{A}=(a_{ij})$ 是 $s\times n$ 矩阵，$\operatorname{rank}(\boldsymbol{A})=r$. 以 $\boldsymbol{A}$ 为系数矩阵的齐次线性方程组的一个基础解系为

$$\boldsymbol{\eta}_1=\begin{pmatrix}b_{11}\\ b_{12}\\ \vdots\\ b_{1n}\end{pmatrix},\ \boldsymbol{\eta}_2=\begin{pmatrix}b_{21}\\ b_{22}\\ \vdots\\ b_{2n}\end{pmatrix},\ \cdots,\ \boldsymbol{\eta}_{n-r}=\begin{pmatrix}b_{n-r,1}\\ b_{n-r,2}\\ \vdots\\ b_{n-r,n}\end{pmatrix}.$$

设 $\boldsymbol{B}$ 是以 $\boldsymbol{\eta}_1^{\mathrm{T}},\boldsymbol{\eta}_2^{\mathrm{T}},\cdots,\boldsymbol{\eta}_{n-r}^{\mathrm{T}}$ 为行向量组的 $(n-r)\times n$ 矩阵. 试求以 $\boldsymbol{B}$ 为系数矩阵的齐次线性方程组的一个基础解系.

10*. 证明：如果数域 $\mathbb{R}$ 上 n 元齐次线性方程组的系数矩阵 $\boldsymbol{A}$ 的秩比未知量的个数少 1，那么该方程组的任意两个解成比例.

2.4 非齐次线性方程组的解集结构

非齐次线性方程组 $\boldsymbol{Ax}=\boldsymbol{b}$ 有解的条件是 $\boldsymbol{b}\in C(\boldsymbol{A})$ 但对于任意向量 $\boldsymbol{b}$，很难判断是否满足该条件. 在增广矩阵上应用高斯消元法得到 $(\boldsymbol{A}\ |\boldsymbol{b})\to(\boldsymbol{U}\ |\boldsymbol{c})$，如果系数矩阵 $\boldsymbol{U}$ 最后的零行对应 $\boldsymbol{c}$ 中非零元素，则方程组无解；如果 $\boldsymbol{U}$ 最后的零行对应 $\boldsymbol{c}$ 中零元素，则可以通过回代法得到非齐次线性方程组的解，所以有如下定理：

定理 2.11　线性方程组有解的充要条件是系数矩阵的秩等于增广矩阵的秩.

对于齐次线性方程组，常数项为 $\boldsymbol{0}$，增广矩阵的秩始终等于系数矩阵的秩，所以齐次线性方程组必定有解 $(\boldsymbol{x}=0)$. 非齐次线性方程组对应的齐次线性方程组称为**导出组**，导出组的解空间用 $N(\boldsymbol{A})$ 表示. 不难证明非齐次线性方程组 $\boldsymbol{Ax}=\boldsymbol{b}$ 的解集和其导出组的解集有如下关系：

命题 2.6　如果 $\boldsymbol{x}_1,\boldsymbol{x}_2$ 为 $\boldsymbol{Ax}=\boldsymbol{b}$ 的解，那么 $\boldsymbol{x}_1-\boldsymbol{x}_2\in N(\boldsymbol{A})$. 如果 $\boldsymbol{x}_1$ 为 $\boldsymbol{Ax}=\boldsymbol{b}$ 的解，$\boldsymbol{x}_0\in N(\boldsymbol{A})$，那么 $\boldsymbol{x}_1+\boldsymbol{x}_0$ 也是 $\boldsymbol{Ax}=\boldsymbol{b}$ 的解.

由此可以证明以下定理.

定理 2.12　如果 n 元非齐次线性方程组有解，那么它的解集为 $\{\boldsymbol{x}_p+\boldsymbol{x}_0:\boldsymbol{x}_0\in N(\boldsymbol{A})\}$，其中 $\boldsymbol{x}_p$ 是非齐次线性方程组的一个解，称为特解，$N(\boldsymbol{A})$ 是导出组的解空间，或称为 $\boldsymbol{A}$ 的核空间. 如果 n 元非齐次线性方程组有解，那么它的解唯一的充要条件是它的导出组只有零解，即 $\boldsymbol{A}$ 的核空间为零空间.

非齐次线性方程组的解空间也记作 $\boldsymbol{x}_p+N(\boldsymbol{A})$，称为核空间 $N(\boldsymbol{A})$ 的一个**陪集**，维数等于 $\dim N(\boldsymbol{A})$. 陪集不是子空间，因为它不包含零向量. 如何求一个特解？因为消元法得到的阶梯形矩阵 $\boldsymbol{U}$ 的自由列可以由主列线性表出，$\boldsymbol{U}$ 的列空间 $C(\boldsymbol{U})$ 的一个基为主列. 如果有解，则 $\boldsymbol{c}\in C(\boldsymbol{U})$，$\boldsymbol{c}$ 可以由 $\boldsymbol{U}$ 的主列唯一线性表出，所以取所有自由变量为 $\boldsymbol{0}$，求解主变量，得到一个特解.

例 2.10　已知

$$\underbrace{\begin{pmatrix}1&2&3&1\\1&2&5&-3\\1&2&7&-7\end{pmatrix}}_{\boldsymbol{A}}=\underbrace{\begin{pmatrix}1&0&0\\1&1&0\\1&2&1\end{pmatrix}}_{\boldsymbol{L}}\underbrace{\begin{pmatrix}1&2&3&1\\0&0&2&-4\\0&0&0&0\end{pmatrix}}_{\boldsymbol{U}}$$

求 $\boldsymbol{Ax}=\boldsymbol{b}_1=(1,2,1)$ 和 $\boldsymbol{Ax}=\boldsymbol{b}_2=(1,3,5)$ 的解.

解　$\boldsymbol{Ax}=\boldsymbol{LUx}=\boldsymbol{b}_1$，先解方程组 $\boldsymbol{Lc}_1=\boldsymbol{b}_1$，用正代法得出 $\boldsymbol{c}_1=(1,1,-2)$. 解方程组 $\boldsymbol{Ux}=\boldsymbol{c}_1$，但最后一行出现 $0=-2$，所以 $\boldsymbol{c}_1\notin C(\boldsymbol{U})$ 或者说 $\boldsymbol{b}_1\notin C(\boldsymbol{A})$，方程组无解.

$\boldsymbol{Ax}=\boldsymbol{LUx}=\boldsymbol{b}_2$，先解方程组 $\boldsymbol{Lc}_2=\boldsymbol{b}_2$，用正代法得出 $\boldsymbol{c}_2=(1,2,0)$. 解方程组 $\boldsymbol{Ux}=\boldsymbol{c}_2$，令自由变量 $x_2=0,x_4=0$，用回代法得到 $\boldsymbol{x}_p=(-2,0,1,0)$. 因为 $\operatorname{rank}(\boldsymbol{A})=2<n$，核空间维度为 2，需找出核空间的一个基，易知 $\boldsymbol{s}_1=(-2,1,0,0)$ 和 $\boldsymbol{s}_2=(-7,0,2,1)$ 为核空间的一个基. 非齐次线性方程组 $\boldsymbol{Ax}=\boldsymbol{b}_2$ 的解集为：

$$\{\boldsymbol{x}_p+c_1\boldsymbol{s}_1+c_2\boldsymbol{s}_2:c_1,c_2\in\mathbb{R}\}.$$

以上例子说明，对于线性变换 $\boldsymbol{Ax}$，发挥重要作用的是主列，仅仅使用主列即可得到输出向量 $\boldsymbol{Ax}_p=\boldsymbol{b}$. 自由列可以用主列线性表出，换句话说，矩阵 $\boldsymbol{A}$ 的列空间的维数是主列的个数，$\boldsymbol{A}$ 的实际大小不是列数 n，而是秩 r.

我们总结一下如何判断线性方程组是否有解，以及是否有多少个解. 首先，齐次线性方程组肯定有解，如果是列满秩则有唯一零解，如果列不满秩，则有无穷多解. 其次，非齐次线性方程组在化简为阶梯形时，如果出现 $0=c$，则无解. 如果系数矩阵的零行都对应零常数，则有解. 有解时，如果其导出组只有零解，则有唯一解，如果其导出组有非零解，则有无穷多解.

定理 2.13　n 元线性方程组解的情况有且只有三种可能：无解、有唯一解、有无穷多个解. 增广矩阵经过初等行变换转化成阶梯形矩阵，如果出现 ① $0=c$ 但 c 不为 0，则无解；② 如果非零行个数等于未知量数目，则有唯一解；③ 如果非零行个数小于未知量数目，则有无穷多解.

非零行个数为矩阵的秩，所以，以上定理可以表达为：

定理 2.14　数域 F 上 n 元线性方程组有解时，如果系数矩阵的秩等于 n，那么有唯一解，如果系数矩阵的秩小于 n，那么有无穷多个解.

满秩、列满秩、行满秩、秩亏

当矩阵经过初等行变换变为阶梯形时，矩阵的秩显现出来，矩阵的秩等于非零行个数、主元个数、主变量个数、主列个数. 相应地，零行个数等于 $m-r$，自由列个数等于自由变量个数 $n-r$. 矩阵的秩不可能超过行数和列数，即 $r \leqslant m, r \leqslant n$. 根据 r 与 m, n 之间的关系，我们可以把矩阵分为**满秩矩阵、列满秩矩阵、行满秩矩阵、秩亏矩阵**（rank deficiency matrix）. 下面分别讨论它们的解集结构.

1. 满秩矩阵 $r=m, r=n$，可逆方阵. $C(\boldsymbol{A})=C(\boldsymbol{A}^{\mathrm{T}})=\mathbb{R}^n$，$N(\boldsymbol{A})=\{\boldsymbol{0}\}$，$\boldsymbol{Ax}=\boldsymbol{b}$ 有唯一解. 有效方程数目等于未知量数目，解唯一. 对应的简化行阶梯形为单位矩阵 $\boldsymbol{I}$.
2. 列满秩矩阵 $r=n<m$，窄形矩阵. 列向量线性无关，全是主列，无自由列，列空间维数为 $r=n$，是 $\mathbb{R}^m$ 的子空间. $N(\boldsymbol{A})=\{\boldsymbol{0}\}$. $\boldsymbol{Ax}=\boldsymbol{b}$ 可能无解或者有唯一解. 方程的数目大于未知量数目，要求太高，可能无解. 对应的简化行阶梯形为 $\begin{pmatrix}\boldsymbol{I}\\ \boldsymbol{0}\end{pmatrix}$.
3. 行满秩矩阵 $r=m<n$，宽型矩阵. 无零行，每一行都有主元，有 $n-r$ 个自由列，列空间为整个 $\mathbb{R}^m$，核空间维数为 $n-r$. 对于所有 $\boldsymbol{b}\in\mathbb{R}^m$ 都有解，且解不唯一. 方程的数目小于未知量数目，要求太低，解不唯一. 对应的简化行阶梯形为 $(\boldsymbol{I}\quad \boldsymbol{F})$.
4. 秩亏矩阵 $r<m, r<n$. 有零行，有自由列，列空间维数为 r，是 $\mathbb{R}^m$ 的一个子空间，核空间的维数为 $n-r$. $\boldsymbol{Ax}=\boldsymbol{b}$ 无解或者有无穷多个解. 对应的简化行阶梯形为 $\begin{pmatrix}\boldsymbol{I} & \boldsymbol{F}\\ \boldsymbol{0} & \boldsymbol{0}\end{pmatrix}$.

注意：对于非方阵，列满秩、行满秩矩阵也称为满秩矩阵，因为它的秩达到了矩阵形状所限的最大秩. 非齐次线性方程组 $\boldsymbol{Ax}=\boldsymbol{b}$，如果矩阵 $\boldsymbol{A}$ 不可逆，通过它的广义逆，我们可以得到它有解的条件和它的通解.

定理 2.15*　非齐次线性方程组 $\boldsymbol{Ax}=\boldsymbol{b}$ 有解的充要条件是 $\boldsymbol{b}=\boldsymbol{AA}^{-}\boldsymbol{b}$. 当有解时，它的通解为

$$\boldsymbol{x}=\boldsymbol{A}^{-}\boldsymbol{b}+(\boldsymbol{I}_n-\boldsymbol{A}^{-}\boldsymbol{A})\boldsymbol{v},$$

其中 $\boldsymbol{A}^{-}$ 为任意给定的一个广义逆，$\boldsymbol{v}$ 取遍 F^n 中任意向量.

证明　（必要性）设 $\boldsymbol{Ax}=\boldsymbol{b}$ 有解 $\boldsymbol{x}_0$，则 $\boldsymbol{b}=\boldsymbol{Ax}_0=\boldsymbol{AA}^{-}\boldsymbol{Ax}_0=\boldsymbol{AA}^{-}\boldsymbol{b}$.

（充分性）设 $\boldsymbol{b}=\boldsymbol{A}\boldsymbol{A}^{-}\boldsymbol{b}$，则 $\boldsymbol{A}^{-}\boldsymbol{b}$ 是 $\boldsymbol{A}\boldsymbol{x}=\boldsymbol{b}$ 的解. 可知 $\boldsymbol{x}_0=\boldsymbol{A}^{-}\boldsymbol{b}$ 是 $\boldsymbol{A}\boldsymbol{x}=\boldsymbol{b}$ 的一个特解，由定理 2.10 可知，$(\boldsymbol{I}_n-\boldsymbol{A}^{-}\boldsymbol{A})\boldsymbol{v}$ 是导出组 $\boldsymbol{A}\boldsymbol{x}=\boldsymbol{0}$ 的通解，所以 $\boldsymbol{x}=\boldsymbol{A}^{-}\boldsymbol{b}+(\boldsymbol{I}_n-\boldsymbol{A}^{-}\boldsymbol{A})\boldsymbol{v}$ 是 $\boldsymbol{A}\boldsymbol{x}=\boldsymbol{b}$ 的通解. ■

矩阵的相抵（等价）

在解线性方程组时，我们使用了矩阵的初等行变换，以下是和初等行变换、初等列变换相关的几个概念和定理，我们考虑矩阵的相抵关系. 以后我们还会学习矩阵的其他关系：相似、合同. 关于二元关系、等价关系、等价类，详见附录 B.1.

定义 2.18　$m\times n$ 的矩阵 $\boldsymbol{A},\boldsymbol{B}$，如果从 $\boldsymbol{A}$ 经过一系列初等行、列变换能变成矩阵 $\boldsymbol{B}$，那么称 $\boldsymbol{A},\boldsymbol{B}$ 是相抵的记作 $\boldsymbol{A}\cong\boldsymbol{B}$. 相抵是矩阵集合上的一个二元关系，也是等价关系. 在相抵关系下，矩阵 $\boldsymbol{A}$ 的等价类 称为 $\boldsymbol{A}$ 的相抵类.

矩阵相抵有如下性质：

1. 反身性：矩阵 $\boldsymbol{A}$ 与自身相抵，即 $\boldsymbol{A}\cong\boldsymbol{A}$；
2. 对称性：若矩阵 $\boldsymbol{A}$ 与矩阵 $\boldsymbol{B}$ 相抵，则矩阵 $\boldsymbol{B}$ 与矩阵 $\boldsymbol{A}$ 也相抵，即若 $\boldsymbol{A}\cong\boldsymbol{B}$，则 $\boldsymbol{B}\cong\boldsymbol{A}$；
3. 传递性：若矩阵 $\boldsymbol{A}$ 与矩阵 $\boldsymbol{B}$ 相抵，矩阵 $\boldsymbol{B}$ 与矩阵 $\boldsymbol{C}$ 相抵，则矩阵 $\boldsymbol{A}$ 与矩阵 $\boldsymbol{C}$ 也相抵. 即若 $\boldsymbol{A}\cong\boldsymbol{B},\boldsymbol{B}\cong\boldsymbol{C}$，则 $\boldsymbol{A}\cong\boldsymbol{C}$.

因为任意可逆矩阵通过**初等行变换**可以化简为单位矩阵，所以，任意可逆矩阵可以写成**初等矩阵**的乘积. 进而，可逆矩阵 $\boldsymbol{P},\boldsymbol{Q}$ 的作用是：$\boldsymbol{PA}$ 对 $\boldsymbol{A}$ 进行初等行变换，$\boldsymbol{AQ}$ 对 $\boldsymbol{A}$ 进行初等列变换. 所以，矩阵 $\boldsymbol{A}$ 的初等行变换、列变换可以表示为 $\boldsymbol{PAQ}$.

秩为 r 的矩阵经过初等行变换可以得到简化行阶梯形矩阵，然后经过列交换，把所有主列放在左边，最后经过列消元，消去自由列，最终得到如下形式的矩阵：

$$\begin{pmatrix}\boldsymbol{I}_r & \boldsymbol{0}\\ \boldsymbol{0} & \boldsymbol{0}\end{pmatrix}$$

其中，$\boldsymbol{I}_r$ 为 $r\times r$ 的单位矩阵.

定理 2.16　$m\times n$ 的矩阵 $\boldsymbol{A},\boldsymbol{B}$ 相抵，等价于：

1. $\boldsymbol{A}$ 经过初等行、列变换变成 $\boldsymbol{B}$；
2. 存在 m 级可逆矩阵 $\boldsymbol{P}$ 和 n 级可逆矩阵 $\boldsymbol{Q}$，使得 $\boldsymbol{PAQ}=\boldsymbol{B}$；
3. $\boldsymbol{A},\boldsymbol{B}$ 的秩相同，都等于 r.

在 $m\times n$ 的矩阵集合中，秩为 r 的所有矩阵构成一个相抵类，一共有 $1+\min(m,n)$ 个相抵类. 矩阵的秩完全决定了相抵类，秩是相抵关系下的完全不变量.

定理 2.17　秩为 r 的 $m\times n$ 矩阵 $\boldsymbol{A},\boldsymbol{B}$ 都相抵于下述形式的相抵标准形矩阵，也称为等价标准形、标准矩阵

$$\begin{pmatrix}\boldsymbol{I}_r & \boldsymbol{0}\\ \boldsymbol{0} & \boldsymbol{0}\end{pmatrix},$$

或者说，存在 m 级可逆矩阵 $\boldsymbol{P}_1, \boldsymbol{P}_2$ 和 n 级可逆矩阵 $\boldsymbol{Q}_1, \boldsymbol{Q}_2$，使得：

$$\boldsymbol{A}=\boldsymbol{P}_1\begin{pmatrix}\boldsymbol{I}_r & \mathbf{0}\\ \mathbf{0} & \mathbf{0}\end{pmatrix}\boldsymbol{Q}_1,\quad \boldsymbol{B}=\boldsymbol{P}_2\begin{pmatrix}\boldsymbol{I}_r & \mathbf{0}\\ \mathbf{0} & \mathbf{0}\end{pmatrix}\boldsymbol{Q}_2.$$

例 2.11　证明：$\operatorname{rank}(\boldsymbol{AB})\leqslant\operatorname{rank}(\boldsymbol{B})$，$\operatorname{rank}(\boldsymbol{AB})\leqslant\operatorname{rank}(\boldsymbol{A})$. 如果 $\boldsymbol{A}$ 是可逆矩阵，则 $\operatorname{rank}(\boldsymbol{AB})=\operatorname{rank}(\boldsymbol{B})$，$\operatorname{rank}(\boldsymbol{BA})=\operatorname{rank}(\boldsymbol{B})$.

证明　根据矩阵乘法的行-行角度，$\boldsymbol{AB}$ 的行向量是 $\boldsymbol{B}$ 行向量的线性组合，即 $\boldsymbol{AB}$ 的行向量都可以被 $\boldsymbol{B}$ 的行向量线性表出，所以 $\operatorname{rank}(\boldsymbol{AB})\leqslant\operatorname{rank}(\boldsymbol{B})$.

根据矩阵乘法的列一列角度，$\boldsymbol{AB}$ 的列向量是 $\boldsymbol{A}$ 列向量的线性组合，即 $\boldsymbol{AB}$ 的列向量都可以被 $\boldsymbol{A}$ 的列向量线性表出，所以 $\operatorname{rank}(\boldsymbol{AB})\leqslant\operatorname{rank}(\boldsymbol{B})$.

另一种证明方法是：利用 $\operatorname{rank}(\boldsymbol{AB})\leqslant\operatorname{rank}(\boldsymbol{B})$.

$$\operatorname{rank}(\boldsymbol{AB})=\operatorname{rank}((\boldsymbol{AB})^{\mathrm{T}})=\operatorname{rank}(\boldsymbol{B}^{\mathrm{T}}\boldsymbol{A}^{\mathrm{T}})\leqslant\operatorname{rank}(\boldsymbol{A}^{\mathrm{T}})=\operatorname{rank}(\boldsymbol{A}).$$

如果 $\boldsymbol{A}$ 是可逆矩阵，则 $\boldsymbol{AB}, \boldsymbol{BA}$ 与 $\boldsymbol{B}$ 相抵，所以它们的秩相等. ■

如下，阶梯形矩阵 $\boldsymbol{B}$ 经过初等行变换得到简化行阶梯形矩阵 $\boldsymbol{C}$，所以有 $\boldsymbol{B}\cong\boldsymbol{C}$.

$$\boldsymbol{B}=\begin{pmatrix}1&1&1&1\\0&-1&1&3\\0&0&0&1\\0&0&0&0\end{pmatrix}\xrightarrow[r_2-3r_3]{r_1-r_3}\begin{pmatrix}1&1&1&0\\0&-1&1&0\\0&0&0&1\\0&0&0&0\end{pmatrix}$$

$$\xrightarrow{r_1+r_2}\begin{pmatrix}1&0&2&0\\0&-1&1&0\\0&0&0&1\\0&0&0&0\end{pmatrix}\xrightarrow{-r_2}\begin{pmatrix}\boxed{1}&0&2&0\\0&\boxed{1}&-1&0\\0&0&0&\boxed{1}\\0&0&0&0\end{pmatrix}=\boldsymbol{C}$$

如果对矩阵 $\boldsymbol{C}$ 再进行初等列变换：

$$\boldsymbol{C}=\begin{pmatrix}1&0&2&0\\0&1&-1&0\\0&0&0&1\\0&0&0&0\end{pmatrix}\xrightarrow{c_3-2c_1}\begin{pmatrix}1&0&0&0\\0&1&-1&0\\0&0&0&1\\0&0&0&0\end{pmatrix}$$

$$\xrightarrow{c_3+c_2}\begin{pmatrix}1&0&0&0\\0&1&0&0\\0&0&0&1\\0&0&0&0\end{pmatrix}\xrightarrow{c_3\leftrightarrow c_4}\begin{pmatrix}1&0&0&0\\0&1&0&0\\0&0&1&0\\0&0&0&0\end{pmatrix}=\begin{pmatrix}\boldsymbol{I}_{3\times 3}&0\\0&0\end{pmatrix}=\boldsymbol{D}$$

矩阵 $\boldsymbol{D}$ 是矩阵 $\boldsymbol{B}$ 的相抵（等价）标准形矩阵. 可以证明，与一个矩阵等价的阶梯形矩阵不是唯一的，但与其等价的简化行阶梯形矩阵和标准形矩阵是唯一的.

习题

1. a 取什么值时，下述数域 $\mathbb{R}$ 上线性方程组有唯一解、有无穷多个解、无解？

$$\begin{cases} ax_1 + x_2 + x_3 = 1, \\ x_1 + ax_2 + x_3 = 1, \\ x_1 + x_2 + ax_3 = 1. \end{cases}$$

2.* 证明：线性方程组：

$$\begin{cases} a_{11}x_1 + a_{12}x_2 + \cdots + a_{1n}x_n = b_1, \\ a_{21}x_1 + a_{22}x_2 + \cdots + a_{2n}x_n = b_2, \\ \vdots \\ a_{s1}x_1 + a_{s2}x_2 + \cdots + a_{sn}x_n = b_s. \end{cases}$$

有解的充要条件是下述线性方程组：

$$\begin{cases} a_{11}x_1 + a_{21}x_2 + \cdots + a_{s1}x_s = 0, \\ a_{12}x_1 + a_{22}x_2 + \cdots + a_{s2}x_s = 0, \\ \vdots \\ a_{1n}x_1 + a_{2n}x_2 + \cdots + a_{sn}x_s = 0, \\ b_1x_1 + b_2x_2 + \cdots + b_sx_s = 1. \end{cases}$$

无解.

3.* 已知线性方程组

$$\begin{cases} a_{11}x_1 + a_{12}x_2 + \cdots + a_{1n}x_n = b_1, \\ a_{21}x_1 + a_{22}x_2 + \cdots + a_{2n}x_n = b_2, \\ \vdots \\ a_{n1}x_1 + a_{n2}x_2 + \cdots + a_{nn}x_n = b_n. \end{cases}$$

的系数矩阵 $\boldsymbol{A}$ 的秩等于下述矩阵

$$\boldsymbol{B} = \begin{pmatrix} a_{11} & a_{12} & \cdots & a_{1n} & b_1 \\ a_{21} & a_{22} & \cdots & a_{2n} & b_2 \\ \vdots & \vdots & & \vdots & \vdots \\ a_{n1} & a_{n2} & \cdots & a_{nn} & b_n \\ b_1 & b_2 & \cdots & b_n & 0 \end{pmatrix}$$

的秩. 证明：此线性方程组有解.

4. 求下述数域 $\mathbb{R}$ 上非齐次线性方程组的解集：

$$\begin{cases} x_1+2x_2-3x_3-4x_4=-5, \\ 3x_1-x_2+5x_3+6x_4=-1, \\ -5x_1-3x_2+x_3+2x_4=11, \\ -9x_1-4x_2-x_3=17. \end{cases}$$

5. 求 n 个平面

$$a_ix+b_iy+c_iz+d_i=0\quad(i=1,2,\cdots,n)$$

通过一直线但不合并为一个平面的充要条件.

6. 下述三个平面 π_1,π_2,π_3 的位置关系是什么？

$$\begin{aligned} x-3y+4z-2&=0, \\ 2x+y-3z+5&=0, \\ 3x-9y+12z+7&=0. \end{aligned}$$

7. 求下述矩阵 $\boldsymbol{A}$ 的相抵（等价）标准形：

$$\boldsymbol{A}=\begin{pmatrix} 1 & -3 & 5 & 2 \\ -2 & 4 & 1 & -7 \\ 3 & -8 & 10 & 6 \end{pmatrix}$$

8. 证明：任意一个秩为 $r(r>0)$ 的矩阵都可以表示成 r 个秩为 1 的矩阵之和.

9*. 设 $\boldsymbol{A}$ 是数域 $\mathbb{R}$ 上的 $s\times n$ 矩阵，证明：$\boldsymbol{A}$ 的秩为 r 当且仅当存在数域 $\mathbb{R}$ 上的 $s\times r$ 列满秩矩阵 $\boldsymbol{B}$ 与 $r\times n$ 行满秩矩阵 $\boldsymbol{C}$，使得 $\boldsymbol{A}=\boldsymbol{BC}$.

2.5 和矩阵相关的四个子空间

对于 $m\times n$ 矩阵 $\boldsymbol{A}$，相关的子空间有四个：列空间 $C(\boldsymbol{A})$，核空间 $N(\boldsymbol{A})$，行空间 $C(\boldsymbol{A}^{\mathrm{T}})$，**左零空间**（left null space）$N(\boldsymbol{A}^{\mathrm{T}})$. 我们把 $\boldsymbol{x}$ 所在的向量空间 $\mathbb{R}^n$ 当作输入空间，$\boldsymbol{Ax}$ 所在的向量空间 $\mathbb{R}^m$ 当作输出空间，即 $\boldsymbol{A}:\mathbb{R}^n\to\mathbb{R}^m$，$\boldsymbol{x}\in\mathbb{R}^n\mapsto\boldsymbol{Ax}\in\mathbb{R}^m$.

1. 列空间，即 $\{\boldsymbol{Ax}:\boldsymbol{x}\in\mathbb{R}^n\}$. 列空间由所有列向量的线性组合构成，也是使得 $\boldsymbol{Ax}=\boldsymbol{b}$ 有解的所有 $\boldsymbol{b}$ 构成的子空间. 它是输出空间 $\mathbb{R}^m$ 的一个子空间，也称为列向量张成的子空间 $C(\boldsymbol{A})$.
2. 核空间、零空间，即 $\{\boldsymbol{x}:\boldsymbol{Ax}=\boldsymbol{0}\}$. 核空间是 $\boldsymbol{Ax}=\boldsymbol{0}$ 的所有解构成的子空间，它是输入空间 $\mathbb{R}^n$ 的一个子空间. 如果已知非齐次线性方程的一个特解 $\boldsymbol{Ax}_p=\boldsymbol{b}$，则 $\boldsymbol{x}_p+\boldsymbol{x}_0$ 也是非齐次线性方程组 $\boldsymbol{Ax}=\boldsymbol{b}$ 的解，其中 $\boldsymbol{x}_0$ 来自核空间. 所以，如果核空间不是 $\boldsymbol{0}$，则 $\boldsymbol{Ax}=\boldsymbol{b}$ 如果有解，一定是有无穷多个解.

3. 行空间，即 $C(\boldsymbol{A}^{\mathrm{T}})$，它表示矩阵行向量张成的向量空间，是输入空间 $\mathbb{R}^n$ 的一个子空间.
4. 左零空间，即 $N(\boldsymbol{A}^{\mathrm{T}})$，它是 $\boldsymbol{A}^{\mathrm{T}}$ 的核空间，是 $\boldsymbol{A}^{\mathrm{T}}\boldsymbol{x}=\boldsymbol{0}$ 的解集. 该方程也可以写成 $\boldsymbol{x}^{\mathrm{T}}\boldsymbol{A}=\boldsymbol{0}$，所以称为 $\boldsymbol{A}$ 的左零空间，它是输出空间 $\mathbb{R}^m$ 的子空间.

子空间的维度

关于矩阵的四个子空间，我们有如下定理.

定理 2.18 对于 $m\times n$ 矩阵 $\boldsymbol{A}$，它的列空间 $C(\boldsymbol{A})\subset\mathbb{R}^m$ 和行空间 $C(\boldsymbol{A}^{\mathrm{T}})\subset\mathbb{R}^n$ 的维度为矩阵的秩 r. 核空间 $N(\boldsymbol{A})\subset\mathbb{R}^n$ 的维度为 $n-r$，左零空间 $N(\boldsymbol{A}^{\mathrm{T}})$ 的维度为 $m-r$. 行空间和核空间线性无关，且正交，列空间和左零空间线性无关，且正交.

证明 我们已经证明了 $\dim(C(\boldsymbol{A}))=\dim(C(\boldsymbol{A}^{\mathrm{T}}))=r,\dim(N(\boldsymbol{A}))=n-r$. 把 $\boldsymbol{A}^{\mathrm{T}}$ 看作一个新矩阵，则 $\dim(N(\boldsymbol{A}^{\mathrm{T}}))=m-r$. ■

图 2.2 表示了上述定理. 我们将在下章证明，$C(\boldsymbol{A}^{\mathrm{T}})\perp N(\boldsymbol{A}),C(\boldsymbol{A})\perp N(\boldsymbol{A}^{\mathrm{T}})$. 两个子空间**正交**的意思是两个子空间内的所有向量正交，而正交意味着线性无关. 列空间的维数和左零空间的维数之和等于整个输出空间 $\mathbb{R}^m$ 的维数，它们的并集是否是整个 $\mathbb{R}^m$? 并不是，但它们已经包含了 $\mathbb{R}^m$ 的关键信息：任意 m 维的向量都可以被两个子空间 $C(\boldsymbol{A}),N(\boldsymbol{A}^{\mathrm{T}})$ 的向量线性表出，因为 $C(\boldsymbol{A})$ 的基和 $N(\boldsymbol{A}^{\mathrm{T}})$ 的基一起，构成了输出空间 $\mathbb{R}^m$ 的一个基. 我们将在第 3 章学习这些内容.

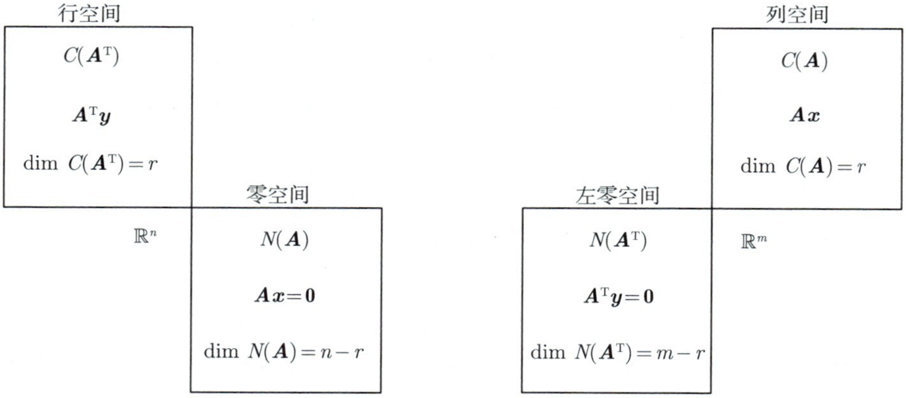

图 2.2 矩阵的四个子空间

子空间的基：$\boldsymbol{LU}$ 分解

对于非方阵的高斯消元法，我们表示为 $\boldsymbol{A}=\boldsymbol{LU}$，矩阵 $\boldsymbol{L}$ 主要包含列向量的信息，矩阵 $\boldsymbol{U}$ 主要包含行向量的信息和主元信息. 对于齐次线性方程组 $\boldsymbol{A}\boldsymbol{x}=\boldsymbol{0}$，我们只需要知道 $\boldsymbol{U}$，因为 $\boldsymbol{A}\boldsymbol{x}=\boldsymbol{0}$ 和 $\boldsymbol{U}\boldsymbol{x}=\boldsymbol{0}$ 同解. 对于非齐次线性方程组 $\boldsymbol{A}\boldsymbol{x}=\boldsymbol{b}$，我们还需要知道 $\boldsymbol{L}$，因为 $\boldsymbol{L}$ 记录了消元过程，$\boldsymbol{b}$ 需要进行同样的行变换. 把 $\boldsymbol{A}$ 分解成两个简单矩

阵：初等矩阵的乘积 $\boldsymbol{L}$ 和阶梯形矩阵 $\boldsymbol{U}$，有助于我们找到矩阵的四个子空间.

我们通过一个例子说明如何从 $\boldsymbol{L},\boldsymbol{U}$ 中找出四个子空间的基.

$$\underbrace{\begin{pmatrix}1&3&5&0&7\\0&0&0&1&2\\1&3&5&1&9\end{pmatrix}}_{\boldsymbol{A}}=\underbrace{\begin{pmatrix}1&0&0\\0&1&0\\1&1&1\end{pmatrix}}_{\boldsymbol{L}}\underbrace{\begin{pmatrix}\boxed{1}&3&5&0&7\\0&0&0&\boxed{1}&2\\0&0&0&0&0\end{pmatrix}}_{\boldsymbol{U}}$$

矩阵 $\boldsymbol{L}$ 记录了高斯消元法的乘数，$\boldsymbol{U}$ 为阶梯形矩阵，有两个主元，矩阵的秩为 2. 我们在最开始证明了初等行变换不会改变矩阵的秩，所以 $\boldsymbol{U}$ 和 $\boldsymbol{A}$ 的秩相同，都等于主元的数目，所以

$$\dim(C(\boldsymbol{A}))=\dim(C(\boldsymbol{U}))=\dim(C(\boldsymbol{A}^{\mathrm{T}}))=\dim(C(\boldsymbol{U}^{\mathrm{T}}))=2,$$

进而

$$\dim N(\boldsymbol{A})=\dim N(\boldsymbol{U})=5-2=3,\quad \dim N(\boldsymbol{A}^{\mathrm{T}})=\dim N(\boldsymbol{U}^{\mathrm{T}})=3-2=1.$$

那么 $\boldsymbol{A},\boldsymbol{U}$ 四个子空间的基是否也相同？答案是：

$$C(\boldsymbol{A}^{\mathrm{T}})=C(\boldsymbol{U}^{\mathrm{T}}),\quad N(\boldsymbol{A})=N(\boldsymbol{U}),\quad C(\boldsymbol{A})\neq C(\boldsymbol{U}),\quad N(\boldsymbol{A}^{\mathrm{T}})\neq N(\boldsymbol{U}^{\mathrm{T}})$$

1. 列空间：$C(\boldsymbol{U})$ 的基为主列，第 1、4 列，主列线性无关，其他自由列可以被主列线性表出. 但是 $C(\boldsymbol{U})\neq C(\boldsymbol{A})$，因为 $C(\boldsymbol{U})$ 中所有向量的第三分量必为 0，$C(\boldsymbol{U})$ 为 $x-y$ 平面，而 $\boldsymbol{A}$ 的第 1 列就不在 $C(\boldsymbol{U})$.
   初等行变换不改变列向量的相关性，所以，$\boldsymbol{A}$ 的第 1、4 列为 $\boldsymbol{A}$ 列向量组的极大非线性无关组，所以 $C(\boldsymbol{A})$ 的一个基为 $\boldsymbol{A}$ 的第 1, 4 列，是两个向量 $(1,0,1),(0,1,1)$ 张成的平面. 此外，根据矩阵乘法 $\boldsymbol{LU}$ 的列-列角度，$\boldsymbol{A}$ 的列向量是 $\boldsymbol{L}$ 所有列的线性组合，$\boldsymbol{L}$ 的列向量线性无关. 因为 $\boldsymbol{U}$ 最后 1 行是零行，所以，$\boldsymbol{A}$ 列向量是 $\boldsymbol{U}$ 前两列的一些线性组合，进而 $\boldsymbol{U}$ 的前两列是 $C(\boldsymbol{A})$ 的基. 一般地，假设矩阵秩为 r，$\boldsymbol{L}$ 前 r 列构成 $C(\boldsymbol{A})$ 的基.
2. 行空间：初等行变换考虑的是行向量的线性组合，所以不会改变行空间，$C(\boldsymbol{U}^{\mathrm{T}})=C(\boldsymbol{A}^{\mathrm{T}})$，显然，$\boldsymbol{U}$ 中的非零行构成了行空间 $C(\boldsymbol{U}^{\mathrm{T}}),C(\boldsymbol{A}^{\mathrm{T}})$ 的一个基.
3. 核空间：初等行变换不改变 $\boldsymbol{Ax}=\boldsymbol{0}$ 的解，所以 $\boldsymbol{Ax}=\boldsymbol{0}$ 和 $\boldsymbol{Ux}=\boldsymbol{0}$ 同解，进而 $N(\boldsymbol{A})=N(\boldsymbol{U})$，基础解系为它们的一个基.
4. 左零空间：左零空间是 $\boldsymbol{A}^{\mathrm{T}}\boldsymbol{x}=0$ 的解集，看起来我们需要对 $\boldsymbol{A}^{\mathrm{T}}$ 进行新的 $\boldsymbol{LU}$ 分解. 实际上，我们仅需要把 $\boldsymbol{A}=\boldsymbol{LU}$ 中的 $\boldsymbol{L}$ 移到等式左边，考虑 $\boldsymbol{EA}=\boldsymbol{U}$. 因为 $\boldsymbol{A}^{\mathrm{T}}\boldsymbol{x}=\boldsymbol{0}\implies \boldsymbol{x}^{\mathrm{T}}\boldsymbol{A}=\boldsymbol{0}$，意义是 $\boldsymbol{A}$ 的行向量的线性组合为 $\boldsymbol{0}$，在 $\boldsymbol{EA}=\boldsymbol{U}$ 中，$\boldsymbol{EA}$ 从行-行角度理解，表示 $\boldsymbol{A}$ 的所有行的线性组合，所以，对应 $\boldsymbol{U}$ 中零行

的 $\boldsymbol{E}$ 的行向量构成了 $\boldsymbol{A}^{\mathrm{T}}\boldsymbol{x}=\mathbf{0}$ 的解. 我们已经知道 $\dim(N(\boldsymbol{A}^{\mathrm{T}}))=m-r$，$\boldsymbol{U}$ 中零行个数为 $m-r$，$\boldsymbol{E}$ 是可逆矩阵，行向量线性无关，所以，对应于 $\boldsymbol{U}$ 零行的 $\boldsymbol{E}$ 的行向量构成了 $N(\boldsymbol{A}^{\mathrm{T}})$ 的基.

以上例子，

$$\boldsymbol{E}=\boldsymbol{E}_2\boldsymbol{E}_1=\begin{pmatrix}1&0&0\\0&1&0\\0&-1&1\end{pmatrix}\begin{pmatrix}1&0&0\\0&1&0\\-1&0&1\end{pmatrix}=\begin{pmatrix}1&0&0\\0&1&0\\-1&-1&1\end{pmatrix}$$

$\boldsymbol{E}$ 的最后一行为 $(-1\ \ -1\ 1)$. 所以 $N(\boldsymbol{A}^{\mathrm{T}})$ 的一个基为 $(-1,-1,1)$. $\boldsymbol{U}$ 的左零空间为 $\boldsymbol{U}^{\mathrm{T}}\boldsymbol{x}=0$ 或者 $\boldsymbol{x}^{\mathrm{T}}\boldsymbol{U}=0$ 的解，即使得 $\boldsymbol{U}$ 行向量线性组合为 0 的系数构成的集合，因为 $\boldsymbol{U}$ 的前两行为主行，最后一行为零行，所以一个基为 $(0,0,1)$，显然 $N(\boldsymbol{U}^{\mathrm{T}})\neq N(\boldsymbol{A}^{\mathrm{T}})$. 一般地，$\boldsymbol{x}^{\mathrm{T}}\boldsymbol{U}=0$ 的基础解系为

$$\left(\underbrace{0,\cdots,0}_{r\text{个零}},\ \underbrace{1,0,\cdots,0}_{1\text{个}1,m-r-1\text{个零}}\right),\left(\underbrace{0,\cdots,0}_{r\text{个零}},\ \underbrace{0,1,\cdots,0}_{1\text{个}1,m-r-1\text{个零}}\right),\cdots,\left(\underbrace{0,\cdots,0}_{r\text{个零}},\ \underbrace{0,0,\cdots,1}_{1\text{个}1,m-r-1\text{个零}}\right)$$

综上所述，在 $\boldsymbol{LU}$ 分解中，$\boldsymbol{A}$ 的列空间、左零空间与 $\boldsymbol{L}$ 密切相关，$\boldsymbol{A}$ 的行空间、零空间与 $\boldsymbol{U}$ 密切相关，有时也把 $\boldsymbol{LU}$ 分解写成 $\boldsymbol{A}=\boldsymbol{CR}$ 来表示这种对应关系（$\boldsymbol{C}$ 表示列相关，$\boldsymbol{R}$ 表示行相关）.

习题

1. 已知：$\boldsymbol{A}$ 和 $\boldsymbol{B}$ 是 $n\times n$ 的方阵，且 $\boldsymbol{AB}=\boldsymbol{I}_n$，证明：$\boldsymbol{A},\boldsymbol{B}$ 都可逆，且 $\boldsymbol{BA}=\boldsymbol{I}_n$.

2.* 设 $\boldsymbol{R}$ 是 $m\times n$ 的矩阵，其秩为 r，将主列写在最左边，可表示为

$$\boldsymbol{R}=\begin{pmatrix}\boldsymbol{I}&\boldsymbol{F}\\\mathbf{0}&\mathbf{0}\end{pmatrix}$$

注：$\boldsymbol{R}$ 称为分块矩阵，$\boldsymbol{I},\boldsymbol{F},\mathbf{0},\mathbf{0}$ 称为分块矩阵的子矩阵，$\boldsymbol{I}$ 为 r 级单位矩阵.

(a) 写出以上四个子矩阵的行数列数；

(b) 如果 $r=m$，求矩阵 $\boldsymbol{B}$，使得 $\boldsymbol{RB}=\boldsymbol{I}$，从而第二行两个零矩阵消失；

(c) 如果 $r=n$，求矩阵 $\boldsymbol{C}$，使得 $\boldsymbol{CR}=\boldsymbol{I}$，从而第二列 $\boldsymbol{F}$ 和零矩阵消失；

(d) 求 $\boldsymbol{R}^{\mathrm{T}}$ 的简化行阶梯形矩阵，并写出其子矩阵的行数、列数；

(e) 求 $\boldsymbol{R}^{\mathrm{T}}\boldsymbol{R}$ 的简化行阶梯形矩阵，并写出其子矩阵的行数、列数.

3. 对于以下两个矩阵，分别求出 $\boldsymbol{A}$、$\boldsymbol{A}^{\mathrm{T}}\boldsymbol{A}$ 和 $\boldsymbol{AA}^{\mathrm{T}}$ 的秩.

$$A=\begin{pmatrix}1&1&5\\1&0&1\end{pmatrix}\quad 或\quad A=\begin{pmatrix}2&0\\1&1\\1&2\end{pmatrix}$$

4. 设 $\boldsymbol{A}$ 是 3×4 的矩阵，$\boldsymbol{s}=(2,3,1,0)$ 是 $\boldsymbol{Ax}=\mathbf{0}$ 唯一的特解.
   (a) $\boldsymbol{A}$ 的秩是多少？$\boldsymbol{Ax}=\mathbf{0}$ 的通解是什么？
   (b) $\boldsymbol{A}$ 的简化行阶梯形矩阵 $\boldsymbol{R}$ 是什么？
   (c) 证明：$\boldsymbol{Ax}=\boldsymbol{b}$ 对任意 $\boldsymbol{b}$ 有解.
5. 已知矩阵

$$\boldsymbol{A}=\begin{pmatrix}1&1&0\\1&3&1\\3&1&-1\end{pmatrix},\ \boldsymbol{U}=\begin{pmatrix}1&1&0\\0&2&1\\0&0&0\end{pmatrix}$$

   求以下四个空间的维数. 并指出哪两个空间是相同的？
   (a) $\boldsymbol{A}$ 的列空间；
   (b) $\boldsymbol{U}$ 的列空间；
   (c) $\boldsymbol{A}$ 的行空间；
   (d) $\boldsymbol{U}$ 的行空间.
6. 已知矩阵 $\boldsymbol{A}$ 及其阶梯形 $\boldsymbol{U}$

$$\boldsymbol{A}=\begin{pmatrix}1&3&2\\0&1&1\\1&3&2\end{pmatrix},\ \boldsymbol{U}=\begin{pmatrix}1&3&2\\0&1&1\\0&0&0\end{pmatrix}$$

   分别求 $\boldsymbol{A}$ 和 $\boldsymbol{U}$ 的列空间、行空间、零空间的基. 在经过行变换后，哪些空间是不变的？
7. 已知 $\boldsymbol{A}$ 是 $m\times n$ 的矩阵，其秩为 r. 存在 $\boldsymbol{b}$ 使得 $\boldsymbol{Ax}=\boldsymbol{b}$ 无解.
   (a) 写出 m,n,r 满足的所有不等式（用 $<$ 和 $\leqslant$ 表示）.
   (b) 证明：$\boldsymbol{A}^{\mathrm{T}}\boldsymbol{y}=\mathbf{0}$ 有非零解.
8. 设 $\boldsymbol{A}$ 是两个秩为 1 的矩阵的和：$\boldsymbol{A}=\boldsymbol{u}\boldsymbol{v}^{\mathrm{T}}+\boldsymbol{w}\boldsymbol{z}^{\mathrm{T}}$
   (a) 哪些向量可以张成 $\boldsymbol{A}$ 的列空间？
   (b) 哪些向量可以张成 $\boldsymbol{A}$ 的行空间？
   (c) 写出 $\boldsymbol{A}$ 的秩小于 2 的两个条件（满足其中任意一个条件即可得到 $\boldsymbol{A}$ 的秩小于 2）.
   (d) 当 $\boldsymbol{u}=\boldsymbol{z}=(1,0,0)$，$\boldsymbol{v}=\boldsymbol{w}=(0,0,1)$ 时，求 $\boldsymbol{A}$ 和 $\boldsymbol{A}$ 的秩.
9. (a) 当 $\boldsymbol{d}$ 在矩阵 $\boldsymbol{A}$ 的四个子空间中的哪个（或哪些）时，方程 $\boldsymbol{A}^{\mathrm{T}}\boldsymbol{y}=\boldsymbol{d}$ 有解？

(b) 假设 $\boldsymbol{A}^{\mathrm{T}}\boldsymbol{y}=\boldsymbol{d}$ 有解，当矩阵 $\boldsymbol{A}$ 的四个子空间中的哪个（或哪些）只有零向量时，$\boldsymbol{A}^{\mathrm{T}}\boldsymbol{y}=\boldsymbol{d}$ 的解唯一.

10.* 设 $\boldsymbol{A}$ 和 $\boldsymbol{B}$ 都是 $m\times n$ 的简化行阶梯形矩阵，且两个矩阵的四个子空间完全一样. $\boldsymbol{A},\boldsymbol{B}$ 的形状是如下，证明：$\boldsymbol{F}=\boldsymbol{G}$.

$$\boldsymbol{A}=\begin{pmatrix}\boldsymbol{I} & \boldsymbol{F}\\ \boldsymbol{0} & \boldsymbol{0}\end{pmatrix},\ \boldsymbol{B}=\begin{pmatrix}\boldsymbol{I} & \boldsymbol{G}\\ \boldsymbol{0} & \boldsymbol{0}\end{pmatrix}.$$

2.6 非线性方程组的解*

世界是多元的，也是**非线性**的. 如何解多元非线性方程组？人们自然想到把它们转化为线性方程，通过解一系列线性方程组，得到非线性方程的解. 大约在 1670 年，牛顿㊀提出了基于**一阶导数**求非线性方程的解，今天称为**牛顿法**（牛顿迭代法、Newton's method、Newton-Raphson method）.

一维牛顿法

我们的目标是解非线性方程 $f(x)=0$，其中 $f(x)$ **可导**，假设有一个初始的猜测 x_0，但这个猜测不是 $f(x)=0$ 的解，如何从这个猜测获得更好的猜测 x_1，使得 x_1 更接近方程的解？用一个线性函数（直线）近似 $f(x)$ 在 x_0 附近的变化：

$$f(x)\approx g(x)=f(x_0)+f'(x_0)(x-x_0), \tag{2.2}$$

$g(x)$ 也称为 $f(x)$ 在 x_0 的一阶泰勒（**Taylor**）㊁**展开**（Taylor series expasion in the first order）.

㊀ 牛顿（见图 2.3）是英国著名物理学家、数学家和天文学家，是科学史上最重要的人物之一. 1687 年他发表《自然哲学的数学原理》（*Mathematical Principles of Natural Philosophy*），阐述了万有引力（Universal Gravitation）和三大运动定律（Laws of Motion），由此奠定现代物理学和天文学，并为现代工程学打下了基础. 他通过论证开普勒行星运动定律（Kepler's Laws of Planetary Motion）与他的引力理论间的一致性，展示了地面物体与天体的运动都遵循相同的自然定律. 他为日心说（Heliocentricity）提供了强有力的理论支撑，是科学革命的一大代表. 在数学上，牛顿与戈特弗里德・莱布尼茨（Gottfried Leibniz）分享了发展出微积分学的荣誉. 他证明了广义二项式定理（binomial theorem），提出了用于逼近函数零点的牛顿法（Newton's method），并为幂级数（power series）的研究作出了贡献. 1696 年，牛顿迁到伦敦担任皇家铸币厂的监管直到去世. 他主持英国最大的货币重铸工作，并在 1717 年通过安妮女王法案建立金币和银币之间的联系，非正式地把英镑从银本位转移到金本位，为英格兰的财富增加与稳定做出了重大贡献.

㊁ 泰勒（见图 2.4）是英国数学家、物理学家和音乐家. 他在微积分和级数中有重要的贡献，并提出了著名的泰勒级数和泰勒定理，对近代数学的发展有重要影响. 泰勒级数通过使用函数在某一点的各阶导数，将一个函数表示为无限级数. 这个概念为函数的分析、逼近和求和提供了强大的工具，对于计算和理解函数的性质非常有用. 泰勒级数和泰勒定理为微积分的发展开辟了新的道路，并广泛应用于物理学、工程学和其他科学领域. 泰勒还是一位杰出的音乐家. 他发表了关于音乐音高和声学的论文，并提出一些关于音乐理论的创新观点. 泰勒的工作对于数学、物理学和音乐的发展产生了深远的影响，他的成就被广泛地赞誉和纪念.

图 2.3　艾萨克·牛顿爵士（Sir Isaac Newton，1643—1727）

图 2.4　布鲁克·泰勒（Brook Taylor，1685—1731）

泰勒展开的一个重要应用就是，用**多项式函数**逼近**可导函数**. 基于线性函数 (2.2)，我们可以很快求出 $g(x)=0$ 的根，所以一个更好的猜测是：

$$x_1 = x_0 - \frac{f(x_0)}{f'(x_0)}. \tag{2.3}$$

式 (2.3) 是牛顿法的一步，重复以上迭代过程一般可以找到非线性方程 $f(x)=0$ 的根. 可见，牛顿法的核心是用线性方程近似非线性方程，然后利用线性方程的解，迭代求出非线性方程的解. 它可以应用在所有可导函数上，当然，前提是有个很好的初始猜测 x_0，否则牛顿法可能不收敛.

例 2.12　已知非线性可导函数：

$$f(x) = 2\cos x - x + \frac{x^2}{10}$$

解方程 $f(x)=0$.

解　这个方程没有解析解，只能通过数值方法求解. 牛顿迭代步骤为

$$x_{t+1} = x_t - \frac{2\cos x_t - x_t + \dfrac{x_t^2}{10}}{-2\sin x_t - 1 + \dfrac{x_t}{5}}.$$

假设初始 $x_0=-2.5$，则在 5 步后，收敛于 $x_5=1.07, f(x_5)=0$，如图 2.5 所示. 如果初始值靠近根，则算法收敛很快，如果初始值离根比较远，则算法可能不收敛. 在实际应用中，我们一般都有一个很好的初始值. 方程 $f(x)=0$ 有两个根，我们找到了其中的一个. 另一个根可以通过设定其他初始值来获得.

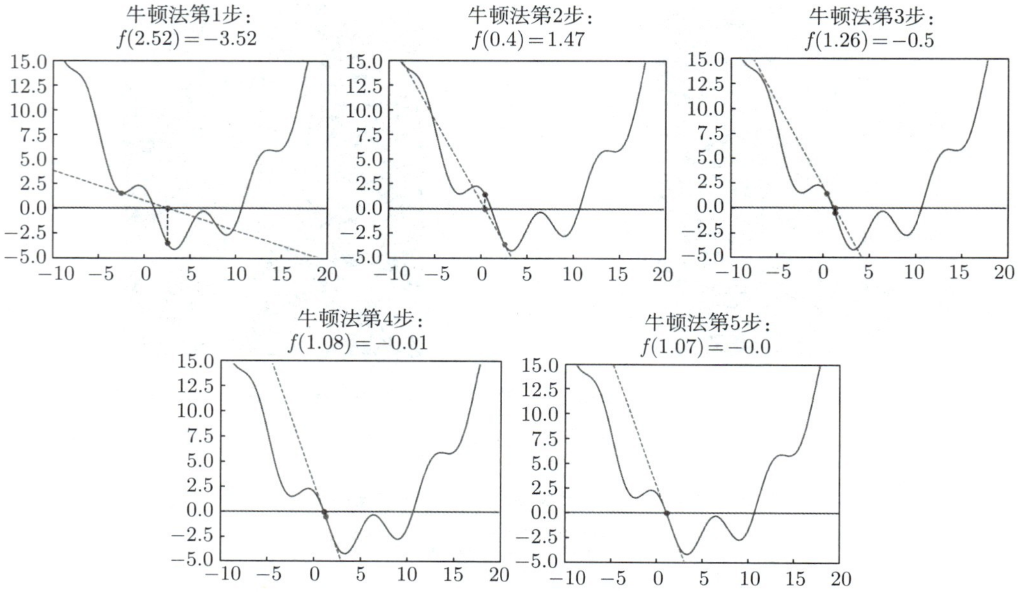

图 2.5　一维牛顿法迭代过程

多维牛顿法

图 2.6　卡尔·古斯塔夫·雅各布·雅可比（Carl Gustav Jacob Jacobi，1804—1851）

一般地，n 元非线性方程组可写成以下形式：

$$\begin{pmatrix} f_1(x_1,\cdots,x_n) \\ f_2(x_1,\cdots,x_n) \\ \vdots \\ f_n(x_1,\cdots,x_n) \end{pmatrix} = f(\boldsymbol{x}) = \boldsymbol{0},$$

其中 f 是 n 元 n 维函数

$$f:\mathbb{R}^n \to \mathbb{R}^n,\quad \boldsymbol{x}\in\mathbb{R}^n \mapsto f(\boldsymbol{x})\in\mathbb{R}^n.$$

f 中含有 n 个非线性可导函数 $f_1,\cdots,f_n$：

$$f_i:\mathbb{R}^n \to \mathbb{R},\quad \boldsymbol{x}\in\mathbb{R}^n \mapsto f_i(\boldsymbol{x})\in\mathbb{R},\quad i=1,\cdots,n.$$

在初始猜测 $\boldsymbol{x}_0$ 附近，$f(\boldsymbol{x})$ 可以被一个多元线性函数（$f(\boldsymbol{x})$ 在 $\boldsymbol{x}_0$ 的一阶泰勒展开）近似：

$$f(\boldsymbol{x}) \approx g(\boldsymbol{x}) = f(\boldsymbol{x}_0) + J(\boldsymbol{x}_0)(\boldsymbol{x}-\boldsymbol{x}_0),$$

其中，$\boldsymbol{J}(\boldsymbol{x})$ 是雅可比（**Jacobian**）[㊀]矩阵：

$$\boldsymbol{J}=\begin{pmatrix}\dfrac{\partial f_1}{\partial x_1} & \dfrac{\partial f_1}{\partial x_2} & \cdots\\ \dfrac{\partial f_2}{\partial x_1} & \dfrac{\partial f_2}{\partial x_2} & \cdots\\ \vdots & \vdots & \ddots\end{pmatrix}.$$

基于 $\boldsymbol{x}_0$，一个更好的解是 n 元线性方程组 $g(\boldsymbol{x})=0$ 的解

$$\boldsymbol{x}_1=\boldsymbol{x}_0-\boldsymbol{J}(\boldsymbol{x}_0)^{-1}f(\boldsymbol{x}_0).$$

这里我们只考虑 $\boldsymbol{J}$ 可逆的情况. 由于矩阵的逆 $\boldsymbol{J}(\boldsymbol{x}_0)^{-1}$ 计算量很大，我们用高斯消元法解线性方程组 $\boldsymbol{J}(\boldsymbol{x}_0)\boldsymbol{z}=f(\boldsymbol{x}_0)$，进而有 $\boldsymbol{x}_1=\boldsymbol{x}_0-\boldsymbol{z}$. 可见，牛顿迭代法把 n 元非线性方程组转变为 n 元线性方程组，当然需要解一系列的 n 元线性方程组，进而逼近非线性方程组的解. 当前（计算机时代！），很多计算软件包可以**自动微分**，所以在编写牛顿迭代法的代码时，不需要给出雅可比矩阵的解析形式.

例 2.13　解二元非线性方程组

$$f(\boldsymbol{x})=\begin{pmatrix}f_1(\boldsymbol{x})\\ f_2(\boldsymbol{x})\end{pmatrix}=\begin{pmatrix}\sin(x_1x_2)-0.5\\ x_1^2-x_2^2\end{pmatrix}=\mathbf{0}$$

解　我们可以计算出它的解析解（见图 2.7）：$f_2(\boldsymbol{x})=0 \implies x_1=\pm x_2$. 假设 $x_1=x_2$，则 $\sin(x_1^2)=0.5$，其中一个解为 $x_1=x_2=\sqrt{\pi/6}\approx 0.7236$. 因为 $\sin x$ 是周期性函数，所以有无穷个解，这些解如果画在 x_1-x_2 平面上，它们应该在两条 $\pm 45^\circ$ 直线上. 当 $\|f(\boldsymbol{x})\|\approx 0$ 时，$-\log[0,01+\|f(\boldsymbol{x})\|]\approx 4.6$，如图 2.7 所示.

接下来通过牛顿迭代法计算方程的根. 雅可比矩阵为

$$\boldsymbol{J}(x)=\begin{pmatrix}x_2\cos(x_1x_2) & x_1\cos(x_1x_2)\\ 2x_1 & -2x_2\end{pmatrix}$$

所以，牛顿迭代法为

$$\boldsymbol{x}_{t+1}=\begin{pmatrix}x_{t+1,1}\\ x_{t+1,2}\end{pmatrix}=\begin{pmatrix}x_{t,1}\\ x_{t,2}\end{pmatrix}-\begin{pmatrix}x_{t,2}\cos(x_{t,1}x_{t,2}) & x_{t,1}\cos(x_{t,1}x_{t,2})\\ 2x_{t,1} & -2x_{t,2}\end{pmatrix}^{-1}\begin{pmatrix}\sin(x_{t,1}x_{t,2})-0.5\\ x_{t,1}^2-x_{t,2}^2\end{pmatrix}.$$

㊀ 雅可比（见图 2.6）是一位德国数学家，被认为是 19 世纪最杰出的数学家之一. 他在许多数学领域做出了突出贡献，尤其是代数和数论. 雅可比的工作对线性代数、微分方程、椭圆函数和椭圆积分的理论发展具有深远影响. 雅可比从小显示出了非凡的数学才能，他在柏林大学学习数学，并在 1825 年（21 岁）获得博士学位.

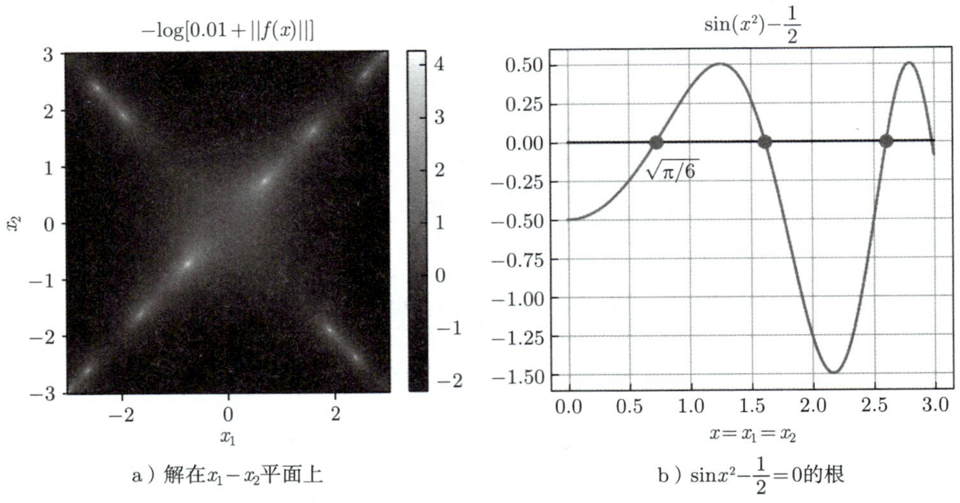

a）解在 $x_1 - x_2$ 平面上　　b）$\sin x^2 - \frac{1}{2} = 0$ 的根

图 2.7　解析解

假设从 $\boldsymbol{x}_0 = (0.4, 0.9)$ 开始迭代，输出结果如图 2.8 所示，可见牛顿法很快收敛.

```
1 Newton steps: x = [0.68047388, 0.66354395], f(x) = [-0.0636624,
    0.02275413]
2 Newton steps: x = [0.72387522, 0.72519856], f(x) = [0.00117257,
    -0.00191762]
3 Newton steps: x = [0.72360034, 0.72360205], f(x) = [-8.0e-8, -2.47e-6]
4 Newton steps: x = [0.72360125, 0.72360125], f(x) = [-0.0, 0.0]
5 Newton steps: x = [0.72360125, 0.72360125], f(x) = [-0.0, 0.0]
```

图 2.8　牛顿迭代法输出结果

例 2.14　假设 3 个电荷的电荷量为 q_0, q_1, q_2，都带正电，它们被限制在一无摩擦的单位圆环上，圆环中心在原点，固定电荷 q_0 的位置在 $(-1, 0)$. 电荷彼此的作用力满足库仑定律：

$$\vec{F} = \frac{q_i q_j}{r_{ij}^3} \vec{r}_{ij}$$

当达到平衡状态时，求它们的位置.

解　如果它们的电荷量相等 $q_0 = q_1 = q_2$，显然，平衡时它们应该处于等边三角形的三个顶点上. 一般地，如果 n 个电荷的电荷量不相等，那么它们的平衡位置如何？有两种方法：

1. 记电荷 $q_1, \cdots, q_{n-1}$ 与 x 轴的夹角为 $\boldsymbol{\theta} = (\theta_1, \cdots, \theta_{n-1})$，可以求得其他电荷对 $q_i, i = 1, \cdots, n-1$ 的库仑力在圆环切线方向的分量，记为 $F_i(\boldsymbol{\theta}), i = 1, \cdots, n-1$，解非线性方程组

$$\boldsymbol{F}(\boldsymbol{\theta})=\begin{pmatrix}F_1(\boldsymbol{\theta})\\ \vdots\\ F_{n-1}(\boldsymbol{\theta})\end{pmatrix}=\begin{pmatrix}0\\ \vdots\\ 0\end{pmatrix}.$$

2. 计算整体的势能 $V(\boldsymbol{\theta})$，解极值问题 $\boldsymbol{\theta}_{eq}=\arg\min\limits_{\boldsymbol{\theta}} V(\boldsymbol{\theta})$.

这里使用第一种方法，首先根据 θ_i，计算 q_i 的坐标 $\boldsymbol{x}_i=(\cos\theta_i,\sin\theta_i)$，然后计算其他电荷对 q_i 的总库仑力 $\boldsymbol{FF}_i(\boldsymbol{\theta})\in\mathbb{R}^2$：

$$\boldsymbol{FF}_i(\boldsymbol{\theta})=\sum_{j\neq i}\frac{q_iq_j}{||\boldsymbol{x}_i-\boldsymbol{x}_j||^3}(\boldsymbol{x}_i-\boldsymbol{x}_j)$$

库仑力在圆环切线方向的分量 $F_i(\boldsymbol{\theta})\in\mathbb{R}$：

$$F_i(\boldsymbol{\theta})=\boldsymbol{FF}_i(\boldsymbol{\theta})^{\mathrm{T}}\begin{pmatrix}-\sin\theta_i\\ \cos\theta_i\end{pmatrix}$$

所有 $n-1$ 个电荷的切向库仑力构成了向量 $\boldsymbol{F}(\boldsymbol{\theta})=(F_1(\boldsymbol{\theta}),\cdots,F_{n-1}(\boldsymbol{\theta}))$，其中

$$\boldsymbol{F}:\mathbb{R}^{n-1}\to\mathbb{R}^{n-1},\quad \boldsymbol{\theta}\in\mathbb{R}^{n-1}\mapsto\boldsymbol{F}(\boldsymbol{\theta})\in\mathbb{R}^{n-1}$$

它的雅可比矩阵为

$$\boldsymbol{J}=\begin{pmatrix}\dfrac{\partial F_1}{\partial\theta_1} & \dfrac{\partial F_1}{\partial\theta_2} & \cdots\\[2ex] \dfrac{\partial F_2}{\partial\theta_1} & \dfrac{\partial F_2}{\partial\theta_2} & \cdots\\[2ex] \vdots & \vdots & \ddots\end{pmatrix}$$

令 $\boldsymbol{F}(\boldsymbol{\theta})=\boldsymbol{0}$，得到 $n-1$ 元非线性方程组，牛顿迭代步骤为

$$\boldsymbol{\theta}_{t+1}=\boldsymbol{\theta}_t-\boldsymbol{J}(\boldsymbol{\theta}_t)^{-1}\boldsymbol{F}(\boldsymbol{\theta}_t).$$

其中，Jacobian 矩阵 $\boldsymbol{J}(\boldsymbol{\theta}_t)$ 不需要解析解，可以用 Julia 或者 Python 的自动微分包求出. 回到开始，假设三个电荷相等，初始位置为 $\boldsymbol{\theta}=(0.5,1)$，即 $(28.65°,57.30°)$，牛顿迭代过程（见图 2.9）为

```
theta = [28.6479, 57.2958], F = [-4.0233, 3.8018]
theta = [-13.8921, 28.7722],F = [-1.7291, 1.6936]
theta = [-31.8397, 30.7725],F = [-0.717, 0.7198]
theta = [-43.9587, 44.1157],F = [-0.2631, 0.2626]
```

```
theta = [-55.568, 55.5392],F = [-0.0591, 0.0592]
theta = [-59.7433, 59.7456],F = [-0.0032, 0.0032]
theta = [-59.9993, 59.9993],F = [-0.0, 0.0]
```

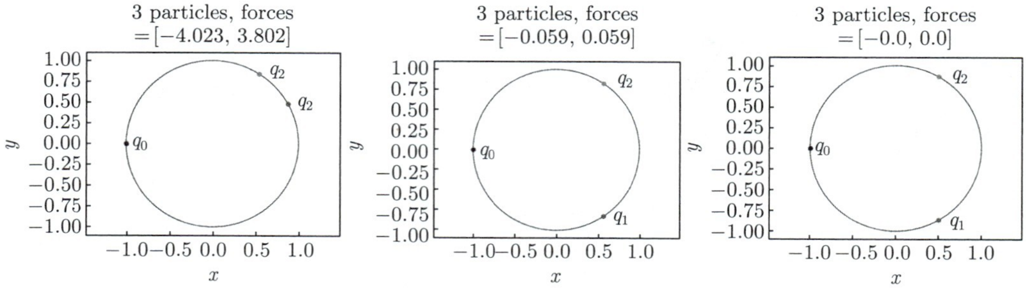

图 2.9　三个等电量电荷的第 1，5，7 次牛顿迭代过程

增加 1 个电荷，让 3 个电荷的电荷量为 $q_0 = q_2 = q_3 = 1$，改变 $q_1 = 0.1, 1, 2, 8$，得到图 2.10 所示平衡位置图.

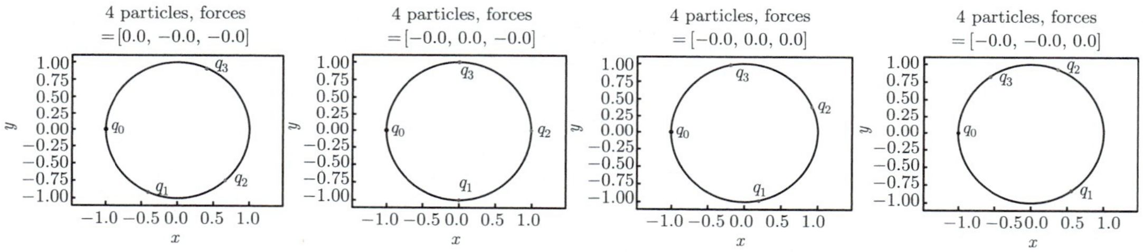

图 2.10　电荷量 $q_1 = 0.1, 1, 2, 8$ 时的平衡图，其余电荷量均为 1

向量、矩阵的微分

本节涉及函数 $y = f(x)$ 的导数 $\dfrac{\mathrm{d}f}{\mathrm{d}x} = f'(x)$，**导数**（derivative）和**微分**（微小变化，differential）有密切联系：如果函数的自变量 x 增加一个微小量 $\mathrm{d}x$，函数值的增加量 $f(x+\mathrm{d}x) - f(x)$ 约为微分 $\mathrm{d}f = f'(x)\mathrm{d}x$. 对于 n 元函数 f：

$$f : \mathbb{R}^n \to \mathbb{R}, \quad \boldsymbol{x} = (x_1, \cdots, x_n) \in \mathbb{R}^n \mapsto f(\boldsymbol{x}) \in \mathbb{R},$$

其微分 $\mathrm{d}f \in \mathbb{R}$:

$$\mathrm{d}f = f'(\boldsymbol{x})\mathrm{d}\boldsymbol{x} = (\nabla f)^{\mathrm{T}}\mathrm{d}\boldsymbol{x} = \frac{\partial f}{\partial x_1}\mathrm{d}x_1 + \frac{\partial f}{\partial x_2}\mathrm{d}x_2 + \cdots + \frac{\partial f}{\partial x_n}\mathrm{d}x_n$$

其中 $f'(\boldsymbol{x})$ 为 n 维行向量，$\nabla f = (f'(\boldsymbol{x}))^{\mathrm{T}}$ 为 n 维列向量，称为**梯度**（gradient），$\mathrm{d}\boldsymbol{x}$ 为 n 维列向量：

$$\nabla f = \begin{pmatrix} \dfrac{\partial f}{\partial x_1} \\ \dfrac{\partial f}{\partial x_2} \\ \vdots \\ \dfrac{\partial f}{\partial x_n} \end{pmatrix}, \quad \mathrm{d}\boldsymbol{x} = \begin{pmatrix} \mathrm{d}x_1 \\ \mathrm{d}x_2 \\ \vdots \\ \mathrm{d}x_n \end{pmatrix}$$

对于 n 元 m 维函数

$$f : \mathbb{R}^n \to \mathbb{R}^m, \quad \boldsymbol{x} = (x_1, \cdots, x_n) \in \mathbb{R}^n \mapsto f(\boldsymbol{x}) \in \mathbb{R}^m,$$

其微分 $\mathrm{d}f \in \mathbb{R}^m$：

$$\mathrm{d}f = J(\boldsymbol{x})\mathrm{d}\boldsymbol{x}$$

其中 $\boldsymbol{J}(\boldsymbol{x})$ 是 $m \times n$ 的**雅可比矩阵**，$\mathrm{d}\boldsymbol{x}$ 为 n 维列向量：

$$\boldsymbol{J}(\boldsymbol{x}) = \begin{pmatrix} \dfrac{\partial f_1}{\partial x_1} & \cdots & \dfrac{\partial f_1}{\partial x_n} \\ \vdots & & \vdots \\ \dfrac{\partial f_m}{\partial x_1} & \cdots & \dfrac{\partial f_m}{\partial x_n} \end{pmatrix}, \quad \mathrm{d}\boldsymbol{x} = \begin{pmatrix} \mathrm{d}x_1 \\ \mathrm{d}x_2 \\ \vdots \\ \mathrm{d}x_n \end{pmatrix}.$$

在 $f(\boldsymbol{A})$ 中，当矩阵 $\boldsymbol{A}$ 中所有元素发生一个微小变化 $\mathrm{d}A$ 时，函数 $f(\boldsymbol{A})$ 如何变化，例如 $\mathrm{d}(\boldsymbol{A}^2), \mathrm{d}(\boldsymbol{A}^{-1})$. 矩阵微分在机器学习、统计学、计量经济学中有非常重要的应用.

例 2.15　求点积 $f(\boldsymbol{x}) = \boldsymbol{x}^{\mathrm{T}}\boldsymbol{x} = ||\boldsymbol{x}||^2$ 的微分.

解　如果按照定义，考虑 f 对 $\boldsymbol{x}$ 中每个元素的偏导数，将会比较麻烦. 把向量 $\boldsymbol{x}$ 看成一个整体：

$$\begin{aligned}
& f(\boldsymbol{x} + \mathrm{d}\boldsymbol{x}) - f(\boldsymbol{x}) \\
= & (\boldsymbol{x} + \mathrm{d}\boldsymbol{x})^{\mathrm{T}}(\boldsymbol{x} + \mathrm{d}\boldsymbol{x}) - \boldsymbol{x}^{\mathrm{T}}\boldsymbol{x} \\
= & \cancel{\boldsymbol{x}^{\mathrm{T}}\boldsymbol{x}} + (\mathrm{d}\boldsymbol{x}^{\mathrm{T}})\boldsymbol{x} + \boldsymbol{x}^{\mathrm{T}}\mathrm{d}\boldsymbol{x} + (\mathrm{d}\boldsymbol{x}^{\mathrm{T}})\mathrm{d}\boldsymbol{x} - \cancel{\boldsymbol{x}^{\mathrm{T}}\boldsymbol{x}} \\
= & \boldsymbol{x}^{\mathrm{T}}\mathrm{d}\boldsymbol{x} + (\mathrm{d}\boldsymbol{x}^{\mathrm{T}})\mathrm{d}\boldsymbol{x} \\
= & 2\boldsymbol{x}^{\mathrm{T}}\mathrm{d}\boldsymbol{x} + (\mathrm{d}\boldsymbol{x}^{\mathrm{T}})\mathrm{d}\boldsymbol{x} \\
= & 2\boldsymbol{x}^{\mathrm{T}}\mathrm{d}\boldsymbol{x}.
\end{aligned}$$

这里，$(\mathrm{d}\boldsymbol{x})^{\mathrm{T}} = \mathrm{d}(\boldsymbol{x}^{\mathrm{T}})$，我们记为 $\mathrm{d}\boldsymbol{x}^{\mathrm{T}}$；$(\mathrm{d}\boldsymbol{x}^{\mathrm{T}})\boldsymbol{x} = \boldsymbol{x}^{\mathrm{T}}\mathrm{d}\boldsymbol{x}$；高次项 $\mathrm{d}\boldsymbol{x}^{\mathrm{T}}\mathrm{d}\boldsymbol{x}$ 被忽略. 最终，导数 $f'(\boldsymbol{x}) = 2\boldsymbol{x}^{\mathrm{T}}$，梯度 $\nabla f = 2\boldsymbol{x}$.

另一种方法是根据导数的乘法法则：

$$\mathrm{d}(\boldsymbol{x}^{\mathrm{T}}\boldsymbol{x}) = (\mathrm{d}\boldsymbol{x}^{\mathrm{T}})\boldsymbol{x} + \boldsymbol{x}^{\mathrm{T}}\mathrm{d}\boldsymbol{x} = 2\boldsymbol{x}^{\mathrm{T}}\mathrm{d}\boldsymbol{x}.$$

例 2.16 求以下函数的微分：

1. 已知 $m \times n$ 矩阵 $\boldsymbol{A}$，n 元 m 维函数 $f:\mathbb{R}^n \to \mathbb{R}^m$，$\boldsymbol{x} \in \mathbb{R}^n \mapsto f(\boldsymbol{x}) = \boldsymbol{A}\boldsymbol{x} \in \mathbb{R}^m$，求 f 的微分；
2. 求矩阵平方 $f(\boldsymbol{A}) = \boldsymbol{A}^2 = \boldsymbol{A}\boldsymbol{A}$ 的微分；
3. 求逆矩阵 $f(\boldsymbol{A}) = \boldsymbol{A}^{-1}$ 的微分.

解

1. $\mathrm{d}f = \mathrm{d}\boldsymbol{A}\,\boldsymbol{x} + \boldsymbol{A}\mathrm{d}\boldsymbol{x} = \boldsymbol{A}\,\mathrm{d}\boldsymbol{x}$, 所以，导数 $f'(\boldsymbol{x}) = \boldsymbol{A}$，Jacobian 矩阵 $\boldsymbol{J}(\boldsymbol{x}) = \boldsymbol{A}$；
2. $\mathrm{d}f = \mathrm{d}\boldsymbol{A}\boldsymbol{A} + \boldsymbol{A}\mathrm{d}\boldsymbol{A} = f'(\boldsymbol{A})\mathrm{d}\boldsymbol{A} \neq 2\boldsymbol{A}\mathrm{d}\boldsymbol{A}$；
3. 因为 $\mathrm{d}(\boldsymbol{A}\boldsymbol{A}^{-1}) = \mathrm{d}\boldsymbol{A}\boldsymbol{A}^{-1} + \boldsymbol{A}\mathrm{d}\boldsymbol{A}^{-1} = \mathrm{d}\boldsymbol{I} = \boldsymbol{0}$，所以 $\mathrm{d}\boldsymbol{A}^{-1} = -\boldsymbol{A}^{-1}\mathrm{d}\boldsymbol{A}\boldsymbol{A}^{-1}$.

第 3 章　正交与奇异值分解

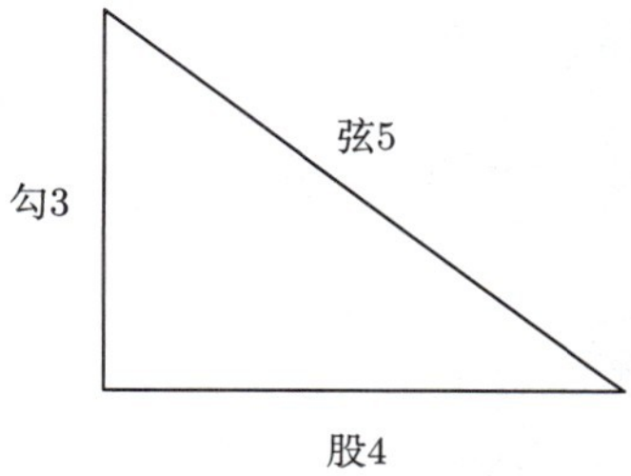

勾股弦

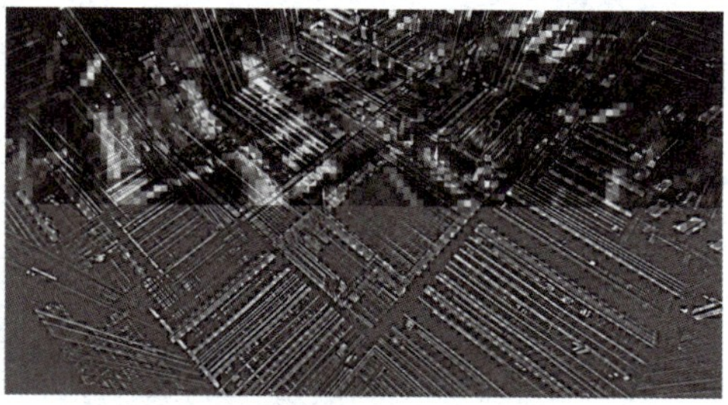

《星际穿越》中构造的四维时空在三维空间中的投影

《周髀算经》记述公元前一千多年，西周初数学家商高以 $(3,4,5)$ 这组勾股数为例解释了**勾股定理**（Pythagoras theorem）要素，论证了“弦长平方必定是两直角边的平方和”. 本章就是关于**直角**（right angle）的一章. 很多高等代数、线性代数教材不把正交独立成章. 但是，线性代数的很多应用都是基于正交的，因为正交简化了很多计算. 我们不怕复杂的过程，但希望结果是简洁的.

本章首先回顾了向量的内积，然后证明了矩阵四个子空间两两正交. 对于 $m \times n$ 矩阵 $\boldsymbol{A}$，我们从矩阵输入空间 $\mathbb{R}^n$ 和输出空间 $\mathbb{R}^m$ 分别找一个最能反映矩阵 $\boldsymbol{A}$ 特征的**标准正交基**（standard orthonormal basis），这就是当前在统计学和数据科学领域中常用的**奇异值分解**（singular value decomposition），我们将学习它的一个重要应用：图像压缩.

和正交相关的一个概念是**投影**（projection），勾股弦中，勾就是弦在竖直线上的投影，股就是弦在水平线上的投影. 我们将学习向量在子空间上的投影，以及它在统计学中的一个应用：**最小二乘法**（least squares method）. 给定一向量组，我们可以使用 **Gram-Schmidt 正交化**方法找到与该向量组等价的标准正交基，Gram-Schmidt 正交化方法可以用矩阵分解 $\boldsymbol{A} = \boldsymbol{QR}$ 表示，它可以简化最小二乘法的计算. 最后，正交的概念可以拓展到**希尔伯特空间**（Hilbert space）上，我们学习两种**正交函数：勒让德函数**（Legendre function）和**傅里叶正弦级数**（Fourier sine series），以及它们在函数近似中的应用.

3.1　欧几里得空间

图 3.1　欧几里得（Euclid，公元前 330—前 275 年）

向量空间定义了向量加法和标量乘法，没有定义向量乘法．和向量乘法相关的运算是**内积**（inner product）（或点积），向量的线性组合仍为向量空间 F^n 中的元素，但两个向量的点积为标量，不在向量空间 F^n．基于向量内积，可以定义向量的**长度（模）**，可以定义两个向量之间的夹角．

定义 3.1　在 $\mathbb{R}^n$ 中，任给两个向量 $\boldsymbol{v}=(v_1,\cdots,v_n),\boldsymbol{w}=(w_1,\cdots,w_n)$，规定

$$\langle\boldsymbol{v},\boldsymbol{w}\rangle=\boldsymbol{v}\cdot\boldsymbol{w}=\boldsymbol{v}^{\mathrm{T}}\boldsymbol{w}=v_1w_1+\cdots+v_nw_n.$$

这个二元实值函数 $\langle\boldsymbol{v},\boldsymbol{w}\rangle$ 称为 $\mathbb{R}^n$ 的一个内积．n 维向量空间 $\mathbb{R}^n$ 有了内积后，就称 $\mathbb{R}^n$ 为一个欧几里得空间㊀．

根据内积的定义，可以验证内积满足以下几条运算法则：

1. 对称性：$\boldsymbol{v}\cdot\boldsymbol{w}=\boldsymbol{w}\cdot\boldsymbol{v}$；
2. 线性性 1：$\langle\boldsymbol{u},\boldsymbol{v}+\boldsymbol{w}\rangle=\langle\boldsymbol{u},\boldsymbol{v}\rangle+\langle\boldsymbol{u},\boldsymbol{w}\rangle$；
3. 线性性 2：$\langle k\boldsymbol{v},\boldsymbol{w}\rangle=k\langle\boldsymbol{v},\boldsymbol{w}\rangle$；
4. 非负性：$\langle\boldsymbol{v},\boldsymbol{v}\rangle\geqslant 0$．

在二维空间中，向量 $\boldsymbol{v}=(v_1,v_2)$ 的长度为 $\sqrt{v_1^2+v_2^2}$．一般地，向量的**长度（模、欧几里得模、L_2 范数）**可以利用内积定义．

定义 3.2　向量的长度为它自身点积的算术平方根：

$$||\boldsymbol{v}||=\sqrt{\boldsymbol{v}\cdot\boldsymbol{v}}=(v_1^2+\cdots+v_n^2)^{1/2}.$$

长度为 1 的向量称为单位向量．

在二维空间，单位向量在**单位圆**上 $\boldsymbol{v}=(\cos\theta,\sin\theta)$．对于任意向量 $\boldsymbol{v}$，可以对其进行**单位化（标准化）**，即不改变其方向，只把长度变为 1．

$$\boldsymbol{u}=\frac{\boldsymbol{v}}{||\boldsymbol{v}||}.$$

㊀ 欧几里得（见图 3.1）是希腊数学家，被称为“几何学之父”．他在著作《几何原本》（*Stoicheia*）中提出五大公设，成为欧洲数学的基础．《几何原本》使用了公理化的方法，公理（axioms）即确定的、不需证明的基本命题，一切定理都由此演绎而出，在演绎推理中，每个证明必须以公理或者被证明了的定理为前提．这种方法成了建立任何知识体系的典范，被奉为必须遵守的严密思维的范例．《几何原本》是古希腊数学发展的顶峰，欧几里得将公元前七世纪以来希腊积累的几何研究成果，整理在严密的逻辑系统运算中，使几何学成为一门独立的、演绎的科学．欧几里得还写过一些关于透视（perspective）、圆锥曲线（conic section）、球面几何学（spherical geometry）及数论（number theory）的文章．

两个向量的内积与向量夹角的三角函数有关，根据三角函数的性质可以证明如下命题.

命题 3.1　对于 $\boldsymbol{v},\boldsymbol{w}\in\mathbb{R}^2$，它们的夹角 θ 满足

$$\cos\theta=\frac{\langle\boldsymbol{v},\boldsymbol{w}\rangle}{\|\boldsymbol{v}\|\|\boldsymbol{w}\|}$$

当点积 $\langle\boldsymbol{v},\boldsymbol{w}\rangle=0$ 时，$\theta=90^\circ$，称 $\boldsymbol{v},\boldsymbol{w}$ 是正交的，记为 $\boldsymbol{v}\perp\boldsymbol{w}$.

以上命题可以推广到 $\mathbb{R}^n$. 但只有当 $n=2,3$ 时，我们可以画出这个夹角 θ.

定义了内积的**有限维实向量空间**称为欧几里得空间. **希尔伯特空间**是有限维欧几里得空间的一个推广，使之不局限于实数和有限的维数. 与欧几里得空间相仿，在希尔伯特空间上不仅定义了向量加法和标量乘法，还定义了内积，其上也有模、范数、正交的概念. 在本章最后，我们将初步介绍两类正交函数，它们属于希尔伯特空间.

转置

和内积密切相关的一个运算是**转置**（transpose）. 把矩阵从内积的一边拿到另一边，矩阵需要转置：$\boldsymbol{v}\cdot(\boldsymbol{A}\boldsymbol{w})=(\boldsymbol{A}^{\mathrm{T}}\boldsymbol{v})\cdot\boldsymbol{w}$.

证明

$$\boldsymbol{v}\cdot(\boldsymbol{A}\boldsymbol{w})=\boldsymbol{v}^{\mathrm{T}}(\boldsymbol{A}\boldsymbol{w})=(\boldsymbol{v}^{\mathrm{T}}\boldsymbol{A})\boldsymbol{w}=(\boldsymbol{A}^{\mathrm{T}}\boldsymbol{v})^{\mathrm{T}}\boldsymbol{w}=(\boldsymbol{A}^{\mathrm{T}}\boldsymbol{v})\cdot\boldsymbol{w}.$$

这里，$\boldsymbol{A}\boldsymbol{w}$ 是矩阵 $\boldsymbol{A}$ 列向量的线性组合，$\boldsymbol{A}^{\mathrm{T}}\boldsymbol{v}$ 是矩阵行向量的线性组合. ■

例 3.1　根据 $\boldsymbol{v}^{\mathrm{T}}(\boldsymbol{A}\boldsymbol{w})=(\boldsymbol{A}^{\mathrm{T}}\boldsymbol{v})^{\mathrm{T}}\boldsymbol{w}$，证明：$(\boldsymbol{A}\boldsymbol{B})^{\mathrm{T}}=\boldsymbol{B}^{\mathrm{T}}\boldsymbol{A}^{\mathrm{T}}$.

证明　用 $\boldsymbol{A}\boldsymbol{B}$ 替换公式 $\boldsymbol{v}^{\mathrm{T}}(\boldsymbol{A}\boldsymbol{w})=(\boldsymbol{A}^{\mathrm{T}}\boldsymbol{v})^{\mathrm{T}}\boldsymbol{w}$ 中的 $\boldsymbol{A}$，则

$$\boldsymbol{v}^{\mathrm{T}}(\boldsymbol{A}\boldsymbol{B}\boldsymbol{w})=((\boldsymbol{A}\boldsymbol{B})^{\mathrm{T}}\boldsymbol{v})^{\mathrm{T}}\boldsymbol{w}\implies$$

$$\boldsymbol{v}^{\mathrm{T}}(\boldsymbol{A}\boldsymbol{B}\boldsymbol{w})=(\boldsymbol{v}^{\mathrm{T}}\boldsymbol{A})(\boldsymbol{B}\boldsymbol{w})=(\boldsymbol{A}^{\mathrm{T}}\boldsymbol{v})^{\mathrm{T}}(\boldsymbol{B}\boldsymbol{w})=(\boldsymbol{B}^{\mathrm{T}}(\boldsymbol{A}^{\mathrm{T}}\boldsymbol{v}))^{\mathrm{T}}\boldsymbol{w}=(\boldsymbol{B}^{\mathrm{T}}\boldsymbol{A}^{\mathrm{T}}\boldsymbol{v})^{\mathrm{T}}\boldsymbol{w}$$

所以，

$$((\boldsymbol{A}\boldsymbol{B})^{\mathrm{T}}\boldsymbol{v})^{\mathrm{T}}\boldsymbol{w}=(\boldsymbol{B}^{\mathrm{T}}\boldsymbol{A}^{\mathrm{T}}\boldsymbol{v})^{\mathrm{T}}\boldsymbol{w}\implies(\boldsymbol{A}\boldsymbol{B})^{\mathrm{T}}=\boldsymbol{B}^{\mathrm{T}}\boldsymbol{A}^{\mathrm{T}}.\blacksquare$$

例 3.2　如果 $\boldsymbol{A}$ 可逆，证明：$(\boldsymbol{A}^{-1})^{\mathrm{T}}=(\boldsymbol{A}^{\mathrm{T}})^{-1}$.

证明

$$\boldsymbol{A}\boldsymbol{A}^{-1}=\boldsymbol{I}\implies(\boldsymbol{A}\boldsymbol{A}^{-1})^{\mathrm{T}}=\boldsymbol{I}^{\mathrm{T}}=\boldsymbol{I}\implies(\boldsymbol{A}^{-1})^{\mathrm{T}}\boldsymbol{A}^{\mathrm{T}}=\boldsymbol{I}$$

$$(\boldsymbol{A}^{\mathrm{T}})^{-1}=(\boldsymbol{A}^{-1})^{\mathrm{T}}.\blacksquare$$

例 3.3*　矩阵 $\boldsymbol{A}$ 的二次型定义为 $f(\boldsymbol{x})=\boldsymbol{x}^{\mathrm{T}}\boldsymbol{A}\boldsymbol{x}$，求 $f'(\boldsymbol{x})$.

解　利用导数的乘法法则：

$$\begin{aligned}\text{由于 } \mathrm{d}f&=\mathrm{d}\boldsymbol{x}^{\mathrm{T}}\ \boldsymbol{A}\boldsymbol{x}+\boldsymbol{x}^{\mathrm{T}}\mathrm{d}(\boldsymbol{A}\boldsymbol{x})\\&=\mathrm{d}\boldsymbol{x}^{\mathrm{T}}\boldsymbol{A}\boldsymbol{x}+\boldsymbol{x}^{\mathrm{T}}\underbrace{\mathrm{d}\boldsymbol{A}}_{=0}\ \boldsymbol{x}+\boldsymbol{x}^{\mathrm{T}}\boldsymbol{A}\mathrm{d}\boldsymbol{x}\end{aligned}$$

$$
\begin{aligned}
&= (\boldsymbol{Ax})^{\mathrm{T}}\mathrm{d}\boldsymbol{x} + (\boldsymbol{A}^{\mathrm{T}}\boldsymbol{x})^{\mathrm{T}}\mathrm{d}\boldsymbol{x} \\
&= [(\boldsymbol{A} + \boldsymbol{A}^{\mathrm{T}})\boldsymbol{x}]^{\mathrm{T}}\mathrm{d}\boldsymbol{x},
\end{aligned}
$$

所以 $f'(\boldsymbol{x}) = (\nabla f)^{\mathrm{T}} = [(\boldsymbol{A} + \boldsymbol{A}^{\mathrm{T}})\boldsymbol{x}]^{\mathrm{T}}$.

正交、正交补

在几何中，如果两条直线的夹角为 90°（right angle），我们称两条直线**垂直**（perpendicular）.

定理 3.1 在二维空间中，如果两个非零向量的点积为 0，那么这两个向量的夹角为 90°.

证明 在二维空间上，两非零不共线的向量 $\boldsymbol{v}, \boldsymbol{w}$ 的终点连线的长度为 $||\boldsymbol{v}-\boldsymbol{w}||$，它和 $\boldsymbol{v}, \boldsymbol{w}$ 构成三角形. 如果 $\boldsymbol{v}, \boldsymbol{w}$ 的点积为 0，则

$$
||\boldsymbol{v}-\boldsymbol{w}||^2 = (v_1-w_1)^2+(v_2-w_2)^2 = v_1^2+v_2^2+w_1^2+w_2^2-2(v_1w_1+v_2w_2) = v_1^2+v_2^2+w_1^2+w_2^2,
$$

即

$$
||\boldsymbol{v}-\boldsymbol{w}||^2 = ||\boldsymbol{v}||^2 + ||\boldsymbol{w}||^2,
$$

根据勾股定理，这个三角形为直角三角形，$\boldsymbol{v}, \boldsymbol{w}$ 夹角为 90°，记作 $\boldsymbol{v} \perp \boldsymbol{w}$. ■

我们把两向量垂直推广到 n 维向量空间，称为两向量**正交**（othogonal）.

定义 3.3 在欧几里得空间 $\mathbb{R}^n$ 中，如果 $\boldsymbol{v}^{\mathrm{T}}\boldsymbol{w} = 0$，称 $\boldsymbol{v}$ 与 $\boldsymbol{w}$ 正交，记作 $\boldsymbol{v} \perp \boldsymbol{w}$.

根据定义 3.3，零向量与任何向量正交. 进一步，可以定义一组向量彼此正交：

定义 3.4 由非零向量组成的向量组，如果其中每两个不同的向量都正交，则称该向量组为<u>正交向量组</u>.

命题 3.2 正交向量组一定线性无关.

证明 假设正交向量组 $\boldsymbol{v}_1, \cdots, \boldsymbol{v}_n$ 线性相关，则必有一个向量可以被其他向量线性表出，不妨设 $\boldsymbol{v}_1 = c_2\boldsymbol{v}_2 + \cdots + c_n\boldsymbol{v}_n$，其中，系数 $c_2, \cdots, c_n$ 不全为 0. 所以

$$
||\boldsymbol{v}_1||^2 = \boldsymbol{v}_1^{\mathrm{T}}(c_2\boldsymbol{v}_2 + \cdots + c_n\boldsymbol{v}_n) = 0 \implies \boldsymbol{v}_1 = 0,
$$

但是，正交向量组中不可能包含零向量，所以假设不成立，故正交向量组一定线性无关. ■

根据线性无关、基、维度之间的联系，不难证明如下定理：

定理 3.2 欧几里得空间 $\mathbb{R}^n$ 中，n 个向量组成的正交向量组一定是 $\mathbb{R}^n$ 的一个基，称为<u>正交基</u>，如果所有向量长度都为 1，称为 $\mathbb{R}^n$ 的<u>标准正交基</u>.

如果一个向量与一个子空间的所有向量正交，称为**向量与子空间正交**. 如果一个子空间的所有向量与另一子空间的所有向量正交，称为**两个子空间正交**.

定义 3.5 假设子空间 $V, W \subseteq F^n$，如果 V 中所有向量与 W 中所有向量都正交，称子空间 V 与 W 正交，记作 $V \perp W$.

因为子空间中所有向量可以被子空间的基唯一线性表出，所以，两个子空间正交等价于子空间的基正交.

定义 3.6　假设子空间 $V \subseteq F^n$，如果 W 是所有与 V 正交向量的集合，即 $W = \{\boldsymbol{w} \in F^n : \boldsymbol{w} \perp V\}$，则称 W 是 V 的正交补，记作 $W = V^{\perp}$.

假设子空间 V 的基为 $\boldsymbol{v}_1, \cdots, \boldsymbol{v}_r$，则 V 的正交补可以写为 $W = \{\boldsymbol{w} \in F^n : \boldsymbol{w} \perp \boldsymbol{v}_1, \boldsymbol{w} \perp \boldsymbol{v}_2, \cdots, \boldsymbol{w} \perp \boldsymbol{v}_r\}$，即与 V 基向量正交的向量组成的集合. 可以证明集合 W 为子空间，原因是：

- $0 \in W$；
- 如果 $\boldsymbol{w} \perp V$，那么 $c\boldsymbol{w} \perp V$；
- 如果 $\boldsymbol{w}_1, \boldsymbol{w}_2 \perp V$，那么 $c_1\boldsymbol{w}_1 + c_2\boldsymbol{w}_2 \perp V$.

命题 3.3　子空间 $V, W \subseteq F^n$，且 $W = V^{\perp}$，则 $\dim V + \dim W = n$.

证明　假设 $\dim V = r$，记 $\boldsymbol{A} = (\boldsymbol{v}_1\ \boldsymbol{v}_2\ \cdots \boldsymbol{v}_r)$ 的列向量为 V 的基，则 $C(\boldsymbol{A}) = V$. 方程 $\boldsymbol{A}^{\mathrm{T}}\boldsymbol{x} = \boldsymbol{0}$ 的解集是 $N(\boldsymbol{A}^{\mathrm{T}})$，也是与 $\boldsymbol{A}^{\mathrm{T}}$ 行向量正交的向量组成的集合，即解集也为 V 的正交补，$V^{\perp} = W$. 根据上一章内容，$\dim W = \dim N(\boldsymbol{A}^{\mathrm{T}}) = n - r$，所以 $\dim V + \dim W = n$. ■

如果从 V 和 $W = V^{\perp}$ 分别找一个（组）基（含有多个基向量），则两个（组）基的并集（基向量的并集）构成了 $\mathbb{R}^n$ 的一个（组）基，这是因为两个（组）基一共包含了 n 个线性无关的向量. 可见，V 和 $W = V^{\perp}$“几乎”包含了 $\mathbb{R}^n$ 的全部信息. 需要注意的是，$W \cup V \neq \mathbb{R}^n$，即有些向量既不在 W 也不在 V 内，但任意向量都可以用 V, W 中的向量线性表出.

如果 $W = V^{\perp}$，V 也是 W 的正交补，即 $V = W^{\perp}$. 理由如下：如果一个向量 $\boldsymbol{a}$ 正交于 W，但不在 V 中，则这个向量与 W 和 V 的基都线性无关，向量 $\boldsymbol{a}$ 无法用 V, W 中的向量线性表出，这与我们之前的结论矛盾. 所以，如果 $\boldsymbol{a} \perp W$，则 $\boldsymbol{a} \in V$.

例 3.4　已知 $\boldsymbol{v}_1 = (1,2), V = \mathrm{span}(\boldsymbol{v}_1)$，求 $V^{\perp}$.

解　子空间 V 为通过 $(1,2)$ 的一条直线，与它垂直的一个向量是 $\boldsymbol{v}_2 = (-2,1)$. 直线 $W = \mathrm{span}(\boldsymbol{v}_2)$ 上所有向量与 V 正交，且与 V 正交的所有向量都在这条直线上，所以 $V^{\perp} = W$. 可见 $\dim V + \dim V^{\perp} = n = 2$，且 $V, V^{\perp}$ 的基组成了 $\mathbb{R}^2$ 的一个正交基.

例 3.5　已知 $\boldsymbol{v}_1 = (1,0,1), \boldsymbol{v}_2 = (-1,0,1)$，$V = \mathrm{span}(\boldsymbol{v}_1, \boldsymbol{v}_2)$，求 $V^{\perp}$.

解　从几何上看，V 是 $x-z$ 平面，所有与 V 垂直且过原点的向量组为 y 轴，所以 $V^{\perp} = \mathrm{span}(\boldsymbol{w})$，$\boldsymbol{w} = (0,1,0)$. 检查，$\dim V + \dim V^{\perp} = 3 = n$. 向量组 $\boldsymbol{v}_1, \boldsymbol{v}_2, \boldsymbol{w}$ 是 $\mathbb{R}^3$ 的一个正交基.

从代数上看，所有与 $\boldsymbol{v}_1, \boldsymbol{v}_2$ 正交的向量是线性方程组 $\boldsymbol{A}^{\mathrm{T}}\boldsymbol{x} = \boldsymbol{0}$ 的解，其中，$\boldsymbol{A} = (\boldsymbol{v}_1\ \ \boldsymbol{v}_2)$，即 $\boldsymbol{A}$ 的两列为 $\boldsymbol{v}_1, \boldsymbol{v}_2$. 对 $\boldsymbol{A}^{\mathrm{T}}$ 进行初等行变换得到阶梯形矩阵.

$$\boldsymbol{A}^{\mathrm{T}} = \begin{pmatrix} 1 & 0 & 1 \\ -1 & 0 & 1 \end{pmatrix} \to \begin{pmatrix} 1 & 0 & 1 \\ 0 & 0 & 2 \end{pmatrix},$$

可见，$\boldsymbol{x}$ 有两个主变量 x_1, x_3，一个自由变量 x_2. 齐次线性方程组 $\boldsymbol{A}^{\mathrm{T}}\boldsymbol{x} = \boldsymbol{0}$ 的解集为

$\{c_1(0,1,0):c_1\in\mathbb{R}\}$，即 y 轴.

集合 $V\cup V^{\perp}$ 为 $x-z$ 平面和 y 轴，显然，有很多 3 维向量不在这个集合上，但所有 3 维向量都可以被这个集合上的向量线性表出.

习题

1. 地板 V 和墙壁 W 看起来垂直，但它们不是正交子空间，为什么？在 $\mathbb{R}^3$ 中是否有两个正交平面 V 和 W？可以找到一个向量同时在 $\boldsymbol{A}$ 和 $\boldsymbol{B}$ 的列空间中，其中
$$\boldsymbol{A}=\begin{pmatrix}1&2\\1&3\\1&2\end{pmatrix},\quad \boldsymbol{B}=\begin{pmatrix}5&4\\6&3\\5&1\end{pmatrix},$$
这个向量既可以表示成 $\boldsymbol{Ax}$，又可以表示成 $\boldsymbol{B}\hat{\boldsymbol{x}}$. 求出该向量以及 $\boldsymbol{x}$，$\hat{\boldsymbol{x}}$.
2. 已知两个子空间 $V,W\in\mathbb{R}^n$ 的维数分布为 p,q，当 $p+q$ 满足什么样的条件时，V 和 W 的交集不是零向量？
3. 已知 V 由两个向量 $(1,5,1)$，$(2,2,2)$ 张成，$V^{\perp}$ 是某个矩阵 $\boldsymbol{A}$ 的核空间，求矩阵 $\boldsymbol{A}$.
4. 已知子空间 V 由向量 $(1,2,2,3)$ 和 $(1,3,3,2)$ 张成. 找出能够张成 $V^{\perp}$ 的两个向量. 提示：这等价于解一个方程 $\boldsymbol{Ax}=\boldsymbol{0}$.
5. 子空间 V 是 $\mathbb{R}^4$ 中的一个超平面，满足 $x_1+x_2+x_3+x_4=0$，写出 $V^{\perp}$ 的一个基，并构造一个矩阵，使得其核空间为 V.
6. 假设 n 级方阵 $\boldsymbol{A}$ 可逆，则 $\boldsymbol{A}^{-1}$ 的第一列和由 $\boldsymbol{A}$ 的哪些行向量张成的子空间正交？
7. 说明下面每一条陈述为什么是错的：
   (a) $(1,1,1)$ 和 $(1,1,-2)$ 垂直，因此平面 $x+y+z=0$ 和 $x+y-2z=0$ 是正交子空间；
   (b) 由 $(1,1,0,0,0)$ 和 $(0,0,0,1,1)$ 张成的子空间是由 $(1,-1,0,0,0)$ 和 $(2,-2,3,4,-4)$ 张成的子空间的正交补；
   (c) 两个子空间的交集为零向量，则它们正交.

3.2　矩阵的四个子空间

从例 3.5 可以看出，$\boldsymbol{A}^{\mathrm{T}}\boldsymbol{x}=\boldsymbol{0}$ 的解集是 $\boldsymbol{A}$ 的左零空间 $N(\boldsymbol{A}^{\mathrm{T}})$，它是 $\boldsymbol{A}$ 的列空间 $C(\boldsymbol{A})$ 的正交补
$$N(\boldsymbol{A}^{\mathrm{T}})=C(\boldsymbol{A})^{\perp},\quad C(\boldsymbol{A})=N(\boldsymbol{A}^{\mathrm{T}})^{\perp}.$$

同理，核空间 $N(\boldsymbol{A})$ 是行空间 $C(\boldsymbol{A}^{\mathrm{T}})$ 的正交补：

$$N(\boldsymbol{A}) = C(\boldsymbol{A}^{\mathrm{T}})^{\perp},\quad C(\boldsymbol{A}^{\mathrm{T}}) = N(\boldsymbol{A})^{\perp}.$$

所以，四个子空间的维数两两互补，且它们还是两两正交补. 具体而言，对于 $m \times n$ 矩阵 $\boldsymbol{A}$：

1. 矩阵 $\boldsymbol{A}$ 的输入向量空间是 $\mathbb{R}^n$. 矩阵 $\boldsymbol{A}$ 把这个空间分割为正交补的两个子空间——行空间和核空间：

$$C(\boldsymbol{A}^{\mathrm{T}}) \subset \mathbb{R}^n,\quad N(\boldsymbol{A}) \subset \mathbb{R}^n.$$

它们的维数分别为矩阵的秩 r 和 $n-r$：

$$\dim C(\boldsymbol{A}^{\mathrm{T}}) = r,\quad \dim N(\boldsymbol{A}) = n-r.$$

从行空间和核空间分别找一个正交基 $V_1 = \{\boldsymbol{v}_1, \cdots, \boldsymbol{v}_r\}, V_2 = \{\boldsymbol{v}_{r+1}, \cdots, \boldsymbol{v}_n\}$，它们的并集 $V = V_1 \cup V_2$ 是输入空间 $\mathbb{R}^n$ 的一个正交基.

2. 矩阵 $\boldsymbol{A}$ 的输出向量空间是 $\mathbb{R}^m$. 矩阵 $\boldsymbol{A}$ 把这个空间分割为正交补的两个子空间——列空间和左零空间：

$$C(\boldsymbol{A}) \subset \mathbb{R}^m,\quad N(\boldsymbol{A}^{\mathrm{T}}) \subset \mathbb{R}^m.$$

它们的维数分别为矩阵的秩 r 和 $m-r$：

$$\dim C(\boldsymbol{A}) = r,\quad \dim N(\boldsymbol{A}^{\mathrm{T}}) = m-r.$$

从列空间和左零空间分别找一个正交基 $U_1 = \{\boldsymbol{u}_1, \cdots, \boldsymbol{u}_r\}, U_2 = \{\boldsymbol{u}_{r+1}, \cdots, \boldsymbol{u}_m\}$，它们的并集 $U = U_1 \cup U_2$ 是输出空间 $\mathbb{R}^m$ 的一个正交基.

线性映射：$\mathbb{R}^n \to \mathbb{R}^m$

对于任意的输入向量 $\boldsymbol{x} \in \mathbb{R}^n$，它可以被 $V = V_1 \cup V_2$ 唯一线性表出 $\boldsymbol{x} = v_1\boldsymbol{v}_1 + \cdots + v_n\boldsymbol{v}_n$，记它在 $C(\boldsymbol{A}^{\mathrm{T}})$ 上分量为 $\boldsymbol{x}_r = v_1\boldsymbol{v}_1 + \cdots + v_r\boldsymbol{v}_r$，在 $N(\boldsymbol{A})$ 上的分量为 $\boldsymbol{x}_n = v_{r+1}\boldsymbol{v}_{r+1} + \cdots + v_n\boldsymbol{v}_n$，则 $\boldsymbol{x} = \boldsymbol{x}_r + \boldsymbol{x}_n$. 后面我们会看到 $\boldsymbol{x}_r$ 和 $\boldsymbol{x}_n$ 分别是 $\boldsymbol{x}$ 在 $C(\boldsymbol{A}^{\mathrm{T}})$ 和 $N(\boldsymbol{A})$ 上的**投影**.

矩阵 $\boldsymbol{A}$ 可以看作一个多元多维线性函数：

$$f: \mathbb{R}^n \to \mathbb{R}^m,\ \boldsymbol{x} \in \mathbb{R}^n \mapsto f(\boldsymbol{x}) = \boldsymbol{A}\boldsymbol{x} \in \mathbb{R}^m,$$

具体而言，

$$\boldsymbol{A}\boldsymbol{x} = \boldsymbol{A}\boldsymbol{x}_r + \boldsymbol{A}\boldsymbol{x}_n = \boldsymbol{A}\boldsymbol{x}_r + \boldsymbol{0} = \boldsymbol{A}\boldsymbol{x}_r = \boldsymbol{b} \in C(\boldsymbol{A}).$$

所以，$\boldsymbol{A}$ 的作用是把 $\boldsymbol{x}$ 中属于核空间 $N(\boldsymbol{A})$ 的部分 $\boldsymbol{x}_n$“扔掉”（映射到 $\mathbf{0}\in\mathbb{R}^m$），而把属于行空间 $C(\boldsymbol{A}^{\mathrm{T}})$ 的部分 $\boldsymbol{x}_r$ 映射到列空间 $C(\boldsymbol{A})$ 上. 线性映射 $\mathbb{R}^n\to\mathbb{R}^m$ 可以用图 3.2 表示. 此外，可以看到两个正交补子空间的交集为 $\{\mathbf{0}\}$.

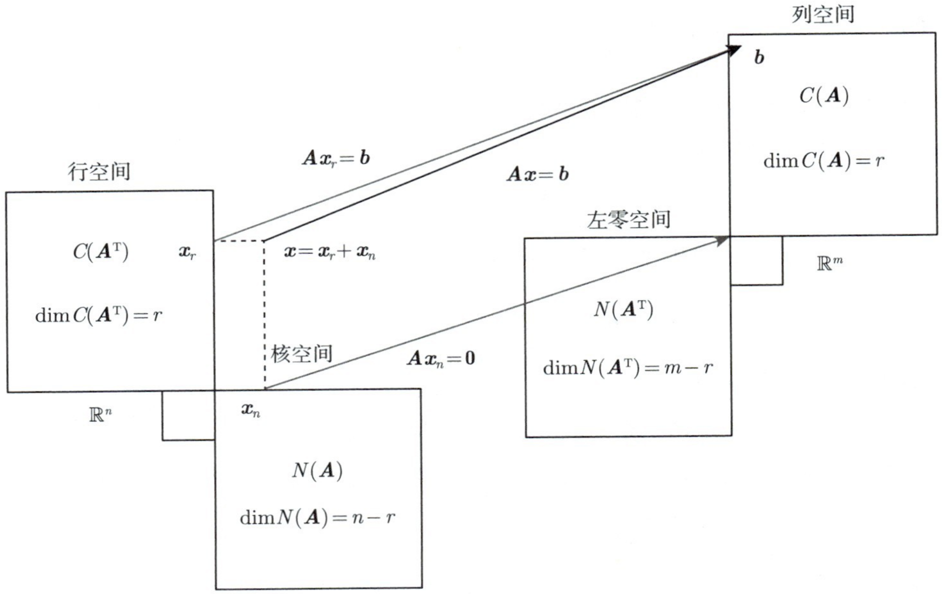

图 3.2　线性映射 $\boldsymbol{Ax}=\boldsymbol{b}$

为什么非方阵没有逆矩阵？因为对于非方阵，肯定会有 $N(\boldsymbol{A})$ 或者 $N(\boldsymbol{A}^{\mathrm{T}})$ 存在，矩阵 $\boldsymbol{A}$ 无法在这两个空间上进行取逆. 为什么不满秩的方阵没有逆矩阵？也是因为无法在 $N(\boldsymbol{A})$ 或者 $N(\boldsymbol{A}^{\mathrm{T}})$ 上进行取逆. 如果 $\boldsymbol{A}$ 可逆，则不能有 $N(\boldsymbol{A})$ 或者 $N(\boldsymbol{A}^{\mathrm{T}})$，即 $r=m=n$. 如果只考虑行空间 $C(\boldsymbol{A}^{\mathrm{T}})$ 与列空间 $C(\boldsymbol{A})$ 的对应关系，矩阵是可逆的，任意 $\boldsymbol{x}\in C(\boldsymbol{A}^{\mathrm{T}})$，只有 $\boldsymbol{Ax}\in C(\boldsymbol{A})$ 与之对应. 而任意 $\boldsymbol{b}\in C(\boldsymbol{A})$，只有一个 $\boldsymbol{x}_r\in C(\boldsymbol{A}^{\mathrm{T}})$ 与之对应. 基于这个思路，在奇异值分解中，我们将求矩阵的**伪逆**（pesudo inverse）.

矩阵 $\boldsymbol{A}$ 的秩为 r，说明它只能“解析”n 维输入向量 $\boldsymbol{x}$ 中 r 维的信息，哪怕 $n>r$，剩余的 $n-r$ 维信息在矩阵 $\boldsymbol{A}$ 看来，“价值”为 0. 被“解析”的 r 维信息，以 m 维的输出向量 $\boldsymbol{Ax}=\boldsymbol{b}$ 表现，但实际有效维数为 r. 矩阵 $\boldsymbol{A}$ 把输入的 n 维向量 $\boldsymbol{x}$ 经过线性变换，以 m 维的向量 $\boldsymbol{b}$ 输出，输出向量的“有效维数”受制于矩阵的秩 r，而矩阵的秩受制于矩阵的大小，$r\leqslant m, r\leqslant n$.

第 2 章讲了如何通过 $\boldsymbol{A}=\boldsymbol{LU}$ 求四个子空间的基. 子空间正交补的特征，可以帮助我们回过头更好地理解四个子空间的基. 首先，初等行变换不改变方程的解，$\boldsymbol{Ax}=\mathbf{0}$ 和 $\boldsymbol{Ux}=\mathbf{0}$ 同解. 这样 $N(\boldsymbol{A})=N(\boldsymbol{U})\in\mathbb{R}^n$，因为行空间为核空间的正交补，所以

$$C(\boldsymbol{A}^{\mathrm{T}})=N(\boldsymbol{A})^{\perp}=N(\boldsymbol{U})^{\perp}=C(\boldsymbol{U}^{\mathrm{T}}),$$

即 $\boldsymbol{A}$ 和 $\boldsymbol{U}$ 的核空间相同，行空间也相同. $\boldsymbol{U}$ 的非零行（主元所在行即主行）即为行空

间 $C(\boldsymbol{A}^{\mathrm{T}})$ 的一个基.

命题 3.4　通过 $\boldsymbol{A}$，把行空间的一个基映射到列空间，即得到列空间 $C(A)$ 的一个基.

证明　设 $\boldsymbol{A}$ 的行空间 $C(\boldsymbol{A}^{\mathrm{T}})$ 的一个基为 $\boldsymbol{v}_1,\cdots,\boldsymbol{v}_r$，解线性方程组 $d_1\boldsymbol{A}\boldsymbol{v}_1+\cdots+d_r\boldsymbol{A}\boldsymbol{v}_r=\mathbf{0}$，即 $\boldsymbol{A}(d_1\boldsymbol{v}_1+\cdots+d_r\boldsymbol{v}_r)=\mathbf{0}$. 可见 $d_1\boldsymbol{v}_1+\cdots+d_r\boldsymbol{v}_r\in N(\boldsymbol{A})$，同时 $d_1\boldsymbol{v}_1+\cdots+d_r\boldsymbol{v}_r\in C(\boldsymbol{A}^{\mathrm{T}})$，进而 $d_1\boldsymbol{v}_1+\cdots+d_r\boldsymbol{v}_r=\mathbf{0}$. 因为 $\boldsymbol{v}_1,\cdots,\boldsymbol{v}_r$ 线性无关，所以 $d_1=0,\cdots,d_r=0$，$\boldsymbol{A}\boldsymbol{v}_1,\cdots,\boldsymbol{A}\boldsymbol{v}_r$ 线性无关，是列空间的一个基. ■

左零空间 $N(\boldsymbol{A}^{\mathrm{T}})$ 对应的线性方程组是 $\boldsymbol{x}^{\mathrm{T}}\boldsymbol{A}=\mathbf{0}$，它表示 $\boldsymbol{A}$ 的行向量线性组合等于 $\mathbf{0}$. 在高斯消元法中，$\boldsymbol{E}\boldsymbol{A}=\boldsymbol{U}$，如果矩阵的秩为 $r<m$，则 $\boldsymbol{U}$ 的最后 $m-r$ 行为零行，相应地，$\boldsymbol{E}$ 的最后 $m-r$ 行为 $\boldsymbol{x}^{\mathrm{T}}\boldsymbol{A}=\mathbf{0}$ 的解，而 $\boldsymbol{E}$ 的行向量线性无关，故 $\boldsymbol{E}$ 的最后 $m-r$ 行是 $N(\boldsymbol{A}^{\mathrm{T}})$ 的基.

例 3.6　已知：

$$\underbrace{\begin{pmatrix}1&3&5&0&7\\0&0&0&1&2\\1&3&5&1&9\end{pmatrix}}_{\boldsymbol{A}}=\underbrace{\begin{pmatrix}1&0&0\\0&1&0\\1&1&1\end{pmatrix}}_{\boldsymbol{L}}\underbrace{\begin{pmatrix}1&3&5&0&7\\0&0&0&1&2\\0&0&0&0&0\end{pmatrix}}_{\boldsymbol{U}}$$

求 $\boldsymbol{A}$ 的四个子空间的基.

解　行空间 $C(\boldsymbol{A}^{\mathrm{T}})=C(\boldsymbol{U}^{\mathrm{T}})$，$C(\boldsymbol{A}^{\mathrm{T}})$ 的基为

$$(1,3,5,0,7),\quad (0,0,0,1,2)$$

核空间 $N(\boldsymbol{A})=N(\boldsymbol{U})$，$N(\boldsymbol{A})$ 的基为

$$(-3,1,0,0,0),\ (-5,0,1,0,0),\ (-7,0,0,-2,1)$$

以上这两组基正交，它们的并集是输入向量空间 $\mathbb{R}^5$ 的一个基.

用 $\boldsymbol{A}$ 乘以 $C(\boldsymbol{A}^{\mathrm{T}})$ 的基得到 $C(\boldsymbol{A})$ 的基：

$$\boldsymbol{A}(1,3,5,0,7)=(84,14,98),\ \boldsymbol{A}(0,0,0,1,2)=(14,5,19).$$

同时，$\boldsymbol{A}$ 的主列 $(1,0,1)$，$(0,1,1)$ 也是 $C(\boldsymbol{A})$ 的基，它们有如下线性关系

$$-224(1,0,1)=-5(84,14,98)+14(14,5,19),$$

$$224(0,1,1)=-14(84,14,98)+84(14,5,19).$$

所以

$$C(\boldsymbol{A})=\operatorname{span}((1,0,1),(0,1,1))=\operatorname{span}((84,14,98),(14,5,19)).$$

高斯消元法

$$\underbrace{\begin{pmatrix}1&0&0\\0&1&0\\0&-1&1\end{pmatrix}}_{\boldsymbol{E}_2}\underbrace{\begin{pmatrix}1&0&0\\0&1&0\\-1&0&1\end{pmatrix}}_{\boldsymbol{E}_1}\underbrace{\begin{pmatrix}1&3&5&0&7\\0&0&0&1&2\\1&3&5&1&9\end{pmatrix}}_{\boldsymbol{A}}=\underbrace{\begin{pmatrix}1&3&5&0&7\\0&0&0&1&2\\0&0&0&0&0\end{pmatrix}}_{\boldsymbol{U}}$$

计算消元矩阵

$$\underbrace{\begin{pmatrix}1&0&0\\0&1&0\\0&-1&1\end{pmatrix}}_{\boldsymbol{E}_2}\underbrace{\begin{pmatrix}1&0&0\\0&1&0\\-1&0&1\end{pmatrix}}_{\boldsymbol{E}_1}=\underbrace{\begin{pmatrix}1&0&0\\0&1&0\\-1&-1&1\end{pmatrix}}_{\boldsymbol{E}}$$

进而 $(-1,-1,1)$ 是 $N(\boldsymbol{A}^{\mathrm{T}})$ 的基.
$(84,14,98)$，$(14,5,19)$，$(-1,-1,1)$ 构成了输出向量空间 $\mathbb{R}^3$ 的一个基.

标准正交基、正交矩阵

当写向量 $\boldsymbol{v}=(v_1,\cdots,v_n)$ 时，我们使用了一个隐含的基（线性无关向量组），

$$\boldsymbol{e}_1=(1,0,\cdots),\ \boldsymbol{e}_2=(0,1,\cdots),\ \boldsymbol{e}_n=(0,\cdots,1)$$

向量 $\boldsymbol{v}$ 可以由这个基唯一线性表出

$$\boldsymbol{v}=v_1\boldsymbol{e}_1+\cdots+v_n\boldsymbol{e}_n.$$

其中 $v_1,\cdots,v_n$ 叫作该基下的**坐标**. 这个基称为 $\mathbb{R}^n$ 的**标准基**，它有两个特点，一是每个向量长度为 1，二是两两正交，故也称为**标准正交基**.

在一个新的基下，向量的坐标也会发生变化，假设新的基包含向量 $\boldsymbol{a}_1,\cdots,\boldsymbol{a}_n$，设 $\boldsymbol{v}$ 在此基下的坐标为 $\boldsymbol{x}=(x_1,\cdots,x_n)$. 把基向量放入 $\boldsymbol{A}$ 的列，解线性方程 $\boldsymbol{Ax}=\boldsymbol{v}$，可以求得向量 $\boldsymbol{v}$ 的新坐标 $\boldsymbol{x}=\boldsymbol{A}^{-1}\boldsymbol{v}$. 所以，$\boldsymbol{x}=\boldsymbol{A}^{-1}\boldsymbol{v}$ 的另一个解释是向量 $\boldsymbol{v}$ 在以 $\boldsymbol{A}$ 的列向量为基下的坐标.

不是所有的基下的坐标都能直观反映向量的特征，有些基甚至可以扭曲对向量的直观认识. 假设二维平面的一个单位向量 $(0,1)$，它在基 $(1,0),(1,0.001)$ 下的坐标为 $(-1000,1000)$，这个单位向量在新坐标系下看起来非常大！那么在什么样的基下，坐标不会曲解向量？我们已经有了一个很好的基，标准基 $\boldsymbol{e}_1,\cdots,\boldsymbol{e}_n$. 我们希望基满足两个条件：单位长度和彼此正交，即标准正交基. 假设向量组 $\boldsymbol{q}_1,\cdots,\boldsymbol{q}_n$ 满足这两个条件：

$$\boldsymbol{q}_i^{\mathrm{T}}\boldsymbol{q}_i = 1,\ \ \boldsymbol{q}_i^{\mathrm{T}}\boldsymbol{q}_j = 0, i \neq j,$$

即

$$\boldsymbol{q}_i^{\mathrm{T}}\boldsymbol{q}_j = \delta_{ij}$$

其中，**Kronecker** 记号

$$\delta_{ij} = \begin{cases} 0, & i \neq j; \\ 1, & i = j. \end{cases}$$

设向量 $\boldsymbol{b}$ 在该标准正交基下的坐标为 $\boldsymbol{x}$，即

$$\boldsymbol{b} = \boldsymbol{Q}\boldsymbol{x},\ \boldsymbol{b} = x_1\boldsymbol{q}_1 + \cdots + x_n\boldsymbol{q}_n$$

等式两边同时左乘 $\boldsymbol{q}_k^{\mathrm{T}}$，有 $\boldsymbol{q}_k^{\mathrm{T}}\boldsymbol{b} = x_k$，即第 k 个坐标等于向量 $\boldsymbol{b}$ 与 $\boldsymbol{q}_k$ 的内积. 在标准正交基下，我们不需要求线性方程组 $\boldsymbol{Q}\boldsymbol{x} = \boldsymbol{b}$ 的解，只需要求 n 个内积即可得到 $\boldsymbol{b}$ 在 $\boldsymbol{Q}$ 下的坐标. 可见，标准正交基是一个很好的基. 事实上，对于矩阵 $\boldsymbol{Q} = (\boldsymbol{q}_1, \cdots, \boldsymbol{q}_n)$，可以得到 $\boldsymbol{Q}^{\mathrm{T}}\boldsymbol{Q} = \boldsymbol{I}$，进而 $\boldsymbol{Q}^{-1} = \boldsymbol{Q}^{\mathrm{T}}$. 所以，$\boldsymbol{Q}\boldsymbol{x} = \boldsymbol{b}$ 的解为 $\boldsymbol{x} = \boldsymbol{Q}^{\mathrm{T}}\boldsymbol{b}$. 列向量为单位正交向量组的方阵称为**正交矩阵**（orthogonal matrix）或者**酉矩阵**（unitary matrix），酉矩阵是正交矩阵在复矩阵上的推广，我们可以快速地得到它的逆矩阵，即转置.

定义 3.7 实数域上的 n 级矩阵 $\boldsymbol{Q}$ 如果满足 $\boldsymbol{Q}^{\mathrm{T}}\boldsymbol{Q} = \boldsymbol{I}$，那么称 $\boldsymbol{Q}$ 是正交矩阵或者酉矩阵. $\boldsymbol{Q}$ 的逆矩阵等于转置 $\boldsymbol{Q}^{-1} = \boldsymbol{Q}^{\mathrm{T}}$. $\boldsymbol{Q}$ 的列向量、行向量都为 $\mathbb{R}^n$ 的一个标准正交基. $\boldsymbol{Q}^{\mathrm{T}}$ 也为正交矩阵.

正交矩阵与**标准正交基**密切相关，可以证明正交矩阵有如下性质：

1. $\boldsymbol{I}$ 是正交矩阵，$\boldsymbol{I}^{\mathrm{T}}\boldsymbol{I} = \boldsymbol{I}$；
2. 若 $\boldsymbol{A}, \boldsymbol{B}$ 都是 n 级正交矩阵,则 $\boldsymbol{AB}$ 也是正交矩阵,$(\boldsymbol{AB})^{\mathrm{T}}(\boldsymbol{AB}) = \boldsymbol{B}^{\mathrm{T}}(\boldsymbol{A}^{\mathrm{T}}\boldsymbol{A})\boldsymbol{B} = \boldsymbol{I}$；
3. 若 $\boldsymbol{Q}$ 是正交矩阵，则 $\boldsymbol{Q}^{\mathrm{T}}, \boldsymbol{Q}^{-1}$ 也是正交矩阵，$\boldsymbol{Q}^{\mathrm{T}}\boldsymbol{Q} = \boldsymbol{I} \implies \boldsymbol{Q}\boldsymbol{Q}^{\mathrm{T}} = \boldsymbol{I} \implies (\boldsymbol{Q}^{\mathrm{T}})^{\mathrm{T}}\boldsymbol{Q}^{\mathrm{T}} = \boldsymbol{I}$，$\boldsymbol{Q}^{-1} = \boldsymbol{Q}^{\mathrm{T}}$；
4. 实数域上 n 级矩阵 $\boldsymbol{Q}$ 是正交矩阵的充要条件是 $\boldsymbol{Q}$ 的行 (列) 向量组是欧几里得空间 $\mathbb{R}^n$ 的一个标准正交基.

经过正交矩阵的线性变换，不会改变原向量的长度和相对位置：

$$\boldsymbol{Q}\boldsymbol{x} = \boldsymbol{b} \implies ||\boldsymbol{b}|| = \sqrt{(\boldsymbol{Q}\boldsymbol{x})^{\mathrm{T}}(\boldsymbol{Q}\boldsymbol{x})} = \sqrt{\boldsymbol{x}^{\mathrm{T}}\boldsymbol{Q}^{\mathrm{T}}\boldsymbol{Q}\boldsymbol{x}} = ||\boldsymbol{x}||,$$

$$\boldsymbol{Q}\boldsymbol{x} = \boldsymbol{b}, \boldsymbol{Q}\boldsymbol{y} = \boldsymbol{c} \implies \boldsymbol{c}^{\mathrm{T}}\boldsymbol{b} = (\boldsymbol{Q}\boldsymbol{y})^{\mathrm{T}}(\boldsymbol{Q}\boldsymbol{x}) = \boldsymbol{y}^{\mathrm{T}}\boldsymbol{Q}^{\mathrm{T}}\boldsymbol{Q}\boldsymbol{x} = \boldsymbol{y}^{\mathrm{T}}\boldsymbol{x}.$$

所以，我们可以使用新坐标 $\boldsymbol{x}, \boldsymbol{y}$ 直接计算向量 $\boldsymbol{b}, \boldsymbol{c}$ 的长度以及 $\boldsymbol{b}, \boldsymbol{c}$ 之间的角度，而不需要关注新的基是什么.

例 3.7 旋转矩阵 是一个正交矩阵：

$$\boldsymbol{R}=\begin{pmatrix}\cos\theta & -\sin\theta\\ \sin\theta & \cos\theta\end{pmatrix}.$$

它的逆矩阵等于它的转置 $\boldsymbol{R}^{-1}=\boldsymbol{R}^{\mathrm{T}}$：

$$\boldsymbol{R}^{\mathrm{T}}=\begin{pmatrix}\cos\theta & \sin\theta\\ -\sin\theta & \cos\theta\end{pmatrix}=\begin{pmatrix}\cos(-\theta) & -\sin(-\theta)\\ \sin(-\theta) & \cos(-\theta)\end{pmatrix}=\boldsymbol{R}^{-1}.$$

旋转矩阵 $\boldsymbol{R}$ 不改变向量的长度，也不改变两向量的夹角.

例 3.8 置换矩阵 是一个正交矩阵：

$$\boldsymbol{P}=\begin{pmatrix}0 & 1 & 0\\ 0 & 0 & 1\\ 1 & 0 & 0\end{pmatrix}.$$

$\boldsymbol{P}$ 左乘一个矩阵，作用是把第一行与第三行交换，基于新的矩阵，然后把第一行与第二行交换. 所以 $\boldsymbol{P}$ 的逆为，先把第二行与第一行交换，然后把第一行与第三行交换：

$$\boldsymbol{P}^{-1}=\begin{pmatrix}0 & 0 & 1\\ 1 & 0 & 0\\ 0 & 1 & 0\end{pmatrix}=\boldsymbol{P}^{\mathrm{T}}.$$

置换矩阵作用于向量，相当于重新标了坐标轴. 所以，置换矩阵不改变向量的长度和两向量的夹角.

需要注意的是，有时候我们可能只局限在 n 维向量空间的一个维数为 $r<n$ 的子空间 V，我们同样可以找出 V 的一个标准正交基 $\boldsymbol{q}_1,\cdots,\boldsymbol{q}_r$. 对于 $\boldsymbol{b}\in V$，它在此基下的坐标仍为内积 $x_k=\boldsymbol{q}_k^{\mathrm{T}}\boldsymbol{b}, k=1,\cdots,r$. 把 $\boldsymbol{q}_1,\cdots,\boldsymbol{q}_r$ 放入矩阵的列 $\boldsymbol{Q}_{n\times r}=(\boldsymbol{q}_1\ \ \cdots\ \ \boldsymbol{q}_r)$，$\boldsymbol{x}=\boldsymbol{Q}^{\mathrm{T}}\boldsymbol{b}$ 是成立的，但是 $\boldsymbol{x}\neq\boldsymbol{Q}^{-1}\boldsymbol{b}$，因为 $\boldsymbol{Q}$ 是非方阵，没有逆矩阵. 注意：$\boldsymbol{Q}^{\mathrm{T}}\boldsymbol{Q}=\boldsymbol{I}_{r\times r}$，但是，$\boldsymbol{Q}\boldsymbol{Q}^{\mathrm{T}}\neq\boldsymbol{I}_{n\times n}$.

习题

1.* 证明：如果 n 级正交矩阵 $\boldsymbol{A}$ 是上三角矩阵，则 $\boldsymbol{A}$ 是对角矩阵，且 $\boldsymbol{A}$ 的主对角元为 1 或 -1.

2. 证明：一个 n 级矩阵如果满足下列三个性质中的任意两个，则必满足第三个：正交矩阵，对称矩阵，对合矩阵.（若 $\boldsymbol{A}^2=\boldsymbol{I}$，称 $\boldsymbol{A}$ 为**对合矩阵**.）

3. 证明：在欧几里得空间 $\mathbb{R}^n$ 中，如果向量 $\boldsymbol{b}$ 与 $\mathbb{R}^n$ 的一个正交基 $\boldsymbol{a}_1,\boldsymbol{a}_2,\cdots,\boldsymbol{a}_n$ 的每个向量都正交，则 $\boldsymbol{b}=\boldsymbol{0}$.

4. 假设 V 是一个属于 $\mathbb{R}^9$ 的六维子空间：
   (a) 与 V 正交的子空间的可能维数为多少？
   (b) $V^\perp$ 的可能维数为多少？
   (c) 具有行空间 V 的矩阵 $\boldsymbol{A}$ 的最小列数（行数）是多少？
   (d) 具有核空间 $V^\perp$ 的矩阵 $\boldsymbol{B}$ 的最小列数（行数）是多少？
5. 方程 $x-3y-4z=0$ 描述了一个属于 $\mathbb{R}^3$ 的平面（子空间）V：
   (a) 找出一个 1×3 的矩阵 $\boldsymbol{A}$，使得 V 是矩阵 $\boldsymbol{A}$ 的核空间；
   (b) 求 $x-3y-4z=0$ 的一个基础解系；
   (c) 求 $V^\perp$ 的基.
6. 构造一个满足下列条件的矩阵或者说明这样的矩阵为什么不存在（对每一个条件分别构造）.
   (a) 列空间包含 $\begin{pmatrix}1\\2\\-3\end{pmatrix}$ 和 $\begin{pmatrix}2\\-3\\5\end{pmatrix}$，核空间包含 $\begin{pmatrix}1\\1\\1\end{pmatrix}$；
   (b) 行空间包含 $\begin{pmatrix}1\\2\\-3\end{pmatrix}$ 和 $\begin{pmatrix}2\\-3\\5\end{pmatrix}$，核空间包含 $\begin{pmatrix}1\\1\\1\end{pmatrix}$；
   (c) $\boldsymbol{A}\boldsymbol{x}=\begin{pmatrix}1\\1\\1\end{pmatrix}$ 有解且 $\boldsymbol{A}^{\mathrm{T}}\begin{pmatrix}1\\0\\0\end{pmatrix}=\begin{pmatrix}0\\0\\0\end{pmatrix}$；
   (d)* 非零矩阵 $\boldsymbol{A}$ 的每一列都正交于其每一行；
   (e) 所有列向量的和为零向量，所有行向量的和为所有元素全为 1 的向量.
7.* 如果 $\boldsymbol{AB}=\boldsymbol{O}$，则 $\boldsymbol{B}$ 的所有列都在 $\boldsymbol{A}$ 的哪个子空间中？$\boldsymbol{A}$ 的所有行都在 $\boldsymbol{B}$ 的哪个子空间中？如果 $\boldsymbol{AB}=\boldsymbol{O}$，为什么 $\boldsymbol{A}$ 和 $\boldsymbol{B}$ 不能同时为秩为 2 的 3×3 矩阵？
8. 证明：如果 $\boldsymbol{A}^{\mathrm{T}}\boldsymbol{A}\boldsymbol{x}=\boldsymbol{0}$，那么 $\boldsymbol{A}\boldsymbol{x}=\boldsymbol{0}$.
9. 证明：如果 $\boldsymbol{A}$ 为对称矩阵，那么其列空间垂直于其核空间.
10.* 已知
$$\boldsymbol{A}=\begin{pmatrix}1&-1\\0&0\\0&0\end{pmatrix},\quad \boldsymbol{x}=\begin{pmatrix}2\\0\end{pmatrix},$$
   找到 $\boldsymbol{x}_r$ 和 $\boldsymbol{x}_n$，并画出类似于图 3.2 的映射图.
11.* 如果 $\boldsymbol{A}$ 是 3×4 的矩阵，$\boldsymbol{B}$ 是 4×5 的矩阵，$\boldsymbol{AB}=\boldsymbol{O}$，证明：$\boldsymbol{A}$ 的核空间包含 $\boldsymbol{B}$ 的列空间.（提示：$\mathrm{rank}(\boldsymbol{A})+\mathrm{rank}(\boldsymbol{B})\leqslant 4$.）

3.3 奇异值分解 *

通过 $\boldsymbol{LU}$ 分解，可以找到矩阵 $\boldsymbol{A}$ 的行空间、列空间的基. 上一节我们看到了标准正交基的优势，这节的问题是：如何找到矩阵 $\boldsymbol{A}$ 行空间的一个标准正交基，并且使得这个标准正交基经过 $\boldsymbol{A}$ 的线性变换，到了列向量空间上也刚好是列空间的一个正交基? 实际上，通过第 3.5 节 Gram-Schmidt 正交化很容易找到行空间的一个标准正交基，难点是经过 $\boldsymbol{A}$ 的变换后，它们在列空间还是正交的.

命题 3.5 矩阵 $\boldsymbol{A}$ 行空间的一个标准正交基，经过 $\boldsymbol{A}$ 的线性变换后，刚好是矩阵 $\boldsymbol{A}$ 列空间的一个基.

证明 假设 $\boldsymbol{v}_1,\cdots,\boldsymbol{v}_r$ 为 $C(\boldsymbol{A}^{\mathrm{T}})$ 的标准正交基，它们线性无关. 经过 $\boldsymbol{A}$ 的变换，假设 $\boldsymbol{A}\boldsymbol{v}_1,\cdots,\boldsymbol{A}\boldsymbol{v}_r$ 线性相关，则线性方程组 $c_1\boldsymbol{A}\boldsymbol{v}_1+\cdots+c_r\boldsymbol{A}\boldsymbol{v}_r=\boldsymbol{0}$ 有非零解，即 $\boldsymbol{A}(c_1\boldsymbol{v}_1+\cdots+c_r\boldsymbol{v}_r)=\boldsymbol{0}$ 有非零解，那么 $c_1\boldsymbol{v}_1+\cdots+c_r\boldsymbol{v}_r\in N(\boldsymbol{A})$，而 $c_1\boldsymbol{v}_1+\cdots+c_r\boldsymbol{v}_r\in C(\boldsymbol{A}^{\mathrm{T}})$，所以

$$c_1\boldsymbol{v}_1+\cdots+c_r\boldsymbol{v}_r\in C(\boldsymbol{A}^{\mathrm{T}})\cap N(\boldsymbol{A})=\{\boldsymbol{0}\},$$

进而 $c_1\boldsymbol{v}_1+\cdots+c_r\boldsymbol{v}_r=\boldsymbol{0}$ 有非零解，与 $\boldsymbol{v}_1,\cdots,\boldsymbol{v}_r$ 线性无关矛盾. 所以，$\boldsymbol{A}\boldsymbol{v}_1,\cdots,\boldsymbol{A}\boldsymbol{v}_r\in C(\boldsymbol{A})$ 线性无关. 因为列空间维数为 r，故 $\boldsymbol{A}\boldsymbol{v}_1,\cdots,\boldsymbol{A}\boldsymbol{v}_r$ 是 $C(\boldsymbol{A})$ 的一个基. ■

但是，对于任意的标准正交基 $\boldsymbol{v}_1,\cdots,\boldsymbol{v}_r$，以下例子说明，它们的线性变换 $\boldsymbol{A}\boldsymbol{v}_1,\cdots,\boldsymbol{A}\boldsymbol{v}_r$ 不一定正交. 给定矩阵

$$\boldsymbol{A}=\begin{pmatrix}1 & 1\\ -1 & \dfrac{1}{4}\end{pmatrix},$$

它是满秩矩阵，故 $C(\boldsymbol{A})=C(\boldsymbol{A}^{\mathrm{T}})=\mathbb{R}^2$. 我们考虑行空间 $C(\boldsymbol{A}^{\mathrm{T}})$ 的 5 个标准正交基 $\boldsymbol{v}_1\perp\boldsymbol{v}_2$:

$$\boldsymbol{v}_1=\begin{pmatrix}\cos\theta\\ \sin\theta\end{pmatrix},\boldsymbol{v}_2=\begin{pmatrix}-\sin\theta\\ \cos\theta\end{pmatrix},$$

其中 $\theta\in\{9^\circ,19^\circ,29^\circ,39^\circ,49^\circ\}$. 它们经过 $\boldsymbol{A}$ 的线性变换后，得到 $\boldsymbol{A}\boldsymbol{v}_1$ 和 $\boldsymbol{A}\boldsymbol{v}_2$，图 3.3 展示了 5 个标准正交基的输出向量 $\boldsymbol{A}\boldsymbol{v}_1,\boldsymbol{A}\boldsymbol{v}_2$ 的位置. 可见，只有当 $\theta=29^\circ$ 时，$\boldsymbol{A}\boldsymbol{v}_1\perp\boldsymbol{A}\boldsymbol{v}_2$，这是我们想要的标准正交基. 图 3.3 说明了，矩阵 $\boldsymbol{A}$ 把红色单位圆上的输入向量一一映射到蓝色椭圆上的输出向量. 当输入向量处于特殊位置 $\theta=29^\circ$ 时，输出向量 $\boldsymbol{A}\boldsymbol{v}_1,\boldsymbol{A}\boldsymbol{v}_2$ 正交，输出向量分别处于椭圆的长轴和短轴.

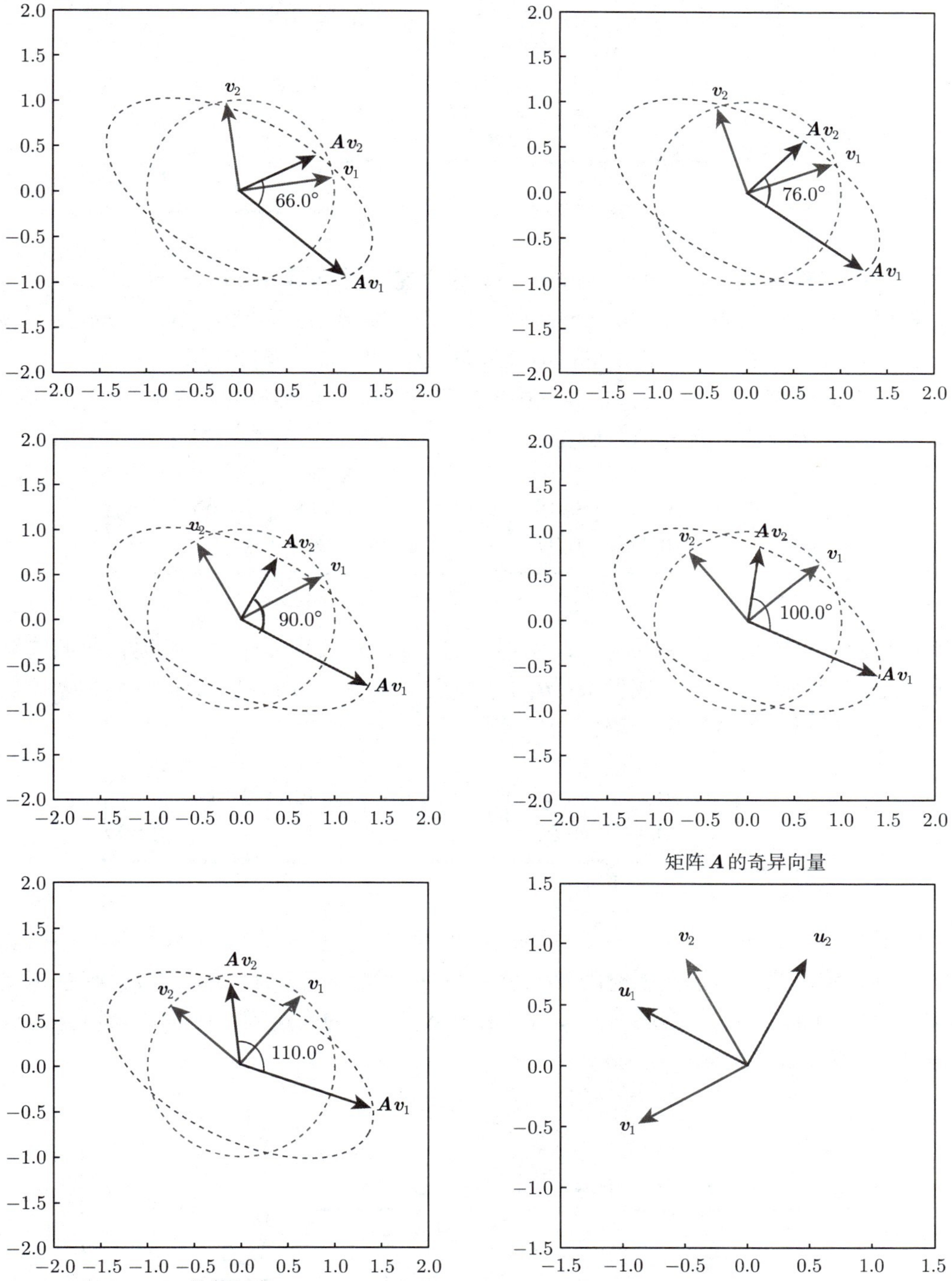

图 3.3　不同的输入标准正交基对应的输出向量

在第 5 章，我们将利用特征值和特征向量，证明对于任意矩阵 $\boldsymbol{A}$，在行空间 $C(\boldsymbol{A}^{\mathrm{T}})$ 上可以找到某一标准正交基 $\boldsymbol{v}_1, \cdots, \boldsymbol{v}_r$，使得 $\boldsymbol{A}\boldsymbol{v}_1 = \sigma_1\boldsymbol{u}_1, \cdots, \boldsymbol{A}\boldsymbol{v}_r = \sigma_r\boldsymbol{u}_r$，构成列空

间 $C(\boldsymbol{A})$ 的正交基，其中 $\boldsymbol{u}_1,\cdots,\boldsymbol{u}_r$ 为列空间 $C(\boldsymbol{A})$ 的标准正交基. 以上关系写成矩阵的形式为

$$\boldsymbol{A}_{m\times n}\underbrace{(\boldsymbol{v}_1,\quad\cdots,\quad\boldsymbol{v}_r)}_{\boldsymbol{V}_{n\times r}}=\underbrace{(\boldsymbol{u}_1,\quad\cdots,\quad\boldsymbol{u}_r)}_{\boldsymbol{U}_{m\times r}}\underbrace{\begin{pmatrix}\sigma_1&&\\&\ddots&\\&&\sigma_r\end{pmatrix}}_{\boldsymbol{\Sigma}_{r\times r}} \tag{3.1}$$

其中，σ 称为**奇异值**（singular value），$\boldsymbol{u}$ 称为**左奇异向量**（left singular vector），$\boldsymbol{v}$ 称为**右奇异向量**（right singular vector），以上称为 $\boldsymbol{A}$ 的**奇异值分解**（singular value decomposition）. 注意：这里的左右不是来自式(3.1)，而是来自式(3.2)

对于上面的例子，$\sigma_1=1.55,\sigma_2=0.80$，即为椭圆的长半轴和短半轴的长度. 图 3.3 中第二行第一列对应的奇异值分解是：

$$\underbrace{\begin{pmatrix}1&1\\-1&\dfrac{1}{4}\end{pmatrix}}_{\boldsymbol{A}}\underbrace{\begin{pmatrix}0.87&-0.48\\0.48&0.87\end{pmatrix}}_{\boldsymbol{V}}=\underbrace{\begin{pmatrix}0.87&0.48\\-0.48&0.87\end{pmatrix}}_{\boldsymbol{U}}\underbrace{\begin{pmatrix}1.55&\\&0.80\end{pmatrix}}_{\boldsymbol{\Sigma}},$$

注意：我们可以改变 $\boldsymbol{v}_1,\boldsymbol{v}_2$ 的符号，而不影响 $\boldsymbol{A}\boldsymbol{v}_1$ 正交于 $\boldsymbol{A}\boldsymbol{v}_2$，一般地，我们选取使得 σ 为正的那一组 $\boldsymbol{v}_1,\boldsymbol{v}_2$（或者 $\boldsymbol{u}_1,\boldsymbol{u}_2$）. 我们把 $\boldsymbol{v}_1\to-\boldsymbol{v}_1$，保持 $\boldsymbol{v}_2$，得到图 3.3 中第三行第二列对应的奇异值分解：

$$\underbrace{\begin{pmatrix}1&1\\-1&\dfrac{1}{4}\end{pmatrix}}_{\boldsymbol{A}}\underbrace{\begin{pmatrix}-0.87&-0.48\\-0.48&0.87\end{pmatrix}}_{\boldsymbol{V}}=\underbrace{\begin{pmatrix}-0.87&0.48\\0.48&0.87\end{pmatrix}}_{\boldsymbol{U}}\underbrace{\begin{pmatrix}1.55&\\&0.80\end{pmatrix}}_{\boldsymbol{\Sigma}}.$$

以上我们没有考虑零空间 $N(\boldsymbol{A})$ 的基，因为它们“不重要”，$\boldsymbol{A}$ 乘以零空间内的任何向量得到零向量. 如果把零空间 $N(\boldsymbol{A})$ 的一个标准正交基 $\boldsymbol{v}_{r+1},\ldots,\boldsymbol{v}_n$ 和左零空间 $N(\boldsymbol{A}^{\mathrm{T}})$ 的一个标准正交基 $\boldsymbol{u}_{r+1},\cdots,\boldsymbol{u}_m$ 补充到 V,U 的右边列，则称为**全奇异值分解**（full singular value decomposition）：

$$\boldsymbol{A}_{m\times n}\underbrace{(\boldsymbol{v}_1\quad\cdots\quad\boldsymbol{v}_r\quad\cdots\quad\boldsymbol{v}_n)}_{\boldsymbol{V}_{n\times n}}=\underbrace{(\boldsymbol{u}_1\quad\cdots\quad\boldsymbol{u}_r\quad\cdots\quad\boldsymbol{u}_m)}_{\boldsymbol{U}_{m\times m}}\underbrace{\begin{pmatrix}\sigma_1&&&\\&\ddots&&\\&&\sigma_r&\\&&&\end{pmatrix}}_{\boldsymbol{\Sigma}_{m\times n}}.$$

等式左右两边右乘 $\boldsymbol{V}^{-1}$，因为 $\boldsymbol{V},\boldsymbol{U}$ 为正交矩阵，则有

$$\boldsymbol{A}=\boldsymbol{U}\boldsymbol{\Sigma}\boldsymbol{V}^{-1}=\boldsymbol{U}\boldsymbol{\Sigma}\boldsymbol{V}^{\mathrm{T}}. \tag{3.2}$$

进一步，矩阵 $\boldsymbol{A}$ 可以写成 r 个秩为 1 的矩阵（秩为 1 的矩阵的特点是行成倍数，列成倍数）之和：

$$
\begin{aligned}
\boldsymbol{A}_{m\times n} &= \boxed{\boldsymbol{U}_{m\times m}\boldsymbol{\Sigma}_{m\times n}\boldsymbol{V}_{n\times n}^{\mathrm{T}}} \\
&= (\boldsymbol{u}_1,\ \cdots,\ \boldsymbol{u}_r,\ \boldsymbol{u}_{r+1},\ \cdots,\ \boldsymbol{u}_m)\begin{pmatrix}\sigma_1 & & \\ & \ddots & \\ & & \sigma_{r_0}\end{pmatrix}\begin{pmatrix}\boldsymbol{v}_1^{\mathrm{T}} \\ \vdots \\ \boldsymbol{v}_r^{\mathrm{T}} \\ \boldsymbol{v}_{r+1}^{\mathrm{T}} \\ \vdots \\ \boldsymbol{v}_n^{\mathrm{T}}\end{pmatrix} \\
&= (\sigma_1\boldsymbol{u}_1,\ \cdots,\ \sigma_r\boldsymbol{u}_r,\ \boldsymbol{0},\cdots)\begin{pmatrix}\boldsymbol{v}_1^{\mathrm{T}} \\ \vdots \\ \boldsymbol{v}_r^{\mathrm{T}} \\ \boldsymbol{v}_{r+1}^{\mathrm{T}} \\ \vdots \\ \boldsymbol{v}_n^{\mathrm{T}}\end{pmatrix} \\
&= \boxed{\sigma_1\boldsymbol{u}_1\boldsymbol{v}_1^{\mathrm{T}}+\cdots+\sigma_r\boldsymbol{u}_r\boldsymbol{v}_r^{\mathrm{T}}} \\
&= (\boldsymbol{u}_1,\ \cdots,\ \boldsymbol{u}_r)\begin{pmatrix}\sigma_1 & & \\ & \ddots & \\ & & \sigma_r\end{pmatrix}\begin{pmatrix}\boldsymbol{v}_1^{\mathrm{T}} \\ \vdots \\ \boldsymbol{v}_r^{\mathrm{T}}\end{pmatrix} \\
&= \boxed{\boldsymbol{U}_{m\times r}\boldsymbol{\Sigma}_{r\times r}\boldsymbol{V}_{r\times n}^{\mathrm{T}}}
\end{aligned}
$$

可见，奇异值分解找到了矩阵 4 个子空间上的“最好”基：

1. 方阵 $\boldsymbol{U}_{m\times m}$ 是包含左奇异向量（输出空间 $\mathbb{R}^m$ 的标准正交基）的 $m\times m$ 的正交矩阵. 矩阵 $\boldsymbol{U}_{m\times r}$ 包含列空间 $C(\boldsymbol{A})$ 的一个标准正交基.

2. 方阵 $\boldsymbol{V}_{n\times n}$ 是包含右奇异向量（输入空间 $\mathbb{R}^n$ 的标准正交基）的 $n\times n$ 的正交矩阵. 矩阵 $\boldsymbol{V}_{n\times r}$ 包含行空间 $C(\boldsymbol{A}^{\mathrm{T}})$ 的一个标准正交基.

3. $\boldsymbol{\Sigma}_{m\times n}$ 是包含 r 个奇异值的 $m\times n$ 矩阵，对角线前 r 个元素为奇异值，其余元素全部为零. 一般地，我们要求奇异值为正，从大到小排列 $\sigma_1>\cdots>\sigma_r$. 如果奇异值 σ_k 为负，把负号拿到 $\boldsymbol{u}_k$ 或者 $\boldsymbol{v}_k$；如果大小关系不对，交换 $\boldsymbol{u}_i,\boldsymbol{u}_j$，以及 $\boldsymbol{v}_i,\boldsymbol{v}_j$. $\boldsymbol{\Sigma}_{r\times r}$ 是奇异值对角矩阵.

4. 向量 $\boldsymbol{v}_1,\cdots,\boldsymbol{v}_r$ 是行空间 $C(\boldsymbol{A}^{\mathrm{T}})$ 的标准正交基, 向量 $\boldsymbol{u}_1,\cdots,\boldsymbol{u}_r$ 是列空间 $C(\boldsymbol{A})$ 的标准正交基.

5. 向量 $\boldsymbol{v}_{r+1},\cdots,\boldsymbol{v}_n$ 是核空间 $N(\boldsymbol{A})$ 的标准正交基，向量 $\boldsymbol{u}_{r+1},\cdots,\boldsymbol{u}_m$ 是左零空间 $N(\boldsymbol{A}^{\mathrm{T}})$ 的标准正交基.

尽管我们还不知道奇异值分解的技术细节，但我们已经知道了奇异值分解的意义，我们可以读懂计算机输出的奇异值分解结果，在计算机时代，这是一项重要的技能.

例 3.9 从以下奇异值分解可以得出矩阵四个子空间的标准正交基. 满秩方阵的奇异值分解：

$$\underbrace{\begin{pmatrix}0.6859 & 0.0747\\0.7012 & 0.336\end{pmatrix}}_{\boldsymbol{A}_{2\times 2}}=\underbrace{\begin{pmatrix}-0.661 & -0.7504\\-0.7504 & 0.661\end{pmatrix}}_{\boldsymbol{U}_{2\times 2}}\underbrace{\begin{pmatrix}1.0249 & 0.0\\0.0 & 0.1737\end{pmatrix}}_{\boldsymbol{\Sigma}_{2\times 2}}\underbrace{\begin{pmatrix}-0.9557 & -0.2942\\-0.2942 & 0.9557\end{pmatrix}^{\mathrm{T}}}_{\boldsymbol{V}_{2\times 2}^{\mathrm{T}}}$$

列满秩矩阵的奇异值分解

$$\underbrace{\begin{pmatrix}0.6167 & 0.3708\\0.2953 & 0.136\\0.5977 & 0.8051\end{pmatrix}}_{\boldsymbol{A}_{3\times 2}}$$

$$=\underbrace{\begin{pmatrix}-0.5592 & -0.6666 & -0.493\\-0.2444 & -0.4356 & 0.8663\\-0.7922 & 0.6049 & 0.0807\end{pmatrix}}_{\boldsymbol{U}_{3\times 3}}\underbrace{\begin{pmatrix}1.2508 & 0.0\\0.0 & 0.2537\\0.0 & 0.0\end{pmatrix}}_{\boldsymbol{\Sigma}_{3\times 2}}\underbrace{\begin{pmatrix}-0.7119 & -0.7023\\-0.7023 & 0.7119\end{pmatrix}^{\mathrm{T}}}_{\boldsymbol{V}_{2\times 2}^{\mathrm{T}}}$$

$$=\underbrace{\begin{pmatrix}-0.5592 & -0.6666\\-0.2444 & -0.4356\\-0.7922 & 0.6049\end{pmatrix}}_{\boldsymbol{U}_{3\times 2}}\underbrace{\begin{pmatrix}1.2508 & 0.0\\0.0 & 0.2537\end{pmatrix}}_{\boldsymbol{\Sigma}_{2\times 2}}\underbrace{\begin{pmatrix}-0.7119 & -0.7023\\-0.7023 & 0.7119\end{pmatrix}^{\mathrm{T}}}_{\boldsymbol{V}_{2\times 2}^{\mathrm{T}}}$$

行满秩矩阵的奇异值分解

$$\underbrace{\begin{pmatrix}0.7573 & 0.9103 & 0.4527\\0.4973 & 0.7214 & 0.1147\end{pmatrix}}_{\boldsymbol{A}_{2\times 3}}$$

$$=\underbrace{\begin{pmatrix}-0.8233 & -0.5676\\-0.5676 & 0.8233\end{pmatrix}}_{\boldsymbol{U}_{2\times 2}}\underbrace{\begin{pmatrix}1.5347 & 0.0 & 0.0\\0.0 & 0.1812 & 0.0\end{pmatrix}}_{\boldsymbol{\Sigma}_{2\times 3}}\underbrace{\begin{pmatrix}-0.5902 & -0.1125 & -0.7994\\-0.7552 & 0.4269 & 0.4975\\-0.2853 & -0.8973 & 0.337\end{pmatrix}^{\mathrm{T}}}_{\boldsymbol{V}_{3\times 3}^{\mathrm{T}}}$$

$$=\underbrace{\begin{pmatrix}-0.8233 & -0.5676\\-0.5676 & 0.8233\end{pmatrix}}_{\boldsymbol{U}_{2\times 2}}\underbrace{\begin{pmatrix}1.5347 & 0.0\\0.0 & 0.1812\end{pmatrix}}_{\boldsymbol{\Sigma}_{2\times 2}}\underbrace{\begin{pmatrix}-0.5902 & -0.1125\\-0.7552 & 0.4269\\-0.2853 & -0.8973\end{pmatrix}^{\mathrm{T}}}_{\boldsymbol{V}_{2\times 3}^{\mathrm{T}}}$$

秩亏矩阵 的奇异值分解

$$\underbrace{\begin{pmatrix} 0.5554 & 0.6811 & 0.9165 & 0.5079 & 0.6719 \\ 0.6471 & 0.7663 & 0.9583 & 0.5456 & 0.6914 \\ 0.7378 & 0.9868 & 1.5472 & 0.8135 & 1.1674 \\ 0.2841 & 0.4796 & 0.9961 & 0.4819 & 0.7834 \end{pmatrix}}_{\boldsymbol{A}_{4\times 5}}$$

$$= \underbrace{\begin{pmatrix} -0.4216 & -0.3236 & -0.7745 & -0.3432 \\ -0.4528 & -0.5663 & 0.1897 & 0.6621 \\ -0.6758 & 0.1394 & 0.5287 & -0.4944 \\ -0.4007 & 0.7451 & -0.2911 & 0.4466 \end{pmatrix}}_{\boldsymbol{U}_{4\times 4}} \underbrace{\begin{pmatrix} 3.6049 & 0.0 & 0.0 & 0.0 & 0.0 \\ 0.0 & 0.3347 & 0.0 & 0.0 & 0.0 \\ 0.0 & 0.0 & 0.0 & 0.0 & 0.0 \\ 0.0 & 0.0 & 0.0 & 0.0 & 0.0 \end{pmatrix}}_{\boldsymbol{\Sigma}_{4\times 5}}$$

$$\underbrace{\begin{pmatrix} -0.3161 & -0.6918 & 0.4395 & -0.4735 & -0.0639 \\ -0.4142 & -0.4761 & -0.3368 & 0.6144 & 0.333 \\ -0.6283 & 0.3548 & -0.4009 & -0.5051 & 0.2521 \\ -0.334 & -0.0023 & -0.2243 & 0.1404 & -0.9047 \\ -0.4714 & 0.411 & 0.6945 & 0.3514 & 0.0553 \end{pmatrix}^{\mathrm{T}}}_{\boldsymbol{V}_{5\times 5}^{\mathrm{T}}}$$

$$= \underbrace{\begin{pmatrix} -0.4216 & -0.3236 \\ -0.4528 & -0.5663 \\ -0.6758 & 0.1394 \\ -0.4007 & 0.7451 \end{pmatrix}}_{\boldsymbol{U}_{4\times 2}} \underbrace{\begin{pmatrix} 3.6049 & 0.0 \\ 0.0 & 0.3347 \end{pmatrix}}_{\boldsymbol{\Sigma}_{2\times 2}} \underbrace{\begin{pmatrix} -0.3161 & -0.6918 \\ -0.4142 & -0.4761 \\ -0.6283 & 0.3548 \\ -0.334 & -0.0023 \\ -0.4714 & 0.411 \end{pmatrix}^{\mathrm{T}}}_{\boldsymbol{V}_{2\times 5}^{\mathrm{T}}}$$

在实际中，我们需要警惕**几乎秩亏矩阵**. 这类矩阵在计算机看来是满秩矩阵，但实际上，由于误差或者数据记录，它应该为非满秩矩阵. 如果我们没有意识到它应该为非满秩矩阵，仍然计算它的逆，进行奇异值分解等，通常发现相关结果极其不稳定.

假设一个矩阵为

$$\boldsymbol{A} = \begin{pmatrix} 1 & 2 \\ 1 & 2 \end{pmatrix}$$

它的秩为 1. 但由于测量误差，我们记录的矩阵为

$$\boldsymbol{B} = \begin{pmatrix} 1 & 2 \\ 1 & 2.01 \end{pmatrix}$$

$\boldsymbol{B}$ 的行向量几乎线性相关，列向量也几乎线性相关，它在计算中会带来很多麻烦. 本来

$\boldsymbol{A}$ 的奇异值分解只需要考虑一个奇异值，但 $\boldsymbol{B}$ 有两个奇异值，且这两个奇异值相差很大，$\sigma_1 = 3.1686, \sigma_2 = 0.0032$.

定义 3.8 * 对于一个满秩矩阵，它的条件数（condition number）定义为最大奇异值与最小奇异值之比，$\sigma_{\max}/\sigma_{\min}$.

条件数越大意味着输出向量对于输入向量的变化越敏感. 我们假设输入向量在单位圆，经过 $\boldsymbol{B}$ 的线性变换，输出向量在一个非常扁的椭圆. 尽管输入向量 $\boldsymbol{x}$ 在单位圆上连续变换，经过 $\boldsymbol{B}$ 的线性变换，输出向量会在椭圆的短轴端出现“突变”，如图 3.4 所示.

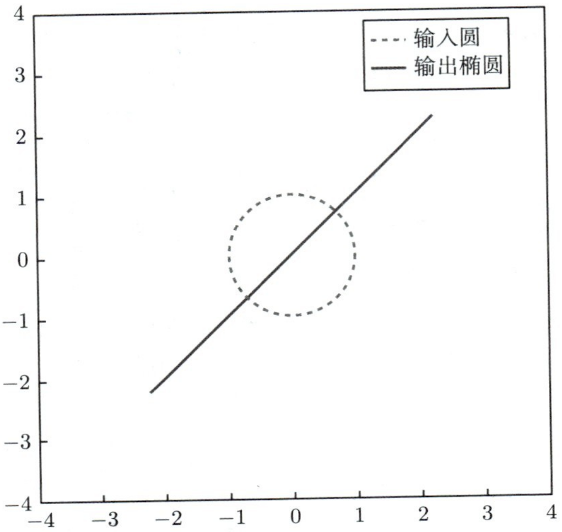

图 3.4　当条件数很大时，输出向量的“突变”

在解线性方程组 $\boldsymbol{Bx} = \boldsymbol{b}$ 时，有时会得到异常大的结果，如线性方程组 $\boldsymbol{Bx} = (1, 0)$ 的解为 $\boldsymbol{x} = (-199, 100)$. 实际上，线性方程组 $\boldsymbol{Ax} = (1, 0)$ 无解. 又如，$\boldsymbol{Bx} = (1, 1)$ 的解为 $\boldsymbol{x} = (1, 0)$，当常数项发生一个微小变化，$\boldsymbol{Bx} = (1, 1.01)$ 的解为 $(-1, 1)$，解发生了很大变化. 遇到这类矩阵，我们需要研究造成几乎秩亏的原因，并对矩阵进行相应的调整.

几何解释与伪逆

奇异值分解找到了矩阵子空间的“最优”标准正交基，它揭示了矩阵线性变换的本质，根据奇异值分解，可以把矩阵对向量 $\boldsymbol{x}$ 进行的线性变换分解为 4 步：

$$\boldsymbol{A}_{m\times n}\boldsymbol{x}_{n\times 1} = \boldsymbol{U}_{m\times r}\boldsymbol{\Sigma}_{r\times r}\boldsymbol{V}^{\mathrm{T}}_{r\times n}\boldsymbol{x}_{n\times 1} = \underbrace{\boldsymbol{U}\,\underbrace{\boldsymbol{\Sigma}\,\underbrace{\boldsymbol{V}^{\mathrm{T}}\,\underbrace{\boldsymbol{V}\boldsymbol{V}^{\mathrm{T}}\boldsymbol{x}}_{\boldsymbol{x}_r}}_{\boldsymbol{x}_v}}_{\boldsymbol{x}_u}}_{\boldsymbol{x}_c}$$

1. 计算输入向量在行空间 $C(\boldsymbol{A}^{\mathrm{T}})$ 上的分量 $\boldsymbol{x}_r=\boldsymbol{V}\boldsymbol{V}^{\mathrm{T}}\boldsymbol{x}$（下一节证明）.

2. 计算 $\boldsymbol{x}_r$ 在标准正交基 $\boldsymbol{v}_1,\cdots,\boldsymbol{v}_r$ 下的坐标 $\boldsymbol{x}_v=\boldsymbol{V}^{\mathrm{T}}\boldsymbol{x}_r=\boldsymbol{V}^{\mathrm{T}}\boldsymbol{V}\boldsymbol{V}^{\mathrm{T}}\boldsymbol{x}=\boldsymbol{V}^{\mathrm{T}}\boldsymbol{x}$.

3. 把坐标 $\boldsymbol{x}_v$ 分别放大或者缩小 $\sigma_1,\cdots,\sigma_r$ 倍，得到坐标 $\boldsymbol{x}_u=\boldsymbol{\Sigma}\boldsymbol{x}_v$.

4. 所得的坐标是在列空间 $C(\boldsymbol{A})$ 的标准正交基 $\boldsymbol{u}_1,\cdots,\boldsymbol{u}_r$ 下的坐标，把它们变换为标准基 $\boldsymbol{e}_1,\cdots,\boldsymbol{e}_m$ 下的坐标 $\boldsymbol{x}_c=\boldsymbol{U}\boldsymbol{x}_u$.

对于 2×2 的秩为 2 的矩阵 $\boldsymbol{A}$，它可以进行如下奇异值分解

$$\underbrace{\begin{pmatrix} a & b \\ c & d \end{pmatrix}}_{\boldsymbol{A}}=\underbrace{\begin{pmatrix} \cos\theta & -\sin\theta \\ \sin\theta & \cos\theta \end{pmatrix}}_{\boldsymbol{U}}\underbrace{\begin{pmatrix} \sigma_1 & \\ & \sigma_2 \end{pmatrix}}_{\boldsymbol{\Sigma}}\underbrace{\begin{pmatrix} \cos\phi & -\sin\phi \\ \sin\phi & \cos\phi \end{pmatrix}^{\mathrm{T}}}_{\boldsymbol{V}^{\mathrm{T}}},$$

其中 θ,σ,ϕ 由矩阵中的元素决定. 可以用图 3.5 表示 $\boldsymbol{A}$ 对任意单位向量的线性变换，即为旋转-拉伸-旋转，这也解释了图 3.3. 这里没有进行上述线性变换的第 1 步，原因是 $C(\boldsymbol{A}^{\mathrm{T}})=\mathbb{R}^2$，所以任意向量在行空间上的分量为它本身 $\boldsymbol{x}_r=\boldsymbol{V}\boldsymbol{V}^{\mathrm{T}}\boldsymbol{x}=\boldsymbol{x}$（下一节证明）.

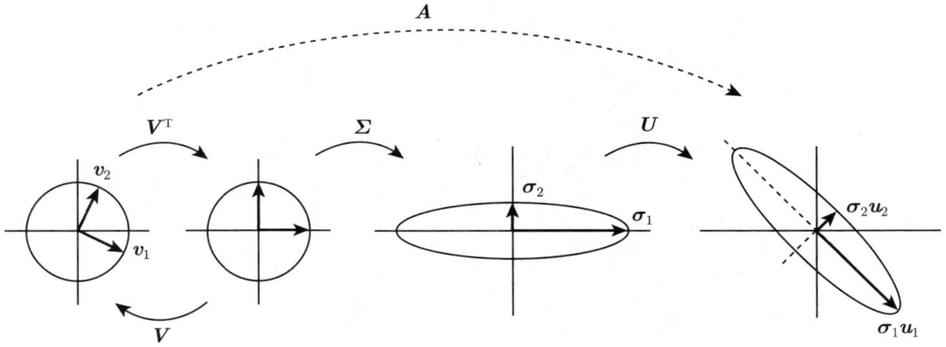

图 3.5　2 级可逆方阵奇异值分解的几何意义

奇异值分解把线性变换 $\boldsymbol{A}\boldsymbol{x}$ 分解为 4 步，如果 $\boldsymbol{A}$ 可逆，则这 4 步都是可逆的：

$$\boldsymbol{A}^{-1}=\boldsymbol{V}\boldsymbol{\Sigma}^{-1}\boldsymbol{U}^{\mathrm{T}},$$

其中，$\boldsymbol{U},\boldsymbol{V}$ 为正交矩阵，$\boldsymbol{\Sigma}$ 为对角元为正数的对角矩阵. 如果 $\boldsymbol{A}$ 存在零空间，则第 1 步不可逆，因为计算 $\boldsymbol{x}$ 在行空间的分量时，$\boldsymbol{x}$ 在零空间的分量被归零了. 如果 $\boldsymbol{A}$ 存在左零空间，则第 4 步不可逆，因为有一些向量不在列空间，无法用 $\boldsymbol{u}_1,\cdots,\boldsymbol{u}_r$ 线性表出.

如果不考虑向量在零空间、左零空间上的分量，则向量在行空间、列空间上的分量可以互逆，相应的矩阵称为 A 的**伪逆** $\boldsymbol{A}^+$（pseudo inverse）$\boldsymbol{A}^+$：

$$\boldsymbol{A}^+_{n\times m}=\underbrace{(\boldsymbol{v}_1\ \ \cdots\ \ \boldsymbol{v}_r)}_{\boldsymbol{V}_{n\times r}}\underbrace{\begin{pmatrix} \sigma_1^{-1} & & \\ & \ddots & \\ & & \sigma_r^{-1} \end{pmatrix}}_{\boldsymbol{\Sigma}^{-1}_{r\times r}}\underbrace{\begin{pmatrix} \boldsymbol{u}_1^{\mathrm{T}} \\ \vdots \\ \boldsymbol{u}_r^{\mathrm{T}} \end{pmatrix}}_{\boldsymbol{U}^{\mathrm{T}}_{r\times m}}.$$

可见

$$A^+A=V_{n\times r}\Sigma_{r\times r}^{-1}U_{r\times m}^{\mathrm{T}}U_{m\times r}\Sigma_{r\times r}V_{r\times n}^{\mathrm{T}}=V_{n\times r}V_{r\times n}^{\mathrm{T}},$$

$$AA^+=U_{m\times r}\Sigma_{r\times r}V_{r\times n}^{\mathrm{T}}V_{n\times r}\Sigma_{r\times r}^{-1}U_{r\times m}^{\mathrm{T}}=U_{m\times r}U_{r\times m}^{\mathrm{T}}.$$

下节将证明 $VV^{\mathrm{T}}x$ 是 $x\in\mathbb{R}^n$ 在 $C(A^{\mathrm{T}})$ 上的投影（分量），$UU^{\mathrm{T}}b$ 是 $b\in\mathbb{R}^m$ 在 $C(A)$ 上的投影（分量）.

假设 $b\in\mathbb{R}^m$，记 $A^+b=x^+$，易知 $x^+\in C(A^{\mathrm{T}})$. 两边同时乘以 A，得到 $AA^+b=Ax^+$，其中 AA^+b 是 b 在 $C(A)$ 上的投影 p，即 $Ax^+=p$. 所以，$A^+b=x^+$ 的意义是，在行空间寻找 $x^+\in C(A^{\mathrm{T}})$，使得 $Ax^+=p$，下节将证明 p 是列空间上离 b 最近的向量.

图 3.6 表示了矩阵 A 的伪逆 A^+，它把 $C(A)$ 上的向量映射到 $C(A^{\mathrm{T}})$，把 $N(A^{\mathrm{T}})$ 的上的向量映射到 $\{0\}$. 对于输出空间的任意向量 $b\in\mathbb{R}^m$，它在 $C(A)$ 上的分量为 p，在 $N(A^{\mathrm{T}})$ 上的分量为 e，因而 $A^+b=A^+(p+e)=A^+p=x^+$.

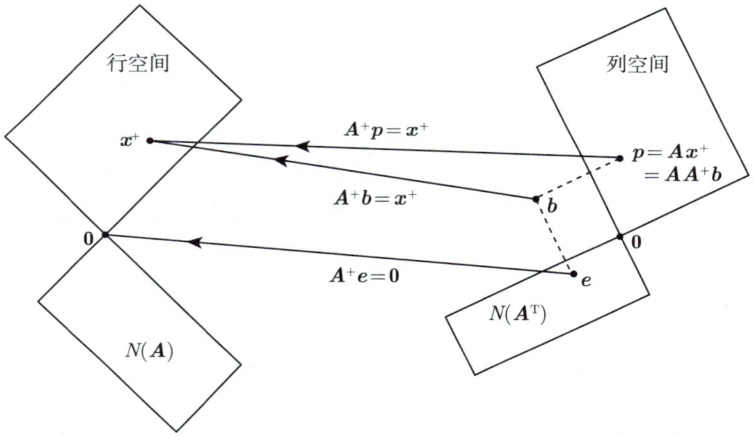

图 3.6 矩阵 A 的伪逆

例 3.10 求 $A=\begin{pmatrix}0.5554&0.6811&0.9165&0.5079&0.6719\\0.6471&0.7663&0.9583&0.5456&0.6914\\0.7378&0.9868&1.5472&0.8135&1.1674\\0.2841&0.4796&0.9961&0.4819&0.7834\end{pmatrix}$ 的伪逆.

解

$$\underbrace{\begin{pmatrix}0.5554&0.6811&0.9165&0.5079&0.6719\\0.6471&0.7663&0.9583&0.5456&0.6914\\0.7378&0.9868&1.5472&0.8135&1.1674\\0.2841&0.4796&0.9961&0.4819&0.7834\end{pmatrix}}_{A_{4\times5}}$$

$$
= \underbrace{\begin{pmatrix} -0.4216 & -0.3236 \\ -0.4528 & -0.5663 \\ -0.6758 & 0.1394 \\ -0.4007 & 0.7451 \end{pmatrix}}_{\boldsymbol{U}_{4\times 2}} \underbrace{\begin{pmatrix} 3.6049 & 0.0 \\ 0.0 & 0.3347 \end{pmatrix}}_{\boldsymbol{\Sigma}_{2\times 2}} \underbrace{\begin{pmatrix} -0.3161 & -0.6918 \\ -0.4142 & -0.4761 \\ -0.6283 & 0.3548 \\ -0.334 & -0.0023 \\ -0.4714 & 0.411 \end{pmatrix}^{\mathrm{T}}}_{\boldsymbol{V}^{\mathrm{T}}_{2\times 5}}
$$

$$
\boldsymbol{A}^{+}_{5\times 4} = \underbrace{\begin{pmatrix} -0.3161 & -0.6918 \\ -0.4142 & -0.4761 \\ -0.6283 & 0.3548 \\ -0.334 & -0.0023 \\ -0.4714 & 0.411 \end{pmatrix}}_{\boldsymbol{V}_{5\times 2}} \underbrace{\begin{pmatrix} \dfrac{1}{3.6049} & 0.0 \\ 0.0 & \dfrac{1}{0.3347} \end{pmatrix}}_{\boldsymbol{\Sigma}^{-1}_{2\times 2}} \underbrace{\begin{pmatrix} -0.4216 & -0.3236 \\ -0.4528 & -0.5663 \\ -0.6758 & 0.1394 \\ -0.4007 & 0.7451 \end{pmatrix}^{\mathrm{T}}}_{\boldsymbol{U}^{\mathrm{T}}_{2\times 4}}
$$

最后，我们验证奇异值分解得出的伪逆 $\boldsymbol{A}^{+} = \boldsymbol{V}\boldsymbol{\Sigma}^{-1}\boldsymbol{U}^{\mathrm{T}}$ 满足 $\boldsymbol{A}$ 的 **Penrose 方程组**，参考定义 1.11

$$
\begin{cases} \boldsymbol{AXA} = \boldsymbol{A}, \\ \boldsymbol{XAX} = \boldsymbol{X}; \\ (\boldsymbol{AX})^{\mathrm{T}} = \boldsymbol{AX}, \\ (\boldsymbol{XA})^{\mathrm{T}} = \boldsymbol{XA}. \end{cases}
$$

1. $\boldsymbol{AXA} = \boldsymbol{U\Sigma V}^{\mathrm{T}}\boldsymbol{V\Sigma}^{-1}\boldsymbol{U}^{\mathrm{T}}\boldsymbol{A} = \boldsymbol{U\Sigma\Sigma}^{-1}\boldsymbol{U}^{\mathrm{T}}\boldsymbol{A} = \boldsymbol{UU}^{\mathrm{T}}\boldsymbol{A} = \boldsymbol{IA} = \boldsymbol{A}$;
2. $\boldsymbol{XAX} = \boldsymbol{X}(\boldsymbol{AX}) = \boldsymbol{XI} = \boldsymbol{X}$;
3. $(\boldsymbol{AX})^{\mathrm{T}} = \boldsymbol{I}^{\mathrm{T}} = \boldsymbol{I} = \boldsymbol{AX}$;
4. $(\boldsymbol{XA})^{\mathrm{T}} = (\boldsymbol{V\Sigma}^{-1}\boldsymbol{U}^{\mathrm{T}}\boldsymbol{U\Sigma V}^{\mathrm{T}})^{\mathrm{T}} = \boldsymbol{I}^{\mathrm{T}} = \boldsymbol{I} = \boldsymbol{XA}$.

低秩估计与图像压缩

奇异值分解的一个重要结论是，秩为 r 的任意矩阵 $\boldsymbol{A}$ 可以写成 r 个单位秩矩阵之和：

$$
\boldsymbol{A} = \sigma_1\boldsymbol{u}_1\boldsymbol{v}_1^{\mathrm{T}} + \sigma_2\boldsymbol{u}_2\boldsymbol{v}_2^{\mathrm{T}} + \cdots + \sigma_r\boldsymbol{u}_r\boldsymbol{v}_r^{\mathrm{T}} \tag{3.3}
$$

假设奇异值从大到小排列 $\sigma_1 \geqslant \sigma_2 \geqslant \cdots \geqslant \sigma_r$，这样奇异值分解公式(3.3)把矩阵 $\boldsymbol{A}$ 分解为 r 个秩为 1 的彼此“正交”的矩阵 $\sigma_k\boldsymbol{u}_k\boldsymbol{v}_k^{\mathrm{T}}$，并且按奇异值大小排列. 奇异值分解逐步提取出 $\boldsymbol{A}$ 中“最重要”的部分，这样的分解对于分析大数据非常重要. 统计学中的一个重要分析工具——**主成分分析**（principal component analysis），就是基于式(3.3). 我们将在第 5.5 节详细讲解主成分分析.

在计算机视觉领域，基于奇异值分解，可以对图像进行“最优”压缩，即保存最重要的信息，舍弃次要的信息（详见第 5.5 节）. 具体而言，我们只提取 k 个最大奇异值

对应的矩阵 $\sigma_i \boldsymbol{u}_i \boldsymbol{v}_i^{\mathrm{T}}, i=1,\cdots,k$，把剩余的 $r-k$ 个相对不重要的矩阵舍弃，$\boldsymbol{A}_k$ 称为 $\boldsymbol{A}$ 的**低秩估计**（low rank approximation）：

$$\boldsymbol{A} \approx \boldsymbol{A}_k = \sigma_1 \boldsymbol{u}_1 \boldsymbol{v}_1^{\mathrm{T}} + \sigma_2 \boldsymbol{u}_2 \boldsymbol{v}_2^{\mathrm{T}} + \cdots + \sigma_k \boldsymbol{u}_k \boldsymbol{v}_k^{\mathrm{T}}$$

低秩估计极大地降低了储存 $\boldsymbol{A}$ 所需的字节，$\boldsymbol{A}$ 中有 $m \times n$ 个元素，而对于 $\boldsymbol{A}_k$，虽然它的大小和 $\boldsymbol{A}$ 相同，但我们只需要存储 $k \times (m+n+1)$ 个元素！

例 3.11 高 m、宽 n(指像素点) 的 RGB 图像可以看成三个 $m \times n$ 矩阵的叠加，三个矩阵分别代表红 R、绿 G、蓝 B 三个通道的颜色. 我们可以分别对三个矩阵进行低秩估计，然后叠加，得到图像的低秩估计. 含有三个 1279×1706 矩阵——$\boldsymbol{R}, \boldsymbol{G}, \boldsymbol{B}$，三个矩阵的秩都为 1279. 图 3.7显示了这三个矩阵.

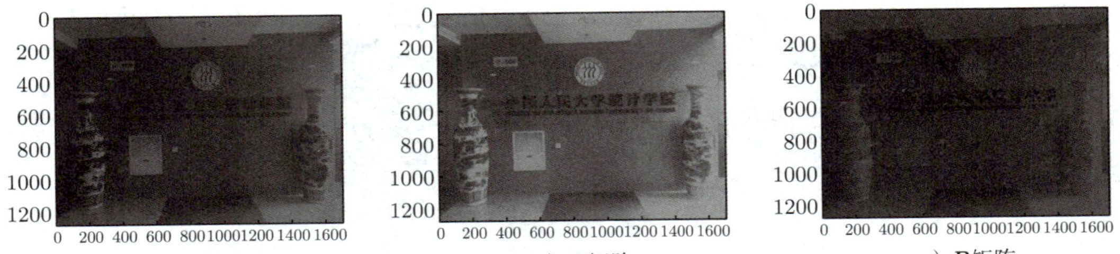

a）$\boldsymbol{R}$矩阵　　b）$\boldsymbol{G}$矩阵　　c）$\boldsymbol{B}$矩阵

图 3.7 图像的 RGB 通道

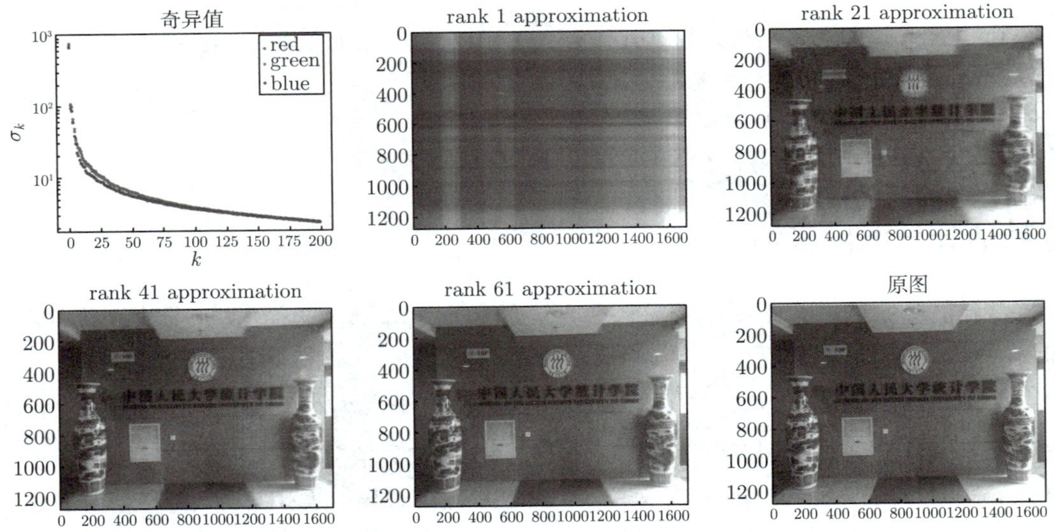

图 3.8 图像的奇异值，图像的低秩估计

对三个矩阵分别进行奇异值分解，它们的奇异值如图 3.8 所示，$\boldsymbol{R}, \boldsymbol{G}, \boldsymbol{B}$ 的前 75 个奇异值比较大，之后的奇异值相对较小. 此外，$\boldsymbol{B}$ 的奇异值较小，这与图 3.7 中第三幅图中物体表征不明显是吻合的. 对原始图像进行低秩估计（$k=1,21,41,61$），也称

为图像压缩. 当 $k=1$，图像的每列像素值成比例，每行像素值成比例，行空间的基只含有一个向量，列空间的基也只含有一个向量. 随着 k 的增加，图像越来越清晰，当 $k=41$，墙上的字可以分辨出来，当 $k=61$，基本看不出和原图的区别了. 因为这幅图中有汉字，汉字结构显然要比图中其他部分复杂，所以需要较多的单位秩矩阵去复原图中的字. 存储原始图像需要 $3\times1279\times1706$ 个数字. 使用低秩估计进行图像压缩，压缩图像仅需要 $3k\times(1279+1706+1)$ 个数字，因为我们仅需要储存 $\boldsymbol{v}_i,\boldsymbol{u}_i,\sigma_i,i=1,\cdots,k$.

如果图像中物体的结构简单，我们可以使用较低的秩获得很好的估计，如图 3.9 所示. 逸夫楼的主要结构为平行的柱子、窗户等，所以可以用较低的秩获得很好的估计.

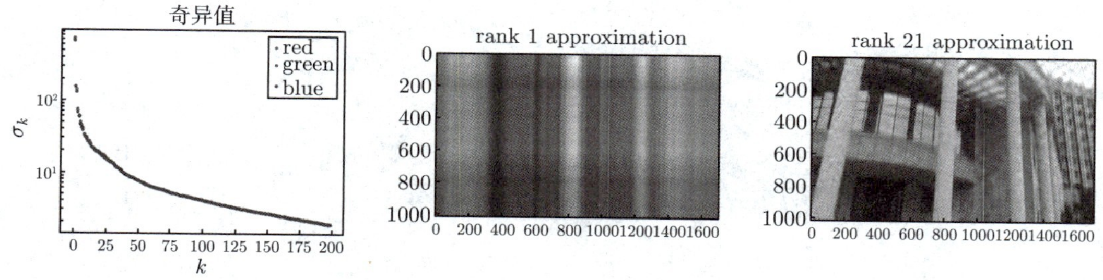

图 3.9　逸夫楼照片的奇异值，逸夫楼照片的低秩估计

习题

1. 下列两个矩阵 $\boldsymbol{A}$ 和 $\boldsymbol{B}$ 的秩 r 分别为多少？将它们分别写成 r 个秩为 1 的 $\boldsymbol{u}\boldsymbol{v}^{\mathrm{T}}$ 的和.（根据 $\boldsymbol{LU}$ 分解或者奇异值分解）

$$\boldsymbol{A}=\begin{pmatrix}1&2&3&4\\2&4&6&8\\3&6&9&12\\4&8&12&16\end{pmatrix},\quad \boldsymbol{B}=\begin{pmatrix}2&3&4&5\\3&4&5&6\\4&5&6&7\\5&6&7&8\end{pmatrix}.$$

2. 已知矩阵 $\boldsymbol{A}=\begin{pmatrix}1&1\\3&3\end{pmatrix}$，对 $\boldsymbol{A}$ 进行全奇异值分解.

3. 找出 $\boldsymbol{A}$ 矩阵的四个基本子空间的标准正交基，其中 $\boldsymbol{A}=\begin{pmatrix}1&2\\3&6\end{pmatrix}$.

4. 假设 $\boldsymbol{u}_1,\cdots,\boldsymbol{u}_n$ 和 $\boldsymbol{v}_1,\cdots,\boldsymbol{v}_n$ 是 $\mathbb{R}^n$ 的两组标准正交基，构造一个矩阵 $\boldsymbol{A}=\boldsymbol{U\Sigma V}^{\mathrm{T}}$ 使得 $\boldsymbol{A}\boldsymbol{v}_1=\boldsymbol{u}_1,\cdots,\boldsymbol{A}\boldsymbol{v}_n=\boldsymbol{u}_n$.

5. 构造一个秩为 1 的矩阵，满足 $\boldsymbol{A}\boldsymbol{v}=12\boldsymbol{u}$，$\boldsymbol{v}=\dfrac{1}{2}(1,1,1,1)$，$\boldsymbol{u}=\dfrac{1}{3}(2,2,1)$，其唯一奇异值为多少？

6. 在给定列空间 $C(\boldsymbol{A})\subset\mathbb{R}^m$ 和行空间 $C(\boldsymbol{A}^{\mathrm{T}})\subset\mathbb{R}^n$ 的情况下，如何找出所有矩阵 $\boldsymbol{A}$？假设 $\boldsymbol{c}_1,\cdots,\boldsymbol{c}_r$，$\boldsymbol{b}_1,\cdots,\boldsymbol{b}_r$ 分别是列空间、行空间的基. 分别让它

们成为两个矩阵 $\boldsymbol{C}$ 和 $\boldsymbol{B}$ 的列. 证明：$\boldsymbol{A}=\boldsymbol{C}\boldsymbol{M}\boldsymbol{B}^{\mathrm{T}}$，其中 $\boldsymbol{M}$ 是一个 $r\times r$ 的可逆矩阵.（提示：从 $\boldsymbol{A}=\boldsymbol{U}\boldsymbol{\Sigma}\boldsymbol{V}^{\mathrm{T}}$ 开始.）

7. (a) 如果 $\boldsymbol{A}$ 秩为 n（列满秩），则它有左逆 $\boldsymbol{L}=(\boldsymbol{A}^{\mathrm{T}}\boldsymbol{A})^{-1}\boldsymbol{A}^{\mathrm{T}}$ 满足 $\boldsymbol{L}\boldsymbol{A}=\boldsymbol{I}$（注：如果 $\boldsymbol{L}\boldsymbol{A}=\boldsymbol{I}$，称 $\boldsymbol{L}$ 为 $\boldsymbol{A}$ 的左逆），证明 $\boldsymbol{A}$ 的伪逆 $\boldsymbol{A}^{+}=\boldsymbol{L}$；

   (b) 如果 $\boldsymbol{A}$ 秩为 m（行满秩），则它有右逆 $\boldsymbol{L}=\boldsymbol{A}^{\mathrm{T}}(\boldsymbol{A}\boldsymbol{A}^{\mathrm{T}})^{-1}$ 满足 $\boldsymbol{A}\boldsymbol{R}=\boldsymbol{I}$（注：如果 $\boldsymbol{A}\boldsymbol{R}=\boldsymbol{I}$，称 $\boldsymbol{R}$ 为 $\boldsymbol{A}$ 的右逆），证明 $\boldsymbol{A}$ 的伪逆 $\boldsymbol{A}^{+}=\boldsymbol{R}$；

   (c) 求 $\boldsymbol{A}_1$ 的左逆 $\boldsymbol{L}$；$\boldsymbol{A}_2$ 的右逆 $\boldsymbol{R}$；$\boldsymbol{A}_1,\boldsymbol{A}_2,\boldsymbol{A}_3$ 的伪逆 $\boldsymbol{A}^{+}$.

$$\boldsymbol{A}_1=\begin{pmatrix}2\\2\end{pmatrix},\boldsymbol{A}_2=\begin{pmatrix}2 & 2\end{pmatrix},\boldsymbol{A}_3=\begin{pmatrix}2 & 2\\1 & 1\end{pmatrix}$$

8. 记向量 $\boldsymbol{b}=(b_1,b_2)$，已知如下单位秩矩阵：

$$\boldsymbol{A}=\begin{pmatrix}2 & 2\\1 & 1\end{pmatrix},\boldsymbol{A}\boldsymbol{A}^{\mathrm{T}}=\begin{pmatrix}8 & 4\\4 & 2\end{pmatrix},\boldsymbol{A}^{\mathrm{T}}\boldsymbol{A}=\begin{pmatrix}5 & 5\\5 & 5\end{pmatrix},\boldsymbol{A}^{+}=\begin{pmatrix}0.2 & 0.1\\0.2 & 0.1\end{pmatrix}$$

   (a) 证明：$\boldsymbol{A}^{\mathrm{T}}\boldsymbol{A}\hat{\boldsymbol{x}}=\boldsymbol{A}^{\mathrm{T}}\boldsymbol{b}$ 有很多解有无数个解；

   (b) 证明：$\boldsymbol{x}^{+}=\boldsymbol{A}^{+}\boldsymbol{b}$ 是 $\boldsymbol{A}^{\mathrm{T}}\boldsymbol{A}\boldsymbol{x}^{+}=\boldsymbol{A}^{\mathrm{T}}\boldsymbol{b}$ 的解；

   (c) $\hat{\boldsymbol{x}}=\boldsymbol{x}^{+}+(1,-1)$ 是 $\boldsymbol{A}^{\mathrm{T}}\boldsymbol{A}\hat{\boldsymbol{x}}=\boldsymbol{A}^{\mathrm{T}}\boldsymbol{b}$ 的另外一个解. 证明：$\|\hat{\boldsymbol{x}}\|^2=\|\boldsymbol{x}^{+}\|^2+2$.

9. 证明：$\boldsymbol{x}^{+}=\boldsymbol{A}^{+}\boldsymbol{b}$ 是 $\boldsymbol{A}^{\mathrm{T}}\boldsymbol{A}\hat{\boldsymbol{x}}=\boldsymbol{A}^{\mathrm{T}}\boldsymbol{b}$ 的模长最小的解.（提示：$\hat{\boldsymbol{x}}-\boldsymbol{x}^{+}$ 在 $\boldsymbol{A}^{\mathrm{T}}\boldsymbol{A}$ 的核空间. 这也是 $\boldsymbol{A}$ 的核空间，垂直于 $\boldsymbol{x}^{+}$.）

10. 每一个向量 $\boldsymbol{b}\in\mathbb{R}^m$ 可以写为 $\boldsymbol{A}$ 列空间的分量（投影）加上左零空间的分量（投影），即 $\boldsymbol{b}=\boldsymbol{p}+\boldsymbol{e}$. 每一个向量 $\boldsymbol{x}\in\mathbb{R}^n$ 可以写为 $\boldsymbol{A}$ 行空间的分量（投影）加上核空间的分量（投影），即 $\boldsymbol{x}=\boldsymbol{x}^{+}+\boldsymbol{x}_n$. 求 $\boldsymbol{A}\boldsymbol{A}^{+}\boldsymbol{p},\boldsymbol{A}\boldsymbol{A}^{+}\boldsymbol{e},\boldsymbol{A}^{+}\boldsymbol{A}\boldsymbol{x}^{+},\boldsymbol{A}^{+}\boldsymbol{A}\boldsymbol{x}_n$.

11. 已知矩阵 $\boldsymbol{A}=\boldsymbol{U}\boldsymbol{\Sigma}\boldsymbol{V}^{\mathrm{T}}$ 和向量 $\boldsymbol{b}$ 如下：

$$\boldsymbol{A}=\begin{pmatrix}3\\4\end{pmatrix}=\begin{pmatrix}0.6 & -0.8\\0.8 & 0.6\end{pmatrix}\begin{pmatrix}5\\0\end{pmatrix}\begin{pmatrix}1\end{pmatrix},\boldsymbol{b}=\begin{pmatrix}3\\4\end{pmatrix}\text{ 或 }\boldsymbol{b}=\begin{pmatrix}-4\\3\end{pmatrix}$$

计算相应的 $\boldsymbol{A}^{+},\boldsymbol{A}^{+}\boldsymbol{A},\boldsymbol{A}\boldsymbol{A}^{+},\boldsymbol{x}^{+}$.

3.4 投影与最小二乘法

和正交密切相关的概念是**投影**（projection）. 在本章开头所画的直角三角形中，勾就是弦在竖直线上的投影，股就是弦在水平线上的投影. 向量 $\boldsymbol{v}=(v_1,v_2,v_3)\in\mathbb{R}^3$ 的坐标即为向量 $\boldsymbol{v}$ 在 x,y,z 轴的投影. 奇异值分解中 $\boldsymbol{V}^{\mathrm{T}}\boldsymbol{x}$ 表示向量在标准正交基 $\boldsymbol{v}_1,\cdots,\boldsymbol{v}_r$ 下的**坐标**，即向量 $\boldsymbol{x}$ 在 $\boldsymbol{v}_1,\cdots,\boldsymbol{v}_r$ 上的投影. 此外，投影还和极值问题相关，一个点在平面上的投影是平面上距离该点最近的点. **最小二乘法**（least squares method）是**统计**

回归模型（statistical regression model）的基石，最小二乘法虽然是一个极值问题，但它和投影、正交密切相关.

向量的投影

定义 3.9　设 $V \in \mathbb{R}^n$ 是欧几里得空间的一个子空间. 令

$$P: \mathbb{R}^n \to V, \quad \boldsymbol{b} \in \mathbb{R}^n \mapsto P(\boldsymbol{b}) = \boldsymbol{p} \in V$$

并且误差向量（residual vector）$\boldsymbol{e} = \boldsymbol{b} - \boldsymbol{p} \in V^{\perp}$，称 P 是 $\mathbb{R}^n$ 在 V 上的正交投影（orthogonal projection），称 $\boldsymbol{p}$ 是向量 $\boldsymbol{b}$ 在 V 上的正交投影，称 $\boldsymbol{e}$ 是向量 $\boldsymbol{b}$ 在 $V^{\perp}$ 上的正交投影.

这里，我们把 $\boldsymbol{P}$ 看作一个映射，后面我们用相同的符号 $\boldsymbol{P}$ 表示**投影矩阵**（projection matrix），即 $\boldsymbol{Pb} = \boldsymbol{p}$.

命题 3.6　对于向量 $\boldsymbol{b} \notin V$，假设它在 V 的投影是 $\boldsymbol{p}$，则 $||\boldsymbol{b}-\boldsymbol{p}|| \leqslant ||\boldsymbol{b}-\boldsymbol{a}||, \forall \boldsymbol{a} \in V$. 即在 V 中，离 $\boldsymbol{b}$ 最近的点是 $\boldsymbol{b}$ 的投影 $\boldsymbol{p}$.

证明　令 $\boldsymbol{b} - \boldsymbol{p} = \boldsymbol{e} \in V^{\perp}$，则 $\boldsymbol{e} \perp \boldsymbol{a}, \boldsymbol{e} \perp \boldsymbol{p}$.

$$\begin{aligned}
||\boldsymbol{b}-\boldsymbol{a}||^2 &= ||\boldsymbol{b}-\boldsymbol{p}+\boldsymbol{p}-\boldsymbol{a}||^2 \\
&= ||\boldsymbol{e}+\boldsymbol{p}-\boldsymbol{a}||^2 \\
&= (\boldsymbol{e}+\boldsymbol{p}-\boldsymbol{a})^{\mathrm{T}}(\boldsymbol{e}+\boldsymbol{p}-\boldsymbol{a}) \\
&= ||\boldsymbol{e}||^2 + ||\boldsymbol{p}-\boldsymbol{a}||^2 \\
&\geqslant ||\boldsymbol{e}||^2
\end{aligned}$$

当且仅当 $\boldsymbol{a} = \boldsymbol{p}$ 时取等号. ■

对于子空间 V，我们先考虑 V 的维数为 1，即向量在直线上的投影. 然后考虑 V 的维数大于 1，我们用矩阵 $\boldsymbol{A}$ 的列空间表示 V，研究向量在 $\boldsymbol{A}$ 列空间上的投影假设 $V = \mathrm{span}(\boldsymbol{a})$，研究向量 $\boldsymbol{b}$ 在直线上的投影. 根据定义，假设向量 $\boldsymbol{b}$ 在 $V = \mathrm{span}(\boldsymbol{a})$ 上的投影为 $\boldsymbol{p} = \hat{x}\boldsymbol{a} = \boldsymbol{Pb}$，则 $\boldsymbol{e} = \boldsymbol{b} - \boldsymbol{p}$ 正交于 $V = \mathrm{span}(\boldsymbol{a})$（见图 3.10）:

$$(\boldsymbol{b}-\boldsymbol{p})^{\mathrm{T}}\boldsymbol{a} = \boldsymbol{0} \implies \boldsymbol{b}^{\mathrm{T}}\boldsymbol{a} - \boldsymbol{p}^{\mathrm{T}}\boldsymbol{a} = \boldsymbol{0} \implies \boldsymbol{b}^{\mathrm{T}}\boldsymbol{a} - \hat{x}\boldsymbol{a}^{\mathrm{T}}\boldsymbol{a} = \boldsymbol{0}.$$

所以，$\hat{x} = \dfrac{\boldsymbol{b}^{\mathrm{T}}\boldsymbol{a}}{\boldsymbol{a}^{\mathrm{T}}\boldsymbol{a}}$，投影为

$$\boldsymbol{p} = \hat{x}\boldsymbol{a} = \frac{\boldsymbol{b}^{\mathrm{T}}\boldsymbol{a}}{\boldsymbol{a}^{\mathrm{T}}\boldsymbol{a}}\boldsymbol{a} = \frac{\boldsymbol{a}^{\mathrm{T}}\boldsymbol{b}}{\boldsymbol{a}^{\mathrm{T}}\boldsymbol{a}}\boldsymbol{a} = \frac{\boldsymbol{a}\boldsymbol{a}^{\mathrm{T}}}{\boldsymbol{a}^{\mathrm{T}}\boldsymbol{a}}\boldsymbol{b}$$

投影矩阵为

$$\boldsymbol{P} = \frac{\boldsymbol{a}\boldsymbol{a}^{\mathrm{T}}}{\boldsymbol{a}^{\mathrm{T}}\boldsymbol{a}}$$

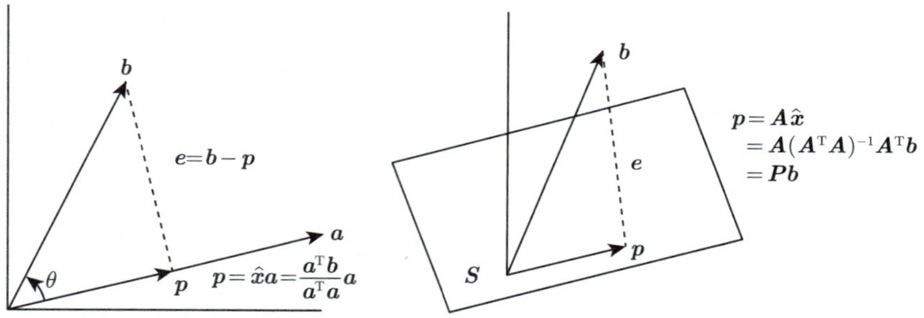

图 3.10　向量在直线和平面上的投影

投影矩阵有一些重要的特征：它的秩为 1（$\boldsymbol{a}\boldsymbol{a}^{\mathrm{T}}$ 的秩为 1）；它是对称矩阵，$\boldsymbol{P}^{\mathrm{T}}=\boldsymbol{P}$；它满足 $\boldsymbol{P}^2=\boldsymbol{P}$，即投影两次不改变第一次投影，$\boldsymbol{P}^2\boldsymbol{b}=\boldsymbol{P}\boldsymbol{P}\boldsymbol{b}=\boldsymbol{P}\boldsymbol{b}=\boldsymbol{p}$. 误差向量满足

$$\boldsymbol{e}=\boldsymbol{b}-\boldsymbol{p}=\boldsymbol{b}-\boldsymbol{P}\boldsymbol{b}=(\boldsymbol{I}-\boldsymbol{P})\boldsymbol{b}\in V^{\perp},$$

所以，$\boldsymbol{I}-\boldsymbol{P}$ 是投影到 $V^{\perp}$ 的投影矩阵. 它也满足 $(\boldsymbol{I}-\boldsymbol{P})^{\mathrm{T}}=\boldsymbol{I}-\boldsymbol{P},(\boldsymbol{I}-\boldsymbol{P})^2=(\boldsymbol{I}-\boldsymbol{P})$.

若 $\boldsymbol{a}=\boldsymbol{q}$ 是单位向量，即 $||\boldsymbol{q}||=1$，则 $\boldsymbol{P}=\boldsymbol{q}\boldsymbol{q}^{\mathrm{T}}$，投影为 $\boldsymbol{p}=\boldsymbol{q}\boldsymbol{q}^{\mathrm{T}}\boldsymbol{b}=(\boldsymbol{q}^{\mathrm{T}}\boldsymbol{b})\boldsymbol{q}$，所以对于单位向量 $\boldsymbol{q}$，$\hat{\boldsymbol{x}}=\boldsymbol{q}^{\mathrm{T}}\boldsymbol{b}$，投影简化为计算内积. 在上节，我们求向量 $\boldsymbol{b}$ 在标准正交基 $\boldsymbol{V}$ 上的坐标时，$\boldsymbol{V}^{\mathrm{T}}\boldsymbol{b}$ 就是计算了 r 个内积：

$$\boldsymbol{V}^{\mathrm{T}}\boldsymbol{b}=(\boldsymbol{v}_1^{\mathrm{T}}\boldsymbol{b},\boldsymbol{v}_2^{\mathrm{T}}\boldsymbol{b},\cdots,\boldsymbol{v}_r^{\mathrm{T}}\boldsymbol{b})$$

例 3.12　计算投影到 $\boldsymbol{a}=(1,2,2)$ 的投影矩阵.

解

$$\boldsymbol{P}=\frac{\boldsymbol{a}\boldsymbol{a}^{\mathrm{T}}}{||\boldsymbol{a}||^2}=\frac{1}{9}(1,2,2)(1,2,2)^{\mathrm{T}}=\frac{1}{9}\begin{pmatrix}1&2&2\\2&4&4\\2&4&4\end{pmatrix},$$

$\boldsymbol{P}$ 是对称矩阵，$\boldsymbol{P}^2=\boldsymbol{P}$，$\mathrm{rank}\boldsymbol{P}=1$.

以上考虑了向量投影到直线上. 接下来，我们考虑向量投影到维度大于 1 的子空间，该子空间用矩阵 $\boldsymbol{A}$ 的列空间 $C(\boldsymbol{A})$ 表示. 该投影为 $\boldsymbol{A}$ 列向量的线性组合 $\boldsymbol{p}=\boldsymbol{A}\hat{\boldsymbol{x}}$，$\boldsymbol{p}$ 是 $C(\boldsymbol{A})$ 上距离 $\boldsymbol{b}$ 最近的点，建立方程的关键是正交：$(\boldsymbol{b}-\boldsymbol{p})\perp C(\boldsymbol{A})$.

命题 3.7　假设 $m\times n$ 列满秩矩阵 $\boldsymbol{A}$，$\mathrm{rank}\boldsymbol{A}=n\leqslant m$，那么 $\boldsymbol{b}\in\mathbb{R}^m$ 在矩阵列空间 $C(\boldsymbol{A})$ 上的投影为

$$\boldsymbol{p}=\boldsymbol{A}\hat{\boldsymbol{x}}=\boldsymbol{A}(\boldsymbol{A}^{\mathrm{T}}\boldsymbol{A})^{-1}A^{\mathrm{T}}\boldsymbol{b}.$$

证明　投影 $\boldsymbol{p}\in C(\boldsymbol{A})$ 可以用 $\boldsymbol{A}$ 列向量线性表出，且唯一，假设 $\boldsymbol{p}=\boldsymbol{A}\hat{\boldsymbol{x}}\in C(\boldsymbol{A})$. 误差向量 $\boldsymbol{e}=\boldsymbol{b}-\boldsymbol{p}=\boldsymbol{b}-\boldsymbol{A}\hat{\boldsymbol{x}}$ 与 $C(\boldsymbol{A})$ 正交，或者说 $\boldsymbol{e}\in C(\boldsymbol{A})^{\perp}=N(\boldsymbol{A}^{\mathrm{T}})$，所以

$$\boldsymbol{A}^{\mathrm{T}}\boldsymbol{e}=\boldsymbol{0}\implies\boldsymbol{A}^{\mathrm{T}}(\boldsymbol{b}-\boldsymbol{A}\hat{\boldsymbol{x}})=\boldsymbol{0}\implies\boldsymbol{A}^{\mathrm{T}}\boldsymbol{b}=\boldsymbol{A}^{\mathrm{T}}\boldsymbol{A}\hat{\boldsymbol{x}}$$

如果 $\boldsymbol{A}^{\mathrm{T}}\boldsymbol{A}$ 可逆，则

$$\hat{\boldsymbol{x}}=(\boldsymbol{A}^{\mathrm{T}}\boldsymbol{A})^{-1}\boldsymbol{A}^{\mathrm{T}}\boldsymbol{b}.\tag{3.4}$$

正交投影为

$$p = A\hat{x} = A(A^{\mathrm{T}}A)^{-1}A^{\mathrm{T}}b$$

投影矩阵为

$$P = A(A^{\mathrm{T}}A)^{-1}A^{\mathrm{T}}.$$

投影矩阵满足 $P^2 = P, P^{\mathrm{T}} = P$. $I - P$ 也是投影矩阵，把 b 投影到左零空间 $C(A)^{\perp} = N(A^{\mathrm{T}})$. ■

我们还需要证明如下命题：

命题 3.8 *A 列满秩等价于 $A^{\mathrm{T}}A$ 可逆.*

我们可以证明如下更一般的命题，如果以下命题成立，则当 $N(A) = N(A^{\mathrm{T}}A) = \{0\}$ 时，A 为列满秩矩阵，$A^{\mathrm{T}}A$ 的秩为 n，$A^{\mathrm{T}}A$ 是可逆的满秩方阵.

命题 3.9 $N(A) = N(A^{\mathrm{T}}A) \subset \mathbb{R}^n$.

证明 假设矩阵 A 的大小为 $m \times n$，则 $A^{\mathrm{T}}A$ 的大小为 $n \times n$. 如果 $x \in N(A)$，则

$$Ax = 0 \implies A^{\mathrm{T}}Ax = 0 \implies x \in N(A^{\mathrm{T}}A).$$

如果 $x \in N(A^{\mathrm{T}}A)$，则

$$A^{\mathrm{T}}Ax = 0 \implies x^{\mathrm{T}}A^{\mathrm{T}}Ax = 0 \implies (Ax)^{\mathrm{T}}(Ax) = 0 \implies ||Ax|| = 0 \implies Ax = 0$$

所以 $x \in N(A^{\mathrm{T}}A) \implies x \in N(A)$. 综上，$N(A) = N(A^{\mathrm{T}}A)$. ■

至此，我们证明了命题 3.9. 对于任意向量 $b \in \mathbb{R}^m$，投影 $Pb \in C(A) \subset \mathbb{R}^m$，一个自然想到的问题是：$P$ 和 A 的列空间是否相同?

命题 3.10 $C(P) = C(A)$.

证明 因为 $\forall b \in \mathbb{R}^m$，$Pb = p \in C(A)$，则 $C(P) \subseteq C(A)$. 我们还需要证明 $C(A) \subseteq C(P)$. 对于任意 $a \in C(A)$，解方程 $Py = a$，显然有解 $y = a$，所以 $a \in C(P)$，进而 $C(P) = C(A)$. ■

以上命题还说明 $m \times m$ 矩阵 P 的秩等于 A 的秩 $n \leqslant m$，P 不一定是满秩矩阵. 如果 A 是满秩方阵 $m = n = r$，则 $P = I$. 因为 $C(A) = \mathbb{R}^m$，任意向量在 $\mathbb{R}^m$ 的投影都是它本身.

如果 A 不是列满秩矩阵，则 $A^{\mathrm{T}}A$ 不可逆，我们无法使用式(3.4). 一个解决办法是把 A 的主列提取出来，形成一个列满秩矩阵 B，可知 $C(A) = C(B)$，向量 b 在 $C(A)$ 的投影等于在 $C(B)$ 的投影，把所有公式中的 A 用 B 替换.

如果矩阵 $A = Q$ 的列向量为标准正交基 $q_1, \cdots, q_r$，则

$$P = Q(Q^{\mathrm{T}}Q)^{-1}Q^{\mathrm{T}} = QI^{-1}Q^{\mathrm{T}} = QQ^{\mathrm{T}}, \tag{3.5}$$

所以 b 的投影为

$$p = QQ^{\mathrm{T}}x = Q(Q^{\mathrm{T}}x) = Q(q_1^{\mathrm{T}}x, q_2^{\mathrm{T}}x, \cdots, q_r^{\mathrm{T}}x) = q_1q_1^{\mathrm{T}}x + q_2q_2^{\mathrm{T}}x + \cdots + q_rq_r^{\mathrm{T}}x.$$

其中 $\boldsymbol{q}_i^{\mathrm{T}}\boldsymbol{x}$ 为 $\boldsymbol{x}$ 在 $\boldsymbol{q}_i$ 方向的分量，称为在此标准正交基下的第 i 个坐标. 所以，当矩阵中的列向量为正交单位向量组时，计算投影简化为利用内积计算坐标.

在奇异值分解中，我们找到了 $\boldsymbol{A}$ 行空间的一个标准正交基 $\boldsymbol{v}_1,\cdots,\boldsymbol{v}_r$，把它们放到矩阵 $\boldsymbol{V}_{n\times r}$ 的列，则 $\boldsymbol{V}\boldsymbol{V}^{\mathrm{T}}$ 是投影到行空间 $C(\boldsymbol{A}^{\mathrm{T}})$ 的投影矩阵，所以 $\boldsymbol{V}\boldsymbol{V}^{\mathrm{T}}\boldsymbol{A}^{\mathrm{T}}=\boldsymbol{A}^{\mathrm{T}}$，两边转置有 $\boldsymbol{A}\boldsymbol{V}\boldsymbol{V}^{\mathrm{T}}=\boldsymbol{A}$. 注意：$\boldsymbol{V}\boldsymbol{V}^{\mathrm{T}}\neq\boldsymbol{I}$. 根据奇异值分解

$$\boldsymbol{A}_{m\times n}\boldsymbol{V}_{n\times r}=\boldsymbol{U}_{m\times r}\boldsymbol{\Sigma}_{r\times r},$$

两边同时右乘 $\boldsymbol{V}^{\mathrm{T}}$，得到 $\boldsymbol{A}\boldsymbol{V}\boldsymbol{V}^{\mathrm{T}}=\underline{\boldsymbol{U}\boldsymbol{\Sigma}\boldsymbol{V}^{\mathrm{T}}=\boldsymbol{A}}$.

例 3.13 已知 $\boldsymbol{A}=\begin{pmatrix}1&0\\1&1\\1&2\end{pmatrix}$，求 $\boldsymbol{b}=(6,0,0)$ 在 $C(\boldsymbol{A})$ 上的投影 $\boldsymbol{p}$，误差向量 $\boldsymbol{b}-\boldsymbol{p}$，投影矩阵 $\boldsymbol{P}$.

解 $\boldsymbol{A}$ 为列满秩矩阵，所以 $\boldsymbol{A}^{\mathrm{T}}\boldsymbol{A}=\begin{pmatrix}3&3\\3&5\end{pmatrix}$ 可逆. $\boldsymbol{A}^{\mathrm{T}}\boldsymbol{b}=(6,0)$.

解线性方程组

$$\underbrace{\begin{pmatrix}3&3\\3&5\end{pmatrix}}_{\boldsymbol{A}^{\mathrm{T}}\boldsymbol{A}}\underbrace{\begin{pmatrix}\hat{x}_1\\\hat{x}_2\end{pmatrix}}_{\boldsymbol{x}}=\underbrace{\begin{pmatrix}6\\0\end{pmatrix}}_{\boldsymbol{A}^{\mathrm{T}}\boldsymbol{b}}\Longrightarrow\hat{\boldsymbol{x}}=\begin{pmatrix}\hat{x}_1\\\hat{x}_2\end{pmatrix}=\begin{pmatrix}5\\-3\end{pmatrix}.$$

所以，投影为 $\boldsymbol{p}=\boldsymbol{A}\hat{\boldsymbol{x}}=(5,2,-1)$，误差向量为 $\boldsymbol{e}=\boldsymbol{b}-\boldsymbol{p}=(1,-2,1)\in C(\boldsymbol{A})^{\perp}$. 投影矩阵为

$$\boldsymbol{P}=\boldsymbol{A}(\boldsymbol{A}^{\mathrm{T}}\boldsymbol{A})^{-1}\boldsymbol{A}^{\mathrm{T}}=\frac{1}{6}\begin{pmatrix}5&2&-1\\2&2&2\\-1&2&5\end{pmatrix}$$

可以验证 $\boldsymbol{P}^{\mathrm{T}}=\boldsymbol{P},\boldsymbol{P}^2=\boldsymbol{P}$.

以上例子说明，对于一般矩阵 $\boldsymbol{A}$，计算投影矩阵需要求矩阵 $\boldsymbol{A}^{\mathrm{T}}\boldsymbol{A}$ 的逆，非常麻烦！式(3.5)显示了当 $\boldsymbol{Q}$ 的列向量为标准正交基时，投影矩阵 $\boldsymbol{P}$ 非常容易计算. 所以，一个自然而然的想法就是找到一个列向量为标准正交基的 $\boldsymbol{Q}$，使得 $C(\boldsymbol{Q})=C(\boldsymbol{A})$. 奇异值分解可以找到这个 $\boldsymbol{Q}=\boldsymbol{U}$，**Gram-Schmidt 正交化**也可以实现从 $\boldsymbol{A}$ 到 $\boldsymbol{Q}$，而不改变其列空间.

最小二乘法

当 $\boldsymbol{A}\boldsymbol{x}=\boldsymbol{b}$ 无解时，说明 $\boldsymbol{b}\notin C(\boldsymbol{A})$，或者说 $C(\boldsymbol{A})\subset\mathbb{R}^m$ 太小，这时，矩阵 $\boldsymbol{A}$ 呈现瘦高形，方程的数目大于未知量的数目，对未知变量要求太高. 既然无解，退而求其次，如何找到一个最好的 $\hat{\boldsymbol{x}}$，使得 $\boldsymbol{A}\hat{\boldsymbol{x}}$ 和 $\boldsymbol{b}$ 最接近？即求解如下的**最小二乘**（least squares）问题：

$$\hat{\boldsymbol{x}}=\arg\min_{\boldsymbol{x}}||\boldsymbol{A}\boldsymbol{x}-\boldsymbol{b}||^2,$$

这个方法称为**最小二乘法**. 我们将从三个角度分析最小二乘问题：几何角度、代数角度、极值角度.

从几何角度，当 $||\boldsymbol{A}\hat{\boldsymbol{x}}-\boldsymbol{b}||$ 最小时，$\boldsymbol{A}\hat{\boldsymbol{x}}$ 应该是 $\boldsymbol{b}$ 在 $C(\boldsymbol{A})$ 上的投影，所以，最小化问题转变为投影问题，解如下**正规方程**（normal equation）：

$$\boldsymbol{A}^{\mathrm{T}}\boldsymbol{A}\hat{\boldsymbol{x}}=\boldsymbol{A}^{\mathrm{T}}\boldsymbol{b}.$$

因为 $N(\boldsymbol{A}^{\mathrm{T}}\boldsymbol{A})=N(\boldsymbol{A}) \implies N(\boldsymbol{A}^{\mathrm{T}}\boldsymbol{A})^{\perp}=N(\boldsymbol{A})^{\perp} \implies C(\boldsymbol{A}^{\mathrm{T}}\boldsymbol{A})=C(\boldsymbol{A}^{\mathrm{T}})$，所以 $\boldsymbol{A}^{\mathrm{T}}\boldsymbol{A}\hat{\boldsymbol{x}}=\boldsymbol{A}^{\mathrm{T}}\boldsymbol{b}$ 必定有解. 如果 $\boldsymbol{A}$ 为列满秩矩阵，则 $\boldsymbol{A}^{\mathrm{T}}\boldsymbol{A}$ 可逆，方程有唯一解. 如果 $\boldsymbol{A}$ 的列向量线性相关，则 $\boldsymbol{A}^{\mathrm{T}}\boldsymbol{A}$ 不可逆，进而，$N(\boldsymbol{A}^{\mathrm{T}}\boldsymbol{A})=N(\boldsymbol{A})\neq\{\boldsymbol{0}\}$，$\boldsymbol{A}^{\mathrm{T}}\boldsymbol{A}\hat{\boldsymbol{x}}=\boldsymbol{A}^{\mathrm{T}}\boldsymbol{b}$ 有无穷多解. 这说明，当 $\boldsymbol{A}$ 的列向量线性相关时，有多个 $\hat{\boldsymbol{x}}$，使得 $||\boldsymbol{A}\hat{\boldsymbol{x}}-\boldsymbol{b}||$ 最小.

从代数角度，我们需要证明如下命题：

命题 3.11 给定 $\boldsymbol{b}\notin C(\boldsymbol{A})$，$\forall \boldsymbol{a}\in C(\boldsymbol{A})$，使得 $||\boldsymbol{b}-\boldsymbol{a}||$ 最小时，向量 $\boldsymbol{a}$ 为 $\boldsymbol{b}$ 在 $C(\boldsymbol{A})$ 上的投影 $\boldsymbol{p}$.

证明 令 $\boldsymbol{a}=\boldsymbol{A}\boldsymbol{x}, \boldsymbol{p}=\boldsymbol{A}\hat{\boldsymbol{x}}, \Delta\boldsymbol{x}=\hat{\boldsymbol{x}}-\boldsymbol{x}$,

$$\begin{aligned}
||\boldsymbol{b}-\boldsymbol{a}||^2 &= ||\boldsymbol{b}-\boldsymbol{A}\boldsymbol{x}||^2\\
&= ||\boldsymbol{b}-\boldsymbol{A}\hat{\boldsymbol{x}}+\boldsymbol{A}(\hat{\boldsymbol{x}}-\boldsymbol{x})||^2\\
&= ||\boldsymbol{b}-\boldsymbol{p}+\boldsymbol{A}\Delta\boldsymbol{x}||^2\\
&= (\boldsymbol{e}+\boldsymbol{A}\Delta\boldsymbol{x})^{\mathrm{T}}(\boldsymbol{e}+\boldsymbol{A}\Delta\boldsymbol{x})\\
&= ||\boldsymbol{e}||^2+\boldsymbol{e}^{\mathrm{T}}(\boldsymbol{A}\Delta\boldsymbol{x})+(\boldsymbol{A}\Delta\boldsymbol{x})^{\mathrm{T}}\boldsymbol{e}+||\boldsymbol{A}\Delta\boldsymbol{x}||^2\\
&= ||\boldsymbol{e}||^2+||\boldsymbol{A}\Delta\boldsymbol{x}||^2\\
&\geqslant ||\boldsymbol{b}-\boldsymbol{p}||^2
\end{aligned}$$

所以，当 $\boldsymbol{A}\Delta\boldsymbol{x}=\boldsymbol{0}$ 时，$\boldsymbol{a}=\boldsymbol{A}\boldsymbol{x}=\boldsymbol{A}(\hat{\boldsymbol{x}}-\Delta\boldsymbol{x})=\boldsymbol{A}\hat{\boldsymbol{x}}=\boldsymbol{p}$，即 $\boldsymbol{a}=\boldsymbol{p}$ 时，$||\boldsymbol{b}-\boldsymbol{a}||$ 最小，为 $||\boldsymbol{b}-\boldsymbol{p}||$. ■

如果 $\boldsymbol{A}$ 是列满秩矩阵，则 $N(\boldsymbol{A})=\{\boldsymbol{0}\} \implies \boldsymbol{A}\Delta\boldsymbol{x}=\boldsymbol{0}$ 仅有一个解 $\Delta\boldsymbol{x}=\boldsymbol{0}$，即 $\boldsymbol{x}=\hat{\boldsymbol{x}}$. 如果 $\boldsymbol{A}$ 不是列满秩，则 $\boldsymbol{A}\Delta\boldsymbol{x}=\boldsymbol{0}$ 有无穷多解. 此时，任意 $\boldsymbol{x}=\hat{\boldsymbol{x}}-\Delta\boldsymbol{x}$，都使得 $||\boldsymbol{A}\boldsymbol{x}-\boldsymbol{b}||$ 最小. 有无穷多解的根本原因是，$\boldsymbol{A}$ 的列向量线性相关，$\boldsymbol{A}\boldsymbol{x}=\boldsymbol{p}$ 的解有多个，即多种列向量的线性组合都可以得到 $\boldsymbol{b}$ 在 $C(\boldsymbol{A})$ 上的投影 $\boldsymbol{p}$.

从极值角度，当 $\boldsymbol{x}$ 等于多少时，函数 $f(\boldsymbol{x})=||\boldsymbol{b}-\boldsymbol{A}\boldsymbol{x}||^2$ 取到最小值？首先，函数

$$f:\mathbb{R}^n\to[0,\infty),\ \boldsymbol{x}\mapsto f(\boldsymbol{x})$$

是连续可导函数，它有下界没有上界. 函数在最小值处的导数为 0，如果我们能找到导数为 0 的点，且能证明在这些点上函数值相等，则可确定这些点是使得 $f(\boldsymbol{x})$ 最小的点. 应用导数的乘法法则，求函数 $f(\boldsymbol{x})=(\boldsymbol{b}-\boldsymbol{A}\boldsymbol{x})^{\mathrm{T}}(\boldsymbol{b}-\boldsymbol{A}\boldsymbol{x})$ 关于 $\boldsymbol{x}$ 的导数：

$$\mathrm{d}f=\mathrm{d}(\boldsymbol{b}-\boldsymbol{A}\boldsymbol{x})^{\mathrm{T}}(\boldsymbol{b}-\boldsymbol{A}\boldsymbol{x})+(\boldsymbol{b}-\boldsymbol{A}\boldsymbol{x})^{\mathrm{T}}\mathrm{d}(\boldsymbol{b}-\boldsymbol{A}\boldsymbol{x})$$

$$
\begin{aligned}
&= -(\boldsymbol{A}\mathrm{d}\boldsymbol{x})^{\mathrm{T}}(\boldsymbol{b}-\boldsymbol{A}\boldsymbol{x}) - (\boldsymbol{b}-\boldsymbol{A}\boldsymbol{x})^{\mathrm{T}}\boldsymbol{A}\mathrm{d}\boldsymbol{x} \\
&= -(\boldsymbol{b}-\boldsymbol{A}\boldsymbol{x})^{\mathrm{T}}\boldsymbol{A}\mathrm{d}\boldsymbol{x} - (\boldsymbol{b}-\boldsymbol{A}\boldsymbol{x})^{\mathrm{T}}\boldsymbol{A}\mathrm{d}\boldsymbol{x} \\
&= -2(\boldsymbol{b}-\boldsymbol{A}\boldsymbol{x})^{\mathrm{T}}\boldsymbol{A}\mathrm{d}\boldsymbol{x}
\end{aligned}
$$

进而 $f'(\boldsymbol{x}) = (\nabla f)^{\mathrm{T}} = -2(\boldsymbol{b}-\boldsymbol{A}\boldsymbol{x})^{\mathrm{T}}\boldsymbol{A} = -2(\boldsymbol{A}^{\mathrm{T}}\boldsymbol{b}-\boldsymbol{A}^{\mathrm{T}}\boldsymbol{A}\boldsymbol{x})^{\mathrm{T}}$. 令 $f'(\boldsymbol{x})=0$，则得到正规方程 $\boldsymbol{A}^{\mathrm{T}}\boldsymbol{A}\boldsymbol{x} = \boldsymbol{A}^{\mathrm{T}}\boldsymbol{b}$. 易知，满足此方程的 $\boldsymbol{A}\boldsymbol{x}$ 为 $\boldsymbol{b}$ 在 $C(\boldsymbol{A})$ 上的投影，即 $\boldsymbol{A}\boldsymbol{x}=\boldsymbol{p}$. 函数 $f(\boldsymbol{x})$ 在这些导数为 0 的点的函数值为，

$$||\boldsymbol{A}\boldsymbol{x}-\boldsymbol{b}||^2 = (\boldsymbol{A}\boldsymbol{x}-\boldsymbol{b})^{\mathrm{T}}(\boldsymbol{A}\boldsymbol{x}-\boldsymbol{b}) = \boldsymbol{e}^{\mathrm{T}}\boldsymbol{e}$$

因而，所有满足 $f'(\boldsymbol{x})=0$ 的 $\boldsymbol{x}$，都使得 $||\boldsymbol{A}\boldsymbol{x}-\boldsymbol{b}||^2 = ||\boldsymbol{e}||^2$. 故当 $\boldsymbol{A}^{\mathrm{T}}\boldsymbol{A}\boldsymbol{x} = \boldsymbol{A}^{\mathrm{T}}\boldsymbol{b}$ 时，$f(\boldsymbol{x})$ 达到最小值.

图 3.11展示了 $\boldsymbol{A}$ 为列满秩时的最小二乘法. 此时 $N(\boldsymbol{A}) = N(\boldsymbol{A}^{\mathrm{T}}\boldsymbol{A}) = \{\boldsymbol{0}\}$. 对于不在列空间的向量 $\boldsymbol{b}\notin C(\boldsymbol{A})$，首先求它在 $C(\boldsymbol{A})$ 上的投影：

$$\boldsymbol{p} = \boldsymbol{P}\boldsymbol{b} = \boldsymbol{A}(\boldsymbol{A}^{\mathrm{T}}\boldsymbol{A})^{-1}\boldsymbol{A}^{\mathrm{T}}\boldsymbol{b}.$$

然后解线性方程组

$$\boldsymbol{A}\hat{\boldsymbol{x}} = \underbrace{\boldsymbol{A}(\boldsymbol{A}^{\mathrm{T}}\boldsymbol{A})^{-1}\boldsymbol{A}^{\mathrm{T}}\boldsymbol{b}}_{\boldsymbol{p}} \Longrightarrow \boldsymbol{A}^{\mathrm{T}}\boldsymbol{A}\hat{\boldsymbol{x}} = \boldsymbol{A}^{\mathrm{T}}\boldsymbol{A}(\boldsymbol{A}^{\mathrm{T}}\boldsymbol{A})^{-1}\boldsymbol{A}^{\mathrm{T}}\boldsymbol{b} \Longrightarrow \boldsymbol{A}^{\mathrm{T}}\boldsymbol{A}\hat{\boldsymbol{x}} = \boldsymbol{A}^{\mathrm{T}}\boldsymbol{b}.$$

可见，最小二乘法核心是**正规方程**（几何、代数、极值三种方法都使用了正规方程）

$$\boldsymbol{A}^{\mathrm{T}}\boldsymbol{A}\hat{\boldsymbol{x}} = \boldsymbol{A}^{\mathrm{T}}\boldsymbol{b}$$

这和求 $\boldsymbol{b}$ 在 $C(\boldsymbol{A})$ 上的投影使用的方程完全一致，最小二乘法就是正交投影.

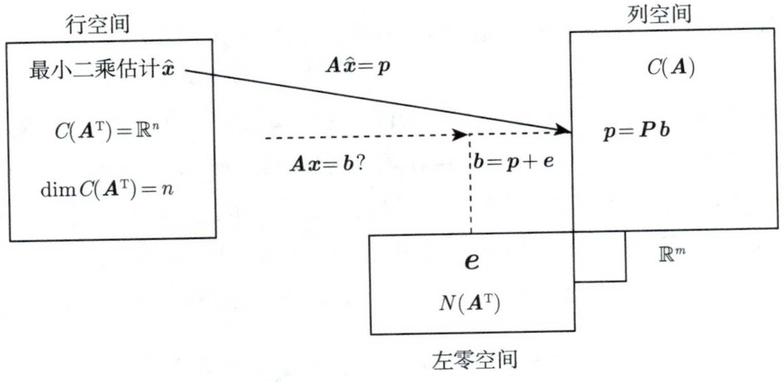

图 3.11　$\boldsymbol{A}$ 为列满秩时的最小二乘法

例 3.14　已知三个点 $(0,6),(1,0),(2,0)$，拟合（fit）一条离这三个点最近的直线 $c+dt$，使得直线与三个点的残差平方和（residual sum of squares）最小.

$$\text{residual sum of squares} = (c+0d-6)^2 + (c+1d-0)^2 + (c+2d-0)^2.$$

解　把三个点的 t 坐标放入矩阵 $\boldsymbol{A}$ 的第 2 列，矩阵 $\boldsymbol{A}$ 的第 1 列设为 1，即矩阵 $\boldsymbol{A}=\begin{pmatrix}1&0\\1&1\\1&2\end{pmatrix}$. 矩阵 $\boldsymbol{A}$ 的第 1 列和直线的截距 c 相乘，第 2 列和直线的斜率 d 相乘. 如果这条直线通过这三个点，则以下线性方程组有解

$$\begin{pmatrix}1&0\\1&1\\1&2\end{pmatrix}\begin{pmatrix}c\\d\end{pmatrix}=\begin{pmatrix}6\\0\\0\end{pmatrix}.$$

显然，$(6,0,0)\notin C(\boldsymbol{A})$，方程组无解. 易知残差平方和为 $||\boldsymbol{A}\boldsymbol{x}-\boldsymbol{b}||^2$，最小化残差平方和等价于最小二乘法. 所以，点拟合直线的问题等价于最小二乘法、正交投影.

求解以下正规方程

$$\boldsymbol{A}^{\mathrm{T}}\boldsymbol{A}\hat{\boldsymbol{x}}=\boldsymbol{A}^{\mathrm{T}}\boldsymbol{b}.$$

可以得到 $\hat{\boldsymbol{x}}=(5,-3)$，所以，拟合的最优直线为 $5-3t$. 该题可以用两张图解释，图 3.12 是散点图，我们找一条直线，使得这条直线与点的垂直距离的平方和最小. 图 3.13 是向量图，我们找目标向量 $\boldsymbol{b}$（因变量）在自变量（解释变量）空间 $C(\boldsymbol{A})$ 上的投影 $\boldsymbol{P}\boldsymbol{b}$，进而求解方程 $\boldsymbol{A}\hat{\boldsymbol{x}}=\boldsymbol{P}\boldsymbol{b}$.

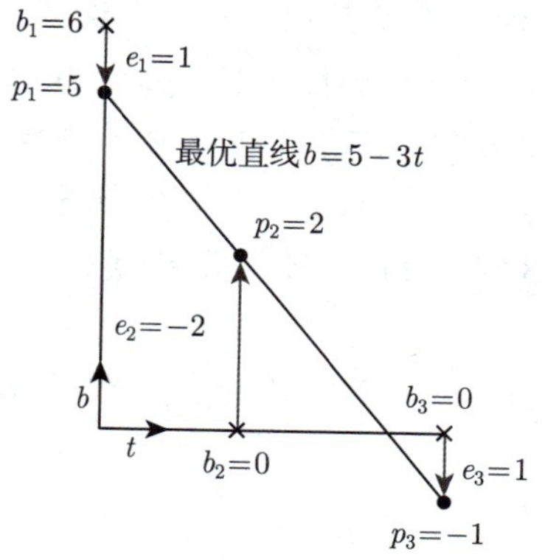

图 3.12　散点图

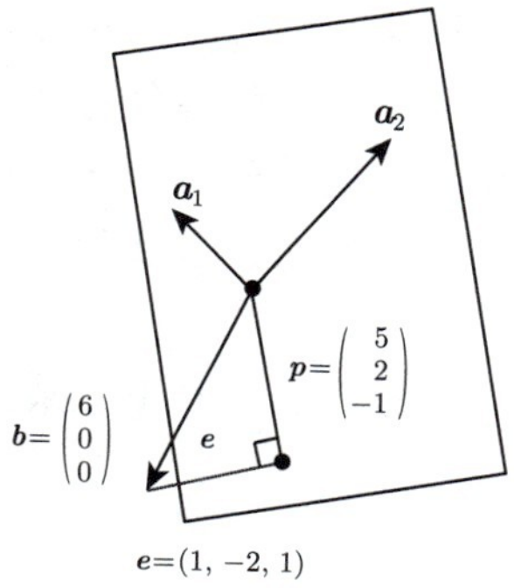

图 3.13　向量图

例 3.15　我们首先模拟一组含有 50 个数对 $(a_i,b_i),i=1,\cdots,50$ 的数据:

$$b_i^*=f^*(a_i)=1+2a_i+3a_i^2+4a_i^3,\ b_i=b_i^*+\text{误差}.$$

其中 $a_1=0.03,a_2=0.06,\cdots,a_{50}=1.50$.

假设我们不知道函数 $f^*(a_i)$，由于误差的存在，我们不可能由观察到的数据 (a_i,b_i) 得出它们之间的确切关系 f^*. 基于数据点 (a_i,b_i)，我们拟合 $n=1,3,6,9,12,15$ 次多项式函数:

$$b_i\approx f(a_i)=x_0+x_1a_i+x_2a_i^2+\cdots+x_na_i^n,$$

为了使多项式函数 f 尽可能准确地描述 (a_i, b_i) 之间的关系，我们让如下残差平方和最小：

$$\sum_{i=1}^{50}(b_i - f(a_i))^2.$$

用矩阵表示为 $||\boldsymbol{b}-\boldsymbol{A}\boldsymbol{x}||^2$，其中 $\boldsymbol{b}=(b_1,\cdots,b_{50})$，$\boldsymbol{x}=(x_0,\cdots,x_n)$，$50\times(n+1)$设计矩阵 $\boldsymbol{A}$ 为

$$\boldsymbol{A}=\begin{pmatrix}1 & a_1 & a_1^2 & \cdots & a_1^n\\ 1 & a_2 & a_2^2 & \cdots & a_2^n\\ 1 & a_3 & a_3^2 & \cdots & a_3^n\\ \vdots & \vdots & \vdots & & \vdots\\ 1 & a_{50} & a_{50}^2 & \cdots & a_{50}^n\end{pmatrix}$$

所以，拟合 n 次多项式函数使用的方法也是最小二乘法，也是解正规方程

$$\boldsymbol{A}^{\mathrm{T}}\boldsymbol{A}\hat{\boldsymbol{x}}=\boldsymbol{A}^{\mathrm{T}}\boldsymbol{b}.$$

图 3.14展示了拟合的 6 条多项式函数，可见，随着次数的增加，曲线越来越靠近数据点. 但并不是次数越高越好. 当次数为 1 时，拟合的是一条直线，显然它没有反映 a, b 之间的非线性关系，这种现象称为欠拟合（underfitting）. 当次数等于 3 和 6 时，拟合的曲线的趋势与数据的总体趋势很接近. 当次数大于 6 时，拟合的曲线变得越来越波动，它开始捕捉数据中的随机成分，这种现象称为过拟合（overfitting）. 当次数等于 3 刚好为真实函数的次数时，系数估计为 $\hat{\boldsymbol{x}}=(0.86, 1.03, 3.74, 4.17)$，它和真实的 $(1, 2, 3, 4)$ 非常接近.

从上例可以看到，最小二乘法不仅可以拟合直线，还可以拟合曲线，线性体现在系数 $\boldsymbol{x}$ 上.

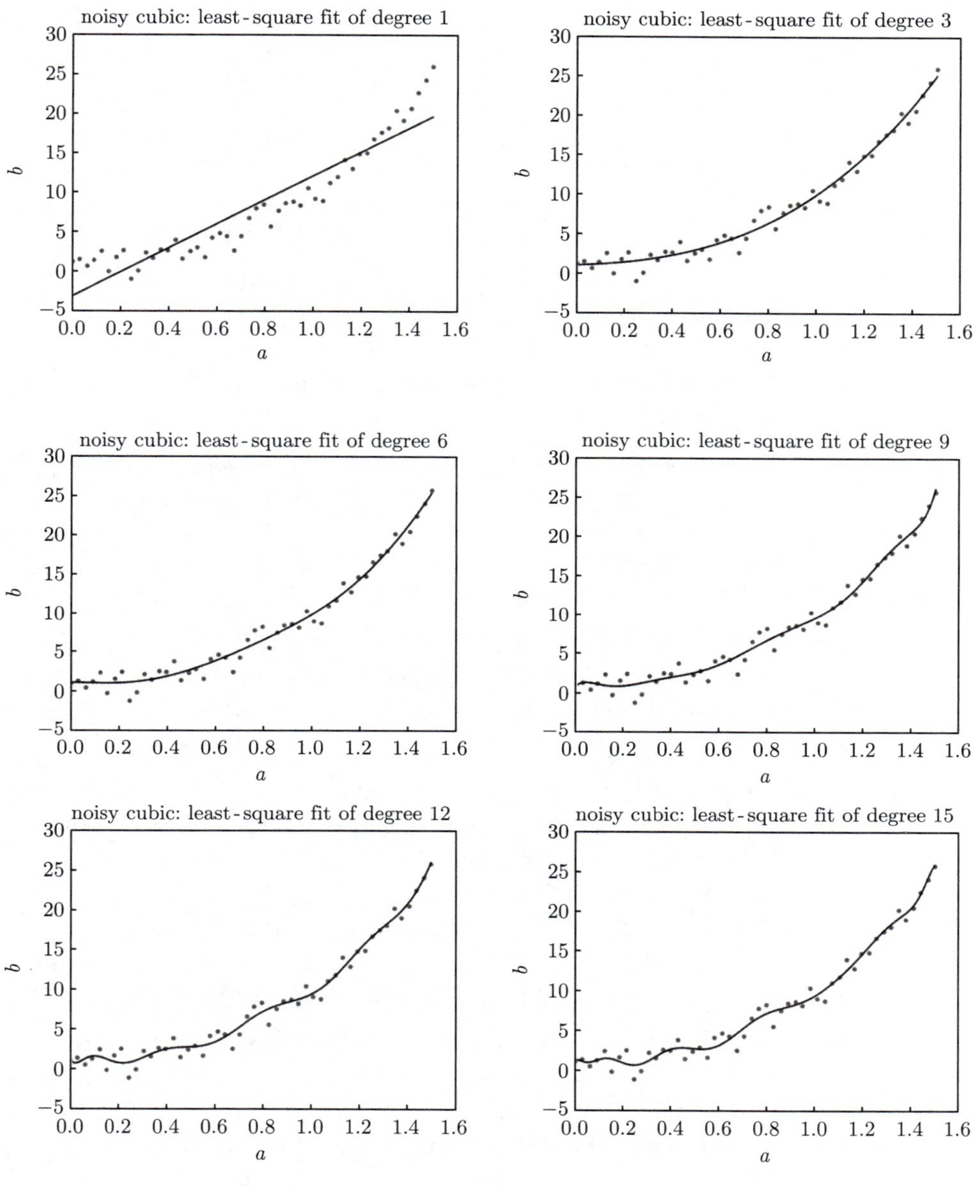

图 3.14 拟合的 1, 3, 6, 9, 12, 15 次多项式函数

习题

1. 将向量 $\boldsymbol{b}=(1,1)$ 分别投影到 $\boldsymbol{a}_1=(1,0)$ 张成的子空间和 $\boldsymbol{a}_2=(1,2)$ 张成的子空间，画出投影 $\boldsymbol{p}_1, \boldsymbol{p}_2, \boldsymbol{p}_1+\boldsymbol{p}_2$.
2. 将 $\boldsymbol{b}$ 投影到 $C(\boldsymbol{A})$ 上

(a)

$$\boldsymbol{A}=\begin{pmatrix}1&1\\0&1\\0&0\end{pmatrix}\qquad \boldsymbol{b}=\begin{pmatrix}2\\3\\4\end{pmatrix};$$

(b)

$$\boldsymbol{A}=\begin{pmatrix}1&1\\1&1\\0&1\end{pmatrix}\qquad \boldsymbol{b}=\begin{pmatrix}4\\4\\6\end{pmatrix}.$$

3. 把 4×4 的单位阵最后一列移除，得到矩阵 $\boldsymbol{A}$，将 $\boldsymbol{b}=(1,2,3,4)$ 投影到 $C(\boldsymbol{A})$ 上. 计算投影及投影矩阵.
4. 在所有 $(1,2,-1),(1,0,1)$ 的线性组合中，找出离 $\boldsymbol{b}=(2,1,1)$ 最近的向量.
5. 已知 $\boldsymbol{P}^2=\boldsymbol{P}$，证明：$(\boldsymbol{I}-\boldsymbol{P})^2=\boldsymbol{I}-\boldsymbol{P}$. 当 $\boldsymbol{P}$ 投影到 $\boldsymbol{A}$ 的列空间 $C(\boldsymbol{A})$ 时，$\boldsymbol{I}-\boldsymbol{P}$ 投影到哪个子空间？
6. 计算投影到平面 $x-y-2z=0$ 的投影矩阵.
7. 如果 $\boldsymbol{A}^{\mathrm{T}}\boldsymbol{b}=\boldsymbol{0}$，则 $\boldsymbol{b}$ 在 $C(\boldsymbol{A})$ 的投影是多少？
8. 如果矩阵 $\boldsymbol{B}$ 秩为 m（行满秩），证明 $\boldsymbol{B}\boldsymbol{B}^{\mathrm{T}}$ 可逆.
9. 已知矩阵 $\boldsymbol{A}=\begin{pmatrix}3&6&6\\4&8&8\end{pmatrix}$.
   (a) 计算投影到列空间 $C(\boldsymbol{A})$ 的投影矩阵 $\boldsymbol{P}_C$；
   (b) 计算投影到行空间 $C(\boldsymbol{A}^{\mathrm{T}})$ 的投影矩阵 $\boldsymbol{P}_R$，计算 $\boldsymbol{B}=\boldsymbol{P}_C\boldsymbol{A}\boldsymbol{P}_R$.
10. 已知矩阵 $\boldsymbol{A}=\begin{pmatrix}1&0\\2&1\\0&1\end{pmatrix}$，假设 $\boldsymbol{P}_1$ 是投影到由矩阵 $\boldsymbol{A}$ 的第一列张成的一维子空间的投影矩阵，$\boldsymbol{P}_2$ 是投影到二维列空间 $C(\boldsymbol{A})$ 的投影矩阵，计算 $\boldsymbol{P}_2\boldsymbol{P}_1$.
11.* 已知在 $t_1=0,t_2=1,t_3=3,t_4=4$ 时，观察到数据 $\boldsymbol{b}=(0,8,8,20)$.
   (a) 将 $E=\|\boldsymbol{A}\boldsymbol{x}-\boldsymbol{b}\|^2$ 表示为四个离差平方和的形式，其中 $\boldsymbol{A}=\begin{pmatrix}1&0\\1&1\\1&3\\1&4\end{pmatrix}$，$\boldsymbol{x}=(C,D)$. 写出方程 $\frac{\partial E}{\partial C}=0,\frac{\partial E}{\partial D}=0$，并由此得出正规方程；
   (b) 求与以上四个点 $(0,0),(1,8),(3,8),(4,20)$ 最近的一条水平线 C（离差平方和最小）.
12.* 将 $\boldsymbol{b}=(b_1,\cdots,b_m)$ 投影到一条通过 $\boldsymbol{a}=(1,\cdots,1)$ 的直线上：
   (a) 通过求解 $\boldsymbol{a}^{\mathrm{T}}\boldsymbol{a}\hat{\boldsymbol{x}}=\boldsymbol{a}^{\mathrm{T}}\boldsymbol{b}$，证明 $\hat{\boldsymbol{x}}$ 是 $\boldsymbol{b}$ 的所有分量的均值；
   (b) 求误差向量 $\boldsymbol{e}=\boldsymbol{b}-\boldsymbol{a}\hat{\boldsymbol{x}}$，以及 $\boldsymbol{b}$ 的方差 $\|\boldsymbol{e}\|^2$、标准差 $\|\boldsymbol{e}\|$.

13. 已知三个点 $b=7,t=-1;b=7,t=1;b=21,t=2$，利用最小二乘法，拟合直线 $b=C+Dt$ 使之与三个点最近：
   (a) 列出正规方程 $\boldsymbol{A}^{\mathrm{T}}\boldsymbol{A}\boldsymbol{x}=\boldsymbol{A}^{\mathrm{T}}\boldsymbol{b}$，并求该条直线；
   (b) 求 $\boldsymbol{b}$ 在 $C(\boldsymbol{A})$ 的投影 $\boldsymbol{p}=\boldsymbol{P}\boldsymbol{b}$，求误差向量 $\boldsymbol{e}$，说明为什么 $\boldsymbol{P}\boldsymbol{e}=\boldsymbol{0}$；
   (c) 向量 $\boldsymbol{e},\boldsymbol{p},\hat{\boldsymbol{x}}$ 分别在 $\boldsymbol{A}$ 的哪个子空间中，$\boldsymbol{A}$ 的核空间是什么？
14. 给定处于水平面的正方形，其四个顶点为 $(x,y)=(1,0),(0,1),(-1,0),(0,-1)$. 在这四个顶点的位置，有高度分别为 $z=0,1,3,4$ 的四个点. 利用最小二乘法，找到离这个四个点距离最近的平面 $C+Dx+Ey=z$. 求该平面在 $(0,0)$ 处的高度.

3.5 Gram-Schmidt 正交化

奇异值分解找到了矩阵行空间和列空间的两个标准正交基，我们将在第 5 章讲如何找到这两个标准正交基. 本节介绍另一种常用的寻找标准正交基的方法：格拉姆㊀–施密特㊁（**Gram-Schmidt**）**正交化**.

图 3.15　格拉姆（Jørgen Pedersen Gram，1850—1916）

图 3.16　施密特（Erhard Schmidt，1876—1959）

假设向量空间的一个基 $\boldsymbol{a}_1,\boldsymbol{a}_2,\cdots,\boldsymbol{a}_n$，它们放在矩阵的列，形成一个 $m\times n$ 的矩阵 $\boldsymbol{A}$，它的列向量线性无关，$\operatorname{rank}(\boldsymbol{A})=n$，为列满秩矩阵. 同时它的列空间 $C(\boldsymbol{A})\subsetneq\mathbb{R}^m$.

㊀ 格拉姆（见图 3.15）是一位丹麦数学家，他在数学分析和代数学领域做出了重要贡献，为矩阵分解和数论的进展奠定了基础，并在工程领域得到了广泛应用. 格拉姆是丹麦数学界的重要人物，曾任教于哥本哈根大学，对数学教育做出了贡献. 他还在丹麦数学学会担任重要职务，为数学期刊的发展作出了努力.

㊁ 施密特（见图 3.16）是一位德国数学家，他在数学分析和函数论领域做出了重要的贡献，是 20 世纪初德国数学学派的杰出代表之一. 施密特在国际数学界享有很高的声誉，并担任过多个重要数学学术组织的领导职务. 他是柏林-达勒斯多夫数学研究所（现为柏林自由大学）的创始人之一，并继任该研究所的主席.

我们可以计算任意向量 $\boldsymbol{b} \in \mathbb{R}^m$ 在 $C(\boldsymbol{A})$ 上的投影：

$$\boldsymbol{p} = \boldsymbol{A}(\boldsymbol{A}^{\mathrm{T}}\boldsymbol{A})^{-1}\boldsymbol{A}^{\mathrm{T}}\boldsymbol{b}.$$

在前几节，我们看到了标准正交基在计算投影时的优势，如果能找到 $C(\boldsymbol{A})$ 的一组标准正交基，把它们放在矩阵 $\boldsymbol{Q}$ 的列，则 $C(\boldsymbol{A}) = C(\boldsymbol{Q})$，任意向量 $\boldsymbol{b} \in \mathbb{R}^m$ 在 $C(\boldsymbol{A})$ 上的投影简化为：

$$\boldsymbol{p} = \boldsymbol{Q}(\boldsymbol{Q}^{\mathrm{T}}\boldsymbol{Q})^{-1}\boldsymbol{Q}^{\mathrm{T}}\boldsymbol{b} = \boldsymbol{Q}(\boldsymbol{Q}^{\mathrm{T}}\boldsymbol{b}) = \boldsymbol{q}_1(\boldsymbol{q}_1^{\mathrm{T}}\boldsymbol{b}) + \cdots + \boldsymbol{q}_n(\boldsymbol{q}_n^{\mathrm{T}}\boldsymbol{b}),$$

其中，$\boldsymbol{q}_k^{\mathrm{T}}\boldsymbol{b}$ 称为 $\boldsymbol{b}$ 在标准正交基 $\boldsymbol{q}_1, \cdots, \boldsymbol{q}_n$ 下的第 k 个坐标.

格拉姆–施密特正交化的思路是，逐步找到一个标准正交基 $(\boldsymbol{q}_1, \cdots, \boldsymbol{q}_n)$，使得

$$\begin{aligned}
\operatorname{span}(\boldsymbol{a}_1) &= \operatorname{span}(\boldsymbol{q}_1), \\
\operatorname{span}(\boldsymbol{a}_1, \boldsymbol{a}_2) &= \operatorname{span}(\boldsymbol{q}_1, \boldsymbol{q}_2), \\
&\vdots \\
\operatorname{span}(\boldsymbol{a}_1, \cdots, \boldsymbol{a}_n) &= \operatorname{span}(\boldsymbol{q}_1, \cdots, \boldsymbol{q}_n).
\end{aligned}$$

具体而言，

1. **单位化**$\boldsymbol{a}_1 \to \boldsymbol{q}_1$：

$$\boldsymbol{q}_1^* = \boldsymbol{a}_1,$$
$$\boldsymbol{q}_1 = \frac{\boldsymbol{q}_1^*}{||\boldsymbol{q}_1^*||}.$$

2. 在子空间 $\operatorname{span}(\boldsymbol{a}_1, \boldsymbol{a}_2)$ 找到与 $\boldsymbol{a}_1$ 正交的单位向量 $\boldsymbol{q}_2$：

$$\boldsymbol{q}_2^* = (\boldsymbol{I} - \boldsymbol{q}_1\boldsymbol{q}_1^{\mathrm{T}})\boldsymbol{a}_2,$$
$$\boldsymbol{q}_2 = \frac{\boldsymbol{q}_2^*}{||\boldsymbol{q}_2^*||}.$$

这里，$\boldsymbol{q}_2^*$ 是 $\boldsymbol{a}_2$ 在 $\boldsymbol{a}_1$ 上投影的**误差向量**$\boldsymbol{q}_2^* = \boldsymbol{e} = \boldsymbol{a}_2 - \boldsymbol{p}$，所以 $\boldsymbol{q}_2^* \perp \boldsymbol{a}_1$. 又因为 $\boldsymbol{q}_2^*$ 是 $\boldsymbol{a}_1, \boldsymbol{a}_2$ 的线性组合，$\boldsymbol{q}_2^* \in \operatorname{span}(\boldsymbol{a}_1, \boldsymbol{a}_2)$. 至此，我们找到了 $\operatorname{span}(\boldsymbol{a}_1, \boldsymbol{a}_2)$ 的一个**标准正交基**$\boldsymbol{q}_1, \boldsymbol{q}_2$.

3. 在子空间 $\operatorname{span}(\boldsymbol{a}_1, \boldsymbol{a}_2, \boldsymbol{a}_3)$ 找到与 $\boldsymbol{a}_1, \boldsymbol{a}_2$ 正交的单位向量 $\boldsymbol{q}_3$：

$$\boldsymbol{q}_3^* = (\boldsymbol{I} - \boldsymbol{q}_1\boldsymbol{q}_1^{\mathrm{T}} - \boldsymbol{q}_2\boldsymbol{q}_2^{\mathrm{T}})\boldsymbol{a}_3,$$
$$\boldsymbol{q}_3 = \frac{\boldsymbol{q}_3^*}{||\boldsymbol{q}_3^*||}.$$

这里，$\boldsymbol{q}_3^*$ 是 $\boldsymbol{a}_3$ 在 $\operatorname{span}(\boldsymbol{a}_1, \boldsymbol{a}_2)$ 投影的误差向量，所以 $\boldsymbol{q}_3^* \perp \operatorname{span}(\boldsymbol{a}_1, \boldsymbol{a}_2)$，且 $\boldsymbol{q}_3^* \in \operatorname{span}(\boldsymbol{a}_1, \boldsymbol{a}_2, \boldsymbol{a}_3)$，所以 $\boldsymbol{q}_1, \boldsymbol{q}_2, \boldsymbol{q}_3$ 是 $\operatorname{span}(\boldsymbol{a}_1, \boldsymbol{a}_2, \boldsymbol{a}_3)$ 的一个标准正交基.

4. 按照这个思路，可以看到 $\boldsymbol{q}_k^*$ 就是 $\boldsymbol{a}_k$ 在 $\operatorname{span}(\boldsymbol{a}_1, \cdots, \boldsymbol{a}_{k-1})^{\perp}$ 上的投影，且 $\boldsymbol{q}_k^* \in \operatorname{span}(\boldsymbol{a}_1, \cdots, \boldsymbol{a}_k)$，然后把它单位化 $\boldsymbol{q}_k^* \to \boldsymbol{q}_k$.

5. 最终可以得到 $\boldsymbol{q}_1, \cdots, \boldsymbol{q}_n$，它为 $\operatorname{span}(\boldsymbol{a}_1, \cdots, \boldsymbol{a}_n)$ 的一个标准正交基.

QR 分解 *

从以上的正交化可以看出 $\boldsymbol{a}_k$ 是 $\boldsymbol{q}_1,\cdots,\boldsymbol{q}_k$ 的线性组合. 格拉姆–施密特正交化可以写成矩阵的乘积形式（矩阵分解）:

$$\underbrace{\begin{pmatrix} | & | & \vdots & | \\ \boldsymbol{a}_1 & \boldsymbol{a}_2 & \vdots & \boldsymbol{a}_n \\ | & | & \vdots & | \end{pmatrix}}_{\boldsymbol{A}_{m\times n}} = \underbrace{\begin{pmatrix} | & | & \vdots & | \\ \boldsymbol{q}_1 & \boldsymbol{q}_2 & \vdots & \boldsymbol{q}_n \\ | & | & \vdots & | \end{pmatrix}}_{\boldsymbol{Q}_{m\times n}} \underbrace{\begin{pmatrix} r_{11} & r_{12} & r_{13} & \cdots & r_{1n} \\ & r_{22} & r_{23} & \cdots & r_{2n} \\ & & r_{33} & \cdots & r_{3n} \\ & & & \ddots & \vdots \\ & & & & r_{nn} \end{pmatrix}}_{\boldsymbol{R}_{n\times n}}.$$

具体而言，用 $\boldsymbol{q}_1,\cdots,\boldsymbol{q}_k$ 线性表出 $\boldsymbol{a}_k$:

$$\begin{aligned} \boldsymbol{a}_1 &= \boldsymbol{q}_1 \underbrace{\|\boldsymbol{q}_1^*\|}_{r_{11}} \\ \boldsymbol{a}_2 &= \boldsymbol{q}_2 \underbrace{\|\boldsymbol{q}_2^*\|}_{r_{22}} + \boldsymbol{q}_1 \underbrace{\boldsymbol{q}_1^{\mathrm{T}}\boldsymbol{a}_2}_{r_{12}} \\ \boldsymbol{a}_3 &= \boldsymbol{q}_3 \underbrace{\|\boldsymbol{q}_3^*\|}_{r_{33}} + \boldsymbol{q}_2 \underbrace{\boldsymbol{q}_2^{\mathrm{T}}\boldsymbol{a}_3}_{r_{23}} + \boldsymbol{q}_1 \underbrace{\boldsymbol{q}_1^{\mathrm{T}}\boldsymbol{a}_3}_{r_{13}} \\ &\ \ \vdots \end{aligned}$$

所以,

$$\underbrace{\boldsymbol{A}_{m\times n}}_{\text{列满秩矩阵}} = \underbrace{\boldsymbol{Q}_{m\times n}}_{\text{正交单位向量组}} \underbrace{\boldsymbol{R}_{n\times n}}_{\text{可逆上三角矩阵}}$$

其中，$\boldsymbol{A}$ 是列满秩的矩阵，秩为 n，$\boldsymbol{Q}^{\mathrm{T}}\boldsymbol{Q}=\boldsymbol{I}$，$\boldsymbol{Q}$ 的列为**正交单位向量组**，$\boldsymbol{R}_{n\times n}$ 为可逆矩阵，$\boldsymbol{R}$ 表明 $\boldsymbol{A}$ 的列向量为 $\boldsymbol{Q}$ 列向量的线性组合. 如果 $\boldsymbol{A}$ 为 n 级方阵，则 $\boldsymbol{Q}$ 为 n 级**正交矩阵**，它的列向量为 $\mathbb{R}^n$ 的一个标准正交基.

在以上的 $\boldsymbol{QR}$ 分解中，当 $m>n$ 时，$\boldsymbol{Q}$ 的列向量是 $C(\boldsymbol{A}) \subsetneq \mathbb{R}^m$ 的一个标准正交向量，可以找到 $C(\boldsymbol{A})^{\perp}=N(\boldsymbol{A}^{\mathrm{T}})$ 的一个标准正交基，放在 $\boldsymbol{Q}$ 的第 $n+1,\cdots,m$ 列，形成 $\mathbb{R}^m$ 的一个标准正交基，这时候得到的矩阵 $\boldsymbol{Q}$ 为**正交矩阵**，也称为**酉矩阵**，它的逆等于它的转置. 此分解称为**全 $\boldsymbol{QR}$ 分解**:

$$\underbrace{\begin{pmatrix} | & | & \vdots & | \\ \boldsymbol{a}_1 & \boldsymbol{a}_2 & \vdots & \boldsymbol{a}_n \\ | & | & \vdots & | \end{pmatrix}}_{\boldsymbol{A}_{m\times n}} = \underbrace{\begin{pmatrix} | & \vdots & | & | & \vdots & | \\ \boldsymbol{q}_1 & \vdots & \boldsymbol{q}_n & \boldsymbol{q}_{n+1} & \vdots & \boldsymbol{q}_m \\ | & \vdots & | & | & \vdots & | \end{pmatrix}}_{\boldsymbol{Q}_{m\times m}} \underbrace{\begin{pmatrix} \boldsymbol{R}_{n\times n} \\ \boldsymbol{0}_{(m-n)\times n} \end{pmatrix}}_{\boldsymbol{R}_{m\times n}}$$

例 3.16　已知矩阵 $\boldsymbol{A}=\begin{pmatrix}1&8&4&4\\4&8&1&2\\7&7&6&6\\7&2&7&7\\10&6&2&3\\2&5&1&9\end{pmatrix}$，向量 $\boldsymbol{b}=(2,7,14,13,19,4)$.

对 $\boldsymbol{A}$ 进行 Gram-Schmidt 正交化. 对 $\boldsymbol{A}$ 进行 QR 分解. 判断 $\boldsymbol{Ax}=\boldsymbol{b}$ 是否有解，如果没有，用最小二乘法解 $\boldsymbol{A}\hat{\boldsymbol{x}}\approx\boldsymbol{b}$.

解　在正交化时，由于单位化 $\boldsymbol{q}^*/||\boldsymbol{q}^*||$，常常出现根号. 我们可以先不单位化，在最后一起单位化. 具体而言

$$\boldsymbol{v}_1=\boldsymbol{a}_1$$

$$\boldsymbol{v}_2=(\boldsymbol{I}-(\boldsymbol{v}_1\boldsymbol{v}_1^{\mathrm{T}})/(\boldsymbol{v}_1^{\mathrm{T}}\boldsymbol{v}_1))\boldsymbol{a}_2=\boldsymbol{a}_2-\boldsymbol{v}_1(\boldsymbol{v}_1^{\mathrm{T}}\boldsymbol{a}_2)/||\boldsymbol{v}_1||^2,$$

$$\boldsymbol{v}_3=(\boldsymbol{I}-(\boldsymbol{v}_1\boldsymbol{v}_1^{\mathrm{T}})/(\boldsymbol{v}_1^{\mathrm{T}}\boldsymbol{v}_1)-(\boldsymbol{v}_2\boldsymbol{v}_2^{\mathrm{T}})/(\boldsymbol{v}_2^{\mathrm{T}}\boldsymbol{v}_2))\boldsymbol{a}_3=\boldsymbol{a}_3-\boldsymbol{v}_1(\boldsymbol{v}_1^{\mathrm{T}}\boldsymbol{a}_3)/||\boldsymbol{v}_1||^2-\boldsymbol{v}_2(\boldsymbol{v}_2^{\mathrm{T}}\boldsymbol{a}_3)/||\boldsymbol{v}_2||^2,$$

$$\boldsymbol{v}_4=\boldsymbol{a}_4-\boldsymbol{v}_1(\boldsymbol{v}_1^{\mathrm{T}}\boldsymbol{a}_4)/||\boldsymbol{v}_1||^2-\boldsymbol{v}_2(\boldsymbol{v}_2^{\mathrm{T}}\boldsymbol{a}_4)/||\boldsymbol{v}_2||^2-\boldsymbol{v}_3(\boldsymbol{v}_3^{\mathrm{T}}\boldsymbol{a}_4)/||\boldsymbol{v}_3||^2,$$

这样 $\boldsymbol{v}_1,\boldsymbol{v}_2,\boldsymbol{v}_3,\boldsymbol{v}_4$ 彼此正交，且

$$\mathrm{span}(\boldsymbol{v}_1,\boldsymbol{v}_2,\boldsymbol{v}_3,\boldsymbol{v}_4)=\mathrm{span}(\boldsymbol{a}_1,\boldsymbol{a}_2,\boldsymbol{a}_3,\boldsymbol{a}_4)$$

$$\boldsymbol{V}=\begin{pmatrix}1.0000&7.2100&2.2555&-1.5704\\4.0000&4.8402&-2.0103&-1.5113\\7.0000&1.4703&1.8893&-0.8452\\7.0000&-3.5297&3.7160&1.1119\\10.0000&-1.8995&-3.2111&-0.7355\\2.0000&3.4201&-0.6705&6.5518\end{pmatrix}$$

最后，把 $\boldsymbol{v}$ 的每一列单位化得到

$$\boldsymbol{Q}=\begin{pmatrix}0.0676&0.7025&0.3695&-0.2217\\0.2703&0.4716&-0.3293&-0.2134\\0.4730&0.1433&0.3095&-0.1193\\0.4730&-0.3439&0.6087&0.1570\\0.6757&-0.1851&-0.5260&-0.1038\\0.1351&0.3332&-0.1098&0.9250\end{pmatrix}$$

矩阵 $\boldsymbol{A}$ 的窄 $\boldsymbol{QR}$ 分解为

$$\boldsymbol{A}=\underbrace{\begin{pmatrix}-0.0676&-0.7025&-0.3695&0.2217\\-0.2703&-0.4716&0.3293&0.2134\\-0.4730&-0.1433&-0.3095&0.1193\\-0.4730&0.3439&-0.6087&-0.1570\\-0.6757&0.1851&0.5260&0.1038\\-0.1351&-0.3332&0.1098&-0.9250\end{pmatrix}}_{\boldsymbol{Q}_{6\times 4}}\underbrace{\begin{pmatrix}-14.7986&-11.6903&-8.1764&-10.2036\\0.0&-10.2634&-1.6969&-4.6492\\0.0&0.0&-6.1047&-4.3707\\0.0&0.0&0.0&-7.0829\end{pmatrix}}_{\boldsymbol{R}_{4\times 4}}$$

注意，$\boldsymbol{Q}$ 列向量的符号可以变化，但各个元素的绝对值不变.

矩阵 $\boldsymbol{A}$ 的全 $\boldsymbol{QR}$ 分解为

$$\boldsymbol{A}=\underbrace{\begin{pmatrix}-0.0676&-0.7025&-0.3695&0.2217&-0.5375&0.1653\\-0.2703&-0.4716&0.3293&0.2134&0.3038&-0.6770\\-0.4730&-0.1433&-0.3095&0.1193&0.6527&0.4687\\-0.4730&0.3439&-0.6087&-0.1570&-0.1835&-0.4787\\-0.6757&0.1851&0.5260&0.1038&-0.3986&0.2506\\-0.1351&-0.3332&0.1098&-0.9250&0.01185&0.05330\end{pmatrix}}_{\boldsymbol{Q}_{6\times 6}}\underbrace{\begin{pmatrix}-14.7986&-11.6903&-8.1764&-10.2036\\0.0&-10.2634&-1.6969&-4.6492\\0.0&0.0&-6.1047&-4.3707\\0.0&0.0&0.0&-7.0829\\0.0&0.0&0.0&0.0\\0.0&0.0&0.0&0.0\end{pmatrix}}_{\boldsymbol{R}_{6\times 4}}$$

注意，$\boldsymbol{Q}$ 的最后两列为 $C(\boldsymbol{A})^{\perp}=N(\boldsymbol{A}^{\mathrm{T}})$ 的一个标准正交基，所以 $\boldsymbol{Q}$ 的列向量为 $\mathbb{R}^6$ 的一个标准正交基，$\boldsymbol{Q}$ 为正交矩阵.

通过高斯消元法易知 $\boldsymbol{Ax}=\boldsymbol{b}$ 无解，即 $\boldsymbol{b}\notin C(\boldsymbol{A})$. 最小二乘法的正规方程 为

$$\boldsymbol{A}^{\mathrm{T}}\boldsymbol{A}\hat{\boldsymbol{x}}=\boldsymbol{A}^{\mathrm{T}}\boldsymbol{b}$$

因为 $\boldsymbol{A}$ 为列满秩矩阵，故 $\boldsymbol{A}^{\mathrm{T}}\boldsymbol{A}$ 满秩，所以解为

$$\hat{\boldsymbol{x}}=(\boldsymbol{A}^{\mathrm{T}}\boldsymbol{A})^{-1}\boldsymbol{A}^{\mathrm{T}}\boldsymbol{b}=(1.8820,-0.0087,0.0242,0.0226).$$

当有 $\boldsymbol{A}=\boldsymbol{QR}$ 分解时，正规方程为

$$\boldsymbol{R}^{\mathrm{T}}\boldsymbol{Q}^{\mathrm{T}}\boldsymbol{QR}\hat{\boldsymbol{x}}=\boldsymbol{R}^{\mathrm{T}}\boldsymbol{Q}^{\mathrm{T}}\boldsymbol{b}\implies\boldsymbol{R}\hat{\boldsymbol{x}}=\boldsymbol{Q}^{\mathrm{T}}\boldsymbol{b}.$$

解为

$$\hat{\boldsymbol{x}}=\boldsymbol{R}^{-1}\boldsymbol{Q}^{\mathrm{T}}\boldsymbol{b}=(1.8820,-0.0087,0.0242,0.0226).$$

算法效率 *

在最小二乘法 $\arg\min\limits_{\boldsymbol{x}}||\boldsymbol{Ax}-\boldsymbol{b}||$，对 $\boldsymbol{A}$ 先进行 $\boldsymbol{QR}$ 分解，可以提高最小二乘法的求解速度. 正规方程

$$\boldsymbol{A}^{\mathrm{T}}\boldsymbol{A}\hat{\boldsymbol{x}}=\boldsymbol{A}^{\mathrm{T}}\boldsymbol{b},$$

可以化简为

$$(\boldsymbol{QR})^{\mathrm{T}}(\boldsymbol{QR})\hat{\boldsymbol{x}}=(\boldsymbol{QR})^{\mathrm{T}}\boldsymbol{b}\implies\boldsymbol{R}^{\mathrm{T}}\boldsymbol{I}\boldsymbol{R}\hat{\boldsymbol{x}}=\boldsymbol{R}^{\mathrm{T}}\boldsymbol{Q}^{\mathrm{T}}\boldsymbol{b}\implies\boldsymbol{R}\hat{\boldsymbol{x}}=\boldsymbol{Q}^{\mathrm{T}}\boldsymbol{b}.$$

如果有 $\boldsymbol{A}=\boldsymbol{QR}$ 分解，我们只需要通过**回代法**求解一个上三角线性方程组 $\boldsymbol{R}\hat{\boldsymbol{x}}=\boldsymbol{Q}^{\mathrm{T}}\boldsymbol{b}$. 如果没有 $\boldsymbol{A}=\boldsymbol{QR}$ 分解，我们需要计算逆矩阵 $(\boldsymbol{A}^{\mathrm{T}}\boldsymbol{A})^{-1}$. 为了比较这两种算法的效率，我们先列出一些矩阵基本计算的运算量：

1. 矩阵乘法 $\boldsymbol{A}^{\mathrm{T}}\boldsymbol{A}$ 需要进行的算术运算次数大约正比于 mn^2（实际为 mn^2 个乘法和 $(m-1)n^2$ 个加法）；
2. $\boldsymbol{A}^{\mathrm{T}}\boldsymbol{b}$ 需要进行的算术运算次数大约正比于 mn（实际为 mn 个乘法和 $(m-1)n$ 个加法）；
3. 解方程组 $\boldsymbol{A}^{\mathrm{T}}\boldsymbol{A}\hat{\boldsymbol{x}}=\boldsymbol{A}^{\mathrm{T}}\boldsymbol{b}$，高斯消元法的算术运算次数大约正比于 n^3；
4. $\boldsymbol{QR}$ 分解的算术运算次数大约正比于 mn^2；
5. 解方程组 $\boldsymbol{R}\hat{\boldsymbol{x}}=\boldsymbol{Q}^{\mathrm{T}}\boldsymbol{b}$，高斯消元法的算术运算次数大约正比于 n^2.

所以，基于逆矩阵 $(\boldsymbol{A}^{\mathrm{T}}\boldsymbol{A})^{-1}$ 的最小二乘法的算术运算次数大约为 $c_1mn^2+c_2n^3+c_3mn$，基于 $\boldsymbol{QR}$ 分解的最小二乘法的算术运算次数大约为 $d_1mn^2+d_2n^2+d_3mn$. 所以，对 $\boldsymbol{A}$ 先进行 $\boldsymbol{QR}$ 分解，可以提高最小二乘法的求解速度. 同时，相较于求逆，$\boldsymbol{QR}$ 分解更加稳健，对于数据的测量误差更加不敏感.

习题

1. (a) 如果 $\boldsymbol{A}_{m\times 3}$ 有三个互相正交的列向量正交，且每一个列向量模长为 4，求 $\boldsymbol{A}^{\mathrm{T}}\boldsymbol{A}$.
   (b) 如果 $\boldsymbol{A}_{m\times 3}$ 有三个互相正交的列向量正交，且列向量模长分别为 1，2，3，求 $\boldsymbol{A}^{\mathrm{T}}\boldsymbol{A}$.
2. 在平面 $x+y+2z=0$ 内找到两个正交的向量，并且把它们标准化.
3. 已知 $\boldsymbol{q}_1,\boldsymbol{q}_2$ 是五维空间 $\mathbb{R}^5$ 的两个正交单位向量，对于给定向量 $\boldsymbol{b}$，求 $\boldsymbol{q}_1,\boldsymbol{q}_2$ 的一个线性组合，使之距离 $\boldsymbol{b}$ 最近.
4.* 分别从向量的角度以及矩阵的角度证明：标准正交向量（正交单位向量）是线性无关的.
   (a) 向量角度：从 $c_1\boldsymbol{q}_1+c_2\boldsymbol{q}_2+c_3\boldsymbol{q}_3=\boldsymbol{0}$ 出发；
   (b) 矩阵角度：从 $\boldsymbol{Q}\boldsymbol{x}=\boldsymbol{0}$ 出发.
5. (a) 在由 $\boldsymbol{a}=(1,3,4,5,7),\boldsymbol{b}=(-6,6,8,0,8)$ 张成的子空间，找一组标准正交基 $\boldsymbol{q}_1,\boldsymbol{q}_2$；
   (b) 在该子空间，哪一个向量与 $(1,0,0,0,0)$ 最接近?
6. 如果 $\boldsymbol{a}_1,\boldsymbol{a}_2,\boldsymbol{a}_3$ 是 $\mathbb{R}^3$ 的一组基向量,那么任意的向量都可以写作 $\begin{pmatrix}\boldsymbol{a}_1 & \boldsymbol{a}_2 & \boldsymbol{a}_3\end{pmatrix}\begin{pmatrix}x_1\\x_2\\x_3\end{pmatrix}=\boldsymbol{b}$.
   (a) 如果 $\boldsymbol{a}_1,\boldsymbol{a}_2,\boldsymbol{a}_3$ 是标准正交基，证明：$x_1=\boldsymbol{a}_1^{\mathrm{T}}\boldsymbol{b}$；
   (b) 如果 $\boldsymbol{a}_1,\boldsymbol{a}_2,\boldsymbol{a}_3$ 是正交基，证明：$x_1=\boldsymbol{a}_1^{\mathrm{T}}\boldsymbol{b}/\boldsymbol{a}_1^{\mathrm{T}}\boldsymbol{a}_1$；
   (c) 如果 $\boldsymbol{a}_1,\boldsymbol{a}_2,\boldsymbol{a}_3$ 线性无关，则 x_1 可以看作 $\boldsymbol{B}\boldsymbol{b}$ 的第一个元素，写出这个矩阵 $\boldsymbol{B}$.
7. (a) 找出标准正交基 $\boldsymbol{q}_1,\boldsymbol{q}_2,\boldsymbol{q}_3$,其中,$\boldsymbol{q}_1,\boldsymbol{q}_2$ 可以张成矩阵 $\boldsymbol{A}=\begin{pmatrix}1 & 1\\2 & -1\\-2 & 4\end{pmatrix}$ 的列空间；
   (b) 该矩阵的四个子空间中的哪个子空间包含 $\boldsymbol{q}_3$.
   (c) 通过最小二乘法解方程 $\boldsymbol{A}\boldsymbol{x}=(1,2,7)$.
8. 通过施密特正交化，从 $\boldsymbol{a},\boldsymbol{b},\boldsymbol{c}$ 推出正交向量 $\boldsymbol{A},\boldsymbol{B},\boldsymbol{C}$，其中

$$\boldsymbol{a}=(1,-1,0,0),\quad \boldsymbol{b}=(0,1,-1,0),\quad \boldsymbol{c}=(0,0,1,-1).$$

9.* (a) 解释：如何从 $\boldsymbol{A}=\boldsymbol{Q}\boldsymbol{R}$ 得到 $\boldsymbol{A}^{\mathrm{T}}\boldsymbol{A}$ 的 Cholesky 分解?

(b) 对 $\boldsymbol{A}$ 进行 $\boldsymbol{QR}$ 分解，进而对 $\boldsymbol{A}^{\mathrm{T}}\boldsymbol{A}$ 进行 Cholesky 分解.

$$\boldsymbol{A}=\begin{pmatrix}-1 & 1\\ 2 & 1\\ 2 & 4\end{pmatrix}\qquad \boldsymbol{A}^{\mathrm{T}}\boldsymbol{A}=\begin{pmatrix}9 & 9\\ 9 & 18\end{pmatrix}$$

10. 通过施密特正交化，找到 $\boldsymbol{A}$ 列空间的标准正交基 $\boldsymbol{q}_1,\boldsymbol{q}_2,\boldsymbol{q}_3$，将 $\boldsymbol{A}$ 进行 $\boldsymbol{QR}$ 分解.

$$\boldsymbol{A}=\begin{pmatrix}1 & 2 & 4\\ 0 & 0 & 5\\ 0 & 3 & 6\end{pmatrix}$$

11. (a) 子空间 S 是由方程 $x_1+x_2+x_3-x_4=0$ 的所有解张成的子空间，找到 S 的一组基向量；

    (b) 找到子空间 $S^{\perp}$ 的一组基向量；

    (c) 在 S 中找到 $\boldsymbol{b}_1$，在 $S^{\perp}$ 中找到 $\boldsymbol{b}_2$，使得 $\boldsymbol{b}_1+\boldsymbol{b}_2=(1,1,1,1)$.

12.* 给定标准正交向量组 $\boldsymbol{q}_1,\cdots,\boldsymbol{q}_n\in\mathbb{R}^m$，$n<m$，对 $\boldsymbol{q}_1,\cdots,\boldsymbol{q}_n,\boldsymbol{a}\in\mathbb{R}^m$ 进行施密特正交化得到 $\boldsymbol{q}_1,\cdots,\boldsymbol{q}_n,\boldsymbol{q}_{n+1}$，其中 $\boldsymbol{a}$ 与其他向量线性无关，把 $\boldsymbol{q}_1,\cdots,\boldsymbol{q}_n$ 放入矩阵 $\boldsymbol{Q}$ 的列，用 $\boldsymbol{Q}$ 和 $\boldsymbol{a}$ 表示 $\boldsymbol{q}_{n+1}$.

3.6　正交函数 *

向量可以是列向量，可以是矩阵，也可以是函数. 一般地，向量空间就是一些“东西”的集合，这些“东西”可以进行加减运算和标量乘法运算. 本节考虑的向量空间为所有定义在 $[-1,1]$ 上的连续函数 $f(x)$ 的集合，即每一个向量为一个函数. 两个连续函数相加还是定义在 $[-1,1]$ 上的连续函数，连续函数乘以一个标量还是定义在 $[-1,1]$ 上的连续函数. 向量 $f(x)$ 的元素为函数在每个自变量 $x\in[-1,1]$ 上的函数值 $f(x)$，所以向量 $f(x)$ 中有无穷多个元素，向量空间是**无限维**的.

为了研究正交函数，我们需要定义**函数的内积**，一般地，内积的定义需要满足以下三个条件：

1. 非负性：$f\cdot f=||f||^2\geqslant 0$. 等号当且仅当 $f=0$ 取到；
2. 对称性：$f\cdot g=g\cdot f$；
3. 线性性：$f\cdot(ag+bh)=a(f\cdot g)+b(f\cdot h)$，其中 $a,b\in\mathbb{R}$.

列向量点积的定义是对应元素相乘然后求和. 类似地，对于无限维的向量，函数的内积定义为对应元素相乘然后积分

$$f\cdot g=\int_{-1}^{1}f(x)g(x)\mathrm{d}x$$

可以检查它满足以上三个条件：

1. $f\cdot f=||f||^2=\int_{-1}^{1}f^2(x)\mathrm{d}x\geqslant 0$；
2. $f\cdot g=g\cdot f$；
3. $f\cdot(ag+bh)=a(f\cdot g)+b(f\cdot h)$.

定义了内积的无限维向量空间称为**希尔伯特空间**（Hilbert space）㊀，在希尔伯特空间，我们可以对函数进行正交投影、最小二乘法、格拉姆–施密特正交化等. 很多实际问题需要估计未知函数，我们可以从一个熟悉的子空间中找到和未知函数最接近的一个向量，即未知函数在这个子空间上的**投影**，为了刻画这个子空间，我们需要知道该子空间的一个**标准正交基**. 这节我们考虑两个特殊的子空间，它们的标准正交基分别称为**勒让德函数**（Legendre function）和**傅里叶正弦函数**（Fourier sine function）.

图 3.17　希尔伯特（David Hilbert，1862—1943）

勒让德㊁函数

所有定义在 $[-1,1]$ 上的多项式函数构成了希尔伯特空间的一个子空间 $\mathcal{P}$. 显然，它的一个基为

$$1,x,x^2,x^3,\cdots$$

㊀ 希尔伯特（见图 3.17）是德国数学家，是 19 世纪末和 20 世纪前期最具影响力的数学家之一. 他发现和发展了大量的基本理论如不变量理论（invariant theory）、变分法（calculus of variation）、交换代数（commutative algebra）、代数数论（algebraic number theory）等. 他在数学基础、数理逻辑和代数几何方面都有重要贡献，他提出了数学基础概念的公理化体系，试图建立逻辑上一致且完备的数学体系. 1900 年，希尔伯特在巴黎的国际数学家大会上作了题为《数学问题》（The Problems of Mathematics）的演讲，提出了 23 道最重要的数学问题，这就是著名的希尔伯特的 23 个问题. 希尔伯特问题中的 1∼6 是数学基础问题，7∼12 是数论问题，13∼18 属于代数和几何问题，19∼23 属于数学分析. 希尔伯特凭借自己的影响力，吸引了大批年轻的数学家投入这些问题的研究之中. 在许多数学家努力下，希尔伯特问题中的大多数在 20 世纪中得到了解决. 希尔伯特是一位非常富有洞察力和创造力的数学家，培养了许多杰出的数学家，他强调教学一定要从最简单例子入手，认为一个知识点学多次才能充分掌握是很正常的. 希尔伯特接替菲利克斯 • 克莱因（Felix Klein）将哥廷根大学建设为世界数学中心. 但受纳粹政权上台的冲击，哥廷根大学人才大量流失，1943 年，忧郁的希尔伯特在德国哥廷根逝世.

㊁ 勒让德（1752—1833）是法国数学家. 他的主要贡献在统计学、数论、抽象代数与数学分析上. 勒让德的主要研究领域是分析学、数论、初等几何与天体力学, 促进了一系列重要理论的诞生. 勒让德是椭圆积分 (elliptic integral) 理论奠基人之一, 他对数论的主要贡献是二次互反律 (quadratic reciprocity law). 他还是解析数论 (analytic number theory) 的先驱者之一, 在素数分布 (distribution of primes) 上做了开创性的工作, 促使许多数学家研究这个问题. 其他贡献包括: 椭圆函数论 (elliptic functions)、最小二乘法 (least squares method)、勒让德变换 (Legendre transformation) 等. 法国 18 世纪后期到 19 世纪初数学界著名的三个人物：拉格朗日（Lagrange）、拉普拉斯（Laplace）和勒让德 (Legendre). 因为他们三位姓氏的第一个字母都为“L”，又生活在同一时代, 所以人们称他们为“三勒” (三 L).

这个基含有无穷多个向量，这些向量大部分不正交，如 $\int_{-1}^{1} 1x^2 \mathrm{d}x \neq 0$. 可以使用格拉姆–施密特把这组向量变为正交向量，进而找到子空间 $\mathcal{P}$ 的一个标准正交基. 在格拉姆–施密特正交化中，由于除以向量的长度，常常会产生根号，这里，当把向量标准化时，除以向量在 1 的函数值. 具体而言，假设基向量 $a_i(x) = x^i$，$i = 0, 1, \cdots$，格拉姆–施密特正交化过程为：

$$v_0(x) = a_0(x) = 1, \quad p_0(x) = \frac{v_0(x)}{v_0(1)} = 1,$$

$$v_1(x) = a_1(x) - p_0(x)\frac{p_0 \cdot a_1}{p_0 \cdot p_0} = x - 0 = x, \quad p_1(x) = \frac{v_1(x)}{v_1(1)} = x,$$

$$v_2(x) = a_2(x) - p_0(x)\frac{p_0 \cdot a_2}{p_0 \cdot p_0} - p_1(x)\frac{p_1 \cdot a_2}{p_1 \cdot p_1} = -\frac{1}{3} + x^2, \quad p_2(x) = \frac{v_2(x)}{v_2(1)} = -\frac{1}{2} + \frac{3}{2}x^2,$$

一般地，

$$v_i(x) = a_i(x) - \sum_{j=0}^{i-1} p_j(x)\frac{p_j \cdot a_i}{p_j \cdot p_j}, \quad p_i(x) = v_i(x)/v_i(1).$$

如果除以 v_i 的长度，我们得到单位向量，

$$q_i(x) = \frac{v_i(x)}{||v_i(x)||},$$

但这里，我们除以 $v_i(1)$ 得到了更常用的**勒让德函数**（Legendre function）

$$p_i(x) = \frac{v_i(x)}{v_i(1)}.$$

多项式函数向量空间的勒让德函数正交基（见图 3.18）为：

$$\begin{aligned}
p_0(x) &= 1, \\
p_1(x) &= x, \\
p_2(x) &= -\frac{1}{2} + \frac{3}{2}x^2, \\
p_3(x) &= -\frac{3}{2}x + \frac{5}{2}x^3, \\
p_4(x) &= \frac{3}{8} - \frac{15}{4}x^2 + \frac{35}{8}x^4, \\
p_5(x) &= \frac{15}{8}x - \frac{35}{4}x^3 + \frac{63}{8}x^5, \\
&\vdots
\end{aligned}$$

注意：尽管 p_i 不是单位向量，但它们仍然是正交的. 任意 p_i, p_j，有

$$p_i \cdot p_j = \int_{-1}^{1} p_i(x) p_j(x) = 0$$

格拉姆–施密特正交化还保证了 $\text{span}(1, x, \cdots, x^k) = \text{span}(p_0, p_1, \cdots, p_k)$. 对于任意的多项式函数 $p(x)$，它都可以表示为勒让德基函数的线性组合：

$$p(x) = c_0 p_0(x) + c_1 p_1(x) + \cdots = \sum_{i=0}^{\infty} c_i p_i(x)$$

其中

$$c_i = \frac{p_i \cdot p}{p_i \cdot p_i},$$

如果 $p(x)$ 的最高次为 d，则 $c_{d+1} = 0, c_{d+2} = 0, \cdots$，即

$$p(x) = \sum_{i=0}^{d} c_i p_i(x).$$

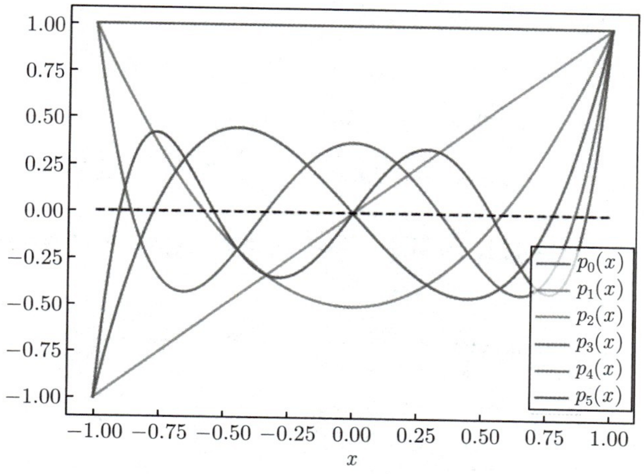

图 3.18 勒让德函数的正交基

如何用该子空间的多项式函数逼近（拟合）任意函数？**投影或者最小二乘法！**先回顾一下列向量，假设正交单位向量组 $\boldsymbol{q}_1, \cdots, \boldsymbol{q}_n$，放入矩阵 $\boldsymbol{Q}$ 的列，则任意向量 $\boldsymbol{b}$ 在 $C(\boldsymbol{Q})$ 的投影为：

$$\boldsymbol{p} = \boldsymbol{Q}\boldsymbol{Q}^{\mathrm{T}}\boldsymbol{b} = \sum_{i=1}^{n} \boldsymbol{q}_i \underbrace{\boldsymbol{q}_i^{\mathrm{T}}\boldsymbol{b}}_{\boldsymbol{Q}\text{下的坐标}}$$

该投影也是 $C(\boldsymbol{Q})$ 中距离 $\boldsymbol{b}$ 最近的向量：

$$\boldsymbol{p} = \underset{\boldsymbol{q}\in C(\boldsymbol{Q})}{\arg\min}\|\boldsymbol{q}-\boldsymbol{b}\|^2$$

假设定义在 $[-1,1]$ 上的函数 $f(x)$ 不是多项式函数，即它不在多项式函数向量空间 $\mathcal{P}$ 中. 我们想找到和它最接近的一个 n 次多项式函数 f_n，使得它们之间的差异最小：

$$f_n(x) = \underset{g\in\mathcal{P}_n}{\arg\min}\int_{-1}^{1}|f(x)-g(x)|^2\mathrm{d}x = \underset{g\in\mathcal{P}_n}{\arg\min}\|f(x)-g(x)\|^2$$

其中，

$$\mathcal{P}_n = \mathrm{span}(1,x,x^2,\cdots,x^n) = \mathrm{span}(p_0(x),p_1(x),\cdots,p_n(x)) \subseteq \mathcal{P}$$

是 n 次多项式函数向量空间，它的一个正交基是勒让德函数 $p_0(x),p_1(x),\cdots,p_n(x)$. 此问题和最小二乘法类似，解也类似，为 $f(x)$ 在 $\mathcal{P}_n$ 上的投影：

$$f_n(x) = p_0(x)\underbrace{\frac{p_0\cdot f}{p_0\cdot p_0}}_{p_0(x)\text{的系数}} + \cdots + p_n(x)\underbrace{\frac{p_n\cdot f}{p_n\cdot p_n}}_{p_n(x)\text{的系数}}.$$

例 3.17 用 $n=0,1,2,3$ 次多项式函数逼近指数函数 e^x.

解

$$\begin{aligned}
f_0(x) &= 1.1752,\\
f_1(x) &= 1.1752+1.1036x,\\
f_2(x) &= 0.9963+1.1036x+0.5367x^2,\\
f_3(x) &= 0.9963+0.9980x+0.5367x^2+0.1761x^3.
\end{aligned}$$

可以看到当 $n=3$ 时，在 $[-1,1]$ 区间上，多项式函数 $f_3(x)$ 和指数函数 e^x 非常接近（见图 3.19）.

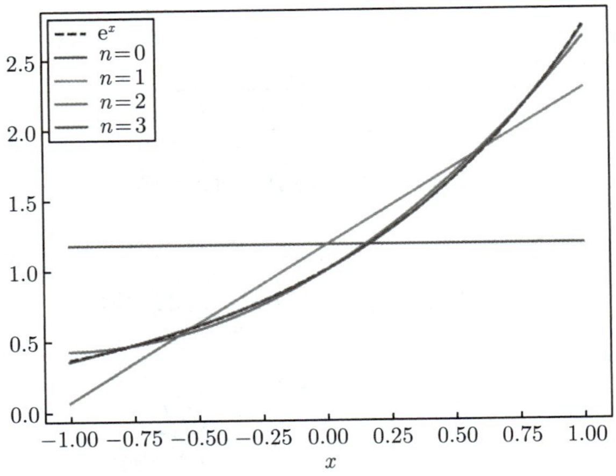

图 3.19 基于勒让德正交基的多项式函数逼近 e^x

傅里叶[1]正弦级数

对于定义在 $[0,1]$ 上的一系列正弦函数 $\sin(n\pi x)$，$n=1,2,\cdots$，利用三角函数公式

$$\sin A\sin B=\frac{1}{2}[\cos(A-B)-\cos(A+B)]$$

可以推出，这些正弦函数彼此正交（见图 3.20）：

$$\sin(m\pi x)\cdot\sin(n\pi x)=\int_0^1\sin(m\pi x)\sin(n\pi x)\,\mathrm{d}x=\begin{cases}0, & m\neq n,\\ \dfrac{1}{2}, & m=n.\end{cases}$$

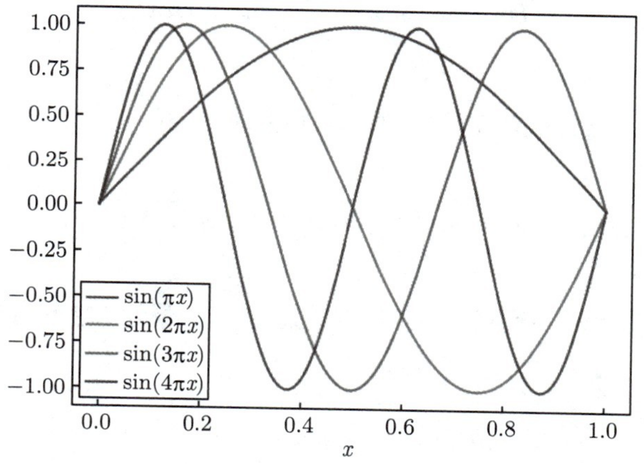

图 3.20　正交正弦函数

定义正弦函数 $\sin(n\pi x)$，$n=1,2,\cdots$ 张成的向量空间为 $\mathcal{S}$. 该向量空间看起来包含的函数并不多，但傅里叶在 1807 年提出，任何一元连续或非连续函数都在 $\mathcal{S}$ 中. 之后 150 年，此命题被证明“几乎”正确.

对于定义在 $[0,1]$ 上的函数 $f(x)$，它的**傅里叶正弦级数**（Fourier sine series）形式为

[1] 傅里叶（1768—1830）是一位法国数学家和物理学家，因其对傅里叶级数和傅里叶变换的研究而闻名于世. 他的工作在数学分析、热传导和信号处理等领域具有重要意义. 傅里叶最著名的成就之一是他对傅里叶级数的研究. 他提出了将周期函数表示为三角函数级数的方法，被称为傅里叶级数. 这个概念使得复杂的周期函数可以用一组简单的正弦函数和余弦函数进行近似表示，为函数分析和振动理论的发展提供了重要工具. 另外，傅里叶还引入了傅里叶变换的概念，将一个函数表示为连续频率的正弦和余弦函数的叠加. 傅里叶变换在信号处理、图像处理、通信工程以及物理学等领域中被广泛应用，是现代数据处理和信号分析的关键技术之一. 除了在傅里叶分析方面的工作，傅里叶还对热传导方程进行了研究. 他提出了一种将热传导过程表示为偏微分方程的方法，并通过傅里叶级数对其进行解析. 这个成果被称为傅里叶热传导定律，对热传导理论和数学物理的发展起到了重要的推动作用. 傅里叶是一位多产的数学家和科学家，他撰写了许多重要的论文，并在巴黎的皇家科学院任职. 他的工作对于数学、物理学和工程学的发展产生了深远影响. 他的名字也被赋予了许多数学、物理和工程领域的基本概念和定理，以纪念他对科学做出的重要贡献.

$$f(x)=\sum_{n=1}^{\infty} b_n \sin(n\pi x) \tag{3.6}$$

其中，**傅里叶系数**b_n 为

$$b_n=\frac{f(x)\cdot\sin(n\pi x)}{\sin(n\pi x)\cdot\sin(n\pi x)}=2\int_0^1 f(x)\sin(n\pi x)\mathrm{d}x \tag{3.7}$$

级数（series）是指将数列的项依次用加号连接起来的函数. 典型的级数有泰勒级数、傅里叶级数等. 在实际中，我们通常用足够多的 N 个正弦函数近似 $f(x)$，称为 N 阶傅里叶正弦级数：

$$f(x)\approx s_N(x)=\sum_{n=1}^{N} b_n \sin(n\pi x)$$

其中，傅里叶系数 b_n 仍为式(3.7). 可见，$s_N(x)$ 即为 $f(x)$ 在

$$\mathcal{S}_N=\operatorname{span}(\sin(\pi x),\sin(2\pi x),\cdots,\sin(N\pi x))$$

上的正交投影. 同时，傅里叶系数 $b_1,\cdots,b_n$ 还是如下**最小二乘**问题的解：

$$\underset{b_1,\cdots,b_N}{\arg\min}\left\|f(x)-\sum_{n=1}^{N} b_n\sin(n\pi x)\right\|^2=\underset{b_1,\cdots,b_N}{\arg\min}\int_0^1\left|f(x)-\sum_{n=1}^{N} b_n\sin(n\pi x)\right|^2\mathrm{d}x$$

例 3.18 使用傅里叶正弦级数 逼近如下函数：

$$f(x)=0.5-|x-0.5|,\ g(x)=\sin(\sin(3\pi x)+5\sin(\pi x))$$

解 因为 $f(x)$ 关于 $x=0.5$ 对称，所以对于偶数 n，

$$b_n=2\int_0^1 f(x)\sin(n\pi x)\mathrm{d}x=0$$

可以求得前 20 个傅里叶系数 $b_n, n=1,\cdots,20$ 为

0.4053,	0,	−0.0450,	0,	0.0162,	0,	−0.0083,	0,	0.0050,	0
0.0033,	0,	0.0024,	0,	−0.0018,	0,	0.0014,	0,	−0.0011,	0

图 3.21显示了傅里叶正弦级数拟合函数 $f(x)$. 图 3.22显示了傅里叶正弦级数拟合函数 $g(x)=\sin(\sin(3\pi x)+5\sin(\pi x))$.

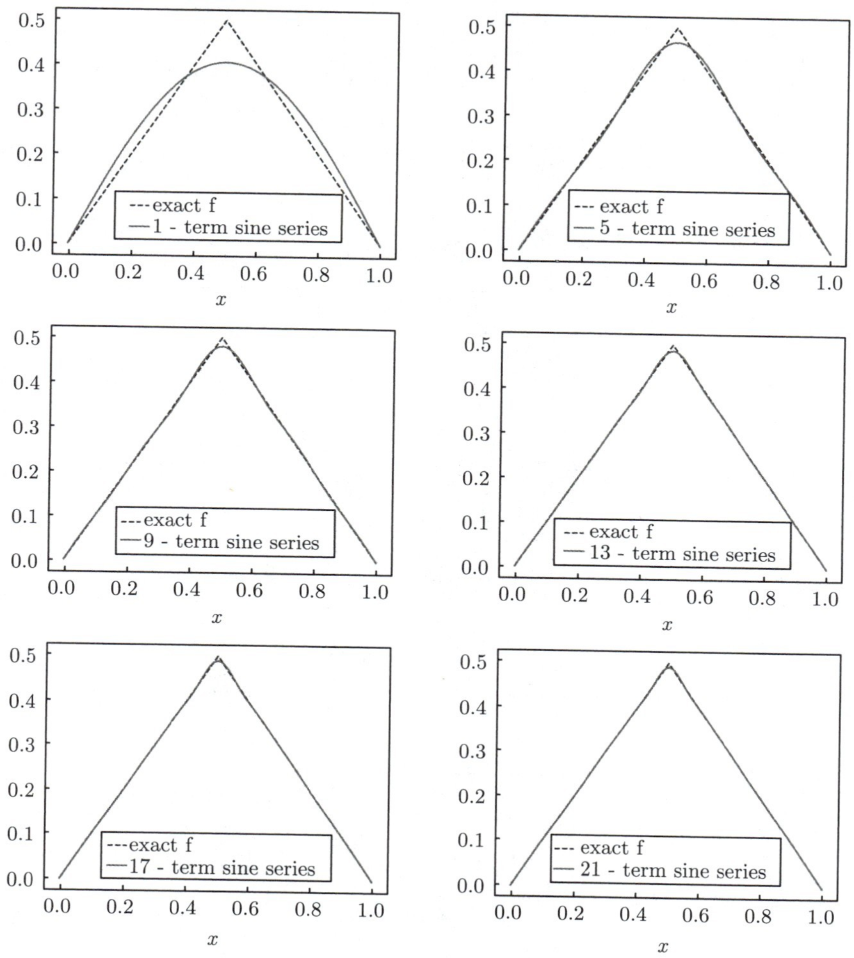

图 3.21　傅里叶正弦级数拟合函数 $f(x) = 0.5 - |x - 0.5|$

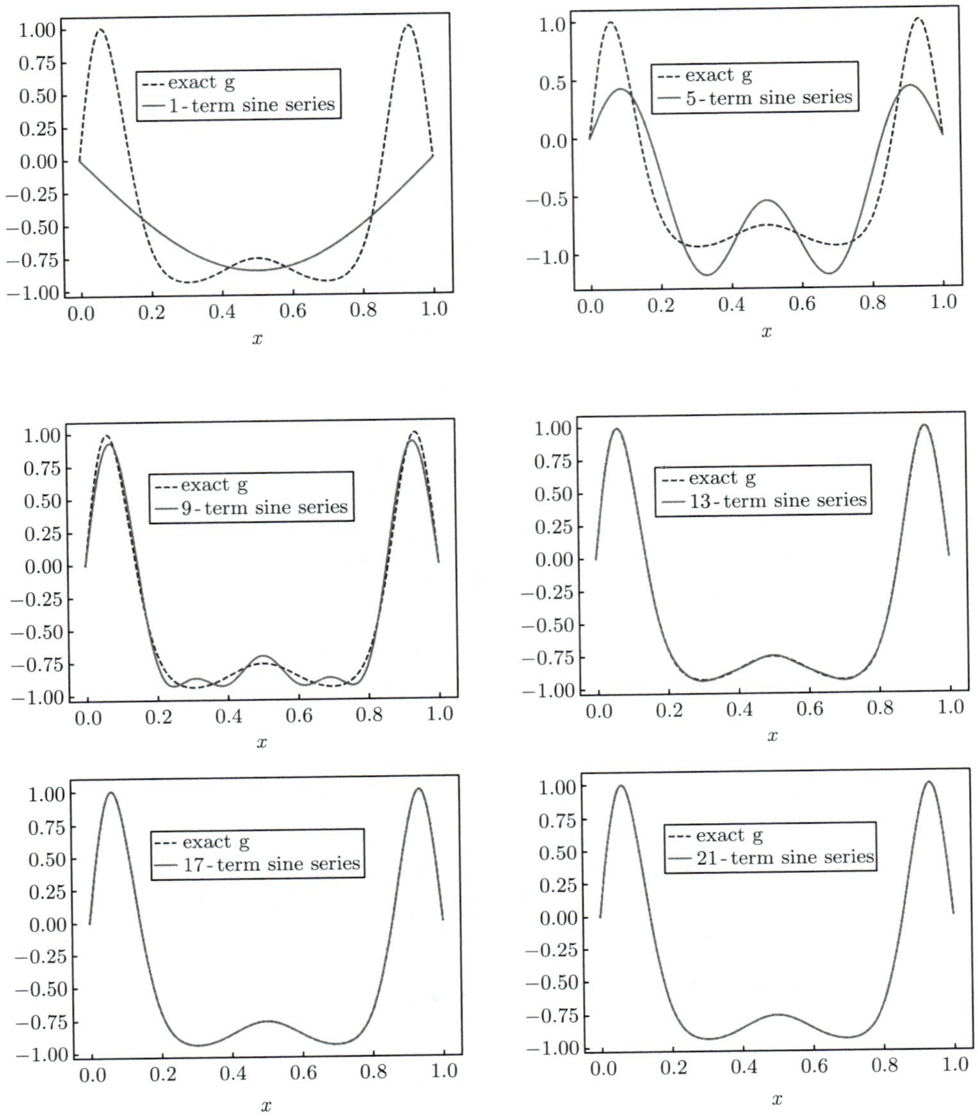

图 3.22 傅里叶正弦级数拟合函数 $g(x) = \sin(\sin(3\pi x) + 5\sin(\pi x))$

第 4 章　行列式

计算的目的是洞察，而非数字

Richard Hamming

我第一次学习线性代数时，用的是同济大学版线性代数，它是我最喜欢的教材之一，它用非常有限的篇幅和简练的语言，概括了线性代数的最重要内容. 和其他大部分线性代数、高等代数教材类似，它把**行列式**（determinant）放在最开始，一方面，行列式确实是研究矩阵的一个重要工具，很多证明基于行列式，但是，另一方面，行列式不是很直观，很多初学者在没有接触线性代数最本质内容之前，就迷失在行列式的各种复杂公式的海洋中. 通过前面几章的学习，可以看到，没有行列式我们也能走很远！*Linear Algebra Done Right* 甚至把行列式放在最后，“无行列式证明是优雅而直观的”.

行列式在 19 世纪和 20 世纪非常流行，那时候的矩阵都比较小. 但是，在当前的应用领域，面对“大型”矩阵，行列式不是一个非常有用的工具. 行列式相关的公式，如**完全展开式、按行展开公式、克拉默法则**等，在理论证明时有用. 但是，这些公式难以应用在“大型”矩阵上. 通常，我们有比求行列式更好的替代方法去解决“大型”矩阵的问题. 在这本书中，行列式更多的作为一个理论工具而不是计算工具，它可以帮助我们理解**特征值**和**特征向量**.

4.1　行列式的定义、性质及其计算

行列式的完全展开式

2 级矩阵的**行列式**又称为 **2 阶行列式**，定义为

$$\det \boldsymbol{A} = |\boldsymbol{A}| = \begin{vmatrix} a & c \\ b & d \end{vmatrix} = ad - bc.$$

注意：矩阵用圆括号，行列式用竖线，矩阵是一张表，而矩阵的行列式是一个数字，非方阵没有行列式. 我们定义如下 n 阶行列式：

定义 4.1　n 阶行列式为

$$\det \boldsymbol{A} = |\boldsymbol{A}| = \begin{vmatrix} a_{11} & a_{12} & \cdots & a_{1n} \\ a_{21} & a_{22} & \cdots & a_{2n} \\ \vdots & \vdots & & \vdots \\ a_{n1} & a_{n2} & \cdots & a_{nn} \end{vmatrix}$$

是 $n!$ 项的代数和，其中每一项都是位于不同行、列的 n 个元素的乘积. 把 n 个元素以行指标为自然顺序排好，当列指标构成偶排列时，该项带正号；当列指标构成奇排列时，该项带负号. 即

$$\det \boldsymbol{A} = \sum_{j_1 j_2 \cdots j_n} (-1)^{\tau(j_1 j_2 \cdots j_n)} a_{1j_1} a_{2j_2} \cdots a_{nj_n} = \sum_{i_1 i_2 \cdots i_n} (-1)^{\tau(i_1 i_2 \cdots i_n)} a_{i_1 1} a_{i_2 2} \cdots a_{i_n n} \quad (4.1)$$

其中 $j_1 j_2 \cdots j_n$ 是列指标的 n 元排列，$i_1 i_2 \cdots i_n$ 是行指标的 n 元排列. 式(4.1)称为 n 阶行列式的完全展开式. 行列式中行与列的地位是对称的.

完全展开式包含了 $n!$ 项，需要进行大约正比于 $n \times n!$ 次运算，比高斯消元法的计算量（大约正比于 n^3）大很多. 关于奇排列、偶排列请参见附录 B.1. 排列 $123, 231, 312$ 是偶排列，$321, 213, 132$ 是奇排列，所以 3 阶行列式为

$$\begin{vmatrix} a_{11} & a_{12} & a_{13} \\ a_{21} & a_{22} & a_{23} \\ a_{31} & a_{32} & a_{33} \end{vmatrix} = a_{11}a_{22}a_{33} + a_{12}a_{23}a_{31} + a_{13}a_{21}a_{32} - a_{13}a_{22}a_{31} - a_{12}a_{21}a_{33} - a_{11}a_{23}a_{32},$$

根据完全展开式和上三角形、下三角形矩阵的特点，我们有以下定理可以简化行列式的计算：

定理 4.1　n 阶上三角形或者下三角形行列式的值等于主对角线上 n 个元素的乘积.

证明　对于上三角形矩阵，第一列非零元为 a_{11}，a_{11} 为完全展开式中唯一的第一列元素，第二列除了 a_{12}（因为第一行已经有一个元素进入完全展开式），非零元为 a_{22}，依次类推，完全展开式只有一项 $a_{11}a_{22}\cdots a_{nn}$，它的列指标自然排序，行指标为偶排列. 所以，行列式的值等于主对角线上 n 个元素的乘积. ■

例 4.1　计算 n 阶行列式：

$$\begin{vmatrix} 0 & 0 & \cdots & 0 & a_1 \\ 0 & 0 & \cdots & a_2 & 0 \\ \vdots & \vdots & & \vdots & \vdots \\ 0 & a_{n-1} & \cdots & 0 & 0 \\ a_n & 0 & \cdots & 0 & 0 \end{vmatrix}$$

解 完全展开式只含有 $a_1a_2\cdots a_n$，它的行指标自然排列，列指标为 $n,n-1,\cdots,1$. 需要考虑该项的符号.

$$\text{原式}=(-1)^{\tau(n(n-1)\cdots 1)}a_1\cdots a_n=(-1)^{\frac{n(n-1)}{2}}a_1\cdots a_n.$$

行列式的三个其他性质

使用完全展开式，需要计算 $n!$ 项，计算量很大，通常需要知道行列式的一些性质，进而简化计算. 以下是行列式的三个基本性质，依据这三个基本性质，可以计算任意方阵的行列式，包括证明行列式的完全展开式.

1. $\det \boldsymbol{I}=1$，**单位矩阵的行列式为 1；**
2. **两行互换，行列式反号；**

   已知

$$\begin{vmatrix} a & b \\ c & d \end{vmatrix}=ad-bc,$$

   互换两行后，根据以上公理：

$$\begin{vmatrix} c & d \\ a & b \end{vmatrix}=-(ad-bc)=bc-ad.$$

3. **行列式与每一行线性相关：**
   (a) 行列式 $|\boldsymbol{A}|$ 某一行乘以 k 得到 $\boldsymbol{A}\to\boldsymbol{A}'$，则行列式变为原来的 k 倍，即 $|\boldsymbol{A}'|=k|\boldsymbol{A}|$；
   (b) 行列式 $|\boldsymbol{A}|$ 和 $|\boldsymbol{A}'|$ 只有一行不同，把这行相加，其他行保持不变，得到新行列式 $|\boldsymbol{B}|$，则 $|\boldsymbol{B}|=|\boldsymbol{A}|+|\boldsymbol{A}'|$.

$$\det\begin{pmatrix} a+a' & b+b' \\ c & d \end{pmatrix}=\det\begin{pmatrix} a & b \\ c & d \end{pmatrix}+\det\begin{pmatrix} a' & b' \\ c & d \end{pmatrix}.$$

例 4.2 不使用完全展开式，仅利用以上公理求对角矩阵的行列式.

解

$$\begin{vmatrix} a_1 & 0 & 0 & \cdots & 0 \\ 0 & a_2 & 0 & \cdots & 0 \\ 0 & 0 & a_3 & \cdots & 0 \\ \vdots & \vdots & \vdots & & \vdots \\ 0 & 0 & 0 & \cdots & a_n \end{vmatrix}=a_1\begin{vmatrix} 1 & 0 & 0 & \cdots & 0 \\ 0 & a_2 & 0 & \cdots & 0 \\ 0 & 0 & a_3 & \cdots & 0 \\ \vdots & \vdots & \vdots & & \vdots \\ 0 & 0 & 0 & \cdots & a_n \end{vmatrix}$$

$$
\begin{aligned}
&= a_1 a_2 \begin{vmatrix} 1 & 0 & 0 & \cdots & 0 \\ 0 & 1 & 0 & \cdots & 0 \\ 0 & 0 & a_3 & \cdots & 0 \\ \vdots & \vdots & \vdots & & \vdots \\ 0 & 0 & 0 & \cdots & a_n \end{vmatrix} \\
&= \cdots \\
&= a_1 \cdots a_n \det \boldsymbol{I} \\
&= a_1 \cdots a_n
\end{aligned}
$$

行列式的其他性质

根据以上三个基本性质，还可以推出如下关于行列式的重要性质：

1. 两行相同或成比例，行列式为 0.

$$\det \boldsymbol{A} = -\det \boldsymbol{A} \implies \det \boldsymbol{A} = 0,$$

$$\det(k\boldsymbol{A}) = k \det \boldsymbol{A} = k0 = 0.$$

2. 把一行的倍数加到另一行，行列式不变.

$$\det \begin{pmatrix} a & b \\ c-ka & d-kb \end{pmatrix} = \det \begin{pmatrix} a & b \\ c & d \end{pmatrix} - k \det \begin{pmatrix} a & b \\ a & b \end{pmatrix} = \det \begin{pmatrix} a & b \\ c & d \end{pmatrix} + 0.$$

3. 含有零行的矩阵，其行列式为 0.

$$\det \begin{pmatrix} a & b \\ 0 & 0 \end{pmatrix} = \det \begin{pmatrix} a & b \\ a & b \end{pmatrix} = 0.$$

4. n 阶三角形行列式的值等于主对角线上 n 个元素的乘积.
   通过把一行的倍数加到另一行，三角形矩阵可变为对角矩阵，例 4.2已证明对角矩阵的行列式等于**主元**乘积.
5. 行列式的绝对值等于主元乘积的绝对值.
   经过行互换和把一行的倍数加到另一行，可以得到三角形矩阵，主元位于对角线上.
6. 奇异矩阵的行列式为 0，可逆矩阵的行列式不为 0.
   奇异矩阵有主元为零，可逆矩阵的所有主元都不为零，根据性质 5 可得.
7. 当 $\boldsymbol{A}, \boldsymbol{B}$ 均为方阵时，$\det(\boldsymbol{AB}) = \det \boldsymbol{A} \det \boldsymbol{B}$，乘积的行列式等于行列式的乘积.
8. $\det \boldsymbol{A}^{\mathrm{T}} = \det \boldsymbol{A}$，行列互换，行列式的值不变.

以下证明最后两个性质.

命题 4.1 $\det(\boldsymbol{AB}) = \det\boldsymbol{A}\det\boldsymbol{B}$

证明 可以通过完全展开式证明，但比较复杂. 也可以证明 $\det(\boldsymbol{AB})/\det\boldsymbol{B}$ 满足 $\boldsymbol{A}$ 行列式的三个公理，进而说明 $\det(\boldsymbol{AB})/\det\boldsymbol{B} = \det\boldsymbol{A}$. 注意 $\det(\boldsymbol{AB}), \det(\boldsymbol{B})$ 已经满足行列式的三个公理.

1. 如果 $\boldsymbol{A} = \boldsymbol{I}$，则 $\det(\boldsymbol{AB})/\det\boldsymbol{B} = \det\boldsymbol{B}/\det\boldsymbol{B} = 1$;

2. 如果把 $\boldsymbol{A}$ 的两行互换，因为 $\boldsymbol{AB}$ 是 $\boldsymbol{B}$ 所有行的线性组合，组合系数为 $\boldsymbol{A}$ 的每一行，所以，$\boldsymbol{AB}$ 也会互换两行. 这说明，$\boldsymbol{A}$ 的两行互换，$\det(\boldsymbol{AB})/\det\boldsymbol{B}$ 的符号会改变，绝对值不变.

3. (a) 如果把 $\boldsymbol{A}$ 的一行乘以 k，则 $\boldsymbol{AB}$ 相应的行也乘以 k，$\det(\boldsymbol{AB})/\det\boldsymbol{B}$ 变为原来的 k 倍.

(b) 如果 $\boldsymbol{A}, \boldsymbol{A}'$ 只有一行不同，$\boldsymbol{AB}, \boldsymbol{A}'\boldsymbol{B}$ 也只有一行不同，把这行相加，其他行保持不变，得到 $|\boldsymbol{D}| = |\boldsymbol{AB}| + |\boldsymbol{A}'\boldsymbol{B}|$，即 $\det\boldsymbol{D}/\det\boldsymbol{B} = \det(\boldsymbol{AB})/\det\boldsymbol{B} + \det(\boldsymbol{A}'\boldsymbol{B})/\det\boldsymbol{B}$.

综上所述，$\det(\boldsymbol{AB})/\det\boldsymbol{B}$ 满足 $\boldsymbol{A}$ 的行列式的三个公理，所以 $\det(\boldsymbol{AB}) = \det\boldsymbol{A}\det\boldsymbol{B}$. ■

由以上定理，$|\boldsymbol{AB}| = |\boldsymbol{A}||\boldsymbol{B}| = |\boldsymbol{B}||\boldsymbol{A}| = |\boldsymbol{BA}|$，一般地 $\boldsymbol{AB} \neq \boldsymbol{BA}$，可见行列式是从矩阵乘法中提取的可交换的量. 根据 $\det(\boldsymbol{AB}) = \det\boldsymbol{A}\det\boldsymbol{B}$，易知：如果 $\boldsymbol{AB}$ 为奇异矩阵，则 $\boldsymbol{A}, \boldsymbol{B}$ 至少有一个为奇异矩阵；如果 $\boldsymbol{AB}$ 为可逆矩阵，则 $\boldsymbol{A}, \boldsymbol{B}$ 都是可逆矩阵. 还可以推出逆矩阵的行列式为原矩阵行列式的倒数：

$$\det\boldsymbol{A}^{-1} = \frac{1}{\det\boldsymbol{A}}.$$

命题 4.2 $\det\boldsymbol{A}^{\mathrm{T}} = \det\boldsymbol{A}$.

证明 由高斯消元法得出 $\boldsymbol{PA} = \boldsymbol{LU}$，或者 $\boldsymbol{A} = \boldsymbol{P}^{\mathrm{T}}\boldsymbol{LU}$. 所以，

$$\det(\boldsymbol{A}) = \det(\boldsymbol{P}^{\mathrm{T}})\det(\boldsymbol{L})\det(\boldsymbol{U}) = \det(\boldsymbol{P}^{\mathrm{T}})\det(\boldsymbol{U}) = \det(\boldsymbol{P}^{\mathrm{T}}) \times (\text{主元乘积})$$

这里，$\boldsymbol{L}$ 为下三角形矩阵，且对角元素为 1，$\det\boldsymbol{L} = 1$. 同时，

$$\det(\boldsymbol{A}^{\mathrm{T}}) = \det(\boldsymbol{U}^{\mathrm{T}}\boldsymbol{L}^{\mathrm{T}}\boldsymbol{P}) = \det(\boldsymbol{U}^{\mathrm{T}})\det(\boldsymbol{L}^{\mathrm{T}})\det(\boldsymbol{P}) = \det(\boldsymbol{P}) \times (\text{主元乘积})$$

接下来证明 $\det\boldsymbol{P} = \det\boldsymbol{P}^{\mathrm{T}}$. 因为 $\boldsymbol{P}, \boldsymbol{P}^{\mathrm{T}}$ 为单位矩阵互换行得到，所以 $\det\boldsymbol{P}, \det\boldsymbol{P}^{\mathrm{T}}$ 的绝对值为 1. 因为 $\boldsymbol{P}$ 为正交矩阵，$\boldsymbol{P}^{\mathrm{T}}\boldsymbol{P} = \boldsymbol{I}$，所以 $\det\boldsymbol{P}\det\boldsymbol{P}^{\mathrm{T}} = 1$，进而 $\det\boldsymbol{P} = \det\boldsymbol{P}^{\mathrm{T}}$. 最终，

$$\det\boldsymbol{A} = \det\boldsymbol{A}^{\mathrm{T}} = \pm(\text{主元乘积}).$$ ■

矩阵乘积的行列式等于行列式的乘积，矩阵转置不改变行列式，这是两条非常重要但不显然的性质.

例 4.3 计算行列式 $\begin{vmatrix} 2 & -3 & 7 \\ -4 & 1 & -2 \\ 9 & -2 & 3 \end{vmatrix}$.

解 高斯消元法得到主元：

$$\begin{vmatrix} 2 & -3 & 7 \\ -4 & 1 & -2 \\ 9 & -2 & 3 \end{vmatrix} = \begin{vmatrix} 2 & -3 & 7 \\ 0 & -5 & 12 \\ 0 & \dfrac{23}{2} & -\dfrac{57}{2} \end{vmatrix} = \begin{vmatrix} 2 & -3 & 7 \\ 0 & -5 & 12 \\ 0 & 0 & -\dfrac{9}{10} \end{vmatrix} = 9.$$

习题

1. (a) 求 6 元排列 413625 的逆序数，并指出它的奇偶性；

   (b) 求 n 元排列 $n(n-1)\cdots 321$ 的逆序数，并讨论它的奇偶性.

2. 计算行列式：

   (a)

$$\begin{vmatrix} 0 & a_1 & 0 & \cdots & 0 \\ 0 & 0 & a_2 & \cdots & 0 \\ \vdots & \vdots & \vdots & & \vdots \\ 0 & 0 & 0 & \cdots & a_{n-1} \\ a_n & 0 & 0 & \cdots & 0 \end{vmatrix};$$

   (b)

$$\begin{vmatrix} 0 & 0 & \cdots & 0 & a_1 \\ 0 & 0 & \cdots & a_2 & 0 \\ \vdots & \vdots & & \vdots & \vdots \\ 0 & a_{n-1} & \cdots & 0 & 0 \\ a_n & 0 & \cdots & 0 & 0 \end{vmatrix};$$

   (c)

$$\begin{vmatrix} a_1 & a_2 & a_3 & a_4 & a_5 \\ b_1 & b_2 & b_3 & b_4 & b_5 \\ 0 & 0 & 0 & c_1 & c_2 \\ 0 & 0 & 0 & d_1 & d_2 \\ 0 & 0 & 0 & e_1 & e_2 \end{vmatrix};$$

   (d)

$$\begin{vmatrix} 0 & 0 & 0 & a_{14} \\ 0 & 0 & a_{23} & a_{24} \\ 0 & a_{32} & a_{33} & a_{34} \\ a_{41} & a_{42} & a_{43} & a_{44} \end{vmatrix};$$

(e)

$$\begin{vmatrix} 0 & 0 & 0 & 1 & 0 \\ 0 & 0 & 2 & 0 & 0 \\ 0 & 3 & 8 & 0 & 0 \\ 4 & 9 & 7 & 0 & 0 \\ 6 & 0 & 0 & 0 & 5 \end{vmatrix};$$

(f)

$$\begin{vmatrix} 1 & 4 & 2 \\ 3 & 5 & 1 \\ 2 & 1 & 6 \end{vmatrix}.$$

3.* 证明：如果在 n 阶行列式中，第 $i_1, i_2, \cdots, i_k$ 行分别与第 $j_1, j_2, \cdots, j_l$ 列交叉位置的元素都是 0，并且 $k+l>n$，那么这个行列式的值等于 0.

4.* 在完全展开式中 n 阶行列式的反对角线上的 n 个元素的乘积一定带负号吗？

5.* 设 $n \geqslant 2$，证明：如果 n 级矩阵 $\boldsymbol{A}$ 的元素为 1 或 -1，则 $|\boldsymbol{A}|$ 必为偶数.

4.2 行列式按行 (列) 展开、克拉默法则

行列式按一行 (列) 展开

n 阶行列式的计算是否可以转化为 $n-1$ 阶行列式的计算？先看 3 阶行列式

$$\begin{aligned} |\boldsymbol{A}| = & \begin{vmatrix} a_{11} & a_{12} & a_{13} \\ a_{21} & a_{22} & a_{23} \\ a_{31} & a_{32} & a_{33} \end{vmatrix} \\ = & a_{11}(a_{22}a_{33} - a_{23}a_{32}) - a_{12}(a_{21}a_{33} - a_{23}a_{31}) + a_{13}(a_{21}a_{32} - a_{22}a_{31}) \\ = & a_{11}\begin{vmatrix} a_{22} & a_{23} \\ a_{32} & a_{33} \end{vmatrix} - a_{12}\begin{vmatrix} a_{21} & a_{23} \\ a_{31} & a_{33} \end{vmatrix} + a_{13}\begin{vmatrix} a_{21} & a_{22} \\ a_{31} & a_{32} \end{vmatrix}. \end{aligned}$$

3 阶行列式可以转化为计算 3 个 2 阶行列式. 受此启发，可以把行列式按行展开. 首先定义**余子式**（cofactor）和**代数余子式**（algebraic cofactor）：

定义 4.2 n 级矩阵 $\boldsymbol{A}$，划去第 i 行和第 j 列，剩下的元素按原来的次序组成的 $n-1$ 级矩阵称为矩阵 $\boldsymbol{A}$ 的 (i,j) 元的余子矩阵，余子矩阵的行列式称为矩阵 $\boldsymbol{A}$ 的 (i,j) 元的余子式，记作 M_{ij}. 令

$$C_{ij}=(-1)^{i+j}M_{ij},$$

称 C_{ij} 是 $\boldsymbol{A}$ 的 (i,j) 元的代数余子式.

图 4.1　拉普拉斯（Pierre-Simon marquis de Laplace，1749—1827）

以上 3 阶行列式按第一行展开，可以写成 $|\boldsymbol{A}|=a_{11}C_{11}+a_{12}C_{12}+a_{12}C_{13}$.

定理 4.2　n 级矩阵 $\boldsymbol{A}$ 的行列式等于它的第 i 行元素与自己的代数余子式的乘积之和：

$$|\boldsymbol{A}|=\sum_{j=1}^{n}a_{ij}C_{ij} \tag{4.2}$$

其中 $i\in\{1,2,\cdots,n\}$，式(4.2)称为 n 阶行列式按第 i 行的展开式. 同理，行列式还可以写成按第 j 列的展开式

$$|\boldsymbol{A}|=\sum_{i=1}^{n}a_{ij}C_{ij}. \tag{4.3}$$

以上也称为拉普拉斯⊖展开（Laplace expansion）.

证明　我们证明式(4.2)满足行列式的三个公理，注意行列式 C_{ij}（代数余子式）已经满足行列式的三个公理：

1. 当 $\boldsymbol{A}=\boldsymbol{I}$ 时，按任一行展开，均有 $|\boldsymbol{A}|=\sum\limits_{j=1}^{n}a_{ij}C_{ij}=1\times1=1$；

2. 互换两行 i,l，$\boldsymbol{A}\to\boldsymbol{A}^*$. 按第 i 行展开（第 l 行展开同理），$|\boldsymbol{A}^*|=\sum\limits_{j=1}^{n}a_{lj}C_{lj}^*=-\sum\limits_{j=1}^{n}a_{lj}C_{lj}=-|\boldsymbol{A}|$；按非 i,l 行展开，$|\boldsymbol{A}^*|=\sum\limits_{j=1}^{n}a_{mj}C_{mj}^*=-\sum\limits_{j=1}^{n}a_{mj}C_{mj}=-|\boldsymbol{A}|$；

3. (a) $\boldsymbol{A}$ 中第 i 行乘以 k，$\boldsymbol{A}\to\boldsymbol{A}^*$. 按第 i 行展开，$|\boldsymbol{A}^*|=\sum\limits_{j=1}^{n}ka_{ij}C_{ij}=k|\boldsymbol{A}|$；按其他行展开，$|\boldsymbol{A}^*|=\sum\limits_{j=1}^{n}a_{lj}(kC_{lj})=k|\boldsymbol{A}|$；

(b) $\boldsymbol{A},\boldsymbol{A}'$ 只有一行不同，把这行相加，其他行不变，形成 $\boldsymbol{A},\boldsymbol{A}'\to\boldsymbol{A}^*$. 按第 i 行展开，$|\boldsymbol{A}^*|=\sum\limits_{j=1}^{n}(a_{ij}+a_{ij}')C_{ij}=|\boldsymbol{A}|+|\boldsymbol{A}'|$；按其他行展开 $|\boldsymbol{A}^*|=\sum\limits_{j=1}^{n}a_{lj}(C_{lj}+C_{lj}')=|\boldsymbol{A}|+|\boldsymbol{A}'|$.

定理 4.2的主要用途是，当行列式某一行仅有少量元素不为零时，按该行展开可以大大减少计算量.

⊖ 拉普拉斯（见图 4.1）是一位法国数学家、天文学家和物理学家，被誉为 18 世纪最伟大的科学家之一. 他在天体力学、概率论和天体物理学方面的研究贡献非凡. 拉普拉斯利用牛顿万有引力定律和数学分析的方法对行星运动和天体系统进行了深入研究. 他在五卷本的《天体力学》（Celestial Mechanics）提出了一种数学模型，被称为拉格朗日力学，用于描述质点系统的运动. 他还提出了一种重要的天体力学近似法，被称为拉普拉斯方法，用于预测行星轨道和天体运动. 此外，拉普拉斯是概率论的先驱之一，提出了拉普拉斯变换和拉普拉斯定理等重要技术，被广泛应用于风险分析、统计推断和信号处理等领域. 拉普拉斯在法国大革命期间担任过政府职位，负责制订度量衡标准.

例 4.4 计算行列式 $\begin{vmatrix} \lambda-6 & 2 & -2 \\ 2 & \lambda-3 & -4 \\ -2 & -4 & \lambda-3 \end{vmatrix}$

解

$$\begin{aligned}\begin{vmatrix} \lambda-6 & 2 & -2 \\ 2 & \lambda-3 & -4 \\ -2 & -4 & \lambda-3 \end{vmatrix} &= \begin{vmatrix} \lambda-6 & 2 & -2 \\ 2 & \lambda-3 & -4 \\ 0 & \lambda-7 & \lambda-7 \end{vmatrix} \\ &= \begin{vmatrix} \lambda-6 & 4 & -2 \\ 2 & \lambda+1 & -4 \\ 0 & 0 & \lambda-7 \end{vmatrix} \\ &=(\lambda-7)(-1)^6 \begin{vmatrix} \lambda-6 & 4 \\ 2 & \lambda+1 \end{vmatrix} \\ &=(\lambda-7)(\lambda^2-5\lambda-14).\end{aligned}$$

命题 4.3 n 级矩阵 $\boldsymbol{A}$ 的行列式 $|\boldsymbol{A}|$ 的第 i 行元素与第 k 行（$k \neq i$）相应元素的代数余子式的乘积之和为 0：

$$\sum_{j=1}^{n} a_{ij} C_{kj} = 0.$$

同理，第 j 列元素与第 l 列（$l \neq j$）相应元素的代数余子式的乘积之和为 0：

$$\sum_{i=1}^{n} a_{ij} C_{il} = 0.$$

证明 构造矩阵 $\boldsymbol{B}$ 使其第 i, k 行都为 $a_{i1}, \cdots, a_{in}$，其他行与 $\boldsymbol{A}$ 相同，把 $\det \boldsymbol{B}$ 按第 k 行展开

$$0 = \det \boldsymbol{B} = \sum_{j=1}^{n} a_{ij} C_{kj} = 0. \blacksquare$$

例 4.5 证明：范德蒙德行列式 (Vandermonde determinant)

$$\begin{vmatrix} 1 & a_1 & a_1^2 & \cdots & a_1^{n-1} \\ 1 & a_2 & a_2^2 & \cdots & a_2^{n-1} \\ 1 & a_3 & a_3^2 & \cdots & a_3^{n-1} \\ \vdots & \vdots & \vdots & & \vdots \\ 1 & a_n & a_n^2 & \cdots & a_n^{n-1} \end{vmatrix} = \prod_{1 \leqslant i < j \leqslant n} (a_j - a_i).$$

证明 把第 $n-1$ 列乘以 $-a_1$ 加到第 n 列，把第 $n-2$ 列乘以 $-a_1$ 加到第 $n-1$ 列，依次类推，把第 1 列乘以 $-a_1$ 加到第 2 列，得到行列式

$$\begin{vmatrix} 1 & 0 & 0 & \cdots & 0 \\ 1 & a_2-a_1 & a_2(a_2-a_1) & \cdots & a_2^{n-2}(a_2-a_1) \\ 1 & a_3-a_1 & a_3(a_3-a_1) & \cdots & a_3^{n-2}(a_3-a_1) \\ \vdots & \vdots & \vdots & & \vdots \\ 1 & a_n-a_1 & a_n(a_n-a_1) & \cdots & a_n^{n-2}(a_n-a_1) \end{vmatrix}$$

$$=\begin{vmatrix} a_2-a_1 & a_2(a_2-a_1) & \cdots & a_2^{n-2}(a_2-a_1) \\ a_3-a_1 & a_3(a_3-a_1) & \cdots & a_3^{n-2}(a_3-a_1) \\ \vdots & \vdots & & \vdots \\ a_n-a_1 & a_n(a_n-a_1) & \cdots & a_n^{n-2}(a_n-a_1) \end{vmatrix}$$

$$=(a_2-a_1)(a_3-a_1)\cdots(a_n-a_1)\begin{vmatrix} 1 & a_2 & \cdots & a_2^{n-2} \\ 1 & a_3 & \cdots & a_3^{n-2} \\ \vdots & \vdots & & \vdots \\ 1 & a_n & \cdots & a_n^{n-2} \end{vmatrix}$$

继续按上述方法把第一行变为 $(1,0,0,\cdots)$，归纳总结公式

$$\text{原式} = \prod_{1<j\leqslant n}(a_j-a_1)\prod_{2<j\leqslant (n-1)}(a_j-a_2)\begin{vmatrix} 1 & a_3 & \cdots & a_3^{n-3} \\ \vdots & \vdots & & \vdots \\ 1 & a_n & \cdots & a_n^{n-3} \end{vmatrix}$$

$$= \prod_{1\leqslant i<j\leqslant n}(a_j-a_i). \blacksquare$$

常见的求行列式的方法：化成三角形行列式；拆成若干个行列式的和；按行或者列展开；归纳法（见本节习题）；利用范德蒙德行列式. 很多求行列式的题目技巧性很强，它是线性代数的重要部分，但从长远来看，如果不是从事代数研究，在以后其他课程的学习、工作中，这些技巧并不常见.

行列式按 k 行 (列) 展开

既然行列式可以按一行（列）展开，那么可否按 k 行（列）展开？首先定义**k 阶子式**和它的**余子式、代数余子式**.

定义 4.3 n 级矩阵 $\boldsymbol{A}$ 中任意取定 k 行，$H=\{i_1,\cdots,i_k:i_1<i_2<\cdots<i_k\}$，$k$ 列，$L=\{j_1,\cdots,j_k:j_1<j_2<\cdots<j_k\}$，位于这些行和列的交叉处的 k^2 个元素按

原排列方法组成的 k 级矩阵的行列式 称为 $\boldsymbol{A}$ 的一个k 阶子式，记作 $\boldsymbol{A}_{H,L}$. 划去这个 k 阶子式所在的行和列，剩下的元素按照原来的排列方法组成的 $n-k$ 级矩阵的行列式称为子式 $\boldsymbol{A}_{H,L}$ 的余子式，记作 $M_{H,L}$. 它前面乘以 $(-1)^{i_1+\cdots+i_k+j_1+\cdots+j_k}$，则称为子式 $\boldsymbol{A}_{H,L}$ 的代数余子式，记作 $C_{H,L}$. 特别地，当行指标和列指标相同 $(H=L)$ 时，$\boldsymbol{A}_{H,H}$ 称为k 阶主子式.

定理 4.3 在 n 级矩阵 $\boldsymbol{A}$ 中取定 k 行，$H=\{i_1,\cdots,i_k : i_1<i_2<\cdots<i_k\}$，则这 k 行元素形成的所有 k 阶子式与它们自己的代数余子式的乘积之和等于 $\boldsymbol{A}$ 的行列式，即

$$|\boldsymbol{A}|=\sum_{L\in\mathcal{S}_k}\boldsymbol{A}_{H,L}C_{H,L}$$

其中，$\mathcal{S}_k$ 表示 $[n]=\{1,\cdots,n\}$ 中的所有 k 元组合组成的集合：

$$\mathcal{S}_k=\binom{[n]}{k}.$$

例如：

$$\binom{[5]}{4}=\{1,2,3,4\}\cup\{1,2,3,5\}\cup\{1,2,4,5\}\cup\{1,3,4,5\}\cup\{2,3,4,5\}$$

定理 4.3是定理 4.2的推广，它们都称为拉普拉斯展开，可以用于求特殊分块矩阵的行列式：

$$\begin{vmatrix}\boldsymbol{A} & \boldsymbol{0}\\ \boldsymbol{B} & \boldsymbol{D}\end{vmatrix}=|\boldsymbol{A}||\boldsymbol{D}|$$

和 k 阶子式相关的一个概念是顺序主子式，方阵 $\boldsymbol{A}$ 的第 k 阶**顺序主子式**定义为，该方阵的前 k 行和 k 列元素组成的子矩阵的**行列式**. 对于 m 级方阵，其共有 m 阶顺序主子式.

克拉默[㊀]法则（Cramer's rule）

图 4.2 克拉默（Gabriel Cramer，1704—1752）

n 级矩阵进行多次初等行变换（包括：行交换、一行的倍数加到另一行）可能会改变原矩阵行列式的符号，但不会改变绝对值. 经过初等行变换（包括：行交换、一行的倍数加到另一行）转化成的上三角形矩阵的行列式等于主元的乘积. 若主元都不为 0，则原系数行列不为 0，方程组有唯一解；若出现 0 行，则原系数行列式为 0，方程组可能无解或者无穷多解. 据此，有如下定理：

㊀ 克拉默（见图 4.2）是瑞士数学家，1722 年在日内瓦获得博士学位，1724 年起在日内瓦加尔文学院任教. 1727 年至 1729 年，他在巴塞尔与约翰·伯努利（Johann Bernoulli）、欧拉（Euler）等人交流学习，结为挚友. 在代数方面，克拉默提出了用于求解线性方程组的克拉默法则（Cramer's rule），研究了对称多项式和齐次坐标系. 在数论方面，克拉默研究了二次剩余和因子分解. 克拉默专心治学，平易近人且德高望重，先后当选为伦敦皇家学会、柏林研究院和法国、意大利等学会的成员.

定理 4.4　n 个方程的 n 元非齐次线性方程组有唯一解的充要条件是它的系数行列式不等于 0. n 个方程的 n 元齐次线性方程组有且只有零解的充要条件是它的系数行列式不等于 0；有非零解的充要条件是它的系数行列式等于 0.

接下来我们证明**克拉默法则**（Cramer rule）. 考虑线性方程组 $\boldsymbol{Ax}=\boldsymbol{b}$，假设系数矩阵的行列式不为 0，把 $\boldsymbol{I}$ 的第 j 列用 $\boldsymbol{x}$ 替换，得到矩阵 $\boldsymbol{I}_j$，把 $\boldsymbol{A}$ 的第 j 列用 $\boldsymbol{b}$ 替换得到 $\boldsymbol{B}_j$，根据矩阵的乘法运算：

$$\boldsymbol{AI}_j=\boldsymbol{B}_j,$$

所以，

$$(\det\boldsymbol{A})(\det\boldsymbol{I}_j)=\det\boldsymbol{B}_j \implies (\det\boldsymbol{A})(x_j)=\det\boldsymbol{B}_j \implies x_j=\frac{\det\boldsymbol{B}_j}{\det\boldsymbol{A}}.$$

定理 4.5　如果 n 个方程的 n 元线性方程组的系数行列式 $|\boldsymbol{A}|\neq 0$，那么方程组 $\boldsymbol{Ax}=\boldsymbol{b}$ 的唯一解为

$$\boldsymbol{x}=\left(\frac{|\boldsymbol{B}_1|}{|\boldsymbol{A}|},\cdots,\frac{|\boldsymbol{B}_n|}{|\boldsymbol{A}|}\right),$$

其中 $\boldsymbol{B}_j$ 为把系数矩阵 $\boldsymbol{A}$ 的第 j 列换成常数项 $\boldsymbol{b}$ 得到的矩阵.

我们已经熟悉了用高斯消元法解线性方程组，克拉默法则需要计算 $n+1$ 个行列式，显然运算量远远大于高斯消元法. 因为矩阵的逆可以看作 n 个线性方程组 $\boldsymbol{AX}=\boldsymbol{I}$ 的解，根据克拉默法则，我们可以用行列式写出矩阵的逆.

定理 4.6　假设 n 级矩阵 $\boldsymbol{A}$ 可逆，则它的逆矩阵 $\boldsymbol{A}^{-1}$ 的第 (i,j) 个元素为

$$(\boldsymbol{A}^{-1})_{ij}=\frac{C_{ji}}{|\boldsymbol{A}|},$$

其中 C_{ji} 为矩阵 $\boldsymbol{A}$ 的 (j,i) 元的代数余子式.

证明　线性方程组 $\boldsymbol{Ax}_1=(1,0,\cdots,0)$ 的解 $\boldsymbol{x}_1$ 为 $\boldsymbol{A}^{-1}$ 的第一列，根据克拉默法则

$$\boldsymbol{x}_1=\left(\frac{|\boldsymbol{B}_1|}{|\boldsymbol{A}|},\cdots,\frac{|\boldsymbol{B}_n|}{|\boldsymbol{A}|}\right)$$

其中，$\boldsymbol{B}_j$ 的第 j 列只有第 1 行不为 0，$(\boldsymbol{B}_j)_{1j}=1$，行列式 $|\boldsymbol{B}_j|$ 按第 j 列展开，刚好是代数余子式 C_{1j}，所以

$$\boldsymbol{x}_1=\left(\frac{C_{11}}{|\boldsymbol{A}|},\cdots,\frac{C_{1n}}{|\boldsymbol{A}|}\right).$$

一般地，$\boldsymbol{A}^{-1}$ 的第 j 列为

$$\boldsymbol{x}_j=\left(\frac{C_{j1}}{|\boldsymbol{A}|},\cdots,\frac{C_{jn}}{|\boldsymbol{A}|}\right),$$

所以，$\boldsymbol{A}^{-1}$ 的第 (i,j) 个元素为

$$(\boldsymbol{A}^{-1})_{ij}=\frac{C_{ji}}{|\boldsymbol{A}|}.\ \blacksquare$$

把 C_{ij} 按 (j,i) 放入矩阵 $\boldsymbol{C}$:

$$\boldsymbol{C}=\begin{pmatrix} C_{11} & C_{21} & \cdots & C_{n1} \\ \vdots & \vdots & & \vdots \\ C_{1n} & C_{2n} & \cdots & C_{nn} \end{pmatrix}$$

矩阵 $\boldsymbol{C}$（有时也记作 $\boldsymbol{A}^*$）称为 $\boldsymbol{A}$ 的**伴随矩阵**（adjoint matrix）. $\boldsymbol{A}$ 的逆矩阵可以写成

$$\boldsymbol{A}^{-1}=\frac{\boldsymbol{C}}{|\boldsymbol{A}|}.$$

根据命题 4.3，不难证明以下定理：

定理 4.7 已知矩阵 $\boldsymbol{A}$ 及其伴随矩阵 $\boldsymbol{A}^*$，则有 $\boldsymbol{A}\boldsymbol{A}^*=|\boldsymbol{A}|\boldsymbol{I}$.

例 4.6 已知 n 级可逆矩阵 $\boldsymbol{A}$ 的行列式为 $|\boldsymbol{A}|$，求伴随矩阵 $\boldsymbol{A}^*$ 的行列式.

解 $\because \boldsymbol{A}^*=|\boldsymbol{A}|\boldsymbol{A}^{-1}$

$\therefore |\boldsymbol{A}^*|=|\boldsymbol{A}|^n|\boldsymbol{A}^{-1}|=|\boldsymbol{A}|^{n-1}$

根据行列式可以判断矩阵是否可逆：

定理 4.8 矩阵 $\boldsymbol{A}$ 可逆的充要条件是 $\det\boldsymbol{A}\neq 0$.

如果 $\boldsymbol{AB}=\boldsymbol{I}$，则 $|\boldsymbol{AB}|=|\boldsymbol{A}||\boldsymbol{B}|=1$，进而 $|\boldsymbol{A}|\neq 0,|\boldsymbol{B}|\neq 0$. 显然有如下定理：

定理 4.9 设 $\boldsymbol{A},\boldsymbol{B}$ 为 n 级矩阵，如果 $\boldsymbol{AB}=\boldsymbol{I}$，则 $\boldsymbol{A},\boldsymbol{B}$ 都是可逆矩阵，并且互为逆矩阵.

面积、体积、叉积 *

行列式的几何意义是什么？面积或者体积 (见图 4.3). 二阶行列式的绝对值

$$\left|\det\begin{pmatrix} x_1 & y_1 \\ x_2 & y_2 \end{pmatrix}\right|$$

表示两边为 $(x_1,y_1),(x_2,y_2)$ 的**平行四边形的面积**. 这里取了行列式的绝对值，因为行列式可能为负.

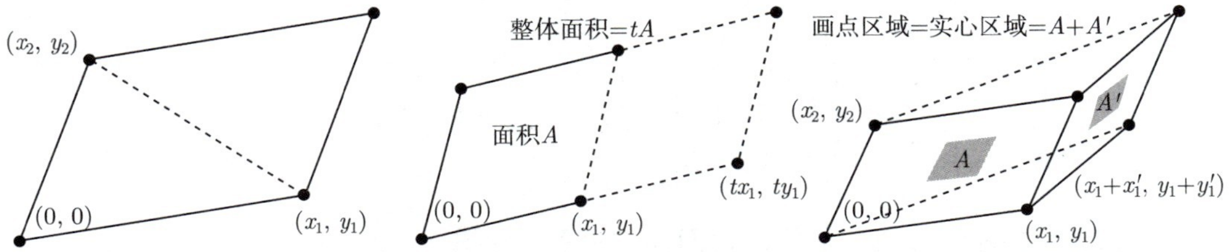

图 4.3 二阶行列式的几何意义

证明 以下不是严格的证明，我们解释平行四边形的面积公式满足行列式的三个基本性质：

1. 当 $\boldsymbol{A}=\boldsymbol{I}$，$\boldsymbol{A}$ 的面积等于 1，也等于 $\det(\boldsymbol{A})$；
2. 当 $\boldsymbol{A}$ 的两行互换，$\boldsymbol{A}$ 的面积不变，等于 $\det(\boldsymbol{A})$ 的绝对值；
3. (a) 当 $\boldsymbol{A}$ 的第一行乘以 t，边 (x_1,y_1) 延长为 t 倍，面积变为 t 倍；

(b) 当 $\boldsymbol{A}$ 的第一行加上 $(x_1',y_1')^{\mathrm{T}}$，面积变为两个平行四边形面积之和.

根据平行四边形的面积公式，可以知道顶点为 $(0,0),(x_1,y_1),(x_2,y_2)$ 的**三角形** (见图 4.4) 的面积为

$$\frac{1}{2}\left|\det\begin{pmatrix}x_1 & y_1\\ x_2 & y_2\end{pmatrix}\right|,$$

一般地，顶点为 $(x_1,y_1),(x_2,y_2),(x_3,y_3)$ 的三角形可以分解为 3 个以原点 $(0,0)$ 为顶点的 3 个小三角形，故面积为

$$\frac{1}{2}\left|\det\begin{pmatrix}x_1 & y_1 & 1\\ x_2 & y_2 & 1\\ x_3 & y_3 & 1\end{pmatrix}\right|.$$

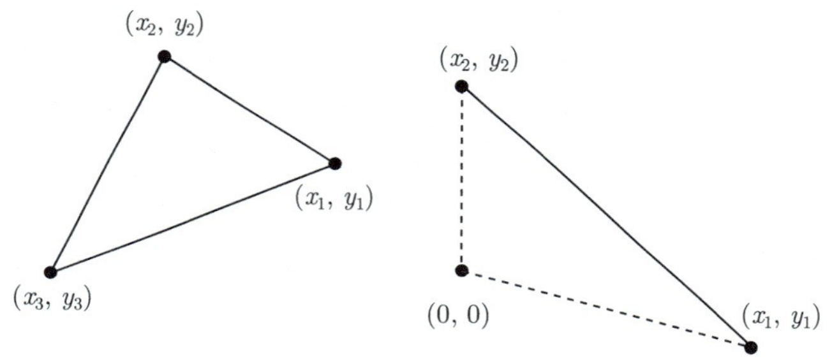

图 4.4 利用行列式求三角形的面积

用行列式求三角形面积的优点显而易见，我们不需要传统的底乘以高面积公式，只需要把顶点坐标放入矩阵的适当位置，计算行列式即可.

例 4.7 求顶点为 $(0,0),(1,3),(3,1)$ 的三角形的面积.

解 我们不需要关注三角形的形状、高、底，使用行列式公式得到面积为

$$\left|\frac{1}{2}\det\begin{pmatrix}0 & 0 & 1\\ 1 & 3 & 1\\ 3 & 1 & 1\end{pmatrix}\right| = \left|\frac{1}{2}(3\times 3-1\times 1)\right| = 4.$$

三阶行列式的几何意义是**平行六面体**的**体积** (见图 4.5)：

$$\left|\det\begin{pmatrix}a_{11} & a_{12} & a_{13}\\ a_{21} & a_{22} & a_{23}\\ a_{31} & a_{32} & a_{33}\end{pmatrix}\right|$$

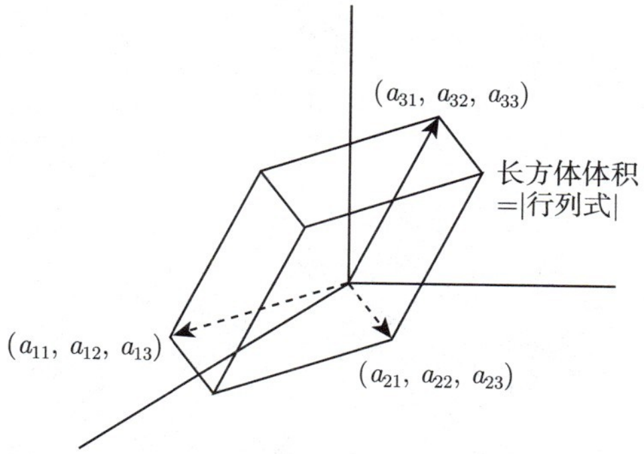

图 4.5 三阶行列式的几何意义

和行列式相关的另一种运算是**叉积**（cross product）. 叉积主要用在三维向量空间中，一些物理概念使用了叉积，如洛伦兹力. 两个向量的**点积**为标量，无方向，两向量的叉积仍为向量，方向垂直于这两个向量形成的平面，具体方向可以根据**右手法则**确定（见图 4.6），大小为：

$$||\boldsymbol{u} \times \boldsymbol{v}|| = ||\boldsymbol{u}||\ ||\boldsymbol{v}||\ |\sin\theta|,$$

其中 θ 是 $\boldsymbol{u}$ 与 $\boldsymbol{v}$ 的夹角. 注意，两向量点积的大小为 $||\boldsymbol{u} \cdot \boldsymbol{v}|| = ||\boldsymbol{u}||\ ||\boldsymbol{v}||\ |\cos\theta|$.

两向量 $\boldsymbol{u} = (u_1, u_2, u_3), \boldsymbol{v} = (v_1, v_2, v_3)$ 的叉积可以用行列式表示，其优点是可以把叉积的方向表示出来：

$$\boldsymbol{u}\times\boldsymbol{v} = \begin{vmatrix} \boldsymbol{i} & \boldsymbol{j} & \boldsymbol{k} \\ u_1 & u_2 & u_3 \\ v_1 & v_2 & v_3 \end{vmatrix} = (u_2v_3-u_3v_2)\boldsymbol{i}+(u_3v_1-u_1v_3)\boldsymbol{j}+(u_1v_2-u_2v_1)\boldsymbol{k} = \begin{pmatrix} u_2v_3 - u_3v_2 \\ u_3v_1 - u_1v_3 \\ u_1v_2 - u_2v_1 \end{pmatrix}, \tag{4.4}$$

其中，$\boldsymbol{i} = (1,0,0), \boldsymbol{j} = (0,1,0), \boldsymbol{k} = (0,0,1)$ 是标准基. 这里的行列式和之前的定义不同，因为它里面有向量 $\boldsymbol{i}, \boldsymbol{j}, \boldsymbol{k}$，准确地讲，我们使用的是行列式完全展开公式. 根据式(4.4)，叉积有以下性质：

1. $\boldsymbol{u} \times \boldsymbol{v} = -\boldsymbol{v} \times \boldsymbol{u}$;
2. $||\boldsymbol{u} \times \boldsymbol{v}|| = ||\boldsymbol{v} \times \boldsymbol{u}||$;
3. $(\boldsymbol{u} \times \boldsymbol{v}) \cdot \boldsymbol{u} = 0, (\boldsymbol{u} \times \boldsymbol{v}) \cdot \boldsymbol{v} = 0$;
4. $(\boldsymbol{u} \times \boldsymbol{v}) \perp \boldsymbol{u}, (\boldsymbol{u} \times \boldsymbol{v}) \perp \boldsymbol{v}$;
5. $\boldsymbol{u} \times \boldsymbol{u} = 0$.

例 4.8 已知标准基 $\boldsymbol{i} = (1,0,0), \boldsymbol{j} = (0,1,0), \boldsymbol{k} = (0,0,1)$ 计算 $\boldsymbol{i} \times \boldsymbol{j}$.

解

$$\boldsymbol{i} \times \boldsymbol{j} = \begin{vmatrix} \boldsymbol{i} & \boldsymbol{j} & \boldsymbol{k} \\ 1 & 0 & 0 \\ 0 & 1 & 0 \end{vmatrix} = \boldsymbol{k}.$$

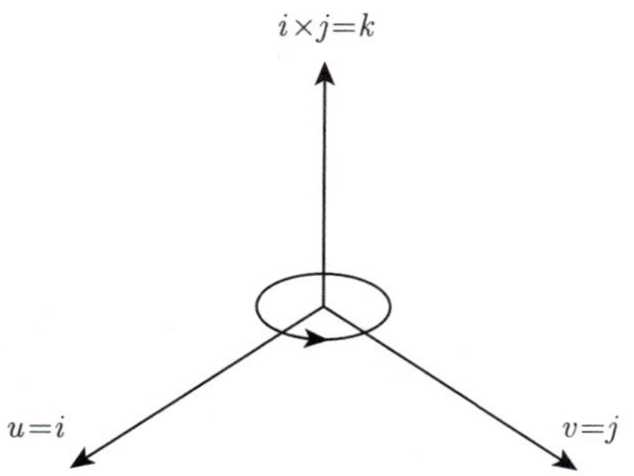

图 4.6　叉积中的右手法则

两个向量 $\boldsymbol{u}, \boldsymbol{v}$ 叉积得到新的向量，然后和第 3 个向量 $\boldsymbol{w}$ 求点积，把叉积、点积合起来的运算称为**三重积**（triple product）. 三重积的结果是标量，它和行列式、体积相关：

$$(\boldsymbol{u} \times \boldsymbol{v}) \cdot \boldsymbol{w} = \begin{vmatrix} w_1 & w_2 & w_3 \\ u_1 & u_2 & u_3 \\ v_1 & v_2 & v_3 \end{vmatrix} = \begin{vmatrix} u_1 & u_2 & u_3 \\ v_1 & v_2 & v_3 \\ w_1 & w_2 & w_3 \end{vmatrix} = \boldsymbol{w} \cdot (\boldsymbol{u} \times \boldsymbol{v}).$$

证明　严格证明可利用式(4.4). 以下是几何解释.

令 $\boldsymbol{s} = \boldsymbol{u} \times \boldsymbol{v}$. 叉积的大小 $S = ||\boldsymbol{s}|| = ||\boldsymbol{u} \times \boldsymbol{v}|| = ||\boldsymbol{u}||\ ||\boldsymbol{v}||\ |\sin\theta|$ 为以 $\boldsymbol{u}, \boldsymbol{v}$ 为两边的平行四边形的面积. 点积 $\boldsymbol{s} \cdot \boldsymbol{w} = ||\boldsymbol{s}||\ ||\boldsymbol{w}||\ |\cos\phi| = Sh$，其中 h 为 $\boldsymbol{w}$ 在与平行四边形垂直方向 $\boldsymbol{s}$ 上的投影，即为高. 所以，$(\boldsymbol{u} \times \boldsymbol{v}) \cdot \boldsymbol{w}$ 为平行四边体的体积，底面是以 $\boldsymbol{u}, \boldsymbol{v}$ 为两边的平行四边形，平行四边体的另一边为 $\boldsymbol{w}$，高为 $h = ||\boldsymbol{w}||\ |\cos\phi|$. ■

习题

1. (a) 计算行列式：

$$\begin{vmatrix} -2 & 1 & -3 \\ 98 & 101 & 97 \\ 1 & -3 & 4 \end{vmatrix}.$$

(b)* 计算 n 阶行列式：

$$\begin{vmatrix} k & \lambda & \lambda & \cdots & \lambda \\ \lambda & k & \lambda & \cdots & \lambda \\ \vdots & \vdots & \vdots & & \vdots \\ \lambda & \lambda & \lambda & \cdots & k \end{vmatrix}, (k \neq \lambda).$$

(c)* 计算 n 阶行列式 $(n \geqslant 2)$:

$$\begin{vmatrix} x_1-a_1 & x_2 & x_3 & \cdots & x_n \\ x_1 & x_2-a_2 & x_3 & \cdots & x_n \\ x_1 & x_2 & x_3-a_3 & \cdots & x_n \\ \vdots & \vdots & \vdots & & \vdots \\ x_1 & x_2 & x_3 & \cdots & x_n-a_n \end{vmatrix},$$

其中 $a_i \neq 0, i=1,2,\cdots,n$.

2. 证明:

$$\begin{vmatrix} a_1-b_1 & b_1-c_1 & c_1-a_1 \\ a_2-b_2 & b_2-c_2 & c_2-a_2 \\ a_3-b_3 & b_3-c_3 & c_3-a_3 \end{vmatrix}=0.$$

3. 计算行列式:

$$\begin{vmatrix} -4 & 5 & 2 & -3 \\ 1 & -2 & -3 & 4 \\ 2 & 3 & 7 & 5 \\ -3 & 6 & 4 & -2 \end{vmatrix}.$$

4.* 计算下述行列式，并且将结果因式分解:

$$\begin{vmatrix} \lambda-1 & -1 & -1 & -1 \\ -1 & \lambda+1 & -1 & 1 \\ -1 & -1 & \lambda+1 & 1 \\ -1 & 1 & 1 & \lambda-1 \end{vmatrix}.$$

5.* 计算 n 阶行列式 $(n \geqslant 2)$:

$$D_n=\begin{vmatrix} x & 0 & 0 & \cdots & 0 & 0 & a_0 \\ -1 & x & 0 & \cdots & 0 & 0 & a_1 \\ 0 & -1 & x & \cdots & 0 & 0 & a_2 \\ \vdots & \vdots & \vdots & & \vdots & \vdots & \vdots \\ 0 & 0 & 0 & \cdots & -1 & x & a_{n-2} \\ 0 & 0 & 0 & \cdots & 0 & -1 & x+a_{n-1} \end{vmatrix}.$$

6.* 计算 n 阶行列式：

$$\begin{vmatrix} 1 & 2 & 3 & \cdots & n-1 & n \\ n & 1 & 2 & \cdots & n-2 & n-1 \\ n-1 & n & 1 & \cdots & n-3 & n-2 \\ \vdots & \vdots & \vdots & & \vdots & \vdots \\ 2 & 3 & 4 & \cdots & n & 1 \end{vmatrix}.$$

7.* 判断在数域 $\mathbb{R}$ 上下述 n 元线性方程组有无解，若有解则有多少解？

$$\begin{cases} x_1 + ax_2 + a^2x_3 + \cdots + a^{n-1}x_n = b_1, \\ x_1 + a^2x_2 + a^4x_3 + \cdots + a^{2(n-1)}x_n = b_2, \\ \quad\vdots \qquad\qquad\qquad\qquad\qquad\qquad \vdots \\ x_1 + a^nx_2 + a^{2n}x_3 + \cdots + a^{n(n-1)}x_n = b_n. \end{cases}$$

其中 $a \neq 0$ 并且当 $0 < r < n$ 时，$a^r \neq 1$.

8. 当 λ 取什么值时，下述齐次线性方程组有非零解？

$$\begin{cases} (\lambda-3)x_1 - x_2 + x_4 = 0, \\ -x_1 + (\lambda-3)x_2 + x_3 = 0, \\ \quad + x_2 + (\lambda-3)x_3 - x_4 = 0, \\ x_1 - x_3 + (\lambda-3)x_4 = 0. \end{cases}$$

9. 计算行列式：

$$\begin{vmatrix} 0 & \cdots & 0 & a_{11} & \cdots & a_{1k} \\ \vdots & & \vdots & \vdots & & \vdots \\ 0 & \cdots & 0 & a_{k1} & \cdots & a_{kk} \\ b_{11} & \cdots & b_{1r} & c_{11} & \cdots & c_{1k} \\ \vdots & & \vdots & \vdots & & \vdots \\ b_{r1} & \cdots & b_{rr} & c_{r1} & \cdots & c_{rk} \end{vmatrix}.$$

10.* 计算下述 $2n$ 阶行列式（主对角线上元素都是 a，反对角线上元素都是 b，空缺处的元素为 0：

$$D_{2n}=\begin{vmatrix} a & & & & & b \\ & \ddots & & & \iddots & \\ & & a & b & & \\ & & b & a & & \\ & \iddots & & & \ddots & \\ b & & & & & a \end{vmatrix}.$$

11.* 设 n 个方程的 n 元齐次线性方程组的系数矩阵 $\boldsymbol{A}$ 的行列式等于 0，并且 $\boldsymbol{A}$ 的 (k,l) 元的代数余子式 $C_{kl}\neq 0$. 证明：

$$\boldsymbol{\eta}=\begin{pmatrix} C_{k1} \\ C_{k2} \\ \vdots \\ C_{kn} \end{pmatrix}$$

是这个齐次线性方程组的一个基础解系.

12.* 设 $\boldsymbol{A}$ 是数域 $\mathbb{R}$ 上的一个 $s\times n$ 矩阵，证明：如果 $\boldsymbol{A}$ 的秩为 r，那么 $\boldsymbol{A}$ 的行向量组的一个极大线性无关组与 $\boldsymbol{A}$ 的列向量组的一个极大线性无关组交叉位置的元素按原来的排法组成的 r 阶子式不等于 0.

13.* 已知向量 $\boldsymbol{v}=(3,2)$，$\boldsymbol{w}=(1,4)$，求以下面积：

(a) 以 $\boldsymbol{v},\boldsymbol{w}$ 为临边的平行四边形；

(b) 以 $\boldsymbol{v},\boldsymbol{w},\boldsymbol{v}+\boldsymbol{w}$ 为边的三角形；

(c) 以 $\boldsymbol{v},\boldsymbol{w},\boldsymbol{w}-\boldsymbol{v}$ 为边的三角形

14.* 已知三角形的三个顶点为 $(2,1),(3,4),(0,5)$，求三角形的面积. 加入第四个点 $(-1,0)$，求所围成四边形的面积.

15.* 已知平行六面体的一个顶点在原点，该顶点的三条临边 $\boldsymbol{a},\boldsymbol{b},\boldsymbol{c}$ 彼此垂直，利用行列式求该平行六面体的体积.

4.3 分块矩阵

拉普拉斯展开公式涉及矩阵的分块、子式、余子式等. 之前我们介绍了矩阵的分块，这节总结一下矩阵的分块，包括利用矩阵分块计算矩阵的秩和行列式.

定义 4.4 由矩阵 $\boldsymbol{A}$ 的若干行、若干列的交叉位置元素按原来顺序排成的矩阵称为 $\boldsymbol{A}$ 的一个子矩阵(submatrix). 把一个矩阵 $\boldsymbol{A}$ 的行分成若干组，列分成若干组，从而 $\boldsymbol{A}$ 被分成若干个子矩阵，把 $\boldsymbol{A}$ 看成由这些子矩阵组成的，这称为矩阵的分块，这种由子矩阵组成的矩阵称为分块矩阵（block matrix）.

矩阵分块的好处是：使得矩阵的结构变得更明显清楚，使得矩阵运算可以通过分块

矩阵形式来进行，使得有关矩阵的证明、计算变得较容易. 分块矩阵的转置为

$$\boldsymbol{A}^{\mathrm{T}}=\begin{pmatrix}\boldsymbol{A}_1 & \boldsymbol{A}_2\\ \boldsymbol{A}_3 & \boldsymbol{A}_4\end{pmatrix}^{\mathrm{T}}=\begin{pmatrix}\boldsymbol{A}_1^{\mathrm{T}} & \boldsymbol{A}_3^{\mathrm{T}}\\ \boldsymbol{A}_2^{\mathrm{T}} & \boldsymbol{A}_4^{\mathrm{T}}\end{pmatrix}.$$

两个分块矩阵相乘需满足两个条件：左矩阵的列组数等于右矩阵的行组数；左矩阵的每个列组所含列数等于右矩阵相应行组所含行数. 我们直接给出以下分块矩阵乘法公式.

$$\underbrace{\begin{pmatrix}\underbrace{\boldsymbol{A}_{11}}_{m_1\times n_1} & \cdots & \underbrace{\boldsymbol{A}_{1v}}_{m_1\times n_v}\\ \underbrace{\boldsymbol{A}_{21}}_{m_2\times n_1} & \cdots & \underbrace{\boldsymbol{A}_{2v}}_{m_2\times n_v}\\ \vdots & & \vdots\\ \underbrace{\boldsymbol{A}_{h1}}_{m_h\times n_1} & \cdots & \underbrace{\boldsymbol{A}_{hv}}_{m_h\times n_v}\end{pmatrix}}_{h\times v}\underbrace{\begin{pmatrix}\underbrace{\boldsymbol{B}_{11}}_{n_1\times s_1} & \cdots & \underbrace{\boldsymbol{B}_{1t}}_{n_1\times s_t}\\ \underbrace{\boldsymbol{B}_{21}}_{n_2\times s_1} & \cdots & \underbrace{\boldsymbol{B}_{2t}}_{n_2\times s_t}\\ \vdots & & \vdots\\ \underbrace{\boldsymbol{B}_{v1}}_{n_v\times s_1} & \cdots & \underbrace{\boldsymbol{B}_{vt}}_{n_v\times s_t}\end{pmatrix}}_{v\times t}$$

$$=\underbrace{\begin{pmatrix}\boldsymbol{A}_{11}\boldsymbol{B}_{11}+\cdots+\boldsymbol{A}_{1v}\boldsymbol{B}_{v1} & \cdots & \boldsymbol{A}_{11}\boldsymbol{B}_{1t}+\cdots+\boldsymbol{A}_{1v}\boldsymbol{B}_{vt}\\ \boldsymbol{A}_{21}\boldsymbol{B}_{11}+\cdots+\boldsymbol{A}_{2v}\boldsymbol{B}_{v1} & \cdots & \boldsymbol{A}_{21}\boldsymbol{B}_{1t}+\cdots+\boldsymbol{A}_{2v}\boldsymbol{B}_{vt}\\ \vdots & & \vdots\\ \boldsymbol{A}_{h1}\boldsymbol{B}_{11}+\cdots+\boldsymbol{A}_{hv}\boldsymbol{B}_{v1} & \cdots & \boldsymbol{A}_{h1}\boldsymbol{B}_{1t}+\cdots+\boldsymbol{A}_{hv}\boldsymbol{B}_{vt}\end{pmatrix}}_{h\times t}.$$

定义 4.5 主对角线上的所有子矩阵都是方阵，而位于主对角线上下方的所有子矩阵都为 $\mathbf{0}$ 矩阵的分块矩阵称为分块对角矩阵，记为

$$\mathbf{diag}(\boldsymbol{A}_1,\boldsymbol{A}_2,\cdots,\boldsymbol{A}_n)$$

其中，$\boldsymbol{A}_1,\cdots,\boldsymbol{A}_n$ 是方阵.

主对角线上的所有子矩阵都是方阵，而位于主对角线上（下）方的所有子矩阵都为 $\mathbf{0}$ 矩阵的分块矩阵称为分块下（上）三角矩阵.

注意：分块对角矩阵不一定是对角矩阵，分块三角矩阵也不一定是三角矩阵.

秩

矩阵 $\boldsymbol{A}$ 的秩等于行向量组的秩、列向量组的秩，它刻画了矩阵的“实际”大小. 对于不可逆矩阵，在 r 维行空间、列空间，矩阵可以进行伪逆. 矩阵的秩还与行列式密切相关.

定理 4.10 矩阵的秩 r 等于它的不为零的子式的最高阶数. 矩阵 $\boldsymbol{A}$ 的不等于零的 r 阶子式所在的列 (行) 构成 $\boldsymbol{A}$ 的列 (行) 空间的一个基.

证明 假设矩阵 $\boldsymbol{A}$ 的秩为 r,则矩阵的主行 $R=\{i_1,\cdots,i_r\}$ 与主列 $C=\{j_1,\cdots,j_r\}$ 构成了 r 阶子式 $\boldsymbol{A}_{R,C}$，它不等于 0. 如果在此子式对应的子矩阵 $\boldsymbol{M}$ 中加入矩阵 $\boldsymbol{A}$ 中任意行、列形成新的子矩阵 $\boldsymbol{M}^*$，因为加入的行、列与主行、主列线性相关，则加入的行、列在 $\boldsymbol{M}^*$ 的缩短组与主行、主列在 $\boldsymbol{M}^*$ 的缩短组也线性相关. 所以，$\det(\boldsymbol{M}^*)=0$. 故 $\boldsymbol{A}$ 不为零的子式的最高阶数为 r，且不等于零的 r 阶子式所在的行、列为主行、主列，分别构成了 $\boldsymbol{A}$ 的行空间、列空间的一个基. ■

矩阵乘积 $\boldsymbol{AB}$ 中，如果把 $\boldsymbol{B}$ 按列分块，则 $\boldsymbol{AB}$ 可以看成 $\boldsymbol{A}$ 列向量的多个线性组合，如果把 $\boldsymbol{A}$ 按行分块，则 $\boldsymbol{AB}$ 可以看成 $\boldsymbol{B}$ 行向量的多个线性组合，所以 $\boldsymbol{AB}$ 的秩小于或等于 $\boldsymbol{A},\boldsymbol{B}$ 秩的较小值.

定理 4.11 $\operatorname{rank}(\boldsymbol{AB})\leqslant\min(\operatorname{rank}(\boldsymbol{A}),\operatorname{rank}(\boldsymbol{B}))$.

类似于矩阵的初等行变换，我们可以把分块矩阵的子矩阵看成一个元素，进行分块矩阵的初等行变换.

1. 互换两个块行的位置:

$$\begin{pmatrix}\boldsymbol{0}&\boldsymbol{I}_2\\\boldsymbol{I}_1&\boldsymbol{0}\end{pmatrix}\begin{pmatrix}\boldsymbol{A}_1&\boldsymbol{A}_2\\\boldsymbol{A}_3&\boldsymbol{A}_4\end{pmatrix}=\begin{pmatrix}\boldsymbol{A}_3&\boldsymbol{A}_4\\\boldsymbol{A}_1&\boldsymbol{A}_2\end{pmatrix};$$

2. 把一个块行的左 $\boldsymbol{E}$ 倍加到另一个块行上:

$$\begin{pmatrix}\boldsymbol{I}_1&\boldsymbol{0}\\\boldsymbol{E}&\boldsymbol{I}_2\end{pmatrix}\begin{pmatrix}\boldsymbol{A}_1&\boldsymbol{A}_2\\\boldsymbol{A}_3&\boldsymbol{A}_4\end{pmatrix}=\begin{pmatrix}\boldsymbol{A}_1&\boldsymbol{A}_2\\\boldsymbol{EA}_1+\boldsymbol{A}_3&\boldsymbol{EA}_2+\boldsymbol{A}_4\end{pmatrix}.$$

对单位矩阵进行分块，然后进行一次分块矩阵的初等行变换，则得到**分块初等矩阵**，如以上矩阵

$$\begin{pmatrix}\boldsymbol{0}&\boldsymbol{I}_2\\\boldsymbol{I}_1&\boldsymbol{0}\end{pmatrix},\quad\begin{pmatrix}\boldsymbol{I}_1&\boldsymbol{0}\\\boldsymbol{E}&\boldsymbol{I}_2\end{pmatrix}.$$

分块初等矩阵是可逆矩阵，分块初等行变换不改变矩阵的秩.

$$\operatorname{rank}\begin{pmatrix}\boldsymbol{A}_1&\boldsymbol{A}_3\\\boldsymbol{A}_2&\boldsymbol{A}_4\end{pmatrix}=\operatorname{rank}\begin{pmatrix}\boldsymbol{A}_2&\boldsymbol{A}_4\\\boldsymbol{A}_1&\boldsymbol{A}_3\end{pmatrix},$$

$$\operatorname{rank}\begin{pmatrix}\boldsymbol{A}_1&\boldsymbol{A}_3\\\boldsymbol{A}_2&\boldsymbol{A}_4\end{pmatrix}=\operatorname{rank}\begin{pmatrix}\boldsymbol{A}_1&\boldsymbol{A}_3\\\boldsymbol{PA}_1+\boldsymbol{A}_2&\boldsymbol{PA}_3+\boldsymbol{A}_4\end{pmatrix}.$$

命题 4.4 设

$$\boldsymbol{A}=\begin{pmatrix}\boldsymbol{A}_1&\boldsymbol{A}_2\\\boldsymbol{O}&\boldsymbol{A}_3\end{pmatrix}$$

其中 $\boldsymbol{A}_1,\boldsymbol{A}_3$ 为方阵. 证明：$\boldsymbol{A}$ 可逆当且仅当 $\boldsymbol{A}_1,\boldsymbol{A}_3$ 都可逆，此时

$$\boldsymbol{A}^{-1}=\begin{pmatrix}\boldsymbol{A}_1^{-1}&-\boldsymbol{A}_1^{-1}\boldsymbol{A}_2\boldsymbol{A}_3^{-1}\\\boldsymbol{0}&\boldsymbol{A}_3^{-1}\end{pmatrix}.$$

证明

由于 $|\boldsymbol{A}|=|\boldsymbol{A}_1||\boldsymbol{A}_3|$，故$|\boldsymbol{A}|\neq 0 \Leftrightarrow |\boldsymbol{A}_1|\neq 0$ 且$|\boldsymbol{A}_3|\neq 0$.

$$\begin{pmatrix}\boldsymbol{I} & -\boldsymbol{A}_2\boldsymbol{A}_3^{-1}\\ \boldsymbol{0} & \boldsymbol{I}\end{pmatrix}\begin{pmatrix}\boldsymbol{A}_1 & \boldsymbol{A}_2\\ \boldsymbol{0} & \boldsymbol{A}_3\end{pmatrix}=\begin{pmatrix}\boldsymbol{A}_1 & \boldsymbol{0}\\ \boldsymbol{0} & \boldsymbol{A}_3\end{pmatrix}\Longrightarrow \begin{pmatrix}\boldsymbol{A}_1 & \boldsymbol{A}_2\\ \boldsymbol{0} & \boldsymbol{A}_3\end{pmatrix}^{-1}$$
$$=\begin{pmatrix}\boldsymbol{A}_1^{-1} & \boldsymbol{0}\\ \boldsymbol{0} & \boldsymbol{A}_3^{-1}\end{pmatrix}\begin{pmatrix}\boldsymbol{I} & -\boldsymbol{A}_2\boldsymbol{A}_3^{-1}\\ \boldsymbol{0} & \boldsymbol{I}\end{pmatrix}$$

$$\text{所以}\begin{pmatrix}\boldsymbol{A}_1 & \boldsymbol{A}_2\\ \boldsymbol{0} & \boldsymbol{A}_3\end{pmatrix}^{-1}=\begin{pmatrix}\boldsymbol{A}_1^{-1} & -\boldsymbol{A}_1^{-1}\boldsymbol{A}_2\boldsymbol{A}_3^{-1}\\ \boldsymbol{0} & \boldsymbol{A}_3^{-1}\end{pmatrix}\blacksquare$$

例 4.9 设 $m\times n$ 矩阵 $\boldsymbol{A}$, $n\times s$ 矩阵 $\boldsymbol{B}$. 证明：若 $\boldsymbol{AB}=\boldsymbol{0}$, 则 $\operatorname{rank}(\boldsymbol{A})+\operatorname{rank}(\boldsymbol{B})\leqslant n$.

证明 由 $\boldsymbol{AB}=\boldsymbol{0}$，可知 $\boldsymbol{B}$ 的列向量都在 $\boldsymbol{A}$ 的核空间 $N(\boldsymbol{A})$，因为 $\dim(N(\boldsymbol{A}))=n-r$，所以，$\boldsymbol{B}$ 的列向量组的秩最大为 $n-r$，即 $\operatorname{rank}(\boldsymbol{B})\leqslant n-r$. 所以，$\operatorname{rank}(\boldsymbol{A})+\operatorname{rank}(\boldsymbol{B})=r+\operatorname{rank}(\boldsymbol{B})\leqslant n$. ■

例 4.10* 设 $m\times n$ 矩阵 $\boldsymbol{A}$, $n\times s$ 矩阵 $\boldsymbol{B}$. 证明：Sylvester 秩不等式：$n+\operatorname{rank}(\boldsymbol{AB})\geqslant \operatorname{rank}(\boldsymbol{A})+\operatorname{rank}(\boldsymbol{B})$.

证明 为了有 $n+\operatorname{rank}(\boldsymbol{AB})$，设计矩阵 $\boldsymbol{C}$

$$\boldsymbol{C}=\begin{pmatrix}\boldsymbol{I}_n & \boldsymbol{0}\\ \boldsymbol{0} & \boldsymbol{AB}\end{pmatrix}.$$

对 $\boldsymbol{C}$ 进行初等行变换只会影响 $\boldsymbol{AB}$ 所在行，所以 $\operatorname{rank}(\boldsymbol{C})=n+\operatorname{rank}(\boldsymbol{AB})$.

对 $\boldsymbol{C}$ 进行如下分块初等行（列）变换：

$$\begin{pmatrix}\boldsymbol{I}_n & \boldsymbol{0}\\ \boldsymbol{0} & \boldsymbol{AB}\end{pmatrix}\to\begin{pmatrix}\boldsymbol{I}_n & \boldsymbol{0}\\ \boldsymbol{A} & \boldsymbol{AB}\end{pmatrix}\to\begin{pmatrix}\boldsymbol{I}_n & -\boldsymbol{B}\\ \boldsymbol{A} & \boldsymbol{0}\end{pmatrix}\to\begin{pmatrix}\boldsymbol{B} & \boldsymbol{I}_n\\ \boldsymbol{0} & \boldsymbol{A}\end{pmatrix},$$

设 $\operatorname{rank}(\boldsymbol{A})=r_a,\operatorname{rank}(\boldsymbol{B})=r_b$，则 $\boldsymbol{A}$ 有一个行列式不为零的 r_a 级子矩阵 $\boldsymbol{A}_1$，$\boldsymbol{B}$ 有一个行列式不为零的 r_b 级子矩阵 $\boldsymbol{B}_1$. 从而 $\begin{pmatrix}\boldsymbol{B} & \boldsymbol{I}_n\\ \boldsymbol{0} & \boldsymbol{A}\end{pmatrix}$ 有一个行列式不为零的 r_a+r_b 级子矩阵 $\begin{pmatrix}\boldsymbol{B}_1 & \boldsymbol{C}_1\\ \boldsymbol{0} & \boldsymbol{A}_1\end{pmatrix}$. 所以 $\operatorname{rank}\begin{pmatrix}\boldsymbol{B} & \boldsymbol{I}_n\\ \boldsymbol{0} & \boldsymbol{A}\end{pmatrix}\geqslant \operatorname{rank}(\boldsymbol{A})+\operatorname{rank}(\boldsymbol{B})$. 进而，

$$n+\operatorname{rank}(\boldsymbol{AB})=\operatorname{rank}\begin{pmatrix}\boldsymbol{I}_n & \boldsymbol{0}\\ \boldsymbol{0} & \boldsymbol{AB}\end{pmatrix}=\operatorname{rank}\begin{pmatrix}\boldsymbol{B} & \boldsymbol{I}_n\\ \boldsymbol{0} & \boldsymbol{A}\end{pmatrix}\geqslant \operatorname{rank}(\boldsymbol{A})+\operatorname{rank}(\boldsymbol{B}).\ \blacksquare$$

例 4.11* 设 n 级矩阵 $\boldsymbol{A}$，满足 $\boldsymbol{A}^2=\boldsymbol{A}$，称为幂等矩阵. 证明：$\boldsymbol{A}$ 是幂等矩阵当且仅当

$$\operatorname{rank}(\boldsymbol{A})+\operatorname{rank}(\boldsymbol{I}-\boldsymbol{A})=n.$$

证明 因为

$$\boldsymbol{A}^2=\boldsymbol{A}\Leftrightarrow \boldsymbol{A}-\boldsymbol{A}^2=\boldsymbol{0}\Leftrightarrow \operatorname{rank}(\boldsymbol{A}-\boldsymbol{A}^2)=0,$$

所以，需要证明 $\operatorname{rank}(\boldsymbol{A}^2-\boldsymbol{A})=0\Leftrightarrow \operatorname{rank}(\boldsymbol{A})+\operatorname{rank}(\boldsymbol{I}-\boldsymbol{A})=n$.

对 $\begin{pmatrix}\boldsymbol{A} & \boldsymbol{0}\\ \boldsymbol{0} & \boldsymbol{I}-\boldsymbol{A}\end{pmatrix}$ 进行初等变换不改变秩：

$$\begin{pmatrix}\boldsymbol{A} & \boldsymbol{0}\\ \boldsymbol{0} & \boldsymbol{I}-\boldsymbol{A}\end{pmatrix}\to\begin{pmatrix}\boldsymbol{A} & \boldsymbol{0}\\ \boldsymbol{A} & \boldsymbol{I}-\boldsymbol{A}\end{pmatrix}\to\begin{pmatrix}\boldsymbol{A} & \boldsymbol{A}\\ \boldsymbol{A} & \boldsymbol{I}\end{pmatrix}\to\begin{pmatrix}\boldsymbol{A}-\boldsymbol{A}^2 & \boldsymbol{0}\\ \boldsymbol{A} & \boldsymbol{I}\end{pmatrix}\to\begin{pmatrix}\boldsymbol{A}-\boldsymbol{A}^2 & \boldsymbol{0}\\ \boldsymbol{0} & \boldsymbol{I}\end{pmatrix},$$

所以，

$$\operatorname{rank}(\boldsymbol{A})+\operatorname{rank}(\boldsymbol{I}-\boldsymbol{A})=\operatorname{rank}\begin{pmatrix}\boldsymbol{A} & \boldsymbol{0}\\ \boldsymbol{0} & \boldsymbol{I}-\boldsymbol{A}\end{pmatrix}=\operatorname{rank}\begin{pmatrix}\boldsymbol{A}-\boldsymbol{A}^2 & \boldsymbol{0}\\ \boldsymbol{0} & \boldsymbol{I}\end{pmatrix}=\operatorname{rank}(\boldsymbol{A}-\boldsymbol{A}^2)+n.\ \blacksquare$$

行列式

根据拉普拉斯展开公式可得分块下三角矩阵的行列式为：

$$\begin{vmatrix}\boldsymbol{A} & \boldsymbol{0}\\ \boldsymbol{B} & \boldsymbol{C}\end{vmatrix}=|\boldsymbol{A}||\boldsymbol{C}|.$$

例 4.12 证明：

$$\begin{vmatrix}\boldsymbol{I}_n & \boldsymbol{B}\\ \boldsymbol{A} & \boldsymbol{I}_s\end{vmatrix}=|\boldsymbol{I}_s-\boldsymbol{AB}|=|\boldsymbol{I}_n-\boldsymbol{BA}|$$

证明

由于 $\begin{pmatrix}\boldsymbol{I}_n & \boldsymbol{0}\\ -\boldsymbol{A} & \boldsymbol{I}_s\end{pmatrix}\begin{pmatrix}\boldsymbol{I}_n & \boldsymbol{B}\\ \boldsymbol{A} & \boldsymbol{I}_s\end{pmatrix}=\begin{pmatrix}\boldsymbol{I}_n & \boldsymbol{B}\\ \boldsymbol{0} & \boldsymbol{I}_s-\boldsymbol{AB}\end{pmatrix}$

$$\text{故}\begin{vmatrix}\boldsymbol{I}_n & \boldsymbol{0}\\ -\boldsymbol{A} & \boldsymbol{I}_s\end{vmatrix}\begin{vmatrix}\boldsymbol{I}_n & \boldsymbol{B}\\ \boldsymbol{A} & \boldsymbol{I}_s\end{vmatrix}=\begin{vmatrix}\boldsymbol{I}_n & \boldsymbol{B}\\ \boldsymbol{0} & \boldsymbol{I}_s-\boldsymbol{AB}\end{vmatrix}\Longrightarrow|\boldsymbol{I}_n||\boldsymbol{I}_s|\begin{vmatrix}\boldsymbol{I}_n & \boldsymbol{B}\\ \boldsymbol{A} & \boldsymbol{I}_s\end{vmatrix}$$

$$=|\boldsymbol{I}_n||\boldsymbol{I}_s-\boldsymbol{AB}|\Longrightarrow\begin{vmatrix}\boldsymbol{I}_n & \boldsymbol{B}\\ \boldsymbol{A} & \boldsymbol{I}_s\end{vmatrix}=|\boldsymbol{I}_s-\boldsymbol{AB}|.$$

由于 $\begin{pmatrix}\boldsymbol{I}_n & -\boldsymbol{B}\\ \boldsymbol{0} & \boldsymbol{I}_s\end{pmatrix}\begin{pmatrix}\boldsymbol{I}_n & \boldsymbol{B}\\ \boldsymbol{A} & \boldsymbol{I}_s\end{pmatrix}=\begin{pmatrix}\boldsymbol{I}_n-\boldsymbol{BA} & \boldsymbol{0}\\ \boldsymbol{A} & \boldsymbol{I}_s\end{pmatrix}$

$$\text{故}\begin{vmatrix}\boldsymbol{I}_n & -\boldsymbol{B}\\ \boldsymbol{0} & \boldsymbol{I}_s\end{vmatrix}\begin{vmatrix}\boldsymbol{I}_n & \boldsymbol{B}\\ \boldsymbol{A} & \boldsymbol{I}_s\end{vmatrix}=\begin{vmatrix}\boldsymbol{I}_n-\boldsymbol{BA} & \boldsymbol{0}\\ \boldsymbol{A} & \boldsymbol{I}_s\end{vmatrix}\Longrightarrow|\boldsymbol{I}_n||\boldsymbol{I}_s|\begin{vmatrix}\boldsymbol{I}_n & \boldsymbol{B}\\ \boldsymbol{A} & \boldsymbol{I}_s\end{vmatrix}$$

$$=|\boldsymbol{I}_n-\boldsymbol{BA}||\boldsymbol{I}_s|\Longrightarrow\begin{vmatrix}\boldsymbol{I}_n & \boldsymbol{B}\\ \boldsymbol{A} & \boldsymbol{I}_s\end{vmatrix}=|\boldsymbol{I}_n-\boldsymbol{BA}|.$$

综上，

$$\begin{vmatrix} \boldsymbol{I}_n & \boldsymbol{B} \\ \boldsymbol{A} & \boldsymbol{I}_s \end{vmatrix} = |\boldsymbol{I}_s - \boldsymbol{A}\boldsymbol{B}| = |\boldsymbol{I}_n - \boldsymbol{B}\boldsymbol{A}|. \blacksquare$$

我们已经证明矩阵乘积的行列式等于行列式的乘积，$|\boldsymbol{AB}| = |\boldsymbol{A}||\boldsymbol{B}|$，对 $\boldsymbol{A}, \boldsymbol{B}$ 分别分块，则得到以下 **Binet-Cauchy** 公式.

定理 4.12* 设 $m\times n$ 矩阵 $\boldsymbol{A}$，$n\times m$ 矩阵 $\boldsymbol{B}$，令 $[n]=\{1,\cdots,n\}, [m]=\{1,\cdots,m\}$.

如果 $m>n$，那么 $|\boldsymbol{AB}|=0$.

如果 $m\leqslant n$，那么 $|\boldsymbol{AB}|$ 等于 $\boldsymbol{A}$ 的所有<u>m 阶子式</u>与 $\boldsymbol{B}$ 的相应<u>m 阶子式</u>的乘积之和，即

$$\det(\boldsymbol{AB}) = \sum_{S\in\mathcal{S}_m} \boldsymbol{A}_{[m],S}\boldsymbol{B}_{S,[m]}$$

其中 $\mathcal{S}_m = \begin{pmatrix} [n] \\ m \end{pmatrix}$ 是 $[n]$ 中的所有 m 元组合组成的集合.

我们省略以上定理的证明，仅说明为什么当 $m>n$ 时，$|\boldsymbol{AB}|=0$. 原因是：$\text{rank}(\boldsymbol{AB}) \leqslant \min(\text{rank}(\boldsymbol{A}), \text{rank}(\boldsymbol{B})) \leqslant n$，即 $\text{rank}(\boldsymbol{AB}) \leqslant n$，$\boldsymbol{AB}$ 不是满秩矩阵，故行列式为 0. Binet-Cauchy 公式可以用来计算矩阵乘积的各阶子式.

定理 4.13* 设 $m\times n$ 矩阵 $\boldsymbol{A}$，$n\times m$ 矩阵 $\boldsymbol{B}$，设正整数 $r\leqslant m$.

如果 $r>n$，则 $\boldsymbol{AB}$ 所有 r 阶子式都等于 0.

如果 $r\leqslant n$，则 $\boldsymbol{AB}$ 的 r 阶子式 $(\boldsymbol{AB})_{H,L}$ 为

$$(\boldsymbol{AB})_{H,L} = \sum_{S\in\mathcal{S}_r} \boldsymbol{A}_{H,S}\boldsymbol{B}_{S,L}$$

其中 $H=\{i_1,\cdots,i_r : i_1<i_2<\cdots<i_r\}$，$L=\{j_1,\cdots,j_r : j_1<j_2<\cdots<j_r\}$，$\mathcal{S}_r = \begin{pmatrix} [n] \\ r \end{pmatrix}$ 是 $[n]$ 中的所有 r 元组合组成的集合.

例 4.13* 计算 n 阶行列式

$$\begin{vmatrix} a_1-b_1 & a_1-b_2 & \cdots & a_1-b_n \\ a_2-b_1 & a_2-b_2 & \cdots & a_2-b_n \\ \vdots & \vdots & & \vdots \\ a_n-b_1 & a_n-b_2 & \cdots & a_n-b_n \end{vmatrix}$$

解

$$原式 = \left| \begin{pmatrix} a_1 & -1 \\ \vdots & \vdots \\ a_n & -1 \end{pmatrix}_{n\times 2} \begin{pmatrix} 1 & 1 & \ldots & 1 \\ b_1 & b_2 & \ldots & b_n \end{pmatrix}_{2\times n} \right|$$

当 $n>2$ 时，上述行列式为 0.

当 $n=2$ 时，

$$原式 = \begin{vmatrix} a_1 & -1 \\ a_2 & -1 \end{vmatrix}\begin{vmatrix} 1 & 1 \\ b_1 & b_2 \end{vmatrix} = (a_2-a_1)(b_2-b_1).$$

当 $n=1$ 时，上述行列式为 a_1-b_1.

例 4.14　设 $\boldsymbol{A}$ 是 $m\times n$ 的矩阵，$n\geqslant m-1$. 求 $\boldsymbol{A}\boldsymbol{A}^{\mathrm{T}}$ 的 $(1,1)$ 元的代数余子式.

解　$\boldsymbol{B}=\boldsymbol{A}\boldsymbol{A}^{\mathrm{T}}$ 的 $(1,1)$ 元余子式是 $\boldsymbol{B}=\boldsymbol{A}\boldsymbol{A}^{\mathrm{T}}$ 的一个 $m-1$ 阶子式，因为 $m-1\leqslant n$，则该子式为

$$\boldsymbol{B}_{H,H}=\sum_{S\in\mathcal{S}_{m-1}}\boldsymbol{A}_{H,S}\boldsymbol{A}_{S,H}^{\mathrm{T}}=\sum_{S\in\mathcal{S}_{m-1}}(\boldsymbol{A}_{H,S})^2,$$

其中，$H=\{2,3,\cdots,m\}$，$\mathcal{S}_{m-1}=\binom{[n]}{m-1}$. 因为 $(-1)^{1+1}=1$，因此 $\boldsymbol{A}\boldsymbol{A}^{\mathrm{T}}$ 的 $(1,1)$ 元的代数余子式等于余子式 $\boldsymbol{B}_{H,H}$，即为 $\boldsymbol{A}$ 第一行元素的余子式的平方和.

习题

注：$\boldsymbol{A}$ 的伴随矩阵记为 $\boldsymbol{A}^*$.

1. 设 $\boldsymbol{A}$ 是 n 级矩阵 $(n\geqslant 2)$，证明：

$$|\boldsymbol{A}^*|=|\boldsymbol{A}|^{n-1}.$$

2.* 设 $\boldsymbol{A}$ 是 n 级矩阵 $(n\geqslant 2)$，证明：

$$\operatorname{rank}(\boldsymbol{A}^*)=\begin{cases} n, & 当\ \operatorname{rank}(\boldsymbol{A})=n, \\ 1, & 当\ \operatorname{rank}(\boldsymbol{A})=n-1, \\ 0, & 当\ \operatorname{rank}(\boldsymbol{A})<n-1. \end{cases}$$

3. 设 $\boldsymbol{A}$ 是 n 级矩阵 $(n\geqslant 2)$，证明：
   (a) 当 $n\geqslant 3$ 时，$(\boldsymbol{A}^*)^*=|\boldsymbol{A}|^{n-2}\boldsymbol{A}$;
   (b) 当 $n=2$ 时，$(\boldsymbol{A}^*)^*=\boldsymbol{A}$.
4. 设 $\boldsymbol{A}$ 是 n 级可逆矩阵，证明：$(\boldsymbol{A}^{-1})^*=(\boldsymbol{A}^*)^{-1}$.

5.* 设

$$\boldsymbol{B}=\begin{pmatrix} \boldsymbol{0} & \boldsymbol{B}_1 \\ \boldsymbol{B}_2 & \boldsymbol{0} \end{pmatrix},$$

其中 $\boldsymbol{B}_1,\boldsymbol{B}_2$ 分别是 r 级和 s 级矩阵. 求 $\boldsymbol{B}$ 可逆的充要条件.

6.* 设

$$\boldsymbol{A}=\begin{pmatrix} \boldsymbol{A}_1 & \boldsymbol{A}_2 \\ \boldsymbol{A}_3 & \boldsymbol{A}_4 \end{pmatrix}$$

其中 $\boldsymbol{A}_1$ 是 r 级可逆矩阵，$\boldsymbol{A}_4$ 是 s 级可逆矩阵. 问：还应满足什么条件，$\boldsymbol{A}$ 可逆？当 $\boldsymbol{A}$ 可逆时，求 $\boldsymbol{A}^{-1}$.

7. 设 $\boldsymbol{A},\boldsymbol{B},\boldsymbol{C},\boldsymbol{D}$ 都是数域 $\mathbb{R}$ 上的 n 级矩阵，且 $\boldsymbol{AC}=\boldsymbol{CA}$，$|\boldsymbol{A}|\neq 0$. 证明：

$$\begin{vmatrix}\boldsymbol{A} & \boldsymbol{B}\\ \boldsymbol{C} & \boldsymbol{D}\end{vmatrix}=|\boldsymbol{AD}-\boldsymbol{CB}|.$$

8.* 证明：数域 $\mathbb{R}$ 上的 n 级矩阵 $\boldsymbol{A}$ 能够分解成一个主对角元都为 1 的下三角形矩阵 $\boldsymbol{B}$ 与主对角元素不为 0 的上三角形矩阵的乘积 $\boldsymbol{A}=\boldsymbol{BC}$（称之为 $\boldsymbol{LU}$ 分解），当且仅当 $\boldsymbol{A}$ 的各级顺序主子式全不为 0.

第 5 章 特征值与特征向量

数学是将不同事物统一命名的艺术.
亨利·庞加莱

到目前为止，我们学习了描述矩阵特征的几个关键量：主元（pivot）、秩（rank）、基（basis）、行列式（determinant）. 其中，行列式刻画了方阵的重要特征. 本章介绍方阵的**特征值**（eigenvalue）与**特征向量**（eigenvector），这两个量也描述了方阵的重要性质.

矩阵-向量的乘积 $\boldsymbol{Ax}=\boldsymbol{b}$ 可以看作向量的一个**线性变换**，输入变量为 $\boldsymbol{x}$，输出变量为 $\boldsymbol{b}$，矩阵 $\boldsymbol{A}$ 决定了该线性变换. 通常，输入变量 $\boldsymbol{x}$ 与输出变量 $\boldsymbol{b}$ 不在一条直线上. 但是，特别地，我们可以找到某个输入变量 $\boldsymbol{x}$，使得输出向量 $\boldsymbol{Ax}$ 与输入向量共线：

$$\boldsymbol{Ax}=\lambda\boldsymbol{x}$$

其中，λ 称为特征值，$\boldsymbol{x}$ 称为特征向量.

对于旋转矩阵

$$\boldsymbol{A}=\begin{pmatrix}0 & -1\\ 1 & 0\end{pmatrix}$$

任何非零输入向量 $\boldsymbol{x}$ 与输出向量 $\boldsymbol{Ax}$ 的夹角都为 $90°$，在实数范围内，无法找到 $\boldsymbol{A}$ 的特征值与特征向量. 因而，本章把实数扩展到复数，讨论**复特征值**、**复特征向量**、**复矩阵**.

基于特征值与特征向量，可以进行方阵的**对角化**，类比于非方阵的**奇异值分解**. 本章讨论了特征值、特征向量、奇异值、奇异向量之间的联系. 基于特征值与特征向量，可以计算矩阵的幂 $\boldsymbol{A}^m$、矩阵指数 $\mathrm{e}^{\boldsymbol{A}}$，进而应用于分析**马尔可夫矩阵**和**解微分方程组**.

5.1 矩阵的特征值与特征向量

定义 5.1 设 $\boldsymbol{A}$ 是数域 F 上的 m 级矩阵，如果 F^m 中有非零向量 $\boldsymbol{x}\neq\boldsymbol{0}$，使得

$$\boldsymbol{Ax}=\lambda\boldsymbol{x},\quad \lambda\in F$$

那么称 λ 是 $\boldsymbol{A}$ 的一个特征值，称 $\boldsymbol{x}$ 是 $\boldsymbol{A}$ 的属于特征值 λ 的一个特征向量.

如果 $|\lambda|<1$，特征向量在 $\boldsymbol{A}$ 线性变换后被压缩. 如果 $|\lambda|>1$，特征向量在 $\boldsymbol{A}$ 线性变换后被拉长. 如果 $\lambda>0$，特征向量在 $\boldsymbol{A}$ 线性变换后方向保持不变. 如果 $\lambda<0$，特征向量在 $\boldsymbol{A}$ 线性变换后方向相反.

如果 $\boldsymbol{x}$ 为特征向量，对于 $k\in F/\{0\}$，$k\boldsymbol{x}$ 也为特征向量. 零向量不能为特征向量，但 0 可以为特征值. 如果零为特征值，$\boldsymbol{x}$ 在 $\boldsymbol{A}$ 的**核空间** $N(\boldsymbol{A})$ 上. 对于单位矩阵 $\boldsymbol{I}$，特征值为 1，特征向量为任意 n 维向量. 特征向量是一个特别的输入向量，对于此特殊输入向量，线性变换 $\boldsymbol{A}$ 的作用就像**标量乘法**一样.

例 5.1 求投影矩阵 $\boldsymbol{P}=\begin{pmatrix}0.5 & 0.5\\0.5 & 0.5\end{pmatrix}$ 的特征值和特征向量.

解 $\boldsymbol{P}$ 的列空间 $C(\boldsymbol{P})$ 为通过原点和 $(0.5,0.5)$ 的直线，投影矩阵把任意向量投影到 $C(\boldsymbol{P})$ 上. 在列空间 $C(\boldsymbol{P})$ 的向量投影之后保持不变，所以任意在直线 $C(\boldsymbol{P})$ 上的向量都为特征向量，对应的特征值为 $\lambda_1=1$：$\boldsymbol{P}\boldsymbol{x}_1=\boldsymbol{x}_1$，$\boldsymbol{x}_1=(0.5,0.5)$.

此外，因为 $\boldsymbol{P}$ 的秩为 1，$\dim(N(\boldsymbol{P}))=1$，所以 $\boldsymbol{P}\boldsymbol{x}_2=\boldsymbol{0}$ 有非零解，$N(\boldsymbol{P})$ 的一个基（基础解系）为 $\boldsymbol{x}_2=(1,-1)$. 这样，$\boldsymbol{P}$ 有两个特征值 $\lambda_1=1,\lambda_2=0$，对应的特征向量为 $\boldsymbol{x}_1=(0.5,0.5),\boldsymbol{x}_2=(1,-1)$，如图 5.1a 所示.

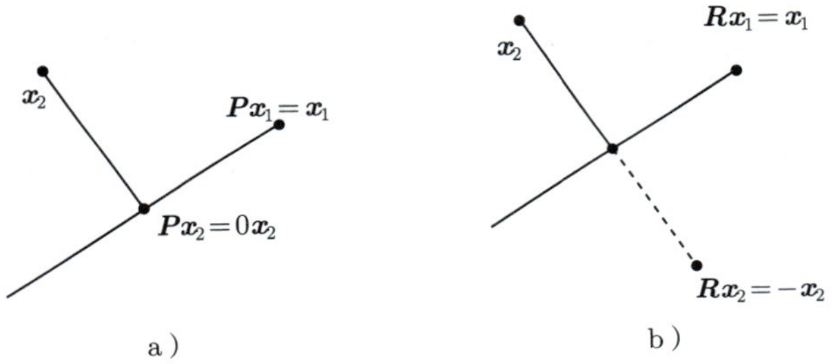

图 5.1 投影矩阵和镜像矩阵的几何意义

从以上例子可以看到，如果 $\boldsymbol{A}$ 不是满秩矩阵，则 $\boldsymbol{A}\boldsymbol{x}=\boldsymbol{0}$ 有非零解，$\lambda=0$ 为特征值，对应的特征向量为 $N(\boldsymbol{A})$ 的基（基础解系），特征向量个数为核空间 $N(\boldsymbol{A})$ 的**维数**.

例 5.2 求镜像矩阵 $\boldsymbol{R}=\begin{pmatrix}0 & 1\\1 & 0\end{pmatrix}$ 的特征值和特征向量.

解 $\boldsymbol{R}(x_1,x_2)=(x_2,x_1)$，所以输入向量与输出向量关于 45° 直线对称. 如果输入向量刚好在 45° 直线上，则输出向量也在 45° 直线上，且不变，所以 $(1,1)$ 是特征向量，特征值为 1. 如果输入向量垂直于 45° 直线，则输出向量也垂直于 45° 直线，输出向量与输入向量方向相反，所以 $(1,-1)$ 是特征向量，特征值为 -1，如图 5.1b 所示.

矩阵的特征多项式

特征值与特征向量的以上几何特征很难推广到任意矩阵，我们需要用代数方法求特征值：

$$\boldsymbol{A}\boldsymbol{x}=\lambda\boldsymbol{x}\Leftrightarrow(\boldsymbol{A}-\lambda\boldsymbol{I})\boldsymbol{x}=\boldsymbol{0},$$

非零向量 $\boldsymbol{x}$ 在 $\boldsymbol{A}-\lambda\boldsymbol{I}$ 的零空间 $N(\boldsymbol{A}-\lambda\boldsymbol{I})$ 上，因而 $\boldsymbol{A}-\lambda\boldsymbol{I}$ 的行列式等于 0. 如果知道了 λ，问题转化为求解**齐次线性方程组** $(\boldsymbol{A}-\lambda\boldsymbol{I})\boldsymbol{x}=\boldsymbol{0}$.

定理 5.1 设 $\boldsymbol{A}$ 是数域 F 上的 m 级方阵，则

1. λ 是 $\boldsymbol{A}$ 的一个特征值，当且仅当 λ 是 $\boldsymbol{A}$ 的特征多项式(characteristic polynomial) $\det(\boldsymbol{A}-\lambda\boldsymbol{I})=0$ 在 F 中的一个根.

2. $\boldsymbol{x}$ 是 $\boldsymbol{A}$ 的属于特征值 λ 的一个特征向量，当且仅当 $\boldsymbol{x}$ 是齐次线性方程组 $(\boldsymbol{A}-\lambda\boldsymbol{I})\boldsymbol{x}=\boldsymbol{0}$ 的一个非零解.

一般地，求 $\boldsymbol{A}$ 的全部特征值和特征向量包含以下几步：

1. 计算 $\boldsymbol{A}$ 的 m 次特征多项式 $\det(\boldsymbol{A}-\lambda\boldsymbol{I})$；

2. 计算 m 次多项式方程 $\det(\boldsymbol{A}-\lambda\boldsymbol{I})=0$ 的 m 个根 $\lambda_i, i=1,\cdots,m$，可以为**实根**可以为**虚根**，如果为虚根，那么它们应该**共轭**成对出现（稍后证明）；

3. 对于每个特征值 λ_i，解齐次线性方程组 $(\boldsymbol{A}-\lambda_i\boldsymbol{I})\boldsymbol{x}_i=\boldsymbol{0}$，**解空间**称为**特征子空间**，其中的全部非零向量就是属于 λ_i 的全部特征向量. 一般选取一个**基础解系**作为特征向量.

例 5.3 已知 $\boldsymbol{A}=\begin{pmatrix} a & b \\ c & d \end{pmatrix}$. 求 $\boldsymbol{A}$ 的行列式和特征多项式.

解 $\boldsymbol{A}$ 的行列式为：

$$\det\boldsymbol{A}=\det\begin{pmatrix} a & b \\ c & d \end{pmatrix}=ad-bc.$$

$\boldsymbol{A}$ 的特征多项式为

$$\det(\boldsymbol{A}-\lambda\boldsymbol{I})=\det\begin{pmatrix} a-\lambda & b \\ c & d-\lambda \end{pmatrix}=(a-\lambda)(d-\lambda)-bc=\lambda^2-\underbrace{(a+d)}_{\operatorname{tr}(\boldsymbol{A})}\lambda+\underbrace{ad-bc}_{\det(\boldsymbol{A})},$$

它是关于 λ 的二次多项式. $\det(\boldsymbol{A}-\lambda\boldsymbol{I})=0$ 有两个根，包括重根.

从上例可以看出，特征多项式中，λ 的系数和 $\boldsymbol{A}$ 的**迹**（trace）相关，常数项和 $\boldsymbol{A}$ 的**行列式**相关. 矩阵的迹定义为对角线元素之和，详见定义 5.8. 一般地，对于 m 级矩阵，我们可以通过行列式、多项式方程的性质证明如下定理：

定理 5.2 设 $\boldsymbol{A}$ 是数域 F 上的 m 级矩阵，则 $\boldsymbol{A}$ 的特征多项式 $|\boldsymbol{A}-\lambda\boldsymbol{I}|$ 是一个 m 次多项式，λ^m 的系数是 $(-1)^m$，λ^{m-1} 的系数等于 $-\operatorname{tr}(\boldsymbol{A})$，常数项为 $(-1)^m|\boldsymbol{A}|$.

下节我们将证明：特征值的乘积等于行列式，特征值的和等于迹. 根据这两个性质，虽然无法直接得出高于 2 级矩阵的特征值，但它可以检验特征值的计算结果.

例 5.4 求 2 级矩阵 $\boldsymbol{A}=\begin{pmatrix} 1 & 1 \\ -2 & 4 \end{pmatrix}$ 的特征值与特征向量.

解 特征多项式为

$$\det(\boldsymbol{A}-\lambda\boldsymbol{I})=\lambda^2-5\lambda+6=(\lambda-2)(\lambda-3),$$

所以，特征值为 $\lambda_1=2,\lambda_2=3$.

当 $\lambda_1=2$ 时，

$$\boldsymbol{A}-2\boldsymbol{I}=\begin{pmatrix}-1&1\\-2&2\end{pmatrix},$$

$\boldsymbol{A}-2\boldsymbol{I}$ 核空间的一个基为 $\boldsymbol{x}_1=(1,1)$，它是属于 $\lambda_1=2$ 的特征向量.

当 $\lambda_2=3$ 时，

$$\boldsymbol{A}-3\boldsymbol{I}=\begin{pmatrix}-2&1\\-2&1\end{pmatrix},$$

$\boldsymbol{A}-3\boldsymbol{I}$ 核空间的一个基为 $\boldsymbol{x}_2=(1,2)$，它是属于 $\lambda_2=3$ 的特征向量.

根据定理 5.2检验计算结果：$\lambda_1+\lambda_2=5=1+4=\operatorname{tr}(\boldsymbol{A}),\lambda_1\lambda_2=6=|\boldsymbol{A}|$.

例 5.5 继续例 5.4，计算矩阵 $\boldsymbol{A}$ 的多项式函数 $f(\boldsymbol{A})=4\boldsymbol{A}^3+3\boldsymbol{A}^2-\boldsymbol{A}+6\boldsymbol{I}$ 的特征值与特征向量.

解 因为 $4\boldsymbol{A}^3\boldsymbol{x}_1=4\boldsymbol{A}^2\lambda_1\boldsymbol{x}_1=4\lambda_1\boldsymbol{A}^2\boldsymbol{x}_1=4\lambda^3\boldsymbol{x}_1$，所以 $4\boldsymbol{A}^3$ 的特征值为 $4\lambda_1^3,4\lambda_2^3$，特征向量分别为 $\boldsymbol{x}_1,\boldsymbol{x}_2$. 同理 $f(\boldsymbol{A})\boldsymbol{x}_1=(4\lambda_1^3+3\lambda_1^2-\lambda_1+6)\boldsymbol{x}_1$，所以 $f(\boldsymbol{A})$ 的特征值为 $4\lambda_1^3+3\lambda_1^2-\lambda_1+6=48,4\lambda_2^3+3\lambda_2^2-\lambda_2+6=138$，特征向量分别为 $\boldsymbol{x}_1,\boldsymbol{x}_2$.

例 5.6 继续例 5.4，计算逆矩阵 $\boldsymbol{A}^{-1}$ 和伴随矩阵 $\boldsymbol{A}^*$ 的特征值与特征向量.

解 把 $\boldsymbol{A}\boldsymbol{x}_1=\lambda_1\boldsymbol{x}_1$ 两边同时乘以 $\boldsymbol{A}^{-1}$，得到 $\boldsymbol{x}_1=\lambda_1\boldsymbol{A}^{-1}\boldsymbol{x}_1\implies\boldsymbol{A}^{-1}\boldsymbol{x}_1=\dfrac{1}{\lambda_1}\boldsymbol{x}_1$. 所以 $\boldsymbol{A}^{-1}$ 的特征值为 $\dfrac{1}{\lambda_1}=\dfrac{1}{2},\dfrac{1}{\lambda_2}=\dfrac{1}{3}$，对应的特征向量分别为 $\boldsymbol{x}_1,\boldsymbol{x}_2$.

伴随矩阵与逆矩阵的关系为 $\boldsymbol{A}^*=|\boldsymbol{A}|\boldsymbol{A}^{-1}$，所以 $\boldsymbol{A}^*$ 的特征值为 $\dfrac{|\boldsymbol{A}|}{\lambda_1}=3,\dfrac{|\boldsymbol{A}|}{\lambda_2}=2$，对应的特征向量分别为 $\boldsymbol{x}_1,\boldsymbol{x}_2$.

命题 5.1 $\boldsymbol{A}$ 和 $\boldsymbol{A}^{\mathrm{T}}$ 有相同的特征值.

证明 $\boldsymbol{A}$ 的特征多项式为 $\det(\boldsymbol{A}-\lambda\boldsymbol{I})$，$\boldsymbol{A}^{\mathrm{T}}$ 的特征多项式为 $\det(\boldsymbol{A}^{\mathrm{T}}-\lambda\boldsymbol{I})$. 因为矩阵转置不改变其行列式，所以 $\det(\boldsymbol{A}-\lambda\boldsymbol{I})=\det(\boldsymbol{A}-\lambda\boldsymbol{I})^{\mathrm{T}}=\det(\boldsymbol{A}^{\mathrm{T}}-\lambda\boldsymbol{I})$，进而 $\boldsymbol{A}$ 和 $\boldsymbol{A}^{\mathrm{T}}$ 的特征多项式相同，它们也有相同的特征值. ■

特征值和特征向量在矩阵的幂运算有重要应用，如果 $\lambda,\boldsymbol{x}$ 为 $\boldsymbol{A}$ 的特征值和特征向量，则

$$\boldsymbol{A}\boldsymbol{x}=\lambda\boldsymbol{x}\implies\boldsymbol{A}^2\boldsymbol{x}=\lambda\boldsymbol{A}\boldsymbol{x}=\lambda^2\boldsymbol{x}\implies\boldsymbol{A}^n\boldsymbol{x}=\lambda^n\boldsymbol{x}.$$

这说明 λ^n 是 $\boldsymbol{A}^n$ 的特征值，x 是属于 λ^n 的特征向量. 如果 $\boldsymbol{y}$ 不是 $\boldsymbol{A}$ 的特征向量，如何计算 $\boldsymbol{A}^n\boldsymbol{y}$? 一个常用的技巧是，把 $\boldsymbol{y}$ 用特征向量线性表出.

例 5.7 继续例 5.4，计算

$$\boldsymbol{A}^n\boldsymbol{y}=\boldsymbol{A}^n\begin{pmatrix}2\\3\end{pmatrix}.$$

解 把 $\boldsymbol{y}$ 用特征向量线性表出 $\boldsymbol{y}=\underbrace{(1,1)}_{\boldsymbol{x}_1}+\underbrace{(1,2)}_{\boldsymbol{x}_2}$，所以

$$\boldsymbol{A}^n\boldsymbol{y}=\boldsymbol{A}^n(\boldsymbol{x}_1+\boldsymbol{x}_2)=\boldsymbol{A}^n\boldsymbol{x}_1+\boldsymbol{A}^n\boldsymbol{x}_2=2^n\boldsymbol{x}_1+3^n\boldsymbol{x}_2.$$

当 n 非常大时，$3^n\boldsymbol{x}_2$ 将是主要部分，即 $\boldsymbol{A}^n\boldsymbol{y}$ 的方向趋向于 $\boldsymbol{x}_2$. 例如，当 $n=100$ 时，$\boldsymbol{A}^{100}\boldsymbol{y}\approx(5.15\times10^{47},1.03\times10^{48})$，它的第一个元素与第二个元素之比约为 1:2.

一般地，假设 $\boldsymbol{A}$ 特征值的最大绝对值为 $|\lambda_k|$，其特征向量为 $\boldsymbol{x}_k$，当 n 非常大时，$\boldsymbol{A}^n\boldsymbol{y}$ 的方向趋于特征向量 $\boldsymbol{x}_k$ 的方向.

例 5.8 求 2 级矩阵 $\boldsymbol{A}=\begin{pmatrix}0.8 & 0.3\\ 0.2 & 0.7\end{pmatrix}$ 的特征值和特征向量. 计算 $\lim\limits_{n\to\infty}\boldsymbol{A}^n\begin{pmatrix}1000\\0\end{pmatrix}$.

解 矩阵 $\boldsymbol{A}$ 的特征多项式为

$$\begin{vmatrix}0.8-\lambda & 0.3\\ 0.2 & 0.7-\lambda\end{vmatrix}=\lambda^2-1.5\lambda+0.5=(\lambda-1)(\lambda-0.5).$$

当 $\lambda_1=1$ 时，解 $(\boldsymbol{A}-\boldsymbol{I})\boldsymbol{x}_1=\boldsymbol{0}$，得到基础解系 $\boldsymbol{x}_1=(0.6,0.4)$.

当 $\lambda_2=0.5$ 时，解 $(\boldsymbol{A}-0.5\boldsymbol{I})\boldsymbol{x}_2=\boldsymbol{0}$，得到基础解系 $\boldsymbol{x}_2=(1,-1)$.

易知 $\boldsymbol{y}=(1000,0)=1000\boldsymbol{x}_1+400\boldsymbol{x}_2$，所以

$$\boldsymbol{A}^n\boldsymbol{y}=\boldsymbol{A}^n(1000\boldsymbol{x}_1+400\boldsymbol{x}_2)=1^n1000\boldsymbol{x}_1+0.5^n400\boldsymbol{x}_2,$$

进而

$$\lim_{n\to\infty}\boldsymbol{A}^n(1000,0)=1000\boldsymbol{x}_1=(600,400).$$

矩阵的特征值是特征多项式方程（一元 m 次）的根. 把问题反过来，如果要解一个一元 m 次多项式方程，也可以构造一个特殊的 m 级矩阵，称为**伴矩阵***（companion matrix），使之特征多项式刚好等于要解的一元 m 次多项式，这样伴矩阵的特征值即为所需的根.

假设如下一元 m 次多项式：

$$p(z)=c_0+c_1z+\cdots+c_{m-1}z^{m-1}+z^m$$

我们定义 m 级伴矩阵：

$$\boldsymbol{C}=\begin{pmatrix}0 & 1 & 0 & \cdots & 0\\ 0 & 0 & 1 & \cdots & 0\\ 0 & 0 & 0 & \ddots & \vdots\\ \vdots & \vdots & \ddots & & 1\\ -c_0 & -c_1 & \cdots & -c_{m-2} & -c_{m-1}\end{pmatrix}.$$

命题 5.2 $p(z)=0$ 的根为伴矩阵的特征值.

证明 假设 z 为方程 $p(z)=0$ 的一个根. 以下证明 z 也是 $\boldsymbol{C}$ 的一个特征值，对应的特征向量为 $(1,z,z^2,\cdots,z^{m-1})$:

$$
C\begin{pmatrix}1\\z\\z^2\\\vdots\\z^{m-1}\end{pmatrix}=\begin{pmatrix}z\\z^2\\\vdots\\z^{m-1}\\-c_0-c_1z-\cdots-c_{m-1}z^{m-1}\end{pmatrix}=\begin{pmatrix}z\\z^2\\\vdots\\z^{m-1}\\z^m\end{pmatrix}=z\begin{pmatrix}1\\z\\z^2\\\vdots\\z^{m-1}\end{pmatrix}.
$$

其中，我们利用了 $p(z)=0 \implies z^m=-c_0-c_1z-\cdots-c_{m-1}z^{m-1}$. 所以，$z$ 是 $\boldsymbol{C}$ 的特征值，也是 $p(\lambda)=0$ 的根. ■

这种解一元 m 次多项式方程的思路看起来绕了一圈还是回到解一元 m 次多项式方程：先转变为伴矩阵，再求伴矩阵的特征多项式，最后解特征多项式方程. 实际中，求矩阵特征值一般不通过解特征多项式方程获得，因为一元 m 次多项式方程的根对于系数非常敏感，我们有其他更稳健的方法求矩阵的特征值（但不在本书讨论的范围内）. 因此，很多计算软件通过使用稳健的方法求伴矩阵的特征值，进而得到一元多次多项式方程的解.

复数、复向量*

例 5.9 求逆时针旋转 90° 矩阵 $\boldsymbol{A}=\begin{pmatrix}0&-1\\1&0\end{pmatrix}$ 的特征值与特征向量.

解 根据几何关系，任意向量 $\boldsymbol{x}=(a,b)$ 旋转之后 $\boldsymbol{Ax}=(-b,a)$，它不可能与 $\boldsymbol{x}$ 在一条直线上. 根据几何关系，无法求出特征值和特征向量. 计算特征多项式

$$
\det(\boldsymbol{A}-\lambda\boldsymbol{I})=\lambda^2+1.
$$

所以，特征值为纯虚数 $\lambda_1=\mathrm{i},\lambda_2=-\mathrm{i}$.

当 $\lambda_1=\mathrm{i}$ 时，解 $(\boldsymbol{A}-\mathrm{i}\boldsymbol{I})\boldsymbol{x}=\boldsymbol{0}$，得到基础解系 $\boldsymbol{x}_1=(\mathrm{i},1)$.

当 $\lambda_2=-\mathrm{i}$ 时，解 $(\boldsymbol{A}+\mathrm{i}\boldsymbol{I})\boldsymbol{x}=\boldsymbol{0}$，得到基础解系 $\boldsymbol{x}_2=(1,\mathrm{i})$.

另一种求特征值的方法基于如下几何意义：$\boldsymbol{A}$ 把输入向量逆时针旋转 90°，$\boldsymbol{A}^2$ 把输入向量逆时针旋转 180°，所以 $\boldsymbol{A}^2=-\boldsymbol{I}$. 可知，

$$
\boldsymbol{Ax}=\lambda\boldsymbol{x} \implies \boldsymbol{AAx}=\boldsymbol{A}\lambda\boldsymbol{x} \implies \boldsymbol{A}^2\boldsymbol{x}=\lambda^2\boldsymbol{x} \implies -\boldsymbol{Ix}=\lambda^2\boldsymbol{x} \implies \lambda^2=-1
$$

因而，特征值为 $\lambda_1=\mathrm{i},\lambda_2=-\mathrm{i}$.

以上例子说明，**实矩阵**的特征值可能不为实数. 之前我们尽量避免进入复数域，但在这里我们遇到了**复特征值**（complex eigenvalue）和**复特征向量**（complex eigenvector），没有**复数**（complex number）我们无法走得更远. 为了解方程 $x^2=-1$，我们引入纯虚数 i，定义 $\mathrm{i}^2=-1$.

定义 5.2 一个复数是一个有序对 (a,b)，其中 $a,b\in\mathbb{R}$，复数通常写成 $z=a+b\mathrm{i}$，a 称为实部（real part），b 称为虚部（imaginary part），记作 $a=\mathrm{Re}\,z, b=\mathrm{Im}\,z$. 复

数与复平面（complex plane）的点一一对应，复平面横轴为实部轴，纵轴为虚部轴（见图 5.2）.

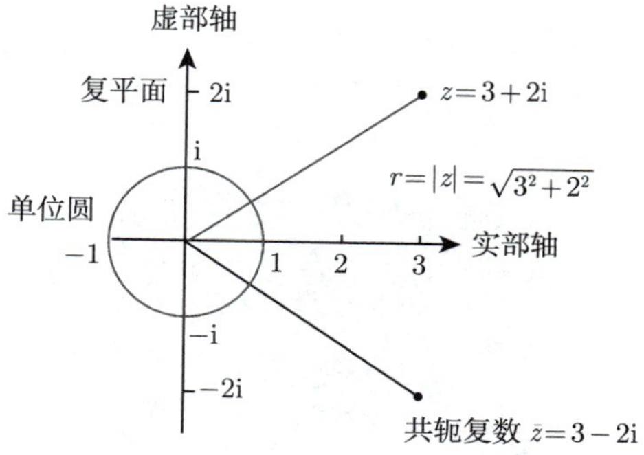

图 5.2 复平面、单位圆、共轭复数

如果 $b=0$，z 为实数（real number）；如果 $b\neq 0$，z 为虚数（imaginary number）；如果 $a=0, b\neq 0$，z 为纯虚数（pure imaginary number）.

所有复数构成的集合记为 $\mathbb{C}$：

$$\mathbb{C}=\{a+bi: a,b\in\mathbb{R}\}$$

$\mathbb{C}$ 上的加法 和乘法 定义为

$$(a+bi)+(c+di)=(a+c)+(b+d)i$$

$$(a+bi)(c+di)=(ac-bd)+(ad+bc)i$$

其中 $a,b,c,d\in\mathbb{R}$. 以上的加法类似于向量加法.

复数 $z=a+bi$ 的长度（模，modulus） 为 (a,b) 离原点的距离 $|z|=\sqrt{a^2+b^2}$.

复数 $z=a+ib$ 的共轭复数（conjugate complex number）定义为 $\bar{z}=a-ib$. 所以

$$\operatorname{Re} z=\frac{z+\bar{z}}{2}, \operatorname{Im} z=\frac{z-\bar{z}}{2i}, |z|=\sqrt{z\bar{z}}=|\bar{z}|$$

我们常常使用的**共轭复数**，两个复数和、积的共轭复数有如下性质：

$$\boxed{\bar{z}_1+\bar{z}_2=\overline{z_1+z_2},\quad \bar{z}_1\bar{z}_2=\overline{z_1z_2}}$$

复数可以用**极坐标**（polar coordinates）表示，极坐标包含两个元素：复数的模和复数与实部轴的夹角.

定义 5.3 $z=a+bi$ 与实部轴的夹角为

$$\psi=\arctan\left(\frac{b}{a}\right).$$

复数 $z=a+ib$ 可以写成极坐标形式

$$z=|z|(\cos\psi+i\sin\psi).$$

根据欧拉⊖公式

$$\boxed{e^{i\psi} = \cos\psi + i\sin\psi}.$$

复数 $z = a + ib$ 可以写成

$$\boxed{z = |z|e^{i\psi}}$$

图 5.3　欧拉（Leonhard Paul Euler，1707—1783）. 苏联于 1957 年发行的邮票，纪念欧拉诞辰 250 周年. 文字内容为：欧拉，伟大的数学家和学者，诞辰 250 周年.

当用极坐标表示复数时，复数的幂很容易求得，且复数的乘积有相应的几何解释（见图 5.4）.

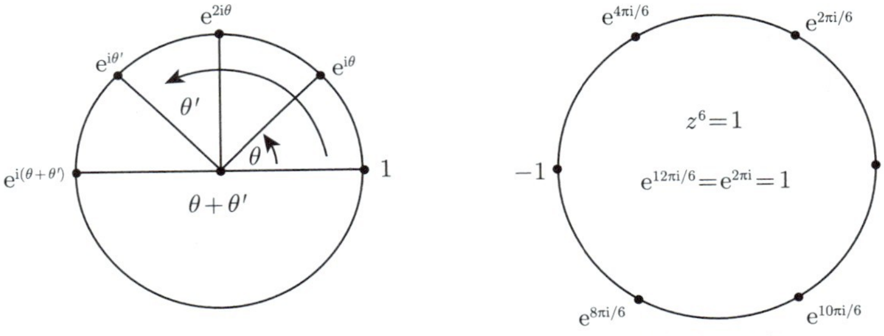

a）复数乘积的几何解释　　b）$z^6=1$的解

图 5.4　复数的乘积

定理 5.3　令 $z = |z|(\cos\psi + i\sin\psi)$，则

$$z^n = (|z|e^{i\psi})^n = |z|^n e^{in\psi} = |z|^n(\cos n\psi + i\sin n\psi).$$

令 $y = |y|(\cos\theta + i\sin\theta)$，则

$$zy = |z||y|(\cos(\psi + \theta) + i\sin(\psi + \theta)).$$

⊖ 欧拉（见图 5.3）是一位瑞士数学家和物理学家，被公认为数学史上最杰出的数学家之一. 他在分析数论、微积分、数论、几何和力学等方面做出了重要贡献. 在分析数论领域，他提出了欧拉常数 e，研究了调和级数和无穷级数的性质，推导了著名的欧拉公式. 在微积分领域，他发展了符号表示法，如 e、π、d 和 Σ. 他提出了欧拉方法，用于处理复杂的微分方程和积分问题，为微积分的应用提供了强有力的工具. 在数论领域，他研究了素数分布和二次剩余等重要问题，提出了欧拉函数，为数论的发展奠定了基础. 在几何学领域，他提出了欧拉定理，即一个多面体顶点的数目减去边的数目再加上面的数目等于 2. 在力学领域，他提出了欧拉方程，描述了理想流体的运动. 他还发展了刚体动力学的数学理论，例如欧拉角和刚体的惯性定理. 欧拉的研究论文和著作超过 800 篇，涵盖了数学和物理学的各个领域，他的作品严谨而深入，对后来的数学家产生了巨大影响.

令 $w=\mathrm{e}^{2\pi\mathrm{i}/n}$，$w$ 有如下性质

$$1=w^n=(w^2)^n=(w^3)^n=\cdots=(w^{n-1})^n=(w^n)^n.$$

所以，$w^k,k=1,\cdots,n$ 是 $x^n=1$ 的根.

复矩阵、共轭转置*

套用实向量点积的定义，复向量 $\boldsymbol{z}=(1,\mathrm{i})\in\mathbb{C}^2$ 的长度为 $\sqrt{\boldsymbol{z}^{\mathrm{T}}\boldsymbol{z}}=\sqrt{1-1}=0$，显然与直觉不符. 当求复向量长度时，不仅需要转置还需要取共轭复数，这就是**共轭转置**（conjugate transpose），也称为**埃尔米特**[⊖]**共轭**、**埃尔米特转置**（Hermitian transpose）. 对于复向量、复矩阵，如果需要转置，通常都伴随着共轭. 我们用 $\sqrt{\overline{\boldsymbol{z}}^{\mathrm{T}}\boldsymbol{z}}=\sqrt{1-\mathrm{i}^2}=\sqrt{2}$ 计算复向量的长度 $||\boldsymbol{z}||$. 一般地，复向量的长度平方等于共轭转置与它本身的点积：

$$||\boldsymbol{z}||^2=\overline{\boldsymbol{z}}^{\mathrm{T}}\boldsymbol{z}.$$

因为实数的共轭复数等于它本身，所以以上的计算也适用于实向量，是更一般的模长计算方法.

图 5.5　埃尔米特（Charles Hermite，1822—1901）

定义 5.4　复向量 $\boldsymbol{z}$ 的共轭转置定义为

$$\boldsymbol{z}^{\mathrm{H}}=(\overline{\boldsymbol{z}})^{\mathrm{T}}.$$

即对 $\boldsymbol{z}$ 中所有元素取共轭复数，然后转置.

⊖ 埃尔米特（见图 5.5）是一位法国数学家，在数学分析和代数数论方面做出了突出的贡献. 在数学分析领域，他研究了连分数和无理数理论，提出了 Hermite 插值多项式，用于逼近函数和数值计算，该方法在数值分析和计算机科学中得到了广泛应用. 在代数数论方面，他首次证明了 e 是一个超越数，他海研究了 elliptic 函数和其他特殊函数的性质. 厄米特多项式（Hermite polynomials）、自伴算子（Self-adjoint operator）、厄米特矩阵（Hermitian matrix）都以他命名，其中有关内积空间中自伴算子 (Self-adjoint operator)，即厄米特算符（Hermitian Operator）意外地成为了半个世纪后兴起的量子力学研究的基础代数工具.

类似地，复矩阵 $\boldsymbol{A}$ 的共轭转置定义为

$$\boldsymbol{A}^{\mathrm{H}}=(\overline{\boldsymbol{A}})^{\mathrm{T}}$$

如果 $\boldsymbol{A},\boldsymbol{x},\lambda$ 为实矩阵、实向量、实数，则 $\boldsymbol{A}^{\mathrm{H}}=\boldsymbol{A}^{\mathrm{T}},\boldsymbol{x}^{\mathrm{H}}=\boldsymbol{x}^{\mathrm{T}},\overline{\lambda}=\lambda$.

例 5.10 已知 $\boldsymbol{A}=\begin{pmatrix}1 & \mathrm{i}\\ 0 & 1+\mathrm{i}\end{pmatrix}$，求 $\boldsymbol{A}^{\mathrm{H}}$.

解

$$\boldsymbol{A}^{\mathrm{H}}=\overline{\boldsymbol{A}}^{\mathrm{T}}=\begin{pmatrix}1 & 0\\ -\mathrm{i} & 1-\mathrm{i}\end{pmatrix}$$

复向量的长度计算公式可以扩展到任意两复向量内积的定义.

定义 5.5 复向量 $\boldsymbol{u},\boldsymbol{v}$ 的内积定义为

$$\boldsymbol{u}^{\mathrm{H}}\boldsymbol{v}=(\overline{u}_1,\ \cdots,\ \overline{u}_n)\begin{pmatrix}v_1\\ \vdots\\ v_n\end{pmatrix}=\overline{u}_1v_1+\cdots+\overline{u}_nv_n.$$

注意：$\boldsymbol{u}^{\mathrm{H}}\boldsymbol{v}$ 一般不等于 $\boldsymbol{v}^{\mathrm{H}}\boldsymbol{u}$，实际上 $\boldsymbol{u}^{\mathrm{H}}\boldsymbol{v}=\overline{\boldsymbol{u}}\cdot\boldsymbol{v}=\overline{\boldsymbol{u}\cdot\overline{\boldsymbol{v}}}=\overline{\overline{\boldsymbol{v}}\cdot\boldsymbol{u}}=\overline{\boldsymbol{v}^{\mathrm{H}}\boldsymbol{u}}$.

例 5.11 已知 $\boldsymbol{u}=(1,\mathrm{i}),\boldsymbol{v}=(\mathrm{i},2)$，求 $\boldsymbol{u}^{\mathrm{H}}\boldsymbol{v},\boldsymbol{v}^{\mathrm{H}}\boldsymbol{u}$.

解

$$\boldsymbol{u}^{\mathrm{H}}\boldsymbol{v}=(1,\quad -\mathrm{i})\begin{pmatrix}\mathrm{i}\\ 2\end{pmatrix}=\mathrm{i}-2\mathrm{i}=-\mathrm{i}.$$

$$\boldsymbol{v}^{\mathrm{H}}\boldsymbol{u}=(-\mathrm{i},\quad 2)\begin{pmatrix}1\\ \mathrm{i}\end{pmatrix}=-\mathrm{i}+2\mathrm{i}=\mathrm{i}.$$

类似于转置，我们有如下定理.

定理 5.4 $\boldsymbol{Au}$ 与 $\boldsymbol{v}$ 的内积等于 $\boldsymbol{u}$ 与 $\boldsymbol{A}^{\mathrm{H}}\boldsymbol{v}$ 的内积：

$$(\boldsymbol{Au})^{\mathrm{H}}\boldsymbol{v}=\boldsymbol{u}^{\mathrm{H}}(\boldsymbol{A}^{\mathrm{H}}\boldsymbol{v}).$$

$\boldsymbol{AB}$ 的共轭转置等于 $\boldsymbol{B}$ 的共轭转置乘以 $\boldsymbol{A}$ 的共轭转置

$$(\boldsymbol{AB})^{\mathrm{H}}=\boldsymbol{B}^{\mathrm{H}}\boldsymbol{A}^{\mathrm{H}}.$$

特征值等于一元高次多项式方程的根，研究特征值的性质需要研究一元高次多项式方程根的特点. 这里，我们仅给出一些重要结论，并给出简单的证明.

定理 5.5 实矩阵的 m 次特征多项式方程在复数域 $\mathbb{C}$ 里有 m 个根. 实矩阵如果有虚特征值和复特征向量，则它们共轭成对出现，且它们的重复次数相同.

证明 这里仅证明虚特征值和复特征向量共轭成对出现. 假设 $\boldsymbol{A}$ 有虚特征值 λ，对应的复特征向量为 $\boldsymbol{x}$，则

$$\boldsymbol{Ax}=\lambda\boldsymbol{x}\implies\overline{\boldsymbol{Ax}}=\overline{\lambda\boldsymbol{x}}\implies\overline{\boldsymbol{A}}\overline{\boldsymbol{x}}=\overline{\lambda}\overline{\boldsymbol{x}}\implies\boldsymbol{A}\overline{\boldsymbol{x}}=\overline{\lambda}\overline{\boldsymbol{x}}$$

所以，$\overline{\lambda}$ 也为特征值，$\overline{\boldsymbol{x}}$ 为相应的特征向量. ■

例 5.12　已知

$$\boldsymbol{A}=\begin{pmatrix}0&-9&5&-4&7\\-2&2&0&-5&-9\\4&9&7&5&2\\5&0&-7&5&-4\\2&1&-3&-8&0\end{pmatrix}$$

$$\boldsymbol{B}=\begin{pmatrix}-4+6\mathrm{i}&4+3\mathrm{i}&2+5\mathrm{i}&6+9\mathrm{i}&0\\-3+4\mathrm{i}&4+3\mathrm{i}&-6-3\mathrm{i}&5&9+5\mathrm{i}\\8+3\mathrm{i}&-3-6\mathrm{i}&6-3\mathrm{i}&-9-5\mathrm{i}&4+8\mathrm{i}\\9+9\mathrm{i}&9&2-1\mathrm{i}&5+2\mathrm{i}&7+9\mathrm{i}\\-4-9\mathrm{i}&0&6+4\mathrm{i}&-2-6\mathrm{i}&-4-5\mathrm{i}\end{pmatrix}$$

求 $\boldsymbol{A},\boldsymbol{B}$ 的特征值.

解　实矩阵 $\boldsymbol{A}$ 特征值如图 5.6 所示，可见虚特征值共轭成对出现. 复矩阵 $\boldsymbol{B}$ 的特征值如图 5.7 所示，可见虚特征值不是共轭成对出现.

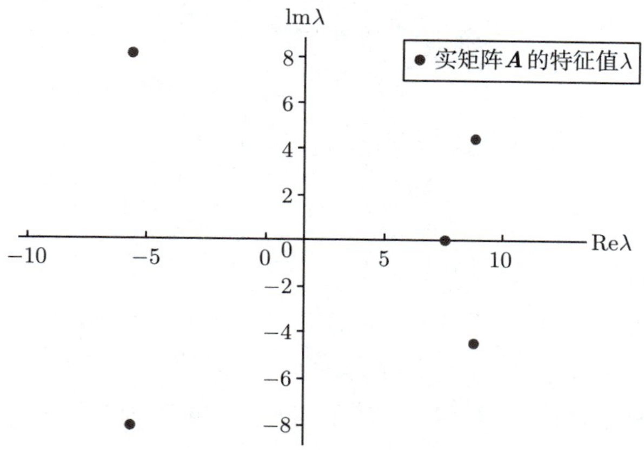

图 5.6　实矩阵 $\boldsymbol{A}$ 的特征值

截止到目前，我们主要考虑的是实向量、实矩阵，如果扩展到复向量、复矩阵，有关结论中的转置需要变为共轭转置，比如：

1. 两个复向量正交等价于它们的内积为 0：$\boldsymbol{u}\perp\boldsymbol{v}\Leftrightarrow\boldsymbol{u}^{\mathrm{H}}\boldsymbol{v}=0$；
2. $N(\boldsymbol{A}^{\mathrm{H}})$ 正交于列空间，核空间正交于 $C(\boldsymbol{A}^{\mathrm{H}})$：$N(\boldsymbol{A}^{\mathrm{H}})\perp C(\boldsymbol{A})$，$N(\boldsymbol{A})\perp C(\boldsymbol{A}^{\mathrm{H}})$；
3. 满足 $\boldsymbol{A}=\boldsymbol{A}^{\mathrm{H}}$ 的矩阵称为 **Hermitian 矩阵**（埃尔米特矩阵）、**自共轭矩阵**；
4. 矩阵 $\boldsymbol{Q}$ 的列向量为正交单位向量组，则 $\boldsymbol{Q}^{\mathrm{H}}\boldsymbol{Q}=\boldsymbol{I}$；
5. 方阵 $\boldsymbol{Q}$ 的列向量为正交单位向量组，则 $\boldsymbol{Q}$ 称为**酉矩阵**（unitary matrix）(在实矩阵中，称为正交矩阵)：$\boldsymbol{Q}^{\mathrm{H}}\boldsymbol{Q}=\boldsymbol{Q}\boldsymbol{Q}^{\mathrm{H}}=\boldsymbol{I}$，$\boldsymbol{Q}^{-1}=\boldsymbol{Q}^{\mathrm{H}}$；
6. 投影到列空间 $C(\boldsymbol{A})$ 的投影矩阵为 $\boldsymbol{A}(\boldsymbol{A}^{\mathrm{H}}\boldsymbol{A})^{-1}\boldsymbol{A}^{\mathrm{H}}$；
7. 最小二乘法的正规方程为 $\boldsymbol{A}^{\mathrm{H}}\boldsymbol{A}\hat{\boldsymbol{x}}=\boldsymbol{A}^{\mathrm{H}}\boldsymbol{b}$.

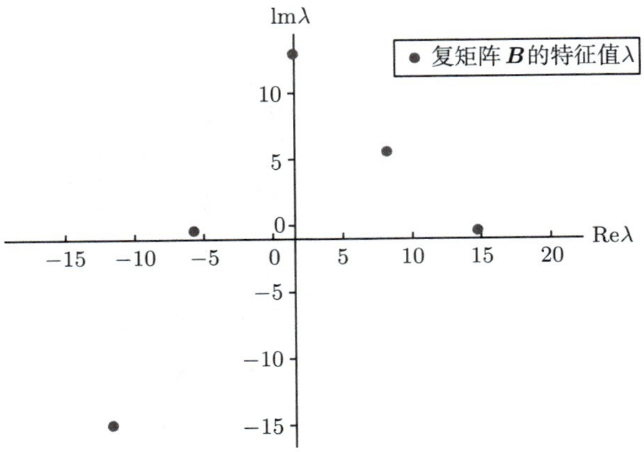

图 5.7 复矩阵 $\boldsymbol{B}$ 的特征值

习题

1. 求矩阵 $\boldsymbol{A}, \boldsymbol{B}, \boldsymbol{A}+\boldsymbol{B}$ 的特征值，其中

$$\boldsymbol{A}=\begin{pmatrix}3 & 0\\1 & 1\end{pmatrix}, \quad \boldsymbol{B}=\begin{pmatrix}1 & 1\\0 & 3\end{pmatrix}.$$

2. (a) 求矩阵 $\boldsymbol{A}, \boldsymbol{B}, \boldsymbol{AB}, \boldsymbol{BA}$ 的特征值，其中

$$\boldsymbol{A}=\begin{pmatrix}1 & 0\\1 & 1\end{pmatrix}, \quad \boldsymbol{B}=\begin{pmatrix}1 & 2\\0 & 1\end{pmatrix}.$$

   (b) $\boldsymbol{AB}$ 的特征值是否等于 $\boldsymbol{A}, \boldsymbol{B}$ 各自的特征值的乘积？

   (c) $\boldsymbol{AB}$ 的特征值是否等于 $\boldsymbol{BA}$ 的特征值？

3. 在 $\boldsymbol{LU}$ 分解中，$\boldsymbol{A}=\boldsymbol{LU}$，$\boldsymbol{U}$ 的特征值是 a. $\boldsymbol{A}$ 的特征值；b. $\boldsymbol{A}$ 的主元；c. 1，$\boldsymbol{L}$ 的特征值是 a. $\boldsymbol{A}$ 的特征值；b. $\boldsymbol{A}$ 的主元；c. 1；$\boldsymbol{A}$ 的特征值和 $\boldsymbol{U}$ 的特征值是否相同.

4. 假设 λ 是 $\boldsymbol{A}$ 的特征值，证明以下三个命题：

   (a) λ^2 是矩阵 $\boldsymbol{A}^2$ 的特征值；

   (b) λ^{-1} 是矩阵 $\boldsymbol{A}^{-1}$ 的特征值；

   (c) $\lambda+1$ 是矩阵 $\boldsymbol{A}+\boldsymbol{I}$ 的特征值.

5. 计算投影矩阵 $\boldsymbol{P}$ 的特征值和特征向量：

$$\boldsymbol{P}=\begin{pmatrix}0.2 & 0.4 & 0\\0.4 & 0.8 & 0\\0 & 0 & 1\end{pmatrix}.$$

6. 证明：矩阵 $\boldsymbol{A}$ 的行列式等于其特征值的乘积. 提示：将 $\det(\boldsymbol{A}-\lambda\boldsymbol{I})$ 分解成 n 个因式的乘积.
7. 已知 3×3 的矩阵 $\boldsymbol{B}$，其特征值为 $0,1,2$. 计算：
   (a) $\boldsymbol{B}$ 的秩和迹；
   (b) $\boldsymbol{B}^{\mathrm{T}}\boldsymbol{B}$ 的行列式；
   (c) $(\boldsymbol{B}^2+\boldsymbol{I})^{-1}$ 的特征值.
8. 已知矩阵 $\boldsymbol{B}$ 的特征值为 $1,2$，矩阵 $\boldsymbol{C}$ 的特征值为 $3,4$，矩阵 $\boldsymbol{D}$ 的特征值为 $5,7$. 计算矩阵 $\boldsymbol{A}$ 的特征值，其中

$$\boldsymbol{A}=\begin{pmatrix}\boldsymbol{B} & \boldsymbol{C}\\ \boldsymbol{0} & \boldsymbol{D}\end{pmatrix}=\begin{pmatrix}0 & 1 & 3 & 0\\ -2 & 3 & 0 & 4\\ 0 & 0 & 6 & 1\\ 0 & 0 & 1 & 6\end{pmatrix}.$$

9. 计算矩阵 $\boldsymbol{A},\boldsymbol{B},\boldsymbol{C}$ 的特征值：

$$\boldsymbol{A}=\begin{pmatrix}1 & 2 & 3\\ 0 & 4 & 5\\ 0 & 0 & 6\end{pmatrix},\quad \boldsymbol{B}=\begin{pmatrix}0 & 0 & 1\\ 0 & 2 & 0\\ 3 & 0 & 0\end{pmatrix},\quad \boldsymbol{C}=\begin{pmatrix}2 & 2 & 2\\ 2 & 2 & 2\\ 2 & 2 & 2\end{pmatrix}.$$

10. 已知 $\boldsymbol{A}$ 的特征值为 $0,3,5$，其对应的三个线性无关的特征向量为 $\boldsymbol{u},\boldsymbol{v},\boldsymbol{w}$.
    (a) 分别给出核空间 $N(\boldsymbol{A})$ 以及列空间 $C(\boldsymbol{A})$ 的一组基；
    (b) 找出 $\boldsymbol{Ax}=\boldsymbol{v}+\boldsymbol{w}$ 的一个特解，再找出所有解；
    (c) 证明：$\boldsymbol{Ax}=\boldsymbol{u}$ 无解.
11. 如果 $\boldsymbol{A}$ 是一个秩为 1 的 2×2 的矩阵，且 $\boldsymbol{A}=\boldsymbol{u}\boldsymbol{v}^{\mathrm{T}}$，证明：$\boldsymbol{u}$ 是 $\boldsymbol{A}$ 的一个特征向量. 找出 $\boldsymbol{A}$ 所有的特征值，并验证 $\lambda_1+\lambda_2=u_1v_1+u_2v_2$.
12*. 计算置换矩阵 $\boldsymbol{P}$ 的特征值和特征向量：

$$\boldsymbol{P}=\begin{pmatrix}0 & 0 & 0 & 1\\ 1 & 0 & 0 & 0\\ 0 & 1 & 0 & 0\\ 0 & 0 & 1 & 0\end{pmatrix}.$$

13. 2×2 的旋转矩阵满足 $\boldsymbol{A}^3=\boldsymbol{I}$，计算 $\boldsymbol{A}$ 的特征值.
14. 如果 $\boldsymbol{A}$ 是 n 级可逆矩阵，证明：
    (a) 如果 $\boldsymbol{A}$ 有特征值，那么特征值不等于 0；
    (b) 如果 λ_0 是 $\boldsymbol{A}$ 的 l 重特征值，那么 λ_0^{-1} 是 $\boldsymbol{A}^{-1}$ 的 l 重特征值.
15. 如果 $\boldsymbol{A}$ 是 n 级正交矩阵，且特征值为实数. 证明：

(a) $\boldsymbol{A}$ 的特征值，则特征值为 1 或 −1；

(b) 如果 $|\boldsymbol{A}|=-1$，则 −1 是 $\boldsymbol{A}$ 的一个特征值；

(c) 如果 $|\boldsymbol{A}|=1$，且 n 是奇数，则 1 是 $\boldsymbol{A}$ 的一个特征值.

16.* 设 $\boldsymbol{A},\boldsymbol{B}$ 分别是数域 K 的 $s\times n, n\times s$ 的矩阵，证明：

(a) $\boldsymbol{AB}$ 和 $\boldsymbol{BA}$ 有相同的非零特征值且重数相同；

(b) 如果 $\boldsymbol{x}$ 是 $\boldsymbol{AB}$ 属于非零特征值 λ_0 的特征向量，则 $\boldsymbol{Bx}$ 是 $\boldsymbol{BA}$ 属于非零特征值 λ_0 的特征向量.

17.* 求复数域上 n 级循环移位矩阵 $\boldsymbol{C}$ 的特征值和特征向量.

$$\boldsymbol{C}=\begin{pmatrix} c_0 & c_1 & c_2 & \cdots & c_{n-1} \\ c_{n-1} & c_0 & c_1 & \cdots & c_{n-2} \\ \vdots & \vdots & \vdots & & \vdots \\ c_1 & c_2 & c_3 & \cdots & c_0 \end{pmatrix}=\sum_{i=0}^{n-1} c_i\boldsymbol{A}^i=f(\boldsymbol{A})$$

其中，$\boldsymbol{A}$ 为基本循环矩阵：

$$\boldsymbol{A}=\begin{pmatrix} 0 & 1 & 0 & \cdots & 0 & 0 \\ 0 & 0 & 1 & \cdots & 0 & 0 \\ \vdots & \vdots & \vdots & & \vdots & \vdots \\ 0 & 0 & 0 & \cdots & 0 & 1 \\ 1 & 0 & 0 & \cdots & 0 & 0 \end{pmatrix}$$

5.2 矩阵的对角化

特征值和特征向量在**矩阵的幂运算**（matrix power）中起着非常重要的作用，对于特征向量 $\boldsymbol{x}$，因为 $\boldsymbol{Ax}$ 不改变 $\boldsymbol{x}$ 的方向，故 $\boldsymbol{A}^k\boldsymbol{x}=\lambda^k\boldsymbol{x}$. 如果可以把任意 m 维向量 $\boldsymbol{u}\in\mathbb{R}^m$ 表示为特征向量的线性组合，则 $\boldsymbol{A}^k\boldsymbol{u}$ 可以很快求得. 这里的关键点是：有足够多的线性无关的特征向量 $\boldsymbol{x}_1,\boldsymbol{x}_2,\cdots$ 使得任意向量 $\boldsymbol{u}\in\mathbb{R}^m$ 都可以被特征向量线性表出，这也是**矩阵对角化**（matrix diagonalization）的条件. 在实际应用中，大部分矩阵都可以对角化，无法对角化的矩阵称为**亏损矩阵**（defective matrix），我们将在第 5.7节介绍如何对亏损矩阵进行“几乎”对角化.

定理 5.6 数域 F 上 m 级方阵可以进行对角化的充要条件是 $\boldsymbol{A}$ 有 m 个线性无关的特征向量 $\boldsymbol{x}_1,\cdots,\boldsymbol{x}_m$. 把特征向量放入特征向量矩阵 $\boldsymbol{X}$ 的列，则 $\boldsymbol{X}^{-1}\boldsymbol{AX}$ 是特征值对角矩阵 $\boldsymbol{\Lambda}$：

$$\boldsymbol{X}^{-1}\boldsymbol{AX}=\boldsymbol{\Lambda}=\operatorname{diag}(\lambda_1,\cdots,\lambda_m)=\begin{pmatrix} \lambda_1 & & \\ & \ddots & \\ & & \lambda_m \end{pmatrix}.$$

其中，对角矩阵 $\boldsymbol{\Lambda}$ 称为 $\boldsymbol{A}$ 的相似标准形（后面定义），除了主对角线上元素的排列次序外，$\boldsymbol{A}$ 的相似标准形是唯一的.

证明

$$\begin{aligned}\boldsymbol{AX} &= \boldsymbol{A}\begin{pmatrix}\boldsymbol{x}_1, & \cdots, & \boldsymbol{x}_m\end{pmatrix}\\ &= \begin{pmatrix}\boldsymbol{Ax}_1, & \cdots, & \boldsymbol{Ax}_m\end{pmatrix}\\ &= \begin{pmatrix}\lambda_1\boldsymbol{x}_1, & \cdots, & \lambda_m\boldsymbol{x}_m\end{pmatrix}\\ &= \begin{pmatrix}\boldsymbol{x}_1, & \cdots, & \boldsymbol{x}_m\end{pmatrix}\begin{pmatrix}\lambda_1 & & \\ & \ddots & \\ & & \lambda_m\end{pmatrix}\\ &= \boldsymbol{X\Lambda}.\end{aligned}$$

因为 $\boldsymbol{X}$ 的列向量线性无关，$\boldsymbol{X}$ 可逆，所以 $\boldsymbol{X}^{-1}\boldsymbol{AX}=\boldsymbol{\Lambda}$ 或者 $\boldsymbol{A}=\boldsymbol{X\Lambda X}^{-1}$. ■

矩阵对角化的条件

矩阵对角化的关键是找到 m 个线性无关的特征向量，如果没有足够多的特征向量，则无法对角化. 以下定理可以帮助确定是否能找到足够多的特征向量.

定理 5.7 设 $\lambda_1,\cdots,\lambda_m$ 是 $\boldsymbol{A}$ 的不同的特征值，$\boldsymbol{x}_{j1},\cdots,\boldsymbol{x}_{jr_j}$ 是属于 λ_j 的线性无关的特征向量，$j=1,\cdots,m$，则由特征向量构成的向量组

$$\boldsymbol{x}_{11},\cdots,\boldsymbol{x}_{1r_1},\cdots,\boldsymbol{x}_{m1},\cdots,\boldsymbol{x}_{mr_m}$$

线性无关.

证明 这里仅证明两个特征值 $\lambda_1\neq\lambda_2$ 的情形，用数学归纳法可以推广到 m 个不同的特征值. 进一步假设 $\lambda_2\neq 0$.

假设 $\boldsymbol{x}_{11},\cdots,\boldsymbol{x}_{1r_1}$ 是属于 λ_1 的线性无关的特征向量，$\boldsymbol{x}_{21},\cdots,\boldsymbol{x}_{2r_2}$ 是属于 λ_2 的线性无关的特征向量，它们满足

$$c_1\boldsymbol{x}_{11}+\cdots+c_{r_1}\boldsymbol{x}_{1r_1}+k_1\boldsymbol{x}_{21}+\cdots+k_{r_2}\boldsymbol{x}_{2r_2}=\boldsymbol{0}, \tag{5.1}$$

式(5.1)两边左乘 $\boldsymbol{A}$ 得到

$$c_1\lambda_1\boldsymbol{x}_{11}+\cdots+c_{r_1}\lambda_1\boldsymbol{x}_{1r_1}+k_1\lambda_2\boldsymbol{x}_{21}+\cdots+k_{r_2}\lambda_2\boldsymbol{x}_{2r_2}=\boldsymbol{0}, \tag{5.2}$$

式(5.1)两边乘 λ_2 得到

$$c_1\lambda_2\boldsymbol{x}_{11}+\cdots+c_{r_1}\lambda_2\boldsymbol{x}_{1r_1}+k_1\lambda_2\boldsymbol{x}_{21}+\cdots+k_{r_2}\lambda_2\boldsymbol{x}_{2r_2}=\mathbf{0}, \tag{5.3}$$

式(5.2)减去式(5.3)得到

$$c_1(\lambda_1-\lambda_2)\boldsymbol{x}_{11}+\cdots+c_{r_1}(\lambda_1-\lambda_2)\boldsymbol{x}_{1r_1}=\mathbf{0},$$

进而

$$c_1\boldsymbol{x}_{11}+\cdots+c_{r_1}\boldsymbol{x}_{1r_1}=\mathbf{0}.$$

因为 $\boldsymbol{x}_{11},\cdots,\boldsymbol{x}_{1r_1}$ 线性无关，所以 $c_1=\cdots=c_{r1}=0$. 把 $c_1,\cdots,c_{r1}$ 代入式(5.1), $\boldsymbol{x}_{21},\cdots,\boldsymbol{x}_{2r_2}$ 线性无关，进而 $k_1=\cdots=k_{r_2}=0$，最终，$\boldsymbol{x}_{11},\cdots,\boldsymbol{x}_{1r_1},\boldsymbol{x}_{21},\cdots,\boldsymbol{x}_{2r_2}$ 线性无关. ■

以上定理说明如果可以找到 m 个不同的特征值，则必然有足够多的特征向量进行对角化：

$$m\text{个不同的特征值} \Longrightarrow \text{可以对角化.}$$

如果没有 m 个不同的特征值，也可能找到 m 个线性无关的特征向量，矩阵也可以进行对角化. 而 m 个线性无关的特征向量意味着所有特征子空间的维数之和等于 m.

$$\text{可以对角化} \not\Longrightarrow m\text{个不同的特征值.}$$

$$\text{可以对角化} \Leftrightarrow m\text{个线性无关的特征向量} \Leftrightarrow \text{特征子空间的维数之和等于}m.$$

定理 5.8 m 级矩阵可对角化的充要条件为 $\boldsymbol{A}$ 的属于不同特征值的特征子空间的维数之和等于 m.

我们用**代数重数**（algebraic multiplicity）描述特征值作为特征多项式的根的重数，用**几何重数**（geometric multiplicity）描述一个特征值对应的特征向量的个数.

定义 5.6 设 $\boldsymbol{A}$ 是数域 F 上的 m 级矩阵，λ_1 是 $\boldsymbol{A}$ 的一个特征值. 把 $\boldsymbol{A}$ 的属于 λ_1 的特征子空间 $N(\boldsymbol{A}-\lambda_1\boldsymbol{I})$ 的维数叫作特征值 λ_1 的几何重数，把 λ_1 作为 $\boldsymbol{A}$ 的特征多项式的根的重数叫作 λ_1 的代数重数，简称重数.

关于代数重数和几何重数我们有如下关系，它说明我们最多可以得到 m 个线性无关的特征向量. 证明见例 5.15.

命题 5.3 设 λ_1 是数域 F 上 m 级矩阵 $\boldsymbol{A}$ 的一个特征值，则 λ_1 的几何重数不超过它的代数重数.

根据重数的定义，以及以上的关系，定理 5.8另一种说法是：

定理 5.9 m 阶矩阵可对角化的充要条件是 $\boldsymbol{A}$ 的每个特征值的几何重数等于它的代数重数.

证明 假设 m 级矩阵有 k 个不同的特征值，它们的代数重数为 $AM_1,\cdots,AM_k$，几何重数为 $GM_1,\cdots,GM_k$. 不同特征值的特征子空间维数之和为 $GM_1+\cdots+GM_k\leqslant AM_1+\cdots+AM_k=m$，等号当且仅当 $AM_1=GM_1,\cdots,AM_k=GM_k$ 取到. ■

矩阵

$$\boldsymbol{A}=\begin{pmatrix}5 & 1\\ 0 & 5\end{pmatrix},\quad \boldsymbol{B}=\begin{pmatrix}6 & -1\\ 1 & 4\end{pmatrix}$$

的特征多项式为 $(\lambda-5)^2$，它们的特征值为 5，它们的代数重数为 2. 但是，$\boldsymbol{A}-5\boldsymbol{I},\boldsymbol{B}-5\boldsymbol{I}$ 的秩都为 1，它们几何重数为 1. 所以，我们无法找到两个线性无关的特征向量，$\boldsymbol{A},\boldsymbol{B}$ 都无法对角化. 这说明对角化和可逆没有必然联系，对角化考虑的是线性无关的特征向量的个数，可逆考虑的是是否有零特征值. 下式说明不可逆矩阵 $\boldsymbol{A}$ 可以对角化：

$$\underbrace{\begin{pmatrix}1 & 0\\ 0 & 1\end{pmatrix}}_{\boldsymbol{X}^{-1}}\underbrace{\begin{pmatrix}1 & 0\\ 0 & 0\end{pmatrix}}_{\boldsymbol{A}}\underbrace{\begin{pmatrix}1 & 0\\ 0 & 1\end{pmatrix}}_{\boldsymbol{X}}=\underbrace{\begin{pmatrix}1 & 0\\ 0 & 0\end{pmatrix}}_{\boldsymbol{\Lambda}}.$$

矩阵的幂运算

例 5.13 Fibonacci（斐波那契）数列为 $0,1,1,2,3,5,8,13$，满足递推公式 $F_{k+2}=F_{k+1}+F_k,F_0=0$. 计算 F_n 的通项公式，并求 $\lim\limits_{n\to\infty}\dfrac{F_{n+1}}{F_n}$.

解 令 $\boldsymbol{u}_0=(F_1,F_0),\boldsymbol{u}_k=(F_{k+1},F_k)$，则递推公式 $F_{k+2}=F_{k+1}+F_k,F_0=0$ 写成矩阵的形式为

$$\boldsymbol{u}_{k+1}=\boldsymbol{A}\boldsymbol{u}_k=\begin{pmatrix}1 & 1\\ 1 & 0\end{pmatrix}\boldsymbol{u}_k.$$

通项公式的矩阵形式为 $\boldsymbol{u}_n=\boldsymbol{A}^n\boldsymbol{u}_0,\boldsymbol{u}_0=(F_1,F_0)$.

我们的思路是：把 $\boldsymbol{u}_0$ 用 $\boldsymbol{A}$ 的特征向量线性表出，进而可以计算 $\boldsymbol{A}^n\boldsymbol{u}_0$，最终得到 F_n 的通项公式. $\boldsymbol{A}$ 的特征多项式为

$$\lambda^2-\lambda-1,$$

特征值为

$$\lambda_1=\frac{1+\sqrt{5}}{2}\approx 1.618,\quad \lambda_2=\frac{1-\sqrt{5}}{2}\approx -0.618.$$

属于 λ_1 的特征向量为 $\boldsymbol{x}_1=(\lambda_1,1)$，属于 λ_2 的特征向量 $\boldsymbol{x}_2=(\lambda_2,1)$. 接下来把 $\boldsymbol{u}_0$ 用两个特征向量线性表出，即解线性方程组 $c_1\boldsymbol{x}_1+c_2\boldsymbol{x}_2=\boldsymbol{u}_0$，得到

$$c_1=\frac{1}{\lambda_1-\lambda_2},c_2=-\frac{1}{\lambda_1-\lambda_2},$$

$\boldsymbol{u}_0$ 用两个特征向量线性表出为

$$\boldsymbol{u}_0=\frac{\boldsymbol{x}_1-\boldsymbol{x}_2}{\lambda_1-\lambda_2}.$$

根据特征值和特征向量的定义：

$$\boldsymbol{u}_n=\boldsymbol{A}^n\boldsymbol{u}_0=\boldsymbol{A}^n\frac{\boldsymbol{x}_1-\boldsymbol{x}_2}{\lambda_1-\lambda_2}=\frac{\lambda_1^n\boldsymbol{x}_1-\lambda_2^n\boldsymbol{x}_2}{\lambda_1-\lambda_2}.$$

$\boldsymbol{u}_n$ 的第二项即为斐波那契数列的通项公式

$$F_n = \frac{\lambda_1^n - \lambda_2^n}{\lambda_1 - \lambda_2}.$$

当 k 很大时，斐波那契数列的增长率（见图 5.8）约为

$$\lim_{n\to\infty} \frac{F_{n+1}}{F_n} = \lambda_1 \approx 1.618.$$

比如

$$\frac{F_{100}}{F_{99}} = \frac{354224848179261915075}{218922995834555169026} \approx 1.61803398875.$$

这个比例称为黄金分割点，因为边长比例为 1.618:1 的矩形看起来特别美观.

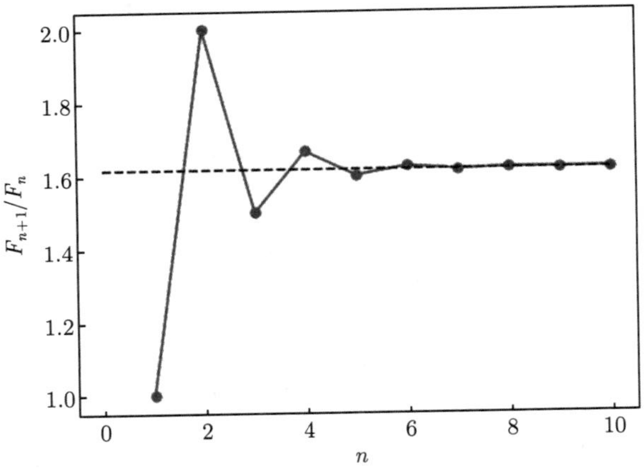

图 5.8 F_{n+1}/F_n 的收敛

利用对角化，可以快速计算矩阵的幂

$$\boldsymbol{A}^n = (\boldsymbol{X}\boldsymbol{\Lambda}\boldsymbol{X}^{-1})(\boldsymbol{X}\boldsymbol{\Lambda}\boldsymbol{X}^{-1})\cdots(\boldsymbol{X}\boldsymbol{\Lambda}\boldsymbol{X}^{-1}) = \boldsymbol{X}\boldsymbol{\Lambda}^n\boldsymbol{X}^{-1},$$

这也是对 $\boldsymbol{A}^n$ 进行了对角化，可见 $\boldsymbol{A}^n$ 的特征值矩阵为 $\boldsymbol{\Lambda}^n$，特征向量和 $\boldsymbol{A}$ 相同. 在例 5.13中，斐波那契数列问题可以抽象为解差分方程 $\boldsymbol{u}_{k+1} = \boldsymbol{A}\boldsymbol{u}_k$，它的通解为 $\boldsymbol{u}_n = \boldsymbol{A}^n\boldsymbol{u}_0$. 如果 $\boldsymbol{A}$ 可以对角化 $\boldsymbol{A} = \boldsymbol{X}\boldsymbol{\Lambda}\boldsymbol{X}^{-1}$，则 $\boldsymbol{A}^n = \boldsymbol{X}\boldsymbol{\Lambda}^n\boldsymbol{X}^{-1}$，进而 $\boldsymbol{u}_n = \boldsymbol{X}\boldsymbol{\Lambda}^n\boldsymbol{X}^{-1}\boldsymbol{u}_0$. 以上矩阵计算可以分解为以下几步：

1. 把向量 $\boldsymbol{u}_0$ 表示为特征向量的线性组合 $\boldsymbol{u}_0 = c_1\boldsymbol{x}_1 + \cdots + c_m\boldsymbol{x}_m$. $\boldsymbol{c}$ 为线性方程组 $\boldsymbol{X}\boldsymbol{c} = \boldsymbol{u}_0$ 的解 $\boldsymbol{c} = \boldsymbol{X}^{-1}\boldsymbol{u}_0$.

2. 根据特征向量的性质 $\boldsymbol{A}^n\boldsymbol{u}_0 = \boldsymbol{A}^n(c_1\boldsymbol{x}_1+\cdots+c_m\boldsymbol{x}_m) = c_1\boldsymbol{A}^n\boldsymbol{x}_1+\cdots+c_m\boldsymbol{A}^n\boldsymbol{x}_m = c_1\lambda_1^n\boldsymbol{x}_1 + \cdots + c_m\lambda_m^n\boldsymbol{x}_m$，写成矩阵形式为

$$\boldsymbol{A}^n\boldsymbol{u}_0 = \begin{pmatrix}\boldsymbol{x}_1, & \cdots, & \boldsymbol{x}_m\end{pmatrix}\begin{pmatrix}\lambda_1^n & & \\ & \ddots & \\ & & \lambda_m^n\end{pmatrix}\begin{pmatrix}c_1\\ \vdots \\ c_m\end{pmatrix} = \boldsymbol{X}\boldsymbol{\Lambda}^n\boldsymbol{c} = \boldsymbol{X}\boldsymbol{\Lambda}^n\boldsymbol{X}^{-1}\boldsymbol{u}_0.$$

可见，矩阵幂运算的关键是找到足够多的特征向量，在特征向量方向上，特征向量经过矩阵的线性变换后方向保持不变. 当 $n \to \infty$ 时，$\boldsymbol{A}^n\boldsymbol{x}$ 被特征值绝对值最大（$|\lambda_k|$）的特征向量 $\boldsymbol{x}_k$ 支配，即 $\boldsymbol{A}^n\boldsymbol{x} \to c_k(\lambda_k)^n\boldsymbol{x}_k$，$\boldsymbol{A}^n$ 的方向趋于 $\boldsymbol{x}_k$.

矩阵幂运算中，如果特征值和特征向量中出现虚数，是否还可以表出实向量 $\boldsymbol{x}$? 虚特征值和复特征向量在 $\boldsymbol{A}^n$ 中的表现怎样? 以下讨论这两个问题 *.

第一个问题：用复特征向量是否可以表出实向量 $\boldsymbol{x}$? 假设 m 级实矩阵 $\boldsymbol{A}$ 可以对角化，则对于某个虚特征值 λ_k 和复特征向量 $\boldsymbol{x}_k$，有与其共轭的虚特征值 $\lambda_j = \overline{\lambda}_k$ 和共轭的复特征向量 $\boldsymbol{x}_j = \overline{\boldsymbol{x}}_k$. 当用特征向量线性表出实向量 $\boldsymbol{x}$ 时，$\boldsymbol{x}_j$ 的系数 c_j 应该与 $\boldsymbol{x}_k$ 的系数 c_k 共轭，这样，线性表出中的 $\boldsymbol{x}_k, \boldsymbol{x}_j$ 虚部被抵消：

$$\boldsymbol{x} = \cdots + c_j\boldsymbol{x}_j + c_k\boldsymbol{x}_k + \cdots = \cdots + \overline{c}_k\overline{\boldsymbol{x}}_k + c_k\boldsymbol{x}_k + \cdots = \cdots + 2\mathrm{Re}(c_k\boldsymbol{x}_k) + \cdots,$$

所以，当特征值和特征向量中出现复数时，实向量 $\boldsymbol{x}$ 仍可以用特征向量线性表出.

第二个问题：$\boldsymbol{A}^n\boldsymbol{x}$ 中与复特征向量对应的部分有何表现? 延续上面的假设，$\boldsymbol{A}^n\boldsymbol{x}$ 中与特征向量 $\boldsymbol{x}_j, \boldsymbol{x}_k$ 对应的项为：

$$\lambda_j^n c_j\boldsymbol{x}_j + \lambda_k^n c_k\boldsymbol{x}_k = \overline{\lambda}_k^n\overline{c}_k\overline{\boldsymbol{x}}_k + \lambda_k^n c_k\boldsymbol{x}_k = 2\mathrm{Re}(\lambda_k^n c_k\boldsymbol{x}_k),$$

其中，λ_k 为复特征值，$\boldsymbol{x}_k$ 为含有虚数的复特征向量.

我们使用极坐标进一步分析 $2\mathrm{Re}(\lambda_k^n c_k\boldsymbol{x}_k)$，因为复数的幂在极坐标下更直观，

$$\lambda_k = |\lambda_k|\mathrm{e}^{\mathrm{i}\psi_k} \implies \lambda_k^n = |\lambda_k|^n\mathrm{e}^{\mathrm{i}n\psi_k}$$

$$c_k\boldsymbol{x}_k = \begin{pmatrix} r_1\mathrm{e}^{\mathrm{i}\theta_1} \\ r_2\mathrm{e}^{\mathrm{i}\theta_2} \\ \vdots \\ r_m\mathrm{e}^{\mathrm{i}\theta_m} \end{pmatrix},$$

所以，

$$2\mathrm{Re}(\lambda_k^n c_k\boldsymbol{x}_k) = 2\mathrm{Re}\begin{pmatrix} |\lambda_k|^n r_1\mathrm{e}^{\mathrm{i}(\theta_1+n\psi_k)} \\ |\lambda_k|^n r_2\mathrm{e}^{\mathrm{i}(\theta_2+n\psi_k)} \\ \vdots \\ |\lambda_k|^n r_m\mathrm{e}^{\mathrm{i}(\theta_m+n\psi_k)} \end{pmatrix} = 2|\lambda_k|^n\begin{pmatrix} r_1\cos(\theta_1+n\psi_k) \\ r_2\cos(\theta_2+n\psi_k) \\ \vdots \\ r_m\cos(\theta_m+n\psi_k) \end{pmatrix}.$$

三角函数 $\cos x$ 是周期函数，所以当模长 $|\lambda_k| = 1$ 时，这部分呈现旋转的状态；当模长 $|\lambda_k| > 1$ 时，这部分呈现螺旋上升，趋于无穷；当模长 $|\lambda_k| < 1$ 时，这部分呈现螺旋下降，收敛于 0.

例 5.14* 延续例 5.12，已知 $\boldsymbol{A}=\begin{pmatrix}0&-9&5&-4&7\\-2&2&0&-5&-9\\4&9&7&5&2\\5&0&-7&5&-4\\2&1&-3&-8&0\end{pmatrix}$，$\boldsymbol{x}=(1,2,3,4,5)$，用图表示 $\boldsymbol{A}^n\boldsymbol{x}$ 的五个元素随 n 的变化.

解 用特征向量线性表出 $\boldsymbol{x}$：

$$\boldsymbol{x}=c_1\boldsymbol{x}_1+c_2\boldsymbol{x}_2+c_3\boldsymbol{x}_3+c_4\boldsymbol{x}_4+c_5\boldsymbol{x}_5.$$

因为 $\boldsymbol{x}_1=\overline{\boldsymbol{x}}_2,\boldsymbol{x}_4=\overline{\boldsymbol{x}}_5$，所以它们的系数也共轭：

$$c_1=3.52-4.59\mathrm{i},c_2=3.52+4.59\mathrm{i},c_3=7.02,c_4=-0.77-0.34\mathrm{i},c_5=-0.77+0.34\mathrm{i}.$$

5 个复特征值的模为 $|\lambda_1|=|\lambda_2|=9.84,|\lambda_3|=7.59,|\lambda_4|=|\lambda_5|=9.87$，所以 $\boldsymbol{A}^n\boldsymbol{x}$ 中每个元素大约呈现 9^n 指数增长. 我们把 $\boldsymbol{A}^n\boldsymbol{x}$ 中每个元素除以 $|\lambda_5|^n$，这样从图 5.9 可以看出它们的振动.

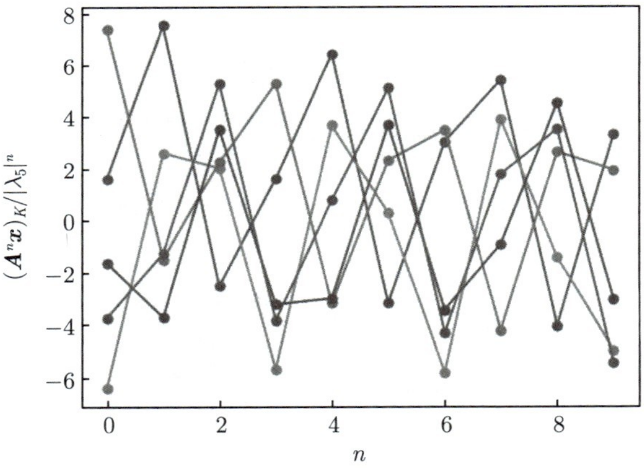

图 5.9　向量 $\boldsymbol{A}^n\boldsymbol{x}/[\lambda_5]^n$ 中每个元素随 n 的增大而振动

基于矩阵的对角化，我们还可以计算**逆矩阵**. 如果 $\boldsymbol{A}$ 可逆，则

$$\boldsymbol{A}^{-1}=\boldsymbol{X}\boldsymbol{\varLambda}^{-1}\boldsymbol{X}^{-1},$$

其中 $\boldsymbol{\varLambda}^{-1}=\begin{pmatrix}{\lambda_1}^{-1}&&&\\&{\lambda_2}^{-1}&&\\&&\ddots&\\&&&{\lambda_m}^{-1}\end{pmatrix}$ 是对角矩阵 $\boldsymbol{\varLambda}$ 的逆. 所以，$\boldsymbol{A}$ 的逆矩阵的特征值矩阵为 $\boldsymbol{\varLambda}^{-1}$，特征向量矩阵仍为 $\boldsymbol{X}$. 矩阵 $\boldsymbol{A}$ 可逆的充要条件是它的特征值不为 0.

除了计算矩阵的整数次幂、逆，我们还可以计算矩阵 $\boldsymbol{A}$ 的平方根 $\boldsymbol{B}$，定义为，如果 $\boldsymbol{B}^2=\boldsymbol{A}$，那么称 $\boldsymbol{B}$ 为 $\boldsymbol{A}$ 的**平方根**，记作 $\boldsymbol{B}=\sqrt{\boldsymbol{A}}=\boldsymbol{A}^{1/2}$:

$$\sqrt{\boldsymbol{A}}=\boldsymbol{A}^{1/2}=\boldsymbol{X}\boldsymbol{\Lambda}^{1/2}\boldsymbol{X}^{-1},$$

其中 $\boldsymbol{\Lambda}^{1/2}=\begin{pmatrix}\sqrt{\lambda_1} & & & \\ & \sqrt{\lambda_2} & & \\ & & \ddots & \\ & & & \sqrt{\lambda_m}\end{pmatrix}$. 注意，如果特征值 λ_k 为负数，那么 $\sqrt{\lambda_k}$ 为虚数.

相似矩阵

斐波那契数列问题中，$\boldsymbol{X}^{-1}\boldsymbol{u}_0$ 可以理解为**基变换 (坐标系变换)**（change of bases）: $\boldsymbol{X}\boldsymbol{c}=\boldsymbol{u}_0$ 的解 $\boldsymbol{c}$ 称为 $\boldsymbol{u}_0$ 在特征向量坐标系下的坐标. 换句话说，标准正交基变为特征向量基时，向量坐标也相应地变化:

$$\boldsymbol{e}_1,\cdots,\boldsymbol{e}_m\to\boldsymbol{x}_1,\cdots,\boldsymbol{x}_m$$

$$\boldsymbol{u}_0\to\boldsymbol{c}.$$

假设对 $\boldsymbol{x}$ 进行**线性变换**（linear transformation）$\boldsymbol{A}$，$\boldsymbol{y}=\boldsymbol{A}\boldsymbol{x}$，其中，$\boldsymbol{A}$ 为 $m\times m$ 可逆矩阵. 我们可以把该线性变换表示为在 $\boldsymbol{B}=(\boldsymbol{b}_1,\ \cdots,\ \boldsymbol{b}_m)$ 列向量坐标系下的线性变换，注意 $\boldsymbol{B}$ 为可逆矩阵，它的列空间是整个 $\mathbb{R}^m$. 首先，分别求出 $\boldsymbol{x},\boldsymbol{y}$ 在 $\boldsymbol{B}$ 列向量坐标系下的坐标 $\boldsymbol{c},\boldsymbol{d}$:

$$\boldsymbol{x}=\boldsymbol{B}\boldsymbol{c},\quad \boldsymbol{y}=\boldsymbol{B}\boldsymbol{d}.$$

因为 $\boldsymbol{y}=\boldsymbol{A}\boldsymbol{x}$，所以 $\boldsymbol{y}=\boldsymbol{A}\boldsymbol{B}\boldsymbol{c}$，进而

$$\boldsymbol{B}\boldsymbol{d}=\boldsymbol{A}\boldsymbol{B}\boldsymbol{c}\implies\boldsymbol{d}=\boldsymbol{B}^{-1}\boldsymbol{A}\boldsymbol{B}\boldsymbol{c}.$$

可见，在标准正交基 $\boldsymbol{e}_1,\cdots,\boldsymbol{e}_m$ 下的线性变换 $\boldsymbol{A}:\boldsymbol{x}\to\boldsymbol{y}$，在新的坐标系 $\boldsymbol{B}$ 下的“等价”线性变换为 $\boldsymbol{B}^{-1}\boldsymbol{A}\boldsymbol{B}:\boldsymbol{c}\to\boldsymbol{d}$. 我们称 $\boldsymbol{B}^{-1}\boldsymbol{A}\boldsymbol{B}$ 与 $\boldsymbol{A}$ **相似**（similar），它们是在不同坐标系下的相同线性变换. 具体而言

$$\begin{aligned}\boldsymbol{B}\boldsymbol{c}&:(\boldsymbol{b}_1,\cdots,\boldsymbol{b}_m)\to(\boldsymbol{e}_1,\cdots,\boldsymbol{e}_m), & \boldsymbol{c}\to\boldsymbol{x}\\ \boldsymbol{A}\boldsymbol{B}\boldsymbol{c}&:(\boldsymbol{e}_1,\cdots,\boldsymbol{e}_m)\to(\boldsymbol{e}_1,\cdots,\boldsymbol{e}_m), & \boldsymbol{x}\to\boldsymbol{y}\\ \boldsymbol{B}^{-1}\boldsymbol{A}\boldsymbol{B}\boldsymbol{c}&:(\boldsymbol{e}_1,\cdots,\boldsymbol{e}_m)\to(\boldsymbol{b}_1,\cdots,\boldsymbol{b}_m), & \boldsymbol{y}\to\boldsymbol{d}\end{aligned}$$

综合起来，

$$\underbrace{\boldsymbol{B}^{-1}\underbrace{\boldsymbol{A}\underbrace{\boldsymbol{B}\,\boldsymbol{c}}_{\boldsymbol{c}\to\boldsymbol{x}}}_{\boldsymbol{x}\to\boldsymbol{y}}}_{\boldsymbol{y}\to\boldsymbol{d}}$$

定义 5.7 设 $\boldsymbol{A},\boldsymbol{C}$ 为 m 级矩阵，如果存在可逆矩阵 $\boldsymbol{B}$，使得

$$\boldsymbol{B}^{-1}\boldsymbol{A}\boldsymbol{B}=\boldsymbol{C},$$

称 $\boldsymbol{A},\boldsymbol{C}$ 是相似的，记作 $\boldsymbol{A}\sim\boldsymbol{C}$.

相似是所有 m 级矩阵组成的集合上的一个**二元关系**，也是**等价关系**，在相似关系下，$\boldsymbol{A}$ 的**等价类**称为 $\boldsymbol{A}$ 的**相似类**. 相似矩阵的特征值是否相同？如果 $\boldsymbol{A}\boldsymbol{x}=\lambda\boldsymbol{x}$，则

$$\boldsymbol{C}(\boldsymbol{B}^{-1}\boldsymbol{x})=\boldsymbol{B}^{-1}\boldsymbol{A}\boldsymbol{B}(\boldsymbol{B}^{-1}\boldsymbol{x})=\boldsymbol{B}^{-1}\boldsymbol{A}\boldsymbol{x}=\lambda(\boldsymbol{B}^{-1}\boldsymbol{x}),$$

所以，$\boldsymbol{C}$ 和 $\boldsymbol{A}$ 有相同的特征值，$\boldsymbol{C}$ 的特征向量为 $\boldsymbol{B}^{-1}\boldsymbol{x}$，即在 $\boldsymbol{B}$ 列向量坐标系下特征向量 $\boldsymbol{x}$ 的坐标. 此外，相似矩阵的行列式相同、特征多项式也相同：

$$\det\boldsymbol{C}=\det(\boldsymbol{B}^{-1}\boldsymbol{A}\boldsymbol{B})=\det(\boldsymbol{B}^{-1})\det\boldsymbol{A}\det\boldsymbol{B}=(\det\boldsymbol{B})^{-1}\det\boldsymbol{A}\det\boldsymbol{B}=\det\boldsymbol{A},$$

$$\det(\boldsymbol{C}-\lambda\boldsymbol{I})=\det(\boldsymbol{B}^{-1}(\boldsymbol{A}-\lambda\boldsymbol{I})\boldsymbol{B})=\det(\boldsymbol{A}-\lambda\boldsymbol{I}),$$

这里，我们利用了 $(\boldsymbol{A}-\lambda\boldsymbol{I})\sim\boldsymbol{B}^{-1}(\boldsymbol{A}-\lambda\boldsymbol{I})\boldsymbol{B}$. 对于可对角化的矩阵 $\boldsymbol{A}=\boldsymbol{X}\boldsymbol{\Lambda}\boldsymbol{X}^{-1}$，$\boldsymbol{A}$ 和对角矩阵 $\boldsymbol{\Lambda}$ 相似，$\boldsymbol{A}\sim\boldsymbol{\Lambda}$. 所以，$\det\boldsymbol{A}=\det\boldsymbol{\Lambda}=\lambda_1\cdots\lambda_m$，即矩阵 $\boldsymbol{A}$ 的行列式等于特征值的乘积.

定义 5.8 对于 m 级矩阵 $\boldsymbol{A}$，它的迹定义为主对角线上元素之和：

$$\operatorname{tr}(\boldsymbol{A})=a_{11}+a_{22}+\cdots+a_{mm}.$$

定理 5.10

$$\operatorname{tr}(\boldsymbol{A}\boldsymbol{B})=\operatorname{tr}(\boldsymbol{B}\boldsymbol{A}).$$

证明

$$\operatorname{tr}(\boldsymbol{A}\boldsymbol{B})=\sum_k(\boldsymbol{A}\boldsymbol{B})_{kk}=\sum_k\left(\sum_j a_{kj}b_{jk}\right)=\sum_j\left(\sum_k b_{jk}a_{kj}\right)=\sum_j(\boldsymbol{B}\boldsymbol{A})_{jj}=\operatorname{tr}(\boldsymbol{B}\boldsymbol{A}).$$

所以，$\operatorname{tr}(\boldsymbol{A}\boldsymbol{B})=\operatorname{tr}(\boldsymbol{B}\boldsymbol{A})$. 迹是从矩阵乘法的非交换性中提取的可交换的量（行列式也是）. ■

如果 $\boldsymbol{A}\sim\boldsymbol{C}$，则 $\operatorname{tr}(\boldsymbol{C})=\operatorname{tr}(\boldsymbol{B}^{-1}\boldsymbol{A}\boldsymbol{B})=\operatorname{tr}(\boldsymbol{A}\boldsymbol{B}\boldsymbol{B}^{-1})=\operatorname{tr}(\boldsymbol{A})$. 即相似矩阵有相同的迹，都等于特征值的和. 最后，我们有如下关于相似矩阵的定理.

定理 5.11 相似矩阵的行列式相等、秩相等、迹相等、特征多项式相等、特征值相等，称为相似不变量. 相似的矩阵或者都可逆或者都不可逆，当可逆时，逆矩阵也相似.

例 5.15 证明命题 5.3，设 λ_1 是数域 F 上 m 级矩阵 $\boldsymbol{A}$ 的一个特征值，则 λ_1 的几何重数不超过它的代数重数.

证明 设 $N(\boldsymbol{A}-\lambda_1\boldsymbol{I})=r$，即 λ_1 的几何重数为 r，在 $N(\boldsymbol{A}-\lambda_1\boldsymbol{I})$ 取一个基 $\boldsymbol{x}_{11},\cdots,\boldsymbol{x}_{1r}$，把它扩充为 F^m 的一个基 $\boldsymbol{x}_{11},\cdots,\boldsymbol{x}_{1r},\boldsymbol{x}_2,\cdots,\boldsymbol{x}_{m-r}$，放入矩阵 $\boldsymbol{B}$ 的列，$\boldsymbol{B}=(\boldsymbol{x}_{11},\cdots\ \ \boldsymbol{x}_{1r}\boldsymbol{x}_2\ \ \cdots,\ \ \boldsymbol{x}_{m-r})$，可逆.

$$
\begin{aligned}
B^{-1}AB &= B^{-1}(\lambda_1 x_{11} \ \cdots, \ \lambda_1 x_{1r} \ \ Ax_2 \ \cdots \ Ax_{m-r}) \\
&= (\lambda_1 B^{-1}x_{11} \ \cdots \ \lambda_1 B^{-1}x_{1r} \ \ B^{-1}Ax_2 \ \cdots \ B^{-1}Ax_{m-r}) \\
&= (\lambda_1 e_1 \ \cdots \ \lambda_1 e_r \ \ B^{-1}Ax_2 \ \cdots \ B^{-1}Ax_{m-r}) \\
&= \begin{pmatrix} \lambda_1 I_r & C \\ 0 & D \end{pmatrix}
\end{aligned}
$$

相似矩阵具有相同的特征多项式，所以

$$|A-\lambda I| = \begin{vmatrix} \lambda_1 I_r - \lambda I_r & C \\ 0 & D-\lambda I_{n-r} \end{vmatrix} = |\lambda_1 I_r - \lambda I_r|\,|D-\lambda I_{n-r}| = (\lambda_1-\lambda)^r |D-\lambda I_{n-r}|,$$

所以，λ_1 的代数重数大于或者等于 r. ■

习题

对于 m 阶方阵 A，如果存在正整数 k，使得 $A^k=0$，这样的方阵叫作幂零矩阵. 对于 m 阶方阵 A，如果 $A^2=A$，则方阵 A 叫作幂等矩阵.

1. (a) 将下列两个矩阵进行对角化 $A=X\Lambda X^{-1}$，其中

$$A=\begin{pmatrix} 1 & 2 \\ 0 & 3 \end{pmatrix}, \quad A=\begin{pmatrix} 1 & 1 \\ 3 & 3 \end{pmatrix}.$$

   (b) 如果 $A=X\Lambda X^{-1}$，那么 $A^3=(\ )(\ )(\ )$，$A^{-1}=(\ )(\ )(\ )$.
2. 假设 $A=X\Lambda X^{-1}$，那么 $A+2I$ 的特征值是什么？特征向量矩阵是什么？验证 $A+2I=X(\Lambda+2I)X^{-1}$.
3. 假设 $A^2=A$，在 A 的四个子空间中，哪一个包含 $\lambda=1$ 的特征向量？哪一个包含 $\lambda=0$ 的特征向量？
4*. 旋转角为 θ 的旋转矩阵的 n 次方等于旋转角为 $n\theta$ 的矩阵，即：

$$A^n=\begin{pmatrix} \cos\theta & -\sin\theta \\ \sin\theta & \cos\theta \end{pmatrix}^n = \begin{pmatrix} \cos(n\theta) & -\sin(n\theta) \\ \sin(n\theta) & \cos(n\theta) \end{pmatrix}$$

   通过 $A=X\Lambda X^{-1}$ 来证明上面的等式. 已知：特征向量为 $(1,\mathrm{i}),(\mathrm{i},1)$；欧拉公式为 $\mathrm{e}^{\mathrm{i}\theta}=\cos\theta+\mathrm{i}\sin\theta$.
5. 假设 A_1,A_2 都是 $n\times n$ 的可逆矩阵，找到矩阵 B 满足 $A_2A_1=B(A_1A_2)B^{-1}$，其中 B 为 A_1,A_2 的一个函数.
6. 在什么样的条件下矩阵 A 和它的特征值矩阵 Λ 相似？提示：A,Λ 有相同的特征值，但是相似要求存在可逆矩阵 B 使得 $A=B\Lambda B^{-1}$.

7.* 已知 $\boldsymbol{A}$ 是 $m\times n$ 的矩阵，$\boldsymbol{B}$ 是 $n\times m$ 的矩阵，证明：$\boldsymbol{AB}$ 和 $\boldsymbol{BA}$ 有相同的非零特征值.

8.* z 为复数，则 $z+\bar{z}$ 总是 a. 实数，b. 纯虚数，c. 0；$z-\bar{z}$ 总是 a. 实数，b. 纯虚数，c. 0. 在 $z\neq 0$ 的情况下，$z\times\bar{z}$ 总是 a. 大于零，b. 等于零，c. 小于零；$z/\bar{z}$ 的模长为 a. 1，b. 2.

9.* 将下列复数写作欧拉形式 $r\mathrm{e}^{\mathrm{i}\theta}$，然后计算每个数的平方.

$$1+\sqrt{3}\mathrm{i} \quad \cos 2\theta+\mathrm{i}\sin 2\theta \quad -7\mathrm{i} \quad 5-5\mathrm{i}.$$

10.* 在复数域上，求 $z^8=1$ 的所有解. $z=\bar{\omega}=\mathrm{e}^{-2\pi\mathrm{i}/8}$ 的三角形式是什么？

11.* 在复数域上，求 $z^3=1$ 的根，求 $z^3=-1$ 的根.

12.* 通过对比 $\mathrm{e}^{3\mathrm{i}\theta}=\cos 3\theta+\mathrm{i}\sin 3\theta$ 和 $(\mathrm{e}^{\mathrm{i}\theta})^3=(\cos\theta+\mathrm{i}\sin\theta)^3$，将 $\cos 3\theta,\sin 3\theta$ 用 $\cos\theta,\sin\theta$ 表示出来.

13. 设 $\boldsymbol{A}$ 是 n 级矩阵，如果有正整数 m 使得 $\boldsymbol{A}^m=\boldsymbol{I}$，那么称 $\boldsymbol{A}$ 是周期矩阵，使得 $\boldsymbol{A}^m=\boldsymbol{I}$ 成立的最小正整数 m 称为 $\boldsymbol{A}$ 的周期. 证明：与周期矩阵相似的矩阵仍是周期矩阵，并且它们的周期相等.

14. 证明：$\begin{pmatrix}1&&&\\&2&&\\&&3&\\&&&4\end{pmatrix}\sim\begin{pmatrix}4&&&\\&3&&\\&&2&\\&&&1\end{pmatrix}$.

15.* 关于幂等矩阵，证明：

(a) 特征值可能为 0,1；

(b) 幂等矩阵一定可以对角化，并且如果 n 级幂等矩阵 $\boldsymbol{A}$ 的秩为 $r(r>0)$，那么

$$\boldsymbol{A}\sim\begin{pmatrix}\boldsymbol{I}_r&\boldsymbol{0}\\\boldsymbol{0}&\boldsymbol{0}\end{pmatrix};$$

(c) 秩等于迹.

16.* 关于幂零矩阵，证明：

(a) 特征值有且只有零；

(b) 不为零矩阵的幂零矩阵不能对角化.

17.* 复数域上 n 级循环移位矩阵（见上节习题 17）是否可对角化？如果可以对角化，求一个可逆矩阵 $\boldsymbol{P}$，使得 $\boldsymbol{P}^{-1}\boldsymbol{CP}$ 为对角矩阵.

18. 设 $\boldsymbol{A}$ 是 n 级上三角矩阵，证明：

(a) 如果对角线元素两两不相等，那么 $\boldsymbol{A}$ 可对角化；

(b) 如果对角线元素相等，且至少有一个非对角线元素非零，则 $\boldsymbol{A}$ 不能对角化.

5.3　对称矩阵的对角化与二次型

对称矩阵有重要的应用：对称矩阵常常出现在解析几何中，很多物理运动的描述需要使用对称矩阵，在数据分析中，常常会产生 $\boldsymbol{A}^{\mathrm{T}}\boldsymbol{A}, \boldsymbol{A}\boldsymbol{A}^{\mathrm{T}}$，虽然 $\boldsymbol{A}$ 不是对称矩阵，但产生的这些矩阵是对称矩阵.

假设对称矩阵可以对角化（实际上对称矩阵总可以对角化），由 $\boldsymbol{S}^{\mathrm{T}}=(\boldsymbol{X}^{-1})^{\mathrm{T}}\boldsymbol{\Lambda}\boldsymbol{X}^{\mathrm{T}}=\boldsymbol{X}\boldsymbol{\Lambda}\boldsymbol{X}^{-1}=\boldsymbol{S}$，猜测 $\boldsymbol{X}^{-1}=\boldsymbol{X}^{\mathrm{T}}$，$\boldsymbol{X}$ 为**正交矩阵**$\boldsymbol{X}^{\mathrm{T}}\boldsymbol{X}=\boldsymbol{I}$. 可以证明以上猜想是正确的，即可以构建**正交单位特征向量组**. 实际上，以上猜想还可以推广到复矩阵上，对于复矩阵，“对称”矩阵称为 **Hermitian 矩阵**，满足**共轭转置**等于本身：$\boldsymbol{A}^{\mathrm{H}}=\overline{\boldsymbol{A}}^{\mathrm{T}}=\boldsymbol{A}$.

实对称矩阵

我们首先证明实对称矩阵 $\boldsymbol{S}$ 的特征值都为实数，其次证明可以找到足够多的正交特征向量对 $\boldsymbol{S}$ 进行对角化.

定理 5.12　实对称矩阵特征多项式的根都为实根，即特征值都为实数.

证明　假设 $\boldsymbol{S}\boldsymbol{x}=\lambda\boldsymbol{x}$，特征值为复数 $\lambda=a+ib$，其共轭复数为 $\overline{\lambda}=a-ib$. 特征向量为复向量，其共轭复向量为 $\overline{\boldsymbol{x}}$. 对 $\boldsymbol{S}\boldsymbol{x}=\lambda\boldsymbol{x}$ 两边同时取共轭，$\overline{\boldsymbol{S}\boldsymbol{x}}=\boldsymbol{S}\overline{\boldsymbol{x}}=\overline{\lambda}\overline{\boldsymbol{x}}$. 两边转置有 $\overline{\boldsymbol{x}}^{\mathrm{T}}\boldsymbol{S}=\overline{\boldsymbol{x}}^{\mathrm{T}}\overline{\lambda}$. 对 $\overline{\boldsymbol{x}}^{\mathrm{T}}\boldsymbol{S}=\overline{\boldsymbol{x}}^{\mathrm{T}}\overline{\lambda}$ 两边同时右乘 $\boldsymbol{x}$，得到

$$\overline{\boldsymbol{x}}^{\mathrm{T}}\boldsymbol{S}\boldsymbol{x}=\overline{\boldsymbol{x}}^{\mathrm{T}}\overline{\lambda}\boldsymbol{x}.$$

对 $\boldsymbol{S}\boldsymbol{x}=\lambda\boldsymbol{x}$ 两边同时左乘 $\overline{x}^{\mathrm{T}}$，得到

$$\overline{\boldsymbol{x}}^{\mathrm{T}}\boldsymbol{S}\boldsymbol{x}=\overline{\boldsymbol{x}}^{\mathrm{T}}\lambda\boldsymbol{x}.$$

进而

$$\overline{\boldsymbol{x}}^{\mathrm{T}}\overline{\lambda}\boldsymbol{x}=\overline{\boldsymbol{x}}^{\mathrm{T}}\lambda\boldsymbol{x} \implies \overline{\lambda}\overline{\boldsymbol{x}}^{\mathrm{T}}\boldsymbol{x}=\lambda\overline{\boldsymbol{x}}^{\mathrm{T}}\boldsymbol{x}$$

因为 $\overline{\boldsymbol{x}}^{\mathrm{T}}\boldsymbol{x}=||\boldsymbol{x}||^2>0$，所以 $\lambda=\overline{\lambda}$，$\lambda$ 为实数. ■

对于实对称矩阵，特征值不会为虚数，同时，特征向量也有很好的性质.

定理 5.13　实对称矩阵属于不同特征值的特征向量是正交 的.

证明　假设 $\boldsymbol{S}\boldsymbol{x}_1=\lambda_1\boldsymbol{x}_1, \boldsymbol{S}\boldsymbol{x}_2=\lambda_2\boldsymbol{x}_2$，且 $\lambda_1\neq\lambda_2$. 有以下点积等式

$$(\lambda_1\boldsymbol{x}_1)^{\mathrm{H}}\boldsymbol{x}_2=(\boldsymbol{S}\boldsymbol{x}_1)^{\mathrm{H}}\boldsymbol{x}_2=\boldsymbol{x}_1^{\mathrm{H}}\boldsymbol{S}\boldsymbol{x}_2=\boldsymbol{x}_1^{\mathrm{H}}\lambda_2\boldsymbol{x}_2,$$

即

$$\lambda_1\boldsymbol{x}_1^{\mathrm{H}}\boldsymbol{x}_2=\lambda_2\boldsymbol{x}_1^{\mathrm{H}}\boldsymbol{x}_2,$$

因为 $\lambda_1\neq\lambda_2$，所以 $\boldsymbol{x}_1^{\mathrm{H}}\boldsymbol{x}_2=0$，即 $\boldsymbol{x}_1\perp\boldsymbol{x}_2$. ■

例 5.16 已知 $\boldsymbol{A}=\begin{pmatrix}0&1\\1&0\end{pmatrix},\boldsymbol{x}=\begin{pmatrix}3\\4\end{pmatrix}$. 计算 $\boldsymbol{A}^{\frac{1}{2}}\boldsymbol{x}$.

解 矩阵 $\boldsymbol{A}=\begin{pmatrix}0&1\\1&0\end{pmatrix}$ 的特征多项式函数为

$$\det(\boldsymbol{A}-\lambda\boldsymbol{I})=\lambda^2-1.$$

特征值为 $\lambda_1=1,\lambda_2=-1$. 对应的特征向量为 $\boldsymbol{x}_1=\begin{pmatrix}1\\1\end{pmatrix},\boldsymbol{x}_2=\begin{pmatrix}1\\-1\end{pmatrix}$. $\boldsymbol{A}$ 是对称矩阵，检查 $\boldsymbol{x}_1\perp\boldsymbol{x}_2$.

把 $\boldsymbol{x}$ 用特征向量 $\boldsymbol{x}_1,\boldsymbol{x}_2$ 线性表出：

$$\boldsymbol{x}=\frac{7}{2}\boldsymbol{x}_1-\frac{1}{2}\boldsymbol{x}_2.$$

所以，

$$\boldsymbol{A}^{\frac{1}{2}}\boldsymbol{x}=\boldsymbol{A}^{\frac{1}{2}}\left(\frac{7}{2}\boldsymbol{x}_1-\frac{1}{2}\boldsymbol{x}_2\right)=\frac{7}{2}\lambda_1^{\frac{1}{2}}\boldsymbol{x}_1-\frac{1}{2}\lambda_2^{\frac{1}{2}}\boldsymbol{x}_2=\frac{7}{2}\boldsymbol{x}_1-\frac{\mathrm{i}}{2}\boldsymbol{x}_2=\frac{1}{2}\begin{pmatrix}7-\mathrm{i}\\7+\mathrm{i}\end{pmatrix}.$$

命题 5.6证明了实对称矩阵一定可以对角化. 对于 m 级对称矩阵 $\boldsymbol{S}$，它的对角化过程为：

1. 求解特征多项式方程 $\det(\boldsymbol{A}-\lambda\boldsymbol{I})=0$，记它的全部不同根为 $\lambda_1,\cdots,\lambda_k$，重数记为 $l_1,\cdots,l_k$，重数之和为 m，$l_1+\cdots+l_k=m$；

2. 对于每一个特征值 λ_i，求 $(\boldsymbol{A}-\lambda_i\boldsymbol{I})\boldsymbol{x}=\boldsymbol{0}$ 的一个基础解系 $\boldsymbol{x}_{i1},\boldsymbol{x}_{i2},\cdots,\boldsymbol{x}_{il_i}$，然后把它们 Gram-Schmidt 正交化，得到 $\boldsymbol{q}_{i1},\boldsymbol{q}_{i2},\cdots,\boldsymbol{q}_{il_i}$；

3. 把所有特征向量 $\boldsymbol{q}_{11},\cdots,\boldsymbol{q}_{1l_1},\cdots,\boldsymbol{q}_{k1},\cdots,\boldsymbol{q}_{kl_k}$ 放入矩阵 $\boldsymbol{Q}$ 的列，形成正交矩阵 $\boldsymbol{Q}$. 所以，

$$\boldsymbol{Q}^{-1}\boldsymbol{S}\boldsymbol{Q}=\mathbf{diag}(\underbrace{\underbrace{\lambda_1,\cdots,\lambda_1}_{l_1},\cdots,\underbrace{\lambda_k,\cdots,\lambda_k}_{l_k}}_{m})=\boldsymbol{\Lambda}.$$

进而有以下定理，称为**主轴定理**（Principal axis theorem）、**谱定理**（Spectral theorem）.

定理 5.14 $m\times m$ 实对称矩阵的每个特征值的几何重数等于代数重数，实对称矩阵一定可以对角化:

$$\boldsymbol{S}=\boldsymbol{Q}\boldsymbol{\Lambda}\boldsymbol{Q}^{-1}=\boldsymbol{Q}\boldsymbol{\Lambda}\boldsymbol{Q}^{\mathrm{T}}$$

其中 $\boldsymbol{\Lambda}$ 为实对角特征值矩阵，$\boldsymbol{Q}$ 为正交单位特征向量矩阵，满足 $\boldsymbol{Q}^{-1}=\boldsymbol{Q}^{\mathrm{T}}$.

$$\boldsymbol{S}=\lambda_1\boldsymbol{q}_1\boldsymbol{q}_1^{\mathrm{T}}+\cdots+\lambda_m\boldsymbol{q}_m\boldsymbol{q}_m^{\mathrm{T}}.$$

主轴定理和奇异值分解有类似之处，奇异值分解说明任意秩为 r 的矩阵可以写成 r 个单位秩矩阵之和. 根据主轴定理，$\boldsymbol{S}$ 也可以被分解为 r 个单位秩矩阵. 注意，如果矩阵 $\boldsymbol{S}$ 的秩为 r，则有 $m-r$ 个特征值等于 0，或者说特征值 0 的代数重数为 $m-r$.

例 5.17　对角化对称矩阵 $\boldsymbol{S}=\begin{pmatrix}1&2\\2&4\end{pmatrix}$.

解　特征多项式方程为 $\lambda(\lambda-5)$，特征值为 $\lambda_1=0,\lambda_2=5$. 属于 $\lambda_1=0$ 的特征向量为 $N(\boldsymbol{A})$ 的基，$\boldsymbol{x}_1=(2,-1)$；属于 $\lambda_2=5$ 的特征向量为 $\boldsymbol{x}_2=(1,2)$. 可见两个特征向量正交. 把两个特征向量单位化，需要乘以系数 $\dfrac{1}{\sqrt{5}}$. 最终，$\boldsymbol{S}$ 可以进行如下对角化：

$$\underbrace{\frac{1}{\sqrt{5}}\begin{pmatrix}2&-1\\1&2\end{pmatrix}}_{\boldsymbol{Q}^{-1}}\underbrace{\begin{pmatrix}1&2\\2&4\end{pmatrix}}_{\boldsymbol{S}}\underbrace{\frac{1}{\sqrt{5}}\begin{pmatrix}2&1\\-1&2\end{pmatrix}}_{\boldsymbol{Q}}=\underbrace{\begin{pmatrix}0&0\\0&5\end{pmatrix}}_{\boldsymbol{\Lambda}}$$

和对称矩阵相反的是**反对称矩阵**（anti-symmetric matrix），又叫作**斜对称矩阵**，满足 $\boldsymbol{A}^{\mathrm{T}}=-\boldsymbol{A}$.

例 5.18　求旋转矩阵 $\boldsymbol{A}=\begin{pmatrix}\cos\theta&-\sin\theta\\\sin\theta&\cos\theta\end{pmatrix}$ 的特征值和特征向量.

解　旋转矩阵 $\boldsymbol{A}$ 作用到任意向量都会改变其方向，故没有实特征值. 解特征多项式方程

$$\det(\boldsymbol{A}-\lambda\boldsymbol{I})=0,$$

得到 $\boldsymbol{A}$ 的特征值为

$$\lambda_1=\cos\theta+\mathrm{i}\sin\theta,\quad \lambda_2=\cos\theta-\mathrm{i}\sin\theta.$$

相应的特征向量为

$$\boldsymbol{x}_1=\begin{pmatrix}1\\-\mathrm{i}\end{pmatrix},\quad \boldsymbol{x}_2=\begin{pmatrix}1\\\mathrm{i}\end{pmatrix}.$$

当 $\theta=90^\circ$ 时，旋转矩阵 $\boldsymbol{A}=\begin{pmatrix}0&-1\\1&0\end{pmatrix}$ 为反对称矩阵. 它的特征值为 $\lambda_1=\mathrm{i},\lambda_2=-\mathrm{i}$.

对于反对称矩阵的特征值、特征向量，我们有如下定理.

定理 5.15　反对称矩阵 $\boldsymbol{A}=-\boldsymbol{A}^{\mathrm{T}}$ 的特征值为纯虚数或 0，且属于不同特征值的特征向量正交.

证明　假设 $\boldsymbol{A}\boldsymbol{x}=\lambda\boldsymbol{x}$，特征值为复数 $\lambda=a+ib$，其共轭复数为 $\overline{\lambda}=a-ib$. 特征向量为复向量 $\boldsymbol{x}$，其共轭复向量为 $\overline{\boldsymbol{x}}$. 对 $\boldsymbol{A}\boldsymbol{x}=\lambda\boldsymbol{x}$ 两边同时取共轭，$\overline{\boldsymbol{A}\boldsymbol{x}}=\boldsymbol{A}\overline{\boldsymbol{x}}=\overline{\lambda}\overline{\boldsymbol{x}}$. 两边转置有 $-\overline{\boldsymbol{x}}^{\mathrm{T}}\boldsymbol{A}=\overline{\boldsymbol{x}}^{\mathrm{T}}\overline{\lambda}$. 对 $-\overline{\boldsymbol{x}}^{\mathrm{T}}\boldsymbol{A}=\overline{\boldsymbol{x}}^{\mathrm{T}}\overline{\lambda}$ 两边同时右乘 $\boldsymbol{x}$，得到

$$-\overline{\boldsymbol{x}}^{\mathrm{T}}\boldsymbol{A}\boldsymbol{x}=\overline{\boldsymbol{x}}^{\mathrm{T}}\overline{\lambda}\boldsymbol{x}.$$

对 $\boldsymbol{A}\boldsymbol{x}=\lambda\boldsymbol{x}$ 两边同时左乘 $\overline{\boldsymbol{x}}^{\mathrm{T}}$，得到

$$\overline{\boldsymbol{x}}^{\mathrm{T}}\boldsymbol{A}\boldsymbol{x}=\overline{\boldsymbol{x}}^{\mathrm{T}}\lambda\boldsymbol{x}.$$

进而

$$-\overline{\boldsymbol{x}}^{\mathrm{T}}\overline{\lambda}\boldsymbol{x}=\overline{\boldsymbol{x}}^{\mathrm{T}}\lambda\boldsymbol{x}\implies-\overline{\lambda}\overline{\boldsymbol{x}}^{\mathrm{T}}\boldsymbol{x}=\lambda\overline{\boldsymbol{x}}^{\mathrm{T}}\boldsymbol{x}$$

因为 $\overline{\boldsymbol{x}}^{\mathrm{T}}\boldsymbol{x}=||\boldsymbol{x}||^2>0$，所以 $-\lambda=\overline{\lambda}$，$\lambda$ 为纯虚数或者 0.

下面证明属于不同特征值的特征向量正交. 假设 $\boldsymbol{A}\boldsymbol{x}_1=\lambda_1\boldsymbol{x}_1,\boldsymbol{A}\boldsymbol{x}_2=\lambda_2\boldsymbol{x}_2$，且 $\lambda_1\neq\lambda_2,\lambda_1\neq 0$. 有以下点积等式

$$(\lambda_1\boldsymbol{x}_1)^{\mathrm{H}}\boldsymbol{x}_2=(\boldsymbol{A}\boldsymbol{x}_1)^{\mathrm{H}}\boldsymbol{x}_2=-\boldsymbol{x}_1^{\mathrm{H}}\boldsymbol{A}\boldsymbol{x}_2=-\boldsymbol{x}_1^{\mathrm{H}}\lambda_2\boldsymbol{x}_2,$$

即

$$\overline{\lambda}_1\boldsymbol{x}_1^{\mathrm{H}}\boldsymbol{x}_2=-\lambda_2\boldsymbol{x}_1^{\mathrm{H}}\boldsymbol{x}_2\implies(\overline{\lambda}_1+\lambda_2)\boldsymbol{x}_1^{\mathrm{H}}\boldsymbol{x}_2=0.$$

因为 $\lambda_1\neq\lambda_2,\lambda_1\neq 0$，且特征值为纯虚数或 0，所以 $\overline{\lambda}_1+\lambda_2\neq 0$，进而 $\boldsymbol{x}_1^{\mathrm{H}}\boldsymbol{x}_2=0$，即 $\boldsymbol{x}_1\perp\boldsymbol{x}_2$. ■

旋转矩阵 $\boldsymbol{A}$ 为正交矩阵，那么正交矩阵的特征值有什么特点?

命题 5.4 正交矩阵特征值的模长等于 1.

证明 正交矩阵 $\boldsymbol{Q}$ 满足 $\boldsymbol{Q}^{\mathrm{T}}\boldsymbol{Q}=\boldsymbol{Q}^{\mathrm{H}}\boldsymbol{Q}=\boldsymbol{I}$. 假设 $\boldsymbol{Q}\boldsymbol{x}=\lambda\boldsymbol{x}$，其中 $\lambda,\boldsymbol{x}$ 为复特征值、复特征向量.

$$\begin{aligned}\boldsymbol{Q}\boldsymbol{x}=\lambda\boldsymbol{x}&\implies\boldsymbol{x}^{\mathrm{H}}\boldsymbol{Q}^{\mathrm{H}}=\overline{\lambda}\boldsymbol{x}^{\mathrm{H}}\implies\boldsymbol{x}^{\mathrm{H}}\boldsymbol{Q}^{\mathrm{H}}\boldsymbol{Q}\boldsymbol{x}\\&=\overline{\lambda}\lambda\boldsymbol{x}^{\mathrm{H}}\boldsymbol{x}\implies||\boldsymbol{x}||^2=|\lambda|^2||\boldsymbol{x}||^2\implies|\lambda|=1.■\end{aligned}$$

旋转矩阵 $\boldsymbol{A}$ 为正交矩阵，显然它的特征值满足 $|\lambda_1|=|\lambda_2|=1$. 当 $\theta=90°$ 时，旋转矩阵 $\boldsymbol{A}$ 既是正交矩阵也是反对称矩阵，特征值需同时满足 $\overline{\lambda}=-\lambda,|\lambda|=1$，进而 $\lambda=\pm\mathrm{i}$.

最后，我们从另一个角度看对称矩阵的对角化：**正交相似**. 回忆一下矩阵的相似，设 $\boldsymbol{A},\boldsymbol{C}$ 为 m 级矩阵，如果存在可逆矩阵 $\boldsymbol{B}$，使得 $\boldsymbol{B}^{-1}\boldsymbol{A}\boldsymbol{B}=\boldsymbol{C}$，称 $\boldsymbol{A},\boldsymbol{C}$ 是相似的，记作 $\boldsymbol{A}\sim\boldsymbol{C}$. 正交相似要求 $\boldsymbol{B}$ 不仅可逆，还是正交矩阵，$\boldsymbol{B}^{-1}=\boldsymbol{B}^{\mathrm{T}}$，这正是对称矩阵满足的.

定义 5.9 如果对于 m 级实矩阵 $\boldsymbol{A},\boldsymbol{C}$，存在一个 m 级正交矩阵 $\boldsymbol{Q}$，使得 $\boldsymbol{Q}^{-1}\boldsymbol{A}\boldsymbol{Q}=\boldsymbol{C}$，那么称 $\boldsymbol{A}$ 正交相似于 $\boldsymbol{C}$.

矩阵正交相似是矩阵相似的一种特例，它不仅要求 $\boldsymbol{Q}$ 可逆，还要求 $\boldsymbol{Q}$ 为正交矩阵.

命题 5.5 如果 m 级实矩阵 $\boldsymbol{A}$ 正交相似于一个对角矩阵 $\boldsymbol{\Lambda}$，那么 $\boldsymbol{A}$ 一定是对称矩阵.

证明 由已知条件有，存在 m 级正交矩阵 $\boldsymbol{Q}$，使得 $\boldsymbol{Q}^{-1}\boldsymbol{A}\boldsymbol{Q}=\boldsymbol{\Lambda}$. 所以:

$$\boldsymbol{A}^{\mathrm{T}}=(\boldsymbol{Q}\boldsymbol{\Lambda}\boldsymbol{Q}^{-1})^{\mathrm{T}}=(\boldsymbol{Q}^{-1})^{\mathrm{T}}\boldsymbol{\Lambda}^{\mathrm{T}}\boldsymbol{Q}^{\mathrm{T}}=\boldsymbol{Q}\boldsymbol{\Lambda}\boldsymbol{Q}^{-1}=\boldsymbol{A},$$

所以 $\boldsymbol{A}$ 是对称矩阵. ■

正交相似于对角矩阵的矩阵是对称矩阵，那么反过来，对称矩阵是否一定正交相似于对角矩阵? 也就是说对称矩阵是否一定可以对角化?

命题 5.6* 实对称矩阵一定可以正交相似于对角矩阵，即实对称矩阵一定可以进行对角化.

证明　对实对称矩阵 $\boldsymbol{S}$ 的级数 m 做数学归纳法. 当级数 $m=1$ 时, $\boldsymbol{S}=1^{-1}\boldsymbol{S}1$, 显然成立. 假设对 $m-1$ 级矩阵成立, 现在证明对于 m 级矩阵也成立. 取 $\boldsymbol{S}$ 的特征值 λ_1, 属于 λ_1 的一个单位特征向量 $\boldsymbol{x}_1$, 把 $\boldsymbol{x}_1$ 扩充为 $\mathbb{R}^m$ 的一个标准正交基, 放入矩阵 $\boldsymbol{Q}_1$ 的列:

$$\boldsymbol{Q}_1=(\boldsymbol{x}_1,\ \boldsymbol{x}_2,\ \cdots,\ \boldsymbol{x}_m).$$

进而有

$$\begin{aligned}\boldsymbol{Q}_1^{-1}\boldsymbol{S}\boldsymbol{Q}_1&=\boldsymbol{Q}_1^{-1}(\boldsymbol{S}\boldsymbol{x}_1,\ \boldsymbol{S}\boldsymbol{x}_2,\ \cdots,\ \boldsymbol{S}\boldsymbol{x}_m)\\&=(\lambda_1\boldsymbol{e}_1,\ \boldsymbol{Q}_1^{-1}\boldsymbol{S}\boldsymbol{x}_2,\ \cdots,\ \boldsymbol{Q}_1^{-1}\boldsymbol{S}\boldsymbol{x}_m)=\begin{pmatrix}\lambda_1&\boldsymbol{a}^{\mathrm{T}}\\\boldsymbol{0}&\boldsymbol{B}\end{pmatrix}.\end{aligned}$$

因为 $\boldsymbol{S}$ 为对称矩阵, 所以 $\boldsymbol{Q}_1^{-1}\boldsymbol{S}\boldsymbol{Q}_1$ 也为对称矩阵, 进而 $\boldsymbol{a}^{\mathrm{T}}=\boldsymbol{0}$, $\boldsymbol{B}$ 为 $m-1$ 级对称矩阵, $\boldsymbol{B}^{\mathrm{T}}=\boldsymbol{B}$. 根据归纳假设, $\boldsymbol{B}$ 正交相似于对角矩阵:

$$\boldsymbol{Q}_2^{-1}\boldsymbol{B}\boldsymbol{Q}_2=\mathbf{diag}(\lambda_2,\cdots,\lambda_m).$$

令 $\boldsymbol{Q}=\boldsymbol{Q}_1\begin{pmatrix}1&\boldsymbol{0}\\\boldsymbol{0}&\boldsymbol{Q}_2\end{pmatrix}$, 则 $\boldsymbol{Q}$ 为正交矩阵:

$$\boldsymbol{Q}^{\mathrm{T}}\boldsymbol{Q}=\begin{pmatrix}1&\boldsymbol{0}\\\boldsymbol{0}&\boldsymbol{Q}_2^{\mathrm{T}}\end{pmatrix}\boldsymbol{Q}_1^{\mathrm{T}}\boldsymbol{Q}_1\begin{pmatrix}1&\boldsymbol{0}\\\boldsymbol{0}&\boldsymbol{Q}_2\end{pmatrix}=\boldsymbol{I}.$$

最终, $\boldsymbol{S}$ 可以对角化

$$\begin{aligned}\boldsymbol{Q}^{-1}\boldsymbol{S}\boldsymbol{Q}&=\begin{pmatrix}1&\boldsymbol{0}\\\boldsymbol{0}&\boldsymbol{Q}_2^{-1}\end{pmatrix}\boldsymbol{Q}_1^{-1}\boldsymbol{S}\boldsymbol{Q}_1\begin{pmatrix}1&\boldsymbol{0}\\\boldsymbol{0}&\boldsymbol{Q}_2\end{pmatrix}\\&=\begin{pmatrix}1&\boldsymbol{0}\\\boldsymbol{0}&\boldsymbol{Q}_2^{-1}\end{pmatrix}\begin{pmatrix}\lambda_1&\boldsymbol{0}\\\boldsymbol{0}&\boldsymbol{B}\end{pmatrix}\begin{pmatrix}1&\boldsymbol{0}\\\boldsymbol{0}&\boldsymbol{Q}_2\end{pmatrix}\\&=\begin{pmatrix}\lambda_1&\boldsymbol{0}\\\boldsymbol{0}&\boldsymbol{Q}_2^{-1}\boldsymbol{B}\boldsymbol{Q}_2\end{pmatrix}=\begin{pmatrix}\lambda_1&&\\&\ddots&\\&&\lambda_m\end{pmatrix}.\end{aligned}$$

根据数学归纳法原理, 对于任意正整数 m, 命题都成立. ■

命题 5.7　两个 m 级实对称矩阵正交相似的充要条件是它们相似. 如果两个 m 级实对称矩阵的特征值相同, 包括重数也相同, 那么它们相似, 进而正交相似.

证明　(必要性) 如果 $\boldsymbol{A},\boldsymbol{B}$ 正交相似, 那么它们必然相似.

(充分性) 如果实对称矩阵 $\boldsymbol{A},\boldsymbol{B}$ 相似, $\boldsymbol{A}\sim\boldsymbol{B}$. 则它们的特征多项式相同, 特征值相同, 且重数相同. 矩阵 $\boldsymbol{A},\boldsymbol{B}$ 都正交相似于对角矩阵 $\mathbf{diag}(\lambda_1,\cdots,\lambda_m)$. 由于正交相似具有对称性和传递性 (详见附录 B.1 中等价关系), 因而 $\boldsymbol{A},\boldsymbol{B}$ 正交相似. ■

Hermitian 矩阵*

实对称矩阵在复数域上的扩展称为 **Hermitian 矩阵**，Hermitian 矩阵的对角化类似于对称矩阵的对角化.

定义 5.10 如果 m 级复矩阵满足 $\boldsymbol{S}^{\mathrm{H}}=\boldsymbol{S}$，那么称 $\boldsymbol{S}$ 为 Hermitian 矩阵，即埃尔米特矩阵或自共轭矩阵. 实对称矩阵是一类特殊的 Hermitian 矩阵.

例如，$\boldsymbol{A}=\begin{pmatrix}2 & 2+\mathrm{i}\\ 2-\mathrm{i} & 5\end{pmatrix}$ 是 Hermitian 矩阵. Hermitian 矩阵的对角线元素必须为实数.

定理 5.16 如果 $\boldsymbol{S}=\boldsymbol{S}^{\mathrm{H}}$，$z\in\mathbb{C}$，则 $z^{\mathrm{H}}\boldsymbol{S}z\in\mathbb{R}$.

证明 $(z^{\mathrm{H}}\boldsymbol{S}z)^{\mathrm{H}}=z^{\mathrm{H}}\boldsymbol{S}^{\mathrm{H}}z=z^{\mathrm{H}}\boldsymbol{S}z$，则 $z^{\mathrm{H}}\boldsymbol{S}z$ 等于它的共轭复数，虚部为 0，所以 $z^{\mathrm{H}}\boldsymbol{S}z$ 为实数. ■

类似于实对称矩阵，Hermitian 矩阵的特征值、特征向量也有相同的优良性质.

定理 5.17 Hermitian 矩阵的特征值都为实数，且不同特征值的特征向量正交.

证明 假设 $\boldsymbol{S}\boldsymbol{z}=\lambda\boldsymbol{z}$，则 $\boldsymbol{z}^{\mathrm{H}}\boldsymbol{S}\boldsymbol{z}=\lambda\boldsymbol{z}^{\mathrm{H}}\boldsymbol{z}$. 等式左边为实数，等式右边的 $\boldsymbol{z}^{\mathrm{H}}\boldsymbol{z}$ 为正实数，所以，特征值为两个实数的比 $\lambda=\boldsymbol{z}^{\mathrm{H}}\boldsymbol{S}\boldsymbol{z}/\boldsymbol{z}^{\mathrm{H}}\boldsymbol{z}$ 为实数.

假设另一特征值 β，$\boldsymbol{S}\boldsymbol{y}=\beta\boldsymbol{y}$.

$$\boldsymbol{S}\boldsymbol{z}=\lambda\boldsymbol{z}\implies\boldsymbol{y}^{\mathrm{H}}\boldsymbol{S}\boldsymbol{z}=\lambda\boldsymbol{y}^{\mathrm{H}}\boldsymbol{z},$$

$$\boldsymbol{S}\boldsymbol{y}=\beta\boldsymbol{y}\implies\boldsymbol{y}^{\mathrm{H}}\boldsymbol{S}^{\mathrm{H}}=\beta\boldsymbol{y}^{\mathrm{H}}\implies\boldsymbol{y}^{\mathrm{H}}\boldsymbol{S}\boldsymbol{z}=\beta\boldsymbol{y}^{\mathrm{H}}\boldsymbol{z},$$

所以

$$\lambda\boldsymbol{y}^{\mathrm{H}}\boldsymbol{z}=\beta\boldsymbol{y}^{\mathrm{H}}\boldsymbol{z}.$$

因为 $\lambda\neq\beta$，所以 $\boldsymbol{y}^{\mathrm{H}}\boldsymbol{z}=0,\boldsymbol{y}\perp\boldsymbol{z}$. ■

类似于实对称矩阵，Hermitian 矩阵总可以被对角化.

定理 5.18 m 级 Hermitian 矩阵的特征值的几何重数等于代数重数，Hermitian 矩阵一定可以对角化：

$$\boldsymbol{S}=\boldsymbol{Q}\boldsymbol{\Lambda}\boldsymbol{Q}^{-1}=\boldsymbol{Q}\boldsymbol{\Lambda}\boldsymbol{Q}^{\mathrm{H}}$$

其中 $\boldsymbol{\Lambda}$ 为实对角特征值矩阵，$\boldsymbol{Q}$ 为正交单位特征向量矩阵，满足 $\boldsymbol{Q}^{-1}=\boldsymbol{Q}^{\mathrm{H}}$.

$$\boldsymbol{S}=\lambda_1\boldsymbol{q}_1\boldsymbol{q}_1^{\mathrm{H}}+\cdots+\lambda_m\boldsymbol{q}_m\boldsymbol{q}_m^{\mathrm{H}}.$$

例 5.19 求 Hermitian 矩阵 $\boldsymbol{S}=\begin{pmatrix}2 & 3-3\mathrm{i}\\ 3+3\mathrm{i} & 5\end{pmatrix}$ 的特征值和特征向量，对 $\boldsymbol{S}$ 进行对角化.

解 $\boldsymbol{S}$ 的特征多项式为

$$\det(\boldsymbol{S}-\lambda\boldsymbol{I})=\begin{vmatrix}2-\lambda & 3-3\mathrm{i}\\ 3+3\mathrm{i} & 5-\lambda\end{vmatrix}=\lambda^2-7\lambda+10-|3+3\mathrm{i}|^2=(\lambda-8)(\lambda+1)$$

所以，特征值为 $\lambda_1 = 8, \lambda_2 = -1$.

对应的特征向量为：

$$(\boldsymbol{S}-8\boldsymbol{I})\boldsymbol{z} = \begin{pmatrix} -6 & 3-3\mathrm{i} \\ 3+3\mathrm{i} & -3 \end{pmatrix}\begin{pmatrix} z_1 \\ z_2 \end{pmatrix} = \begin{pmatrix} 0 \\ 0 \end{pmatrix} \implies \boldsymbol{z} = \begin{pmatrix} 1 \\ 1+\mathrm{i} \end{pmatrix}.$$

$$(\boldsymbol{S}+\boldsymbol{I})\boldsymbol{y} = \begin{pmatrix} 3 & 3-3\mathrm{i} \\ 3+3\mathrm{i} & 6 \end{pmatrix}\begin{pmatrix} y_1 \\ y_2 \end{pmatrix} = \begin{pmatrix} 0 \\ 0 \end{pmatrix} \implies \boldsymbol{y} = \begin{pmatrix} 1-\mathrm{i} \\ -1 \end{pmatrix}.$$

特征向量 $\boldsymbol{z} \perp \boldsymbol{y}$，但长度不为 1，需要除以其长度得到正交单位向量，所以，

$$\boldsymbol{S} = \underbrace{\frac{1}{\sqrt{3}}\begin{pmatrix} 1 & 1-\mathrm{i} \\ 1+\mathrm{i} & -1 \end{pmatrix}}_{\boldsymbol{Q}}\underbrace{\begin{pmatrix} 8 & 0 \\ 0 & -1 \end{pmatrix}}_{\boldsymbol{\Lambda}}\underbrace{\frac{1}{\sqrt{3}}\begin{pmatrix} 1 & 1-\mathrm{i} \\ 1+\mathrm{i} & -1 \end{pmatrix}}_{\boldsymbol{Q}^{\mathrm{H}}}.$$

方阵 $\boldsymbol{Q}$ 的列向量正交，长度为 1，$\boldsymbol{Q}$ 称为**酉矩阵**. 酉矩阵是正交矩阵在复数域上的推广.

定义 5.11　矩阵列向量为正交单位向量组 (orthonormal vectors)，则 $\boldsymbol{Q}^{\mathrm{H}}\boldsymbol{Q} = \boldsymbol{I}$. 进一步，如果 $\boldsymbol{Q}$ 还是方阵，则 $\boldsymbol{Q}$ 称为酉矩阵，它的逆矩阵等于它的共轭转置：

$$\boldsymbol{Q}^{-1} = \boldsymbol{Q}^{\mathrm{H}}.$$

类似于反对称矩阵，对于反 Hermitian 矩阵的特征值和特征向量，我们有如下定理：

定理 5.19　m 级复矩阵 $\boldsymbol{A}$，如果 $\boldsymbol{A}^{\mathrm{H}} = -\boldsymbol{A}$，称 $\boldsymbol{A}$ 为反 Hermitian 矩阵，或者斜 Hermitian 矩阵，它的特征值为 0 或者纯虚数，且属于不同特征值的特征向量正交.

证明　首先证明对于任意 $\boldsymbol{z} \in \mathbb{C}$，$\boldsymbol{z}^{\mathrm{H}}\boldsymbol{A}\boldsymbol{z}$ 为零或者纯虚数. 理由如下

$$(\boldsymbol{z}^{\mathrm{H}}\boldsymbol{A}\boldsymbol{z})^{\mathrm{H}} = \boldsymbol{z}^{\mathrm{H}}\boldsymbol{A}^{\mathrm{H}}\boldsymbol{z} = -\boldsymbol{z}^{\mathrm{H}}\boldsymbol{A}\boldsymbol{z} \implies \overline{\boldsymbol{z}^{\mathrm{H}}\boldsymbol{A}\boldsymbol{z}} + \boldsymbol{z}^{\mathrm{H}}\boldsymbol{A}\boldsymbol{z} = 0$$

即 $\boldsymbol{z}^{\mathrm{H}}\boldsymbol{A}\boldsymbol{z}$ 与它共轭复数的和为 0，则 $\boldsymbol{z}^{\mathrm{H}}\boldsymbol{A}\boldsymbol{z}$ 的实部为 0.

假设 $\boldsymbol{A}\boldsymbol{z} = \lambda\boldsymbol{z}$，则 $\boldsymbol{z}^{\mathrm{H}}\boldsymbol{A}\boldsymbol{z} = \lambda\boldsymbol{z}^{\mathrm{H}}\boldsymbol{z}$. 等式左边为 0 或者纯虚数，等式右边的 $\boldsymbol{z}^{\mathrm{H}}\boldsymbol{z}$ 为正实数，所以，特征值 $\lambda = \dfrac{\boldsymbol{z}^{\mathrm{H}}\boldsymbol{A}\boldsymbol{z}}{\boldsymbol{z}^{\mathrm{H}}\boldsymbol{z}}$ 为 0 或者纯虚数.

假设另一特征值 β，$\boldsymbol{A}\boldsymbol{y} = \beta\boldsymbol{y}$.

$$\boldsymbol{A}\boldsymbol{z} = \lambda\boldsymbol{z} \implies \boldsymbol{y}^{\mathrm{H}}\boldsymbol{A}\boldsymbol{z} = \lambda\boldsymbol{y}^{\mathrm{H}}\boldsymbol{z},$$

$$\boldsymbol{A}\boldsymbol{y} = \beta\boldsymbol{y} \implies \boldsymbol{y}^{\mathrm{H}}\boldsymbol{A}^{\mathrm{H}} = \overline{\beta}\boldsymbol{y}^{\mathrm{H}} \implies -\boldsymbol{y}^{\mathrm{H}}\boldsymbol{A}\boldsymbol{z} = \overline{\beta}\boldsymbol{y}^{\mathrm{H}}\boldsymbol{z},$$

所以

$$\lambda\boldsymbol{y}^{\mathrm{H}}\boldsymbol{z} = -\overline{\beta}\boldsymbol{y}^{\mathrm{H}}\boldsymbol{z} \implies (\lambda + \overline{\beta})\boldsymbol{y}^{\mathrm{H}}\boldsymbol{z} = 0.$$

因为特征值为 0 或者纯虚数，且 $\lambda \neq \beta$，所以 $\lambda + \overline{\beta} \neq 0$，进而 $\boldsymbol{y}^{\mathrm{H}}\boldsymbol{z} = 0, \boldsymbol{y} \perp \boldsymbol{z}$. ■

类似于正交矩阵，对于酉矩阵的特征值，我们有如下定理：

定理 5.20 酉矩阵特征值的模长等于 1.

证明 假设 $\boldsymbol{Qz}=\lambda\boldsymbol{z}$，因为 $\boldsymbol{Q}$ 不改变 $\boldsymbol{z}$ 的长度，所以

$$||\boldsymbol{Qz}||=||\boldsymbol{z}||.$$

进而，

$$||\lambda\boldsymbol{z}||=||\boldsymbol{z}|| \implies (\lambda\boldsymbol{z})^{\mathrm{H}}(\lambda\boldsymbol{z})=\boldsymbol{z}^{\mathrm{H}}\boldsymbol{z} \implies \overline{\lambda}\lambda\boldsymbol{z}^{\mathrm{H}}\boldsymbol{z}=\boldsymbol{z}^{\mathrm{H}}\boldsymbol{z},$$

因为 $\boldsymbol{z}^{\mathrm{H}}\boldsymbol{z}>0$，所以 $\overline{\lambda}\lambda=1 \implies |\lambda|=1$. ■

例 5.20 傅里叶矩阵

$$F=\frac{1}{\sqrt{3}}\begin{pmatrix}1 & 1 & 1\\ 1 & \mathrm{e}^{\frac{2\pi\mathrm{i}}{3}} & \mathrm{e}^{\frac{4\pi\mathrm{i}}{3}}\\ 1 & \mathrm{e}^{\frac{4\pi\mathrm{i}}{3}} & \mathrm{e}^{\frac{2\pi\mathrm{i}}{3}}\end{pmatrix}$$

它是对称矩阵，也是酉矩阵，但不是 Hermitian 矩阵，因为对角线元素不为实数.

$$\boldsymbol{F}^{-1}=\boldsymbol{F}^{\mathrm{H}}=\frac{1}{\sqrt{3}}\begin{pmatrix}1 & 1 & 1\\ 1 & \mathrm{e}^{-\frac{2\pi\mathrm{i}}{3}} & \mathrm{e}^{-\frac{4\pi\mathrm{i}}{3}}\\ 1 & \mathrm{e}^{-\frac{4\pi\mathrm{i}}{3}} & \mathrm{e}^{-\frac{2\pi\mathrm{i}}{3}}\end{pmatrix}.$$

如果 $\boldsymbol{F}$ 乘以一个向量 $\boldsymbol{c}$，$\boldsymbol{Fc}$ 称为向量的离散傅里叶变换；如果逆矩阵 $\boldsymbol{F}^{-1}$ 乘以一个向量 $\boldsymbol{c}$，$\boldsymbol{F}^{-1}\boldsymbol{c}$ 称为向量的离散傅里叶逆变换.

二次型与矩阵的合同

和对称矩阵常常一起出现的是 $\boldsymbol{x}^{\mathrm{T}}\boldsymbol{Sx}$，它是二次多项式，也称为$m$ **元二次型**. 任意 m 元二次多项式函数都可以表示为 $\boldsymbol{x}^{\mathrm{T}}\boldsymbol{Sx}$，所以二次多项式函数的特征与对称矩阵 $\boldsymbol{S}$ 密切相关. 以下定义说明为什么二次型的系数矩阵是对称矩阵.

定义 5.12 数域 $\mathbb{F}$ 上的一个 m 元二次型是系数在 F 中的 m 个变量的二次齐次多项式：

$$\begin{aligned}f(x_1,\cdots,x_m)=a_{11}x_1^2+2a_{12}x_1x_2+2a_{13}x_1x_3+\cdots&+2a_{1m}x_1x_m\\ a_{22}x_2^2+2a_{23}x_2x_3+\cdots&+2a_{2m}x_2x_m\\ +\cdots\qquad\qquad&+a_{mm}x_m^2\end{aligned}\tag{5.4}$$

式(5.4)也可以写成

$$f(x_1,\cdots,x_m)=\sum_{i=1}^{m}\sum_{j=1}^{m}a_{ij}x_ix_j,$$

其中 $a_{ij}=a_{ji}, 1\leqslant i,j\leqslant m$.

式(5.4)系数按原来的顺序排列成一个 m 级对称矩阵 $\boldsymbol{A}$:

$$\boldsymbol{S}=\begin{pmatrix} a_{11} & a_{12} & \cdots & a_{1m} \\ a_{12} & a_{22} & \cdots & a_{2m} \\ \vdots & \vdots & & \vdots \\ a_{1m} & a_{2m} & \cdots & a_{mm} \end{pmatrix}$$

称 $\boldsymbol{S}$ 是二次型 $f(x_1,\cdots,x_m)$ 的矩阵. 令 $\boldsymbol{x}=(x_1,\cdots,x_m)$, 则二次型可以写成

$$f(x_1,\cdots,x_m)=\boldsymbol{x}^{\mathrm{T}}\boldsymbol{S}\boldsymbol{x}.$$

二次型与它的实对称矩阵是互相唯一确定的.

例 5.21　写出二次型 $f(\boldsymbol{x})=f(x_1,x_2,x_3)=x_1^2+3x_2^2+7x_3^2+2x_1x_2-4x_1x_3+x_2x_3$ 的系数矩阵.

解　$f(\boldsymbol{x})=\boldsymbol{x}^{\mathrm{T}}\boldsymbol{S}\boldsymbol{x}$, 其中系数矩阵 $\boldsymbol{S}$ 为

$$\boldsymbol{S}=\begin{pmatrix} 1 & 1 & -2 \\ 1 & 3 & \dfrac{1}{2} \\ -2 & \dfrac{1}{2} & 7 \end{pmatrix}.$$

前面我们定义了矩阵的相似、正交相似，在二次型中，如果两个二次型可以“互相转化”，那么它们的系数矩阵称为**合同**（congruence）.

定义 5.13　设 $\boldsymbol{C}$ 为 m 级可逆矩阵,$\boldsymbol{x}=\boldsymbol{C}\boldsymbol{y}$ 称为变量 $\boldsymbol{x}$ 到 $\boldsymbol{y}$ 的一个非退化线性替换. 如果 $\boldsymbol{C}$ 是正交矩阵, 那么称为正交替换.

定义 5.14　数域 F 上的两个 m 元二次型 $\boldsymbol{x}^{\mathrm{T}}\boldsymbol{A}\boldsymbol{x}$ 与 $\boldsymbol{y}^{\mathrm{T}}\boldsymbol{B}\boldsymbol{y}$, 如果存在一个非退化线性替换 $\boldsymbol{x}=\boldsymbol{C}\boldsymbol{y}$, 把 $\boldsymbol{x}^{\mathrm{T}}\boldsymbol{A}\boldsymbol{x}$ 变成 $\boldsymbol{y}^{\mathrm{T}}\boldsymbol{B}\boldsymbol{y}$, 那么称二次型 $\boldsymbol{x}^{\mathrm{T}}\boldsymbol{A}\boldsymbol{x}$ 与 $\boldsymbol{y}^{\mathrm{T}}\boldsymbol{B}\boldsymbol{y}$ 等价, 记作 $\boldsymbol{x}^{\mathrm{T}}\boldsymbol{A}\boldsymbol{x}\cong\boldsymbol{y}^{\mathrm{T}}\boldsymbol{B}\boldsymbol{y}$.

例 5.22　对二次型 $f(x_1,x_2,x_3)=x_1^2+2x_1x_2+2x_1x_3+2x_2^2+4x_2x_1+x_1^3$ 作线性变换

$$\begin{cases} x_1=y_1-y_2 \\ x_2=y_2-y_3 \\ x_3=y_3 \end{cases}$$

求经过线性变换后的二次型 f.

解　二次型为

$$\begin{aligned} f(x_1,x_2,x_3)&=\boldsymbol{x}^{\mathrm{T}}\boldsymbol{A}\boldsymbol{x} \\ &=(x_1,x_2,x_3)\begin{pmatrix} 1 & 1 & 1 \\ 1 & 2 & 2 \\ 1 & 2 & 1 \end{pmatrix}\begin{pmatrix} x_1 \\ x_2 \\ x_3 \end{pmatrix}. \end{aligned}$$

线性变换为

$$\boldsymbol{x}=\boldsymbol{C}\boldsymbol{y}=\begin{pmatrix}1&-1&0\\0&1&-1\\0&0&1\end{pmatrix}\begin{pmatrix}y_1\\y_2\\y_3\end{pmatrix}.$$

因为 $|\boldsymbol{C}|=1\neq 0$，所以为非退化线性替换. 经过线性变换后的二次型为 $\boldsymbol{y}$ 的函数：

$$\begin{aligned}f(x_1,x_2,x_3)&=\boldsymbol{x}^{\mathrm{T}}\boldsymbol{A}\boldsymbol{x}\\&=(\boldsymbol{C}\boldsymbol{y})^{\mathrm{T}}\boldsymbol{A}\boldsymbol{C}\boldsymbol{y}\\&=\boldsymbol{y}^{\mathrm{T}}\boldsymbol{C}^{\mathrm{T}}\boldsymbol{A}\boldsymbol{C}\boldsymbol{y}\\&=\boldsymbol{y}^{\mathrm{T}}\begin{pmatrix}1&-1&0\\0&1&-1\\0&0&1\end{pmatrix}^{\mathrm{T}}\begin{pmatrix}1&1&1\\1&2&2\\1&2&1\end{pmatrix}\begin{pmatrix}1&-1&0\\0&1&-1\\0&0&1\end{pmatrix}\boldsymbol{y}.\\&=\boldsymbol{y}^{\mathrm{T}}\begin{pmatrix}1&0&0\\0&1&0\\0&0&-1\end{pmatrix}\boldsymbol{y}\\&=y_1^2+y_2^2-y_3^2.\end{aligned}$$

定义 5.15 数域 F 上两个 m 级矩阵 $\boldsymbol{A},\boldsymbol{B}$，如果存在 F 上的一个 m 级可逆矩阵 $\boldsymbol{C}$，使得

$$\boldsymbol{C}^{\mathrm{T}}\boldsymbol{A}\boldsymbol{C}=\boldsymbol{B}$$

那么称 $\boldsymbol{A}$ 和 $\boldsymbol{B}$ 合同，记作 $\boldsymbol{A}\simeq\boldsymbol{B}$.

定理 5.21 数域 F 上两个 m 元二次型 $\boldsymbol{x}^{\mathrm{T}}\boldsymbol{A}\boldsymbol{x}$ 与 $\boldsymbol{y}^{\mathrm{T}}\boldsymbol{B}\boldsymbol{y}$ 等价当且仅当 m 级对称矩阵 $\boldsymbol{A},\boldsymbol{B}$ 合同.

证明

$$(\boldsymbol{C}\boldsymbol{y})^{\mathrm{T}}\boldsymbol{A}(\boldsymbol{C}\boldsymbol{y})=\boldsymbol{y}^{\mathrm{T}}(\boldsymbol{C}^{\mathrm{T}}\boldsymbol{A}\boldsymbol{C})\boldsymbol{y}=\boldsymbol{y}^{\mathrm{T}}\boldsymbol{B}\boldsymbol{y}\Leftrightarrow\boldsymbol{C}^{\mathrm{T}}\boldsymbol{A}\boldsymbol{C}=\boldsymbol{B}\blacksquare$$

容易验证二次型等价和矩阵合同都是某种**等价关系**. 在合同关系下，$\boldsymbol{A}$ 的等价类称为 $\boldsymbol{A}$ 的**合同类**. 合同关系类比于对称矩阵的对角化 $\boldsymbol{Q}^{\mathrm{T}}\boldsymbol{S}\boldsymbol{Q}=\boldsymbol{Q}^{-1}\boldsymbol{S}\boldsymbol{Q}=\boldsymbol{\Lambda}$，但这里我们不要求 $\boldsymbol{\Lambda}$ 为对角矩阵，$\boldsymbol{Q}$ 也不需要是正交矩阵.

对于二次型，我们常常用**配方法**构造平方项，理想形式是只含平方项. 我们知道所有对称矩阵都可以对角化 $\boldsymbol{S}=\boldsymbol{Q}\boldsymbol{\Lambda}\boldsymbol{Q}^{\mathrm{T}}$，所以，在进行非退化线性替换 $\boldsymbol{y}=\boldsymbol{Q}^{\mathrm{T}}\boldsymbol{x}$ 后，二次型都可以变成只含平方项：

$$\boldsymbol{x}^{\mathrm{T}}\boldsymbol{S}\boldsymbol{x}=\boldsymbol{x}^{\mathrm{T}}\boldsymbol{Q}\boldsymbol{\Lambda}\boldsymbol{Q}^{\mathrm{T}}\boldsymbol{x}=(\boldsymbol{Q}^{\mathrm{T}}\boldsymbol{x})^{\mathrm{T}}\boldsymbol{\Lambda}(\boldsymbol{Q}^{\mathrm{T}}\boldsymbol{x})=\boldsymbol{y}^{\mathrm{T}}\boldsymbol{\Lambda}\boldsymbol{y}.$$

定义 5.16 如果二次型 $\boldsymbol{x}^{\mathrm{T}}\boldsymbol{S}\boldsymbol{x}$ 等价于一个只含平方项的二次型，那么这个只含平方项的二次型称为 $\boldsymbol{x}^{\mathrm{T}}\boldsymbol{S}\boldsymbol{x}$ 的一个标准形.

如果对称矩阵 $\boldsymbol{S}$ 合同于一个对角矩阵,那么这个对角矩阵称为 $\boldsymbol{S}$ 的一个合同标准形.

定理 5.22　实数域上的 m 元二次型 $\boldsymbol{x}^{\mathrm{T}}\boldsymbol{S}\boldsymbol{x}$ 有一个标准形（可能不唯一）为

$$\lambda_1 y_1^2+\cdots+\lambda_m y_m^2$$

其中 $\lambda_1,\cdots,\lambda_m$ 是 $\boldsymbol{S}$ 的全部特征值.

定理 5.23　数域 F 上任一对称矩阵都合同于一个对角矩阵. 任一 m 元二次型都等价于一个只含平方项的二次型.

例 5.23　已知 $\boldsymbol{S}=\begin{pmatrix}2&-1&0\\-1&2&-1\\0&-1&2\end{pmatrix}$，把二次型 $\boldsymbol{x}^{\mathrm{T}}\boldsymbol{S}\boldsymbol{x}$ 转化为标准形.

解　方法一：先把含有 x_1 的各项归结起来配方，类似地，再把含有 x_2 的各项归结起来配方，如此继续下去，直到配成完全平方和为止，即

$$\begin{aligned}
&2x_1^2+2x_2^2+2x_3^2-2x_1x_2-2x_2x_3\\
=&2\left(x_1^2-x_1x_2+\frac{1}{4}x_2^2\right)+\frac{3}{2}x_2^2-2x_2x_3+2x_3^2\\
=&2\left(x_1-\frac{1}{2}x_2\right)^2+\frac{3}{2}\left(x_2^2-\frac{4}{3}x_2x_3+\frac{4}{9}x_3^2\right)+\frac{4}{3}x_3^2\\
=&2\left(x_1-\frac{1}{2}x_2\right)^2+\frac{3}{2}\left(x_2-\frac{2}{3}x_3\right)^2+\frac{4}{3}x_3^2.
\end{aligned}$$

令

$$\begin{cases}y_1=x_1-\dfrac{1}{2}x_2\\ y_2=x_2-\dfrac{2}{3}x_3\\ y_3=x_3\end{cases}$$

得线性变换

$$\begin{cases}x_1=y_1+\dfrac{1}{2}y_2+\dfrac{1}{3}y_3\\ x_2=y_2+\dfrac{2}{3}y_3\\ x_3=y_3\end{cases}$$

用矩阵表示为

$$\boldsymbol{x}=\underbrace{\begin{pmatrix}1&\frac{1}{2}&\frac{1}{3}\\0&1&\frac{2}{3}\\0&0&1\end{pmatrix}}_{\boldsymbol{C}}\boldsymbol{y}$$

方法二：对 $\boldsymbol{S}$ 进行高斯消元法，得到

$$\boldsymbol{S}=\underbrace{\begin{pmatrix}1&&\\-\frac{1}{2}&1&\\0&-\frac{2}{3}&1\end{pmatrix}}_{\boldsymbol{L}}\underbrace{\begin{pmatrix}2&&\\&\frac{3}{2}&\\&&\frac{4}{3}\end{pmatrix}}_{\boldsymbol{D}}\underbrace{\begin{pmatrix}1&-\frac{1}{2}&0\\&1&-\frac{2}{3}\\&&1\end{pmatrix}}_{\boldsymbol{L}^{\mathrm{T}}}=(\boldsymbol{L}\sqrt{\boldsymbol{D}})(\boldsymbol{L}\sqrt{\boldsymbol{D}})^{\mathrm{T}}=\boldsymbol{A}_1^{\mathrm{T}}\boldsymbol{A}_1$$

其中 $\boldsymbol{A}_1$ 为列满秩矩阵，称为 Cholesky factor.

$$\boldsymbol{x}^{\mathrm{T}}\boldsymbol{S}\boldsymbol{x}=\boldsymbol{x}^{\mathrm{T}}\boldsymbol{A}_1^{\mathrm{T}}\boldsymbol{A}_1\boldsymbol{x}=||\boldsymbol{A}_1\boldsymbol{x}||^2=2\left(x_1-\frac{1}{2}x_2\right)^2+\frac{3}{2}\left(x_2-\frac{2}{3}x_3\right)^2+\frac{4}{3}x_3^2.$$

易知，方法二和方法三所作的线性替换相同：

$$\boldsymbol{x}^{\mathrm{T}}\boldsymbol{S}\boldsymbol{x}=\left(\boldsymbol{L}^{\mathrm{T}}\boldsymbol{x}\right)^{\mathrm{T}}\boldsymbol{D}(\boldsymbol{L}^{\mathrm{T}}\boldsymbol{x})=\boldsymbol{y}^{\mathrm{T}}\boldsymbol{D}\boldsymbol{y},$$

即 $\boldsymbol{L}^{\mathrm{T}}=\boldsymbol{C}^{-1}$.

方法三：对 $\boldsymbol{S}$ 进行对角化

$$\boldsymbol{S}=\underbrace{\begin{pmatrix}0.5&0.7071&-0.5\\0.7071&0&0.7071\\0.5&-0.7071&-0.5\end{pmatrix}}_{\boldsymbol{Q}}\underbrace{\begin{pmatrix}0.5858&&\\&2&\\&&3.4142\end{pmatrix}}_{\boldsymbol{\Lambda}}\underbrace{\begin{pmatrix}0.5&0.7071&0.5\\0.7071&0&-0.7071\\-0.5&0.7071&-0.5\end{pmatrix}}_{\boldsymbol{Q}^{\mathrm{T}}}$$

$$=\left(\boldsymbol{Q}\boldsymbol{\Lambda}^{\frac{1}{2}}\right)\left(\boldsymbol{Q}\boldsymbol{\Lambda}^{\frac{1}{2}}\right)^{\mathrm{T}}$$

$$=\boldsymbol{A}_2^{\mathrm{T}}\boldsymbol{A}_2.$$

所以，

$$\begin{aligned}\boldsymbol{x}^{\mathrm{T}}\boldsymbol{S}\boldsymbol{x}&=\boldsymbol{x}^{\mathrm{T}}\boldsymbol{A}_2^{\mathrm{T}}\boldsymbol{A}_2\boldsymbol{x}\\&=||\boldsymbol{A}_2\boldsymbol{x}||^2\\&=||\boldsymbol{\Lambda}^{\frac{1}{2}}\boldsymbol{Q}^{\mathrm{T}}\boldsymbol{x}||^2\\&=\lambda_1(\boldsymbol{q}_1^{\mathrm{T}}\boldsymbol{x})^2+\lambda_2(\boldsymbol{q}_2^{\mathrm{T}}\boldsymbol{x})^2+\lambda_3(\boldsymbol{q}_3^{\mathrm{T}}\boldsymbol{x})^2\\&=0.5858(0.5x_1+0.7071x_2+0.5x_3)^2+2(0.7071x_1-0.7071x_3)^2+\\&\quad 3.4142(-0.5x_1+0.7071x_2-0.5x_3)^2.\end{aligned}$$

例 5.23 中的方法一称为配方法，方法三称为正交变换法.

例 5.23 说明二次型的标准形不唯一. 但是，二次型标准形中系数不为 0 的平方项个数是确定的，这是因为 $\boldsymbol{B}=\boldsymbol{C}^{\mathrm{T}}\boldsymbol{A}\boldsymbol{C}$，其中 $\boldsymbol{C}$ 可逆，故 $\mathrm{rank}(\boldsymbol{B})=\mathrm{rank}(\boldsymbol{A})$，而 $\boldsymbol{A}$ 为合同标准形，是对角矩阵，所以 $\boldsymbol{A}$ 中有 r 个对角线元素非零，它们对应二次型中 r 个非零平方项.

定理 5.24 m 元二次型 $\boldsymbol{x}^{\mathrm{T}}\boldsymbol{S}\boldsymbol{x}$ 的任一标准形中，系数不为 0 的平方项个数等于矩阵 $\boldsymbol{S}$ 的秩，也称为二次型 $\boldsymbol{x}^{\mathrm{T}}\boldsymbol{S}\boldsymbol{x}$ 的秩.

在 $\boldsymbol{C}^{\mathrm{T}}\boldsymbol{A}\boldsymbol{C}=\boldsymbol{B}$ 中，可逆矩阵 $\boldsymbol{C}$ 可以写成多个初等矩阵的乘积：

$$\boldsymbol{C}^{\mathrm{T}}=\boldsymbol{E}_m\boldsymbol{E}_{m-1}\cdots\boldsymbol{E}_1,$$

进而

$$\boldsymbol{C}^{\mathrm{T}}\boldsymbol{A}\boldsymbol{C}=\boldsymbol{E}_m\boldsymbol{E}_{m-1}\cdots\boldsymbol{E}_1\boldsymbol{A}\boldsymbol{E}_1^{\mathrm{T}}\boldsymbol{E}_2^{\mathrm{T}}\cdots\boldsymbol{E}_m^{\mathrm{T}}=\boldsymbol{B},$$

对于 $\boldsymbol{E}_1\boldsymbol{A}\boldsymbol{E}_1^{\mathrm{T}}$，易知，$\boldsymbol{E}_1$ 对 $\boldsymbol{A}$ 进行初等行变换，$\boldsymbol{E}_1^{\mathrm{T}}$ 对 $\boldsymbol{A}$ 进行“相似”的初等列变换. 如果 $\boldsymbol{E}_1$ 互换 i,j 行，那么 $\boldsymbol{E}_1^{\mathrm{T}}$ 互换 i,j 列；如果 $\boldsymbol{E}_1$ 的行变换是 $3\times r_3+r_5$，那么 $\boldsymbol{E}_1^{\mathrm{T}}$ 的列变换是 $3\times c_3+c_5$.

定理 5.25 设 $\boldsymbol{A},\boldsymbol{B}$ 都是数域 F 上的 m 级矩阵，则 $\boldsymbol{A}$ 合同于 $\boldsymbol{B}$，当且仅当 $\boldsymbol{A}$ 经过一系列成对初等行、列变换可以变成 $\boldsymbol{B}$，此时对 $\boldsymbol{I}$ 只做其中的初等列变换得到的可逆矩阵 $\boldsymbol{C}$，就使得 $\boldsymbol{C}^{\mathrm{T}}\boldsymbol{A}\boldsymbol{C}=\boldsymbol{B}$.

$$\begin{pmatrix}\boldsymbol{A}\\\boldsymbol{I}\end{pmatrix}\xrightarrow[\text{对 }\boldsymbol{I}\text{ 只做其中的初等列变换}]{\text{对 }\boldsymbol{A}\text{ 做成对初等行、列变换}}\begin{pmatrix}\boldsymbol{B}\\\boldsymbol{C}\end{pmatrix}$$

我们对二次型的标准形做进一步简化，使其平方项的系数变为 1、-1 或者 0.

定义 5.17 m 元二次型 $\boldsymbol{x}^{\mathrm{T}}\boldsymbol{S}\boldsymbol{x}$ 经过一个适当的非退化线性替换 $\boldsymbol{x}=\boldsymbol{C}\boldsymbol{y}$ 可以化简成下式形式的标准形：

$$d_1y_1^2+\cdots+d_py_p^2-d_{p+1}y_{p+1}^2-\cdots-d_ry_r^2$$

其中，$d_i>0,\ i=1,\cdots,r$，r 为二次型的秩.

再做一个非退化线性替换

$$y_i=\frac{1}{\sqrt{d_i}}z_i,i=1,\cdots,r,$$

$$y_i=z_i,i=r+1,\cdots,m,$$

则二次型可以变成

$$z_1^2+\cdots+z_p^2-z_{p+1}^2-\cdots-z_r^2,$$

以上形式称为 $\boldsymbol{x}^{\mathrm{T}}\boldsymbol{S}\boldsymbol{x}$ 的规范形，其特征是只含平方项，且平方项系数为 1，-1，0，系数为 1 的平方项在前面. 可见，规范形由 p,r 决定，即由正系数和负系数的个数决定.

可以证明，尽管二次型的标准形不唯一，但二次型的规范形是唯一的，称为**惯性定理**.

定理 5.26 m 元二次型 $\boldsymbol{x}^{\mathrm{T}}\boldsymbol{S}\boldsymbol{x}$ 的规范形是唯一的.

证明 设二次型 $\boldsymbol{x}^{\mathrm{T}}\boldsymbol{A}\boldsymbol{x}$ 的秩为 r. 假设该二次型分别经过非退化线性变换 $\boldsymbol{x}=\boldsymbol{C}\boldsymbol{y},\boldsymbol{x}=\boldsymbol{B}\boldsymbol{z}$，变为两个规范形：

$$\boldsymbol{x}^{\mathrm{T}}\boldsymbol{A}\boldsymbol{x}=y_1^2+\cdots+y_p^2-y_{p+1}^2-\cdots-y_r^2,$$

$$\boldsymbol{x}^{\mathrm{T}}\boldsymbol{A}\boldsymbol{x}=z_1^2+\cdots+z_q^2-z_{q+1}^2-\cdots-z_r^2.$$

可见，经过非退化线性变换 $z=(\boldsymbol{B}^{-1}\boldsymbol{C})\boldsymbol{y}$，有

$$z_1^2+\cdots+z_q^2-z_{q+1}^2-\cdots-z_r^2=y_1^2+\cdots+y_p^2-y_{p+1}^2-\cdots-y_r^2,$$

记 $\boldsymbol{G}=\boldsymbol{B}^{-1}\boldsymbol{C}$. 假如 $p>q$，令 $\boldsymbol{y}=(k_1,\cdots,k_p,0,\cdots,0)$，其中 $k_1,\cdots,k_p$ 为待定的不全为零的实数，使得 $\boldsymbol{z}=\boldsymbol{G}\boldsymbol{y}$ 中 $z_1,\cdots,z_q$ 全为零:

$$\begin{cases}0=z_1=g_{11}k_1+\cdots+g_{1p}k_p,\\0=z_2=g_{21}k_1+\cdots+g_{2p}k_p,\\\qquad\vdots\\0=z_q=g_{q1}k_1+\cdots+g_{qp}k_p.\end{cases}$$

因为 $p>q$，所以以上齐次线性方程组有非零解，于是 $k_1,\cdots,k_p$ 可以取到不全为零的实数，使得 $z_1,\cdots,z_q$ 全为零. 此时，$z_1^2+\cdots+z_q^2-z_{q+1}^2-\cdots-z_r^2\leqslant 0$，而 $y_1^2+\cdots+y_p^2-y_{p+1}^2-\cdots-y_r^2>0$，与 $z_1^2+\cdots+z_q^2-z_{q+1}^2-\cdots-z_r^2=y_1^2+\cdots+y_p^2-y_{p+1}^2-\cdots-y_r^2$ 矛盾. 所以，$p\leqslant q$. 同理可证 $p\geqslant q$，从而 $p=q$. ■

在规范形中，正系数的个数等于 $\boldsymbol{S}$ 正特征值的个数，负系数的个数等于 $\boldsymbol{S}$ 负特征值的个数，正负系数个数的和为 $\boldsymbol{S}$ 的秩（非零特征值的个数，包括重数）.

定义 5.18 在规范形中，系数为 1 的平方项个数 p 称为二次型 $\boldsymbol{x}^{\mathrm{T}}\boldsymbol{S}\boldsymbol{x}$ 的正惯性系数，系数为 -1 的平方项个数 $r-p$ 称为二次型 $\boldsymbol{x}^{\mathrm{T}}\boldsymbol{S}\boldsymbol{x}$ 的负惯性指数. 正惯性指数减去负惯性指数所得的差 $2p-r$ 称为 $\boldsymbol{x}^{\mathrm{T}}\boldsymbol{S}\boldsymbol{x}$ 的符号差.

例 5.24 继续例 5.23，写出二次型的规范形.

解 从二次型的标准形可知惯性系数为 3，所以二次型的(唯一)规范形为 $z_1^2+z_2^2+z_3^2$.

我们可以利用规范形判断二次型是否等价，对称矩阵是否合同.

定理 5.27 两个 m 元二次型等价，当且仅当它们的规范形相同，当且仅当它们的秩相等、正惯性指数相等.

两个 m 级实对称矩阵合同，当且仅当它们的秩相等，正惯性指数也相等.

定理 5.28 任一 m 级实对称矩阵 $\boldsymbol{S}$ 合同于对角矩阵

$$\mathbf{diag}(1,\cdots,1,-1,\cdots,-1,0,\cdots,0)$$

其中，1 的个数等于 $\boldsymbol{x}^{\mathrm{T}}\boldsymbol{S}\boldsymbol{x}$ 的正惯性指数，-1 的个数等于 $\boldsymbol{x}^{\mathrm{T}}\boldsymbol{S}\boldsymbol{x}$ 的负惯性指数. 这个对角矩阵称为 $\boldsymbol{S}$ 的合同规范形.

如果 $\boldsymbol{S}$ 是复矩阵，则 $\boldsymbol{x}^{\mathrm{T}}\boldsymbol{S}\boldsymbol{x}$ 是复二次型. 以下关于复二次型的相似、复矩阵的合同的定理，仅作为了解.

定理 5.29* m 元复二次型 $\boldsymbol{x}^{\mathrm{T}}\boldsymbol{S}\boldsymbol{x}$ 通过非退化线性替换可以得到

$$z_1^2+\cdots+z_r^2$$

这个标准形称为复二次型 $\boldsymbol{x}^{\mathrm{T}}\boldsymbol{S}\boldsymbol{x}$ 的规范形. 其特征是只含平方项，且系数为 1 或者 0. 复二次型的规范形完全由它的秩决定.

定理 5.30* m 元复二次型 $\boldsymbol{x}^{\mathrm{T}}\boldsymbol{S}\boldsymbol{x}$ 的规范形是唯一的. 两个复二次型等价，当且仅当它们的规范形相同，或者它们的秩相等. 任一 m 级复对称矩阵 $\boldsymbol{S}$ 合同于对角矩阵

$$\begin{pmatrix} \boldsymbol{I}_r & \boldsymbol{0} \\ \boldsymbol{0} & \boldsymbol{0} \end{pmatrix}.$$

两个复对称矩阵合同，当且仅当它们的秩相等.

习题

1. 已知:

$$\boldsymbol{A} = \begin{pmatrix} 4 & -1 & -1 & 1 \\ -1 & 4 & 1 & -1 \\ -1 & 1 & 4 & -1 \\ 1 & -1 & -1 & 4 \end{pmatrix}$$

求正交矩阵 $\boldsymbol{Q}$，使得 $\boldsymbol{Q}^{-1}\boldsymbol{A}\boldsymbol{Q}$ 为对角矩阵.

2*. 证明：如果 $\boldsymbol{A}$ 是实对称矩阵且 $\boldsymbol{A}$ 是幂零矩阵，则 $\boldsymbol{A} = \boldsymbol{0}$.

3. 证明：如果 $\boldsymbol{A}$ 是 $s \times n$ 实矩阵，则 $\boldsymbol{A}^{\mathrm{T}}\boldsymbol{A}$ 的特征值都是非负实数.

4. 用正交变换把下述实二次型化成标准形:

$$f(x, y, z) = x^2 + 2y^2 + 3z^2 - 4xy - 4yz.$$

5*. 用矩阵的成对初等行、列变换法把下述二次型化成标准形，并且写出所做的非退化线性替换:

$$f(x_1, x_2, x_3) = x_1^2 + 2x_2^2 - x_3^2 + 2x_1x_2 - 2x_1x_3.$$

6*. 设 $\boldsymbol{A}$ 是 n 级矩阵，证明：$\boldsymbol{A}$ 是斜对称矩阵当且仅当对于 $\mathbb{R}^n$ 中任一列向量 $\boldsymbol{x}$，有 $\boldsymbol{x}^{\mathrm{T}}\boldsymbol{A}\boldsymbol{x} = 0$.

7. 已知

$$\boldsymbol{A} = \begin{pmatrix} \boldsymbol{A}_1 & \boldsymbol{A}_2 \\ \boldsymbol{A}_3 & \boldsymbol{A}_4 \end{pmatrix}$$

是一个 n 级对称矩阵，且 $\boldsymbol{A}_1$ 是 r 级可逆矩阵，证明:

$$\boldsymbol{A} \simeq \begin{pmatrix} \boldsymbol{A}_1 & \boldsymbol{0} \\ \boldsymbol{0} & \boldsymbol{A}_4 - \boldsymbol{A}_2^{\mathrm{T}}\boldsymbol{A}_1^{-1}\boldsymbol{A}_2 \end{pmatrix},$$

$$|\boldsymbol{A}| = |\boldsymbol{A}_1||\boldsymbol{A}_4 - \boldsymbol{A}_2^{\mathrm{T}}\boldsymbol{A}_1^{-1}\boldsymbol{A}_2|.$$

8. 设 n 级实对称矩阵 $\boldsymbol{A}$ 的全部特征值按大小顺序排成 $\lambda_1 \geqslant \lambda_2 \geqslant \cdots \geqslant \lambda_n$. 证明：对于 $\mathbb{R}^n$ 中任一非零列向量 $\boldsymbol{x}$，都有

$$\lambda_n \leqslant \frac{\boldsymbol{x}^{\mathrm{T}}\boldsymbol{A}\boldsymbol{x}}{||\boldsymbol{x}||^2} \leqslant \lambda_1.$$

9. 设 $\boldsymbol{A}=(a_{ij})$ 是 n 级实对称矩阵，它的 n 个特征值按大小顺序排成 $\lambda_1 \geqslant \lambda_2 \geqslant \cdots \geqslant \lambda_n$. 证明：

$$\lambda_n \leqslant a_{ii} \leqslant \lambda_1, \quad i=1,2,\cdots,n.$$

10. 下列实二次型中，哪些是等价的？说明理由.

$$f(x_1,x_2,x_3)=x_1^2-x_2x_3,$$
$$f(y_1,y_2,y_3)=y_1y_2-y_3^2,$$
$$f(z_1,z_2,z_3)=z_1z_2+z_3^2.$$

11. n 级实对称矩阵组成的集合当中，如果一个合同类里既含有 $\boldsymbol{A}$ 又含有 $-\boldsymbol{A}$，那么这个合同类里的秩和符号差有什么特点？

12. 对角化对称矩阵 $\boldsymbol{A}=\begin{pmatrix}-2 & 6\\ 6 & 7\end{pmatrix}$.

13*. 如果 $\boldsymbol{A}^3=\boldsymbol{0}$，那么 $\boldsymbol{A}$ 的特征值有什么特点？给出一个 $\boldsymbol{A}\neq\boldsymbol{0}$ 的例子. 如果 $\boldsymbol{A}$ 是对称的，通过对角化来证明 $\boldsymbol{A}$ 一定是零矩阵.

14. 将 $\boldsymbol{A}$ 和 $\boldsymbol{B}$ 对角化，并写成 $\lambda_1\boldsymbol{x}_1\boldsymbol{x}_1^{\mathrm{T}}+\lambda_2\boldsymbol{x}_2\boldsymbol{x}_2^{\mathrm{T}}$ 的形式，其中 $\|\boldsymbol{x}_1\|=\|\boldsymbol{x}_2\|=1$.

$$\boldsymbol{A}=\begin{pmatrix}3 & 1\\ 1 & 3\end{pmatrix},\quad \boldsymbol{B}=\begin{pmatrix}9 & 12\\ 12 & 1\end{pmatrix},$$

15*. 已知

$$\boldsymbol{M}=\frac{1}{\sqrt{3}}\begin{pmatrix}0 & 1 & 1 & 1\\ -1 & 0 & -1 & 1\\ -1 & 1 & 0 & -1\\ -1 & -1 & 1 & 0\end{pmatrix},$$

(a) 证明：$\boldsymbol{M}$ 的所有特征值都是纯虚数，并且所有特征值都满足 $|\lambda|=1$；

(b) 计算 $\boldsymbol{M}$ 的四个特征值.

16. 证明：一个可逆对称矩阵的逆矩阵是对称的.

17. 下列矩阵 $\boldsymbol{A}$，$\boldsymbol{B}$ 分别属于哪种类型的矩阵：可逆矩阵？正交矩阵？投影矩阵？置换矩阵？可对角化矩阵？

$$\boldsymbol{A}=\begin{pmatrix}0 & 0 & 1\\ 0 & 1 & 0\\ 1 & 0 & 0\end{pmatrix},\quad \boldsymbol{B}=\frac{1}{3}\begin{pmatrix}1 & 1 & 1\\ 1 & 1 & 1\\ 1 & 1 & 1\end{pmatrix}.$$

18.* 假设 $\boldsymbol{A}^{\mathrm{T}}=-\boldsymbol{A}$，证明：$\boldsymbol{A}$ 的行列式非负.

5.4　正定矩阵与正定二次型

正定矩阵（positive definite matrix）是一类特殊的 Hermitian 矩阵，当 Hermitian 矩阵的特征值全部为正时，称为正定矩阵.

定义 5.19　m 级 Hermitian 矩阵 $\boldsymbol{A}$，如果 $\boldsymbol{A}$ 满足以下任一条件，则称 $\boldsymbol{A}$ 为正定矩阵：

1. $\boldsymbol{A}$ 的所有特征值都大于 0；
2. 对于任意 $\boldsymbol{x}\in\mathbb{C}^m,\boldsymbol{x}\neq\boldsymbol{0}$，二次型 $\boldsymbol{x}^{\mathrm{H}}\boldsymbol{A}\boldsymbol{x}>0$；
3. $\boldsymbol{A}=\boldsymbol{B}^{\mathrm{H}}\boldsymbol{B}$，其中 $N(\boldsymbol{B})=\{\boldsymbol{0}\}$，即 $\boldsymbol{B}$ 为列满秩矩阵；
4. $\boldsymbol{A}$ 的所有顺序主子式 都大于 0；
5. $\boldsymbol{A}$ 的所有主元都大于 0（在不进行行交换的条件下，$\boldsymbol{A}=\boldsymbol{L}\boldsymbol{U}$）.

当 Hermitian 矩阵的特征值全部非负时，称为**半正定矩阵**（positive semidefinite matrix）. 同理，可以定义**负定矩阵**和**半负定矩阵**.

定义 5.20　m 级 Hermitian 矩阵 $\boldsymbol{A}$，如果对于任意非零向量 $\boldsymbol{x}\in\mathbb{R}^m$，都有 $\boldsymbol{x}^{\mathrm{T}}\boldsymbol{A}\boldsymbol{x}\geqslant 0(<0,\leqslant 0)$，称 $\boldsymbol{A}$ 为半正定（负定、半负定）的，称二次型 $\boldsymbol{x}^{\mathrm{T}}\boldsymbol{A}\boldsymbol{x}$ 为半正定（负定、半负定）的.

如果 $\boldsymbol{A}$ 既不是半正定的，又不是半负定的，那么称它是不定 的，相应的二次型 $\boldsymbol{x}^{\mathrm{T}}\boldsymbol{A}\boldsymbol{x}$ 也称为不定 的.

以下我们给出一些条件等价的证明.

命题 5.8　Hermitian 矩阵 $\boldsymbol{A}$ 的所有特征值都大于 0 的充要条件是对于任意 $\boldsymbol{x}\in\mathbb{C}^m,\boldsymbol{x}\neq\boldsymbol{0}$，二次型 $\boldsymbol{x}^{\mathrm{H}}\boldsymbol{A}\boldsymbol{x}>0$.

证明　(必要性) 因为 $\boldsymbol{A}$ 是 Hermitian 矩阵，所以能找到 m 个正交单位特征向量 $\boldsymbol{q}_1,\cdots,\boldsymbol{q}_m$. 把 $\boldsymbol{x}$ 用 $\boldsymbol{q}_1,\cdots,\boldsymbol{q}_m$ 线性表出：

$$\boldsymbol{x}=c_1\boldsymbol{q}_1+\cdots+c_m\boldsymbol{q}_m,$$

则

$$\boldsymbol{x}^{\mathrm{H}}\boldsymbol{A}\boldsymbol{x}=(c_1\boldsymbol{q}_1+\cdots+c_m\boldsymbol{q}_m)^{\mathrm{H}}(\lambda_1c_1\boldsymbol{q}_1+\cdots+\lambda_mc_m\boldsymbol{q}_m)=\lambda_1|c_1|^2+\cdots+\lambda_m|c_m|^2\geqslant 0$$

当且仅当 $c_1=c_2=\cdots=c_m=0$ 时取等号，这时 $\boldsymbol{x}=\boldsymbol{0}$，但我们假设 $\boldsymbol{x}\neq\boldsymbol{0}$，所以上式只能大于 0.

(充分性) 假设 $\lambda,\boldsymbol{x}$ 为特征值和特征向量，$\boldsymbol{A}\boldsymbol{x}=\lambda\boldsymbol{x}$. 可知，

$$\boldsymbol{x}^{\mathrm{H}}\boldsymbol{A}\boldsymbol{x}=x^{\mathrm{H}}(\lambda\boldsymbol{x})=\lambda(\boldsymbol{x}^{\mathrm{H}}\boldsymbol{x})\implies\lambda=\frac{\boldsymbol{x}^{\mathrm{H}}\boldsymbol{A}\boldsymbol{x}}{\boldsymbol{x}^{\mathrm{H}}\boldsymbol{x}}>0.\blacksquare$$

命题 5.9　如果 $\boldsymbol{B}$ 为列满秩矩阵，则 $\boldsymbol{A}=\boldsymbol{B}^{\mathrm{H}}\boldsymbol{B}$ 为正定矩阵.

证明 对于任意 $\boldsymbol{x} \in \mathbb{C}^m, \boldsymbol{x} \neq \boldsymbol{0}$,

$$\boldsymbol{A} = \boldsymbol{B}^{\mathrm{H}}\boldsymbol{B} \implies \boldsymbol{x}^{\mathrm{H}}\boldsymbol{A}\boldsymbol{x} = \boldsymbol{x}^{\mathrm{H}}\boldsymbol{B}^{\mathrm{H}}\boldsymbol{B}\boldsymbol{x} = (\boldsymbol{B}\boldsymbol{x})^{\mathrm{H}}(\boldsymbol{B}\boldsymbol{x}) = ||\boldsymbol{B}\boldsymbol{x}||^2 \geqslant 0,$$

当且仅当 $\boldsymbol{B}\boldsymbol{x} = \boldsymbol{0}$ 时取等号，因为 $\boldsymbol{B}$ 为列满秩，所以只有 $\boldsymbol{x} = \boldsymbol{0}$ 为 $\boldsymbol{B}\boldsymbol{x} = \boldsymbol{0}$ 的解，而 $\boldsymbol{x} \neq \boldsymbol{0}$. 所以上式只能大于 0.

退一步，如果 $\boldsymbol{B}$ 的列向量线性相关，则 $\boldsymbol{B}\boldsymbol{x} = \boldsymbol{0}$ 有非零解，$\boldsymbol{A} = \boldsymbol{B}^{\mathrm{H}}\boldsymbol{B}$ 为半正定矩阵. ■

正定矩阵是否一定可以写成两个列满秩矩阵的乘积？如果 Hermitian 矩阵 $\boldsymbol{A}$ 为正定矩阵，则对角化 $\boldsymbol{A} = \boldsymbol{Q}\boldsymbol{\Lambda}\boldsymbol{Q}^{\mathrm{H}}$ 可以变化为 $\sqrt{\boldsymbol{A}} = \boldsymbol{Q}\sqrt{\boldsymbol{\Lambda}}\boldsymbol{Q}^{\mathrm{H}}$ 也是 Hermitian 矩阵. 这样 $\boldsymbol{A} = \sqrt{\boldsymbol{A}}\sqrt{\boldsymbol{A}} = \sqrt{\boldsymbol{A}}^{\mathrm{H}}\sqrt{\boldsymbol{A}} = \boldsymbol{B}^{\mathrm{H}}\boldsymbol{B}$. 所以，正定矩阵一定可以写成两个列满秩矩阵的乘积. 两个正定矩阵 $\boldsymbol{A}, \boldsymbol{B}$ 之和仍为正定矩阵：$\boldsymbol{x}^{\mathrm{H}}(\boldsymbol{A}+\boldsymbol{B})\boldsymbol{x} = \boldsymbol{x}^{\mathrm{H}}\boldsymbol{A}\boldsymbol{x} + \boldsymbol{x}^{\mathrm{H}}\boldsymbol{B}\boldsymbol{x} > 0$.

命题 5.10 实对称矩阵 $\boldsymbol{A}$ 是正定矩阵的充要条件是：$\boldsymbol{A}$ 的所有顺序主子式全大于零.

证明* （必要性）设 m 级矩阵 $\boldsymbol{A}$ 是正定矩阵，对于 $k \in \{1, \cdots, m-1\}$，把 $\boldsymbol{A}$ 写成分块矩阵：

$$\boldsymbol{A} = \begin{pmatrix} \boldsymbol{A}_k & \boldsymbol{B}_1 \\ \boldsymbol{B}_1^{\mathrm{T}} & \boldsymbol{B}_2 \end{pmatrix}$$

任取非零向量 $\boldsymbol{y} \in \mathbb{R}^k$，因为 $\boldsymbol{A}$ 是正定矩阵，所以

$$\begin{pmatrix} \boldsymbol{y} \\ \boldsymbol{0} \end{pmatrix}^{\mathrm{T}} \boldsymbol{A} \begin{pmatrix} \boldsymbol{y} \\ \boldsymbol{0} \end{pmatrix} = \boldsymbol{y}^{\mathrm{T}}\boldsymbol{A}_k\boldsymbol{y} > 0$$

从而 $\boldsymbol{A}_k$ 是正定矩阵，因此 $|\boldsymbol{A}_k| > 0$. 此外还有 $|\boldsymbol{A}| = \lambda_1 \cdots \lambda_m > 0$.

（充分性）对级数 m 进行数学归纳法.

当 $m = 1$ 时，显然成立.

假设对于 $m-1$ 级矩阵命题成立，现在看 m 级矩阵，把 $\boldsymbol{A}$ 写成分块矩阵：

$$\boldsymbol{A} = \begin{pmatrix} \boldsymbol{A}_{m-1} & \boldsymbol{a} \\ \boldsymbol{a}^{\mathrm{T}} & a_{mm} \end{pmatrix}$$

其中，$\boldsymbol{A}_{m-1}$ 的所有顺序主子式是 $\boldsymbol{A}$ 的 $1, \cdots, m-1$ 阶顺序主子式. 由已知条件，它们都大于零，于是 $\boldsymbol{A}_{m-1}$ 是正定矩阵. 因此有 $m-1$ 级可逆矩阵 $\boldsymbol{C}_1$ 使得

$$\boldsymbol{C}_1^{\mathrm{T}}\boldsymbol{A}_{m-1}\boldsymbol{C}_1 = \boldsymbol{I}_{m-1}.$$

可以证明

$$\boldsymbol{A} \simeq \begin{pmatrix} \boldsymbol{A}_{m-1} & \boldsymbol{0} \\ 0 & a_{mm} - \boldsymbol{a}^{\mathrm{T}}\boldsymbol{A}_{m-1}^{-1}\boldsymbol{a} \end{pmatrix}$$

且 $|\boldsymbol{A}| = |\boldsymbol{A}_{m-1}|(a_{mm} - \boldsymbol{a}^{\mathrm{T}}\boldsymbol{A}_{m-1}^{-1}\boldsymbol{a}) > 0$，从而 $a_{mm} - \boldsymbol{a}^{\mathrm{T}}\boldsymbol{A}_{m-1}^{-1}\boldsymbol{a} > 0$. 由于

$$\begin{aligned}
&\begin{pmatrix} \boldsymbol{C}_1 & \boldsymbol{0} \\ \boldsymbol{0} & 1 \end{pmatrix}^{\mathrm{T}} \begin{pmatrix} \boldsymbol{A}_{m-1} & \boldsymbol{0} \\ 0 & a_{mm} - \boldsymbol{a}^{\mathrm{T}}\boldsymbol{A}_{m-1}^{-1}\boldsymbol{a} \end{pmatrix} \begin{pmatrix} \boldsymbol{C}_1 & 0 \\ 0 & 1 \end{pmatrix} \\
=& \begin{pmatrix} \boldsymbol{C}_1^{\mathrm{T}}\boldsymbol{A}_{m-1}\boldsymbol{C}_1 & \boldsymbol{0} \\ 0 & a_{mm} - \boldsymbol{a}^{\mathrm{T}}\boldsymbol{A}_{m-1}^{-1}\boldsymbol{a} \end{pmatrix} \\
=& \begin{pmatrix} \boldsymbol{I}_{m-1} & \boldsymbol{0} \\ \boldsymbol{0} & a_{mm} - \boldsymbol{a}^{\mathrm{T}}\boldsymbol{A}_{m-1}^{-1}\boldsymbol{a} \end{pmatrix}
\end{aligned}$$

因此，

$$\begin{pmatrix} \boldsymbol{A}_{m-1} & \boldsymbol{0} \\ \boldsymbol{0} & a_{mm} - \boldsymbol{a}^{\mathrm{T}}\boldsymbol{A}_{m-1}^{-1}\boldsymbol{a} \end{pmatrix} \simeq \begin{pmatrix} \boldsymbol{I}_{m-1} & \boldsymbol{0} \\ 0 & a_{mm} - \boldsymbol{a}^{\mathrm{T}}\boldsymbol{A}_{m-1}^{-1}\boldsymbol{a} \end{pmatrix}.$$

由于 $\begin{pmatrix} \boldsymbol{I}_{m-1} & \boldsymbol{0} \\ \boldsymbol{0} & a_{mm} - \boldsymbol{a}^{\mathrm{T}}\boldsymbol{A}_{m-1}^{-1}\boldsymbol{a} \end{pmatrix}$ 是正定矩阵，根据合同关系的传递性，可知 $\boldsymbol{A}$ 也是正定的.

根据数学归纳法原理，充分性得证. ■

例 5.25　判断 $\boldsymbol{S} = \begin{pmatrix} 2 & -1 & 0 \\ -1 & 2 & -1 \\ 0 & -1 & 2 \end{pmatrix}$ 是否为正定矩阵.

解　$\boldsymbol{S}$ 的主元为 $2, 3/2, 4/3$ 都为正数. $\boldsymbol{S}$ 的顺序主子式为 2, 3, 4 都为正数. $\boldsymbol{S}$ 的特征值为 $2-\sqrt{2}, 2, 2+\sqrt{2}$ 都为正数.

对 $\boldsymbol{S}$ 进行高斯消元法，得到

$$\boldsymbol{S} = \underbrace{\begin{pmatrix} 1 & & \\ -\frac{1}{2} & 1 & \\ 0 & -\frac{2}{3} & 1 \end{pmatrix}}_{\boldsymbol{L}} \underbrace{\begin{pmatrix} 2 & & \\ & \frac{3}{2} & \\ & & \frac{4}{3} \end{pmatrix}}_{\boldsymbol{D}} \underbrace{\begin{pmatrix} 1 & -\frac{1}{2} & 0 \\ & 1 & -\frac{2}{3} \\ & & 1 \end{pmatrix}}_{\boldsymbol{L}^{\mathrm{T}}} = (\boldsymbol{L}\sqrt{\boldsymbol{D}})(\boldsymbol{L}\sqrt{\boldsymbol{D}})^{\mathrm{T}} = \boldsymbol{A}_1^{\mathrm{T}}\boldsymbol{A}_1$$

其中 $\boldsymbol{A}_1$ 为列满秩矩阵，称为 Cholesky factor.

对 $\boldsymbol{S}$ 进行对角化

$$\boldsymbol{S} = \boldsymbol{Q}\boldsymbol{\Lambda}^{\mathrm{T}}\boldsymbol{Q}^{\mathrm{T}} = (\boldsymbol{Q}\sqrt{\boldsymbol{\Lambda}}\boldsymbol{Q}^{\mathrm{T}})^{\mathrm{T}}(\boldsymbol{Q}\sqrt{\boldsymbol{\Lambda}}\boldsymbol{Q}^{\mathrm{T}}) = \boldsymbol{A}_2^{\mathrm{T}}\boldsymbol{A}_2$$

其中 $\boldsymbol{A}_2$ 为列满秩矩阵.

判断 $\boldsymbol{x}^{\mathrm{T}}\boldsymbol{S}\boldsymbol{x}$ 的正负性，可以通过配方法或者根据 $\boldsymbol{S} = \boldsymbol{A}^{\mathrm{T}}\boldsymbol{A}$:

$$\boldsymbol{x}^{\mathrm{T}}\boldsymbol{S}\boldsymbol{x} = \boldsymbol{x}^{\mathrm{T}}\boldsymbol{A}_1^{\mathrm{T}}\boldsymbol{A}_1\boldsymbol{x} = ||\boldsymbol{A}_1\boldsymbol{x}||^2 = 2\left(x_1 - \frac{1}{2}x_2\right)^2 + \frac{3}{2}\left(x_2 - \frac{2}{3}x_3\right)^2 + \frac{4}{3}x_3^2 > 0,$$

$$\boldsymbol{x}^{\mathrm{T}}\boldsymbol{S}\boldsymbol{x} = \boldsymbol{x}^{\mathrm{T}}\boldsymbol{A}_2^{\mathrm{T}}\boldsymbol{A}_2\boldsymbol{x} = ||\boldsymbol{A}_2\boldsymbol{x}||^2 = \lambda_1(\boldsymbol{q}_1^{\mathrm{T}}\boldsymbol{x})^2 + \lambda_2(\boldsymbol{q}_2^{\mathrm{T}}\boldsymbol{x})^2 + \lambda_3(\boldsymbol{q}_3^{\mathrm{T}}\boldsymbol{x})^2 > 0.$$

此外，根据 $\boldsymbol{x}^{\mathrm{T}}S\boldsymbol{x}=2x_1^2-2x_1x_2+2x_2^2-2x_2x_3+2x_3^2=x_1^2+(x_2-x_1)^2+(x_3-x_2)^2+x_3^2>0$，也可以判断 $\boldsymbol{x}^{\mathrm{T}}S\boldsymbol{x}$ 为正定二次型，但注意该式不是二次型的标准形.

对于一般方阵，主元和特征值的关系是，主元乘积等于特征值的乘积，都等于行列式. 对于对称矩阵，主元和特征值的关系更加密切. 以下定理说明，可以通过计算主元判定对称矩阵是否为正定矩阵.

定理 5.31　对称矩阵的正特征值个数与正主元个数相同（不进行行交换）.

证明　对称矩阵 $\boldsymbol{S}$ 可以进行 Cholesky 分解或者对角化：

$$\boldsymbol{S}=\boldsymbol{L}\boldsymbol{D}\boldsymbol{L}^{\mathrm{T}},\quad \boldsymbol{S}=\boldsymbol{Q}\boldsymbol{\Lambda}\boldsymbol{Q}^{\mathrm{T}}.$$

所以，$\boldsymbol{S}$ 合同于 $\boldsymbol{D},\boldsymbol{\Lambda}$，根据等价关系的传递性，$\boldsymbol{D}$ 合同于 $\boldsymbol{\Lambda}$，所以正特征值的个数与正主元的个数相同. ■

例 5.26　求矩阵 $\boldsymbol{A}=\begin{pmatrix}0&2&0\\2&0&0\\0&0&4\end{pmatrix}$ 的主元与特征值.

解　通过行交换可以得到主元为 $2,2,4$，全部为正. $\boldsymbol{A}$ 的 2 阶顺序主子式小于 0，$\boldsymbol{A}$ 不是正定矩阵. $\boldsymbol{A}$ 的特征值为 $-2,2,4$.

正定二次型

从二次型的角度，我们可以定义**正定二次型**和**正定矩阵**. m 元二次型 $\boldsymbol{x}^{\mathrm{T}}\boldsymbol{S}\boldsymbol{x}$ 称为是正定的，如果对于任意向量 $\boldsymbol{x}\in\mathbb{R}^m$，都有 $\boldsymbol{x}^{\mathrm{T}}\boldsymbol{S}\boldsymbol{x}>0$. 如果实二次型 $\boldsymbol{x}^{\mathrm{T}}\boldsymbol{S}\boldsymbol{x}$ 是正定的，则实对称矩阵 $\boldsymbol{S}$ 称为正定的. 以下是判定正定二次型的方法.

定理 5.32　二次型 $\boldsymbol{x}^{\mathrm{T}}\boldsymbol{S}\boldsymbol{x}$ 是正定的，当且仅当它的正惯性指数等于 m，当且仅当 $\boldsymbol{S}$ 的特征值都为正数，当且仅当它的规范形为 $y_1^2+\cdots+y_m^2$，当且仅当它的标准形中大于 0 的系数个数为 m.

总结起来，以下是常见的判定正定矩阵的方法

1. $\boldsymbol{S}$ 的正惯性指数等于 m；
2. $\boldsymbol{S}\simeq\boldsymbol{I}$；
3. $\boldsymbol{S}$ 的合同标准形中主对角元都大于 0；
4. $\boldsymbol{S}$ 的特征值都大于 0.
5. $\boldsymbol{S}$ 与正定矩阵合同；
6. $\boldsymbol{S}$ 的所有顺序主子式大于 0；
7. $\boldsymbol{S}$ 的所有主元都大于 0（不需要进行行交换）；
8. $\boldsymbol{S}=\boldsymbol{A}^{\mathrm{H}}\boldsymbol{A}$，其中 $N(\boldsymbol{S})=N(\boldsymbol{A})=\{\boldsymbol{0}\}$，即 $\boldsymbol{A}$ 为列满秩矩阵.

以下是常见的判定半正定矩阵的方法：

1. $\boldsymbol{A}$ 的特征值非负；

2. $\boldsymbol{A} \simeq \begin{pmatrix} \boldsymbol{I}_r & \boldsymbol{0} \\ \boldsymbol{0} & \boldsymbol{0} \end{pmatrix}$，其中 $r = \mathrm{rank}(\boldsymbol{A})$；
3. $\boldsymbol{A}$ 的合同标准形中主对角元非负；
4. $\boldsymbol{A}$ 的所有主子式非负；
5. 二次型 $\boldsymbol{x}^{\mathrm{T}}\boldsymbol{A}\boldsymbol{x} \geqslant 0$ 是半正定的；
6. 二次型的正惯性指数等于它的秩；
7. 二次型的规范型是 $y_1^2 + \cdots + y_r^2$；
8. 二次型的标准形中的系数全非负.

如果矩阵的所有特征值均小于零，则称为**负定矩阵**. 根据行列式性质，可以证明如下负定矩阵的充要条件.

定理 5.33* 实对称矩阵 $\boldsymbol{S}$ 负定的充要条件是：它的奇数阶顺序主子式全小于 0，偶数阶顺序主子式全大于 0.

证明 设 $\boldsymbol{A}$ 是 m 级负定矩阵，则 $-\boldsymbol{A}$ 是正定矩阵，且 $-\boldsymbol{A}$ 的第 k 阶顺序主子式为

$$-\boldsymbol{A}_{H,H} = (-1)^k \boldsymbol{A}_{H,H} > 0,$$

其中 $H = \{1, \cdots, k\}, k = 1, \cdots, m$. 当 k 为奇数时，$\boldsymbol{A}_{H,H} < 0$；当 k 为偶数时，$\boldsymbol{A}_{H,H} > 0$.
■

应用

假设 $\boldsymbol{S}$ 为正定矩阵，方程 $\boldsymbol{x}^{\mathrm{T}}\boldsymbol{S}\boldsymbol{x} = 1$ 为 m 维**椭圆**（球）. 当 $m = 2$ 时，假设 $\boldsymbol{x} = (x, y)$ 为 2 维向量，$\boldsymbol{S}$ 为 2 级正定矩阵，则

$$\boldsymbol{x}^{\mathrm{T}}\boldsymbol{S}\boldsymbol{x} = \boldsymbol{x}^{\mathrm{T}}\boldsymbol{Q}\boldsymbol{\Lambda}\boldsymbol{Q}^{\mathrm{T}}\boldsymbol{x} = (\boldsymbol{Q}^{\mathrm{T}}\boldsymbol{x})^{\mathrm{T}}\boldsymbol{\Lambda}(\boldsymbol{Q}^{\mathrm{T}}\boldsymbol{x}) = \underbrace{\begin{pmatrix} x^* & y^* \end{pmatrix}}_{\boldsymbol{X}^{\mathrm{T}}} \underbrace{\begin{pmatrix} \lambda_1 & \\ & \lambda_2 \end{pmatrix}}_{\boldsymbol{\Lambda}} \underbrace{\begin{pmatrix} x^* \\ y^* \end{pmatrix}}_{\boldsymbol{X}} = \lambda_1 (x^*)^2 + \lambda_2 (y^*)^2,$$

其中 $x^* = \boldsymbol{q}_1^{\mathrm{T}}\boldsymbol{x}, y^* = \boldsymbol{q}_2^{\mathrm{T}}\boldsymbol{x}$，$\lambda_1 > \lambda_2 > 0$. 所以 $\boldsymbol{x}^{\mathrm{T}}\boldsymbol{S}\boldsymbol{x} = 1$ 为椭圆，长轴方向为 $\boldsymbol{q}_2$，短轴方向为 $\boldsymbol{q}_1$，**长轴**长度等于 $2/\sqrt{\lambda_2}$，**短轴**长度等于 $2/\sqrt{\lambda_1}$.

例 5.27 椭圆 $5x^2 + 8xy + 5y^2 = 1$ 的矩阵形式为

$$\underbrace{\begin{pmatrix} x & y \end{pmatrix}}_{\boldsymbol{x}^{\mathrm{T}}} \underbrace{\begin{pmatrix} 5 & 4 \\ 4 & 5 \end{pmatrix}}_{\boldsymbol{S}} \underbrace{\begin{pmatrix} x \\ y \end{pmatrix}}_{\boldsymbol{x}} = 1.$$

找出该椭圆（见图 5.10）的主轴方向及长度.

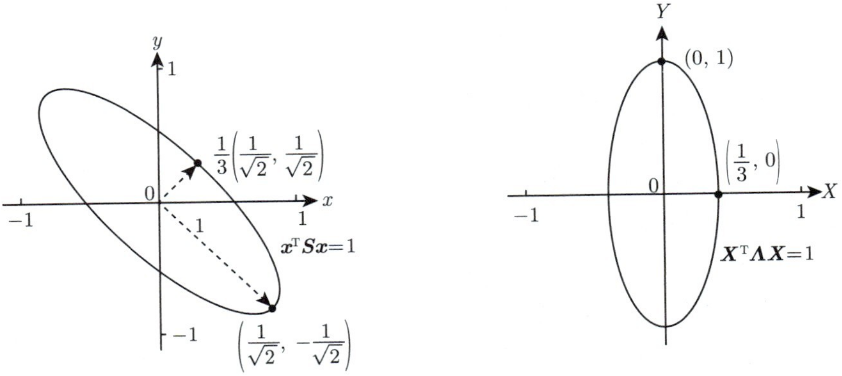

图 5.10　$x^{\mathrm{T}}Sx = 1$ 的几何意义

解　$\boldsymbol{S}$ 的特征值为 $\lambda_1 = 9, \lambda_2 = 1$，特征向量为 $\boldsymbol{q}_1 = \left(\frac{1}{\sqrt{2}}, \frac{1}{\sqrt{2}}\right)$，$\boldsymbol{q}_2 = \left(\frac{1}{\sqrt{2}}, -\frac{1}{\sqrt{2}}\right)$. 所以，$\boldsymbol{x}^{\mathrm{T}}\boldsymbol{S}\boldsymbol{x} = 1$ 可以变为标准方程

$$9\underbrace{\left(\frac{x+y}{\sqrt{2}}\right)^2}_{X^2} + 1\underbrace{\left(\frac{x-y}{\sqrt{2}}\right)^2}_{Y^2} = 1$$

椭圆的长轴方向为 $\boldsymbol{q}_2$，短轴方向为 $\boldsymbol{q}_1$，长轴长度等于 $2/\sqrt{\lambda_2} = 2$，短轴长度等于 $\frac{2}{\sqrt{\lambda_1}} = \frac{2}{3}$.

正定矩阵的另一个重要应用是判定函数的极值. 对于一元连续可导函数 $f(x)$，取得极小值的判定方法是一阶导数等于 0，二阶导数大于 0：

$$f'(x) = 0, f''(x) > 0.$$

对于多元函数，以上的二阶导数变为矩阵，称为**黑塞**[㊀]**矩阵**（Hessian matrix）. 我们根据黑塞矩阵的正（负）定性，判断函数的极小（大）值.

图 5.11　黑塞（Ludwig Otto Hesse，1811—1874）

㊀ 黑塞（见图 5.11）是德国数学家，出生于普鲁士的柯尼斯堡（今俄罗斯的加里宁格勒）. 他于 1833 至 1837 年师从卡尔·雅可比（Carl Jacobi）就读于家乡的柯尼斯堡大学，就读期间提出了黑塞矩阵（Hessian matrix）、黑塞标准式（Hesse normal form）. 黑塞的工作集中在代数曲线和曲面理论上.

定理 5.34　设二元实值函数 $f(x,y)$ 有一个稳定点 (x_0,y_0)，即在此点的一阶偏导数全为 0. 设 f 在 (x_0,y_0) 的一个邻域里有 3 阶连续偏导数. 令

$$\boldsymbol{H}=\begin{pmatrix} f''_{xx}(x_0,y_0) & f''_{xy}(x_0,y_0)\\ f''_{yx}(x_0,y_0) & f''_{yy}(x_0,y_0)\end{pmatrix}$$

称 $\boldsymbol{H}$ 是 f 在 (x_0,y_0) 处的黑塞矩阵. 如果 $\boldsymbol{H}$ 是正定的，那么 f 在 (x_0,y_0) 处达到极小值；如果 $\boldsymbol{H}$ 是负定的，那么 f 在 (x_0,y_0) 处达到极大值.

证明　把 $f(x,y)$ 在 (x_0,y_0) 展开成泰勒级数：

$$\begin{aligned} f(x_0+h,y_0+k)&=f(x_0,y_0)+hf'_x(x_0,y_0)+kf'_y(x_0,y_0)\\ &\quad+\frac{1}{2}\left[h^2f''_{xx}(x_0,y_0)+2hkf''_{xy}(x_0,y_0)+k^2f''_{yy}(x_0,y_0)\right]+R\\ &=f(x_0,y_0)+\frac{1}{2}\left[h^2f''_{xx}(x_0,y_0)+2hkf''_{xy}(x_0,y_0)+k^2f''_{yy}(x_0,y_0)\right]+R \end{aligned}$$

可以证明，当 $|h|,|k|$ 足够小时，

$$|R|<\frac{1}{2}|h^2f''_{xx}(x_0,y_0)+2hkf''_{xy}(x_0,y_0)+k^2f''_{yy}(x_0,y_0)|,$$

从而 $f(x_0+h,y_0+k)-f(x_0,y_0)$ 与 $h^2f''_{xx}(x_0,y_0)+2hkf''_{xy}(x_0,y_0)+k^2f''_{yy}(x_0,y_0)$ 同号. 表达式 $g(h,k)=h^2f''_{xx}(x_0,y_0)+2hkf''_{xy}(x_0,y_0)+k^2f''_{yy}(x_0,y_0)$ 是二次型，系数矩阵为黑塞矩阵 $\boldsymbol{H}$.

如果 $\boldsymbol{H}$ 是正定的，那么对于足够小的 $|h|,|k|$，有

$$f(x_0+h,y_0+k)-f(x_0,y_0)>0,$$

这表明 $f(x,y)$ 在 (x_0,y_0) 处达到最小值.

如果 $\boldsymbol{H}$ 是负定的，那么对于足够小的 $|h|,|k|$，有

$$f(x_0+h,y_0+k)-f(x_0,y_0)<0,$$

这表明 $f(x,y)$ 在 (x_0,y_0) 处达到最大值. ■

该定理可以推广到 m 元函数 $f:\mathbb{R}^m\to\mathbb{R}$, $\boldsymbol{x}\in\mathbb{R}^m\mapsto f(\boldsymbol{x})\in\mathbb{R}$ 的情形：

$$\boldsymbol{H}=f''(\boldsymbol{x})=\begin{pmatrix} \dfrac{\partial^2 f}{\partial x_1^2} & \cdots & \dfrac{\partial^2 f}{\partial x_1\partial x_m}\\ \vdots & & \vdots\\ \dfrac{\partial^2 f}{\partial x_m\partial x_1} & \cdots & \dfrac{\partial^2 f}{\partial x_m^2}\end{pmatrix}$$

称为在 $\boldsymbol{x}$ 处的黑塞矩阵.

习题

1. 证明：如果 $\boldsymbol{A}$ 是 n 级正定矩阵，那么 $\boldsymbol{A}^{-1}$ 也是正定矩阵.
2. 判断下列二次型是否正定：

$$f_1(x_1,x_2,x_3)=4x_1^2+5x_2^2+6x_3^2+4x_1x_2-4x_2x_3;$$

$$f_2(x_1,x_2,x_3)=x_1^2+2x_2^2-3x_3^2+4x_1x_2+2x_2x_3.$$

3.* 证明：n 元实二次型 $f(x_1,x_2,\cdots,x_n)$ 为正定的必要条件是，它的 n 个平方项的系数全是正的. 举例说明这个条件不是 $f(x_1,x_2,\cdots,x_n)$ 为正定的充分条件.
4.* 证明：n 级实对称矩阵 $\boldsymbol{A}$ 为正定的充分必要条件是有 n 级实可逆矩阵 $\boldsymbol{C}$，使得 $\boldsymbol{A}=\boldsymbol{C}^{\mathrm{T}}\boldsymbol{C}$.
5.* 证明：n 元实二次型

$$f(x_1,x_2,\cdots,x_n)=n\sum_{i=1}^{n}x_i^2-\left(\sum_{i=1}^{n}x_i\right)^2$$

是半正定的.
6.* 证明：实对称矩阵 $\boldsymbol{A}$ 为半正定的充分必要条件为：存在实对称矩阵 $\boldsymbol{C}$，使得 $\boldsymbol{A}=\boldsymbol{C}^2$.
7. 下列矩阵中，哪些矩阵有两个正的特征值？

$$\boldsymbol{S}_1=\begin{pmatrix}5&6\\6&7\end{pmatrix}\quad \boldsymbol{S}_2=\begin{pmatrix}-1&-2\\-2&-5\end{pmatrix}\quad \boldsymbol{S}_3=\begin{pmatrix}1&10\\10&100\end{pmatrix}\quad \boldsymbol{S}_4=\begin{pmatrix}1&10\\10&101\end{pmatrix}$$

8. 已知二次型：

$$\begin{pmatrix}x_1&x_2&x_3\end{pmatrix}\boldsymbol{S}\begin{pmatrix}x_1\\x_2\\x_3\end{pmatrix}=4(x_1-x_2+2x_3)^2.$$

找到 3×3 矩阵 $\boldsymbol{S}$ 及其主元、秩、特征值和行列式.
9. 求 3×3 的矩阵 $\boldsymbol{S}$，$\boldsymbol{T}$ 使得：

$$\boldsymbol{x}^{\mathrm{T}}\boldsymbol{S}\boldsymbol{x}=2(x_1^2+x_2^2+x_3^2-x_1x_2-x_2x_3),$$

$$\boldsymbol{x}^{\mathrm{T}}\boldsymbol{T}\boldsymbol{x}=2(x_1^2+x_2^2+x_3^2-x_1x_2-x_1x_3-x_2x_3).$$

并解释为什么 $\boldsymbol{S}$ 是正定的，$\boldsymbol{T}$ 是半正定的.
10. 一个正定矩阵不能在其主对角线上有零元素. 通过举出具体的例子来说明下列矩阵不是正定的.

$$S=\begin{pmatrix}4&1&1\\1&0&2\\1&2&5\end{pmatrix}.$$

11*. 证明：唯一正定的投影矩阵是 $P=I$.

12. $S=LDL^{\mathrm{T}}$ 意味着 $x^{\mathrm{T}}Sx=x^{\mathrm{T}}LDL^{\mathrm{T}}x$

$$\begin{pmatrix}x, & y\end{pmatrix}\begin{pmatrix}a&b\\b&c\end{pmatrix}\begin{pmatrix}x\\y\end{pmatrix}=\begin{pmatrix}x, & y\end{pmatrix}\begin{pmatrix}1&0\\\frac{b}{a}&1\end{pmatrix}\begin{pmatrix}a&0\\0&\frac{(ac-b^2)}{a}\end{pmatrix}\begin{pmatrix}1&\frac{b}{a}\\0&1\end{pmatrix}\begin{pmatrix}x\\y\end{pmatrix}.$$

据此写出等式左侧的二次型及其右侧的标准形.

13. 已知

$$S=\begin{pmatrix}\cos\theta&-\sin\theta\\\sin\theta&\cos\theta\end{pmatrix}\begin{pmatrix}2&0\\0&5\end{pmatrix}\begin{pmatrix}\cos\theta&\sin\theta\\-\sin\theta&\cos\theta\end{pmatrix}$$

求 S 的行列式、特征值、特征向量，解释 S 为什么是正定矩阵.

14*. 证明：当 S 和 T 都是正定矩阵时，ST 有可能不是对称矩阵，但其特征值永远为正.

15*. 已知 C 是正定矩阵，A 为列满秩矩阵. 证明：$S=A^{\mathrm{T}}CA$ 是正定的.

16. 假设 S 是正定矩阵，且特征值 $\lambda_1\geqslant\lambda_2\geqslant\cdots\geqslant\lambda_n$.

a) 矩阵 $\lambda_1 I-S$ 的特征值是什么？这是一个半正定矩阵吗？

b) 证明：对于任意向量 x, 都有 $\lambda_1x^{\mathrm{T}}x\geqslant x^{\mathrm{T}}Sx$.

c) $\dfrac{x^{\mathrm{T}}Sx}{x^{\mathrm{T}}x}$ 的最大值是？

5.5 主成分分析*

前面我们已经简要介绍了矩阵的**奇异值分解**，但没有明确说明如何找到**奇异值**和**奇异向量**. 实际上，奇异值、奇异向量和特征值、特征向量密切相关，但只有方阵才有特征值、特征向量，如何从任意矩阵 A 得到方阵，我们有个很好的候选，$A^{\mathrm{H}}A, AA^{\mathrm{H}}$ 不仅是方阵还是 Hermitian 矩阵！

奇异值分解

对于任意 $m\times n$ 矩阵 A，我们得到 n 级矩阵 $A^{\mathrm{H}}A$，m 级矩阵 AA^{H}，它们是 Hermitian 矩阵，且是**半正定矩阵**. 它们的特征值为实数、特征向量正交. 假设 A 的秩为 r，即有 r 个线性无关的列向量. 前面我们已经证明 A 和 $A^{\mathrm{H}}A$ 有相同的核空间（准确地讲是限定在实数域，但可以推广到复数域）

$$N(A)=N(A^{\mathrm{H}}A)$$

所以 $\boldsymbol{A}^{\mathrm{H}}\boldsymbol{A}$ 核空间的维数为 $n-r$，该核空间为特征值 $\lambda=0$ 的**特征子空间**，λ 的代数重数为 $n-r$，我们可以找到 $n-r$ 个正交单位特征向量. 此外，我们有 r 个正特征值，$\lambda_1,\lambda_2,\cdots,\lambda_r$. 所以，对于 $\boldsymbol{A}^{\mathrm{H}}\boldsymbol{A}$，有 r 个正特征值，$n-r$ 个零特征值

$$\lambda_1,\cdots,\lambda_r,0,\cdots,0$$

相应地，可以找到 n 个正交单位向量，其中前 r 个为特征向量，后 $n-r$ 个为 $N(\boldsymbol{A}^{\mathrm{H}}\boldsymbol{A})$ 或者 $N(\boldsymbol{A})$ 的标准正交基：

$$\boldsymbol{v}_1,\cdots,\boldsymbol{v}_r,\boldsymbol{v}_{r+1},\cdots,\boldsymbol{v}_n$$

因为 $\boldsymbol{v}_1,\cdots,\boldsymbol{v}_r\perp N(\boldsymbol{A})$，且 $\boldsymbol{v}_1,\cdots,\boldsymbol{v}_r$ 彼此正交，所以 $\boldsymbol{v}_1,\cdots,\boldsymbol{v}_r$ 是 $N(\boldsymbol{A})^{\perp}=C(\boldsymbol{A}^{\mathrm{H}})$ 的一个基，即 $\boldsymbol{A}$ 行空间的正交基. 至此，我们通过求 $\boldsymbol{A}^{\mathrm{H}}\boldsymbol{A}$ 的特征值、特征向量，找到了 $\boldsymbol{A}$ 核空间和行空间的正交基，它们构成了输入空间 $\mathbb{C}^n$ 的一个**标准正交基**. 以下证明，通过 $\boldsymbol{A}$ 的变换，$\boldsymbol{v}_1,\cdots,\boldsymbol{v}_r$ 在输出空间 $\mathbb{C}^m$ 也正交.

令

$$\sigma_1=\sqrt{\lambda_1},\cdots,\sigma_r=\sqrt{\lambda_r},$$
$$\boldsymbol{u}_i=\frac{\boldsymbol{A}\boldsymbol{v}_i}{\sigma_i},\ i=1,\cdots,r,$$

则有以下结果：

1. $\boldsymbol{u}_i$ 是 $\boldsymbol{A}\boldsymbol{A}^{\mathrm{H}}$ 的特征向量，对应的特征值为 λ_i；

原因：

$$\boldsymbol{A}\boldsymbol{A}^{\mathrm{H}}\boldsymbol{u}_i=\frac{1}{\sigma_i}\boldsymbol{A}(\boldsymbol{A}^{\mathrm{H}}\boldsymbol{A}\boldsymbol{v}_i)=\frac{\boldsymbol{A}\sigma_i^2\boldsymbol{v}_i}{\sigma_i}=\sigma_i^2\boldsymbol{u}_i=\lambda_i\boldsymbol{u}_i.$$

2. $\boldsymbol{u}_1,\cdots,\boldsymbol{u}_r$ 是正交单位向量组；

原因：

$$\boldsymbol{u}_i^{\mathrm{H}}\boldsymbol{u}_j=\left(\frac{\boldsymbol{A}\boldsymbol{v}_i}{\sigma_i}\right)^{\mathrm{H}}\left(\frac{\boldsymbol{A}\boldsymbol{v}_j}{\sigma_j}\right)=\frac{\boldsymbol{v}_i^{\mathrm{H}}\boldsymbol{A}^{\mathrm{H}}\boldsymbol{A}\boldsymbol{v}_j}{\sigma_i\sigma_j}=\frac{\lambda_j\boldsymbol{v}_i^{\mathrm{H}}\boldsymbol{v}_j}{\sigma_i\sigma_j}=\frac{\sigma_j}{\sigma_i}\boldsymbol{v}_i^{\mathrm{H}}\boldsymbol{v}_j=\begin{cases}0, & i\neq j,\\ 1, & i=j.\end{cases}$$

3. $\boldsymbol{u}_1,\cdots,\boldsymbol{u}_r$ 是列空间 $C(\boldsymbol{A})$ 的正交基.

原因：核空间 $N(\boldsymbol{A}\boldsymbol{A}^{\mathrm{H}})$ 是 $\boldsymbol{A}\boldsymbol{A}^{\mathrm{H}}$ 的零特征值的特征子空间，而 $N(\boldsymbol{A}\boldsymbol{A}^{\mathrm{H}})=N(\boldsymbol{A}^{\mathrm{H}})\perp C(\boldsymbol{A})$. 向量 $\boldsymbol{u}_i,\cdots,\boldsymbol{u}_r$ 的特征值不为零，所以它们正交于 $N(\boldsymbol{A}\boldsymbol{A}^{\mathrm{H}})$，所以 $\boldsymbol{u}_1,\cdots,\boldsymbol{u}_r$ 是列空间 $C(\boldsymbol{A})$ 的正交基.

令 $\boldsymbol{V}=(\boldsymbol{v}_1,\ \cdots,\boldsymbol{v}_r)$，$\boldsymbol{U}=(\boldsymbol{u}_1,\ \cdots,\ \boldsymbol{u}_r)$，$\boldsymbol{\Sigma}=\mathbf{diag}(\sigma_1,\cdots,\sigma_r)$，则 $\boldsymbol{A}\boldsymbol{v}_i=\sigma_i\boldsymbol{u}_i$ 写成矩阵形式为

$$\boldsymbol{A}\boldsymbol{V}=\boldsymbol{U}\boldsymbol{\Sigma}$$

因为 $\boldsymbol{V}$ 不为方阵，所以无法直接拿到等式右边. 考虑以下变形：

$$\boldsymbol{A}=\boldsymbol{A}\boldsymbol{I}=\boldsymbol{A}(\boldsymbol{V}\boldsymbol{V}^{\mathrm{H}}+(\boldsymbol{I}-\boldsymbol{V}\boldsymbol{V}^{\mathrm{H}}))\implies\boldsymbol{A}^{\mathrm{H}}=(\boldsymbol{V}\boldsymbol{V}^{\mathrm{H}}+(\boldsymbol{I}-\boldsymbol{V}\boldsymbol{V}^{\mathrm{H}}))^{\mathrm{H}}\boldsymbol{A}^{\mathrm{H}}$$

$$= (\boldsymbol{V}\boldsymbol{V}^{\mathrm{H}} + (\boldsymbol{I} - \boldsymbol{V}\boldsymbol{V}^{\mathrm{H}}))\boldsymbol{A}^{\mathrm{H}}$$

其中，$\boldsymbol{V}\boldsymbol{V}^{\mathrm{H}}$ 为投影到行空间 $C(\boldsymbol{A}^{\mathrm{H}})$ 的**投影矩阵**，$(\boldsymbol{I}-\boldsymbol{V}\boldsymbol{V}^{\mathrm{H}})$ 为投影到核空间 $C(\boldsymbol{A}^{\mathrm{H}})^{\perp} = N(\boldsymbol{A})$ 的投影矩阵. 所以

$$(\boldsymbol{I} - \boldsymbol{V}\boldsymbol{V}^{\mathrm{H}})\boldsymbol{A}^{\mathrm{H}} = \boldsymbol{0},$$

进而，

$$\boldsymbol{A}^{\mathrm{H}} = \boldsymbol{V}\boldsymbol{V}^{\mathrm{H}}\boldsymbol{A}^{\mathrm{H}} \implies \boldsymbol{A} = \boldsymbol{A}\boldsymbol{V}\boldsymbol{V}^{\mathrm{H}} = \boldsymbol{U}\boldsymbol{\Sigma}\boldsymbol{V}^{\mathrm{H}}.$$

协方差矩阵、相关系数矩阵

奇异值分解在统计学、机器学习中的一个重要应用是**主成分分析**（principal component analysis）. 我们通过一个例子先简要介绍一些统计中常用的统计量，**均值、方差、协方差矩阵、相关系数矩阵**. 假设 x_i 为第 i 个同学的英语成绩 $i = 1, \cdots, n$，这 n 个同学的平均英语成绩为

$$m_x = \frac{1}{n}\sum_{k=1}^{n} x_k.$$

方差定义为每个人的成绩与均分之差平方的均值

$$\mathrm{Var}(x) = S^2 = \frac{1}{n-1}\sum_{k=1}^{n}(x_k - m)^2.$$

这里用 $n-1$ 有统计上的意义，称为无偏估计. 均值刻画了成绩的平均位置，方差刻画了成绩的分散程度. 我们把成绩 $x_1, \cdots, x_n$ 放入 n 维向量 $\boldsymbol{x}$，均值、方差可以用矩阵运算表示：

$$m_x = \frac{\boldsymbol{i}^{\mathrm{T}}\boldsymbol{x}}{\boldsymbol{i}^{\mathrm{T}}\boldsymbol{i}},$$

其中 $\boldsymbol{i} = (1, 1, \cdots)$，它与向量 $\boldsymbol{x}$ 的点积等于 $\boldsymbol{x}$ 中元素之和. 均值 m_x 是 $\boldsymbol{x}$ 在 $\boldsymbol{i}$ 上的投影坐标. 方差可以写成

$$\mathrm{Var}(\boldsymbol{x}) = \frac{\|\boldsymbol{x} - m_x\boldsymbol{i}\|^2}{n-1} = \frac{\left\|\left(\boldsymbol{I} - \dfrac{\boldsymbol{i}\boldsymbol{i}^{\mathrm{T}}}{\boldsymbol{i}^{\mathrm{T}}\boldsymbol{i}}\right)\boldsymbol{x}\right\|^2}{n-1} = \frac{\|\boldsymbol{P}\boldsymbol{x}\|^2}{n-1},$$

其中，

$$\boldsymbol{P} = \boldsymbol{I} - \frac{\boldsymbol{i}\boldsymbol{i}^{\mathrm{T}}}{\boldsymbol{i}^{\mathrm{T}}\boldsymbol{i}}.$$

可见，方差是 $\boldsymbol{x}$ 在 $\mathrm{span}(\boldsymbol{i})^{\perp}$ 上投影的长度的平方除以 $n-1$. $\mathrm{span}(\boldsymbol{i})$ 的正交补空间 $\mathrm{span}(\boldsymbol{i})^{\perp}$ 维度为 $n-1$，所以除以 $n-1$ 而不是 n.

假设 $y_1, \cdots, y_n$ 为这 n 个同学的数学成绩，一个自然而然的问题是，是否英语成绩高的同学数学成绩也高. 我们用协方差描述 $\boldsymbol{x}, \boldsymbol{y}$ 之间的相关性：

$$\operatorname{Covar}(\boldsymbol{x}, \boldsymbol{y}) = \frac{1}{n-1}\sum_{k=1}^{n}(x_k - m_x)(y_k - m_y) = \frac{(\boldsymbol{P}\boldsymbol{x})^{\mathrm{T}}(\boldsymbol{P}\boldsymbol{y})}{n-1} = \frac{\boldsymbol{x}^{\mathrm{T}}\boldsymbol{P}\boldsymbol{y}}{n-1}$$

其中，m_y 为数学平均成绩. 这里，我们用到投影矩阵的性质 $\boldsymbol{P}^{\mathrm{T}} = \boldsymbol{P}, \boldsymbol{P}^2 = \boldsymbol{P}$. 以下，我们记 $\boldsymbol{x}^* = \boldsymbol{P}\boldsymbol{x}, \boldsymbol{y}^* = \boldsymbol{P}\boldsymbol{y}$，它们表示减去均值的向量（归一化）. 协方差的单位为数据单位的乘积，若把同样的数学成绩换算成 10 分制，$\tilde{\boldsymbol{y}} = \boldsymbol{y}/10$，则 $\operatorname{Covar}(\boldsymbol{x}, \tilde{\boldsymbol{y}}) = 0.1\operatorname{Covar}(\boldsymbol{x}, \boldsymbol{y})$，而显然换算成 10 分制的数学成绩与英语成绩的相关性应该不变. 因此，定义相关系数：

$$\operatorname{Cor}(\boldsymbol{x}, \boldsymbol{y}) = \frac{\operatorname{Covar}(\boldsymbol{x}, \boldsymbol{y})}{\sqrt{\operatorname{Var}(\boldsymbol{x})\operatorname{Var}(\boldsymbol{y})}} = \frac{(\boldsymbol{x}^*)^{\mathrm{T}}\boldsymbol{y}^*}{\|\boldsymbol{x}^*\|\,\|\boldsymbol{y}^*\|}.$$

可见 $\operatorname{Cor}(\boldsymbol{x}, \tilde{\boldsymbol{y}}) = \operatorname{Cor}(\boldsymbol{x}, \boldsymbol{y})$.

假设除了英语、数学成绩，一共有 m 门课程的成绩，n 个学生的 m 门课程成绩（归一化后）形成 $n \times m$ 矩阵 $\boldsymbol{A}$，每一列表示一门课程的成绩，每一行表示一位同学的所有成绩

$$\boldsymbol{A} = \begin{pmatrix} \boldsymbol{x}^*, & \boldsymbol{y}^*, & \boldsymbol{z}^*, \cdots \end{pmatrix}$$

进而，

$$\boldsymbol{A}^{\mathrm{T}}\boldsymbol{A} = \begin{pmatrix} (\boldsymbol{x}^*)^{\mathrm{T}} \\ (\boldsymbol{y}^*)^{\mathrm{T}} \\ (\boldsymbol{z}^*)^{\mathrm{T}} \\ \vdots \end{pmatrix} \begin{pmatrix} \boldsymbol{x}^*, & \boldsymbol{y}^*, & \boldsymbol{z}^*, & \cdots \end{pmatrix} = \begin{pmatrix} (\boldsymbol{x}^*)^{\mathrm{T}}(\boldsymbol{x}^*) & (\boldsymbol{x}^*)^{\mathrm{T}}(\boldsymbol{y}^*) & (\boldsymbol{x}^*)^{\mathrm{T}}(\boldsymbol{z}^*) & \cdots \\ (\boldsymbol{y}^*)^{\mathrm{T}}(\boldsymbol{x}^*) & (\boldsymbol{y}^*)^{\mathrm{T}}(\boldsymbol{y}^*) & (\boldsymbol{y}^*)^{\mathrm{T}}(\boldsymbol{z}^*) & \cdots \\ (\boldsymbol{z}^*)^{\mathrm{T}}(\boldsymbol{x}^*) & (\boldsymbol{z}^*)^{\mathrm{T}}(\boldsymbol{y}^*) & (\boldsymbol{z}^*)^{\mathrm{T}}(\boldsymbol{z}^*) & \cdots \\ \vdots & \vdots & \vdots & \end{pmatrix}$$

所以 $\boldsymbol{S} = \dfrac{\boldsymbol{A}^{\mathrm{T}}\boldsymbol{A}}{n-1}$ 为协方差矩阵，它是 $m \times m$ 对称矩阵，对角线元素 (i, i) 为第 i 门成绩的方差，(i, j) 元为第 i, j 门的协方差. 类似地，我们可以定义相关系数矩阵. 令

$$\begin{aligned}\hat{\boldsymbol{A}} = \boldsymbol{D}\boldsymbol{A} &= \begin{pmatrix} \frac{1}{||\boldsymbol{x}^*||} & & & \\ & \frac{1}{||\boldsymbol{y}^*||} & & \\ & & \frac{1}{||\boldsymbol{z}^*||} & \\ & & & \ddots \end{pmatrix} \begin{pmatrix} \boldsymbol{x}^*, & \boldsymbol{y}^*, & \boldsymbol{z}^*, \cdots \end{pmatrix} \\ &= \begin{pmatrix} \frac{\boldsymbol{x}^*}{||\boldsymbol{x}^*||}, & \frac{\boldsymbol{y}^*}{||\boldsymbol{y}^*||}, & \frac{\boldsymbol{z}^*}{||\boldsymbol{z}^*||}, & \cdots \end{pmatrix}\end{aligned}$$

这里，$\dfrac{\boldsymbol{x}^*}{||\boldsymbol{x}^*||}$ 是 $\boldsymbol{x}$ 的标准化，称 $\boldsymbol{C} = \hat{\boldsymbol{A}}^{\mathrm{T}}\hat{\boldsymbol{A}}$ 为相关系数矩阵. 当没有两门课成绩完全线性相关时（即一门课成绩刚好为另一门课成绩的倍数），$\boldsymbol{S}, \boldsymbol{C}$ 为正定矩阵.

主成分分析

在数据分析中，当 m 非常大时，我们常常需要考虑如何对变量进行线性组合，使之最能反映个体的差异，这样不需要把 m 个成绩都考虑，而只考虑少量的由 m 门成绩构成的几个指标. 一方面，如果大家一门课的成绩非常接近，都在 $87 \sim 90$ 之间，那这门课成绩没有区分度，我们无法知道同学之间的差异；另一方面，英语和数学成绩相关性很大时，我们仅需要知道其中的一门成绩，另一门的成绩没有提供太多额外的信息. 这样引出了主成分分析的两个目标：

1. 构造 m 门成绩的线性组合指标，称为**主成分**，使之方差最大；
2. 每个主成分之间**线性无关**，即点积为零.

假设 m 门课成绩使用权重 $\boldsymbol{v}_k$（m 维向量）进行加权平均，得到第 k 个主成分，即第 k 个主成分为 n 维量 $\boldsymbol{A}\boldsymbol{v}_k$. 对于第一个主成分，我们要求它的方差最大，即

$$\boldsymbol{v}_1 = \arg\max_{\boldsymbol{v}} (\boldsymbol{A}\boldsymbol{v})^{\mathrm{T}} \boldsymbol{A}\boldsymbol{v},$$

显然 $\boldsymbol{v}$ 越大，方差越大，我们需要对 $\boldsymbol{v}$ 增加一个约束，要求它为单位向量，即 $||\boldsymbol{v}|| = 1$. 利用拉格朗日㊀乘子法可以解有约束的极值问题，我们最大化以下无约束目标函数：

$$L_1(\boldsymbol{v}, \lambda) = (\boldsymbol{A}\boldsymbol{v})^{\mathrm{T}} \boldsymbol{A}\boldsymbol{v} - \lambda(||\boldsymbol{v}||^2 - 1) = \boldsymbol{v}^{\mathrm{T}} \boldsymbol{A}^{\mathrm{T}} \boldsymbol{A}\boldsymbol{v} - \lambda(\boldsymbol{v}^{\mathrm{T}}\boldsymbol{v} - 1),$$

图 5.12 拉格朗日（Joseph-Louis Lagrange，1736—1813）

㊀ 拉格朗日（见图 5.12）是一位意大利-法国数学家和天文学家，他对数学和天体力学的各个领域做出了重要贡献，包括拉格朗日中值定理（Lagrange's mean value theorem）、拉格朗日乘子法（Lagrange multiplier）、拉格朗日力学（Lagrangian mechanics）等. 拉格朗日早年在都灵接受教育，展现出非凡的数学天赋，之后在皇家军事学院学习，并涉足数学和力学领域. 1758 年，他发表了他的第一部重要著作《流体运动理论》，展示了他的数学才华和创造力. 1766 年，拉格朗日接受了普鲁士国王弗里德里希二世的邀请，加入柏林科学院，他在分析力学领域提出了一套有划时代意义的理论，现在被称为拉格朗日力学. 1788 年，拉格朗日出版巨著《分析力学》（*Mécanique analytique*），这本书为经典力学奠定了基础. 拉格朗日还在数论和代数方面取得了重大进展，他发展了拉格朗日余式理论，改进了欧拉和勒让德的工作. 拉格朗日在职业生涯中担任了许多崇高职位，如柏林科学院院长和法国科学院院士. 他获得了许多荣誉，1774 年获得皇家学会的科普利奖章，1808 年被拿破仑任命为荣誉军团勋章成员.

目标函数对 $\lambda, \boldsymbol{v}$ 的偏导数为

$$\begin{cases} \dfrac{\partial L_1}{\partial \lambda} = 1 - \boldsymbol{v}^{\mathrm{T}}\boldsymbol{v}, \\ \dfrac{\partial L_1}{\partial \boldsymbol{v}} = 2\boldsymbol{v}^{\mathrm{T}}A^{\mathrm{T}}A - 2\lambda\boldsymbol{v}^{\mathrm{T}}. \end{cases}$$

这里我们使用了

$$\mathrm{d}(\boldsymbol{v}^{\mathrm{T}}\boldsymbol{A}^{\mathrm{T}}\boldsymbol{A}\boldsymbol{v}) = (\mathrm{d}\boldsymbol{v})^{\mathrm{T}}(\boldsymbol{A}^{\mathrm{T}}\boldsymbol{A}\boldsymbol{v}) + \boldsymbol{v}^{\mathrm{T}}(\boldsymbol{A}^{\mathrm{T}}\boldsymbol{A}\mathrm{d}\boldsymbol{v}) = (\boldsymbol{A}^{\mathrm{T}}\boldsymbol{A}\boldsymbol{v})^{\mathrm{T}}\mathrm{d}\boldsymbol{v} + (\boldsymbol{v}^{\mathrm{T}}\boldsymbol{A}^{\mathrm{T}}\boldsymbol{A})\mathrm{d}\boldsymbol{v} = 2\boldsymbol{v}^{\mathrm{T}}\boldsymbol{A}^{\mathrm{T}}\boldsymbol{A}\mathrm{d}\boldsymbol{v}.$$

令以上偏导数等于 0，得到下述方程组

$$\begin{aligned} &1 - \boldsymbol{v}^{\mathrm{T}}\boldsymbol{v} = 0 \implies \boldsymbol{v}^{\mathrm{T}}\boldsymbol{v} = 1, \\ &2\boldsymbol{v}^{\mathrm{T}}\boldsymbol{A}^{\mathrm{T}}\boldsymbol{A} - 2\lambda\boldsymbol{v}^{\mathrm{T}} = \boldsymbol{0} \implies \boldsymbol{A}^{\mathrm{T}}\boldsymbol{A}\boldsymbol{v} = \lambda\boldsymbol{v}, \end{aligned}$$

所以，λ 是协方差矩阵 $\boldsymbol{A}^{\mathrm{T}}\boldsymbol{A}$ 的特征值，同时，$\boldsymbol{v}^{\mathrm{T}}\boldsymbol{A}^{\mathrm{T}}\boldsymbol{A}\boldsymbol{v} = \lambda\boldsymbol{v}^{\mathrm{T}}\boldsymbol{v} = \lambda$，特征值 λ 也是主成分的方差 $(\boldsymbol{A}\boldsymbol{v})^{\mathrm{T}}\boldsymbol{A}\boldsymbol{v}$. 最终，$\boldsymbol{A}^{\mathrm{T}}\boldsymbol{A}$ 最大特征值 λ_1 对应的单位特征向量 $\boldsymbol{v}_1$ 是我们要求的第一主成分中的权重向量.

对于第二主成分中的权重向量 $\boldsymbol{v}$，我们有两个约束：单位权重向量 $||\boldsymbol{v}|| = 1$，第二主成分正交于第一主成分（协方差为 0），$(\boldsymbol{A}\boldsymbol{v}_1)^{\mathrm{T}}(\boldsymbol{A}\boldsymbol{v}) = (\boldsymbol{A}^{\mathrm{T}}\boldsymbol{A}\boldsymbol{v}_1)^{\mathrm{T}}\boldsymbol{v} = \lambda_1\boldsymbol{v}_1^{\mathrm{T}}\boldsymbol{v} = 0$，拉格朗日乘子法的目标函数为

$$L(\boldsymbol{v}, \lambda, \eta) = (\boldsymbol{A}\boldsymbol{v})^{\mathrm{T}}\boldsymbol{A}\boldsymbol{v} - \lambda(\boldsymbol{v}^{\mathrm{T}}\boldsymbol{v} - 1) - \eta\lambda_1\boldsymbol{v}_1^{\mathrm{T}}\boldsymbol{v}$$

目标函数分别对 λ, η 求偏导，并等于 0. 这里主要考虑对 $\boldsymbol{v}$ 求偏导：

$$\frac{\partial L}{\partial \boldsymbol{v}} = 2\boldsymbol{v}^{\mathrm{T}}\boldsymbol{A}^{\mathrm{T}}\boldsymbol{A} - 2\lambda\boldsymbol{v}^{\mathrm{T}} - \eta\lambda_1\boldsymbol{v}_1^{\mathrm{T}}.$$

令以上偏导等于 $\boldsymbol{0}$：

$$\begin{aligned} 2\boldsymbol{v}^{\mathrm{T}}\boldsymbol{A}^{\mathrm{T}}\boldsymbol{A} - 2\lambda\boldsymbol{v}^{\mathrm{T}} - \eta\lambda_1\boldsymbol{v}_1^{\mathrm{T}} = \boldsymbol{0} &\implies 2\boldsymbol{v}^{\mathrm{T}}\boldsymbol{A}^{\mathrm{T}}\boldsymbol{A}\boldsymbol{v}_1 - 2\lambda\boldsymbol{v}^{\mathrm{T}}\boldsymbol{v}_1 - \eta\lambda_1\boldsymbol{v}_1^{\mathrm{T}}\boldsymbol{v}_1 = 0 \\ &\implies 2\lambda_1\boldsymbol{v}^{\mathrm{T}}\boldsymbol{v}_1 - 2\lambda\boldsymbol{v}^{\mathrm{T}}\boldsymbol{v}_1 - \eta\lambda_1\boldsymbol{v}_1^{\mathrm{T}}\boldsymbol{v}_1 = 0 \\ &\implies 0 - 0 - \eta\lambda_1||\boldsymbol{v}_1||^2 = 0 \\ &\implies \eta = 0 \end{aligned}$$

所以，

$$2\boldsymbol{v}^{\mathrm{T}}\boldsymbol{A}^{\mathrm{T}}\boldsymbol{A} - 2\lambda\boldsymbol{v}^{\mathrm{T}} - \eta\lambda_1\boldsymbol{v}_1^{\mathrm{T}} = \boldsymbol{0} \implies \boldsymbol{v}^{\mathrm{T}}\boldsymbol{A}^{\mathrm{T}}\boldsymbol{A} = \lambda\boldsymbol{v}^{\mathrm{T}} \implies \boldsymbol{A}^{\mathrm{T}}\boldsymbol{A}\boldsymbol{v} = \lambda\boldsymbol{v},$$

同时，第二主成分方差为 $\boldsymbol{v}^{\mathrm{T}}\boldsymbol{A}^{\mathrm{T}}\boldsymbol{A}\boldsymbol{v} = \lambda\boldsymbol{v}^{\mathrm{T}}\boldsymbol{v} = \lambda$. 和第一主成分类似，$\boldsymbol{A}^{\mathrm{T}}\boldsymbol{A}$ 第二大特征值 λ_2 对应的单位特征向量 $\boldsymbol{v}_2$ 是我们要求的第二主成分中的权重向量. 依次可以求得 $\lambda_3, \cdots, \lambda_m$，$\boldsymbol{v}_3, \cdots, \boldsymbol{v}_m$.

综上所述，主成分分析就是对协方差矩阵 $\boldsymbol{A}^{\mathrm{T}}\boldsymbol{A}$ 求特征值和单位特征向量. 协方差矩阵是正定矩阵，所以单位特征向量正交 $\boldsymbol{v}_1 \perp \boldsymbol{v}_2$，进而保证了主成分正交 $\boldsymbol{A}\boldsymbol{v}_1 \perp \boldsymbol{A}\boldsymbol{v}_2$（和奇异值分解原理相同）:

$$(\boldsymbol{A}\boldsymbol{v}_1)^{\mathrm{T}}(\boldsymbol{A}\boldsymbol{v}_2) = \boldsymbol{v}_1^{\mathrm{T}}\boldsymbol{A}^{\mathrm{T}}\boldsymbol{A}\boldsymbol{v}_2 = \lambda_2 \boldsymbol{v}_1^{\mathrm{T}}\boldsymbol{v}_2 = 0.$$

此外，特征值的和等于 $\boldsymbol{A}^{\mathrm{T}}\boldsymbol{A}$ 的迹，$\boldsymbol{A}^{\mathrm{T}}\boldsymbol{A}$ 对角线元素是每门课成绩的方差，即主成分方差之和等于 m 门课程成绩方差之和.

对 $\boldsymbol{A}^{\mathrm{T}}\boldsymbol{A}$ 的特征分析等价于对 $\boldsymbol{A}$ 的奇异值分解:

$$\boldsymbol{A}^{\mathrm{T}}\boldsymbol{A}\boldsymbol{v}_k = \lambda_k \boldsymbol{v}_k \implies (\boldsymbol{A}\boldsymbol{v}_k)^{\mathrm{T}}(\boldsymbol{A}\boldsymbol{v}_k) = \lambda_k \boldsymbol{v}_k^{\mathrm{T}}\boldsymbol{v}_k = \lambda_k \implies \left(\frac{\boldsymbol{A}\boldsymbol{v}_k}{\sqrt{\lambda_k}}\right)^{\mathrm{T}} \frac{\boldsymbol{A}\boldsymbol{v}_k}{\sqrt{\lambda_k}} = 1,$$

记 n 维单位向量 $\boldsymbol{u}_k = \boldsymbol{A}\boldsymbol{v}_k/\sqrt{\lambda_k}$. 所以，$\boldsymbol{v}_1, \cdots, \boldsymbol{v}_m$ 是 $\boldsymbol{A}$ 行空间 $C(\boldsymbol{A}^{\mathrm{T}}) \in \mathbb{R}^m$ 的单位正交基，经过 $\boldsymbol{A}$ 的变换、单位化，m 个单位向量 $\boldsymbol{u}_1, \cdots, \boldsymbol{u}_m$ 是 $\boldsymbol{A}$ 列空间 $C(\boldsymbol{A}) \in \mathbb{R}^n$ 的单位正交基，奇异值分解可以写成

$$\boldsymbol{A}\underbrace{\begin{pmatrix}\boldsymbol{v}_1, & \boldsymbol{v}_2, & \cdots, & \boldsymbol{v}_m\end{pmatrix}}_{\boldsymbol{V}} = \underbrace{\begin{pmatrix}\boldsymbol{u}_1, & \boldsymbol{u}_2, & \cdots, & \boldsymbol{u}_m\end{pmatrix}}_{\boldsymbol{U}}\underbrace{\begin{pmatrix}\sqrt{\lambda_1} & & \\ & \ddots & \\ & & \sqrt{\lambda_m}\end{pmatrix}}_{\boldsymbol{\Sigma}}.$$

注意：如果数据单位不统一，可以对相关系数矩阵 $\boldsymbol{C} = \hat{\boldsymbol{A}}^{\mathrm{T}}\boldsymbol{A}$ 进行特征分析，或者对 $\hat{\boldsymbol{A}}$ 进行奇异值分解. 综上所述，已知 $n \times m$ 归一化的数据矩阵 $\boldsymbol{A}$，对 $\boldsymbol{A}$ 进行主成分分析，等价于对协方差矩阵 $\boldsymbol{A}^{\mathrm{T}}\boldsymbol{A}$ 进行特征分析或者对 $\boldsymbol{A}$ 进行奇异值分解:

1. 第 k 个主成分方向、线性组合中权重向量 $\boldsymbol{v}_k$：$\boldsymbol{A}$ 的第 k 个最大奇异值对应的右奇异向量（回忆式 (3.1)），或者为 $\boldsymbol{A}^{\mathrm{T}}\boldsymbol{A}$ 的第 k 个最大特征值对应的单位特征向量;

2. 第 k 个主成分 $\boldsymbol{A}\boldsymbol{v}_k = \sqrt{\lambda_k}\boldsymbol{u}_k$：$\boldsymbol{A}$ 的第 k 个最大奇异值乘以相应的左奇异向量（回忆式 (3.1)），第 k 个主成分的方差等于协方差矩阵 $\boldsymbol{A}^{\mathrm{T}}\boldsymbol{A}$ 的第 k 个最大特征值 λ_k;

3. 主成分方向为 $\boldsymbol{A}$ 行空间的单位正交基，主成分为 $\boldsymbol{A}$ 列空间的正交基（非单位向量）.

4. 主成分方差之和 $\lambda_1 + \cdots + \lambda_m$（$\boldsymbol{A}^{\mathrm{T}}\boldsymbol{A}$ 特征值之和）等于原始变量方差之和（$\boldsymbol{A}^{\mathrm{T}}\boldsymbol{A}$ 的迹）.

5.6　马尔可夫链*

考虑由 1000 位有相近健康水平的人组成的一个集体，我们统计这组人一年内平均健康水平的变化，定义一年内生病次数少于 5 次的状态为健康状态，多于 5 次的状态为

亚健康状态. 如果某人今年处于健康状态，那明年保持健康状态的概率为 0.8，变为亚健康的概率为 0.2. 如果某人今年处于亚健康状态，那明年变为健康状态的概率为 0.3，仍为亚健康状态的概率为 0.7. 描述状态间变换的概率矩阵称为**转移概率矩阵**（transition probability matrix）

$$\boldsymbol{A}=\begin{pmatrix}0.8 & 0.3\\0.2 & 0.7\end{pmatrix}$$

第一列表示从第 1 个状态（健康）转移到第 1 个状态（健康）和第 2 个状态（亚健康）的概率；第二列表示从第 2 个状态（亚健康）转移到第 1 个状态（健康）和第 2 个状态（亚健康）的概率. 一般地，$m\times m$ 转移概率矩阵定义了 m 个状态之间的转移概率，A_{ij} 表示从第 j 个状态转移到第 i 个状态的概率.

一个人多年的平均健康水平形成了一条**马尔可夫**[㊀]**链**（Markov chain），它的特点是下一个状态只和当前状态相关，和历史状态无关. 马尔可夫转移概率矩阵刻画了马尔可夫随机过程的特征. 假设一个人当前的状态为健康 $\boldsymbol{x}=(1,0)$，一年后他处于健康和亚健康的概率为

$$\boldsymbol{A}\boldsymbol{x}=\begin{pmatrix}0.8\\0.2\end{pmatrix}.$$

图 5.13　马尔可夫（Andrey Andreyevich Markov，1856—1922）

假设一个人当前的状态为亚健康 $\boldsymbol{x}=(0,1)$，一年后他处于健康和亚健康的概率为

$$\boldsymbol{A}\boldsymbol{x}=\begin{pmatrix}0.3\\0.7\end{pmatrix}.$$

㊀ 马尔可夫（见图 5.13）是一位俄罗斯数学家，他在概率论和随机过程领域有开创性的工作. 马尔可夫提出了马尔可夫过程，在排队论、遗传学、经济学和物理学等领域有广泛的应用. 马尔可夫还研究了随机游走的理论，为现代统计学和概率建模奠定了基础，并在金融、计算机科学、生物学和物理学等领域得到了广泛应用. 马尔可夫于 1905 年当选为俄罗斯科学院院士，他的工作获得了众多奖项和荣誉.

假设 1000 个人的初始状态为健康 $\boldsymbol{x}=(1000,0)$，一年之后处于健康和亚健康的人数约为

$$\boldsymbol{A}\boldsymbol{x}=\begin{pmatrix}800\\200\end{pmatrix}.$$

假设 1000 个人的初始状态为 $\boldsymbol{x}=(500,500)$，一年之后处于健康和亚健康的人数约为

$$\boldsymbol{A}\boldsymbol{x}=\begin{pmatrix}550\\450\end{pmatrix}.$$

定义 5.21 如果矩阵 $\boldsymbol{A}$ 的所有元素都非负，且每列元素之和为 1，则称该矩阵为马尔可夫转移概率矩阵，简称马尔可夫矩阵（Markov matrix）.

注意，在本书中我们习惯了“按列”思考，所以，定义马尔可夫矩阵每列元素之和为 1，在其他课程中，也可以定义每行元素之和为 1，对应本书定义的马尔可夫矩阵的转置. 假设 $\boldsymbol{i}=(1,1,\cdots,1)$，马尔可夫矩阵 $\boldsymbol{A}$ 满足 $\boldsymbol{i}^{\mathrm{T}}\boldsymbol{A}=\boldsymbol{i}^{\mathrm{T}}$，进而 $\boldsymbol{A}^{\mathrm{T}}\boldsymbol{i}=\boldsymbol{i}$. 我们已经证明 $\boldsymbol{A}^{\mathrm{T}},\boldsymbol{A}$ 有相同的特征多项式和特征值，所以 $\boldsymbol{A}^{\mathrm{T}},\boldsymbol{A}$ 必有一个特征值为 1. 注意，$\boldsymbol{A},\boldsymbol{A}^{\mathrm{T}}$ 的特征向量不一定相同，即 $\boldsymbol{A}\boldsymbol{i}$ 不一定等于 $\boldsymbol{i}$. 马尔可夫转移概率矩阵的另一个特点是不会改变输入向量元素之和. 假设向量 $\boldsymbol{x}$ 中的元素之和为 $s=\boldsymbol{i}^{\mathrm{T}}\boldsymbol{x}$，则经过 $\boldsymbol{A}$ 的变换，向量 $\boldsymbol{A}\boldsymbol{x}$ 的元素之和仍为 s：

$$\boldsymbol{i}^{\mathrm{T}}(\boldsymbol{A}\boldsymbol{x})=(\boldsymbol{i}^{\mathrm{T}}\boldsymbol{A})\boldsymbol{x}=\boldsymbol{i}^{\mathrm{T}}\boldsymbol{x}=s.$$

定理 5.35 如果 $\boldsymbol{A},\boldsymbol{B}$ 都为马尔可夫转移概率矩阵，那么 $\boldsymbol{A}\boldsymbol{B}$ 也为马尔可夫转移概率矩阵.

证明 首先，因为 $\boldsymbol{A},\boldsymbol{B}$ 的元素都非负，所以 $\boldsymbol{A}\boldsymbol{B}$ 的元素都非负. 其次，

$$\boldsymbol{i}^{\mathrm{T}}(\boldsymbol{A}\boldsymbol{B})=(\boldsymbol{i}^{\mathrm{T}}\boldsymbol{A})\boldsymbol{B}=\boldsymbol{i}^{\mathrm{T}}\boldsymbol{B}=\boldsymbol{i}^{\mathrm{T}},$$

所以 $\boldsymbol{A}\boldsymbol{B}$ 的每列之和为 1. ■

以上定理还说明，如果 $\boldsymbol{A}$ 是马尔可夫转移概率矩阵，则 $\boldsymbol{A}^n$ 也是马尔可夫转移概率矩阵.

定理 5.36 马尔可夫转移概率矩阵必有一个特征值 1，且所有特征值的模长不大于 1.

证明 已证明必有一个特征值 $\lambda_0=1$. 这里仅证明 $|\lambda|\leqslant 1$. 假如 $|\lambda|>1$，特征向量为 $\boldsymbol{x}$. 根据 $\boldsymbol{A}^n\boldsymbol{x}=\lambda^n\boldsymbol{x}$，当 $n\to\infty$ 时，$\lambda^n\boldsymbol{x}\to\infty$，$\boldsymbol{A}^n$ 中有元素趋于无穷大. 但是，$\boldsymbol{A}^n$ 为马尔可夫矩阵，它的元素不可能趋于无穷大，矛盾，所以假设不成立. ■

稳态分布

属于 $\lambda_0=1$ 的任意特征向量 $\boldsymbol{x}_0$，满足 $\boldsymbol{A}^n\boldsymbol{x}_0=\boldsymbol{x}_0$，称 $\boldsymbol{x}_0$ 为**稳态**. 特别地，当 $\boldsymbol{x}_0$ 中元素之和为 1 时，称 $\boldsymbol{x}_0$ 为马尔可夫过程的**稳态分布**. 对于 m 级单位矩阵 $\boldsymbol{I}$，它的特

征值为 1，代数重数为 m，所有 m 维向量都是 $\boldsymbol{I}$ 的稳态. 以下定理说明当马尔可夫矩阵所有元素为正时，它的稳态分布唯一.

定理 5.37 对于正马尔可夫转移概率矩阵（所有元素大于 0），它的特征值 $\lambda_0=1$ 的代数重数为 1，$N(\boldsymbol{A}-\boldsymbol{I})$ 的维数为 1，稳态分布唯一.

定理 5.38 对于初始向量 $\boldsymbol{x}$，经过 n 次正马尔可夫转移概率矩阵 $\boldsymbol{A}$ 变换，当 n 趋于无穷大时，则

$$\lim_{n\to\infty}\boldsymbol{A}^n x=\boldsymbol{c}_0\boldsymbol{x}_0,$$

其中 $\boldsymbol{x}_0$ 为稳态分布，$\boldsymbol{c}_0=\boldsymbol{i}^{\mathrm{T}}\boldsymbol{x}$，$\boldsymbol{i}=(1,1,\cdots,1)$.

证明 首先，可以把 $\boldsymbol{x}$ 用 $\boldsymbol{A}$ 的特征向量线性表出，当 $n\to\infty$ 时，所有 $|\lambda|<1$ 的项都趋向于 0，只剩 $\lambda=1$ 的那项，记为 $c_0\boldsymbol{x}_0$，其中 $\boldsymbol{x}_0$ 为稳态分布. 因为 $\boldsymbol{A}^n$ 也为正马尔可夫矩阵，所以向量 $\boldsymbol{A}^n\boldsymbol{x}$ 中元素之和等于 $\boldsymbol{x}$ 中元素之和.

$$\boldsymbol{i}^{\mathrm{T}}\boldsymbol{x}=\boldsymbol{i}^{\mathrm{T}}(c_0\boldsymbol{x}_0)\implies c_0=\frac{\boldsymbol{i}^{\mathrm{T}}\boldsymbol{x}}{\boldsymbol{i}^{\mathrm{T}}\boldsymbol{x}_0}=\boldsymbol{i}^{\mathrm{T}}\boldsymbol{x}\ \blacksquare$$

例 5.28 本节开头介绍了由健康与亚健康两个状态构成的马尔可夫链，计算马尔可夫转移概率矩阵 $\boldsymbol{A}=\begin{pmatrix}0.8&0.3\\0.2&0.7\end{pmatrix}$ 的无穷次幂 $\boldsymbol{D}=\lim\limits_{n\to\infty}\boldsymbol{A}^n$.

解 由例 5.8 可得

$$\boldsymbol{A}=\boldsymbol{X}\boldsymbol{\Lambda}\boldsymbol{X}^{-1}=\begin{pmatrix}0.6&1\\0.4&-1\end{pmatrix}\begin{pmatrix}1&0\\0&0.5\end{pmatrix}\begin{pmatrix}1&1\\0.4&-0.6\end{pmatrix}$$

所以：

$$\begin{aligned}\boldsymbol{D}&=\lim_{n\to\infty}\boldsymbol{A}^n=\lim_{n\to\infty}\boldsymbol{X}\boldsymbol{\Lambda}^n\boldsymbol{X}^{-1}\\&=\lim_{n\to\infty}\begin{pmatrix}0.6&1\\0.4&-1\end{pmatrix}\begin{pmatrix}1^n&0\\0&0.5^n\end{pmatrix}\begin{pmatrix}1&1\\0.4&-0.6\end{pmatrix}=\begin{pmatrix}0.6&0.6\\0.4&0.4\end{pmatrix}.\end{aligned}$$

$\boldsymbol{x}_0=(0.6,0.4)$ 是马尔可夫过程的稳态分布，$\boldsymbol{D}\boldsymbol{x}_0=\boldsymbol{x}_0$.

假设 1000 个人的初始状态为健康（初始向量为 $\boldsymbol{x}=(1000,0)$），根据以上分析，很多年过去后，大约有 600 人处于健康，400 人处于亚健康：

$$\lim_{n\to\infty}\boldsymbol{A}^n\boldsymbol{x}=c_0\boldsymbol{x}_0=1000(0.6,0.4)=(600,400).$$

其实，无论这 1000 个人的初始状态如何，很多年之后，都是大约有 600 人处于健康，400 人处于亚健康.

以上例子说明，正马尔可夫矩阵的 n 次幂趋于一特殊矩阵 $\boldsymbol{D}$，$\boldsymbol{D}$ 的每列都为稳态分布. 这也可以从下式得出：

$$\lim_{n\to\infty}\boldsymbol{A}^n=\lim_{n\to\infty}\boldsymbol{A}^n\boldsymbol{I}=\begin{pmatrix}|&&|\\\lim\limits_{n\to\infty}\boldsymbol{A}^n\boldsymbol{e}_1,&\cdots,&\lim\limits_{n\to\infty}\boldsymbol{A}^n\boldsymbol{e}_m\\|&&|\end{pmatrix}=\begin{pmatrix}|&|&|\\\boldsymbol{x}_0&\cdots&\boldsymbol{x}_0\\|&|&|\end{pmatrix}$$

当马尔可夫矩阵中含有 0 元素时，我们可能找到多个特征值满足 $|\lambda| = 1$，这时 $\boldsymbol{A}^n$ 可能震荡，不收敛.

例 5.29　已知马尔可夫转移概率矩阵 $\boldsymbol{A} = \begin{pmatrix} 0 & 1 \\ 1 & 0 \end{pmatrix}$，求 $\boldsymbol{A}^n$.

解　$\boldsymbol{A}$ 的特征值为 $\lambda_1 = 1, \lambda_2 = -1$，满足 $|\lambda_1| = |\lambda_2| = 1$. 属于 $\lambda_1 = 1$ 的特征向量为 $\boldsymbol{x}_1 = (1, 1)$，

$$\boldsymbol{A}^n \boldsymbol{x}_1 = \boldsymbol{x}_1.$$

属于 $\lambda_2 = -1$ 的特征向量为 $\boldsymbol{x}_2 = (1, -1)$，

$$\boldsymbol{A}^n \boldsymbol{x}_2 = (-1)^n \boldsymbol{x}_2.$$

所以，

$$\boldsymbol{A}^n = \boldsymbol{A}^n \boldsymbol{I} = \begin{pmatrix} \dfrac{\boldsymbol{A}^n(\boldsymbol{x}_1 + \boldsymbol{x}_2)}{2} & \dfrac{\boldsymbol{A}^n(\boldsymbol{x}_1 - \boldsymbol{x}_2)}{2} \end{pmatrix} = \begin{pmatrix} \dfrac{\boldsymbol{x}_1 + (-1)^n \boldsymbol{x}_2}{2} & \dfrac{\boldsymbol{x}_1 - (-1)^n \boldsymbol{x}_2}{2} \end{pmatrix}$$

$$\boldsymbol{A}^n = \begin{cases} \begin{pmatrix} 1 & 0 \\ 0 & 1 \end{pmatrix} & n\text{为偶数}, \\ \begin{pmatrix} 0 & 1 \\ 1 & 0 \end{pmatrix} & n\text{为奇数}. \end{cases}$$

PageRank

PageRank，又称网页排名、佩奇排名，该算法以谷歌公司创始人之一的拉里 • 佩奇（Larry Page）的名字命名. 谷歌搜索引擎用它来分析网页的相关性和重要性. 其基本假设是：更重要的页面往往更多地被其他页面引用（很多其他页面有通向该页面的超链接）. 把网页看成状态，随机点击网页中的链接，每次点击指向的网页形成一条马尔可夫链，每个网页的重要程度与其在稳态分布中的概率成正比，网页的稳态概率越大，意味着随机点击越容易链接到该网页，说明该网页越重要、排名应该越高. 考虑如图 5.14 所示网页互相之间的链接，假设从一个网页链接到其他网页的概率相等，也等于链接到自身的概率. 可见：

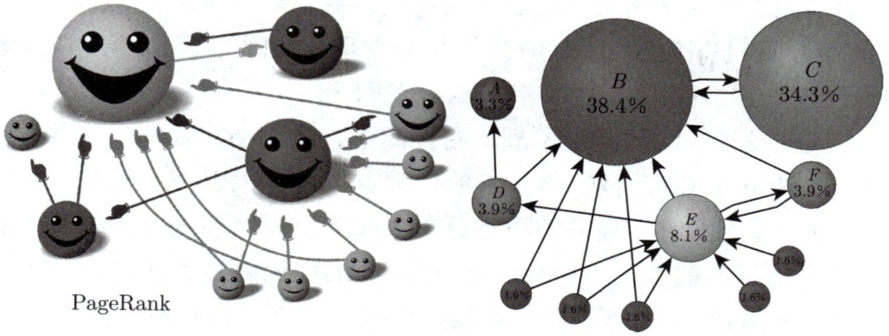

图 5.14　PageRank 示意图

1. 网页 $1(A)$ 没有链接到其他网页，所以自链接的概率为 1；

2. 网页 $2(B)$ 只链接到 $3(C)$ 和自身，所以到 $3(C)$ 的概率为 $\frac{1}{2}$，自链接的概率为 $\frac{1}{2}$；

3. 网页 $3(C)$ 只链接到 $2(B)$ 和自身，所以到 $2(B)$ 的概率为 $\frac{1}{2}$，自链接的概率为 $\frac{1}{2}$；

4. 网页 $4(D)$ 链接到 $1(A), 2(B)$ 和自身，所以到 $1(A), 2(B)$ 和自身的概率均为 $\frac{1}{3}$；

5. 网页 $5(E)$ 链接到 $2(B), 4(D), 6(F)$ 和自身，所以到 $2(B), 4(D), 6(F)$ 和自身的概率均为 $\frac{1}{4}$；

6. 网页 $6(F)$ 链接到 $2(B), 5(E)$ 和自身，所以到 $2(B), 5(E)$ 和自身的概率均为 $\frac{1}{3}$.

把以上转移概率放入马尔可夫转移概率矩阵，其中 A_{ij} 表示从 j 网页链接到 i 网页的概率.

$$\boldsymbol{A} = \begin{pmatrix} 1 & & & \frac{1}{3} & & & \\ & \frac{1}{2} & \frac{1}{2} & \frac{1}{3} & \frac{1}{4} & \frac{1}{3} & \\ & \frac{1}{2} & \frac{1}{2} & & & & \\ & & & \frac{1}{3} & \frac{1}{4} & & \\ & & & & \frac{1}{4} & \frac{1}{3} & \\ & & & & \frac{1}{4} & \frac{1}{3} & \\ & & & & & & \ddots \end{pmatrix}$$

假设该马尔可夫链的稳态分布为 $\boldsymbol{r}$：

$$\boldsymbol{A}\boldsymbol{r} = \boldsymbol{r},$$

定义 i 网页的 rank 为稳态分布的第 i 个元素 r_i：

$$r_i = \sum_j A_{ij} r_j,$$

可见，r_i 为链接到 i 网页的所有网页的 r_j 的加权平均，权重为 A_{ij}. 如果 r_j 很大，且 j 网页链接到很少的网页（但链接到 i 网页），则会使 r_i 变很大. 也就是说，如果 i 网页被一个很重要的网页特别地链接，那么 i 网页也因此变得非常重要. 这解释了为什么尽管链接到 $3(C)$ 网页只有 $2(B)$，但 $3(C)$ 网页非常重要，因为 $2(B)$ 网页 rank 很大，且 $2(B)$ 唯一链接到 $3(C)$. 图 5.14 中圆形中的数字即为 r_i.

以上是 PageRank 算法的基本原理，在实际中，我们还需要解决一些其他问题：

1. 马尔可夫矩阵中有零元素，$\lambda = 1$ 的代数重数可能大于 1，可能有其他非 1 的特征值的模长等于 1（可能有不唯一的稳态分布，或者呈现周期变化，如例 5.29）；

2. 马尔可夫链可能被吸入小循环，如点击到 $1(A)$ 网页，无法再链接到其他网页.

为了解决以上问题，我们需要对 $\boldsymbol{A}$ 加一个微小扰动，使得所有元素都为正，即所有网页都互相链接. 这样，修正后的马尔可夫转移概率矩阵只有一个特征值等于 1，其他特征值的模长都小于 1. 具体而言，首先，设计一个使所有网页都链接的均匀转移概率矩阵：

$$\boldsymbol{S}=\frac{1}{n}\begin{pmatrix}1&1&\cdots&1\\ \vdots&\vdots&&\vdots\\ 1&1&\cdots&1\end{pmatrix}=\frac{1}{n}\boldsymbol{i}\boldsymbol{i}^{\mathrm{T}}=\frac{\boldsymbol{i}\boldsymbol{i}^{\mathrm{T}}}{\boldsymbol{i}^{\mathrm{T}}\boldsymbol{i}}.$$

因为网页数目 n 很大，所以 $\boldsymbol{S}$ 中的元素很小. $\boldsymbol{S}$ 的特征值 $\lambda_1=1,\lambda_2=0$，属于 $\lambda_1=1$ 的特征向量为 $\boldsymbol{x}_1=\boldsymbol{i}$，属于 $\lambda_2=0$ 的线性无关的特征向量有 $n-1$ 个，因为 $\dim(N(\boldsymbol{S}))=n-\operatorname{rank}(\boldsymbol{S})=n-1$. $\boldsymbol{A}$ 加上扰动 $\boldsymbol{S}$ 变为新的矩阵 $\boldsymbol{M}$：

$$\boldsymbol{M}=p\boldsymbol{S}+(1-p)\boldsymbol{A}$$

其中，p 很小（如 0.01）使得 $\boldsymbol{M}\approx\boldsymbol{A}$. 矩阵 $\boldsymbol{M}$ 是马尔可夫转移概率矩阵，因为

$$\boldsymbol{i}^{\mathrm{T}}\boldsymbol{M}=p\frac{\boldsymbol{i}^{\mathrm{T}}\boldsymbol{i}\boldsymbol{i}^{\mathrm{T}}}{n}+(1-p)\boldsymbol{i}^{\mathrm{T}}\boldsymbol{A}=p\boldsymbol{i}^{\mathrm{T}}+(1-p)\boldsymbol{i}^{\mathrm{T}}=\boldsymbol{i}^{\mathrm{T}}.$$

给定任意初始状态 $\boldsymbol{r}_0$，连续进行线性变换 $\boldsymbol{M}$，得到

$$\boldsymbol{r}_1=\boldsymbol{M}\boldsymbol{r}_0,\quad \boldsymbol{r}_2=\boldsymbol{M}\boldsymbol{r}_1,\cdots$$

最终趋于稳态分布 $\boldsymbol{r}_0\to\boldsymbol{r}_1\to\boldsymbol{r}_2\to\cdots\to\boldsymbol{r}$. 在中间过程，需重复进行运算：

$$\boldsymbol{r}_{k+1}=\boldsymbol{M}\boldsymbol{r}_k=\frac{p}{n}\boldsymbol{i}(\boldsymbol{i}^{\mathrm{T}}\boldsymbol{r}_k)+(1-p)\boldsymbol{A}\boldsymbol{r}_k.$$

5.7　解微分方程组*

解一元微分方程

$$\frac{\mathrm{d}u}{\mathrm{d}t}=\lambda u$$

得到 $u(t)=u(0)\mathrm{e}^{\lambda t}$，其中 $u(0)$ 为初始值. 把 u 扩展为二维向量 $\boldsymbol{u}=\begin{pmatrix}u_1\\ u_2\end{pmatrix}$，微分方程组

$$\frac{\mathrm{d}\boldsymbol{u}}{\mathrm{d}t}=\lambda\boldsymbol{u}$$

可以写成

$$\begin{pmatrix}\dfrac{\mathrm{d}u_1}{\mathrm{d}t}\\ \dfrac{\mathrm{d}u_2}{\mathrm{d}t}\end{pmatrix}=\begin{pmatrix}\lambda u_1\\ \lambda u_2\end{pmatrix}$$

它的解为

$$\boldsymbol{u}(t)=\begin{pmatrix}u_1(0)\mathrm{e}^{\lambda t}\\ u_2(0)\mathrm{e}^{\lambda t}\end{pmatrix}=\begin{pmatrix}u_1(0)\\ u_2(0)\end{pmatrix}\mathrm{e}^{\lambda t}=\boldsymbol{u}(0)\mathrm{e}^{\lambda t}.$$

一般地，对于 m 维向量 $\boldsymbol{u}(t)$，解微分方程组

$$\frac{\mathrm{d}\boldsymbol{u}}{\mathrm{d}t}=\lambda\boldsymbol{u}$$

得到 $\boldsymbol{u}(t)=\boldsymbol{u}(0)\mathrm{e}^{\lambda t}$. 即 $\boldsymbol{u}(t)$ 中的每个元素增长速度为 $\mathrm{e}^{\lambda t}$. 更一般地，这节我们解以下微分方程组：

$$\frac{\mathrm{d}\boldsymbol{u}}{\mathrm{d}t}=\boldsymbol{A}\boldsymbol{u}.$$

这里 $\mathrm{d}\boldsymbol{u}/\mathrm{d}t$ 为 m 维向量，$\boldsymbol{A}\boldsymbol{u}$ 也为 m 维向量，所以我们有 m 个微分方程，它们构成一个微分方程组，且还有一个初始约束 $\boldsymbol{u}(0)$.

我们首先考虑一个特殊情形，如果 $\boldsymbol{u}$ 与 $\boldsymbol{A}$ 的一个特征向量 $\boldsymbol{x}_1$ 方向相同，即 $\boldsymbol{u}(t)=f(t)\boldsymbol{x}_1$，则以上微分方程可变形为

$$\boldsymbol{x}_1\frac{\mathrm{d}f(t)}{\mathrm{d}t}=f(t)\lambda_1\boldsymbol{x}_1 \implies f(t)=f(0)\mathrm{e}^{\lambda_1 t} \implies \boldsymbol{u}(t)=f(0)\mathrm{e}^{\lambda_1 t}\boldsymbol{x}_1 \implies \boldsymbol{u}(t)=\boldsymbol{u}(0)\mathrm{e}^{\lambda_1 t}.$$

以上分析告诉我们，把 $\boldsymbol{u}(t)$ 分解到特征向量方向能简化计算. 一般地，假设 $\boldsymbol{u}(t)$ 为 m 维向量，且 $\boldsymbol{A}$ 有 m 个线性无关的特征向量，把 $\boldsymbol{u}(t)$ 用特征向量线性表出：

$$\boldsymbol{u}(t)=f_1(t)\boldsymbol{x}_1+\cdots+f_m(t)\boldsymbol{x}_m,$$

微分方程组等价于

$$\frac{\mathrm{d}(f_1(t)\boldsymbol{x}_1+\cdots+f_m(t)\boldsymbol{x}_m)}{\mathrm{d}t}=\boldsymbol{A}(f_1(t)\boldsymbol{x}_1+\cdots+f_m(t)\boldsymbol{x}_m)$$

$$f_1'(t)\boldsymbol{x}_1+\cdots+f_m'(t)\boldsymbol{x}_m=f_1(t)\lambda_1\boldsymbol{x}_1+\cdots+f_m(t)\lambda_m\boldsymbol{x}_m$$

所以，$f_1(t)=f_1(0)\mathrm{e}^{\lambda_1 t},\cdots,f_m(t)=f_m(0)\mathrm{e}^{\lambda_m t}$. 进而解为

$$\boldsymbol{u}(t)=\mathrm{e}^{\lambda_1 t}f_1(0)\boldsymbol{x}_1+\cdots+\mathrm{e}^{\lambda_m t}f_m(0)\boldsymbol{x}_m,$$

其中 $f_1(0),\cdots,f_m(0)$ 是根据初始值 $\boldsymbol{u}(0)$ 求得的，即线性方程组 $f_1(0)\boldsymbol{x}_1+\cdots+f_m(0)\boldsymbol{x}_m=\boldsymbol{u}(0)$ 的解. 注：我们一般简写为 $\boldsymbol{u}(0)=c_1\boldsymbol{x}_1+\cdots+c_m\boldsymbol{x}_m$，微分方程组的解为

$$\boldsymbol{u}(t)=\mathrm{e}^{\lambda_1 t}c_1\boldsymbol{x}_1+\cdots+\mathrm{e}^{\lambda_m t}c_m\boldsymbol{x}_m.$$

可以看到在特征向量 $\boldsymbol{x}_i$ 方向上的增长速度为 $\mathrm{e}^{\lambda_i t}$，它和该方向的特征值 λ_i 相关. 注意：这里不考虑特征向量不足的问题，如果两个特征值相等，但只有一个特征向量，这时需要“补充”另一个特殊向量，我们在本节讨论这个特殊向量，称为若尔当向量.

例 5.30 解微分方程组

$$\frac{\mathrm{d}\boldsymbol{x}}{\mathrm{d}t}=\boldsymbol{A}\boldsymbol{x}$$

其中，

$$\boldsymbol{A}=\begin{pmatrix}0.1 & -0.1\\ 0.5 & -1\end{pmatrix}.$$

初始值 $\boldsymbol{x}(0)=(1,10)$.

解　矩阵 $\boldsymbol{A}$ 的两个特征值为

$$\lambda_1\approx-0.9525,\quad \lambda_2\approx0.0525.$$

相应的两个特征向量为 $\boldsymbol{x}_1=(0.0946,0.9955)$ 和 $\boldsymbol{x}_2=(0.9033,0.4291)$. 微分方程的解可以表示为

$$\boldsymbol{x}(t)=c_1\mathrm{e}^{\lambda_1 t}\boldsymbol{x}_1+c_2\mathrm{e}^{\lambda_2 t}\boldsymbol{x}_2$$

通过初始值 $\boldsymbol{x}(0)=c_1\boldsymbol{x}_1+c_2\boldsymbol{x}_2$ 确定系数 $c_1=10.0201, c_2=0.0578$. 所以,

$$\boldsymbol{x}(t)=\begin{pmatrix}0.9479\mathrm{e}^{-0.9525t}+0.0522\mathrm{e}^{0.0525t}\\9.9752\mathrm{e}^{-0.9525t}+0.0248\mathrm{e}^{0.0525t}\end{pmatrix}.$$

因为 $\lambda_1<0,\lambda_2>0$，所以 $c_1\mathrm{e}^{\lambda_1 t}\boldsymbol{x}_1\to\boldsymbol{0}$，$c_2\mathrm{e}^{\lambda_2 t}\boldsymbol{x}_2\to\infty$，$\boldsymbol{x}(t)$ 的方向趋于 $\boldsymbol{x}_2$.

图 5.15 显示了向量 $\boldsymbol{x}(t)$ 中两个元素随时间 t 的变化. 初始值中 $\boldsymbol{x}_1$ 的占比是 $\boldsymbol{x}_2$ 的 10 倍，所以，开始时 $\boldsymbol{x}(t)$ 的变化由 $c_1\mathrm{e}^{\lambda_1 t}\boldsymbol{x}_1$ 主导，为指数型递减，之后，由 $c_2\mathrm{e}^{\lambda_2 t}\boldsymbol{x}_2$ 主导，为指数型递增，且方向趋于 $\boldsymbol{x}_2$，即当 t 足够大时，$\boldsymbol{x}(t)$ 的第 1 元素约为第 2 元素的 2 倍，比如 $\boldsymbol{x}(100)=(9.9476,4.7260)$.

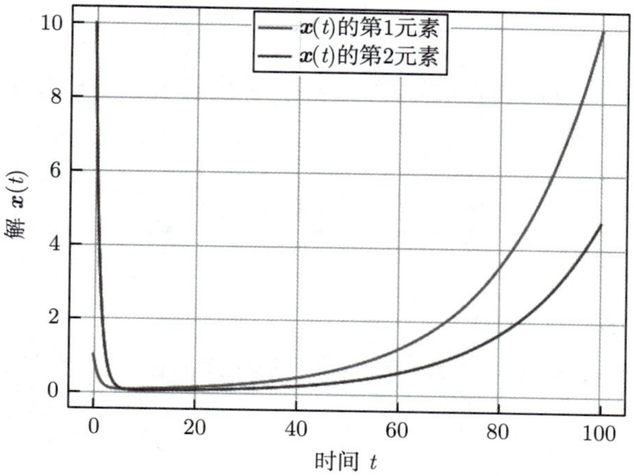

图 5.15　向量 $\boldsymbol{x}(t)$ 中两个元素随时间 t 的变化

例 5.31　求解 $\dfrac{\mathrm{d}\boldsymbol{u}}{\mathrm{d}t}=\boldsymbol{A}\boldsymbol{u}$，其中 $\boldsymbol{A}=\begin{pmatrix}1&1&1\\0&2&1\\0&0&3\end{pmatrix}$. 初始状态 $\boldsymbol{u}(0)=(9,7,4)$.

解　上三角矩阵 $\boldsymbol{A}$ 的特征值为对角线元素，对应的特征向量如下：

$$\lambda_1=1,\quad \boldsymbol{x}_1=(1,0,0),$$
$$\lambda_2=2,\quad \boldsymbol{x}_2=(1,1,0),$$
$$\lambda_3=3,\quad \boldsymbol{x}_3=(1,1,1),$$

解线性方程组

$$c_1\boldsymbol{x}_1+c_2\boldsymbol{x}_2+c_3\boldsymbol{x}_3=\boldsymbol{u}(0),$$

得到 $c_1=2,c_2=3,c_3=4$. 所以，微分方程组的解为

$$\boldsymbol{u}(t)=2\mathrm{e}^t\boldsymbol{x}_1+3\mathrm{e}^{2t}\boldsymbol{x}_2+4\mathrm{e}^{3t}\boldsymbol{x}_3=\begin{pmatrix}2\mathrm{e}^t+3\mathrm{e}^{2t}+4\mathrm{e}^{3t}\\3\mathrm{e}^{2t}+4\mathrm{e}^{3t}\\4\mathrm{e}^{3t}\end{pmatrix},$$

当 t 很大时，$\boldsymbol{u}(t)$ 的方向趋向于 $\boldsymbol{x}_3$.

当 $t\to\infty$ 时，微分方程的解 $\boldsymbol{u}(t)$ 的状态由特征值决定. 根据 $\mathrm{e}^{\lambda t}$，如果 $\lambda<0$，该项趋近 0 收敛；如果 $\lambda>0$，该项趋近无穷大、发散；如果 $\lambda=0$，该项为稳态，保持不变；如果 $\lambda=a+\mathrm{i}b$ 为复数，实部 a 决定是否收敛，虚部 b 决定循环频率：

$$\mathrm{e}^{\lambda t}=\mathrm{e}^{at}\mathrm{e}^{\mathrm{i}bt}=\mathrm{e}^{at}\left[\cos(bt)+\mathrm{i}\sin(bt)\right],|\mathrm{e}^{\mathrm{i}bt}|=1$$

周期为 $2\pi/b$.

例 5.32　一对情侣的关系可用微分方程近似表示：

$$\frac{\mathrm{d}x}{\mathrm{d}t}=y(t),\frac{\mathrm{d}y}{\mathrm{d}t}=-x(t)$$

其中 $x(t)$ 表示男对女的热情度，$y(t)$ 表示女对男的热情度. 使用二维向量 $\boldsymbol{u}(t)=(x(t),y(t))$，微分方程的矩阵表示为

$$\frac{\mathrm{d}\boldsymbol{u}}{\mathrm{d}t}=\begin{pmatrix}0&1\\-1&0\end{pmatrix}\boldsymbol{u}=\boldsymbol{A}\boldsymbol{u}.$$

初始状态 $\boldsymbol{u}(0)=(1,0)$，求 $\boldsymbol{u}(t)$.

解　矩阵 $\boldsymbol{A}$ 为反对称矩阵，$\boldsymbol{A}^{\mathrm{T}}=-\boldsymbol{A}$. 它的特征值为纯虚数，特征向量正交.

$$\begin{aligned}\lambda_1&=\mathrm{i}, & \boldsymbol{x}_1&=(1,\mathrm{i}),\\ \lambda_2&=-\mathrm{i}, & \boldsymbol{x}_2&=(1,-\mathrm{i}).\end{aligned}$$

初始值用特征向量线性表出为

$$\boldsymbol{u}(0)=0.5\boldsymbol{x}_1+0.5\boldsymbol{x}_2.$$

微分方程的解为：

$$\boldsymbol{u}(t)=0.5\mathrm{e}^{\mathrm{i}t}\boldsymbol{x}_1+0.5\mathrm{e}^{-\mathrm{i}t}\boldsymbol{x}_2$$

根据欧拉公式

$$\mathrm{e}^{\mathrm{i}t}=\cos t+\mathrm{i}\sin t,$$

解可以写成:

$$\boldsymbol{u}(t)=\begin{pmatrix}\cos t\\-\sin t\end{pmatrix}$$

其中, $x(t)=\cos t, y(t)=-\sin t$ 均为周期等于 2π 的周期性函数, $x(t),y(t)$ 的相位差为 $\pi/2$, 如图 5.16 所示.

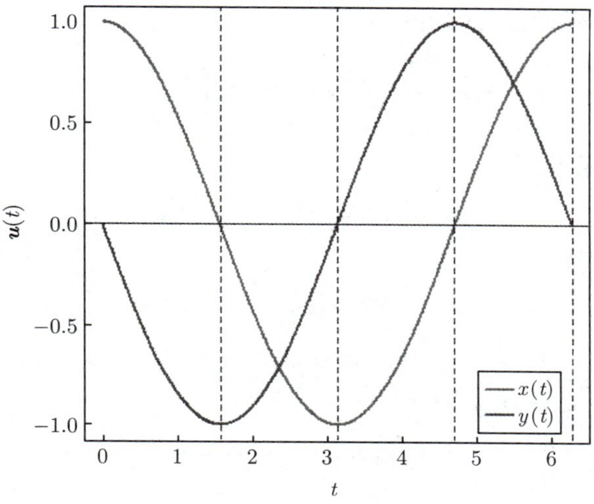

图 5.16　解 $x(t)$ 与 $y(t)$

简谐运动

简谐运动, 或称简谐振动、谐振、SHM (simple harmonic motion), 是最基本也是最简单的一种机械振动 (见图 5.17). 当某物体进行简谐运动时, 物体所受的力 (或物体的加速度) 的大小与位移的大小成正比, 并且力 (或物体的加速度) 总是指向平衡位置.

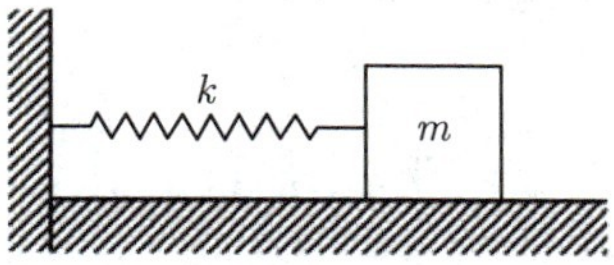

图 5.17　简谐运动

描述上述物理过程的微分方程为 $mx''+bx'+kx=0$, 其中 x 表示位移, m 为质量, b 为空气阻尼系数, k 为弹性系数. 该微分方程表明, 物体所受外力 mx'' 等于空气阻力 $-bx'$ 与弹性力 $-kx$ 之和. 令 $\boldsymbol{u}=(x,x')$, 则二次微分方程可以写成如下矩阵形式:

$$\frac{\mathrm{d}\boldsymbol{u}(t)}{\mathrm{d}t}=\frac{\mathrm{d}}{\mathrm{d}t}\begin{pmatrix}x\\x'\end{pmatrix}=\begin{pmatrix}x'\\x''\end{pmatrix}=\begin{pmatrix}0&1\\-\dfrac{k}{m}&-b\end{pmatrix}\begin{pmatrix}x\\x'\end{pmatrix}=\boldsymbol{A}\boldsymbol{u}.$$

特征多项式为

$$\lambda^2 + b\lambda + \frac{k}{m} = 0,$$

假设特征值为 λ_1, λ_2，则特征向量为 $\boldsymbol{x}_1 = (1, \lambda_1), \boldsymbol{x}_2 = (1, \lambda_2)$. 微分方程的解为

$$\boldsymbol{u}(t) = c_1 \mathrm{e}^{\lambda_1 t} \begin{pmatrix} 1 \\ \lambda_1 \end{pmatrix} + c_2 \mathrm{e}^{\lambda_2 t} \begin{pmatrix} 1 \\ \lambda_2 \end{pmatrix},$$

其中 c_1, c_2 由初始位移和速度确定：

$$c_1 \boldsymbol{x}_1 + c_2 \boldsymbol{x}_2 = \boldsymbol{u}(0) = \begin{pmatrix} x(0) \\ x'(0) \end{pmatrix}.$$

位移为 $\boldsymbol{u}$ 的第一个元素：

$$x(t) = c_1 \mathrm{e}^{\lambda_1 t} + c_2 \mathrm{e}^{\lambda_2 t},$$

速度为 $\boldsymbol{u}$ 的第二个元素：

$$x'(t) = c_1 \lambda_1 \mathrm{e}^{\lambda_1 t} + c_2 \lambda_2 \mathrm{e}^{\lambda_2 t}.$$

例 5.33　假设 $\frac{k}{m} = \frac{1}{100}$, $b = 0$，初始状态 $x(0) = 1, x'(0) = 1$，即假设没有阻力的情况下，求质量块的位移方程 $x(t)$.

解　矩阵 $\boldsymbol{A} = \begin{pmatrix} 0 & 1 \\ -0.01 & 0 \end{pmatrix}$ 的特征值、特征向量为：

$$\lambda_1 = -0.1\mathrm{i}, \quad \boldsymbol{x}_1 = (1, -0.1\mathrm{i}); \quad \lambda_2 = 0.1\mathrm{i}, \quad \boldsymbol{x}_2 = (1, 0.1\mathrm{i})$$

解线性方程组 $c_1 \boldsymbol{x}_1 + c_2 \boldsymbol{x}_2 = (0, 1)$，得到 $c_1 = 5\mathrm{i}, c_2 = -5\mathrm{i}$. 所以，

$$\boldsymbol{u}(t) = c_1 \mathrm{e}^{\lambda_1 t} \boldsymbol{x}_1 + \overline{c}_1 \overline{\mathrm{e}^{\lambda_1 t}} \overline{\boldsymbol{x}}_1 = c_1 \mathrm{e}^{\lambda_1 t} \boldsymbol{x}_1 + \overline{c_1 \mathrm{e}^{\lambda_1 t} \boldsymbol{x}_1} = 2\mathrm{Re}\left[c_1 \mathrm{e}^{\lambda_1 t} \boldsymbol{x}_1\right].$$

位移 $x(t)$ 为 $\boldsymbol{u}(t)$ 的第一个元素：

$$x(t) = 2\mathrm{Re}\left[c_1 \mathrm{e}^{\lambda_1 t}\right] = 10\mathrm{Re}\left[\mathrm{i}\mathrm{e}^{-0.1\mathrm{i}t}\right] = 10\mathrm{Re}\left[\mathrm{i}(\cos(-0.1t) + \mathrm{i}\sin(-0.1t))\right] = 10\sin(0.1t).$$

它的周期为 $20\pi \approx 62.83$ 秒（见图 5.18）.

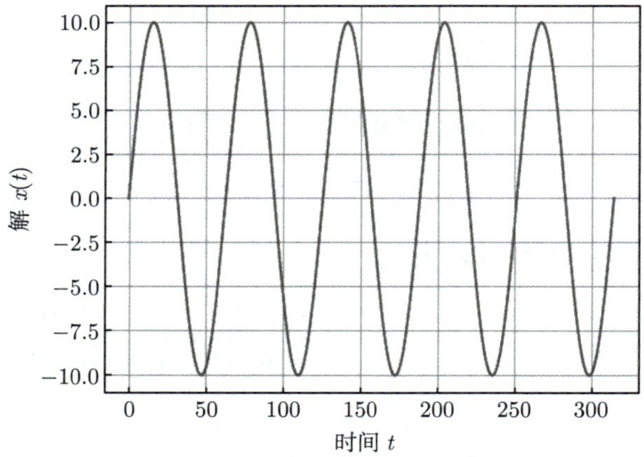

图 5.18　无摩擦时的简谐运动

例 5.34　继续例 5.33，假设空气阻尼系数为 $b = 0.02$，求位移方程 $x(t)$.

解　矩阵 $\boldsymbol{A} = \begin{pmatrix} 1 & 1 \\ -0.01 & -0.02 \end{pmatrix}$ 的特征值、特征向量为

$$\lambda_1 \approx -0.01 - 0.0994987\mathrm{i}, \boldsymbol{x}_1 \approx (1, -0.01 - 0.0994987\mathrm{i});\quad \lambda_2 = \overline{\lambda}_1, \boldsymbol{x}_2 = \overline{\boldsymbol{x}}_2.$$

可求得 $c_1 = 5.0252\mathrm{i}, c_2 = -5.0252\mathrm{i}$. 记 $\alpha = |\operatorname{Re}\lambda_1|,\quad \omega = |\operatorname{Im}\lambda_1|, r = 2|\operatorname{Re}c_1|$.

类似例 5.33，位移解（见图 5.19）为

$$x(t) = 2\operatorname{Re}\left[c_1 \mathrm{e}^{\lambda_1 t}\right] = 2\operatorname{Re}\left[c_1 \mathrm{e}^{-\alpha t - \omega i t}\right] = r\mathrm{e}^{-\alpha t}\sin(\omega t).$$

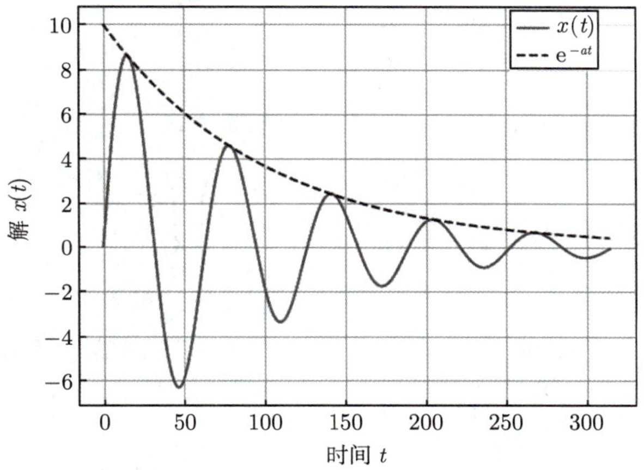

图 5.19　有摩擦时的简谐运动

矩阵指数

直觉上，$\mathrm{d}\boldsymbol{u}/\mathrm{d}t = \boldsymbol{A}\boldsymbol{u}$ 的解为 $\boldsymbol{u}(t) = \mathrm{e}^{\boldsymbol{A}t}\boldsymbol{u}(0)$，接下来定义矩阵指数 $\mathrm{e}^{\boldsymbol{A}t}$. 根据泰勒级数展开公式

$$\mathrm{e}^x = 1 + x + \frac{1}{2}x^2 + \cdots + \frac{1}{n!}x^n + \cdots$$

类似地

$$\mathrm{e}^{\boldsymbol{A}t} = \boldsymbol{I} + \boldsymbol{A}t + \frac{1}{2}(\boldsymbol{A}t)^2 + \cdots + \frac{1}{n!}(\boldsymbol{A}t)^n + \cdots$$

根据展开式可以验证 $\mathrm{d}\mathrm{e}^{\boldsymbol{A}t}/\mathrm{d}t = \boldsymbol{A}\mathrm{e}^{\boldsymbol{A}t}$：

$$\frac{\mathrm{d}}{\mathrm{d}t}\mathrm{e}^{\boldsymbol{A}t} = \boldsymbol{A} + \boldsymbol{A}^2 t + \cdots + \boldsymbol{A}\frac{1}{n!}(\boldsymbol{A}t)^n + \cdots = \boldsymbol{A}(\boldsymbol{I} + \boldsymbol{A}t + \frac{1}{2}(\boldsymbol{A}t)^2 + \cdots + \frac{1}{n!}(\boldsymbol{A}t)^n + \cdots) = \boldsymbol{A}\mathrm{e}^{\boldsymbol{A}t}.$$

展开式中有矩阵的幂，故利用矩阵的对角化进行简化，得到如下矩阵指数的表达式：

$$\begin{aligned}\mathrm{e}^{\boldsymbol{A}t} &= \boldsymbol{I} + \boldsymbol{X}\boldsymbol{\Lambda}\boldsymbol{X}^{-1}t + \frac{1}{2}(\boldsymbol{X}\boldsymbol{\Lambda}\boldsymbol{X}^{-1}t)(\boldsymbol{X}\boldsymbol{\Lambda}\boldsymbol{X}^{-1}t) + \cdots \\ &= \boldsymbol{X}[\boldsymbol{I} + \boldsymbol{\Lambda}t + \frac{1}{2}(\boldsymbol{\Lambda}t)^2 + \cdots]\boldsymbol{X}^{-1} = \boldsymbol{X}\mathrm{e}^{\boldsymbol{\Lambda}t}\boldsymbol{X}^{-1},\end{aligned}$$

其中，

$$\mathrm{e}^{\boldsymbol{\Lambda}t}=\begin{pmatrix}\mathrm{e}^{\lambda_1 t} & & \\ & \ddots & \\ & & \mathrm{e}^{\lambda_m t}\end{pmatrix}.$$

矩阵指数 $\mathrm{e}^{\boldsymbol{A}t}$ 的特征向量和 $\boldsymbol{A}$ 相同，$\mathrm{e}^{\boldsymbol{A}t}$ 的特征值矩阵为 $\mathrm{e}^{\boldsymbol{\Lambda}t}$. 当 $t=1$ 时，我们得到了矩阵指数：

$$\mathrm{e}^{\boldsymbol{A}}=\boldsymbol{X}\mathrm{e}^{\boldsymbol{\Lambda}}\boldsymbol{X}^{-1}$$

其中

$$\mathrm{e}^{\boldsymbol{\Lambda}}=\begin{pmatrix}\mathrm{e}^{\lambda_1} & & \\ & \ddots & \\ & & \mathrm{e}^{\lambda_m}\end{pmatrix}$$

最终，我们得到了 $\mathrm{d}\boldsymbol{u}/\mathrm{d}t=\boldsymbol{A}\boldsymbol{u}$ 的解的矩阵表达式：

$$\mathrm{e}^{\boldsymbol{A}t}\boldsymbol{u}(0)=\boldsymbol{X}\mathrm{e}^{\boldsymbol{\Lambda}t}\boldsymbol{X}^{-1}\boldsymbol{u}(0)=\begin{pmatrix}\boldsymbol{x}_1, & \cdots, & \boldsymbol{x}_m\end{pmatrix}\begin{pmatrix}\mathrm{e}^{\lambda_1 t} & & \\ & \ddots & \\ & & \mathrm{e}^{\lambda_m t}\end{pmatrix}\begin{pmatrix}c_1\\ \vdots \\ c_m\end{pmatrix},$$

其中 $\boldsymbol{c}=(c_1,\cdots,c_m)$ 是 $\boldsymbol{u}(0)$ 在特征向量下的坐标，即 $\boldsymbol{u}(0)=\boldsymbol{X}\boldsymbol{c}$ 的解.

例 5.35 假设 $\boldsymbol{A}=\begin{pmatrix}0 & 1\\ 1 & 0\end{pmatrix}$，计算 $\mathrm{e}^{\boldsymbol{A}t}$.

解 矩阵 $\boldsymbol{A}$ 的特征值为 $\lambda_1=1,\lambda_2=-1$，相应的特征向量为

$$\boldsymbol{x}_1=\begin{pmatrix}1\\1\end{pmatrix},\ \boldsymbol{x}_2=\begin{pmatrix}1\\-1\end{pmatrix}.$$

矩阵 $\boldsymbol{A}$ 可以对角化：

$$\boldsymbol{A}=\underbrace{\frac{1}{\sqrt{2}}\begin{pmatrix}1 & 1\\ 1 & -1\end{pmatrix}}_{\boldsymbol{X}}\underbrace{\begin{pmatrix}1 & \\ & -1\end{pmatrix}}_{\boldsymbol{\Lambda}}\underbrace{\left[\frac{1}{\sqrt{2}}\begin{pmatrix}1 & 1\\ 1 & -1\end{pmatrix}\right]^{-1}}_{\boldsymbol{X}^{-1}=\boldsymbol{X}^{\mathrm{T}}}$$

所以，

$$\begin{aligned}e^{\boldsymbol{A}t}&=\underbrace{\frac{1}{\sqrt{2}}\begin{pmatrix}1 & 1\\ 1 & -1\end{pmatrix}}_{\boldsymbol{X}}\underbrace{\begin{pmatrix}\mathrm{e}^{t} & \\ & \mathrm{e}^{-t}\end{pmatrix}}_{\mathrm{e}^{\boldsymbol{\Lambda}t}}\underbrace{\left[\frac{1}{\sqrt{2}}\begin{pmatrix}1 & 1\\ 1 & -1\end{pmatrix}\right]^{-1}}_{\boldsymbol{X}^{-1}=\boldsymbol{X}^{\mathrm{T}}}\\ &=\frac{1}{\sqrt{2}}\begin{pmatrix}1 & 1\\ 1 & -1\end{pmatrix}\begin{pmatrix}\mathrm{e}^{t} & \\ & \mathrm{e}^{-t}\end{pmatrix}\left[\frac{1}{\sqrt{2}}\begin{pmatrix}1 & 1\\ 1 & -1\end{pmatrix}\right]\\ &=\frac{1}{2}\begin{pmatrix}\mathrm{e}^{t} & \mathrm{e}^{-t}\\ \mathrm{e}^{t} & -\mathrm{e}^{-t}\end{pmatrix}\begin{pmatrix}1 & 1\\ 1 & -1\end{pmatrix}\end{aligned}$$

$$
\begin{aligned}
&= \frac{1}{2}\begin{pmatrix} \mathrm{e}^t + \mathrm{e}^{-t} & \mathrm{e}^t - \mathrm{e}^{-t} \\ \mathrm{e}^t - \mathrm{e}^{-t} & \mathrm{e}^t + \mathrm{e}^{-t} \end{pmatrix} \\
&= \begin{pmatrix} \cosh(t) & \sinh(t) \\ \sinh(t) & \cosh(t) \end{pmatrix}.
\end{aligned}
$$

例 5.36　假设 $\boldsymbol{A} = \begin{pmatrix} 0 & 1 \\ -1 & 0 \end{pmatrix}$，计算 $\mathrm{e}^{\boldsymbol{A}t}$.

解　根据例 5.32，矩阵 $\boldsymbol{A}$ 可以对角化：

$$
\boldsymbol{A} = \begin{pmatrix} 0 & 1 \\ -1 & 0 \end{pmatrix} = \underbrace{\frac{1}{\sqrt{2}}\begin{pmatrix} 1 & 1 \\ \mathrm{i} & -\mathrm{i} \end{pmatrix}}_{\boldsymbol{X}} \underbrace{\begin{pmatrix} \mathrm{i} & 0 \\ 0 & -\mathrm{i} \end{pmatrix}}_{\boldsymbol{\Lambda}} \underbrace{\frac{1}{\sqrt{2}}\begin{pmatrix} 1 & -\mathrm{i} \\ 1 & \mathrm{i} \end{pmatrix}}_{\boldsymbol{X}^{-1}=\boldsymbol{X}^{\mathrm{H}}}
$$

所以，

$$
\begin{aligned}
\mathrm{e}^{\boldsymbol{A}t} &= \boldsymbol{X}\mathrm{e}^{\boldsymbol{\Lambda}t}\boldsymbol{X}^{\mathrm{H}} \\
&= \underbrace{\frac{1}{\sqrt{2}}\begin{pmatrix} 1 & 1 \\ \mathrm{i} & -\mathrm{i} \end{pmatrix}}_{\boldsymbol{X}} \underbrace{\begin{pmatrix} \mathrm{e}^{\mathrm{i}t} & 0 \\ 0 & \mathrm{e}^{-\mathrm{i}t} \end{pmatrix}}_{\mathrm{e}^{\boldsymbol{\Lambda}t}} \underbrace{\frac{1}{\sqrt{2}}\begin{pmatrix} 1 & -\mathrm{i} \\ 1 & \mathrm{i} \end{pmatrix}}_{\boldsymbol{X}^{\mathrm{H}}} \\
&= \frac{1}{2}\begin{pmatrix} \mathrm{e}^{\mathrm{i}t} & \mathrm{e}^{-\mathrm{i}t} \\ \mathrm{i}\mathrm{e}^{\mathrm{i}t} & -\mathrm{i}\mathrm{e}^{-\mathrm{i}t} \end{pmatrix}\begin{pmatrix} 1 & -\mathrm{i} \\ 1 & \mathrm{i} \end{pmatrix} \\
&= \frac{1}{2}\begin{pmatrix} \mathrm{e}^{\mathrm{i}t} + \mathrm{e}^{-\mathrm{i}t} & -\mathrm{i}\mathrm{e}^{\mathrm{i}t} + \mathrm{i}\mathrm{e}^{-\mathrm{i}t} \\ \mathrm{i}\mathrm{e}^{\mathrm{i}t} - \mathrm{i}\mathrm{e}^{-\mathrm{i}t} & \mathrm{e}^{\mathrm{i}t} + \mathrm{e}^{-\mathrm{i}t} \end{pmatrix} \\
&= \begin{pmatrix} \cos t & \sin t \\ -\sin t & \cos t \end{pmatrix}.
\end{aligned}
$$

在例 5.32 中，利用上面的结论，微分方程组的解可以写成

$$
\boldsymbol{u}(t) = \mathrm{e}^{\boldsymbol{A}t}\boldsymbol{u}(0) = \begin{pmatrix} \cos t & \sin t \\ -\sin t & \cos t \end{pmatrix}\begin{pmatrix} 1 \\ 0 \end{pmatrix} = \begin{pmatrix} \cos t \\ -\sin t \end{pmatrix}
$$

注意，一般地 $\mathrm{e}^{\boldsymbol{A}}\mathrm{e}^{\boldsymbol{B}} \neq \mathrm{e}^{\boldsymbol{A}+\boldsymbol{B}}$，只有当 $\boldsymbol{AB} = \boldsymbol{BA}$ 时，上式才成立，可以通过 $\mathrm{e}^{\boldsymbol{A}}, \mathrm{e}^{\boldsymbol{B}}$ 的泰勒展开证明. 特别地，因为 $\boldsymbol{A}(-\boldsymbol{A}) = (-\boldsymbol{A})\boldsymbol{A}$，所以 $\mathrm{e}^{\boldsymbol{A}}\mathrm{e}^{-\boldsymbol{A}} = \mathrm{e}^{\boldsymbol{A}-\boldsymbol{A}} = \boldsymbol{I}$，进而 $(\mathrm{e}^{\boldsymbol{A}})^{-1} = \mathrm{e}^{-\boldsymbol{A}}$. 最后我们比较差分方程组 $\boldsymbol{u}_{k+1} = \boldsymbol{A}\boldsymbol{u}_k$ 的解与微分方程组 $\mathrm{d}\boldsymbol{u}/\mathrm{d}t = \boldsymbol{A}\boldsymbol{u}$ 的解. 差分方程组 $\boldsymbol{u}_{k+1} = \boldsymbol{A}\boldsymbol{u}_k$ 的解为 $\boldsymbol{u}_n = \boldsymbol{A}^n\boldsymbol{u}_0 = \boldsymbol{X}\boldsymbol{\Lambda}^n\boldsymbol{X}^{-1}\boldsymbol{u}_0 = c_1\lambda_1^n\boldsymbol{x}_1 + \cdots + c_m\lambda_m^n\boldsymbol{x}_m$（如例 5.13，斐波那契数列），其中，$c_i\lambda_i^n\boldsymbol{x}_i$ 有如下特点：

1. 当 $|\lambda_i| > 1$ 时，$c_i\lambda_i^n\boldsymbol{x}_i$ 发散，趋于无穷；
2. 当 $|\lambda_i| < 1$ 时，$c_i\lambda_i^n\boldsymbol{x}_i$ 收敛，趋于 0；
3. 当 $\lambda_i = 1$ 时，其他特征值的模长都小于 1，$\boldsymbol{x}_i$ 为稳态；
4. 当 $n \to \infty$ 时，$\boldsymbol{u}_n$ 被特征值模长最大的项主导，$\boldsymbol{u}_n \to c_k\lambda_k^n\boldsymbol{x}_k$.

微分方程组 $\dfrac{\mathrm{d}\boldsymbol{u}}{\mathrm{d}t}=\boldsymbol{A}\boldsymbol{u}$ 的解为 $\boldsymbol{u}(t)=\mathrm{e}^{\boldsymbol{A}t}\boldsymbol{u}(0)=\boldsymbol{X}\mathrm{e}^{\boldsymbol{\Lambda}t}\boldsymbol{X}^{-1}\boldsymbol{u}(0)=c_1\mathrm{e}^{\lambda_1 t}\boldsymbol{x}_1+\cdots+c_m\mathrm{e}^{\lambda_m t}\boldsymbol{x}_m$（如例 5.33，简谐运动），其中，$c_i\mathrm{e}^{\lambda_i t}\boldsymbol{x}_i$ 有如下特点：

1. 当 $\mathrm{Re}(\lambda_i)>0$ 时，$c_i\mathrm{e}^{\lambda_i t}\boldsymbol{x}_i$ 发散，趋于无穷；
2. 当 $\mathrm{Re}(\lambda_i)<0$ 时，$c_i\mathrm{e}^{\lambda_i t}\boldsymbol{x}_i$ 收敛，趋于 $\mathbf{0}$；
3. 当 $\mathrm{Re}(\lambda_i)=0$ 时，$\mathrm{Im}(\lambda_i)\neq 0$ 时，$c_i\mathrm{e}^{\lambda_i t}\boldsymbol{x}_i$ 周期振动；
4. 当 $\lambda_i=0$ 时，其他特征值的实部都小于 0，$\boldsymbol{x}_i$ 为稳态；
5. 当 $t\to\infty$ 时，$\boldsymbol{u}(t)$ 被特征值实部最大的项主导，$\boldsymbol{u}(t)\to c_k\mathrm{e}^{\lambda_k t}\boldsymbol{x}_k$.

广义特征向量

很多矩阵可以对角化，如：

1. 所有特征值不相等的矩阵；
2. Hermitian 矩阵（$\mathrm{Im}\ \lambda=0$）；
3. 反 Hermitian 矩阵（$\mathrm{Re}\ \lambda=0$）；
4. 酉矩阵（$|\lambda|=1$）；
5. 形如 $\boldsymbol{B}^{\mathrm{H}}\boldsymbol{B}$.

如果 $\boldsymbol{A}$ 无法对角化怎么办？或者说，如果 $\boldsymbol{A}$ 没有线性无关的 m 个特征向量，当计算 $\boldsymbol{A}^n\boldsymbol{x}$ 时，如何用特征向量线性表出 $\boldsymbol{x}$？这时，需要补充一些特殊的向量，称为**若尔当**[㊀] **向量**（Jordan vector）或者**广义特征向量**，使得 $\boldsymbol{x}$ 可以被特征向量和若尔当向量线性表出.

图 5.20 若尔当（Marie Ennemond Camille Jordan，1838—1922）

例 5.37 求矩阵 $\boldsymbol{A}=\begin{pmatrix}1 & 1\\ 0 & 1\end{pmatrix}$ 的特征值和特征向量.

㊀ 若尔当（见图 5.20）是一位法国数学家，发表的《分析教程》(Cours d'analyse) 对群论（group theory）有奠基性的贡献. 若尔当曲线定理（Jordan Curve Theorem）、若尔当标准型（Jordan Normal Form）、若尔当矩阵（Jordan Matrix）以及若尔当测度（Jordan Measure）等理论均以他的名字命名. 若尔当是许多重要数学机构的创始人之一，包括法国数学会和法国科学院. 他还担任巴黎索邦大学的教授，指导了多位学生，培养出一代代杰出数学家.

解 $\boldsymbol{A}$ 的特征多项式为

$$\det(\boldsymbol{A}-\lambda\boldsymbol{I})=(1-\lambda)^2.$$

特征值 $\lambda_1=1$，代数重数为 2，$\dim N(\boldsymbol{A}-\boldsymbol{I})=1$，几何重数为 1，只能找到一个特征向量 $\boldsymbol{x}_1=(0,1)$. 注意 $\boldsymbol{A}$ 不是秩亏矩阵，$\boldsymbol{A}$ 可逆，因为它没有零特征向量. $\boldsymbol{A}$ 不可以对角化，称为亏损矩阵（defective matrix）.

那么 $\boldsymbol{A}^n\begin{pmatrix}1\\2\end{pmatrix}$，$\mathrm{e}^{\boldsymbol{A}t}\begin{pmatrix}1\\2\end{pmatrix}$ 等于多少呢？我们需要另外一个向量 $\boldsymbol{j}_1$，使得与特征向量 $\boldsymbol{x}_1$ 构成 $\mathbb{R}^2$ 的一个基，进而可以线性表出向量 $(1,2)$. 我们可以选取任意与 $\boldsymbol{x}_1$ 线性无关的向量，但是 $\boldsymbol{A}^n,\mathrm{e}^{\boldsymbol{A}t}$ 在任意向量上的作用可能比较复杂，我们希望选取的 $\boldsymbol{j}_1$ 和特征向量类似，矩阵 $\boldsymbol{A}$ 对 $\boldsymbol{j}_1$ 的作用比较简单. 这里的关键点是**幂零矩阵**（nilpotent matrix）$(\boldsymbol{A}-\lambda_1\boldsymbol{I})^k=\boldsymbol{0}$. 对于例 5.37，$(\boldsymbol{A}-\lambda_1\boldsymbol{I})^2=\begin{pmatrix}0&0\\0&0\end{pmatrix}$，$N\left((\boldsymbol{A}-\lambda_1\boldsymbol{I})^2\right)$ 的维数为 2，$\boldsymbol{x}_1$ 是它其中的一个向量，我们在 $N\left((\boldsymbol{A}-\lambda_1\boldsymbol{I})^2\right)$ 找一个与 $\boldsymbol{x}_1$ 正交的向量 $\boldsymbol{j}_1$，显然，若尔当向量为 $\boldsymbol{j}_1=(1,0)$，这样 $\boldsymbol{x}_1,\boldsymbol{j}_1$ 构成了 $\mathbb{R}^2$ 的一个基，任意向量 $\boldsymbol{x}$ 都可以被其线性表出.

一般地，如果 λ_i 的代数重数为 2，几何重数为 1，可以证明 $\dim(N(\boldsymbol{A}-\lambda_i\boldsymbol{I})^2)=2$. 特征向量 $\boldsymbol{x}_i\in N(\boldsymbol{A}-\lambda_i\boldsymbol{I})^2$，我们从 $N(\boldsymbol{A}-\lambda_i\boldsymbol{I})^2$ 找一个与 $\boldsymbol{x}_i$ 正交的向量 $\boldsymbol{j}_i$，称为若尔当向量或者广义特征向量. 由于 $(\boldsymbol{A}-\lambda_i\boldsymbol{I})[(\boldsymbol{A}-\lambda_i\boldsymbol{I})\boldsymbol{j}_i]=0$，所以 $(\boldsymbol{A}-\lambda_i\boldsymbol{I})\boldsymbol{j}_i\in N(\boldsymbol{A}-\lambda_i\boldsymbol{I})=\operatorname{span}(\boldsymbol{x}_i)$. 若尔当向量需满足以下两个条件：

$$(\boldsymbol{A}-\lambda_i\boldsymbol{I})\boldsymbol{j}_i=\boldsymbol{x}_i,\quad \boldsymbol{j}_i\perp\boldsymbol{x}_i$$

解方程得到 $\boldsymbol{x}_p+c\boldsymbol{x}_i$，令 $\boldsymbol{x}_i^{\mathrm{T}}(\boldsymbol{x}_p+c\boldsymbol{x}_i)=0$，得到 $c=-\dfrac{\boldsymbol{x}_i^{\mathrm{T}}\boldsymbol{x}_p}{\boldsymbol{x}_i^{\mathrm{T}}\boldsymbol{x}_i}$，我们得到了属于 λ_i 的唯一的若尔当向量，称 $\boldsymbol{j}_i,\boldsymbol{x}_i$ 的关系是**若尔当链**（Jordan chain）.

那么 $\boldsymbol{A}^n$ 对若尔当向量 $\boldsymbol{j}_i$ 的作用如何？这里的关键点是：

$$(\boldsymbol{A}-\lambda_i\boldsymbol{I})\boldsymbol{j}_i=\boldsymbol{x}_i\implies\boldsymbol{A}\boldsymbol{j}_i=\lambda_i\boldsymbol{j}_i+\boldsymbol{x}_i.$$

若尔当向量继续乘以 $\boldsymbol{A}^2,\boldsymbol{A}^3,\boldsymbol{A}^4,\cdots$

$$\begin{aligned}\boldsymbol{A}^2\boldsymbol{j}_i&=\boldsymbol{A}(\lambda_i\boldsymbol{j}_i+\boldsymbol{x}_i)=\lambda_i^2\boldsymbol{j}_i+2\lambda_i\boldsymbol{x}_i\\\boldsymbol{A}^3\boldsymbol{j}_i&=\boldsymbol{A}(\lambda_i^2\boldsymbol{j}_i+2\lambda_i\boldsymbol{x}_i)=\lambda_i^3\boldsymbol{j}_i+3\lambda_i^2\boldsymbol{x}_i\\&\vdots\end{aligned}$$

用数学归纳法可以证明

$$\boldsymbol{A}^n\boldsymbol{j}_i=\lambda_i^n\boldsymbol{j}_i+n\lambda_i^{n-1}\boldsymbol{x}_i.\tag{5.5}$$

对于任意 $f(\boldsymbol{A})$，进行泰勒级数展开，变为 $\boldsymbol{A}$ 的多项式函数，进而利用式(5.5)可以证明：

$$f(\boldsymbol{A})\boldsymbol{x}_i=f(\lambda_i)\boldsymbol{x}_i,$$

$$f(\boldsymbol{A})\boldsymbol{j}_i = f(\lambda_i)\boldsymbol{j}_i + f'(\lambda_i)\boldsymbol{x}_i.$$

例如，当 $f(\boldsymbol{A}t) = \mathrm{e}^{\boldsymbol{A}t}$ 时，

$$\mathrm{e}^{\boldsymbol{A}t}\boldsymbol{j}_i = \mathrm{e}^{\lambda_i t}\boldsymbol{j}_i + t\mathrm{e}^{\lambda_i t}\boldsymbol{x}_i.$$

例 5.38 已知矩阵 $\boldsymbol{A} = \begin{pmatrix} 1 & 1 \\ 0 & 1 \end{pmatrix}, \boldsymbol{x} = \begin{pmatrix} 1 \\ 2 \end{pmatrix}$，求 $\boldsymbol{A}^n\boldsymbol{x}$.

解 $\boldsymbol{A}$ 的特征多项式为

$$\det(\boldsymbol{A} - \lambda\boldsymbol{I}) = (1-\lambda)^2$$

特征值 $\lambda_1 = 1$，特征向量 $\boldsymbol{x}_1 = (1,0)$，若尔当向量 $\boldsymbol{j}_1 = (0,1)$. $\boldsymbol{x} = \boldsymbol{x}_1 + 2\boldsymbol{j}_1$.

$$\begin{aligned}\boldsymbol{A}^n\boldsymbol{x} &= \boldsymbol{A}^n(\boldsymbol{x}_1 + 2\boldsymbol{j}_1) = \lambda_1^n\boldsymbol{x}_1 + 2(\lambda_1^n\boldsymbol{j}_1 + n\lambda_1^{n-1}\boldsymbol{x}_1) \\ &= \begin{pmatrix} 1 \\ 0 \end{pmatrix} + 2\left(\begin{pmatrix} 0 \\ 1 \end{pmatrix} + n\begin{pmatrix} 1 \\ 0 \end{pmatrix}\right) = \begin{pmatrix} 1+2n \\ 2 \end{pmatrix}.\end{aligned}$$

矩阵 $\boldsymbol{A}$ 的特征值为 1，但 $\boldsymbol{A}^n\boldsymbol{x}$ 没有稳态，它的第一个元素呈线性增长.

例 5.39 解微分方程组

$$\frac{\mathrm{d}\boldsymbol{x}}{\mathrm{d}t} = \boldsymbol{A}\boldsymbol{x},$$

其中，矩阵 $\boldsymbol{A} = \begin{pmatrix} 1 & 1 \\ 0 & 1 \end{pmatrix}$，初始状态 $\boldsymbol{x}(0) = \begin{pmatrix} 1 \\ 2 \end{pmatrix}$.

解

$$\begin{aligned}\boldsymbol{x}(t) &= \mathrm{e}^{\boldsymbol{A}t}\boldsymbol{x}(0) \\ &= \mathrm{e}^{\boldsymbol{A}t}(\boldsymbol{x}_1 + 2\boldsymbol{j}_1) \\ &= \mathrm{e}^{\lambda_1 t}\boldsymbol{x}_1 + 2\left(\mathrm{e}^{\lambda_1 t}\boldsymbol{j}_1 + t\mathrm{e}^{\lambda_1 t}\boldsymbol{x}_1\right) \\ &= \mathrm{e}^t\left(\begin{pmatrix} 1 \\ 0 \end{pmatrix} + 2\left(\begin{pmatrix} 0 \\ 1 \end{pmatrix} + t\begin{pmatrix} 1 \\ 0 \end{pmatrix}\right)\right) = \mathrm{e}^t\begin{pmatrix} 1+2t \\ 2 \end{pmatrix}.\end{aligned}$$

矩阵 $\boldsymbol{A}$ 的特征值为 1，$\mathrm{e}^{\boldsymbol{A}t}\boldsymbol{x}(0)$ 的第一个元素呈 $t\mathrm{e}^t$ 增长.

以上只考虑了代数重数与几何重数相差 1 的情形，即缺少一个“特殊”向量. 但以上的方法可以推广到任意亏损矩阵. 这里的关键点是，如果 λ_i 的代数重数为 a，几何重数为 b，$b < a$，可以证明 $N(\boldsymbol{A} - \lambda_i\boldsymbol{I})^a$ 的维数为 a. 我们从 $N(\boldsymbol{A} - \lambda_i\boldsymbol{I})^a$ 找到 $(a-b)$ 个若尔当向量，与 b 个特征向量构成 $N(\boldsymbol{A} - \lambda_i\boldsymbol{I})^a$ 的一个正交基.

考虑 $a = 3, b = 1$ 的情形，即 λ_i 的代数重数为 3，几何重数为 1（只有一个特征向量）. 核空间 $N\left((\boldsymbol{A} - \lambda_i\boldsymbol{I})^3\right)$ 的维数为 3，$(\boldsymbol{A} - \lambda_i\boldsymbol{I})^3\boldsymbol{x} = \boldsymbol{0}$ 的一个基础解系为 $\boldsymbol{x}_i^{(1)}, \boldsymbol{x}_i^{(2)}, \boldsymbol{x}_i^{(3)}$，满足

$$(\boldsymbol{A} - \lambda_i\boldsymbol{I})\boldsymbol{x}_i^{(1)} = \boldsymbol{0},$$

$$(\boldsymbol{A}-\lambda_i\boldsymbol{I})\boldsymbol{x}_i^{(2)}=\boldsymbol{x}_i^{(1)},\ \boldsymbol{x}_i^{(2)}\perp\boldsymbol{x}_i^{(1)},$$
$$(\boldsymbol{A}-\lambda_i\boldsymbol{I})\boldsymbol{x}_i^{(3)}=\boldsymbol{x}_i^{(2)},\ \boldsymbol{x}_i^{(3)}\perp\boldsymbol{x}_i^{(1)},\ \boldsymbol{x}_i^{(3)}\perp\boldsymbol{x}_i^{(2)},$$

其中 $\boldsymbol{x}_i^{(1)}$ 是属于 λ_i 的特征向量，$\boldsymbol{x}_i^{(2)},\boldsymbol{x}_i^{(3)}$ 是补充的若尔当向量. 已经证明了函数 $f(\boldsymbol{A})$ 对第一个若尔当向量 $\boldsymbol{x}_i^{(2)}$ 的作用是:

$$f(\boldsymbol{A})\boldsymbol{x}_i^{(2)}=f(\lambda_i)\boldsymbol{x}_i^{(2)}+f'(\lambda_i)\boldsymbol{x}_i^{(1)}$$

可以证明函数 $f(\boldsymbol{A})$ 对第二个若尔当向量 $\boldsymbol{x}_i^{(3)}$ 的作用是:

$$f(\boldsymbol{A})\boldsymbol{x}_i^{(3)}=f(\lambda_i)\boldsymbol{x}_i^{(3)}+f'(\lambda_i)\boldsymbol{x}_i^{(2)}+f''(\lambda_i)\boldsymbol{x}_i^{(1)}$$

据此，可以得到以下等式:

$$\boldsymbol{A}^n\boldsymbol{x}_i^{(3)}=\lambda_i^n\boldsymbol{x}_i^{(3)}+n\lambda_i^{n-1}\boldsymbol{x}_i^{(2)}+n(n-1)\lambda_i^{n-2}\boldsymbol{x}_i^{(1)},$$
$$\mathrm{e}^{\boldsymbol{A}t}\boldsymbol{x}_i^{(3)}=\mathrm{e}^{\lambda_i t}\boldsymbol{x}_i^{(3)}+t\mathrm{e}^{\lambda_i t}\boldsymbol{x}_i^{(2)}+t^2\mathrm{e}^{\lambda_i t}\boldsymbol{x}_i^{(1)}.$$

使用特征向量和若尔当向量可以对亏损矩阵进行近似对角化，称为**若尔当型**（Jordan form）. 假设 4 级矩阵 $\boldsymbol{A}$ 有三个特征值 $\lambda_1,\lambda_2,\lambda_3$，其中 λ_2 的代数重数为 2，几何重数为 1. 可以找到 3 个特征向量，1 个若尔当向量. 把这 4 个向量放入矩阵 $\boldsymbol{M}$ 的列，$\boldsymbol{M}=(\boldsymbol{x}_1,\ \boldsymbol{x}_2,\ \boldsymbol{j}_2,\ \boldsymbol{x}_3)$，计算 $\boldsymbol{AM}$:

$$\begin{aligned}\boldsymbol{AM}&=(\boldsymbol{Ax}_1,\ \boldsymbol{Ax}_2,\ \boldsymbol{Aj}_2,\ \boldsymbol{Ax}_3)\\&=(\lambda_1\boldsymbol{x}_1,\ \lambda_2\boldsymbol{x}_2,\ \lambda_2\boldsymbol{j}_2+\boldsymbol{x}_2,\ \lambda_3\boldsymbol{x}_3)\\&=\boldsymbol{M}\underbrace{\begin{pmatrix}\lambda_1&&&\\&\lambda_2&1&\\&&\lambda_2&\\&&&\lambda_3\end{pmatrix}}_{\boldsymbol{J}},\end{aligned}$$

其中，$\begin{pmatrix}\lambda_2&1\\0&\lambda_2\end{pmatrix}$ 称为**若尔当块**（Jordan block）. 进而得到 $\boldsymbol{A}$ 的若尔当型: $\boldsymbol{A}=\boldsymbol{MJM}^{-1}$. 基于若尔当型，可以快速计算 $\boldsymbol{A}$ 的 n 次幂:

$$\begin{aligned}\boldsymbol{A}^n&=(\boldsymbol{MJM}^{-1})(\boldsymbol{MJM}^{-1})\cdots(\boldsymbol{MJM}^{-1})\\&=\boldsymbol{MJ}^n\boldsymbol{M}^{-1}\\&=\boldsymbol{M}\underbrace{\begin{pmatrix}\lambda_1^n&&&\\&\lambda_2^n&n\lambda_2^{n-1}&\\&&\lambda_2^n&\\&&&\lambda_3^n\end{pmatrix}}_{\boldsymbol{J}^n}\boldsymbol{M}^{-1}.\end{aligned}$$

假设 5 级矩阵 $\boldsymbol{B}$ 有三个特征值 $\lambda_1,\lambda_2,\lambda_3$，其中 λ_2 的代数重数为 3，几何重数为 1. 可以找到 3 个特征向量，2 个若尔当向量. 把这 5 个向量放入矩阵 $\boldsymbol{M}$ 的列，$\boldsymbol{M}=(\boldsymbol{x}_1,\ \boldsymbol{x}_2^{(1)},\ \boldsymbol{x}_2^{(2)},\ \boldsymbol{x}_2^{(3)},\ \boldsymbol{x}_3)$，则 $\boldsymbol{B}=\boldsymbol{MJM}^{-1}$，其中

$$\boldsymbol{J}=\begin{pmatrix}\lambda_1 & & & & \\ & \lambda_2 & 1 & & \\ & & \lambda_2 & 1 & \\ & & & \lambda_2 & \\ & & & & \lambda_3\end{pmatrix}.$$

基于若尔当型，可以快速计算 $\boldsymbol{B}$ 的 n 次幂：

$$\begin{aligned}\boldsymbol{B}^n &= (\boldsymbol{MJM}^{-1})(\boldsymbol{MJM}^{-1})\cdots(\boldsymbol{MJM}^{-1})\\ &= \boldsymbol{MJ}^n\boldsymbol{M}^{-1}\\ &= \boldsymbol{M}\underbrace{\begin{pmatrix}\lambda_1^n & & & & \\ & \lambda_2^n & n\lambda_2^{n-1} & n(n-1)\lambda_2^{n-2} & \\ & & \lambda_2^n & n\lambda_2^{n-1} & \\ & & & \lambda_2^n & \\ & & & & \lambda_3^n\end{pmatrix}}_{\boldsymbol{J}^n}\boldsymbol{M}^{-1}.\end{aligned}$$

附　　录

附录 A　习题答案

A.1　线性方程组与矩阵的运算

A.1.1　向量

1. **解** 对角线的向量分别为 $\boldsymbol{v}+\boldsymbol{w}$，$\boldsymbol{v}-\boldsymbol{w}$.
2. **解**
   （a）我们可以将 12 个向量两两划分为 6 组，即每两个长度相同、方向相反的向量为一组. 这样，每组的向量和为 $\mathbf{0}$，可得到所有 12 个向量之和为 $\mathbf{0}$.
   （b）设这 12 个向量分别为 $\boldsymbol{x}_1,\boldsymbol{x}_2,\cdots,\boldsymbol{x}_{12}$，分别对应指向 $1\sim 12$ 点的向量. 由 (a) 知，
   $$\sum_{i=1}^{12}\boldsymbol{x}_i=\mathbf{0}$$
   故
   $$\boldsymbol{x}_1+\boldsymbol{x}_3+\cdots+\boldsymbol{x}_{12}=-\boldsymbol{x}_2=\boldsymbol{x}_8$$
   （c）
   $$\boldsymbol{x}_2=\left(\cos\frac{\pi}{6},\sin\frac{\pi}{6}\right)=\left(\frac{\sqrt{3}}{2},\frac{1}{2}\right)$$
3. **证明** 设 $\boldsymbol{u}=(x_1,y_1)$，$\boldsymbol{v}=(x_2,y_2)$. $\boldsymbol{u},\boldsymbol{v}$ 的终点确定的直线为
   $$l:y-y_1=\frac{y_1-y_2}{x_1-x_2}(x-x_1)$$
   则 $c\boldsymbol{u}+d\boldsymbol{v}=(cx_1+dx_2,cy_1+dy_2)$，其中 $c+d=1$.
   当 $y=cy_1+dy_2$ 时，$y-y_1=(c-1)y_1+dy_2=d(y_2-y_1)$.
   当 $x=cx_1+dx_2$ 时，
   $$\frac{y_1-y_2}{x_1-x_2}(x-x_1)=\frac{y_1-y_2}{x_1-x_2}[(c-1)x_1+dx_2]=\frac{y_1-y_2}{x_1-x_2}d(x_2-x_1)=d(y_2-y_1).$$
   故 $c\boldsymbol{u}+d\boldsymbol{v}$ 的终点在 $\boldsymbol{u},\boldsymbol{v}$ 终点确定的直线上.

4. **解** 线性方程组为

$$\begin{cases} 2x_1 - x_2 = 1, \\ -x_1 + 2x_2 - x_3 = 0, \\ -x_2 + 2x_3 = 0. \end{cases}$$

下面采用 $\boldsymbol{LU}$ 分解法来求解该线性方程组.

$$\boldsymbol{A} = \begin{pmatrix} 2 & -1 & 0 \\ -1 & 2 & -1 \\ 0 & -1 & 2 \end{pmatrix} \xrightarrow{r_2+\frac{1}{2}r_1} \begin{pmatrix} 2 & -1 & 0 \\ 0 & \dfrac{3}{2} & -1 \\ 0 & -1 & 2 \end{pmatrix} \xrightarrow{r_3+\frac{2}{3}r_2} \begin{pmatrix} 2 & -1 & 0 \\ 0 & \dfrac{3}{2} & -1 \\ 0 & 0 & \dfrac{4}{3} \end{pmatrix} = \boldsymbol{U}$$

可知

$$\boldsymbol{E}_1 = \begin{pmatrix} 1 & 0 & 0 \\ \dfrac{1}{2} & 1 & 0 \\ 0 & 0 & 1 \end{pmatrix} \quad \boldsymbol{E}_2 = \begin{pmatrix} 1 & 0 & 0 \\ 0 & 1 & 0 \\ 0 & \dfrac{2}{3} & 1 \end{pmatrix}$$

则

$$\boldsymbol{L} = \begin{pmatrix} 1 & 0 & 0 \\ -\dfrac{1}{2} & 1 & 0 \\ 0 & -\dfrac{2}{3} & 1 \end{pmatrix}$$

对 $\boldsymbol{Lc} = \boldsymbol{b}$，解得 $c_1 = 1, c_2 = \dfrac{1}{2}, c_3 = \dfrac{1}{3}$.

对 $\boldsymbol{Ux} = \boldsymbol{c}$，解得 $x_3 = \dfrac{1}{4}, x_2 = \dfrac{1}{2}, x_1 = \dfrac{3}{4}$，故线性方程组的解为 $\boldsymbol{x} = \left(\dfrac{3}{4}, \dfrac{1}{2}, \dfrac{1}{4}\right)$.

5. **解**

（a）

$$\frac{\boldsymbol{v}}{\|\boldsymbol{v}\|} = \frac{\boldsymbol{v}}{\sqrt{3^2+4^2}} = \frac{1}{5}(3,4) = \left(\frac{3}{5}, \frac{4}{5}\right)$$

（b） 设该单位向量为 (x, y).

存在方程组

$$\begin{cases} x^2 + y^2 = 1, \\ 3x + 4y = 0. \end{cases}$$

解得

$$\begin{cases} x = -\dfrac{4}{5}, \\ y = \dfrac{3}{5}. \end{cases}$$

或

$$\begin{cases} x = \dfrac{4}{5}, \\ y = -\dfrac{3}{5}. \end{cases}$$

即所有与 $\boldsymbol{x}$ 垂直的单位向量有 $\left(-\frac{4}{5},\frac{3}{5}\right),\left(\frac{4}{5},-\frac{3}{5}\right)$.

6. **解** 因为 $\boldsymbol{v},\boldsymbol{w}$ 为单位向量，故 $\|\boldsymbol{v}\|^2=\|\boldsymbol{w}\|^2=1$.

（a） $\boldsymbol{v}\cdot(-\boldsymbol{v})=-\|\boldsymbol{v}\|^2=-1$;

（b） $(\boldsymbol{v}+\boldsymbol{w})(\boldsymbol{v}-\boldsymbol{w})=\|\boldsymbol{v}\|^2-\boldsymbol{v}\cdot\boldsymbol{w}+\boldsymbol{v}\cdot\boldsymbol{w}-\|\boldsymbol{w}\|^2=0$;

（c） $(\boldsymbol{v}-2\boldsymbol{w})(\boldsymbol{v}+2\boldsymbol{w})=\|\boldsymbol{v}\|^2-4\|\boldsymbol{w}\|^2=-3$.

7. **解** 设该向量为 (x,y,z).

（a） 构成的集合为 $\{(x,y,z)|x+y+z=0\}$，为 $\mathbb{R}^3$ 中的一个平面；

（b） 构成的集合为 $\{(x,y,z)|x+y+z=0,x+2y+3z=0\}$，为 $\mathbb{R}^3$ 中两个平面相交的直线.

8. **证明**

（a） 斜率为 $k_1=\frac{v_2}{v_1}$;

（b） $\boldsymbol{v},\boldsymbol{w}$ 所在直线的斜率分别为 $k_1=\frac{v_2}{v_1},k_2=\frac{w_2}{w_1}$，则有 $v_2=k_1v_1,w_2=k_2w_1$. 因为 $\boldsymbol{v}\perp\boldsymbol{w}$，所以有 $\boldsymbol{v}\cdot\boldsymbol{w}=v_1w_1+v_2w_2=v_1w_1+k_1k_2v_1w_1=0$. 即有 $(1+k_1k_2)v_1w_1=0$.

由于 $v_1\neq 0,w_1\neq 0$，得到 $1+k_1k_2=0$，即 $k_1k_2=-1$.

9. **解** $(\boldsymbol{w}-c\boldsymbol{v})\cdot\boldsymbol{v}=\boldsymbol{w}\cdot\boldsymbol{v}-c\boldsymbol{v}\cdot\boldsymbol{v}=0$. 则 $\boldsymbol{w}\cdot\boldsymbol{v}=c\boldsymbol{v}\cdot\boldsymbol{v}=c\|\boldsymbol{v}\|$，可得

$$c=\frac{\boldsymbol{w}\cdot\boldsymbol{v}}{\|\boldsymbol{v}\|}$$

10. **解** 设 $\boldsymbol{v},\boldsymbol{w}$ 之间的夹角为 θ.

$$\cos\theta=\frac{\boldsymbol{v}\cdot\boldsymbol{w}}{\|\boldsymbol{v}\|\|\boldsymbol{w}\|}=\frac{xz+xy+yz}{\sqrt{x^2+y^2+z^2}\cdot\sqrt{x^2+y^2+z^2}}$$

由于 $x+y+z=0$，则 $z=-(x+y)$. 进而

$$\cos\theta=\frac{-x^2-xy+xy-xy-y^2}{x^2+y^2+(x+y)^2}=\frac{-x^2-y^2-xy}{2x^2+2y^2+2xy}=-\frac{1}{2}$$

因此 $\theta=\frac{2\pi}{3}$.

A.1.2 线性方程组

1. **解**

（a）

$$\begin{pmatrix}1&2\\3&4\end{pmatrix}+\begin{pmatrix}5&6\\7&8\end{pmatrix}=\begin{pmatrix}6&8\\10&12\end{pmatrix};$$

（b）

$$\begin{pmatrix}5&6\\7&8\end{pmatrix}+\begin{pmatrix}1&2\\3&4\end{pmatrix}=\begin{pmatrix}6&8\\10&12\end{pmatrix};$$

（c）

$$-1\times\begin{pmatrix}1 & 2\\ 3 & 4\end{pmatrix}=\begin{pmatrix}-1 & -2\\ -3 & -4\end{pmatrix};$$

（d）

$$\begin{pmatrix}1 & 2\\ 3 & 4\end{pmatrix}-\begin{pmatrix}1 & 2\\ 3 & 4\end{pmatrix}=\begin{pmatrix}0 & 0\\ 0 & 0\end{pmatrix}.$$

2. **解** 设

$$\boldsymbol{A}=\begin{pmatrix}a_{11} & a_{12}\\ a_{21} & a_{22}\end{pmatrix}\quad \boldsymbol{B}=\begin{pmatrix}b_{11} & b_{12}\\ b_{21} & b_{22}\end{pmatrix}\quad \boldsymbol{C}=\boldsymbol{AB}=\begin{pmatrix}c_{11} & c_{12}\\ c_{21} & c_{22}\end{pmatrix}$$

（a）行-行角度如下.

设

$$\boldsymbol{C}=\begin{pmatrix}\boldsymbol{c}_1^{\mathrm{T}}\\ \boldsymbol{c}_2^{\mathrm{T}}\end{pmatrix}=\boldsymbol{AB}=\begin{pmatrix}\boldsymbol{a}_1^{\mathrm{T}}\\ \boldsymbol{a}_2^{\mathrm{T}}\end{pmatrix}\begin{pmatrix}\boldsymbol{b}_1^{\mathrm{T}}\\ \boldsymbol{b}_2^{\mathrm{T}}\end{pmatrix}$$

有

$$\begin{aligned}\boldsymbol{c}_1^{\mathrm{T}}=\boldsymbol{a}_1^{\mathrm{T}}\begin{pmatrix}\boldsymbol{b}_1^{\mathrm{T}}\\ \boldsymbol{b}_2^{\mathrm{T}}\end{pmatrix}&=a_{11}\boldsymbol{b}_1^{\mathrm{T}}+a_{12}\boldsymbol{b}_2^{\mathrm{T}}=(5,\quad 6)+2\times(7,\quad 8)\\ &=(5,\quad 6)+(14,\quad 16)=(19,\quad 22)\end{aligned}$$

$$\begin{aligned}\boldsymbol{c}_2^{\mathrm{T}}=\boldsymbol{a}_2^{\mathrm{T}}\begin{pmatrix}\boldsymbol{b}_1^{\mathrm{T}}\\ \boldsymbol{b}_2^{\mathrm{T}}\end{pmatrix}&=a_{21}\boldsymbol{b}_1^{\mathrm{T}}+a_{22}\boldsymbol{b}_2^{\mathrm{T}}=3\times(5,\quad 6)+4\times(7,\quad 8)\\ &=(15,\quad 18)+(28,\quad 32)=(43,\quad 50)\end{aligned}$$

（b）列-列角度如下：

设

$$\boldsymbol{C}=(\boldsymbol{c}_1,\quad \boldsymbol{c}_2)=\boldsymbol{AB}=(\boldsymbol{a}_1,\quad \boldsymbol{a}_2)(\boldsymbol{b}_1,\quad \boldsymbol{b}_2)$$

有

$$\begin{aligned}\boldsymbol{c}_1&=(\boldsymbol{a}_1,\quad \boldsymbol{a}_2)\boldsymbol{b}_1=\boldsymbol{a}_1b_{11}+\boldsymbol{a}_2b_{21}\\ &=5\times\begin{pmatrix}1\\ 3\end{pmatrix}+7\times\begin{pmatrix}2\\ 4\end{pmatrix}=\begin{pmatrix}5\\ 15\end{pmatrix}+\begin{pmatrix}14\\ 28\end{pmatrix}=\begin{pmatrix}19\\ 43\end{pmatrix}\end{aligned}$$

$$\begin{aligned}\boldsymbol{c}_2&=(\boldsymbol{a}_1,\quad \boldsymbol{a}_2)\boldsymbol{b}_2=\boldsymbol{a}_1b_{12}+\boldsymbol{a}_2b_{22}\\ &=6\times\begin{pmatrix}1\\ 3\end{pmatrix}+8\times\begin{pmatrix}2\\ 4\end{pmatrix}=\begin{pmatrix}6\\ 18\end{pmatrix}+\begin{pmatrix}16\\ 32\end{pmatrix}=\begin{pmatrix}22\\ 50\end{pmatrix}\end{aligned}$$

（c） 列-行角度如下：

$$\begin{aligned} \boldsymbol{C}=\boldsymbol{A}\boldsymbol{B}&=(\boldsymbol{a}_1,\boldsymbol{a}_2)\begin{pmatrix}\boldsymbol{b}_1^{\mathrm{T}}\\ \boldsymbol{b}_2^{\mathrm{T}}\end{pmatrix}=\boldsymbol{a}_1\boldsymbol{b}_1^{\mathrm{T}}+\boldsymbol{a}_2\boldsymbol{b}_2^{\mathrm{T}}\\ &=\begin{pmatrix}1\\3\end{pmatrix}(5,6)+\begin{pmatrix}2\\4\end{pmatrix}(7,8)\\ &=\begin{pmatrix}5&6\\15&18\end{pmatrix}+\begin{pmatrix}14&16\\28&32\end{pmatrix}=\begin{pmatrix}19&22\\43&50\end{pmatrix} \end{aligned}$$

（d） 行-列角度如下：

设

$$\boldsymbol{C}=\boldsymbol{A}\boldsymbol{B}=\begin{pmatrix}\boldsymbol{a}_1^{\mathrm{T}}\\ \boldsymbol{a}_2^{\mathrm{T}}\end{pmatrix}(\boldsymbol{b}_1,\boldsymbol{b}_2)=\begin{pmatrix}\boldsymbol{a}_1^{\mathrm{T}}\boldsymbol{b}_1&\boldsymbol{a}_1^{\mathrm{T}}\boldsymbol{b}_2\\ \boldsymbol{a}_2^{\mathrm{T}}\boldsymbol{b}_1&\boldsymbol{a}_2^{\mathrm{T}}\boldsymbol{b}_2\end{pmatrix}$$

有

$$c_{11}=\boldsymbol{a}_1^{\mathrm{T}}\boldsymbol{b}_1=(1,2)\begin{pmatrix}5\\7\end{pmatrix}=5+14=19$$

$$c_{12}=\boldsymbol{a}_1^{\mathrm{T}}\boldsymbol{b}_2=(1,2)\begin{pmatrix}6\\8\end{pmatrix}=6+16=22$$

$$c_{21}=\boldsymbol{a}_2^{\mathrm{T}}\boldsymbol{b}_1=(3,4)\begin{pmatrix}5\\7\end{pmatrix}=15+28=43$$

$$c_{22}=\boldsymbol{a}_2^{\mathrm{T}}\boldsymbol{b}_2=(3,4)\begin{pmatrix}6\\8\end{pmatrix}=18+32=50$$

3. **解**

$$\begin{pmatrix}5&6\\7&8\end{pmatrix}\begin{pmatrix}1&2\\3&4\end{pmatrix}=\begin{pmatrix}23&34\\31&46\end{pmatrix}$$

注：通过第 2,3 题可以得到，矩阵乘法不具备交换律，即 $\boldsymbol{A}\boldsymbol{B}\neq\boldsymbol{B}\boldsymbol{A}$.

4. **证明**

$$\begin{aligned} &\begin{pmatrix}\cos\theta&\sin\theta\\-\sin\theta&\cos\theta\end{pmatrix}\begin{pmatrix}\cos\theta&-\sin\theta\\ \sin\theta&\cos\theta\end{pmatrix}\\ =&\begin{pmatrix}\cos^2\theta+\sin^2\theta&-\cos\theta\sin\theta+\sin\theta\cos\theta\\-\sin\theta\cos\theta+\cos\theta\sin\theta&\sin^2\theta+\cos^2\theta\end{pmatrix}\\ =&\begin{pmatrix}1&0\\0&1\end{pmatrix}=\boldsymbol{I} \end{aligned}$$

5. **证明** 设

$$A=\begin{pmatrix}1&-3&2\\2&1&-3\\3&-2&1\end{pmatrix}=\begin{pmatrix}\boldsymbol{a}_1^{\mathrm{T}}\\\boldsymbol{a}_2^{\mathrm{T}}\\\boldsymbol{a}_3^{\mathrm{T}}\end{pmatrix}$$

由于 $\boldsymbol{x}$ 为以 $\boldsymbol{A}$ 为系数矩阵的线性方程组的解，故有 $\boldsymbol{a}_1^{\mathrm{T}}\boldsymbol{x}=\boldsymbol{a}_2^{\mathrm{T}}\boldsymbol{x}=\boldsymbol{a}_3^{\mathrm{T}}\boldsymbol{x}=0$. 可知 $\boldsymbol{x}$ 与 $\boldsymbol{a}_1^{\mathrm{T}},\boldsymbol{a}_2^{\mathrm{T}},\boldsymbol{a}_3^{\mathrm{T}}$ 垂直（正交），即 $\boldsymbol{x}$ 与 $\boldsymbol{A}$ 的行向量垂直.

6. **证明** 由于 $\boldsymbol{v}=k\boldsymbol{w}$，有 $(a,b)=(kc,kd)$，即 $a=kc,b=kd$. 则有 $(a,c)=(kc,c)=\left(\frac{b}{d}c,c\right)=\frac{c}{d}(b,d)$.
即 (a,c) 和 (b,d) 成倍数关系，且倍数为 $\frac{c}{d}$.

7. **证明** 由题知，$(a,b)=k(c,d)=(kc,kd),k\neq 0$，则 $a=kc,b=kd$.
因此

$$\begin{pmatrix}a\\c\end{pmatrix}=\begin{pmatrix}kc\\c\end{pmatrix}=\begin{pmatrix}\frac{b}{d}c\\c\end{pmatrix}=\frac{c}{d}\begin{pmatrix}b\\d\end{pmatrix}$$

A.1.3 消元法

1. **解**

（a）

$$(\boldsymbol{A}\ \vdots\ \boldsymbol{b})=\left(\begin{array}{ccc|c}1&2&2&1\\4&8&9&3\\0&3&2&1\end{array}\right)$$

（b）

$$(\boldsymbol{A}\ \vdots\ \boldsymbol{b})=\left(\begin{array}{ccc|c}1&2&2&1\\4&8&9&3\\0&3&2&1\end{array}\right)\xrightarrow{r_2-4r_1}\left(\begin{array}{ccc|c}1&2&2&1\\0&0&1&-1\\0&3&2&1\end{array}\right)$$

$$\xrightarrow{r_2\leftrightarrow r_3}\left(\begin{array}{ccc|c}1&2&2&1\\0&3&2&1\\0&0&1&-1\end{array}\right)$$

由上述的行变换知：

$$\boldsymbol{E}_1=\begin{pmatrix}1&0&0\\-4&1&0\\0&0&1\end{pmatrix}\quad \boldsymbol{P}_{32}=\begin{pmatrix}1&0&0\\0&0&1\\0&1&0\end{pmatrix}$$

利用回代法解 $\boldsymbol{Ax}=\boldsymbol{b}$：从第三行得到 $x_3=-1$. 从第二行得到 $3x_2+2x_3=1$，则 $x_2=\frac{(1-2x_3)}{3}=1$. 从第一行得到 $x_1+2x_2+2x_3=1$，则 $x_1=1-2x_2-2x_3=1$.

即方程的解为 $\boldsymbol{x}=(1,1,-1)$.

（c）

$$(\boldsymbol{A}\quad \boldsymbol{b})=\left(\begin{array}{ccc|c}1&2&2&1\\4&8&9&3\\0&3&2&1\end{array}\right)\xrightarrow{r_2\leftrightarrow r_3}\left(\begin{array}{ccc|c}1&2&2&1\\0&3&2&1\\4&8&9&3\end{array}\right)$$

$$\xrightarrow{r_3-4r_1}\left(\begin{array}{ccc|c}1&2&2&1\\0&3&2&1\\0&0&1&-1\end{array}\right)$$

由上述的行变换知：

$$\boldsymbol{P}_{32}=\begin{pmatrix}1&0&0\\0&0&1\\0&1&0\end{pmatrix}\quad \boldsymbol{E}_1=\begin{pmatrix}1&0&0\\0&1&0\\-4&0&1\end{pmatrix}$$

回代法求解同（b）.

2. **解**

$$\boldsymbol{A}=\begin{pmatrix}1&1&0\\4&6&1\\-2&2&0\end{pmatrix}\xrightarrow[r_2-4r_1]{r_3+2r_1}\begin{pmatrix}1&1&0\\0&2&1\\0&4&0\end{pmatrix}\xrightarrow{r_3-2r_2}\begin{pmatrix}1&1&0\\0&2&1\\0&0&-2\end{pmatrix}$$

（a）

$$\boldsymbol{E}_1=\begin{pmatrix}1&0&0\\-4&1&0\\2&0&1\end{pmatrix}\quad \boldsymbol{E}_2=\begin{pmatrix}1&0&0\\0&1&0\\0&-2&1\end{pmatrix}$$

（b）

$$\boldsymbol{E}=\boldsymbol{E}_2\boldsymbol{E}_1=\begin{pmatrix}1&0&0\\-4&1&0\\10&-2&1\end{pmatrix}$$

相当于对 $\boldsymbol{E}_1$ 做行变换 r_3-2r_2.

（c）

$$\boldsymbol{E}^{-1}=\boldsymbol{E}_1^{-1}\boldsymbol{E}_2^{-1}=\begin{pmatrix}1&0&0\\4&1&0\\-2&2&1\end{pmatrix}$$

该结果可以直接由 $\boldsymbol{E}_1,\boldsymbol{E}_2$ 看出.

3. **证明**

$$\boldsymbol{M}^*=\boldsymbol{E}\boldsymbol{M}=\begin{pmatrix}1&0\\-l&1\end{pmatrix}\begin{pmatrix}a&b\\c&d\end{pmatrix}$$

方法一：

$$\det(\boldsymbol{M}^*)=\det(\boldsymbol{EM})=\det(\boldsymbol{E})\cdot\det(\boldsymbol{M})=\begin{vmatrix}1&0\\-l&1\end{vmatrix}\cdot\det(\boldsymbol{M})=\det(\boldsymbol{M})$$

方法二：

$$\boldsymbol{M}^*=\begin{pmatrix}a&b\\-al+c&-bl+d\end{pmatrix}$$

$$\det(\boldsymbol{M}^*)=\begin{vmatrix}a&b\\-al+c&-bl+d\end{vmatrix}=-abl+ad+abl-bc=ad-bc=\det(\boldsymbol{M})$$

4. **解**

（a）

$$\begin{pmatrix}0&0&1\\0&1&0\\1&0&0\end{pmatrix}\begin{pmatrix}1&2&3\\4&5&6\\7&8&9\end{pmatrix}\begin{pmatrix}0&0&1\\0&1&0\\1&0&0\end{pmatrix}=\begin{pmatrix}9&8&7\\6&5&4\\3&2&1\end{pmatrix}$$

相当于对于中间矩阵先做行变换 $r_1\leftrightarrow r_3$，再做列变换 $c_1\leftrightarrow c_3$.

（b）

$$\begin{pmatrix}1&0&0\\-1&1&0\\-1&0&1\end{pmatrix}\begin{pmatrix}1&2&3\\1&3&1\\1&4&0\end{pmatrix}=\begin{pmatrix}1&2&3\\0&1&-2\\0&2&-3\end{pmatrix}$$

左乘该消元矩阵相当于做行变换 r_2-r_1, r_3-r_1.

5. **证明**

（a）设 $\boldsymbol{A}=(\boldsymbol{a}_1\quad\boldsymbol{a}_2\cdots\boldsymbol{a}_k)=\boldsymbol{EB}=(\boldsymbol{e}_1\quad\boldsymbol{e}_2\cdots\boldsymbol{e}_k)(\boldsymbol{b}_1\quad\boldsymbol{b}_2\cdots\boldsymbol{b}_k)$.
由矩阵乘法的列列角度知，$\boldsymbol{a}_3=(\boldsymbol{e}_1\quad\boldsymbol{e}_2\cdots\boldsymbol{e}_k)\boldsymbol{b}_3$. 因为 $\boldsymbol{b}_3=\boldsymbol{0}$，则 $\boldsymbol{a}_3=\boldsymbol{0}$.
即对任意的矩阵 $\boldsymbol{E}$，$\boldsymbol{EB}$ 的第三列也为全 0 列.

（b）存在反例. 当

$$\boldsymbol{E}=\begin{pmatrix}0&0&1\\0&1&0\\1&0&0\end{pmatrix},\boldsymbol{B}=\begin{pmatrix}1&1&1\\1&1&1\\0&0&0\end{pmatrix}$$

有

$$\boldsymbol{EB}=\begin{pmatrix}0&0&0\\1&1&1\\1&1&1\end{pmatrix}$$

此时 $\boldsymbol{EB}$ 的第三行不为全 0 行.

6. 解

$$\begin{pmatrix} 1 & 0 & 0 & 0 \\ -a & 1 & 0 & 0 \\ 0 & -b & 1 & 0 \\ 0 & 0 & -c & 1 \end{pmatrix} \xrightarrow{r_2+ar_1} \begin{pmatrix} 1 & 0 & 0 & 0 \\ 0 & 1 & 0 & 0 \\ 0 & -b & 1 & 0 \\ 0 & 0 & -c & 1 \end{pmatrix} \xrightarrow{r_3+br_2} \begin{pmatrix} 1 & 0 & 0 & 0 \\ 0 & 1 & 0 & 0 \\ 0 & 0 & 1 & 0 \\ 0 & 0 & -c & 1 \end{pmatrix}$$

$$\xrightarrow{r_4+cr_3} \begin{pmatrix} 1 & 0 & 0 & 0 \\ 0 & 1 & 0 & 0 \\ 0 & 0 & 1 & 0 \\ 0 & 0 & 0 & 1 \end{pmatrix}$$

由上述行变换知：

$$\boldsymbol{E}_1 = \begin{pmatrix} 1 & 0 & 0 & 0 \\ a & 1 & 0 & 0 \\ 0 & 0 & 1 & 0 \\ 0 & 0 & 0 & 1 \end{pmatrix} \quad \boldsymbol{E}_2 = \begin{pmatrix} 1 & 0 & 0 & 0 \\ 0 & 1 & 0 & 0 \\ 0 & b & 1 & 0 \\ 0 & 0 & 0 & 1 \end{pmatrix} \quad \boldsymbol{E}_3 = \begin{pmatrix} 1 & 0 & 0 & 0 \\ 0 & 1 & 0 & 0 \\ 0 & 0 & 1 & 0 \\ 0 & 0 & c & 1 \end{pmatrix}$$

且

$$\boldsymbol{E}_3\boldsymbol{E}_2\boldsymbol{E}_1 = \begin{pmatrix} 1 & 0 & 0 & 0 \\ a & 1 & 0 & 0 \\ ab & b & 1 & 0 \\ abc & bc & c & 1 \end{pmatrix}$$

7. 解

（a）

$$\boldsymbol{AF} = \begin{pmatrix} a & b \\ c & d \end{pmatrix} \begin{pmatrix} 1 & 1 \\ 0 & 1 \end{pmatrix} = \begin{pmatrix} a & a+b \\ c & c+d \end{pmatrix}$$

$$\boldsymbol{E}(\boldsymbol{AF}) = \begin{pmatrix} 1 & 0 \\ 1 & 1 \end{pmatrix} (\boldsymbol{AF}) = \begin{pmatrix} a & a+b \\ a+c & a+b+c+d \end{pmatrix}$$

（b）

$$(\boldsymbol{EA})\boldsymbol{F} = \boldsymbol{E}(\boldsymbol{AF})$$

说明矩阵乘法遵循结合律.

8. 解

（a）

$$\boldsymbol{FA} = \begin{pmatrix} 1 & 1 \\ 0 & 1 \end{pmatrix} \begin{pmatrix} a & b \\ c & d \end{pmatrix} = \begin{pmatrix} a+c & b+d \\ c & d \end{pmatrix}$$

$$\boldsymbol{E}(\boldsymbol{FA}) = \begin{pmatrix} 1 & 0 \\ 1 & 1 \end{pmatrix} (\boldsymbol{FA}) = \begin{pmatrix} a+c & b+d \\ a+2c & b+2d \end{pmatrix}$$

（b）

$$\boldsymbol{F}(\boldsymbol{E}\boldsymbol{A}) \neq \boldsymbol{E}(\boldsymbol{F}\boldsymbol{A})$$

说明矩阵乘法不遵循交换律.

9. **解**

（a）由矩阵乘法的列-列角度，有

$$\boldsymbol{A}\boldsymbol{X} = \boldsymbol{A}(\boldsymbol{x}_1 \quad \boldsymbol{x}_2 \quad \boldsymbol{x}_3) = \begin{pmatrix} 1 & 0 & 0 \\ 0 & 1 & 0 \\ 0 & 0 & 1 \end{pmatrix} = \boldsymbol{I}$$

（b）由题知：

$$\boldsymbol{A}\boldsymbol{X} = \boldsymbol{A}\begin{pmatrix} 1 & 0 & 0 \\ 1 & 1 & 0 \\ 1 & 1 & 1 \end{pmatrix} = \begin{pmatrix} 1 & 0 & 0 \\ 0 & 1 & 0 \\ 0 & 0 & 1 \end{pmatrix} = \boldsymbol{I}$$

则

$$\boldsymbol{A} = \boldsymbol{I}\boldsymbol{X}^{-1} = \boldsymbol{X}^{-1} = \begin{pmatrix} 1 & 0 & 0 \\ -1 & 1 & 0 \\ 0 & -1 & 1 \end{pmatrix}$$

这里，$\boldsymbol{X}$ 是初等矩阵，所以可以直接写出 $\boldsymbol{X}^{-1}$.

接下来求解 $\boldsymbol{A}\boldsymbol{x} = \boldsymbol{b}$.

$$\boldsymbol{x} = \boldsymbol{A}^{-1}\boldsymbol{b} = \boldsymbol{X}\boldsymbol{b} = \begin{pmatrix} 1 & 0 & 0 \\ 1 & 1 & 0 \\ 1 & 1 & 1 \end{pmatrix}\begin{pmatrix} 3 \\ 5 \\ 8 \end{pmatrix} = \begin{pmatrix} 3 \\ 8 \\ 11 \end{pmatrix}$$

即方程组的解为 $\boldsymbol{x} = (3, 8, 11)$.

10. **证明** 由于矩阵乘法具有结合律，则 $\boldsymbol{B} = \boldsymbol{B}\boldsymbol{I} = \boldsymbol{B}(\boldsymbol{A}\boldsymbol{C}) = (\boldsymbol{B}\boldsymbol{A})\boldsymbol{C} = \boldsymbol{I}\boldsymbol{C} = \boldsymbol{C}$. 故 $\boldsymbol{B} = \boldsymbol{C}$.

11. **解**

$$\boldsymbol{A} = \begin{pmatrix} 1 & 0 & 1 \\ 2 & 2 & 2 \\ 3 & 4 & 5 \end{pmatrix} \xrightarrow[r_2 - 2r_1]{r_3 - 3r_1} \begin{pmatrix} 1 & 0 & 1 \\ 0 & 2 & 0 \\ 0 & 4 & 2 \end{pmatrix} \xrightarrow{r_3 - 2r_2} \begin{pmatrix} 1 & 0 & 1 \\ 0 & 2 & 0 \\ 0 & 0 & 2 \end{pmatrix}$$

由矩阵行变换知，

$$\boldsymbol{E}_1 = \begin{pmatrix} 1 & 0 & 0 \\ -2 & 1 & 0 \\ -3 & 0 & 1 \end{pmatrix} \quad \boldsymbol{E}_2 = \begin{pmatrix} 1 & 0 & 0 \\ 0 & 1 & 0 \\ 0 & -2 & 1 \end{pmatrix}$$

12. **解**

$$\boldsymbol{A}=\begin{pmatrix}a&a&a&a\\a&b&b&b\\a&b&c&c\\a&b&c&d\end{pmatrix}\xrightarrow[r_2-r_1,r_3-r_1]{r_4-r_1}\begin{pmatrix}a&a&a&a\\0&b-a&b-a&b-a\\0&b-a&c-a&c-a\\0&b-a&c-a&d-a\end{pmatrix}$$

$$\xrightarrow[r_3-r_2]{r_4-r_2}\begin{pmatrix}a&a&a&a\\0&b-a&b-a&b-a\\0&0&c-b&c-b\\0&0&c-b&d-b\end{pmatrix}\xrightarrow{r_4-r_3}\begin{pmatrix}a&a&a&a\\0&b-a&b-a&b-a\\0&0&c-b&c-b\\0&0&0&d-c\end{pmatrix}=\boldsymbol{U}$$

由矩阵行变换可知：

$$\boldsymbol{E}_1=\begin{pmatrix}1&0&0&0\\-1&1&0&0\\-1&0&1&0\\-1&0&0&1\end{pmatrix}\quad\boldsymbol{E}_2=\begin{pmatrix}1&0&0&0\\0&1&0&0\\0&-1&1&0\\0&-1&0&1\end{pmatrix}\quad\boldsymbol{E}_3=\begin{pmatrix}1&0&0&0\\0&1&0&0\\0&0&1&0\\0&0&-1&1\end{pmatrix}$$

有

$$\boldsymbol{L}=\boldsymbol{E}_1^{-1}\boldsymbol{E}_2^{-1}\boldsymbol{E}_3^{-1}=\begin{pmatrix}1&0&0&0\\1&1&0&0\\1&1&1&0\\1&1&1&1\end{pmatrix}$$

当 $a\neq0,b-a\neq0,c-b\neq0,d-c\neq0$ 时，$\boldsymbol{U}$ 有四个主元.

A.1.4 矩阵的逆

1. **解**

$$\boldsymbol{B}=\boldsymbol{P}_{12}\boldsymbol{A}=\begin{pmatrix}0&1&0\\1&0&0\\0&0&1\end{pmatrix}\boldsymbol{A}$$

由于 $\boldsymbol{P}_{12}$ 为初等矩阵，可逆，且 $\boldsymbol{P}_{12}^{-1}=\boldsymbol{P}_{21}=\boldsymbol{P}_{12}$.
由题知 $\boldsymbol{A}$ 可逆，则 $\boldsymbol{B}$ 也为可逆矩阵：

$$\boldsymbol{B}^{-1}=(\boldsymbol{P}_{12}\boldsymbol{A})^{-1}=\boldsymbol{A}^{-1}\boldsymbol{P}_{12}^{-1}=\boldsymbol{A}^{-1}\begin{pmatrix}0&1&0\\1&0&0\\0&0&1\end{pmatrix}$$

所以，交换 $\boldsymbol{A}^{-1}$ 的第一列与第二列，得到 $\boldsymbol{B}^{-1}$.

2. 解

（a）

$$\left(\begin{array}{cccc|cccc}0&0&0&2&1&0&0&0\\0&0&3&0&0&1&0&0\\0&4&0&0&0&0&1&0\\5&0&0&0&0&0&0&1\end{array}\right)\xrightarrow[r_2\leftrightarrow r_3]{r_1\leftrightarrow r_4}\left(\begin{array}{cccc|cccc}5&0&0&0&0&0&0&1\\0&4&0&0&0&0&1&0\\0&0&3&0&0&1&0&0\\0&0&0&2&1&0&0&0\end{array}\right)$$

$$\xrightarrow[r_3/3,r_4/2]{r_1/5,r_2/4}\left(\begin{array}{cccc|cccc}1&0&0&0&0&0&0&\frac{1}{5}\\0&1&0&0&0&0&\frac{1}{4}&0\\0&0&1&0&0&\frac{1}{3}&0&0\\0&0&0&1&\frac{1}{2}&0&0&0\end{array}\right)$$

故

$$\boldsymbol{A}^{-1}=\begin{pmatrix}0&0&0&\frac{1}{5}\\0&0&\frac{1}{4}&0\\0&\frac{1}{3}&0&0\\\frac{1}{2}&0&0&0\end{pmatrix}$$

（b）

$$\left(\begin{array}{cccc|cccc}3&2&0&0&1&0&0&0\\4&3&0&0&0&1&0&0\\0&0&6&5&0&0&1&0\\0&0&7&6&0&0&0&1\end{array}\right)\xrightarrow[r_3\leftrightarrow r_4]{r_1\leftrightarrow r_2}\left(\begin{array}{cccc|cccc}4&3&0&0&0&1&0&0\\3&2&0&0&1&0&0&0\\0&0&7&6&0&0&0&1\\0&0&6&5&0&0&1&0\end{array}\right)$$

$$\xrightarrow[r_3-r_4]{r_1-r_2}\left(\begin{array}{cccc|cccc}1&1&0&0&-1&1&0&0\\3&2&0&0&1&0&0&0\\0&0&1&1&0&0&-1&1\\0&0&6&5&0&0&1&0\end{array}\right)$$

$$\xrightarrow[r_4-6r_3]{r_2-3r_1}\left(\begin{array}{cccc|cccc}1&1&0&0&-1&1&0&0\\0&-1&0&0&4&-3&0&0\\0&0&1&1&0&0&-1&1\\0&0&0&-1&0&0&7&-6\end{array}\right)$$

$$\xrightarrow[r_2\times(-1),r_4\times(-1)]{r_1+r_2,r_3+r_4}\left(\begin{array}{cccc|cccc}1&0&0&0&3&-2&0&0\\0&1&0&0&-4&3&0&0\\0&0&1&0&0&0&6&-5\\0&0&0&1&0&0&-7&6\end{array}\right)$$

故

$$B^{-1}=\begin{pmatrix}3&-2&0&0\\-4&3&0&0\\0&0&6&-5\\0&0&-7&6\end{pmatrix}$$

3. **解** $\boldsymbol{A}$ 为可逆矩阵，则 $\boldsymbol{A}^{-1}$ 也为可逆矩阵, 因此有 $\boldsymbol{A}^{-1}\boldsymbol{C}=\boldsymbol{B}$. 又 $\boldsymbol{C}$ 为可逆矩阵，故 $\boldsymbol{A}^{-1}=\boldsymbol{B}\boldsymbol{C}^{-1}$.

4. **解** $\boldsymbol{A},\boldsymbol{B},\boldsymbol{C}$ 为可逆矩阵，则 $\boldsymbol{M}^{-1}=(\boldsymbol{ABC})^{-1}=\boldsymbol{C}^{-1}\boldsymbol{B}^{-1}\boldsymbol{A}^{-1}$. 故 $\boldsymbol{B}^{-1}=\boldsymbol{C}\boldsymbol{M}^{-1}\boldsymbol{A}$.

5. **证明** 由题知 $\boldsymbol{B}=(\boldsymbol{A}^2)^{-1}$，有 $\boldsymbol{A}^2\boldsymbol{B}=\boldsymbol{A}^2(\boldsymbol{A}^2)^{-1}=\boldsymbol{I}$. 则 $\boldsymbol{A}^2\boldsymbol{B}=\boldsymbol{A}(\boldsymbol{AB})=\boldsymbol{I}$，故 $\boldsymbol{AB}=\boldsymbol{A}^{-1}$.

6. **解**

（a）

$$\left(\begin{array}{ccc|ccc}2&1&1&1&0&0\\1&2&1&0&1&0\\1&1&2&0&0&1\end{array}\right)\xrightarrow{r_1-r_2}\left(\begin{array}{ccc|ccc}1&-1&0&1&-1&0\\1&2&1&0&1&0\\1&1&2&0&0&1\end{array}\right)$$

$$\xrightarrow[r_3-r_1]{r_2-r_1}\left(\begin{array}{ccc|ccc}1&-1&0&1&-1&0\\0&3&1&-1&2&0\\0&2&2&-1&1&1\end{array}\right)$$

$$\xrightarrow{r_2-r_3}\left(\begin{array}{ccc|ccc}1&-1&0&1&-1&0\\0&1&-1&0&1&-1\\0&2&2&-1&1&1\end{array}\right)$$

$$\xrightarrow{r_3-2r_2}\left(\begin{array}{ccc|ccc}1&-1&0&1&-1&0\\0&1&-1&0&1&-1\\0&0&4&-1&-1&3\end{array}\right)$$

$$\xrightarrow{r_3/4}\left(\begin{array}{ccc|ccc}1&-1&0&1&-1&0\\0&1&-1&0&1&-1\\0&0&1&-\frac{1}{4}&-\frac{1}{4}&\frac{3}{4}\end{array}\right)$$

$$\xrightarrow{r_1+r_2}\left(\begin{array}{ccc|ccc}1&0&-1&1&0&-1\\0&1&-1&0&1&-1\\0&0&1&-\frac{1}{4}&-\frac{1}{4}&\frac{3}{4}\end{array}\right)$$

$$\xrightarrow[r_2+r_3]{r_1+r_3}\left(\begin{array}{ccc|ccc}1&0&0&\frac{3}{4}&-\frac{1}{4}&-\frac{1}{4}\\0&1&0&-\frac{1}{4}&\frac{3}{4}&-\frac{1}{4}\\0&0&1&-\frac{1}{4}&-\frac{1}{4}&\frac{3}{4}\end{array}\right)$$

即

$$A^{-1} = \begin{pmatrix} \frac{3}{4} & -\frac{1}{4} & -\frac{1}{4} \\ -\frac{1}{4} & \frac{3}{4} & -\frac{1}{4} \\ -\frac{1}{4} & -\frac{1}{4} & \frac{3}{4} \end{pmatrix}$$

（b）

$$\left(\begin{array}{rrr|rrr} 2 & -1 & -1 & 1 & 0 & 0 \\ -1 & 2 & -1 & 0 & 1 & 0 \\ -1 & -1 & 2 & 0 & 0 & 1 \end{array}\right) \xrightarrow{r_1+r_2} \left(\begin{array}{rrr|rrr} 1 & 1 & -2 & 1 & 1 & 0 \\ -1 & 2 & -1 & 0 & 1 & 0 \\ -1 & -1 & 2 & 0 & 0 & 1 \end{array}\right)$$

$$\xrightarrow[r_3+r_1]{r_2+r_1} \left(\begin{array}{rrr|rrr} 1 & 1 & -2 & 1 & 1 & 0 \\ 0 & 3 & -3 & 1 & 2 & 0 \\ 0 & 0 & 0 & 1 & 1 & 1 \end{array}\right)$$

故 $\boldsymbol{B}$ 不可逆.

7. **解**

（a）正确.

当 $\boldsymbol{A}$ 存在全 0 行时，0 行没有主元，则 $\boldsymbol{A}$ 不可逆. 注：$\det(\boldsymbol{A}) = 0$.

（b）错误.

$$\boldsymbol{A} = \begin{pmatrix} 0 & 0 & 0 \\ 1 & 0 & 0 \\ 0 & 1 & 0 \end{pmatrix}$$

第一行没有主元，故 $\boldsymbol{A}$ 不可逆. 注：$\det(\boldsymbol{A}) = 0$.

（c）正确.

对于 $\boldsymbol{A}^{-1}$，有 $\boldsymbol{A}\boldsymbol{A}^{-1} = \boldsymbol{I}$，则 $\boldsymbol{A}^{-1}$ 可逆，且 $(\boldsymbol{A}^{-1})^{-1} = \boldsymbol{A}$. 对于 $\boldsymbol{A}^2$，有 $\boldsymbol{A}^2(\boldsymbol{A}^{-1})^2 = \boldsymbol{A}\boldsymbol{A}\boldsymbol{A}^{-1}\boldsymbol{A}^{-1} = \boldsymbol{A}(\boldsymbol{A}\boldsymbol{A}^{-1})\boldsymbol{A}^{-1} = \boldsymbol{A}\boldsymbol{A}^{-1} = \boldsymbol{I}$. 则 $\boldsymbol{A}^2$ 可逆，且 $(\boldsymbol{A}^2)^{-1} = (\boldsymbol{A}^{-1})^2$.

8. **解**

（a）当

$$\boldsymbol{A} = \begin{pmatrix} 1 & 2 & 3 & 0 \\ 1 & 2 & 0 & 3 \\ 1 & 0 & 2 & 3 \\ 0 & 1 & 2 & 3 \end{pmatrix}$$

通过消元法可以得到 4 个非零主元，故 $\boldsymbol{A}$ 可逆. 注：$\det(\boldsymbol{A}) \neq 0$.

（b） 由题知 $\boldsymbol{B}$ 的每行的行和为 0，则有

$$\boldsymbol{B}\begin{pmatrix}1\\1\\1\\1\end{pmatrix}=\begin{pmatrix}0\\0\\0\\0\end{pmatrix}$$

即 $\boldsymbol{Bx}=0$ 存在非零解 $(1,1,1,1)$，则 $\boldsymbol{B}$ 不可逆.

9. **解**

$$\begin{pmatrix}1&0&0&0\\a&1&0&0\\b&0&1&0\\c&0&0&1\end{pmatrix}\begin{pmatrix}1&0&0&0\\0&1&0&0\\0&d&1&0\\0&e&0&1\end{pmatrix}=\begin{pmatrix}1&0&0&0\\a&1&0&0\\b&d&1&0\\c&e&0&1\end{pmatrix}$$

$$\begin{pmatrix}1&0&0&0\\a&1&0&0\\b&d&1&0\\c&e&0&1\end{pmatrix}\begin{pmatrix}1&0&0&0\\0&1&0&0\\0&0&1&0\\0&0&f&1\end{pmatrix}=\begin{pmatrix}1&0&0&0\\a&1&0&0\\b&d&1&0\\c&e&f&1\end{pmatrix}$$

A.1.5 矩阵的转置与置换矩阵

1. **解**

$$\boldsymbol{S}=\begin{pmatrix}1&4&5\\4&2&6\\5&6&3\end{pmatrix}\xrightarrow[r_3-5r_1]{r_2-4r_1}\begin{pmatrix}1&4&5\\0&-14&-14\\0&-14&-22\end{pmatrix}\xrightarrow{r_3-r_2}\begin{pmatrix}1&4&5\\0&-14&-14\\0&0&-8\end{pmatrix}=\boldsymbol{U}$$

提取 $\boldsymbol{U}$ 中主元:

$$\boldsymbol{D}=\begin{pmatrix}1&&\\&-14&\\&&-8\end{pmatrix}$$

由行变换知:

$$\boldsymbol{E}_1=\begin{pmatrix}1&&\\-4&1&\\-5&0&1\end{pmatrix}\quad \boldsymbol{E}_2=\begin{pmatrix}1&&\\0&1&\\0&-1&1\end{pmatrix}$$

则

$$\boldsymbol{L}=\begin{pmatrix}1&&\\4&1&\\5&1&1\end{pmatrix}$$

有

$$S = LDL^{\mathrm{T}} = \begin{pmatrix} 1 & & \\ 4 & 1 & \\ 5 & 1 & 1 \end{pmatrix} \begin{pmatrix} 1 & & \\ & -14 & \\ & & -8 \end{pmatrix} \begin{pmatrix} 1 & 4 & 5 \\ & 1 & 1 \\ & & 1 \end{pmatrix}$$

2. **解**

$$M^{\mathrm{T}} = \begin{pmatrix} A & B \\ C & D \end{pmatrix}^{\mathrm{T}} = \begin{pmatrix} A^{\mathrm{T}} & C^{\mathrm{T}} \\ B^{\mathrm{T}} & D^{\mathrm{T}} \end{pmatrix}$$

若 M 为对称矩阵，则 $M^{\mathrm{T}} = M$，即

$$\begin{pmatrix} A^{\mathrm{T}} & C^{\mathrm{T}} \\ B^{\mathrm{T}} & D^{\mathrm{T}} \end{pmatrix} = \begin{pmatrix} A & B \\ C & D \end{pmatrix}$$

则要求 $A^{\mathrm{T}} = A, B^{\mathrm{T}} = C, D^{\mathrm{T}} = D$.

3. **解**

（a） 错误.

当 A 为任意一个非对称矩阵时，有

$$\begin{pmatrix} 0 & A \\ A & 0 \end{pmatrix}^{\mathrm{T}} = \begin{pmatrix} 0 & A^{\mathrm{T}} \\ A^{\mathrm{T}} & 0 \end{pmatrix} \neq \begin{pmatrix} 0 & A \\ A & 0 \end{pmatrix}$$

（b） 错误.

$$A = \begin{pmatrix} 1 & 2 & 3 \\ 2 & 1 & 0 \\ 3 & 0 & 0 \end{pmatrix} \quad B = \begin{pmatrix} 1 & 1 & 2 \\ 1 & 0 & 0 \\ 2 & 0 & 0 \end{pmatrix}$$

$$AB = \begin{pmatrix} 9 & 1 & 2 \\ 3 & 2 & 4 \\ 3 & 3 & 6 \end{pmatrix} \quad BA = \begin{pmatrix} 9 & 3 & 3 \\ 1 & 2 & 3 \\ 2 & 4 & 6 \end{pmatrix}$$

则 $(AB)^{\mathrm{T}} = B^{\mathrm{T}}A^{\mathrm{T}} = BA \neq AB$.

（c） 正确.

$(A^{-1})^{\mathrm{T}} = (A^{\mathrm{T}})^{-1}$. 若 A 不是对称矩阵，则 $(A^{\mathrm{T}})^{-1} \neq A^{-1}$.

（d） 正确.

$(ABC)^{\mathrm{T}} = C^{\mathrm{T}}B^{\mathrm{T}}A^{\mathrm{T}} = CBA$.

4. **解** 当 P_1, P_2 交换的是不同行时，即

$$P_1 = \begin{pmatrix} 1 & 0 & 0 \\ 0 & 0 & 1 \\ 0 & 1 & 0 \end{pmatrix} \quad P_2 = \begin{pmatrix} 0 & 1 & 0 \\ 1 & 0 & 0 \\ 0 & 0 & 1 \end{pmatrix}$$

有

$$P_1P_2=\begin{pmatrix}0&1&0\\0&0&1\\1&0&0\end{pmatrix}\quad P_2P_1=\begin{pmatrix}0&0&1\\1&0&0\\0&1&0\end{pmatrix}$$

则 $\boldsymbol{P}_1\boldsymbol{P}_2\neq\boldsymbol{P}_2\boldsymbol{P}_1$.

当 $\boldsymbol{P}_3,\boldsymbol{P}_4$ 交换的为相同行时，即

$$\boldsymbol{P}_3=\boldsymbol{P}_4=\begin{pmatrix}0&0&1\\1&0&0\\0&1&0\end{pmatrix}$$

有 $\boldsymbol{P}_3\boldsymbol{P}_4=\boldsymbol{P}_4\boldsymbol{P}_3$.

5. 证明

（a） $(\boldsymbol{A}^{\mathrm{T}}\boldsymbol{S}\boldsymbol{A})^{\mathrm{T}}=\boldsymbol{A}^{\mathrm{T}}\boldsymbol{S}^{\mathrm{T}}\boldsymbol{A}=\boldsymbol{A}^{\mathrm{T}}\boldsymbol{S}\boldsymbol{A}$. 故 $\boldsymbol{A}^{\mathrm{T}}\boldsymbol{S}\boldsymbol{A}$ 为对称矩阵 $(n\times n)$.

（b） 设 $\boldsymbol{A}^{\mathrm{T}}\boldsymbol{A}=(c_{ij})_{n\times n}=(\boldsymbol{a}_1\cdots\boldsymbol{a}_n)^{\mathrm{T}}(\boldsymbol{a}_1\cdots\boldsymbol{a}_n)$, 则有 $\boldsymbol{A}^{\mathrm{T}}\boldsymbol{A}$ 的对角元 $c_{ii}=\boldsymbol{a}_i^{\mathrm{T}}\boldsymbol{a}_i=\|\boldsymbol{a}_i\|^2\geqslant 0$. 故 $\boldsymbol{A}^{\mathrm{T}}\boldsymbol{A}$ 的对角元非负.

6. 解

（a）

$$\boldsymbol{S}=\begin{pmatrix}1&3\\3&2\end{pmatrix}\xrightarrow{r_2-3r_1}\begin{pmatrix}1&3\\0&-7\end{pmatrix}=\boldsymbol{U}$$

提取 $\boldsymbol{U}$ 中主元：

$$\boldsymbol{D}=\begin{pmatrix}1&0\\0&-7\end{pmatrix}$$

由行变换知：

$$\boldsymbol{E}_1=\begin{pmatrix}1&0\\-3&1\end{pmatrix}$$

则

$$\boldsymbol{L}=\begin{pmatrix}1&0\\3&1\end{pmatrix}$$

有

$$\boldsymbol{A}=\boldsymbol{L}\boldsymbol{D}\boldsymbol{L}^{\mathrm{T}}=\begin{pmatrix}1&0\\3&1\end{pmatrix}\begin{pmatrix}1&0\\0&-7\end{pmatrix}\begin{pmatrix}1&3\\0&1\end{pmatrix}$$

（b）

$$\boldsymbol{S}=\begin{pmatrix}1&b\\b&c\end{pmatrix}\xrightarrow{r_2-br_1}\begin{pmatrix}1&b\\0&c-b^2\end{pmatrix}=\boldsymbol{U}$$

提取 $\boldsymbol{U}$ 中主元：

$$\boldsymbol{D}=\begin{pmatrix}1&0\\0&c-b^2\end{pmatrix}$$

由行变换知：

$$E_1 = \begin{pmatrix} 1 & 0 \\ -b & 1 \end{pmatrix}$$

则

$$L = \begin{pmatrix} 1 & 0 \\ b & 1 \end{pmatrix}$$

有

$$A = LDL^{\mathrm{T}} = \begin{pmatrix} 1 & \\ b & 1 \end{pmatrix} \begin{pmatrix} 1 & \\ & c-b^2 \end{pmatrix} \begin{pmatrix} 1 & b \\ & 1 \end{pmatrix}$$

（c）

$$S = \begin{pmatrix} 2 & -1 & 0 \\ -1 & 2 & -1 \\ 0 & -1 & 2 \end{pmatrix} \xrightarrow{r_2+\frac{1}{2}r_1} \begin{pmatrix} 2 & -1 & 0 \\ 0 & \frac{3}{2} & -1 \\ 0 & -1 & 2 \end{pmatrix}$$

$$\xrightarrow{r_3+\frac{2}{3}r_2} \begin{pmatrix} 2 & -1 & 0 \\ 0 & \frac{3}{2} & -1 \\ 0 & 0 & \frac{4}{3} \end{pmatrix} = U$$

提取 U 中主元：

$$D = \begin{pmatrix} 2 & & \\ & \frac{3}{2} & \\ & & \frac{4}{3} \end{pmatrix}$$

由行变换知：

$$E_1 = \begin{pmatrix} 1 & & \\ \frac{1}{2} & 1 & \\ 0 & 0 & 1 \end{pmatrix} \quad E_2 = \begin{pmatrix} 1 & & \\ 0 & 1 & \\ 0 & \frac{2}{3} & 1 \end{pmatrix}$$

则

$$L = \begin{pmatrix} 1 & & \\ -\frac{1}{2} & 1 & \\ 0 & -\frac{2}{3} & 1 \end{pmatrix}$$

有

$$S = LDL^{\mathrm{T}} = \begin{pmatrix} 1 & & \\ -\frac{1}{2} & 1 & \\ 0 & -\frac{2}{3} & 1 \end{pmatrix} \begin{pmatrix} 2 & & \\ & \frac{3}{2} & \\ & & \frac{4}{3} \end{pmatrix} \begin{pmatrix} 1 & -\frac{1}{2} & 0 \\ & 1 & -\frac{2}{3} \\ & & 1 \end{pmatrix}.$$

7. **解**

（a）

$$A = \begin{pmatrix} 0 & 1 & 1 \\ 1 & 0 & 1 \\ 2 & 3 & 4 \end{pmatrix} \xrightarrow{r_1 \leftrightarrow r_2} \begin{pmatrix} 1 & 0 & 1 \\ 0 & 1 & 1 \\ 2 & 3 & 4 \end{pmatrix} \xrightarrow{r_3 - 2r_1} \begin{pmatrix} 1 & 0 & 1 \\ 0 & 1 & 1 \\ 0 & 3 & 2 \end{pmatrix}$$

$$\xrightarrow{r_3 - 3r_2} \begin{pmatrix} 1 & 0 & 1 \\ 0 & 1 & 1 \\ 0 & 0 & -1 \end{pmatrix} = U$$

由行变换知：

$$P = \begin{pmatrix} 0 & 1 & 0 \\ 1 & 0 & 0 \\ 0 & 0 & 1 \end{pmatrix} \quad E_1 = \begin{pmatrix} 1 & & \\ 0 & 1 & \\ -2 & 0 & 1 \end{pmatrix} \quad E_2 = \begin{pmatrix} 1 & & \\ 0 & 1 & \\ 0 & -3 & 1 \end{pmatrix}$$

则

$$L = \begin{pmatrix} 1 & & \\ 0 & 1 & \\ 2 & 3 & 1 \end{pmatrix}$$

故 $PA = LU$，即

$$\begin{pmatrix} 0 & 1 & 0 \\ 1 & 0 & 0 \\ 0 & 0 & 1 \end{pmatrix} A = \begin{pmatrix} 1 & & \\ 0 & 1 & \\ 2 & 3 & 1 \end{pmatrix} \begin{pmatrix} 1 & 0 & 1 \\ & 1 & 1 \\ & & -1 \end{pmatrix}$$

（b）

$$A = \begin{pmatrix} 1 & 2 & 0 \\ 2 & 4 & 1 \\ 1 & 1 & 1 \end{pmatrix} \xrightarrow{r_2 \leftrightarrow r_3} \begin{pmatrix} 1 & 2 & 0 \\ 1 & 1 & 1 \\ 2 & 4 & 1 \end{pmatrix} \xrightarrow{r_2 - r_1} \begin{pmatrix} 1 & 2 & 0 \\ 0 & -1 & 1 \\ 2 & 4 & 1 \end{pmatrix}$$

$$\xrightarrow{r_3 - 2r_1} \begin{pmatrix} 1 & 2 & 0 \\ 0 & -1 & 1 \\ 0 & 0 & 1 \end{pmatrix} = U$$

由行变换知：

$$P = \begin{pmatrix} 1 & 0 & 0 \\ 0 & 0 & 1 \\ 0 & 1 & 0 \end{pmatrix} \quad E_1 = \begin{pmatrix} 1 & & \\ -1 & 1 & \\ 0 & 0 & 1 \end{pmatrix} \quad E_2 = \begin{pmatrix} 1 & & \\ 0 & 1 & \\ -2 & 0 & 1 \end{pmatrix}$$

则

$$\boldsymbol{L}=\begin{pmatrix}1 & & \\ 1 & 1 & \\ 2 & 0 & 1\end{pmatrix}$$

故 $\boldsymbol{PA}=\boldsymbol{LU}$，即

$$\begin{pmatrix}1 & 0 & 0\\ 0 & 0 & 1\\ 0 & 1 & 0\end{pmatrix}\boldsymbol{A}=\begin{pmatrix}1 & & \\ 1 & 1 & \\ 2 & 0 & 1\end{pmatrix}\begin{pmatrix}1 & 2 & 0\\ & -1 & 1\\ & & 1\end{pmatrix}$$

8. 解

（a）

$$\boldsymbol{S}=\begin{pmatrix}1 & 3 & 0\\ 3 & 11 & 4\\ 0 & 4 & 9\end{pmatrix}\xrightarrow{r_2-3r_1}\begin{pmatrix}1 & 3 & 0\\ 0 & 2 & 4\\ 0 & 4 & 9\end{pmatrix}\xrightarrow{c_2-3c_1}\begin{pmatrix}1 & 0 & 0\\ 0 & 2 & 4\\ 0 & 4 & 9\end{pmatrix}$$

由行变换知：

$$\boldsymbol{E}_1=\begin{pmatrix}1 & & \\ -3 & 1 & \\ 0 & 0 & 1\end{pmatrix}$$

由列变换知：

$$\boldsymbol{C}_1=\begin{pmatrix}1 & -3 & 0\\ & 1 & 0\\ & & 1\end{pmatrix}=\boldsymbol{E}_1^{\mathrm{T}}$$

故

$$\boldsymbol{E}_1\boldsymbol{S}\boldsymbol{E}_1^{\mathrm{T}}=\begin{pmatrix}1 & 0 & 0\\ 0 & 2 & 4\\ 0 & 4 & 9\end{pmatrix}$$

（b）

$$\boldsymbol{S}=\begin{pmatrix}1 & 3 & 0\\ 3 & 11 & 4\\ 0 & 4 & 9\end{pmatrix}\xrightarrow{r_2-3r_1}\begin{pmatrix}1 & 3 & 0\\ 0 & 2 & 4\\ 0 & 4 & 9\end{pmatrix}\xrightarrow{r_3-2r_2}\begin{pmatrix}1 & 3 & 0\\ 0 & 2 & 4\\ 0 & 0 & 1\end{pmatrix}$$

$$\xrightarrow{c_2-3c_1}\begin{pmatrix}1 & 0 & 0\\ 0 & 2 & 4\\ 0 & 0 & 1\end{pmatrix}\xrightarrow{c_3-2c_2}\begin{pmatrix}1 & 0 & 0\\ 0 & 2 & 0\\ 0 & 0 & 1\end{pmatrix}$$

由行变换知：

$$\boldsymbol{E}_2 = \begin{pmatrix} 1 & & \\ 0 & 1 & \\ 0 & -2 & 1 \end{pmatrix}$$

则

$$\boldsymbol{D} = \boldsymbol{E}_2\boldsymbol{E}_1\boldsymbol{S}\boldsymbol{E}_1^{\mathrm{T}}\boldsymbol{E}_2^{\mathrm{T}} = \begin{pmatrix} 1 & & \\ & 2 & \\ & & 1 \end{pmatrix}$$

（c）

$$\boldsymbol{S} = \begin{pmatrix} 1 & 3 & 0 \\ 3 & 11 & 4 \\ 0 & 4 & 9 \end{pmatrix} \xrightarrow{r_2-3r_1} \begin{pmatrix} 1 & 3 & 0 \\ 0 & 2 & 4 \\ 0 & 4 & 9 \end{pmatrix} \xrightarrow{r_3-2r_2} \begin{pmatrix} 1 & 3 & 0 \\ 0 & 2 & 4 \\ 0 & 0 & 1 \end{pmatrix} = \boldsymbol{U}$$

有

$$\boldsymbol{D} = \begin{pmatrix} 1 & & \\ & 2 & \\ & & 1 \end{pmatrix} \quad \boldsymbol{K} = \begin{pmatrix} 1 & & \\ & \sqrt{2} & \\ & & 1 \end{pmatrix}$$

且

$$\boldsymbol{L} = \begin{pmatrix} 1 & & \\ 3 & 1 & \\ 0 & 2 & 1 \end{pmatrix} \quad \boldsymbol{L}\boldsymbol{K} = \begin{pmatrix} 1 & & \\ 3 & \sqrt{2} & \\ 0 & 2\sqrt{2} & 1 \end{pmatrix}$$

则

$$\begin{aligned} \boldsymbol{S} = \boldsymbol{L}\boldsymbol{D}\boldsymbol{L}^{\mathrm{T}} &= \begin{pmatrix} 1 & & \\ 3 & 1 & \\ 0 & 2 & 1 \end{pmatrix} \begin{pmatrix} 1 & & \\ & 2 & \\ & & 1 \end{pmatrix} \begin{pmatrix} 1 & 3 & 0 \\ & 1 & 2 \\ & & 1 \end{pmatrix} \\ &= \hat{\boldsymbol{L}}\hat{\boldsymbol{L}}^{\mathrm{T}} = \begin{pmatrix} 1 & & \\ 3 & \sqrt{2} & \\ 0 & 2\sqrt{2} & 1 \end{pmatrix} \begin{pmatrix} 1 & 3 & 0 \\ & \sqrt{2} & 2\sqrt{2} \\ & & 1 \end{pmatrix} \end{aligned}$$

9. **解**

（a）$\boldsymbol{B}^{\mathrm{T}}$ 也为西北矩阵. $\boldsymbol{B}^2$ 不是西北矩阵. 例如：

$$\begin{pmatrix} 1 & 1 \\ 1 & 0 \end{pmatrix}^2 = \begin{pmatrix} 2 & 1 \\ 1 & 1 \end{pmatrix}$$

（b）已知 $\boldsymbol{B}$ 为西北矩阵. 设 $\boldsymbol{B} = \boldsymbol{P}\boldsymbol{L}$，即 $\boldsymbol{B}$ 进行行反序变换，行（列）反序为第 i 行（列）与最后第 i 行（列）进行交换. 其中 $\boldsymbol{P}$ 为置换矩阵，$\boldsymbol{L}$ 为

下三角形矩阵. 则 $\boldsymbol{B}^{-1}=\boldsymbol{L}^{-1}\boldsymbol{P}^{-1}=\boldsymbol{L}^{-1}\boldsymbol{P}$，即相当于对 $\boldsymbol{L}^{-1}$ 进行列反序变换.

由于下三角形矩阵的逆矩阵 $\boldsymbol{L}^{-1}$ 也为下三角形矩阵，故 $\boldsymbol{B}^{-1}$ 为东南矩阵.

（c）设 $\boldsymbol{B}=\boldsymbol{P}_1\boldsymbol{L},\boldsymbol{C}=\boldsymbol{P}_2\boldsymbol{U}$，其中 $\boldsymbol{L}$ 为下三角形矩阵，$\boldsymbol{U}$ 为上三角形矩阵，$\boldsymbol{P}_1,\boldsymbol{P}_2$ 为行反序的置换矩阵. 则有 $\boldsymbol{BC}=\boldsymbol{P}_1\boldsymbol{L}\boldsymbol{P}_2\boldsymbol{U}=(\boldsymbol{P}_1\boldsymbol{L}\boldsymbol{P}_2)\boldsymbol{U}$. 其中 $\boldsymbol{L}\to\boldsymbol{P}_1\boldsymbol{L}$：西北矩阵 $\to\boldsymbol{P}_1\boldsymbol{L}\boldsymbol{P}_2$：上三角形矩阵.

由于上三角形矩阵乘以上三角形矩阵也为上三角形矩阵，故 $\boldsymbol{BC}$ 为上三角形矩阵.

10. **证明**

（a）$n\times n$ 的置换矩阵有 $n!$ 个，为有限个. 但对于任意置换矩阵 $\boldsymbol{P}$，$\boldsymbol{P}$ 的任意次幂都为置换矩阵，为无限个. 故必存在 r,s（$r\neq s$，不妨设 $r>s$ ），使得 $\boldsymbol{P}^r=\boldsymbol{P}^s$，即 $\boldsymbol{P}^{r-s}=\boldsymbol{I}$.

（b）

$$\boldsymbol{P}=\begin{pmatrix}0&1&&&\\1&0&&&\\&&0&1&0\\&&0&0&1\\&&1&0&0\end{pmatrix}$$

有 $\boldsymbol{P}^6=\boldsymbol{I}$.

11. **证明**

（a）设 $\boldsymbol{Q}=(\boldsymbol{q}_1,\cdots,\boldsymbol{q}_n)$，则

$$\boldsymbol{Q}^{\mathrm{T}}=\begin{pmatrix}\boldsymbol{q}_1^{\mathrm{T}}\\\vdots\\\boldsymbol{q}_n^{\mathrm{T}}\end{pmatrix}$$

$$\boldsymbol{Q}^{\mathrm{T}}\boldsymbol{Q}=\begin{pmatrix}\boldsymbol{q}_1^{\mathrm{T}}\\\vdots\\\boldsymbol{q}_n^{\mathrm{T}}\end{pmatrix}(\boldsymbol{q}_1,\cdots,\boldsymbol{q}_n)=\begin{pmatrix}\boldsymbol{q}_1^{\mathrm{T}}\boldsymbol{q}_1&\cdots&\boldsymbol{q}_1^{\mathrm{T}}\boldsymbol{q}_n\\\vdots&&\vdots\\\boldsymbol{q}_n^{\mathrm{T}}\boldsymbol{q}_1&\cdots&\boldsymbol{q}_n^{\mathrm{T}}\boldsymbol{q}_n\end{pmatrix}=\boldsymbol{I}$$

故有 $\boldsymbol{q}_i^{\mathrm{T}}\boldsymbol{q}_i=\|\boldsymbol{q}_i\|^2=1,i=1,\cdots,n$，$\boldsymbol{q}_i^{\mathrm{T}}\boldsymbol{q}_j=0,i\neq j$. 即 $\boldsymbol{Q}$ 的列向量均为单位向量，且任意两个列向量正交.

（b）见 (a).

（c）

$$\boldsymbol{Q}=\begin{pmatrix}\cos\theta&-\sin\theta\\\sin\theta&\cos\theta\end{pmatrix}$$

即为旋转矩阵.

A.2　线性方程组的解集结构与向量空间

A.2.1　向量空间及其子空间

1. **解** 把线性方程组 $x_1\boldsymbol{a}_1+x_2\boldsymbol{a}_2+x_3\boldsymbol{a}_3=\boldsymbol{b}$ 的增广矩阵经过初等行变换化成阶梯形矩阵.

$$\begin{pmatrix} 2 & -5 & -3 & 13 \\ -5 & 11 & 7 & -30 \\ 3 & 3 & -1 & 2 \\ -4 & 10 & 6 & -26 \end{pmatrix} \to \begin{pmatrix} -1 & -8 & -2 & 11 \\ -5 & 11 & 7 & -30 \\ 3 & 3 & -1 & 2 \\ -4 & 10 & 6 & -26 \end{pmatrix}$$

$$\to \begin{pmatrix} -1 & -8 & -2 & 11 \\ 0 & 51 & 17 & -85 \\ 0 & -21 & -7 & 35 \\ 0 & 42 & 14 & -70 \end{pmatrix} \to \begin{pmatrix} 1 & 8 & 2 & -11 \\ 0 & 3 & 1 & -5 \\ 0 & 3 & 1 & -5 \\ 0 & 3 & 1 & -5 \end{pmatrix}$$

$$\to \begin{pmatrix} 1 & 8 & 2 & -11 \\ 0 & 3 & 1 & -5 \\ 0 & 0 & 0 & 0 \\ 0 & 0 & 0 & 0 \end{pmatrix} \to \begin{pmatrix} 1 & 0 & -\dfrac{2}{3} & \dfrac{7}{3} \\ 0 & 1 & \dfrac{1}{3} & -\dfrac{5}{3} \\ 0 & 0 & 0 & 0 \\ 0 & 0 & 0 & 0 \end{pmatrix}$$

由于相应的阶梯形方程组未出现“$0=d$（其中 $d\neq 0$）”这种方程，且阶梯形矩阵的非零行数目 2 小于未知量数目 3，因此线性方程组 $x_1\boldsymbol{a}_1+x_2\boldsymbol{a}_2+x_3\boldsymbol{a}_3=\boldsymbol{b}$ 有无穷多个解，从而 $\boldsymbol{b}$ 可以由 $\boldsymbol{a}_1,\boldsymbol{a}_2,\boldsymbol{a}_3$ 线性表出，且表出方式有无穷多种. 写出方程组的一组解：

$$\begin{cases} x_1=\dfrac{2}{3}x_3+\dfrac{7}{3}, \\ x_2=-\dfrac{1}{3}x_3-\dfrac{5}{3}. \end{cases}$$

其中 x_3 是自由未知量. 取 $x_3=1$，得 $x_1=3,x_2=-2$，得到一种表示方式：

$$\boldsymbol{b}=3\boldsymbol{a}_1-2\boldsymbol{a}_2+\boldsymbol{a}_3.$$

2. **解** 在 U 中任意取两个向量：

$$\boldsymbol{\alpha}=(a_1,a_2,\cdots,a_r,0,\cdots,0),\boldsymbol{\beta}=(b_1,b_2,\cdots,b_r,0,\cdots,0)$$

有

$$\boldsymbol{\alpha}+\boldsymbol{\beta}=(a_1+b_1,a_2+b_2,\cdots,a_r+b_r,0,\cdots,0)\in U$$

$$k\boldsymbol{\alpha} = (ka_1, ka_2, \cdots, ka_r, 0, \cdots, 0) \in U, \forall k \in \mathbb{R}$$

因此 U 是 $\mathbb{R}^n$ 的一个子空间.

3. 证明 由题意知

$$\boldsymbol{a}_i - c_1\boldsymbol{a}_1 - \cdots - c_{i-1}\boldsymbol{a}_{i-1} - c_{i+1}\boldsymbol{a}_{i+1} - \cdots - c_m\boldsymbol{a}_m = \boldsymbol{0}$$

因此把线性方程组 I 的第 1 个方程的 $-c_1$ 倍，$\cdots$，第 $i-1$ 个方程的 $-c_{i-1}$ 倍，第 $i+1$ 个方程的 $-c_{i+1}$ 倍，$\cdots$，第 m 个方程的 $-c_m$ 倍都加到第 i 个方程上，第 i 个方程变成“$\boldsymbol{0}=\boldsymbol{0}$”，而其余方程不变. 这样得到的方程组与原方程组 I 同解，从而把方程组 I 的第 i 个方程去掉后得到的方程组 II 与 I 同解.

4. 解 **方法一** 把 $\boldsymbol{a}_1, \cdots, \boldsymbol{a}_4$ 放入 $\boldsymbol{A}$ 的列向量，显然对于任意给定的向量 $\boldsymbol{b} = (b_1, b_2, b_3, b_4)$，方程 $\boldsymbol{Ax} = \boldsymbol{b}$ 可以通过回代法求解，得到 $x_4 = b_4, x_3 = b_3 - b_4, x_2 = b_2 - b_3, x_1 = b_1 - b_2$，所以

$$\boldsymbol{b} = (b_1 - b_2)\boldsymbol{a}_1 + (b_2 - b_3)\boldsymbol{a}_2 + (b_3 - b_4)\boldsymbol{a}_3 + b_4\boldsymbol{a}_4.$$

方法二 线性方程组 $x_1\boldsymbol{a}_1 + x_2\boldsymbol{a}_2 + x_3\boldsymbol{a}_3 + x_4\boldsymbol{a}_4 = \boldsymbol{b}$ 的增广矩阵已经是阶梯形矩阵，从而该方程组有唯一解. 因此 $\boldsymbol{b}$ 可以由 $\boldsymbol{a}_1, \boldsymbol{a}_2, \boldsymbol{a}_3, \boldsymbol{a}_4$ 线性表出，且表出方式唯一. 把增广矩阵化为简化行阶梯形矩阵，可求出这个唯一解，从而得到

$$\boldsymbol{b} = (b_1 - b_2)\boldsymbol{a}_1 + (b_2 - b_3)\boldsymbol{a}_2 + (b_3 - b_4)\boldsymbol{a}_3 + b_4\boldsymbol{a}_4.$$

5. 证明 如果 $C(\boldsymbol{A}) = C(\boldsymbol{B})$，那么 $\boldsymbol{b}$ 可由 $\boldsymbol{A}$ 的列线性表出，从而方程组 $\boldsymbol{Ax} = \boldsymbol{b}$ 有解.

6. 解 $\boldsymbol{A}$ 是 6×6 的可逆矩阵，那么 $C(\boldsymbol{A})$ 的列空间 $C(\boldsymbol{A})$ 为 $\mathbb{R}^6$. 因为方程组 $\boldsymbol{Ax} = \boldsymbol{b}$ 总是有解（解为 $\boldsymbol{x} = \boldsymbol{A}^{-1}\boldsymbol{b}$），所以 $\forall \boldsymbol{b} \in \mathbb{R}^6$ 都在 $\boldsymbol{A}$ 的列空间中.

7. 解 $\boldsymbol{Ax} = \boldsymbol{b}$ 对 $\forall \boldsymbol{b} \in \mathbb{R}^9$ 有解，则 $\forall \boldsymbol{b} \in C(\boldsymbol{A})$. 由矩阵列空间的定义可得，$C(\boldsymbol{A}) = \mathbb{R}^9$.

8. 证明 矩阵 $\boldsymbol{AB}$ 的列为矩阵 $\boldsymbol{A}$ 的列的线性组合（矩阵乘法的列角度），故矩阵 $(\boldsymbol{AAB})$ 的所有列都在 $\boldsymbol{A}$ 的列空间 $C(\boldsymbol{A})$ 中，从而两个矩阵的列空间相等.

注意：若 $\boldsymbol{A} = \begin{pmatrix} 0 & 1 \\ 0 & 0 \end{pmatrix}$，那么 $\boldsymbol{A}^2 = \begin{pmatrix} 0 & 0 \\ 0 & 0 \end{pmatrix}$，$\boldsymbol{A}$ 的列空间比 $\boldsymbol{A}^2$ 的列空间更大.

当且仅当 n 阶矩阵 $\boldsymbol{A}$ 可逆时，$C(\boldsymbol{A}) = \mathbb{R}^n$.

A.2.2 线性相关和线性无关的向量组

1. 证明 设 $k_1(3\boldsymbol{a}_1 - \boldsymbol{a}_2) + k_2(5\boldsymbol{a}_2 + 2\boldsymbol{a}_3) + k_3(4\boldsymbol{a}_3 - 7\boldsymbol{a}_1) = \boldsymbol{0}$，则 $(3k_1 - 7k_3)\boldsymbol{a}_1 + (-k_1 + 5k_2)\boldsymbol{a}_2 + (2k_2 + 4k_3)\boldsymbol{a}_3 = \boldsymbol{0}$，由题知向量组 $\boldsymbol{a}_1, \boldsymbol{a}_2, \boldsymbol{a}_3$ 线性无关，必然有

$$\begin{cases} 3k_1 - 7k_3 = 0, \\ -k_1 + 5k_2 = 0, \\ 2k_2 + 4k_3 = 0. \end{cases}$$

方法一 该齐次线性方程组的增广矩阵为

$$\begin{pmatrix} 3 & 0 & -7 & 0 \\ -1 & 5 & 0 & 0 \\ 0 & 2 & 4 & 0 \end{pmatrix} \to \begin{pmatrix} 1 & 0 & 0 & 0 \\ 0 & 1 & 0 & 0 \\ 0 & 0 & 1 & 0 \end{pmatrix}$$

上述齐次线性方程组只有零解，从而向量组 $3\boldsymbol{a}_1 - \boldsymbol{a}_2, 5\boldsymbol{a}_2 + 2\boldsymbol{a}_3, 4\boldsymbol{a}_3 - 7\boldsymbol{a}_1$ 线性无关.

方法二 该齐次线性方程组的系数行列式为

$$\begin{vmatrix} 3 & 0 & -7 \\ -1 & 5 & 0 \\ 0 & 2 & 4 \end{vmatrix} = \begin{vmatrix} 0 & 15 & -7 \\ -1 & 5 & 0 \\ 0 & 2 & 4 \end{vmatrix} = (-1)(-1)^{2+1} \begin{vmatrix} 15 & -7 \\ 2 & 4 \end{vmatrix} = 74 \neq 0$$

因此 $k_1 = k_2 = k_3 = 0$，从而向量组 $3\boldsymbol{a}_1 - \boldsymbol{a}_2, 5\boldsymbol{a}_2 + 2\boldsymbol{a}_3, 4\boldsymbol{a}_3 - 7\boldsymbol{a}_1$ 线性无关.

2. 解 **方法一** 假设线性相关，把线性方程组 $x_1\boldsymbol{a}_1 + x_2\boldsymbol{a}_2 + x_3\boldsymbol{a}_3 + x_4\boldsymbol{a}_4 = \boldsymbol{0}$ 的增广矩阵经过初等行变换化成阶梯形矩阵：

$$\begin{pmatrix} 1 & 1 & 1 & 1 & 0 \\ 1 & -1 & 1 & -1 & 0 \\ 1 & 1 & -1 & -1 & 0 \\ 1 & -1 & -1 & 1 & 0 \end{pmatrix} \to \begin{pmatrix} 1 & 1 & 1 & 1 & 0 \\ 0 & -2 & 0 & -2 & 0 \\ 0 & 0 & -2 & -2 & 0 \\ 0 & -2 & -2 & 0 & 0 \end{pmatrix} \to \begin{pmatrix} 1 & 0 & 0 & 0 & 0 \\ 0 & 1 & 0 & 0 & 0 \\ 0 & 0 & 1 & 0 & 0 \\ 0 & 0 & 0 & 1 & 0 \end{pmatrix}$$

故方程组只有零解，$\boldsymbol{a}_1$，$\boldsymbol{a}_2$，$\boldsymbol{a}_3$，$\boldsymbol{a}_4$ 线性无关.

注：对于齐次线性方程组，可以只用系数矩阵，因为消元过程中（初等行变换）常数向量始终是零向量.

方法二

$$\begin{vmatrix} 1 & 1 & 1 & 1 \\ 1 & -1 & 1 & -1 \\ 1 & 1 & -1 & -1 \\ 1 & -1 & -1 & 1 \end{vmatrix} = 16 \neq 0$$

故 $\boldsymbol{a}_1$，$\boldsymbol{a}_2$，$\boldsymbol{a}_3$，$\boldsymbol{a}_4$ 线性无关.

3. 证明 **方法一** 假设 $\boldsymbol{a}_1, \cdots, \boldsymbol{a}_{i-1}, \boldsymbol{b}, \boldsymbol{a}_{i+1}, \cdots, \boldsymbol{a}_n$ 线性相关，由题知向量组

$$\mathcal{A}_{-i} = \{\boldsymbol{a}_1, \cdots, \boldsymbol{a}_{i-1}, \boldsymbol{a}_{i+1}, \cdots, \boldsymbol{a}_n\}$$

线性无关，则 $\boldsymbol{b}$ 可以由 $\mathcal{A}_{-i}$ 唯一线性表出，记为

$$\boldsymbol{b} = d_1\boldsymbol{a}_1 + \cdots + 0\boldsymbol{a}_i + \cdots + d_n\boldsymbol{a}_n,$$

和题目已知的线性表出相减：

$$\boldsymbol{0} = (d_1 - c_1)\boldsymbol{a}_1 + \cdots - c_i\boldsymbol{a}_i + \cdots + (d_n - c_n)\boldsymbol{a}_n,$$

因为 $c_i \neq 0$，故 $\boldsymbol{a}_1, \cdots, \boldsymbol{a}_n$ 线性相关，与已知矛盾. 故假设不成立，向量组

$$\boldsymbol{a}_1, \cdots, \boldsymbol{a}_{i-1}, \boldsymbol{b}, \boldsymbol{a}_{i+1}, \cdots, \boldsymbol{a}_n$$

线性无关.

方法二 由于

$$\begin{aligned}
&\boldsymbol{a}_1 = 1\boldsymbol{a}_1 + 0\boldsymbol{a}_2 + \cdots + 0\boldsymbol{a}_n, \cdots, \\
&\boldsymbol{a}_{i-1} = 0\boldsymbol{a}_1 + \cdots + 1\boldsymbol{a}_{i-1} + \cdots + 0\boldsymbol{a}_n, \\
&\boldsymbol{a}_{i+1} = 0\boldsymbol{a}_1 + \cdots + 1\boldsymbol{a}_{i+1} + \cdots + 0\boldsymbol{a}_n, \\
&\vdots \\
&\boldsymbol{a}_n = 0\boldsymbol{a}_1 + \cdots + 0\boldsymbol{a}_{n-1} + 1\boldsymbol{a}_n, \\
&\boldsymbol{b} = c_1\boldsymbol{a}_1 + \cdots + c_n\boldsymbol{a}_n.
\end{aligned}$$

把下述行列式按第 i 行展开，得

$$\begin{vmatrix}
1 & \cdots & 0 & \boldsymbol{b}_1 & 0 & \cdots & 0 \\
0 & \cdots & 0 & \boldsymbol{b}_2 & 0 & \cdots & 0 \\
\vdots & & \vdots & \vdots & \vdots & & \vdots \\
0 & \cdots & 1 & \boldsymbol{b}_{i-1} & 0 & \cdots & 0 \\
0 & \cdots & 0 & \boldsymbol{b}_i & 0 & \cdots & 0 \\
0 & \cdots & 0 & \boldsymbol{b}_{i+1} & 1 & \cdots & 0 \\
\vdots & & \vdots & \vdots & \vdots & & \vdots \\
0 & \cdots & 0 & \boldsymbol{b}_n & 0 & \cdots & 1
\end{vmatrix} = \boldsymbol{b}_i \neq 0.$$

故 $\boldsymbol{a}_1, \cdots, \boldsymbol{a}_{i-1}, \boldsymbol{b}, \boldsymbol{a}_{i+1}, \cdots, \boldsymbol{a}_n$ 也线性无关.

4. **证明**

（a） 必要性：

设 $\boldsymbol{a}_1, \cdots, \boldsymbol{a}_n$ 线性无关，假设有某个 $\boldsymbol{a}_i$ 可以用它前面的向量线性表出，那么有 $\boldsymbol{a}_i$ 可以由向量组 $\boldsymbol{a}_1, \cdots, \boldsymbol{a}_n$ 的其余向量线性表出，这与 $\boldsymbol{a}_1, \cdots, \boldsymbol{a}_n$ 线性无关矛盾，所以每一个 $\boldsymbol{a}_i$ $(1 < i \leqslant n)$ 都不能用它前面的向量线性表出.

（b） 充分性：

设每一个 $\boldsymbol{a}_i$ $(1 < i \leqslant n)$ 都不能用它前面的向量线性表出，假如 $\boldsymbol{a}_1, \cdots, \boldsymbol{a}_n$ 线性相关，则有一个 $\boldsymbol{a}_l$ 可由其余向量线性表出：

$$\boldsymbol{a}_l = k_1\boldsymbol{a}_1 + \cdots + k_{l-1}\boldsymbol{a}_{l-1} + k_{l+1}\boldsymbol{a}_{l+1} + \cdots + k_n\boldsymbol{a}_n$$

如果 $k_n \neq 0$，那么由上式得 $\boldsymbol{a}_n$ 可以由它前面的向量线性表出. 如果 $k_n = 0$，$k_{n-1} \neq 0$，那么 $\boldsymbol{a}_{n-1}$ 可以由它前面的向量线性表出. 同理往前推，如

果 $k_n = k_{n-1} = \cdots = k_{l+1} = 0$，那么 $\boldsymbol{a}_l$ 可以由它前面的向量线性表出，以上与已知条件矛盾. 因此，$\boldsymbol{a}_1, \cdots, \boldsymbol{a}_n$ 线性无关.

5. **解** **方法一** 显然 $\boldsymbol{a}_1, \boldsymbol{a}_2$ 线性无关，关键考虑 $\boldsymbol{a}_3$ 能否由 $\boldsymbol{a}_1, \boldsymbol{a}_2$ 线性表出，为了得到 $\boldsymbol{a}_3$ 的第 2 个元素，显然需要 3 个 $\boldsymbol{a}_2$（因为 $\boldsymbol{a}_1$ 的第 2 个元素为 0）. 解 $x\boldsymbol{a}_1 + 3\boldsymbol{a}_2 = \boldsymbol{a}_3$，得到 $x = 4$. 所以一个极大线性无关组是 $\boldsymbol{a}_1, \boldsymbol{a}_2$，向量组的秩为 2.

方法二 由于

$$\begin{vmatrix} 3 & -2 \\ 0 & 5 \end{vmatrix} = 15 \neq 0$$

因此 $\begin{pmatrix} 3 \\ 0 \end{pmatrix}, \begin{pmatrix} -2 \\ 5 \end{pmatrix}$ 线性无关，从而它们的延伸组 $\boldsymbol{a}_1$，$\boldsymbol{a}_2$ 线性无关，由于

$$\begin{vmatrix} 3 & -2 & 6 \\ 0 & 5 & 15 \\ -1 & 4 & 8 \end{vmatrix} = \begin{vmatrix} 0 & 10 & 30 \\ 0 & 5 & 15 \\ -1 & 4 & 8 \end{vmatrix} = (-1)(-1)^{3+1} \begin{vmatrix} 10 & 30 \\ 5 & 15 \end{vmatrix} = 0$$

因此 $\boldsymbol{a}_1$，$\boldsymbol{a}_2$，$\boldsymbol{a}_3$ 线性相关，从而 $\boldsymbol{a}_1$，$\boldsymbol{a}_2$ 是向量组 $\boldsymbol{a}_1$，$\boldsymbol{a}_2$，$\boldsymbol{a}_3$ 的极大线性无关组，从而

$$\operatorname{rank}\{\boldsymbol{a}_1,\ \boldsymbol{a}_2,\ \boldsymbol{a}_3\} = 2$$

6. **证明** 设 $\boldsymbol{a}_{i_1}, \cdots, \boldsymbol{a}_{i_r}$ 是向量组 $\boldsymbol{a}_1, \cdots, \boldsymbol{a}_n$ 的一个极大线性无关组. 由已知，向量组 $\boldsymbol{a}_1, \cdots, \boldsymbol{a}_n, \boldsymbol{b}$ 的秩也为 r，因此 $\boldsymbol{a}_{i_1}, \cdots, \boldsymbol{a}_{i_r}$ 是向量组 $\boldsymbol{a}_1, \cdots, \boldsymbol{a}_n, \boldsymbol{b}$ 的一个极大线性无关组，于是 $\boldsymbol{b}$ 可以由 $\boldsymbol{a}_1, \cdots, \boldsymbol{a}_n$ 线性表出.

7. **解** **方法一**

(a) 显然 $\boldsymbol{a}_1$ 与 $\boldsymbol{a}_2$ 不成倍数，所以它们线性无关.

(b) 显然 $\boldsymbol{a}_3 = \boldsymbol{a}_1 - \boldsymbol{a}_2$，所以 $\boldsymbol{a}_3$ 不能进入极大线性无关组. 考虑 $x_1\boldsymbol{a}_1 + x_2\boldsymbol{a}_2 = \boldsymbol{a}_4$ 的解，为得到 $\boldsymbol{a}_4$ 第 1 个元素零，$x_1 = 5k, x_2 = -2k$，所以

$$15k + 2k = -1, 20k - 6k = 7$$

矛盾，所以 $\boldsymbol{a}_4$ 与 $\boldsymbol{a}_1, \boldsymbol{a}_2$ 线性无关，进入极大线性无关组. 对矩阵

$$\begin{pmatrix} 2 & 5 & 0 & 6 \\ 3 & -1 & -1 & 2 \\ 4 & 3 & 7 & 1 \\ 7 & 2 & 2 & 5 \end{pmatrix}$$

进行初等行变换，可以得到四个主元，所以 $\boldsymbol{a}_i(i = 1, 2, 4, 5)$ 线性无关，是 $\boldsymbol{a}_i(i = 1, 2, 3, 4, 5)$ 的一个极大线性无关组.

方法二

（a） 由于

$$\begin{vmatrix} 2 & 5 \\ 3 & -1 \end{vmatrix} = -2-15 \neq 0$$

因此 $\begin{pmatrix} 2 \\ 3 \end{pmatrix}, \begin{pmatrix} 5 \\ -1 \end{pmatrix}$ 线性无关，从而它们的延伸组 $\boldsymbol{a}_1$，$\boldsymbol{a}_2$ 线性无关.

（b） 把 $\boldsymbol{a}_3$ 添加到 $\boldsymbol{a}_1$，$\boldsymbol{a}_2$ 中，直接观察得 $\boldsymbol{a}_3 = \boldsymbol{a}_1 - \boldsymbol{a}_2$，因此 $\boldsymbol{a}_1$，$\boldsymbol{a}_2$，$\boldsymbol{a}_3$ 线性相关.

把 $\boldsymbol{a}_4$ 添加到 $\boldsymbol{a}_1$，$\boldsymbol{a}_2$ 中，由于

$$\begin{vmatrix} 2 & 5 & 0 \\ 3 & -1 & -1 \\ 4 & 3 & 7 \end{vmatrix} = \begin{vmatrix} 2 & 5 & 0 \\ 3 & -1 & -1 \\ 25 & -4 & 0 \end{vmatrix} = (-1)(-1)^{2+3} \begin{vmatrix} 2 & 5 \\ 25 & -4 \end{vmatrix} \neq 0$$

因此 $\begin{pmatrix} 2 \\ 3 \\ 4 \end{pmatrix}, \begin{pmatrix} 5 \\ -1 \\ 3 \end{pmatrix}, \begin{pmatrix} 0 \\ -1 \\ 7 \end{pmatrix}$ 线性无关，从而它们的延伸组 $\boldsymbol{a}_1$，$\boldsymbol{a}_2$，$\boldsymbol{a}_4$ 线性无关.

最后，把 $\boldsymbol{a}_5$ 添加到 $\boldsymbol{a}_1$，$\boldsymbol{a}_2$，$\boldsymbol{a}_4$ 中，由于

$$\begin{vmatrix} 2 & 5 & 0 & 6 \\ 3 & -1 & -1 & 2 \\ 4 & 3 & 7 & 1 \\ 7 & 2 & 2 & 5 \end{vmatrix} = \begin{vmatrix} 2 & 5 & 0 & 6 \\ 3 & -1 & -1 & 2 \\ 25 & -4 & 0 & 15 \\ 13 & 0 & 0 & 9 \end{vmatrix} = 90 \neq 0$$

从而 $\boldsymbol{a}_1$，$\boldsymbol{a}_2$，$\boldsymbol{a}_4$，$\boldsymbol{a}_5$ 线性无关.

综上所述，$\boldsymbol{a}_1$，$\boldsymbol{a}_2$，$\boldsymbol{a}_4$，$\boldsymbol{a}_5$ 是 $\boldsymbol{a}_1$，$\boldsymbol{a}_2$，$\boldsymbol{a}_3$，$\boldsymbol{a}_4$，$\boldsymbol{a}_5$ 的一个极大线性无关组.

8. **解** U 中任一向量 $\boldsymbol{a} = (a_1, \cdots, a_r, 0, \cdots, 0)$ 可以用标准基表示为

$$\boldsymbol{a} = a_1\boldsymbol{e_1} + a_2\boldsymbol{e_2} + \cdots + a_r\boldsymbol{e_r}$$

由于 $\boldsymbol{e_1}$，$\boldsymbol{e_2}, \cdots$，$\boldsymbol{e_n}$ 线性无关，因此它的一个部分组 $\boldsymbol{e_1}$，$\boldsymbol{e_2}, \cdots$，$\boldsymbol{e_r}$ 也线性无关，从而 $\boldsymbol{e_1}$，$\boldsymbol{e_2}, \cdots$，$\boldsymbol{e_r}$ 是 U 的一组基，从而

$$\dim\ U = r$$

9. **证明** 由于 $\boldsymbol{A}$ 可逆，所以 $\boldsymbol{A}$ 的列向量组线性无关，又由于 $\dim\ \mathbb{R}^n = n$，因此 $\boldsymbol{A}$ 的列向量组是 $\mathbb{R}^n$ 的一组基. $\boldsymbol{A}^{\mathrm{T}}$ 也可逆，所以 $\boldsymbol{A}^{\mathrm{T}}$ 的列向量组线性无关，$C(\boldsymbol{A}^{\mathrm{T}}) = \mathbb{R}^n$，$\boldsymbol{A}$ 的行向量组也是 $\mathbb{R}^n$ 的一组基.

10. **证明** **方法一** 把 $\boldsymbol{a}_1, \cdots, \boldsymbol{a}_n$ 放入 $\boldsymbol{A}$ 的列，由于 $a_{11}\ a_{22}\cdots\ a_{nn} \neq 0$，所以，$\boldsymbol{A}$ 有 n 个非零主元，$\boldsymbol{A}$ 可逆，$\boldsymbol{A}\boldsymbol{x} = \boldsymbol{0}$ 的唯一解是 $\boldsymbol{x} = \boldsymbol{0}$. 故 $\boldsymbol{a}_1$，$\boldsymbol{a}_2, \cdots$，$\boldsymbol{a}_n$ 线性无关，因此 $\boldsymbol{a}_1$，$\boldsymbol{a}_2, \cdots$，$\boldsymbol{a}_n$ 是 $\mathbb{R}^n$ 的一个基.

方法二 由于

$$\begin{vmatrix} a_{11} & a_{12} & \cdots & a_{1n} \\ 0 & a_{22} & \cdots & a_{2n} \\ \vdots & \vdots & & \vdots \\ 0 & 0 & \cdots & a_{nn} \end{vmatrix} = a_{11}\ a_{22}\cdots\ a_{nn} \neq 0.$$

因此 $\boldsymbol{a}_1$，$\boldsymbol{a}_2, \cdots$，$\boldsymbol{a}_n$ 线性无关，由于 $\dim \mathbb{R}^n = n$，因此 $\boldsymbol{a}_1$，$\boldsymbol{a}_2, \cdots$，$\boldsymbol{a}_n$ 是 $\mathbb{R}^n$ 的一个基.

11. **解** **方法一** 把 $\boldsymbol{a}_4, \cdots, \boldsymbol{a}_1$ 依次放入 $\boldsymbol{A}$ 的第 1,2,3,4 列，对 $\boldsymbol{A}$ 转置，得到

$$\boldsymbol{A}^{\mathrm{T}} = \begin{pmatrix} 1 & 1 & 1 & 1 \\ 0 & 1 & 1 & 1 \\ 0 & 0 & 1 & 1 \\ 0 & 0 & 0 & 1 \end{pmatrix}$$

可见 $\boldsymbol{A}^{\mathrm{T}}$ 可逆，所以 $\boldsymbol{A}$ 可逆，进而 $\boldsymbol{a}_1, \cdots, \boldsymbol{a}_4$ 线性无关，它们是 $\mathbb{R}^4$ 的一个基. 正代法解 $\boldsymbol{A}\boldsymbol{x} = \boldsymbol{b}$，得到 $\boldsymbol{x} = (b_1, b_2 - b_1, b_3 - b_2, b_4 - b_3)$. 所以，$\boldsymbol{b}$ 在 $\boldsymbol{a}_1, \cdots, \boldsymbol{a}_4$ 下的坐标为 $(b_4 - b_3, b_3 - b_2, b_2 - b_1, b_1)$.

方法二

$$\begin{vmatrix} 0 & 0 & 0 & 1 \\ 0 & 0 & 1 & 1 \\ 0 & 1 & 1 & 1 \\ 1 & 1 & 1 & 1 \end{vmatrix} = (-1)^{\tau(4321)} 1 \times 1 \times 1 \times 1 = 1 \neq 0$$

因此 $\boldsymbol{a}_1, \boldsymbol{a}_2, \boldsymbol{a}_3, \boldsymbol{a}_4$ 线性无关, 从而它是 $\mathbb{R}^4$ 的一个基. 设 $\boldsymbol{b} = x_1\boldsymbol{a}_1 + x_2\boldsymbol{a}_2 + x_3\boldsymbol{a}_3 + x_4\boldsymbol{a}_4$, 把这个线性方程组的增广矩阵经过初等行变换化为简化行阶梯形矩阵:

$$\begin{pmatrix} 0 & 0 & 0 & 1 & b_1 \\ 0 & 0 & 1 & 1 & b_2 \\ 0 & 1 & 1 & 1 & b_3 \\ 1 & 1 & 1 & 1 & b_4 \end{pmatrix} \to \begin{pmatrix} 1 & 1 & 1 & 1 & b_4 \\ 0 & 1 & 1 & 1 & b_3 \\ 0 & 0 & 1 & 1 & b_2 \\ 0 & 0 & 0 & 1 & b_1 \end{pmatrix} \to \begin{pmatrix} 1 & 0 & 0 & 0 & b_4 - b_3 \\ 0 & 1 & 0 & 0 & b_3 - b_2 \\ 0 & 0 & 1 & 0 & b_2 - b_1 \\ 0 & 0 & 0 & 1 & b_1 \end{pmatrix}$$

因此原线性方程的唯一解为 $(b_4 - b_3, b_3 - b_2, b_2 - b_1, b_1)^{\mathrm{T}}$，从而 $\boldsymbol{b} = (b_1, b_2, b_3, b_4)$ 在此基下的坐标为上述有序数对.

A.2.3 齐次线性方程组的解集结构

1. 解

$$A=\begin{pmatrix}-3&4&-1&0\\1&-11&4&1\\0&1&2&5\\-2&-7&3&1\end{pmatrix}\to\begin{pmatrix}1&-11&4&1\\0&-29&11&3\\0&1&2&5\\0&-29&11&3\end{pmatrix}\to\begin{pmatrix}1&-11&4&1\\0&1&2&5\\0&0&69&148\\0&0&0&0\end{pmatrix}$$

$\boldsymbol{A}$ 的列空间的基由第 1,2,3 列构成，$\boldsymbol{A}$ 的行空间的维数等于列空间的维数 3.

2. 解 **方法一**

$$\begin{pmatrix}-1&2&\lambda&1\\-6&1&10&1\\\lambda&5&-1&2\end{pmatrix}\to\begin{pmatrix}-1&2&\lambda&1\\0&-11&10-6\lambda&-5\\0&5+2\lambda&-1+\lambda^2&2+\lambda\end{pmatrix}$$

在下一步消元时，如果最后一行可以变为零行，则最后两行成比例，得到

$$\frac{-11}{5+2\lambda}=\frac{-5}{2+\lambda}\implies\lambda=3$$

经验证，此时，最后两行成比例. 当 $\lambda\neq3$ 时，根据以上讨论，最后两行不成比例，且最后一行所有元素不可能同时为 0. 综上所述，$\lambda=3$，秩为 2，否则秩为 3.

方法二 容易看出，$\boldsymbol{A}$ 有 2 阶子式不等于 0. 试计算 $\boldsymbol{A}$ 的 2,3,4 列构成的 3 阶子式：

$$\begin{vmatrix}2&\lambda&1\\1&10&1\\5&-1&2\end{vmatrix}=\begin{vmatrix}2&\lambda&1\\-1&10-\lambda&0\\1&-1-2\lambda&0\end{vmatrix}=\begin{vmatrix}-1&10-\lambda\\1&-1-2\lambda\end{vmatrix}=3\lambda-9$$

当 $\lambda\neq3$ 时，上述 3 阶子式不等于 0，从而 $\operatorname{rank}(\boldsymbol{A})=3$.

当 $\lambda=3$ 时，把 $\boldsymbol{A}$ 经过初等行变换化为阶梯形矩阵：

$$\begin{pmatrix}-1&2&3&1\\-6&1&10&1\\3&5&-1&2\end{pmatrix}\to\begin{pmatrix}-1&2&3&1\\0&-11&-8&-5\\0&0&0&0\end{pmatrix}$$

因此当 $\lambda=3$ 时，$\operatorname{rank}(\boldsymbol{A})=2$.

3. 证明 **方法一** $\boldsymbol{A}$ 的极大线性无关行向量个数为 r，记除去 s 行的子矩阵为 $\boldsymbol{A}_{-1}$，当 $\boldsymbol{A}_{-1}$ 包含尽可能多的线性无关行向量时，$\boldsymbol{A}_1$ 的秩最小，而子矩阵 $\boldsymbol{A}_{-1}$ 最多含有 $\min(r,m-s)$ 个线性无关行向量，此时，$\boldsymbol{A}_1$ 的秩为 $r-\min\{r,m-s\}=\max\{0,r-m+s\}$，所以

$$\operatorname{rank}(\boldsymbol{A}_1)\geqslant\max\{0,r-m+s\}\implies\operatorname{rank}(A_1)\geqslant r-m+s.$$

方法二 设矩阵 $\boldsymbol{A}$ 的行向量组为 $\gamma_1,\gamma_2,\cdots,\gamma_m$. 任取 $\boldsymbol{A}$ 的 s 行组成子矩阵 $\boldsymbol{A}_1$，设 $\boldsymbol{A}_1$ 的秩为 l，取 $\boldsymbol{A}_1$ 的行向量组的一个极大线性无关组 $\gamma_{i_1},\gamma_{i_2},\cdots,\gamma_{i_l}$，把它扩充成 $\boldsymbol{A}$ 的行向量组的极大线性无关组 $\gamma_{i_1},\gamma_{i_2},\cdots,\gamma_{i_l},\gamma_{i_{l+1}},\cdots,\gamma_{i_r}$. 显然 $\gamma_{i_{l+1}},\cdots,\gamma_{i_r}$ 不是 $\boldsymbol{A}_1$ 的行向量，因此

$$r-l\leqslant m-s$$

由此得出

$$l\geqslant r+s-m$$

4. **证明** **方法一** 记 $\boldsymbol{A}$ 的列向量组为 AA，$\boldsymbol{B}$ 的列向量组为 BB，$\boldsymbol{A}$ 的极大线性无关列向量组为 AA_0.
BB 可以由 AA 线性表出 $\Longleftrightarrow BB$ 可以由 AA_0 线性表出 $\Longleftrightarrow AA\cup BB$ 可以由 AA_0 线性表出 $\Longleftrightarrow AA_0$ 是 $AA\cup BB$ 的极大线性无关组 $\Longleftrightarrow \text{rank}(\boldsymbol{A})=\text{rank}((\boldsymbol{A}\ \boldsymbol{B}))$
方法二 设 $\boldsymbol{A}$ 的列向量组为 $\boldsymbol{\alpha}_1,\boldsymbol{\alpha}_2,\cdots,\boldsymbol{\alpha}_n$；$\boldsymbol{B}$ 的列向量组为 $\boldsymbol{\beta}_1,\boldsymbol{\beta}_2,\cdots,\boldsymbol{\beta}_m$，则 $(\boldsymbol{A}\ \boldsymbol{B})$ 的列向量组为

$$\boldsymbol{\alpha}_1,\boldsymbol{\alpha}_2,\cdots,\boldsymbol{\alpha}_n,\boldsymbol{\beta}_1,\boldsymbol{\beta}_2,\cdots,\boldsymbol{\beta}_m$$

显然，

$$<\boldsymbol{\alpha}_1,\boldsymbol{\alpha}_2,\cdots,\boldsymbol{\alpha}_n>\ \subseteq\ <\boldsymbol{\alpha}_1,\boldsymbol{\alpha}_2,\cdots,\boldsymbol{\alpha}_n,\boldsymbol{\beta}_1,\boldsymbol{\beta}_2,\cdots,\boldsymbol{\beta}_m>$$

于是有

$$\text{rank}(\boldsymbol{A})=\text{rank}((\boldsymbol{A}\ \boldsymbol{B}))$$

$$\Longleftrightarrow \dim<\boldsymbol{\alpha}_1,\boldsymbol{\alpha}_2,\cdots,\boldsymbol{\alpha}_n>=\dim<\boldsymbol{\alpha}_1,\boldsymbol{\alpha}_2,\cdots,\boldsymbol{\alpha}_n,\boldsymbol{\beta}_1,\boldsymbol{\beta}_2,\cdots,\boldsymbol{\beta}_m>$$

$$\Longleftrightarrow<\boldsymbol{\alpha}_1,\boldsymbol{\alpha}_2,\cdots,\boldsymbol{\alpha}_n>=<\boldsymbol{\alpha}_1,\boldsymbol{\alpha}_2,\cdots,\boldsymbol{\alpha}_n,\boldsymbol{\beta}_1,\boldsymbol{\beta}_2,\cdots,\boldsymbol{\beta}_m>$$

$$\Longleftrightarrow \boldsymbol{\beta}_1,\boldsymbol{\beta}_2,\cdots,\boldsymbol{\beta}_m\in<\boldsymbol{\alpha}_1,\boldsymbol{\alpha}_2,\cdots,\boldsymbol{\alpha}_n>$$

$$\Longleftrightarrow \boldsymbol{B}\text{的列向量组可以由}\boldsymbol{A}\text{的列向量组线性表出.}$$

5. **证明** 对矩阵 $\begin{pmatrix}\boldsymbol{A} & \boldsymbol{0}\\ \boldsymbol{0} & \boldsymbol{B}\end{pmatrix}$ 的前 s 行做初等行变换，化成：

$$\begin{pmatrix}\boldsymbol{J}_r & \boldsymbol{0}\\ \boldsymbol{0} & \boldsymbol{0}\\ \boldsymbol{0} & \boldsymbol{B}\end{pmatrix},$$

其中 $\boldsymbol{J}_r$ 是 $r\times n$ 阶梯形矩阵，且 r 行都是非零行，$r=\operatorname{rank}(\boldsymbol{A})$. 再对上述矩阵的后 l 行做初等行变换，化成：

$$\begin{pmatrix} \boldsymbol{J}_r & \boldsymbol{0} \\ \boldsymbol{0} & \boldsymbol{0} \\ \boldsymbol{0} & \boldsymbol{J}_t \\ \boldsymbol{0} & \boldsymbol{0} \end{pmatrix},$$

其中 $\boldsymbol{J}_t$ 是 $t\times m$ 阶梯形矩阵，且 t 行都是非零行，$t=\operatorname{rank}(\boldsymbol{B})$. 最后对上述矩阵做一系列两行互换，化成：

$$\begin{pmatrix} \boldsymbol{J}_r & \boldsymbol{0} \\ \boldsymbol{0} & \boldsymbol{J}_t \\ \boldsymbol{0} & \boldsymbol{0} \\ \boldsymbol{0} & \boldsymbol{0} \end{pmatrix},$$

上述矩阵是阶梯形矩阵，有 $(r+t)$ 个非零行，因此

$$\operatorname{rank}\begin{pmatrix} \boldsymbol{A} & \boldsymbol{0} \\ \boldsymbol{0} & \boldsymbol{B} \end{pmatrix} = r+t = \operatorname{rank}(\boldsymbol{A})+\operatorname{rank}(\boldsymbol{B})$$

6. **证明**　不妨设 $\boldsymbol{A},\boldsymbol{B}$ 的主列都在最左边，$\boldsymbol{A}$ 的秩为 $r, r\leqslant \min\{s,n\}$，$\boldsymbol{B}$ 的秩为 $t, t\leqslant \min\{l,m\}$，对前 s 行进行初等行变换，得到

$$\begin{pmatrix} \boldsymbol{I}_{r\times r} & \boldsymbol{F}_{r\times(n-r)} & \boldsymbol{D}_1 \\ \boldsymbol{0} & \boldsymbol{0} & \boldsymbol{D}_2 \\ \boldsymbol{0} & \boldsymbol{0} & \boldsymbol{B} \end{pmatrix}$$

然后仅对 $\boldsymbol{B}$ 所在行进行初等行变换得到

$$\begin{pmatrix} \boldsymbol{I}_{r\times r} & \boldsymbol{F}_{r\times(n-r)} & \boldsymbol{D}_{11} & \boldsymbol{D}_{12} \\ \boldsymbol{0} & \boldsymbol{0} & \boldsymbol{D}_{21} & \boldsymbol{D}_{22} \\ \boldsymbol{0} & \boldsymbol{0} & \boldsymbol{I}_{t\times t} & \boldsymbol{G}_{t\times(m-t)} \\ \boldsymbol{0} & \boldsymbol{0} & \boldsymbol{0} & \boldsymbol{0} \end{pmatrix}$$

对

$$\begin{pmatrix} \boldsymbol{0} & \boldsymbol{0} & \boldsymbol{D}_{21} & \boldsymbol{D}_{22} \\ \boldsymbol{0} & \boldsymbol{0} & \boldsymbol{I}_{t\times t} & \boldsymbol{G}_{t\times(m-t)} \end{pmatrix}$$

进行初等行变换，因为最后 t 行线性无关，至少得到 t 个非零行，所以分块矩阵的秩至少为 $r+t$. 综上所述

$$\operatorname{rank}\begin{pmatrix} \boldsymbol{A} & \boldsymbol{C} \\ \boldsymbol{0} & \boldsymbol{B} \end{pmatrix} \geqslant \operatorname{rank}(\boldsymbol{A})+\operatorname{rank}(\boldsymbol{B})$$

7. **证明** **方法一** 对前 s 行和后 l 行分别进行初等行变换得到

$$\begin{pmatrix} \boldsymbol{I}_{s\times s} & \boldsymbol{F}_{s\times(n-s)} & \boldsymbol{D}_1 & \boldsymbol{D}_2 \\ \boldsymbol{0} & \boldsymbol{0} & \boldsymbol{I}_{l\times l} & \boldsymbol{G}_{l\times(m-l)} \end{pmatrix}$$

显然，进一步初等行变换不可能产生零行，所有行都是主行，主元个数等于行数，所以

$$\operatorname{rank}\begin{pmatrix} \boldsymbol{A} & \boldsymbol{C} \\ \boldsymbol{0} & \boldsymbol{B} \end{pmatrix} = \operatorname{rank}(\boldsymbol{A}) + \operatorname{rank}(\boldsymbol{B}) = s + l$$

方法二 由第 6 题结论得

$$\operatorname{rank}\begin{pmatrix} \boldsymbol{A} & \boldsymbol{C} \\ \boldsymbol{0} & \boldsymbol{B} \end{pmatrix} \geqslant \operatorname{rank}(\boldsymbol{A}) + \operatorname{rank}(\boldsymbol{B}) = s + l$$

又 $\operatorname{rank}\begin{pmatrix} \boldsymbol{A} & \boldsymbol{C} \\ \boldsymbol{0} & \boldsymbol{B} \end{pmatrix}$ 的行数为 $s+l$，因此

$$\operatorname{rank}\begin{pmatrix} \boldsymbol{A} & \boldsymbol{C} \\ \boldsymbol{0} & \boldsymbol{B} \end{pmatrix} \leqslant s + l$$

综上

$$\operatorname{rank}\begin{pmatrix} \boldsymbol{A} & \boldsymbol{C} \\ \boldsymbol{0} & \boldsymbol{B} \end{pmatrix} = \operatorname{rank}(\boldsymbol{A}) + \operatorname{rank}(\boldsymbol{B})$$

8. **解** 把方程组的系数矩阵经过初等行变换简化成阶梯形矩阵：

$$\begin{pmatrix} 1 & 3 & -5 & -2 \\ -3 & -2 & 1 & 1 \\ -11 & -5 & -1 & 2 \\ 5 & 1 & 3 & 0 \end{pmatrix} \to \begin{pmatrix} 1 & 3 & -5 & -2 \\ 0 & 7 & -14 & -5 \\ 0 & 28 & -56 & -20 \\ 0 & -14 & 28 & 10 \end{pmatrix} \to \begin{pmatrix} 1 & 0 & 1 & \frac{1}{7} \\ 0 & 1 & -2 & -\frac{5}{7} \\ 0 & 0 & 0 & 0 \\ 0 & 0 & 0 & 0 \end{pmatrix}$$

于是原方程组的一般解为

$$\begin{cases} x_1 = -x_3 - \dfrac{1}{7}x_4 \\ x_2 = 2x_3 + \dfrac{5}{7}x_4 \end{cases}$$

其中 x_3，x_4 是自由未知量. 因此原方程组的一个基础解系为

$$\boldsymbol{\eta}_1 = \begin{pmatrix} -1 \\ 2 \\ 1 \\ 0 \end{pmatrix}, \ \boldsymbol{\eta}_2 = \begin{pmatrix} -1 \\ 5 \\ 0 \\ 7 \end{pmatrix}$$

从而原方程组的解集 W 为

$$W=\{k_1\boldsymbol{\eta}_1+k_2\boldsymbol{\eta}_2 \mid k_1,k_2\in\mathbb{R}\}$$

9. **解** **方法一** 把基础解系放入 $\boldsymbol{X}$ 的列，则 $\boldsymbol{A}_{s\times n}\boldsymbol{X}_{n\times(n-r)}=\boldsymbol{0}$，进而 $\boldsymbol{X}^{\mathrm{T}}_{(n-r)\times n}\boldsymbol{A}^{\mathrm{T}}_{n\times s}=\boldsymbol{0}$，所以 $\boldsymbol{A}^{\mathrm{T}}$ 的列向量，即 $\boldsymbol{A}$ 的行向量，都是 $\boldsymbol{X}^{\mathrm{T}}\boldsymbol{z}=\boldsymbol{0}$ 的解.
因为 $N(\boldsymbol{X}^{\mathrm{T}})=r$，所以基础解系有 r 个向量，刚好 $\boldsymbol{A}$ 的 r 个线性无关的行向量构成一个基础解系.
方法二 由于 $\boldsymbol{B}$ 的行向量组 $\boldsymbol{\eta}_1^{\mathrm{T}},\boldsymbol{\eta}_2^{\mathrm{T}},\cdots,\boldsymbol{\eta}_{n-r}^{\mathrm{T}}$ 线性无关，因此 $\mathrm{rank}(\boldsymbol{B})=n-r$，从而以 $\boldsymbol{B}$ 为系数矩阵的齐次线性方程组的解空间 W 的维数为

$$\dim W=n-(n-r)=r$$

由于 $\boldsymbol{\eta}_j$ 是以 $\boldsymbol{A}$ 为系数矩阵的齐次线性方程组的一个解，因此对于 $i\in\{1,2,\cdots,s\}$，有

$$a_{i1}b_{j1}+a_{i2}b_{j2}+\cdots+a_{in}b_{jn}=0$$

其中 $j=1,2,\cdots,n-r$. 由此看出 $(a_{i1},a_{i2},\cdots,a_{in})$ 是以 $\boldsymbol{B}$ 为系数矩阵的齐次线性方程组的一个解. 取 $\boldsymbol{A}$ 的行向量组的一个极大线性无关组 $\boldsymbol{\gamma}_{i_1},\cdots,\boldsymbol{\gamma}_{i_r}$. 由上述推论得，$\boldsymbol{\gamma}_{i_1},\cdots,\boldsymbol{\gamma}_{i_r}$ 都是以 $\boldsymbol{B}$ 为系数矩阵的齐次线性方程组的解. 由于 $\dim W=r$，因此 $\boldsymbol{\gamma}_{i_1},\cdots,\boldsymbol{\gamma}_{i_r}$ 是 W 的一个基础解系，即 $\boldsymbol{A}$ 的行向量组的一个极大线性无关组取转置后，是以 $\boldsymbol{B}$ 为系数矩阵的齐次线性方程组的一个基础解系.

10. **证明** 由题意得，该齐次线性方程组解空间 W 的维数为

$$\dim W=n-\mathrm{rank}(\boldsymbol{A})=n-(n-1)=1$$

因此任意一个非零解 $\boldsymbol{\eta}$ 都是 W 的一个基. 从而任意一个解 $\boldsymbol{\gamma}=k\boldsymbol{\eta}$，$k\in\mathbb{R}$，结论成立.

A.2.4　非齐次线性方程组的解集结构

1. **解** 对方程组的增广矩阵 $\widetilde{\boldsymbol{A}}$ 做初等行变换：

$$\widetilde{\boldsymbol{A}}=\begin{pmatrix}a&1&1&1\\1&a&1&1\\1&1&a&1\end{pmatrix}\to\begin{pmatrix}1&1&a&1\\0&a-1&1-a&0\\0&1-a&1-a^2&1-a\end{pmatrix}$$

当 $a=1$ 时，上述最后一个矩阵为

$$\begin{pmatrix}1&1&1&1\\0&0&0&0\\0&0&0&0\end{pmatrix}$$

从而 $\operatorname{rank}(\widetilde{\boldsymbol{A}})=1$，此时也有系数矩阵 $\boldsymbol{A}$ 的秩为 1. 因此当 $a=1$ 时，方程组有解且有无穷多个解.

下面讨论 $a\neq 1$ 时的情况：

$$\widetilde{\boldsymbol{A}}\rightarrow\begin{pmatrix}1&1&a&1\\0&1&-1&0\\0&1&1+a&1\end{pmatrix}\rightarrow\begin{pmatrix}1&1&a&1\\0&1&-1&0\\0&0&2+a&1\end{pmatrix}$$

此时 $\operatorname{rank}(\widetilde{\boldsymbol{A}})=3$.

当 $a\neq -2$ 时，$\operatorname{rank}(\boldsymbol{A})=3=\operatorname{rank}(\widetilde{\boldsymbol{A}})$，方程组有唯一解.

当 $a=-2$ 时，$\operatorname{rank}(\boldsymbol{A})=2<\operatorname{rank}(\widetilde{\boldsymbol{A}})$，方程组无解.

综上所述，当 $a\neq 1$ 且 $a\neq -2$ 时，方程组有唯一解；当 $a=1$ 时，方程组有无穷多个解；当 $a=-2$ 时，方程组无解.

2. **证明** **方法一** 用 $\boldsymbol{A}$ 和 $\widetilde{\boldsymbol{A}}$ 分别表示方程组 1 的系数矩阵和增广矩阵. 用 $\boldsymbol{B}$ 和 $\widetilde{\boldsymbol{B}}$ 分别表示方程组 2 的系数矩阵和增广矩阵. 令 $\boldsymbol{\beta}=(b_1,b_2,\cdots,b_s)$，则

$$\boldsymbol{B}=\widetilde{\boldsymbol{A}}^{\mathrm{T}}$$

$$\widetilde{\boldsymbol{B}}=\begin{pmatrix}A^{\mathrm{T}}&\boldsymbol{0}\\\boldsymbol{\beta}^{\mathrm{T}}&1\end{pmatrix}$$

设 $\boldsymbol{\gamma}_{i_1},\cdots,\boldsymbol{\gamma}_{i_r}$ 是 $\widetilde{\boldsymbol{B}}$ 前 n 行的一个极大线性无关组. $\widetilde{\boldsymbol{B}}$ 的最后一行 $\boldsymbol{\gamma}_{n+1}=(\boldsymbol{\beta}^{\mathrm{T}}\ 1)$ 不能由 $\boldsymbol{\gamma}_{i_1},\cdots,\boldsymbol{\gamma}_{i_r}$ 线性表出. 因此 $\boldsymbol{\gamma}_{i_1},\cdots,\boldsymbol{\gamma}_{i_r},\boldsymbol{\gamma}_{n+1}$ 线性无关. 从而它是 $\widetilde{\boldsymbol{B}}$ 的行向量组的一个极大线性无关组，所以 $\operatorname{rank}(\widetilde{\boldsymbol{B}})=r+1=\operatorname{rank}(\boldsymbol{A}^{\mathrm{T}})+1=\operatorname{rank}(\boldsymbol{A})+1$. 故

$$\text{线性方程组 1 有解}$$

$$\Longleftrightarrow \operatorname{rank}(\boldsymbol{A})=\operatorname{rank}(\widetilde{\boldsymbol{A}})$$

$$\Longleftrightarrow \operatorname{rank}(\boldsymbol{A})=\operatorname{rank}(\widetilde{\boldsymbol{A}})=\operatorname{rank}(\widetilde{\boldsymbol{A}}^{\mathrm{T}})=\operatorname{rank}(\boldsymbol{B})\text{，且}\operatorname{rank}(\widetilde{\boldsymbol{B}})=\operatorname{rank}(\boldsymbol{A})+1$$

$$\Longleftrightarrow \operatorname{rank}(\boldsymbol{A})=\operatorname{rank}(\boldsymbol{B})\text{，且}\operatorname{rank}(\widetilde{\boldsymbol{B}})=\operatorname{rank}(\boldsymbol{B})+1>\operatorname{rank}(\boldsymbol{B})$$

$$\Longleftrightarrow \text{线性方程组 2 无解}$$

方法二 $\boldsymbol{Ax}=\boldsymbol{b}$ 有解 $\Longleftrightarrow \boldsymbol{b}\in C(\boldsymbol{A})\Longleftrightarrow \boldsymbol{b}\perp N(\boldsymbol{A}^{\mathrm{T}})\Longleftrightarrow$ 对于任意 $\boldsymbol{z}\in N(\boldsymbol{A}^{\mathrm{T}})$ 都有 $\boldsymbol{b}^{\mathrm{T}}\boldsymbol{z}=0\Longleftrightarrow$ 不存在 $\boldsymbol{z}\in N(A^{\mathrm{T}})$ 使得 $\boldsymbol{b}^{\mathrm{T}}\boldsymbol{z}\neq 0\Longrightarrow$ 不存在 $\boldsymbol{z}\in N(A^{\mathrm{T}})$ 使得 $\boldsymbol{b}^{\mathrm{T}}\boldsymbol{z}=1$.

仅需要证明：不存在 $\boldsymbol{z}\in N(\boldsymbol{A}^{\mathrm{T}})$ 使得 $\boldsymbol{b}^{\mathrm{T}}\boldsymbol{z}=1\Longrightarrow$ 不存在 $\boldsymbol{z}\in N(\boldsymbol{A}^{\mathrm{T}})$ 使得 $\boldsymbol{b}^{\mathrm{T}}\boldsymbol{z}\neq 0$. 利用反证法，如果存在 $\boldsymbol{z}_0\in N(\boldsymbol{A}^{\mathrm{T}})$ 使得 $\boldsymbol{b}^{\mathrm{T}}\boldsymbol{z}_0=c\neq 0$，那么 $\boldsymbol{b}^{\mathrm{T}}(\boldsymbol{z}_0/c)=1$，而 $\boldsymbol{z}_0/c\in N(A^{\mathrm{T}})$，与条件矛盾.

3. **证明** 线性方程组的增广矩阵 $\widetilde{\boldsymbol{A}}$ 是 $\boldsymbol{B}$ 的前 n 行，如果 $\boldsymbol{B}$ 的最后一行与前面行向量组线性无关，则 $\boldsymbol{B}$ 的秩为增广矩阵 $\widetilde{\boldsymbol{A}}$ 的秩加 1，如果 $\boldsymbol{B}$ 的最后一行与前面行向量组线性相关，则 $\boldsymbol{B}$ 的秩为增广矩阵 $\widetilde{\boldsymbol{A}}$ 的秩. 总之，$\operatorname{rank}(\widetilde{\boldsymbol{A}}) \leqslant \operatorname{rank}(\boldsymbol{B})$. 又已知 $\operatorname{rank}(\boldsymbol{A}) = \operatorname{rank}(\boldsymbol{B})$，因此 $\operatorname{rank}(\widetilde{\boldsymbol{A}}) \leqslant \operatorname{rank}(\boldsymbol{A})$. 而增广矩阵的秩不可能小于系数矩阵的秩，从而 $\operatorname{rank}(\widetilde{\boldsymbol{A}}) = \operatorname{rank}(\boldsymbol{A})$，故线性方程组有解.

4. **解** 把增广矩阵经过初等行变换化成简化阶梯形矩阵：

$$\begin{pmatrix} 1 & 2 & -3 & -4 & -5 \\ 3 & -1 & 5 & 6 & -1 \\ -5 & -3 & 1 & 2 & 11 \\ -9 & -4 & -1 & 0 & 17 \end{pmatrix} \to \begin{pmatrix} 1 & 2 & -3 & -4 & -5 \\ 0 & -7 & 14 & 18 & 14 \\ 0 & 7 & -14 & -18 & -14 \\ 0 & 14 & -28 & -36 & -28 \end{pmatrix}$$

$$\to \begin{pmatrix} 1 & 2 & -3 & -4 & -5 \\ 0 & 1 & -2 & -\dfrac{18}{7} & -2 \\ 0 & 0 & 0 & 0 & 0 \\ 0 & 0 & 0 & 0 & 0 \end{pmatrix} \to \begin{pmatrix} 1 & 0 & 1 & \dfrac{8}{7} & -1 \\ 0 & 1 & -2 & -\dfrac{18}{7} & -2 \\ 0 & 0 & 0 & 0 & 0 \\ 0 & 0 & 0 & 0 & 0 \end{pmatrix}$$

故原方程组的一般解为

$$\begin{cases} x_1 = -x_3 - \dfrac{8}{7}x_4 - 1, \\ x_2 = 2x_3 + \dfrac{18}{7}x_4 - 2, \end{cases}$$

其中 x_3, x_4 是自由未知量. 让 x_3 和 x_4 都取值 0，得一个特解 $\boldsymbol{\gamma}_0$：

$$\boldsymbol{\gamma}_0 = (-1, -2, 0, 0)$$

导出组的一般解为

$$\begin{cases} x_1 = -x_3 - \dfrac{8}{7}x_4, \\ x_2 = 2x_3 + \dfrac{18}{7}x_4, \end{cases}$$

其中 x_3, x_4 是自由未知量. 导出组的一个基础解系为

$$\boldsymbol{\eta}_1 = \begin{pmatrix} -1 \\ 2 \\ 1 \\ 0 \end{pmatrix}, \ \boldsymbol{\eta}_2 = \begin{pmatrix} -8 \\ 18 \\ 0 \\ 7 \end{pmatrix}.$$

因此原方程组的解集 U 为

$$U = \{\boldsymbol{\gamma}_0 + k_1\boldsymbol{\eta}_1 + k_2\boldsymbol{\eta}_2 \mid k_1, k_2 \in \mathbb{R}\}$$

5. **解** **方法一** n 个平面 $\boldsymbol{Ax}=-\boldsymbol{d}$ 的交集为直线 $\Longleftrightarrow N(\boldsymbol{A})=3-r=1$ 且 $\boldsymbol{d}\in C(\boldsymbol{A})$ $\Longleftrightarrow \operatorname{rank}(\boldsymbol{A})=r=2$ 且 $\boldsymbol{d}\in C(\boldsymbol{A}) \Longleftrightarrow \operatorname{rank}(\boldsymbol{A})=\operatorname{rank}((\boldsymbol{A}\ \boldsymbol{d}))=r=2$.

方法二 n 个平面

$$a_ix+b_iy+c_iz+d_i=0\ \ (i=1,2,\cdots,n)$$

通过一直线但不合并为一个平面

$\Longleftrightarrow$ 三元线性方程组有解，且解集可以表示一条直线

$\Longleftrightarrow$ 三元线性方程组有解，且其导出组的解空间的维数为 1

$\Longleftrightarrow$ 三元线性方程组有解，且导出组的系数矩阵$\boldsymbol{A}$的秩为 2

$\Longleftrightarrow$ 三元线性方程组的系数矩阵$\boldsymbol{A}$和增广矩阵$\widetilde{\boldsymbol{A}}$的秩都为 2

$\Longleftrightarrow$ 下面两个矩阵的秩都为 2

$$\begin{pmatrix} a_1 & b_1 & c_1\\ a_2 & b_2 & c_2\\ \vdots & \vdots & \vdots\\ a_n & b_n & c_n\end{pmatrix},\quad \begin{pmatrix} a_1 & b_1 & c_1 & d_1\\ a_2 & b_2 & c_2 & d_2\\ \vdots & \vdots & \vdots & \vdots\\ a_n & b_n & c_n & d_n\end{pmatrix}$$

6. **解** 三个平面的方程组成的三元线性方程组的系数矩阵 $\boldsymbol{A}$ 的秩为 2，增广矩阵 $\widetilde{\boldsymbol{A}}$ 的秩为 3，因此方程组无解，从而三个平面没有公共点. 由于 π_1 与 π_2 的一次项系数不成比例，因此 π_1 与 π_2 相交；同理，π_2 与 π_3 相交. 由于 π_1 与 π_3 的一次项系数成比例，但常数项不与它们成比例，因此 π_1 与 π_3 平行.

综上，三个平面没有公共点，π_1 与 π_2 相交，π_1 与 π_3 平行，π_2 与 π_3 相交.

7. **解** **方法一**

$$\boldsymbol{A}\to\begin{pmatrix}1 & -3 & 5 & 2\\ 0 & -2 & 11 & -3\\ 0 & 1 & -5 & 0\end{pmatrix}\to\begin{pmatrix}1 & -3 & 5 & 2\\ 0 & 1 & -5 & 0\\ 0 & 0 & 1 & -3\end{pmatrix}$$

所以 $\boldsymbol{A}$ 为行满秩矩阵，它的相抵标准形为 $(\boldsymbol{I}_3\ \boldsymbol{0})$.

方法二

$$\boldsymbol{A}\to\begin{pmatrix}1 & -3 & 5 & 2\\ 0 & -2 & 11 & -3\\ 0 & 1 & -5 & 0\end{pmatrix}\to\begin{pmatrix}1 & -3 & 5 & 2\\ 0 & 1 & -5 & 0\\ 0 & 0 & 1 & -3\end{pmatrix}\to\begin{pmatrix}1 & -3 & 0 & 17\\ 0 & 1 & 0 & -15\\ 0 & 0 & 1 & -3\end{pmatrix}$$

$$\to\begin{pmatrix}1 & 0 & 0 & -28\\ 0 & 1 & 0 & -15\\ 0 & 0 & 1 & -3\end{pmatrix}\to\begin{pmatrix}1 & 0 & 0 & 0\\ 0 & 1 & 0 & 0\\ 0 & 0 & 1 & 0\end{pmatrix}$$

因此 $\boldsymbol{A}$ 的相抵标准形是 $(\boldsymbol{I}_3\ \boldsymbol{0})$.

8. **证明** **方法一** 根据 $\boldsymbol{PA}=\boldsymbol{LU}$，$\boldsymbol{U}$ 有 r 个非零行，由矩阵乘法的列-行角度得到，

$$\boldsymbol{A}=\boldsymbol{P}^{-1}\sum_{i=1}^{r}\boldsymbol{L}[,i]\boldsymbol{U}[i,]$$

其中，$\boldsymbol{L}[,i]$ 表示 $\boldsymbol{L}$ 的第 i 列，$\boldsymbol{U}[i,]$ 表示 $\boldsymbol{U}$ 的第 i 行，矩阵 $\boldsymbol{P}^{-1}\boldsymbol{L}[,i]\boldsymbol{U}[i,]$ 的秩为 1.

方法二 设 $s\times n$ 矩阵 $\boldsymbol{A}$ 的秩为 $r(r>0)$，则存在 s 级, n 级可逆矩阵 $\boldsymbol{P}$, $\boldsymbol{Q}$ 使得

$$\begin{aligned}\boldsymbol{A}&=\boldsymbol{P}\begin{pmatrix}\boldsymbol{I}_r & \boldsymbol{0}\\ \boldsymbol{0} & \boldsymbol{0}\end{pmatrix}\boldsymbol{Q}=\boldsymbol{P}\left(\boldsymbol{E}_{11}+\boldsymbol{E}_{22}+\cdots+\boldsymbol{E}_{rr}\right)\boldsymbol{Q}\\&=\boldsymbol{PE}_{11}\boldsymbol{Q}+\boldsymbol{PE}_{22}\boldsymbol{Q}+\cdots+\boldsymbol{PE}_{rr}\boldsymbol{Q}\end{aligned}$$

由于 $\boldsymbol{E}_{ii}$ 的秩为 1，因此 $\boldsymbol{PE}_{ii}\boldsymbol{Q}$ 的秩也为 1.

9. **证明** **必要性** 设 $\boldsymbol{A}$ 的秩为 $r(r>0)$，则存在数域 $\mathbb{R}$ 上 s 级，n 级可逆矩阵 $\boldsymbol{P}$, $\boldsymbol{Q}$，使得

$$\begin{aligned}\boldsymbol{A}&=\boldsymbol{P}\begin{pmatrix}\boldsymbol{I}_r & \boldsymbol{0}\\ \boldsymbol{0} & \boldsymbol{0}\end{pmatrix}\boldsymbol{Q}=(\boldsymbol{P}_1,\boldsymbol{P}_2)\begin{pmatrix}\boldsymbol{I}_r & \boldsymbol{0}\\ \boldsymbol{0} & \boldsymbol{0}\end{pmatrix}\begin{pmatrix}\boldsymbol{Q}_1\\ \boldsymbol{Q}_2\end{pmatrix}\\&=(\boldsymbol{P}_1\ \boldsymbol{0})\begin{pmatrix}\boldsymbol{Q}_1\\ \boldsymbol{Q}_2\end{pmatrix}=\boldsymbol{P}_1\boldsymbol{Q}_1\end{aligned}$$

其中 $\boldsymbol{P}_1$ 的列数为 r，$\boldsymbol{Q}_1$ 的行数为 r.

由于 $\boldsymbol{P}$ 是可逆矩阵，因此 $\boldsymbol{P}$ 的列向量组线性无关，从而 $\boldsymbol{P}_1$ 的列向量组线性无关. 于是 $\operatorname{rank}(\boldsymbol{P}_1)=r$，即 $\boldsymbol{P}_1$ 是 $s\times r$ 列满秩矩阵. 类似可证得 $\operatorname{rank}(\boldsymbol{Q}_1)=r$，即 $\boldsymbol{Q}_1$ 是 $r\times n$ 行满秩矩阵. 令 $\boldsymbol{B}=\boldsymbol{P}_1$，$\boldsymbol{C}=\boldsymbol{Q}_1$，即得 $\boldsymbol{A}=\boldsymbol{BC}$.

充分性 **方法一** 设 $\boldsymbol{A}=\boldsymbol{BC}$，其中 $\boldsymbol{B}$ 是 $s\times r$ 列满秩矩阵，$\boldsymbol{C}$ 是 $r\times n$ 行满秩矩阵. 由于

$$\operatorname{rank}(\boldsymbol{BC})\leqslant\operatorname{rank}(\boldsymbol{B})=r$$

$$\operatorname{rank}(\boldsymbol{BC})\geqslant\operatorname{rank}(\boldsymbol{B})+\operatorname{rank}(\boldsymbol{C})-r=r$$

因此 $\operatorname{rank}(\boldsymbol{BC})=r$，即 $\operatorname{rank}(\boldsymbol{A})=r$.

第二个不等式未证明，因此方法二用了另一种角度来证明充分性.

方法二

$$\begin{aligned}\boldsymbol{A}&=\boldsymbol{P}_{m\times r}\,\boldsymbol{Q}_{r\times n}\\&=\boldsymbol{P}^{(1)}_{m\times m}\begin{pmatrix}\boldsymbol{I}_r\\ \boldsymbol{0}\end{pmatrix}_{m\times r}\boldsymbol{Q}^{(1)}_{r\times r}\,\boldsymbol{P}^{(2)}_{r\times r}\begin{pmatrix}\boldsymbol{I}_r & \boldsymbol{0}\end{pmatrix}_{r\times n}\boldsymbol{Q}^{(2)}_{n\times n}\\&=\boldsymbol{P}^{(1)}_{m\times m}\begin{pmatrix}\boldsymbol{I}_r\\ \boldsymbol{0}\end{pmatrix}_{m\times r}\boldsymbol{Q}^{(3)}_{r\times r}\begin{pmatrix}\boldsymbol{I}_r & \boldsymbol{0}\end{pmatrix}_{r\times n}\boldsymbol{Q}^{(2)}_{n\times n}\end{aligned}$$

$$= \boldsymbol{P}^{(1)}_{m\times m} \begin{pmatrix} \boldsymbol{Q}^{(3)}_{r\times r} \\ \mathbf{0} \end{pmatrix}_{m\times r} \begin{pmatrix} \boldsymbol{I}_r & \mathbf{0} \end{pmatrix}_{r\times n} \boldsymbol{Q}^{(2)}_{n\times n}$$

$$= \boldsymbol{P}^{(1)}_{m\times m} \begin{pmatrix} \boldsymbol{Q}^{(3)}_{r\times r} & \mathbf{0} \\ \mathbf{0} & \mathbf{0} \end{pmatrix}_{m\times n} \boldsymbol{Q}^{(2)}_{n\times n}$$

其中，$\boldsymbol{P}^{(1)}_{m\times m}$ 和 $\boldsymbol{Q}^{(2)}_{n\times n}$ 可逆，$\text{rank}\left(\begin{pmatrix} \boldsymbol{Q}^{(3)}_{r\times r} & \mathbf{0} \\ \mathbf{0} & \mathbf{0} \end{pmatrix}\right) = r$，所以 $\text{rank}(\boldsymbol{A}) = r$，结论得证.

A.2.5　和矩阵相关的四个子空间

1. **证明** 由于 $\text{rank}(\boldsymbol{AB}) \leqslant \text{rank}(\boldsymbol{A})$，所以 $\text{rank}(\boldsymbol{A}) = n$，同理由 $\text{rank}(\boldsymbol{AB}) \leqslant \text{rank}(\boldsymbol{B})$ 可得 $\text{rank}(\boldsymbol{B}) = n$，所以 $\boldsymbol{A}, \boldsymbol{B}$ 都可逆.
   $\boldsymbol{AB} = \boldsymbol{I}_n$ 两边同时乘以 $\boldsymbol{B}$，$(\boldsymbol{BA})\boldsymbol{B} = \boldsymbol{B} \implies \boldsymbol{BA} = \boldsymbol{BB}^{-1} = \boldsymbol{I}_n$.
2. **解**
   (a)

$$\boldsymbol{R} = \begin{pmatrix} \boldsymbol{I} & \boldsymbol{F} \\ \mathbf{0} & \mathbf{0} \end{pmatrix} = \begin{pmatrix} r \text{ by } r & r \text{ by } n-r \\ m-r \text{ by } r & m-r \text{ by } n-r \end{pmatrix}$$

   (b) $r = m$ 时，

$$\boldsymbol{R} = \begin{pmatrix} \boldsymbol{I}_{r\times r} & \boldsymbol{F}_{r\times(n-r)} \end{pmatrix}$$

   令

$$\boldsymbol{B} = \begin{pmatrix} \boldsymbol{I}_{r\times r} \\ \mathbf{0}_{(n-r)\times r} \end{pmatrix}$$

   那么有

$$\boldsymbol{RB} = \begin{pmatrix} \boldsymbol{I}_{r\times r} & \boldsymbol{F}_{r\times(n-r)} \end{pmatrix} \begin{pmatrix} I_{r\times r} \\ \mathbf{0}_{(n-r)\times r} \end{pmatrix} = \boldsymbol{I}_r$$

   (c) $r = n$ 时，

$$\boldsymbol{R} = \begin{pmatrix} \boldsymbol{I}_{r\times r} \\ \mathbf{0}_{(m-r)\times r} \end{pmatrix}$$

   令

$$\boldsymbol{C} = \begin{pmatrix} \boldsymbol{I}_{r\times r} & \mathbf{0}_{r\times(m-r)} \end{pmatrix}$$

   那么有

$$\boldsymbol{CR} = \begin{pmatrix} \boldsymbol{I}_{r\times r}, & \mathbf{0}_{r\times(m-r)} \end{pmatrix} \begin{pmatrix} \boldsymbol{I}_{r\times r} \\ \mathbf{0}_{(m-r)\times r} \end{pmatrix} = \boldsymbol{I}_r$$

（d） $\boldsymbol{R}^{\mathrm{T}}$ 的简化行阶梯形矩阵为

$$\begin{pmatrix} \boldsymbol{I} & \boldsymbol{0} \\ \boldsymbol{0} & \boldsymbol{0} \end{pmatrix} = \begin{pmatrix} r \text{ by } r & r \text{ by } m-r \\ n-r \text{ by } r & n-r \text{ by } m-r \end{pmatrix}$$

（e） $\boldsymbol{R}^{\mathrm{T}}\boldsymbol{R}$ 的简化行阶梯形矩阵为

$$\begin{pmatrix} \boldsymbol{I} & \boldsymbol{0} \\ \boldsymbol{0} & \boldsymbol{0} \end{pmatrix} = \begin{pmatrix} r \text{ by } r & r \text{ by } n-r \\ n-r \text{ by } r & n-r \text{ by } n-r \end{pmatrix}$$

3. **解** 两个矩阵 $\boldsymbol{A}$ 的秩均为 2. $\boldsymbol{A}^{\mathrm{T}}\boldsymbol{A}$ 和 $\boldsymbol{A}\boldsymbol{A}^{\mathrm{T}}$ 的秩总是与 $\boldsymbol{A}$ 的秩相同，均为 2.
结论 $\operatorname{rank}(\boldsymbol{A}) = \operatorname{rank}(\boldsymbol{A}^{\mathrm{T}}\boldsymbol{A}) = \operatorname{rank}(\boldsymbol{A}\boldsymbol{A}^{\mathrm{T}})$

4. **解**

（a） 由题可知，$\boldsymbol{s}$ 是 $\boldsymbol{Ax}=\boldsymbol{0}$ 唯一的特解，因此通解为 $c\boldsymbol{s}$，其中 c 为不为 0 的常数.

$$\operatorname{rank}(\boldsymbol{A}) = n - \dim(N(\boldsymbol{A})) = 4 - 1 = 3$$

（b） x_4 不是自由未知量，由齐次线性方程组解的结构可得

$$\boldsymbol{R} = \begin{pmatrix} 1 & 0 & -2 & 0 \\ 0 & 1 & -3 & 0 \\ 0 & 0 & 0 & 1 \end{pmatrix}$$

（c） $\boldsymbol{A}$ 和 $\boldsymbol{R}$ 都是行满秩的矩阵，所以 $\boldsymbol{Ax}=\boldsymbol{b}$ 对任意 $\boldsymbol{b}$ 有解.

5. **解** $\boldsymbol{A}$ 和 $\boldsymbol{U}$ 的行空间、列空间的维数均为 2. $\boldsymbol{A}$ 和 $\boldsymbol{U}$ 的行空间是相同的，因为 $\boldsymbol{U}$ 的行是 $\boldsymbol{A}$ 的行的线性组合（反之亦然）.

6. **解** 第一列和第二列构成的向量组是 $\boldsymbol{A}$ 和 $\boldsymbol{U}$ 的列空间的基，两组基不同. 第一行和第二行构成的向量组是 $\boldsymbol{A}$ 和 $\boldsymbol{U}$ 的行空间的基，两组基相同. $(1,-1,1)$ 是 $\boldsymbol{A}$ 和 $\boldsymbol{U}$ 的零空间的基，两组基相同.

7. **解**

（a） $\boldsymbol{Ax}=\boldsymbol{b}$ 无解意味着 $r<m$. 又 $r \leqslant n$ 恒成立，此处无法比较 m 和 n 的大小.

（b） 由于 $m-r>0$，因此左零空间一定包含至少一个非零向量，所以除了 $\boldsymbol{y}=\boldsymbol{0}$ 外，$\boldsymbol{A}^{\mathrm{T}}\boldsymbol{y}=\boldsymbol{0}$ 还有非零解.

8. **解**

（a） $\boldsymbol{u}$ 和 $\boldsymbol{w}$.

（b） $\boldsymbol{v}$ 和 $\boldsymbol{z}$.

（c） $\boldsymbol{u}$ 和 $\boldsymbol{w}$ 不成比例，或 $\boldsymbol{v}$ 和 $\boldsymbol{z}$ 不成比例.

（d）

$$\boldsymbol{A} = \begin{pmatrix} 0 & 0 & 1 \\ 0 & 0 & 0 \\ 1 & 0 & 0 \end{pmatrix}, \ \operatorname{rank}(\boldsymbol{A}) = 2.$$

9. **解** 当 $\boldsymbol{d}$ 在矩阵 $\boldsymbol{A}$ 的行空间中时，方程 $\boldsymbol{A}^{\mathrm{T}}\boldsymbol{y}=\boldsymbol{d}$ 有解. 当矩阵 $\boldsymbol{A}$ 的左零空间（即 $\boldsymbol{A}^{\mathrm{T}}$ 的零空间）中只有零向量时，$\boldsymbol{y}$ 是唯一解.

10. **证明** 证明的关键在于行空间. 注意到 $\boldsymbol{A}$ 的行等于 $\boldsymbol{B}$ 的行的线性组合，且矩阵 $\boldsymbol{I}$ 相同，因此唯一符合条件的线性组合是 $\boldsymbol{B}$ 的系数为 1，所以有 $\boldsymbol{F}=\boldsymbol{G}$.

A.3 正交与奇异值分解

A.3.1 欧几里得空间

1. **解** 它们不正交，因为它们的交集为一条直线，该直线不可能与 V,W 同时垂直. 不可能找到两个正交平面，因为两个不同平面的交集可能为空集或者一条直线，当交集为空集时，两平面平行，当交集为直线时，这条直线需要同时与 V,W 垂直，这是不可能的.

$\boldsymbol{A}\boldsymbol{x}=\boldsymbol{B}\hat{\boldsymbol{x}}$ 意味着 $\begin{pmatrix}\boldsymbol{A} & \boldsymbol{B}\end{pmatrix}\begin{pmatrix}\boldsymbol{x}\\-\hat{\boldsymbol{x}}\end{pmatrix}=\mathbf{0}$, 即

$$\begin{pmatrix}1&2&5&4\\1&3&6&3\\1&2&5&1\end{pmatrix}\begin{pmatrix}\boldsymbol{x}\\-\hat{\boldsymbol{x}}\end{pmatrix}=\mathbf{0}$$

因为 $r\leqslant m<n$，所以该方程必定有非零解，可解得 $\boldsymbol{x}=(3,1)$, $\hat{\boldsymbol{x}}=(1,0)$, $\boldsymbol{A}\boldsymbol{x}=\boldsymbol{B}\hat{\boldsymbol{x}}=(5,6,5)$

2. **解** 条件为 $p+q>n$. 因为在该条件下，参照上题做法，把两子空间的基放入矩阵 $\boldsymbol{A}$ 的列，对于 $\boldsymbol{A}$，行数为 n，列数为 $p+q$，有 $r\leqslant n<p+q$，所以 $\boldsymbol{A}\boldsymbol{x}=0$ 有非零解，进而两子空间的交集不为零.

3. **解** 因为 $V^{\perp}$ 包含所有垂直于那两个向量的向量,因此 $V^{\perp}$ 是矩阵 $\boldsymbol{A}=\begin{pmatrix}1&5&1\\2&2&2\end{pmatrix}$ 的核空间.

4. **解** $\boldsymbol{A}=\begin{pmatrix}1&2&2&3\\1&3&3&2\end{pmatrix}$. 解方程 $\boldsymbol{A}x=\mathbf{0}$,可得基础解系 $(-5,0,1,1)$ 以及 $(0,1,-1,0)$

5. **解** 方程有三个自由变量，因而 V 的维度为 3，进而 $V^{\perp}$ 的维数是 1. 不难看出，向量 $(1,1,1,1)$ 与超平面上所有向量正交，所以 $(1,1,1,1)$ 时 $V^{\perp}$ 的一个基. 矩阵 $\boldsymbol{A}=\begin{pmatrix}1&1&1&1\end{pmatrix}$ 的核空间是 V.

6. **解** $\boldsymbol{A}^{-1}$ 的第一列和 $\boldsymbol{A}$ 除了第一行的所有行正交，因为该列与这些所有行的乘积为 0. 所以，$\boldsymbol{A}^{-1}$ 的第一列和 $\boldsymbol{A}$ 除了第一行的行向量张成的子空间正交.

7. **解**

（a） 两平面的法向量垂直不能推出两平面垂直. 向量 $(1,-1,0)$ 包含在两个平面中，这个向量不可能同时与两个平面垂直. 两个正交子空间的交集必然

只有零向量. 如果两个平面垂直，则两个平面的基的并集构成四个线性无关向量，这对于三维向量空间是不可能的.

（b） 在五维空间中，一个有两个基向量的子空间的正交补应该有三个基向量，而这里只有两个.

（c） 在三维空间中，两条直线可以相交，交集为零向量，但这两条线不一定垂直.

A.3.2 矩阵的四个子空间

1. **证明** 因为 $\boldsymbol{A}$ 是正交矩阵，因此 $\boldsymbol{A}\boldsymbol{A}^{\mathrm{T}}=\boldsymbol{I}=\boldsymbol{A}^{\mathrm{T}}\boldsymbol{A}$. 又因为 $\boldsymbol{A}$ 是实数域上的上三角形矩阵，因此 $\boldsymbol{A}$ 是对角矩阵（后给出证明）. 设 $\boldsymbol{A}=\operatorname{diag}(d_1,d_2,\cdots,d_n)$. 因为 $\boldsymbol{A}\boldsymbol{A}^{\mathrm{T}}=\boldsymbol{I}$，所以 $d_i^2=1$，从而 $d_i=1$ 或 -1.

   下面给出上述待证部分的证明.

   证明：设 $\boldsymbol{A}=(a_{ij})$，则 $\boldsymbol{A}\boldsymbol{A}^{\mathrm{T}}(i;i)=\sum\limits_{k=1}^{n}a_{ik}^2$，$\boldsymbol{A}^{\mathrm{T}}\boldsymbol{A}(i;i)=\sum\limits_{k=1}^{n}a_{ki}^2$. 由于 $\boldsymbol{A}\boldsymbol{A}^{\mathrm{T}}=\boldsymbol{A}^{\mathrm{T}}\boldsymbol{A}$，所以 $\sum\limits_{k=1}^{n}a_{ik}^2=\sum\limits_{k=1}^{n}a_{ki}^2$. 由于 $\boldsymbol{A}$ 是上三角形矩阵，因此当 $i=1$ 时有 $a_{11}^2+a_{12}^2+\cdots+a_{1n}^2=a_{11}^2$，从而 $a_{12}=\cdots=a_{1n}=0$. 同理考虑每一行，当 $i<j$ 时可得 $a_{ij}=0$，因此 $\boldsymbol{A}$ 是对角矩阵.

2. **证明** 当 $\boldsymbol{A}$ 是正交矩阵和对称矩阵时，$\boldsymbol{A}^2=\boldsymbol{A}\boldsymbol{A}=\boldsymbol{A}\boldsymbol{A}^{\mathrm{T}}=\boldsymbol{I}$，因此 $\boldsymbol{A}$ 是对合矩阵；

   当 $\boldsymbol{A}$ 是正交矩阵和对合矩阵时，$\boldsymbol{A}^{\mathrm{T}}=\boldsymbol{A}^{-1}=\boldsymbol{A}$，因此 $\boldsymbol{A}$ 是对称矩阵；

   当 $\boldsymbol{A}$ 是对称矩阵和对合矩阵时，$\boldsymbol{A}\boldsymbol{A}^{\mathrm{T}}=\boldsymbol{A}\boldsymbol{A}=\boldsymbol{A}^2=\boldsymbol{I}$，因此 $\boldsymbol{A}$ 是正交矩阵.

3. **证明 方法一** 因为 $\boldsymbol{\alpha}$ 垂直于所有基向量，所以 $\boldsymbol{\alpha}$ 垂直于 $\mathbb{R}^n$，$\boldsymbol{\alpha}$ 只能是零向量.

   方法二 设 $\boldsymbol{\alpha}=a_1\boldsymbol{\beta}_1+\alpha_2\boldsymbol{\beta}_2+\cdots+\alpha_n\boldsymbol{\beta}_n$，则由 $(\boldsymbol{\alpha},\boldsymbol{\beta}_j)=0$，得 $0=(\boldsymbol{\alpha},\boldsymbol{\beta}_j)=\left(\sum\limits_{i=1}^{n}a_i\boldsymbol{\beta}_i,\boldsymbol{\beta}_j\right)=\sum\limits_{i=1}^{n}a_i(\boldsymbol{\beta}_i,\boldsymbol{\beta}_j)=a_j(\boldsymbol{\beta}_j,\boldsymbol{\beta}_j)$. 由于 $(\boldsymbol{\beta}_j,\boldsymbol{\beta}_j)\neq0$，因此 $a_j=0,j=1,2,\cdots,n$，因此 $\boldsymbol{\alpha}=\boldsymbol{0}$.

4. **解**

   （a） 与 V 正交的子空间的可能维数为 0,1,2,3，因为正交子空间的维数不大于正交补的维数.

   （b） $V^{\perp}$ 的可能维数为 3，因为正交补是最大的正交子空间，其维数为 3.

   （c） 具有行空间 V 的矩阵 $\boldsymbol{A}$ 的大小最小是 6×9，6 是因为至少要 6 个向量来张成 V，9 是因为 $\mathbb{R}^9$.

   （d） 具有核空间 $V^{\perp}$ 的矩阵 $\boldsymbol{B}$ 的大小最小是 6×9，6 是因为 $V^{\perp}$ 的维数为 3，$9-3=6$，因此矩阵 $\boldsymbol{B}$ 的秩为 6，所以至少要 6 行，9 是因为 $\mathbb{R}^9$.

5. **解**

   （a） $\boldsymbol{A}=\begin{pmatrix}1 & -3 & -4\end{pmatrix}$.

   （b） 易得一个基础解系为 $\boldsymbol{s}_1=(3,1,0)$，$\boldsymbol{s}_2=(4,0,1)$，平面（$\boldsymbol{A}$ 核空间）的维

数为 2.

（c） $V=N(\boldsymbol{A}) \implies V^{\perp}=C(\boldsymbol{A}^{\mathrm{T}})$，$V^{\perp}$ 的基为 $\boldsymbol{A}^{\mathrm{T}}$.

6. **解**

（a） 设结果为矩阵 $\boldsymbol{A}$, $\boldsymbol{A}$ 的前两列为 $\begin{pmatrix}1\\2\\-3\end{pmatrix}$ 和 $\begin{pmatrix}2\\-3\\5\end{pmatrix}$. 核空间包含 $(1,1,1)$，说明 $\boldsymbol{A}$ 有三列，这三列之和为 0. $\boldsymbol{A}=\begin{pmatrix}1&2&-3\\2&-3&1\\-3&5&-2\end{pmatrix}$.

（b） 不可能，因为 $\boldsymbol{A}$ 的核空间和行空间应该正交，但 $\begin{pmatrix}2\\-3\\5\end{pmatrix}$ 不垂直于 $\begin{pmatrix}1\\1\\1\end{pmatrix}$.

（c） $\boldsymbol{Ax}=\begin{pmatrix}1\\1\\1\end{pmatrix}$ 有解意味着 $\begin{pmatrix}1\\1\\1\end{pmatrix}$ 在 $\boldsymbol{A}$ 的列空间中；而 $\boldsymbol{A}^{\mathrm{T}}\begin{pmatrix}1\\0\\0\end{pmatrix}=\begin{pmatrix}0\\0\\0\end{pmatrix}$ 意味着 $\begin{pmatrix}1\\0\\0\end{pmatrix}$ 在 $\boldsymbol{A}^{\mathrm{T}}$ 的核空间中；这两个应当正交，但 $\begin{pmatrix}1\\1\\1\end{pmatrix}$ 不垂直于 $\begin{pmatrix}1\\0\\0\end{pmatrix}$，矛盾，故不存在这样的矩阵.

（d） 由题意可知：$\boldsymbol{A}$ 矩阵和 $\boldsymbol{A}$ 矩阵相乘应得到零矩阵，一个例子为 $\begin{pmatrix}1&-1\\1&-1\end{pmatrix}$.

（e） 所有列向量的和为零向量，说明 $\begin{pmatrix}1\\1\\1\end{pmatrix}$ 应该在核空间中；所有行向量的和为所有元素全为 1 的向量，说明 $\begin{pmatrix}1\\1\\1\end{pmatrix}$ 应该在行空间中；而核空间应当与行空间正交，矛盾，因此该矩阵不存在.

7. **解** 如果 $\boldsymbol{AB}=\boldsymbol{O}$，则 $\boldsymbol{B}$ 的所有列都在 $\boldsymbol{A}$ 的核空间 $N(\boldsymbol{A})$ 中，$C(\boldsymbol{B})\subset N(\boldsymbol{A})$；$\boldsymbol{A}$ 的所有行都在 $\boldsymbol{B}$ 的左零空间 $N(\boldsymbol{B}^{\mathrm{T}})$ 中，$C(\boldsymbol{A}^{\mathrm{T}})\subset N(\boldsymbol{B}^{\mathrm{T}})$；如果秩为 2，则所有的四个子空间维数都至少为 2，对于一个 3×3 的矩阵是不可能的.

8. **证明** 因为 $\boldsymbol{A}^{\mathrm{T}}\boldsymbol{Ax}=\boldsymbol{0}$，所以 $\boldsymbol{Ax}$ 在 $\boldsymbol{A}^{\mathrm{T}}$ 的核空间 $N(A^{\mathrm{T}})$ 中；同时，$\boldsymbol{Ax}$ 应当在 $\boldsymbol{A}$ 的列空间 $C(\boldsymbol{A})$ 中. 这两个空间是正交的 $N(\boldsymbol{A}^{\mathrm{T}})\perp C(\boldsymbol{A})$，所以 $\boldsymbol{Ax}$ 与它自己正交，故其为零向量.

9. **证明** 因为 $\boldsymbol{A}$ 为对称矩阵，所以其行空间和列空间相同；而行空间和核空间永远正交，因此列空间也与核空间正交.

10. **解** $\boldsymbol{x}_r=(1,-1)$, $\boldsymbol{x}_n=(1,1)$. 四个子空间关系如图 A.1 所示.

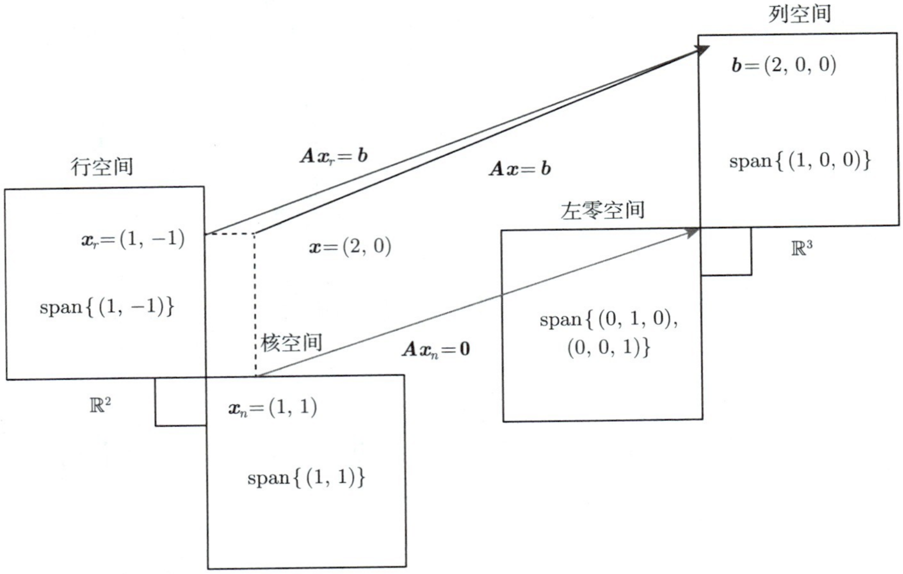

图 A.1　第 10 题答案

11. **证明** 因为 $\boldsymbol{AB}=\boldsymbol{0}$，所以 $\boldsymbol{B}$ 的每一列乘上 $\boldsymbol{A}$ 后都得到零向量，因此 $\boldsymbol{B}$ 的列空间包含于 $\boldsymbol{A}$ 的核空间 $C(\boldsymbol{B})\subset N(\boldsymbol{A})$，因此 $\boldsymbol{B}$ 的列空间的维数 $\operatorname{rank}(\boldsymbol{B})$ 小于或等于 $\boldsymbol{A}$ 的核空间的维数 $4-\operatorname{rank}(\boldsymbol{A})$，这也意味着 $\operatorname{rank}(\boldsymbol{A})+\operatorname{rank}(\boldsymbol{B})\leqslant 4$.

A.3.3 奇异值分解

1. **解** $\boldsymbol{A}$ 为单位秩矩阵，行空间和列空间的维数为 1. $\boldsymbol{A}=\boldsymbol{u}\boldsymbol{v}^{\mathrm{T}}$，其中 $\boldsymbol{u}^{\mathrm{T}}=\boldsymbol{v}^{\mathrm{T}}=\begin{pmatrix}1 & 2 & 3 & 4\end{pmatrix}$，所以

$$\boldsymbol{A}=\sigma_1\boldsymbol{u}_1\boldsymbol{v}_1^{\mathrm{T}}=30\frac{\boldsymbol{u}}{\sqrt{30}}\frac{\boldsymbol{v}}{\sqrt{30}}$$

根据 $\boldsymbol{LU}$ 分解，$\boldsymbol{B}$ 的前两列为主列，后两列为自由列，后两列为前两列的线性组合，所以

$$\underbrace{\begin{pmatrix}2 & 3 & 4 & 5\\3 & 4 & 5 & 6\\4 & 5 & 6 & 7\\5 & 6 & 7 & 8\end{pmatrix}}_{\boldsymbol{B}}=\begin{pmatrix}2 & 3\\3 & 4\\4 & 5\\5 & 6\end{pmatrix}\begin{pmatrix}1 & 0 & -1 & -2\\0 & 1 & 2 & 3\end{pmatrix}$$

$$=\begin{pmatrix}2\\3\\4\\5\end{pmatrix}\begin{pmatrix}1 & 0 & -1 & -2\end{pmatrix}+\begin{pmatrix}3\\4\\5\\6\end{pmatrix}\begin{pmatrix}0 & 1 & 2 & 3\end{pmatrix}$$

2. **解** 易知行空间和列空间都为 1 维, 行空间的一个基为 $\boldsymbol{v}_1=(1/\sqrt{2},1/\sqrt{2})$, 相应的列空间基为 $\boldsymbol{A}\boldsymbol{v}_1=(\sqrt{2},3\sqrt{2})$, 因而奇异值分解为:

$$(\boldsymbol{A})\begin{pmatrix}\dfrac{1}{\sqrt{2}}\\\dfrac{1}{\sqrt{2}}\end{pmatrix}=\begin{pmatrix}\dfrac{1}{\sqrt{10}}\\\dfrac{3}{\sqrt{10}}\end{pmatrix}\sqrt{20},$$

可见, 只有一个奇异值 $\sqrt{20}$. 为了得到全奇异值分解, 需要把 $N(\boldsymbol{A})$ 的一个单位正交基和 $N\left(\boldsymbol{A}^{\mathrm{T}}\right)$ 的一个一个单位正交基分别补充到左右两边, 因为 $N(\boldsymbol{A})\perp C\left(\boldsymbol{A}^{\mathrm{T}}\right), N\left(\boldsymbol{A}^{\mathrm{T}}\right)\perp C(\boldsymbol{A})$, 不难得到以下全奇异值分解:

$$\boldsymbol{A}\begin{pmatrix}\dfrac{1}{\sqrt{2}} & \dfrac{1}{\sqrt{2}}\\\dfrac{1}{\sqrt{2}} & -\dfrac{1}{\sqrt{2}}\end{pmatrix}=\begin{pmatrix}\dfrac{1}{\sqrt{10}} & -\dfrac{3}{\sqrt{10}}\\\dfrac{3}{\sqrt{10}} & \dfrac{1}{\sqrt{10}}\end{pmatrix}\begin{pmatrix}\sqrt{20} & 0\\0 & 0\end{pmatrix}$$

3. **解**

$$C(\boldsymbol{A}^{\mathrm{T}}):\quad \frac{1}{\sqrt{5}}\begin{pmatrix}1\\2\end{pmatrix},\quad N(\boldsymbol{A}):\quad \frac{1}{\sqrt{5}}\begin{pmatrix}2\\-1\end{pmatrix}$$

$$C(\boldsymbol{A}):\quad \frac{1}{\sqrt{10}}\begin{pmatrix}1\\3\end{pmatrix},\quad N(\boldsymbol{A}^{\mathrm{T}}):\quad \frac{1}{\sqrt{10}}\begin{pmatrix}3\\-1\end{pmatrix}$$

4. **解** 构造 $\boldsymbol{A}=\boldsymbol{U}\boldsymbol{V}^{\mathrm{T}}$，这时所有的奇异值 $\sigma_j=1$，也就是说 $\boldsymbol{\Sigma}$ 为单位矩阵. 可知 $\boldsymbol{A}$ 为可逆矩阵，核空间和左零空间的维数为 0.

5. **解** 易知 $\boldsymbol{u},\boldsymbol{v}$ 为单位向量，且 $\boldsymbol{u}\in C(\boldsymbol{A})$，因为 $\boldsymbol{A}$ 的秩为 1，所以，$\boldsymbol{u}$ 为 $C(\boldsymbol{A})$ 的基，令行空间的基为 $\boldsymbol{v}$，则 $\boldsymbol{A}=12\boldsymbol{u}\boldsymbol{v}^{\mathrm{T}}$，唯一奇异值为 12.

6. **证明** 秩为 r 的矩阵都有奇异值分解 $\boldsymbol{A}_{m\times n}=\boldsymbol{U}_{m\times r}\boldsymbol{\Sigma}_{r\times r}\boldsymbol{V}_{r\times n}^{\mathrm{T}}$，其中 $\boldsymbol{U}$ 的所有列是 $\boldsymbol{A}$ 列空间的一组基向量，$\boldsymbol{C}$ 也是，因此存在一个可逆的 $r\times r$ 矩阵 $\boldsymbol{F}$，使得 $\boldsymbol{U}=\boldsymbol{C}\boldsymbol{F}$. 同理存在一个可逆的 $r\times r$ 矩阵 $\boldsymbol{G}$，使得 $\boldsymbol{V}=\boldsymbol{B}\boldsymbol{G}$. 因此 $\boldsymbol{A}=\boldsymbol{U}\boldsymbol{\Sigma}\boldsymbol{V}^{\mathrm{T}}=\boldsymbol{C}(\boldsymbol{F}\boldsymbol{\Sigma}\boldsymbol{G}^{\mathrm{T}})\boldsymbol{B}^{\mathrm{T}}=\boldsymbol{C}\boldsymbol{M}\boldsymbol{B}^{\mathrm{T}}$，其中 $\boldsymbol{M}=\boldsymbol{F}\boldsymbol{\Sigma}\boldsymbol{G}^{\mathrm{T}}$ 是一个 $r\times r$ 的可逆矩阵，证毕.

7. **解**

（a） **方法一** 根据奇异值分解，因为 $r=n$，则 $N(\boldsymbol{A})=\{\boldsymbol{0}\},C(\boldsymbol{A}^{\mathrm{T}})=\mathbb{R}^n$，进而 $\boldsymbol{V}_{n\times r}$ 为正交矩阵.

$$
\begin{aligned}
\boldsymbol{L} &= (\boldsymbol{A}^{\mathrm{T}}\boldsymbol{A})^{-1}\boldsymbol{A}^{\mathrm{T}} \\
&= (\boldsymbol{V}\boldsymbol{\Sigma}^{\mathrm{T}}\boldsymbol{U}^{\mathrm{T}}\boldsymbol{U}\boldsymbol{\Sigma}\boldsymbol{V}^{\mathrm{T}})^{-1}\boldsymbol{V}\boldsymbol{\Sigma}^{\mathrm{T}}\boldsymbol{U}^{\mathrm{T}} \\
&= (\boldsymbol{V}\boldsymbol{\Sigma}^2\boldsymbol{V}^{\mathrm{T}})^{-1}\boldsymbol{V}\boldsymbol{\Sigma}^{\mathrm{T}}\boldsymbol{U}^{\mathrm{T}} \\
&= \boldsymbol{V}(\boldsymbol{\Sigma}^{-1})^2 V^{-1}\boldsymbol{V}\boldsymbol{\Sigma}\boldsymbol{U}^{\mathrm{T}} \\
&= \boldsymbol{V}\boldsymbol{\Sigma}^{-1}\boldsymbol{U}^{\mathrm{T}} \\
&= \boldsymbol{A}^{+}
\end{aligned}
$$

方法二

$$\boldsymbol{A}\boldsymbol{L}\boldsymbol{A} = \boldsymbol{A}(\boldsymbol{L}\boldsymbol{A}) = \boldsymbol{A}\boldsymbol{I} = \boldsymbol{A}$$

$$\boldsymbol{L}\boldsymbol{A}\boldsymbol{L} = (\boldsymbol{L}\boldsymbol{A})\boldsymbol{L} = \boldsymbol{I}\boldsymbol{L} = \boldsymbol{L}$$

$$(\boldsymbol{A}\boldsymbol{L})^{\mathrm{T}} = (\boldsymbol{A}(\boldsymbol{A}^{\mathrm{T}}\boldsymbol{A})^{-1}\boldsymbol{A}^{\mathrm{T}})^{\mathrm{T}} = (\boldsymbol{A}(\boldsymbol{A}^{\mathrm{T}}\boldsymbol{A})^{-1}\boldsymbol{A}^{\mathrm{T}}) = \boldsymbol{A}\boldsymbol{L}$$

$$(\boldsymbol{L}\boldsymbol{A})^{\mathrm{T}} = \boldsymbol{I} = \boldsymbol{L}\boldsymbol{A}$$

证毕.

(b) **方法一** 根据奇异值分解，因为 $r = m$，则 $N(\boldsymbol{A}^{\mathrm{T}}) = \{\mathbf{0}\}, C(\boldsymbol{A}) = \mathbb{R}^m$，进而 $\boldsymbol{U}_{m\times r}$ 为正交矩阵.

$$
\begin{aligned}
\boldsymbol{R} &= \boldsymbol{A}^{\mathrm{T}}(\boldsymbol{A}^{\mathrm{T}}\boldsymbol{A})^{-1} \\
&= \boldsymbol{V}\boldsymbol{\Sigma}^{\mathrm{T}}\boldsymbol{U}^{\mathrm{T}}(\boldsymbol{U}\boldsymbol{\Sigma}\boldsymbol{V}^{\mathrm{T}}\boldsymbol{V}\boldsymbol{\Sigma}^{\mathrm{T}}\boldsymbol{U}^{\mathrm{T}})^{-1} \\
&= \boldsymbol{V}\boldsymbol{\Sigma}\boldsymbol{U}^{\mathrm{T}}(\boldsymbol{U}\boldsymbol{\Sigma}^2\boldsymbol{U}^{\mathrm{T}})^{-1} \\
&= \boldsymbol{V}\boldsymbol{\Sigma}U^{\mathrm{T}}\boldsymbol{U}(\boldsymbol{\Sigma}^{-1})^2\boldsymbol{U}^{-1} \\
&= \boldsymbol{V}\boldsymbol{\Sigma}^{-1}\boldsymbol{U}^{\mathrm{T}} \\
&= \boldsymbol{A}^{+}
\end{aligned}
$$

方法二 根据伪逆的定义证明

$$\boldsymbol{A}\boldsymbol{R}\boldsymbol{A} = (\boldsymbol{A}\boldsymbol{R})\boldsymbol{A} = \boldsymbol{I}\boldsymbol{A} = \boldsymbol{A}$$

$$\boldsymbol{R}\boldsymbol{A}\boldsymbol{R} = \boldsymbol{R}(\boldsymbol{A}\boldsymbol{R}) = \boldsymbol{R}\boldsymbol{I} = \boldsymbol{R}$$

$$(\boldsymbol{A}\boldsymbol{R})^{\mathrm{T}} = \boldsymbol{I} = \boldsymbol{A}\boldsymbol{R}$$

$$(\boldsymbol{R}\boldsymbol{A})^{\mathrm{T}} = (\boldsymbol{A}^{\mathrm{T}}(\boldsymbol{A}\boldsymbol{A}^{\mathrm{T}})^{-1}\boldsymbol{A})^{\mathrm{T}} = (\boldsymbol{A}^{\mathrm{T}}(\boldsymbol{A}\boldsymbol{A}^{\mathrm{T}})^{-1}\boldsymbol{A}) = \boldsymbol{R}\boldsymbol{A}$$

证毕.

(c)

$$\boldsymbol{L}_1^{+} = (\boldsymbol{A}_1^{\mathrm{T}}\boldsymbol{A}_1)^{-1}\boldsymbol{A}_1^{\mathrm{T}} = \frac{1}{\sqrt{8}}\begin{pmatrix} 2 & 2 \end{pmatrix} \quad \boldsymbol{R} = \boldsymbol{A}_2^{\mathrm{T}}(\boldsymbol{A}_2\boldsymbol{A}_2^{\mathrm{T}})^{-1} = \frac{1}{\sqrt{8}}\begin{pmatrix} 2 \\ 2 \end{pmatrix}$$

但 $\boldsymbol{A}_3$ 不满秩，因而没有左逆或者右逆，它的伪逆矩阵是 $\boldsymbol{A}_3$ 的列空间到行空间的映射.

$$\boldsymbol{A}_3^+ = \begin{pmatrix} 2 & 2 \\ 1 & 1 \end{pmatrix}^+ = \frac{\boldsymbol{v}_1\boldsymbol{u}_1^{\mathrm{T}}}{\sigma_1} = \frac{1}{10}\begin{pmatrix} 2 & 1 \\ 2 & 1 \end{pmatrix}.$$

8. **解**

（a） 因为 $\boldsymbol{A}^{\mathrm{T}}\boldsymbol{A}$ 是奇异的.

（b） 代入即可证明.

（c） 因为增加的部分和 $\boldsymbol{x}^+$ 垂直，进而 $\|\hat{\boldsymbol{x}}\|^2 = \|\boldsymbol{x}^+\|^2 + \|(-1,1)\|^2 = \|\boldsymbol{x}^+\|^2 + 2$.

9. **证明** 由题目可知

$$\boldsymbol{A}^{\mathrm{T}}\boldsymbol{A}(\hat{\boldsymbol{x}} - \boldsymbol{x}^+) = \boldsymbol{A}^{\mathrm{T}}\boldsymbol{b} - \boldsymbol{A}^{\mathrm{T}}\boldsymbol{A}\boldsymbol{A}^+\boldsymbol{b} = \boldsymbol{A}^{\mathrm{T}}((\boldsymbol{I} - \boldsymbol{A}\boldsymbol{A}^+)\boldsymbol{b})$$

其中 $(\boldsymbol{I} - \boldsymbol{A}\boldsymbol{A}^+)\boldsymbol{b}$ 为 $\boldsymbol{b}$ 在 $N(\boldsymbol{A}^{\mathrm{T}})$ 上的投影，又因为 $C(\boldsymbol{A}) \perp N(\boldsymbol{A}^{\mathrm{T}})$，所以 $A^{\mathrm{T}}A(\hat{\boldsymbol{x}} - \boldsymbol{x}^+) = \boldsymbol{0}$，进而 $\hat{\boldsymbol{x}} - \boldsymbol{x}^+ \in N(\boldsymbol{A}^{\mathrm{T}}\boldsymbol{A}) = N(\boldsymbol{A})$. 因为 $\boldsymbol{x}^+ \in C(\boldsymbol{A}^{\mathrm{T}})$，且 $C(\boldsymbol{A}^{\mathrm{T}}) \perp N(\boldsymbol{A})$，所以 $\hat{\boldsymbol{x}} - \boldsymbol{x}^+ \perp \boldsymbol{x}^+$，进而

$$||\hat{\boldsymbol{x}}||^2 = ||\hat{\boldsymbol{x}} - \boldsymbol{x}^+||^2 + ||\boldsymbol{x}^+||^2 \geqslant ||\boldsymbol{x}^+||^2$$

当且仅当 $\hat{\boldsymbol{x}} = \boldsymbol{x}^+$ 取等号.

10. **解** $\boldsymbol{A}\boldsymbol{A}^+\boldsymbol{p} = \boldsymbol{p}, \quad \boldsymbol{A}\boldsymbol{A}^+\boldsymbol{e} = \boldsymbol{0}, \quad \boldsymbol{A}^+\boldsymbol{A}\boldsymbol{x}^+ = \boldsymbol{x}^+, \quad \boldsymbol{A}^+\boldsymbol{A}\boldsymbol{x}_n = \boldsymbol{0}.$

11. **解** $\boldsymbol{A}^+ = \boldsymbol{U}\boldsymbol{\Sigma}^{-1}\boldsymbol{V}^{\mathrm{T}} = \begin{pmatrix} 0.12 & 0.16 \end{pmatrix}, \quad \boldsymbol{A}^+\boldsymbol{A} = \begin{pmatrix} 1 \end{pmatrix}, \quad \boldsymbol{A}\boldsymbol{A}^+ = \begin{pmatrix} 0.36 & 0.48 \\ 0.48 & 0.64 \end{pmatrix}.$

当 $\boldsymbol{b} = (3,4)$ 时, $\boldsymbol{x}^+ = \boldsymbol{A}^+\boldsymbol{b} = 1$; 当 $\boldsymbol{b} = (-4,3)$ 时, $\boldsymbol{x}^+ = \boldsymbol{A}^+\boldsymbol{b} = \boldsymbol{0}$.

A.3.4　投影与最小二乘法

1. **解** 向量 $\boldsymbol{b} = (1,1)$ 投影到 $\boldsymbol{a}_1 = (1,0)$ 的向量 $\boldsymbol{p}_1 = \dfrac{\boldsymbol{a}_1\boldsymbol{a}_1^{\mathrm{T}}}{\boldsymbol{a}_1^{\mathrm{T}}\boldsymbol{a}_1}\boldsymbol{b} = (1,0)$，投影到 $\boldsymbol{a}_2 = (1,2)$ 的向量 $\boldsymbol{p}_2 = \dfrac{\boldsymbol{a}_2\boldsymbol{a}_2^{\mathrm{T}}}{\boldsymbol{a}_2^{\mathrm{T}}\boldsymbol{a}_2}\boldsymbol{b} = \dfrac{3}{5}(1,2)$. $\boldsymbol{p}_1, \boldsymbol{p}_2$ 分别与 $\boldsymbol{a}_1, \boldsymbol{a}_2$ 共线, $\boldsymbol{p}_1 + \boldsymbol{p}_2 = \boldsymbol{b}$. 图形略.

2. **解**

（a） **方法一** $C(\boldsymbol{A})$ 为 $x-y$ 平面，所以投影为 $(2,3,0)$.

方法二 $\boldsymbol{p} = \boldsymbol{A}(\boldsymbol{A}^{\mathrm{T}}\boldsymbol{A})^{-1}\boldsymbol{A}^{\mathrm{T}}\boldsymbol{b} = (2,3,0)$.

（b） **方法一** 容易看出 $\boldsymbol{b}$ 是 $\boldsymbol{A}$ 的列向量的线性组合，所以 $\boldsymbol{b}$ 在 $C(\boldsymbol{A})$ 的投影是它本身.

方法二 $\boldsymbol{p} = \boldsymbol{A}(\boldsymbol{A}^{\mathrm{T}}\boldsymbol{A})^{-1}\boldsymbol{A}^{\mathrm{T}}\boldsymbol{b} = (4,4,6)$.

3. **解** **方法一** $\boldsymbol{A}$ 列向量为单位正交向量组，所以投影向量为 $\boldsymbol{A}\boldsymbol{A}^{\mathrm{T}}\boldsymbol{b} = (1,2,3,0)$.

方法二

$$A=\begin{pmatrix}1&0&0\\0&1&0\\0&0&1\\0&0&0\end{pmatrix},P=A(A^{\mathrm T}A)^{-1}A^{\mathrm T}=\begin{pmatrix}1&0&0&0\\0&1&0&0\\0&0&1&0\\0&0&0&0\end{pmatrix},p=Pb=\begin{pmatrix}1\\2\\3\\0\end{pmatrix}$$

4. **解** 由于

$$\frac{1}{2}(1,2,-1)+\frac{3}{2}(1,0,1)=(2,1,1)$$

所以 $\boldsymbol{b}$ 在由 $(1,2,-1),(1,0,1)$ 张成的平面中，所以距离 $\boldsymbol{b}$ 最近的向量为它本身.

5. **证明** $(\boldsymbol{I}-\boldsymbol{P})^2=\boldsymbol{I}-\boldsymbol{PI}-\boldsymbol{IP}+\boldsymbol{P}^2=\boldsymbol{I}-\boldsymbol{P}$. 当 $\boldsymbol{P}$ 投影到 $\boldsymbol{A}$ 的列空间 $C(\boldsymbol{A})$ 时，$\boldsymbol{I}-\boldsymbol{P}$ 投影到列空间的正交补，即左零空间 $C(\boldsymbol{A})^{\perp}=N(\boldsymbol{A}^{\mathrm T})$.

6. **解** 线性方程组 $x-y-2z=0$ 有两个自由变量，有两个特解 $(1,1,0),(2,0,1)$，它们构成了平面的一组基向量. 把这两个向量放入矩阵 $\boldsymbol{A}$ 的列，则 $C(\boldsymbol{A})$ 为平面 $x-y-2z=0$，投影到该平面的投影矩阵为

$$\boldsymbol{P}=\boldsymbol{A}(\boldsymbol{A}^{\mathrm T}\boldsymbol{A})^{-1}\boldsymbol{A}^{\mathrm T}=\begin{pmatrix}\frac{5}{6}&\frac{1}{6}&\frac{1}{3}\\\frac{1}{6}&\frac{5}{6}&-\frac{1}{3}\\\frac{1}{3}&-\frac{1}{3}&\frac{1}{3}\end{pmatrix}$$

7. **解** 因为 $N(\boldsymbol{A}^{\mathrm T})$ 与 $C(\boldsymbol{A})$ 正交，因此如果 $\boldsymbol{A}^{\mathrm T}\boldsymbol{b}=\boldsymbol{0}$，则 $\boldsymbol{b}\in N(\boldsymbol{A}^{\mathrm T})$，那么它在 $C(\boldsymbol{A})$ 上的投影应当为 $\boldsymbol{0}$.

8. **证明** $\boldsymbol{A}=\boldsymbol{B}^{\mathrm T}$ 有独立的列向量（列满秩矩阵），因此 $\boldsymbol{A}^{\mathrm T}\boldsymbol{A}=\boldsymbol{B}\boldsymbol{B}^{\mathrm T}$ 也是可逆的.（教材中有证明）

9. **解**

（a） $\boldsymbol{A}$ 的列空间 $C(\boldsymbol{A})$ 的基向量是 $\boldsymbol{a}=\begin{pmatrix}3\\4\end{pmatrix}$，因此 $\boldsymbol{P}_C=\dfrac{\boldsymbol{a}\boldsymbol{a}^{\mathrm T}}{\boldsymbol{a}^{\mathrm T}\boldsymbol{a}}=\dfrac{1}{25}\begin{pmatrix}9&12\\12&16\end{pmatrix}$

（b） $\boldsymbol{A}$ 的行空间 $C(\boldsymbol{A}^{\mathrm T})$ 的基向量是 $\boldsymbol{v}=(1,2,2)$，$\boldsymbol{P}_R=\dfrac{\boldsymbol{v}\boldsymbol{v}^{\mathrm T}}{\boldsymbol{v}^{\mathrm T}\boldsymbol{v}}=\dfrac{1}{9}\begin{pmatrix}1&2&2\\2&4&4\\2&4&4\end{pmatrix}$.

易知

$$\boldsymbol{P}_C\boldsymbol{A}=\boldsymbol{A},\boldsymbol{P}_R\boldsymbol{A}^{\mathrm T}=\boldsymbol{A}^{\mathrm T}\implies\boldsymbol{A}\boldsymbol{P}_R^{\mathrm T}=\boldsymbol{A}\implies\boldsymbol{A}\boldsymbol{P}_R=\boldsymbol{A}$$

因此 $\boldsymbol{P}_C\boldsymbol{A}\boldsymbol{P}_R=\boldsymbol{A}$.

10. **解** 因为 $\boldsymbol{P}_1\boldsymbol{b}$ 在 $C(\boldsymbol{A})$ 之中，并且 $\boldsymbol{P}_2$ 会把向量投影到列空间 $C(\boldsymbol{A})$ 中，因此

$\boldsymbol{P}_2(\boldsymbol{P}_1\boldsymbol{b}) = \boldsymbol{P}_1\boldsymbol{b}$. 因此

$$\boldsymbol{P}_2\boldsymbol{P}_1 = \boldsymbol{P}_1 = \frac{\boldsymbol{a}\boldsymbol{a}^{\mathrm{T}}}{\boldsymbol{a}^{\mathrm{T}}\boldsymbol{a}} = \frac{1}{5}\begin{pmatrix} 1 & 2 & 0 \\ 2 & 4 & 0 \\ 0 & 0 & 0 \end{pmatrix}$$

其中 $\boldsymbol{a} = (1, 2, 0)$.

11. 解

（a） $E = (C + 0D)^2 + (C + 1D - 8)^2 + (C + 3D - 8)^2 + (C + 4D - 20)^2$，因此

$$\frac{\partial E}{\partial C} = 2C + 2(C + D - 8) + 2(C + 3D - 8) + 2(C + 4D - 20) = 0$$

$$\frac{\partial E}{\partial D} = 1 \times 2(C + D - 8) + 3 \times 2(C + 3D - 8) + 4 \times 2(C + 4D - 20) = 0$$

即

$$\begin{pmatrix} 4 & 8 \\ 8 & 26 \end{pmatrix}\begin{pmatrix} C \\ D \end{pmatrix} = \begin{pmatrix} 36 \\ 112 \end{pmatrix}.$$

（b） **方法一** $E = (C - 0)^2 + (C - 8)^2 + (C - 8)^2 + (C - 20)^2$，

$$\frac{\partial E}{\partial C} = 2C + 2C - 16 + 2C - 16 + 2C - 40 = 0 \implies C = 9$$

方法二 $\boldsymbol{A}^{\mathrm{T}} = \begin{pmatrix} 1 & 1 & 1 & 1 \end{pmatrix}$

$$\boldsymbol{A}^{\mathrm{T}}\boldsymbol{A}C = \boldsymbol{A}^{\mathrm{T}}\boldsymbol{b} \implies C = (\boldsymbol{A}^{\mathrm{T}}\boldsymbol{A})^{-1}\boldsymbol{A}^{\mathrm{T}}\boldsymbol{b} = 9$$

12. 解

（a） 因为 $\boldsymbol{a}^{\mathrm{T}}\boldsymbol{a} = m, \boldsymbol{a}^{\mathrm{T}}\boldsymbol{b} = b_1 + b_2 + \cdots + b_m$，所以 $\hat{x} = (b_1 + b_2 + \cdots + b_m)/m$，$\hat{x}$ 是 $\boldsymbol{b}$ 的所有分量的均值.

（b） $\boldsymbol{e} = \boldsymbol{b} - \hat{x}\boldsymbol{a}$，方差 $\|\boldsymbol{e}\|^2 = (b_1 - \hat{x})^2 + \cdots + (b_m - \hat{x})^2$、标准差 $\|\boldsymbol{e}\| = \sqrt{(b_1 - \hat{x})^2 + \cdots + (b_m - \hat{x})^2}$.

13. 解

（a） 设计矩阵为

$$\boldsymbol{A} = \begin{pmatrix} 1 & -1 \\ 1 & 1 \\ 1 & 2 \end{pmatrix}$$

正规方程为 $\boldsymbol{A}^{\mathrm{T}}\boldsymbol{A}\underbrace{\begin{pmatrix} C \\ D \end{pmatrix}}_{\hat{\boldsymbol{x}}} = \boldsymbol{A}^{\mathrm{T}}\underbrace{\begin{pmatrix} 7 \\ 7 \\ 21 \end{pmatrix}}_{\boldsymbol{b}}$，解得 $\hat{\boldsymbol{x}} = \begin{pmatrix} 9 \\ 4 \end{pmatrix}$.

（b） $\boldsymbol{p}=\boldsymbol{A}\hat{\boldsymbol{x}}=(5,13,17)$，误差向量 $\boldsymbol{e}=\boldsymbol{b}-\boldsymbol{p}=(2,-6,4)$. $\boldsymbol{Pe}=\boldsymbol{Pb}-\boldsymbol{Pp}=\boldsymbol{p}-\boldsymbol{p}=\boldsymbol{0}$.

（c） $\boldsymbol{e}$ 在 $C(\boldsymbol{A})^{\perp}=N(\boldsymbol{A}^{\mathrm{T}})$ 中，$\boldsymbol{p}$ 在 $C(\boldsymbol{A})$ 中，$\hat{\boldsymbol{x}}$ 在 $C(\boldsymbol{A}^{\mathrm{T}})$ 中，$N(\boldsymbol{A})=\boldsymbol{0}$.

14. **解** 可写出正规方程为

$$\underbrace{\begin{pmatrix}1&1&0\\1&0&1\\1&-1&0\\1&0&-1\end{pmatrix}^{\mathrm{T}}\begin{pmatrix}1&1&0\\1&0&1\\1&-1&0\\1&0&-1\end{pmatrix}}_{\boldsymbol{A}^{\mathrm{T}}\boldsymbol{A}}\begin{pmatrix}C\\D\\E\end{pmatrix}=\underbrace{\begin{pmatrix}1&1&0\\1&0&1\\1&-1&0\\1&0&-1\end{pmatrix}^{\mathrm{T}}\begin{pmatrix}0\\1\\3\\4\end{pmatrix}}_{\boldsymbol{A}^{\mathrm{T}}\boldsymbol{b}}.$$

可知 $\boldsymbol{A}^{\mathrm{T}}\boldsymbol{A}=\begin{pmatrix}4&0&0\\0&2&0\\0&0&2\end{pmatrix}$，$\boldsymbol{A}^{\mathrm{T}}\boldsymbol{b}=\begin{pmatrix}8\\-3\\-3\end{pmatrix}$，解方程得 $\begin{pmatrix}C\\D\\E\end{pmatrix}=\begin{pmatrix}2\\-\frac{3}{2}\\-\frac{3}{2}\end{pmatrix}$. 在 $x=0,y=0$ 处，平面高度为 $(1\ 0\ 0)\begin{pmatrix}2\\-\frac{3}{2}\\-\frac{3}{2}\end{pmatrix}=2$.

A.3.5 Gram-Schmidt 正交化

1. **解**

（a） 因为 $\boldsymbol{A}$ 的三个列向量彼此都正交，则任意拿出两个不同的列向量做点积都为 0，相同的为 16，所以 $\boldsymbol{A}^{\mathrm{T}}\boldsymbol{A}=16\boldsymbol{I}_{3\times 3}$

（b） 同理，$\boldsymbol{A}^{\mathrm{T}}\boldsymbol{A}$ 为一个 3×3 的对角矩阵，对角线的三个元素分别为 $1,4,9$.

2. **解** 容易找到两个正交的向量为 $(1,-1,0)$ 以及 $(1,1,-1)$，且这两个向量都在该平面内. 标准化在本题中即为每个向量分别除以各自的长度，即 $\left(\frac{1}{\sqrt{2}},\frac{-1}{\sqrt{2}},0\right)$，$\left(\frac{1}{\sqrt{3}},\frac{1}{\sqrt{3}},\frac{-1}{\sqrt{3}}\right)$.

注：易知齐次线性方程组有一个主变量，两个自由变量，所以基础解系为 $\boldsymbol{s}_1=(-1,1,0),\boldsymbol{s}_2=(-2,0,1)$. 但这两个向量不正交，需要对其进行正交化.

3. **解** 离 $\boldsymbol{b}$ 最近的是 $\boldsymbol{b}$ 在 $\operatorname{span}(\boldsymbol{q}_1,\boldsymbol{q}_2)$ 上的投影：$(\boldsymbol{q}_1^{\mathrm{T}}\boldsymbol{b})\boldsymbol{q}_1+(\boldsymbol{q}_2^{\mathrm{T}}\boldsymbol{b})\boldsymbol{q}_2$.

4. **证明**

（a） 如果 $\boldsymbol{q}_1,\boldsymbol{q}_2,\boldsymbol{q}_3$ 互相正交，那么用 $\boldsymbol{q}_1$ 和 $c_1\boldsymbol{q}_1+c_2\boldsymbol{q}_2+c_3\boldsymbol{q}_3=\boldsymbol{0}$ 做点积，可得 $c_1=0$. 同理可得 $c_2=c_3=0$，也就证明了这些标准的正交向量线性无关.

（b） 如果 $\boldsymbol{Qx}=\boldsymbol{0}$，那么显然 $\boldsymbol{Q}^{\mathrm{T}}\boldsymbol{Qx}=\boldsymbol{0}$，也就是说 $\boldsymbol{x}=\boldsymbol{0}$，证毕.

5. **解**

（a） 首先易得一组正交基 $\boldsymbol{a}=(1,3,4,5,7)\perp\boldsymbol{b}-\boldsymbol{a}=(-7,3,4,-5,1)$，再标准化得 $\boldsymbol{q}_1=\dfrac{1}{10}(1,3,4,5,7),\boldsymbol{q}_2=\dfrac{1}{10}(-7,3,4,-5,1)$.

（b） 最近的向量为该向量在 $C(\boldsymbol{Q})$ 的投影，其中 $\boldsymbol{Q}$ 为将 $\boldsymbol{q}_1,\boldsymbol{q}_2$ 当成列向量的矩阵

$$\boldsymbol{Q}=\frac{1}{10}\begin{pmatrix}1&-7\\3&3\\4&4\\5&-5\\7&1\end{pmatrix}$$

$$\boldsymbol{p}=\boldsymbol{QQ}^{\mathrm{T}}(1,0,0,0,0)=(0.5,-0.18,-0.24,0.4,0).$$

6. **解**

（a） 如果 $\boldsymbol{a}_1,\boldsymbol{a}_2,\boldsymbol{a}_3$ 是标准正交基，那么 $\boldsymbol{a}_1^{\mathrm{T}}\boldsymbol{b}=\boldsymbol{a}_1^{\mathrm{T}}(x_1\boldsymbol{a}_1+x_2\boldsymbol{a}_2+x_3\boldsymbol{a}_3)=x_1(\boldsymbol{a}_1^{\mathrm{T}}\boldsymbol{a}_1)=x_1$.

（b） 如果 $\boldsymbol{a}_1,\boldsymbol{a}_2,\boldsymbol{a}_3$ 是正交基，那么 $\boldsymbol{a}_1^{\mathrm{T}}\boldsymbol{b}=\boldsymbol{a}_1^{\mathrm{T}}(x_1\boldsymbol{a}_1+x_2\boldsymbol{a}_2+x_3\boldsymbol{a}_3)=x_1(\boldsymbol{a}_1^{\mathrm{T}}\boldsymbol{a}_1)$，因此 $x_1=\dfrac{\boldsymbol{a}_1^{\mathrm{T}}\boldsymbol{b}}{\boldsymbol{a}_1^{\mathrm{T}}\boldsymbol{a}_1}$.

（c） 如果 $\boldsymbol{a}_1,\boldsymbol{a}_2,\boldsymbol{a}_3$ 线性无关，那么 $\boldsymbol{B}=\boldsymbol{A}^{-1}$.

7. **解**

（a） 首先易得 $\boldsymbol{q}_1=\dfrac{\boldsymbol{a}}{\|\boldsymbol{a}\|}=\dfrac{1}{3}(1,2,-2),\boldsymbol{q}_2=\dfrac{1}{3}(2,1,2)$，再根据 $\boldsymbol{q}_3$ 与另外两个标准向量正交得 $\boldsymbol{q}_3=\dfrac{1}{3}(2,-2,-1)$.

（b） $\boldsymbol{A}^{\mathrm{T}}$ 的核空间包含 $\boldsymbol{q}_3$，因为 $\boldsymbol{A}^{\mathrm{T}}\boldsymbol{q}_3=\boldsymbol{0}$.

（c） $\hat{\boldsymbol{x}}=(\boldsymbol{A}^{\mathrm{T}}\boldsymbol{A})^{-1}\boldsymbol{A}^{\mathrm{T}}(1,2,7)=(1,2)$.

8. **解** $\boldsymbol{A}=\boldsymbol{a}=(1,-1,0,0);\boldsymbol{B}=\boldsymbol{b}-\boldsymbol{p}=\left(\dfrac{1}{2},\dfrac{1}{2},-1,0\right);\boldsymbol{C}=\boldsymbol{c}-\boldsymbol{p}_A-\boldsymbol{p}_B=\left(\dfrac{1}{3},\dfrac{1}{3},\dfrac{1}{3},-1\right)$. 再标准化即得 $\boldsymbol{q}_1=\dfrac{1}{\sqrt{2}}(1,-1,0,0),\boldsymbol{q}_2=\dfrac{1}{\sqrt{\dfrac{3}{2}}}\left(\dfrac{1}{2},\dfrac{1}{2},-1,0\right)$,

$\boldsymbol{q}_3=\dfrac{1}{\sqrt{\dfrac{4}{3}}}\left(\dfrac{1}{3},\dfrac{1}{3},\dfrac{1}{3},-1\right)$.

9. **解**

（a） 如果 $\boldsymbol{A}=\boldsymbol{QR}$，那么 $\boldsymbol{A}^{\mathrm{T}}\boldsymbol{A}=\boldsymbol{R}^{\mathrm{T}}\boldsymbol{Q}^{\mathrm{T}}\boldsymbol{QR}=\boldsymbol{R}^{\mathrm{T}}\boldsymbol{R}$.

（b）$\boldsymbol{A}=\begin{pmatrix}-1&1\\2&1\\2&4\end{pmatrix}=\frac{1}{3}\begin{pmatrix}-1&2\\2&-1\\2&2\end{pmatrix}\begin{pmatrix}3&3\\0&3\end{pmatrix}=\boldsymbol{QR}$，所以 $\boldsymbol{A}^{\mathrm{T}}\boldsymbol{A}=\begin{pmatrix}9&9\\9&18\end{pmatrix}=\begin{pmatrix}3&0\\3&3\end{pmatrix}\begin{pmatrix}3&3\\0&3\end{pmatrix}=\boldsymbol{R}^{\mathrm{T}}\boldsymbol{R}$.

10. **解** $\boldsymbol{q}_1=\begin{pmatrix}1\\0\\0\end{pmatrix},\boldsymbol{q}_2=\begin{pmatrix}0\\0\\1\end{pmatrix},\boldsymbol{q}_3=\begin{pmatrix}0\\1\\0\end{pmatrix}$. $\boldsymbol{A}=\begin{pmatrix}1&0&0\\0&0&1\\0&1&0\end{pmatrix}\begin{pmatrix}1&2&4\\0&3&6\\0&0&5\end{pmatrix}=\boldsymbol{QR}$，可以看到这里 $\boldsymbol{q}_1,\boldsymbol{q}_2,\boldsymbol{q}_3$ 是 $\boldsymbol{Q}$ 的三个列向量.

11. **解**

（a）该方程的一组特解即为 S 的一组基，$\boldsymbol{v}_1=(-1,1,0,0),\boldsymbol{v}_2=(-1,0,1,0)$，$\boldsymbol{v}_3=(1,0,0,1)$.

（b）$S^{\perp}$ 为系数矩阵的行空间，$(1,1,1,-1)$ 为 $S^{\perp}$ 的一组基向量.

（c）将 $\boldsymbol{b}=(1,1,1,1)$ 投影到 $S^{\perp}$，得到

$$\boldsymbol{b}_2=\frac{(1,1,1,-1)^{\mathrm{T}}(1,1,1,1)}{(1,1,1,-1)^{\mathrm{T}}(1,1,1,-1)}(1,1,1,-1)=(0.5,0.5,0.5,-0.5)$$

$$\boldsymbol{b}_1=\boldsymbol{b}-\boldsymbol{b}_2=(0.5,0.5,0.5,1.5).$$

12. **解** 把 $\boldsymbol{q}_1,\cdots,\boldsymbol{q}_n$ 放入 $\boldsymbol{Q}_{m\times n}$ 的列向量，$\boldsymbol{a}$ 在 $C(\boldsymbol{Q})$ 的投影为 $\boldsymbol{p}=\boldsymbol{QQ}^{\mathrm{T}}\boldsymbol{a}$，进而得到误差向量 $\boldsymbol{e}=\boldsymbol{a}-\boldsymbol{QQ}^{\mathrm{T}}\boldsymbol{a}$，误差向量 $\boldsymbol{e}\perp\boldsymbol{q}_1,\cdots,\boldsymbol{q}_n$，且 $\mathrm{span}(\boldsymbol{e},\boldsymbol{q}_1,\cdots,\boldsymbol{q}_n)=\mathrm{span}(\boldsymbol{a},\boldsymbol{q}_1,\cdots,\boldsymbol{q}_n)$，最终得 $\boldsymbol{q}_{n+1}=\dfrac{\boldsymbol{e}}{\|\boldsymbol{e}\|}=\dfrac{\boldsymbol{a}-\boldsymbol{QQ}^{\mathrm{T}}\boldsymbol{a}}{\|\boldsymbol{a}-\boldsymbol{QQ}^{\mathrm{T}}\boldsymbol{a}\|}$.

A.4　行列式

A.4.1　行列式的定义、性质及其计算

1.（a）**解** 从左边第 1 个数开始考察它与后面哪些数构成逆序，构成逆序的数对有：

$$41,43,42,32,62,65$$

因此 $\tau(413625)=6$，从而 413625 是偶排列.

（b）**解** 左边第 1 个数 n 与后面每一个数都构成逆序，有 $n-1$ 个逆序；左边第 2 个数 $n-1$ 与后面每一个数都构成逆序，有 $n-2$ 个逆序；依此类推，最后一对数 21 构成逆序，因此

$$\tau(n(n-1)\cdots 321)=(n-1)+(n-2)+\cdots+2+1=\frac{n(n-1)}{2}$$

当 $n=4k$ 时，$\dfrac{n(n-1)}{2}=\dfrac{4k(4k-1)}{2}=2k(4k-1)$；

当 $n=4k+1$ 时，$\dfrac{n(n-1)}{2}=\dfrac{(4k+1)4k}{2}=(4k+1)2k$；

当 $n=4k+2$ 时，$\dfrac{n(n-1)}{2}=\dfrac{(4k+2)(4k+1)}{2}=(2k+1)(4k+1)$；

当 $n=4k+3$ 时，$\dfrac{n(n-1)}{2}=\dfrac{(4k+3)(4k+2)}{2}=(4k+3)(2k+1)$；

因此，当 $n=4k$ 或 $n=4k+1$ 时，$n(n-1)\cdots 321$ 是偶排列；当 $n=4k+2$ 或 $n=4k+3$ 时，$n(n-1)\cdots 321$ 是奇排列.

2. **解**

（a）

$$\begin{vmatrix} 0 & a_1 & 0 & \cdots & 0 \\ 0 & 0 & a_2 & \cdots & 0 \\ \vdots & \vdots & \vdots & & \vdots \\ 0 & 0 & 0 & \cdots & a_{n-1} \\ a_n & 0 & 0 & \cdots & 0 \end{vmatrix}$$

此行列式的每一行有 $n-1$ 个元素为 0，因此在它的完全展开式中，可能不为 0 的只有一项，从而这个行列式的值为

$$(-1)^{\tau(23\cdots n1)}a_1a_2\cdots a_{n-1}a_n=(-1)^{n-1}a_1a_2\cdots a_{n-1}a_n$$

（b）

$$\begin{vmatrix} 0 & 0 & \cdots & 0 & a_1 \\ 0 & 0 & \cdots & a_2 & 0 \\ \vdots & \vdots & & \vdots & \vdots \\ 0 & a_{n-1} & \cdots & 0 & 0 \\ a_n & 0 & \cdots & 0 & 0 \end{vmatrix}$$

$$\text{原式}=(-1)^{\tau(n(n-1)\cdots 21)}a_1a_2\cdots a_{n-1}a_n=(-1)^{\frac{n(n-1)}{2}}a_1a_2\cdots a_{n-1}a_n$$

（c）

$$\begin{vmatrix} a_1 & a_2 & a_3 & a_4 & a_5 \\ b_1 & b_2 & b_3 & b_4 & b_5 \\ 0 & 0 & 0 & c_1 & c_2 \\ 0 & 0 & 0 & d_1 & d_2 \\ 0 & 0 & 0 & e_1 & e_2 \end{vmatrix}$$

行列式的完全展开式中，每一项都包含最后三行中位于不同列的元素，而最后三行中只有第 4 列和第 5 列的元素可能不为 0，因此每一项都包含 0，从而这个行列式的值为 0.

（d）

$$\begin{vmatrix} 0 & 0 & 0 & a_{14} \\ 0 & 0 & a_{23} & a_{24} \\ 0 & a_{32} & a_{33} & a_{34} \\ a_{41} & a_{42} & a_{43} & a_{44} \end{vmatrix}$$

原式 $= (-1)^{\tau(4321)} a_{14}a_{23}a_{32}a_{41} = (-1)^6 a_{14}a_{23}a_{32}a_{41} = a_{14}a_{23}a_{32}a_{41}$

（e）

$$\begin{vmatrix} 0 & 0 & 0 & 1 & 0 \\ 0 & 0 & 2 & 0 & 0 \\ 0 & 3 & 8 & 0 & 0 \\ 4 & 9 & 7 & 0 & 0 \\ 6 & 0 & 0 & 0 & 5 \end{vmatrix}$$

原式 $= (-1)^{\tau(43215)} \times 1 \times 2 \times 3 \times 4 \times 5 = 120$

（f）

$$\begin{vmatrix} 1 & 4 & 2 \\ 3 & 5 & 1 \\ 2 & 1 & 6 \end{vmatrix}$$

原式 $= 1\times5\times6+4\times1\times2+2\times3\times1-2\times5\times2-1\times1\times1-6\times3\times4 = -49$

3. **证明** 行列式的完全展开式中，每一项都包含 $i_1, i_2, \cdots, i_k$ 行中位于不同列的元素，这有 k 个元素. 由已知条件，第 $i_1, i_2, \cdots, i_k$ 行只有与第 $j_1, j_2, \cdots, j_l$ 列以外的 $n-l$ 列的交叉位置的元素可能不等于 0，又 $k > n-l$，因此每一项都含有元素 0，从而这个行列式的值等于 0.

4. **解** n 阶行列式的反对角线上的 n 个元素的乘积这一项所带的符号为

$$(-1)^{\tau(n(n-1)\cdots 321)} = (-1)^{\frac{n(n-1)}{2}}$$

所以当 $n = 4k$ 或 $4k+1$ 时，这一项带正号；当 $n = 4k+2$ 或 $4k+3$ 时，这一项带负号.

5. **证明** $|A|$ 的完全展开式中的每一项等于 1 或 -1. 设有 k 项为 1，那么有 $(n!-k)$ 项等于 -1，于是

$$|\boldsymbol{A}| = k + (-1)(n!-k) = 2k - n!$$

由于 $n \geqslant 2$，因此 $n!$ 是偶数，从而 $|\boldsymbol{A}|$ 为偶数.

A.4.2 行列式按行（列）展开、克拉默法则

1. **解**

（a）

$$
\begin{aligned}
\text{原式} &= \begin{vmatrix} -2 & 1 & -3 \\ 100-2 & 100+1 & 100-3 \\ 1 & -3 & 4 \end{vmatrix} \\
&= \begin{vmatrix} -2 & 1 & -3 \\ 100 & 100 & 100 \\ 1 & -3 & 4 \end{vmatrix} + \begin{vmatrix} -2 & 1 & -3 \\ -2 & 1 & -3 \\ 1 & -3 & 4 \end{vmatrix} \\
&= 100 \begin{vmatrix} -2 & 1 & -3 \\ 1 & 1 & 1 \\ 1 & -3 & 4 \end{vmatrix} + 0 \\
&= -100 \begin{vmatrix} 1 & 1 & 1 \\ -2 & 1 & -3 \\ 1 & -3 & 4 \end{vmatrix} = -100 \begin{vmatrix} 1 & 1 & 1 \\ 0 & 3 & -1 \\ 0 & -4 & 3 \end{vmatrix} \\
&\xlongequal{r_2+r_3} -100 \begin{vmatrix} 1 & 1 & 1 \\ 0 & -1 & 2 \\ 0 & -4 & 3 \end{vmatrix} \\
&= -100 \begin{vmatrix} 1 & 1 & 1 \\ 0 & -1 & 2 \\ 0 & 0 & -5 \end{vmatrix} \\
&= -100 \times 1 \times (-1) \times (-5) = -500
\end{aligned}
$$

（b）这个 n 阶行列式的特点是每一行的元素之和等于常数 $k+(n-1)\lambda$，因此，把第 $2,3,\cdots,n$ 列都加到第 1 列上，就可以使第 1 列有公因子 $k+(n-1)\lambda$，把它提出去，则第 1 列元素全为 1，从而可以进一步化成上三角行列式.

$$
\begin{aligned}
\text{原式} &= \begin{vmatrix} k+(n-1)\lambda & \lambda & \lambda & \cdots & \lambda \\ k+(n-1)\lambda & k & \lambda & \cdots & \lambda \\ \vdots & \vdots & \vdots & & \vdots \\ k+(n-1)\lambda & \lambda & \lambda & \cdots & k \end{vmatrix} \\
&= [k+(n-1)\lambda] \begin{vmatrix} 1 & \lambda & \lambda & \cdots & \lambda \\ 1 & k & \lambda & \cdots & \lambda \\ \vdots & \vdots & \vdots & & \vdots \\ 1 & \lambda & \lambda & \cdots & k \end{vmatrix}
\end{aligned}
$$

$$
= [k+(n-1)\lambda]\begin{vmatrix} 1 & \lambda & \lambda & \cdots & \lambda \\ 0 & k-\lambda & 0 & \cdots & 0 \\ \vdots & \vdots & \vdots & & \vdots \\ 0 & 0 & 0 & \cdots & k-\lambda \end{vmatrix}
$$

$$
= [k+(n-1)\lambda](k-\lambda)^{n-1}
$$

（c）先把第 1 行的 -1 倍分别加到第 $2,3,\cdots,n$ 行上，然后各列分别提出公因子 $a_1,a_2,\cdots,a_n$：

$$
原式 = \begin{vmatrix} x_1-a_1 & x_2 & x_3 & \cdots & x_n \\ a_1 & -a_2 & 0 & \cdots & 0 \\ a_1 & 0 & -a_3 & \cdots & 0 \\ \vdots & \vdots & \vdots & & \vdots \\ a_1 & 0 & 0 & \cdots & -a_n \end{vmatrix}
$$

$$
= a_1a_2\cdots a_n \begin{vmatrix} \dfrac{x_1}{a_1}-1 & \dfrac{x_2}{a_2} & \dfrac{x_3}{a_3} & \cdots & \dfrac{x_n}{a_n} \\ 1 & -1 & 0 & \cdots & 0 \\ 1 & 0 & -1 & \cdots & 0 \\ \vdots & \vdots & \vdots & & \vdots \\ 1 & 0 & 0 & \cdots & -1 \end{vmatrix}
$$

$$
= a_1a_2\cdots a_n \begin{vmatrix} \sum\limits_{i=1}^{n}\dfrac{x_i}{a_i}-1 & \dfrac{x_2}{a_2} & \dfrac{x_3}{a_3} & \cdots & \dfrac{x_n}{a_n} \\ 0 & -1 & 0 & \cdots & 0 \\ 0 & 0 & -1 & \cdots & 0 \\ \vdots & \vdots & \vdots & & \vdots \\ 0 & 0 & 0 & \cdots & -1 \end{vmatrix}
$$

$$
= (-1)^{n-1}a_1a_2\cdots a_n\left(\sum_{i=1}^{n}\frac{x_i}{a_i}-1\right)
$$

2. **证明** 把第 2、3 列加到第 1 列，得到第 1 列全为 0，因此行列式的值为 0.

3. **解** 选择元素 1 所在的 1 列，把这 1 列的其余元素变成 0，然后按照这 1 列展开：

$$
原式 = \begin{vmatrix} 0 & -3 & -10 & 13 \\ 1 & -2 & -3 & 4 \\ 0 & 7 & 13 & -3 \\ 0 & 0 & -5 & 10 \end{vmatrix}
$$

$$= (-1)^{2+1} \times 1 \times \begin{vmatrix} -3 & -10 & 13 \\ 7 & 13 & -3 \\ 0 & -5 & 10 \end{vmatrix}$$

$$= -(-1)^{3+2}(-5)\begin{vmatrix} -3 & -7 \\ 7 & 23 \end{vmatrix} = -5 \times (-69+49) = 100$$

4. **解**

第 2 行乘以 $\lambda-1$ 加到第 1 行，第 2 行乘以 -1 加到第 3、4 行，行列式不变.

$$原式 = \begin{vmatrix} 0 & (\lambda^2-1)-1 & -\lambda & \lambda-1-1 \\ -1 & \lambda+1 & -1 & 1 \\ 0 & -\lambda-2 & \lambda+2 & 0 \\ 0 & -\lambda & 2 & \lambda-2 \end{vmatrix}$$

$$= (-1)^{2+1}(-1)\begin{vmatrix} \lambda^2-2 & -\lambda & \lambda-2 \\ -\lambda-2 & \lambda+2 & 0 \\ -\lambda & 2 & \lambda-2 \end{vmatrix}$$

$$\underline{\underline{c_1+c_2}} \begin{vmatrix} \lambda^2-\lambda-2 & -\lambda & \lambda-2 \\ 0 & \lambda+2 & 0 \\ -\lambda+2 & 2 & \lambda-2 \end{vmatrix} = (-1)^{2+2}(\lambda+2)\begin{vmatrix} \lambda^2-\lambda-2 & \lambda-2 \\ -\lambda+2 & \lambda-2 \end{vmatrix}$$

$$= (\lambda+2)(\lambda-2)\begin{vmatrix} \lambda^2-\lambda-2 & 1 \\ -\lambda+2 & 1 \end{vmatrix} = (\lambda+2)(\lambda-2)\begin{vmatrix} \lambda^2-4 & 0 \\ -\lambda+2 & 1 \end{vmatrix}$$

$$= (\lambda+2)^2(\lambda-2)^2$$

5. **解** 当 $n=2$ 时，

$$D_2 = \begin{vmatrix} x & a_0 \\ -1 & x+a_1 \end{vmatrix} = x^2 + a_1 x + a_0$$

假设对于上述形式的 $n-1$ 阶行列式，有

$$\begin{vmatrix} x & 0 & \cdots & 0 & 0 & a_0 \\ -1 & x & \cdots & 0 & 0 & a_1 \\ \vdots & \vdots & & \vdots & \vdots & \vdots \\ 0 & 0 & \cdots & 0 & -1 & x+a_{n-2} \end{vmatrix} = x^{n-1} + a_{n-2}x^{n-2} + \cdots + a_1 x + a_0$$

现在来看上述形式的 n 阶行列式，把它按第 1 行展开，得

$$D_n = x\begin{vmatrix} x & 0 & \cdots & 0 & 0 & a_0 \\ -1 & x & \cdots & 0 & 0 & a_1 \\ \vdots & \vdots & & \vdots & \vdots & \vdots \\ 0 & 0 & \cdots & -1 & x & a_{n-2} \\ 0 & 0 & \cdots & 0 & -1 & x+a_{n-1} \end{vmatrix} +$$

$$(-1)^{1+n}a_0\begin{vmatrix} -1 & x & 0 & \cdots & 0 & 0 \\ 0 & -1 & x & \cdots & 0 & 0 \\ \vdots & \vdots & \vdots & & \vdots & \vdots \\ 0 & 0 & 0 & \cdots & -1 & x \\ 0 & 0 & 0 & \cdots & 0 & -1 \end{vmatrix}$$

$$= x(x^{n-1} + a_{n-1}x^{n-2} + \cdots + a_2 x + a_1) + (-1)^{-1+n}a_0(-1)^{n-1}$$

$$= x^n + a_{n-1}x^{n-1} + \cdots + a_2 x^2 + a_1 x + a_0$$

由数学归纳法，该结论对一切自然数 $n \geqslant 2$ 都成立.

6. **解** 这个 n 阶行列式是把第 1 行的元素依次往右移 1 位得到的. 当 $n \geqslant 3$ 时，把第 1 行减去第 2 行，第 2 行减去第 3 行，$\cdots$，第 $n-1$ 行减去第 n 行，得到

$$\text{原式} = \begin{vmatrix} 1-n & 1 & 1 & \cdots & 1 & 1 \\ 1 & 1-n & 1 & \cdots & 1 & 1 \\ \vdots & \vdots & \vdots & & \vdots & \vdots \\ 1 & 1 & 1 & \cdots & 1-n & 1 \\ 2 & 3 & 4 & \cdots & n & 1 \end{vmatrix}$$

$$= \begin{vmatrix} 0 & 1 & 1 & \cdots & 1 & 1 \\ 0 & 1-n & 1 & \cdots & 1 & 1 \\ \vdots & \vdots & \vdots & & \vdots & \vdots \\ 0 & 1 & 1 & \cdots & 1-n & 1 \\ \dfrac{n(n+1)}{2} & 3 & 4 & \cdots & n & 1 \end{vmatrix}$$

$$= (-1)^{n+1}\frac{n(n+1)}{2}\begin{vmatrix} 1 & 1 & \cdots & 1 & 1 \\ 1-n & 1 & \cdots & 1 & 1 \\ \vdots & \vdots & & \vdots & \vdots \\ 1 & 1 & \cdots & 1-n & 1 \end{vmatrix}$$

$$= (-1)^{n+1}\frac{n(n+1)}{2}\begin{vmatrix} 1 & 1 & \cdots & 1 & 1 \\ -n & 0 & \cdots & 0 & 0 \\ \vdots & \vdots & & \vdots & \vdots \\ 0 & 0 & \cdots & -n & 0 \end{vmatrix}$$

$$= (-1)^{n+1}\frac{n(n+1)}{2}\cdot(-1)^{1+(n-1)}\cdot 1\cdot(-n)^{n-2}$$
$$= (-1)^{3n-1}\frac{n+1}{2}n^{n-1}$$

7. **解** 由于 $a \neq 0$ 并且当 $0 < r < n$ 时，$a^r \neq 1$，因此 $a, a^2, \cdots, a^n$ 是两两不等的非零数. 上述方程组的系数行列式为

$$\begin{vmatrix} 1 & a & a^2 & \cdots & a^{n-1} \\ 1 & a^2 & a^4 & \cdots & a^{2(n-1)} \\ \vdots & \vdots & \vdots & & \vdots \\ 1 & a^n & a^{2n} & \cdots & a^{n(n-1)} \end{vmatrix} = \begin{vmatrix} 1 & 1 & \cdots & 1 \\ a & a^2 & \cdots & a^n \\ a^2 & a^4 & \cdots & a^{2n} \\ \vdots & \vdots & & \vdots \\ a^{n-1} & a^{2(n-1)} & \cdots & a^{n(n-1)} \end{vmatrix}$$

上式右端是范德蒙德行列式，由于 $a, a^2, \cdots, a^n$ 两两不等，因此这个范德蒙德行列式的值不为 0，从而这个线性方程组有唯一解.

8. **解** 显然当系数行列式为零时，齐次线性方程组有非零解. 把后三列都加到第一列

$$\text{系数行列式} = \begin{vmatrix} \lambda-3 & -1 & 0 & 1 \\ \lambda-3 & \lambda-3 & 1 & 0 \\ \lambda-3 & 1 & \lambda-3 & -1 \\ \lambda-3 & 0 & -1 & \lambda-3 \end{vmatrix}$$
$$= (\lambda-3)\begin{vmatrix} 1 & -1 & 0 & 1 \\ 1 & \lambda-3 & 1 & 0 \\ 1 & 1 & \lambda-3 & -1 \\ 1 & 0 & -1 & \lambda-3 \end{vmatrix}$$
$$= (\lambda-3)\begin{vmatrix} 1 & -1 & 0 & 1 \\ 0 & \lambda-2 & 1 & -1 \\ 0 & 2 & \lambda-3 & -2 \\ 0 & 1 & -1 & \lambda-4 \end{vmatrix}$$
$$= (\lambda-3)\begin{vmatrix} \lambda-2 & 1 & -1 \\ 2 & \lambda-3 & -2 \\ 1 & -1 & \lambda-4 \end{vmatrix}$$
$$= (\lambda-3)\begin{vmatrix} \lambda-2 & 1 & 0 \\ 2 & \lambda-3 & \lambda-5 \\ 1 & -1 & \lambda-5 \end{vmatrix}$$

$$
\begin{aligned}
&= (\lambda-3)(\lambda-5)\begin{vmatrix} \lambda-2 & 1 & 0 \\ 2 & \lambda-3 & 1 \\ 1 & -1 & 1 \end{vmatrix} \\
&= (\lambda-3)(\lambda-5)\begin{vmatrix} \lambda-2 & 1 & 0 \\ 1 & \lambda-2 & 0 \\ 1 & -1 & 1 \end{vmatrix} \\
&= (\lambda-3)(\lambda-5)[(\lambda-2)^2-1] \\
&= (\lambda-3)^2(\lambda-5)(\lambda-1)
\end{aligned}
$$

所以，当 $\lambda=1,3,5$ 时，方程组有非零解.

9. **解**

$$
原式 = \begin{vmatrix} \mathbf{0}_{k\times r} & \boldsymbol{A}_{k\times k} \\ \boldsymbol{B}_{r\times r} & \boldsymbol{C}_{r\times k} \end{vmatrix}
$$

按前 k 行展开

$$
\begin{aligned}
\begin{vmatrix} \mathbf{0}_{k\times r} & \boldsymbol{A}_{k\times k} \\ \boldsymbol{B}_{r\times r} & \boldsymbol{C}_{r\times k} \end{vmatrix} &= (-1)^{1+\cdots+k+r+1+\cdots+r+k}|\boldsymbol{A}||\boldsymbol{B}| \\
&= (-1)^{2(1+\cdots+k)+kr}|\boldsymbol{A}||\boldsymbol{B}| = (-1)^{kr}|\boldsymbol{A}||\boldsymbol{B}|
\end{aligned}
$$

10. **解** 根据对称性，按第一行和最后一行展开：

$$
\begin{aligned}
原式 &= (a^2-b^2)(-1)^{2(2n+1)}D_{2n-2} = (a^2-b^2)^2(-1)^{2(2n-1)}D_{2n-4} \\
&= \cdots = (a^2-b^2)^{n-1}D_2 = (a^2-b^2)^n
\end{aligned}
$$

11. **证明** 系数行列式为零，说明秩小于 n. $C_{kl}\neq 0$，说明有一个 $n-1$ 阶子式不为零，秩大于或等于 $n-1$. 所以，秩为 $n-1$，有一个自由未知量，零空间维数为 1，有一个特解.

考虑第 i 个方程，当 $i\neq k$ 时，有 $a_{i1}C_{k1}+\cdots+a_{in}C_{kn}=0$.

当 $i=k$ 时，有 $a_{k1}C_{k1}+\cdots+a_{kn}C_{kn}=|\boldsymbol{A}|=0$.

所以，$\boldsymbol{x}=(C_{k1},\cdots,C_{kn})\neq 0$ 是一个基础解系.

12. **证明** 设 $\boldsymbol{b}_{h_1},\cdots,\boldsymbol{b}_{h_r}$ 是行向量组 $\boldsymbol{b}_1,\cdots,\boldsymbol{b}_s$ 的一个极大线性无关组. $\boldsymbol{c}_{l_1},\cdots,\boldsymbol{c}_{l_r}$ 是列向量组 $\boldsymbol{c}_1,\cdots,\boldsymbol{c}_n$ 的一个极大线性无关组. 令

$$
\boldsymbol{A}_1 = \begin{pmatrix} \boldsymbol{b}_1 \\ \vdots \\ \boldsymbol{b}_{h_r} \end{pmatrix}.
$$

$\mathrm{rank}(\boldsymbol{A}_1)=r$，$\boldsymbol{A}_1$ 的列向量组 $\boldsymbol{c}_1^*,\cdots,\boldsymbol{c}_n^*$ 是 $\boldsymbol{c}_1,\cdots,\boldsymbol{c}_n$ 的一个缩短组. 可知，任意列向量 $\boldsymbol{c}_l^*$ 可以被 $\boldsymbol{c}_{l_1}^*,\cdots,\boldsymbol{c}_{l_r}^*$ 线性表出，进而 $\boldsymbol{c}_{l_1}^*,\cdots,\boldsymbol{c}_{l_r}^*$ 是 $\boldsymbol{A}_1$ 的极大线性无关列向量组. 由 $\boldsymbol{c}_{l_1}^*,\cdots,\boldsymbol{c}_{l_r}^*$ 组成的子矩阵 $\boldsymbol{A}_2$ 的行列式不为 0.

13. **解**

（a） 面积 $= \begin{vmatrix} 3 & 2 \\ 1 & 4 \end{vmatrix} = 10$

（b） $10/2 = 5$

（c） $10/2 = 5$

14. **解**

$$面积 = \frac{1}{2}\begin{vmatrix} 2 & 1 & 1 \\ 3 & 4 & 1 \\ 0 & 5 & 1 \end{vmatrix} = 5$$

加入点 $(-1,0)$ 后，围成的四边形可以分割为两个三角形：

$$面积 = 5 + \frac{1}{2}\begin{vmatrix} 2 & 1 & 1 \\ 0 & 5 & 1 \\ -1 & 0 & 1 \end{vmatrix} = 5 + 7 = 12$$

15. **解** 根据几何关系，显然

$$体积 = ||\boldsymbol{a}||\ ||\boldsymbol{b}||\ ||\boldsymbol{c}||.$$

或者令 $\boldsymbol{A} = \begin{pmatrix} \boldsymbol{a}^{\mathrm{T}} \\ \boldsymbol{b}^{\mathrm{T}} \\ \boldsymbol{c}^{\mathrm{T}} \end{pmatrix}$，计算行列式

$$\det \boldsymbol{A} = \sqrt{\det(\boldsymbol{A}\boldsymbol{A}^{\mathrm{T}})} = \sqrt{\begin{vmatrix} \boldsymbol{a}^{\mathrm{T}}\boldsymbol{a} & & \\ & \boldsymbol{b}^{\mathrm{T}}\boldsymbol{b} & \\ & & \boldsymbol{c}^{\mathrm{T}}\boldsymbol{c} \end{vmatrix}} = ||\boldsymbol{a}||\ ||\boldsymbol{b}||\ ||\boldsymbol{c}||.$$

A.4.3 分块矩阵

1. **证明** 如果 $\boldsymbol{A} = \boldsymbol{0}$，显然成立.

如果 $\boldsymbol{A} \neq \boldsymbol{0}, \boldsymbol{A}\boldsymbol{A}^* = |\boldsymbol{A}|\boldsymbol{I}$. 当 $|\boldsymbol{A}| \neq 0$ 时，则 $|\boldsymbol{A}||\boldsymbol{A}^*| = |\boldsymbol{A}|^n$，从而 $|\boldsymbol{A}^*| = |\boldsymbol{A}|^{n-1}$. 当 $|\boldsymbol{A}| = 0$ 时，则 $\boldsymbol{A}\boldsymbol{A}^* = \boldsymbol{0}$，$\boldsymbol{A}$ 的每一行是 $\boldsymbol{y}^{\mathrm{T}}\boldsymbol{A}^* = \boldsymbol{0}$ 的解，显然有非零解，所以 $\dim(N((\boldsymbol{A}^*)^{\mathrm{T}})) = n - r > 0 \implies r < n$，进而 $|\boldsymbol{A}^*| = 0$.

2. **证明** 当 $\mathrm{rank}(\boldsymbol{A}) = n$ 时，$|\boldsymbol{A}| \neq 0 \implies |\boldsymbol{A}^*| \neq 0 \implies \mathrm{rank}(\boldsymbol{A}^*) = n$.

当 $\mathrm{rank}(\boldsymbol{A}) = n-1$ 时，则至少有一个 $n-1$ 阶子式不为 0，从而 $\boldsymbol{A}^* \neq \boldsymbol{0}, \mathrm{rank}(\boldsymbol{A}^*) > 0$. 因为 $\boldsymbol{A}\boldsymbol{A}^* = |\boldsymbol{A}|\boldsymbol{I} = \boldsymbol{0}$，$\boldsymbol{A}$ 的 $n-1$ 个线性无关的向量构成了 $N((\boldsymbol{A}^*)^{\mathrm{T}})$ 的一个基础解系，所以 $\mathrm{rank}(\boldsymbol{A}^*) = 1$.

当 $\mathrm{rank}(\boldsymbol{A}) < n-1$ 时，则 $\boldsymbol{A}$ 的所有 $n-1$ 阶子式都等于 0，从而 $\boldsymbol{A}^* = \boldsymbol{0}$，其秩为 0.

3. **证明**

（a）若 $|\boldsymbol{A}| \neq 0$，则 $|\boldsymbol{A}^*| = |\boldsymbol{A}|^{n-1}$. 由于 $\boldsymbol{A}^*(\boldsymbol{A}^*)^* = |\boldsymbol{A}^*|\boldsymbol{I}$，因此 $(\boldsymbol{A}^*)^* = |\boldsymbol{A}^*|(\boldsymbol{A}^*)^{-1} = |\boldsymbol{A}^*|^{n-1}\dfrac{\boldsymbol{A}}{|\boldsymbol{A}|} = |\boldsymbol{A}|^{n-2}\boldsymbol{A}$.

若 $|\boldsymbol{A}| = 0$，则 $\operatorname{rank}(\boldsymbol{A}^*) \leqslant 1$，因此 $(\boldsymbol{A}^*)^* = \boldsymbol{0}$，以上结论也成立.

（b）设

$$\boldsymbol{A} = \begin{pmatrix} a & b \\ c & d \end{pmatrix}$$

则

$$\boldsymbol{A}^* = \begin{pmatrix} d & -b \\ -c & a \end{pmatrix}.$$

因此，$(\boldsymbol{A}^*)^* = \boldsymbol{A}$.

4. **证明** 因为

$$\boldsymbol{A}^{-1} = \frac{\boldsymbol{A}^*}{|\boldsymbol{A}|} \implies \boldsymbol{A} = (\boldsymbol{A}^{-1})^*|\boldsymbol{A}|,$$

$$\boldsymbol{A}^{-1} = \frac{\boldsymbol{A}^*}{|\boldsymbol{A}|} \implies \boldsymbol{A} = \left(\frac{\boldsymbol{A}^*}{|\boldsymbol{A}|}\right)^{-1} = |\boldsymbol{A}|(\boldsymbol{A}^*)^{-1}$$

所以

$$(\boldsymbol{A}^{-1})^*|\boldsymbol{A}| = |\boldsymbol{A}|(\boldsymbol{A}^*)^{-1} \implies (\boldsymbol{A}^{-1})^* = (\boldsymbol{A}^*)^{-1}.$$

5. **解** 按前 r 行展开

$$|\boldsymbol{B}| = (-1)^{1+\cdots+r+1+r+\cdots+r+s}|\boldsymbol{B}_1||\boldsymbol{B}_2| = (-1)^{rs}|\boldsymbol{B}_1||\boldsymbol{B}_2|$$

所以，$\boldsymbol{B}$ 可逆的充要条件是 $\boldsymbol{B}_1, \boldsymbol{B}_2$ 都可逆. 当 $\boldsymbol{B}$ 可逆时，

$$\underbrace{\begin{pmatrix} 0 & \boldsymbol{B}_1 \\ \boldsymbol{B}_2 & 0 \end{pmatrix}}_{\boldsymbol{B}}\underbrace{\begin{pmatrix} 0 & \boldsymbol{B}_2^{-1} \\ \boldsymbol{B}_1^{-1} & 0 \end{pmatrix}}_{\boldsymbol{B}^{-1}} = \underbrace{\begin{pmatrix} \boldsymbol{I}_r & 0 \\ 0 & \boldsymbol{I}_s \end{pmatrix}}_{\boldsymbol{I}}$$

6. **解** 分块矩阵的消元法

$$\begin{pmatrix} \boldsymbol{I}_r & \boldsymbol{0} \\ -\boldsymbol{A}_3\boldsymbol{A}_1^{-1} & \boldsymbol{I}_s \end{pmatrix}\begin{pmatrix} \boldsymbol{A}_1 & \boldsymbol{A}_2 \\ \boldsymbol{A}_3 & \boldsymbol{A}_4 \end{pmatrix} = \begin{pmatrix} \boldsymbol{A}_1 & \boldsymbol{A}_2 \\ \boldsymbol{0} & \boldsymbol{A}_4 - \boldsymbol{A}_3\boldsymbol{A}_1^{-1}\boldsymbol{A}_2 \end{pmatrix}$$

两边取行列式

$$|\boldsymbol{I}_r||\boldsymbol{I}_s||\boldsymbol{A}| = |\boldsymbol{A}_1||\boldsymbol{A}_4 - \boldsymbol{A}_3\boldsymbol{A}_1^{-1}\boldsymbol{A}_2|$$

当 $\boldsymbol{A}_4-\boldsymbol{A}_3\boldsymbol{A}_1^{-1}\boldsymbol{A}_2$ 可逆时，$\boldsymbol{A}$ 可逆.

$$\begin{pmatrix}\boldsymbol{A}_1 & \boldsymbol{A}_2\\ \boldsymbol{A}_3 & \boldsymbol{A}_4\end{pmatrix}^{-1}=\begin{pmatrix}\boldsymbol{A}_1 & \boldsymbol{A}_2\\ \boldsymbol{0} & \boldsymbol{A}_4-\boldsymbol{A}_3\boldsymbol{A}_1^{-1}\boldsymbol{A}_2\end{pmatrix}^{-1}\begin{pmatrix}\boldsymbol{I}_r & \boldsymbol{0}\\ -\boldsymbol{A}_3\boldsymbol{A}_1^{-1} & \boldsymbol{I}_s\end{pmatrix}$$
$$=\begin{pmatrix}\boldsymbol{A}_1^{-1} & -\boldsymbol{A}_1^{-1}\boldsymbol{A}_2(\boldsymbol{A}_4-\boldsymbol{A}_3\boldsymbol{A}_1^{-1}\boldsymbol{A}_2)^{-1}\\ \boldsymbol{0} & (\boldsymbol{A}_4-\boldsymbol{A}_3\boldsymbol{A}_1^{-1}\boldsymbol{A}_2)^{-1}\end{pmatrix}\begin{pmatrix}\boldsymbol{I}_r & \boldsymbol{0}\\ -\boldsymbol{A}_3\boldsymbol{A}_1^{-1} & \boldsymbol{I}_s\end{pmatrix}$$
$$=\begin{pmatrix}\boldsymbol{A}_1^{-1}+\boldsymbol{A}_1^{-1}\boldsymbol{A}_2(\boldsymbol{A}_4-\boldsymbol{A}_3\boldsymbol{A}_1^{-1}\boldsymbol{A}_2)^{-1}\boldsymbol{A}_3\boldsymbol{A}_1^{-1} & -\boldsymbol{A}_1^{-1}\boldsymbol{A}_2(\boldsymbol{A}_4-\boldsymbol{A}_3\boldsymbol{A}_1^{-1}\boldsymbol{A}_2)^{-1}\\ -(\boldsymbol{A}_4-\boldsymbol{A}_3\boldsymbol{A}_1^{-1}\boldsymbol{A}_2)^{-1}\boldsymbol{A}_3\boldsymbol{A}_1^{-1} & (\boldsymbol{A}_4-\boldsymbol{A}_3\boldsymbol{A}_1^{-1}\boldsymbol{A}_2)^{-1}\end{pmatrix}$$

7. **证明**　分块矩阵消元

$$\begin{pmatrix}\boldsymbol{I} & \boldsymbol{0}\\ -\boldsymbol{C}\boldsymbol{A}^{-1} & \boldsymbol{I}\end{pmatrix}\begin{pmatrix}\boldsymbol{A} & \boldsymbol{B}\\ \boldsymbol{C} & \boldsymbol{D}\end{pmatrix}=\begin{pmatrix}\boldsymbol{A} & \boldsymbol{B}\\ \boldsymbol{0} & \boldsymbol{D}-\boldsymbol{C}\boldsymbol{A}^{-1}\boldsymbol{B}\end{pmatrix}$$

两边取行列式

$$|\boldsymbol{I}||\boldsymbol{I}|\begin{vmatrix}\boldsymbol{A} & \boldsymbol{B}\\ \boldsymbol{C} & \boldsymbol{D}\end{vmatrix}=|\boldsymbol{A}||\boldsymbol{D}-\boldsymbol{C}\boldsymbol{A}^{-1}\boldsymbol{B}|=|\boldsymbol{A}(\boldsymbol{D}-\boldsymbol{C}\boldsymbol{A}^{-1}\boldsymbol{B})|$$
$$=|\boldsymbol{A}\boldsymbol{D}-\boldsymbol{A}\boldsymbol{C}\boldsymbol{A}^{-1}\boldsymbol{B}|=|\boldsymbol{A}\boldsymbol{D}-\boldsymbol{C}\boldsymbol{B}|.$$

8. **证明**　**充分性** 当 $n=2$ 时，令

$$\boldsymbol{A}=\begin{pmatrix}a & b\\ c & d\end{pmatrix}=\begin{pmatrix}1 & 0\\ s & 1\end{pmatrix}\begin{pmatrix}x & y\\ 0 & z\end{pmatrix}$$

可得 $x=a,y=b,s=c/a,z=d-cb/a$，且 $x\neq0,z\neq0$.
假设对于 $n-1\geqslant2$ 级矩阵，命题为真, 则对于 n 级矩阵 $\boldsymbol{A}$，设它的所有顺序主子式不为 0. 把 $\boldsymbol{A}$ 分块

$$\boldsymbol{A}=\begin{pmatrix}\boldsymbol{A}_1 & \boldsymbol{a}\\ \boldsymbol{b} & a_{nn}\end{pmatrix}=\begin{pmatrix}\boldsymbol{B}_1\boldsymbol{C}_1 & \boldsymbol{a}\\ \boldsymbol{b} & a_{nn}\end{pmatrix}=\begin{pmatrix}\boldsymbol{B}_1 & \boldsymbol{0}\\ \boldsymbol{b}\boldsymbol{C}_1^{-1} & 1\end{pmatrix}\begin{pmatrix}\boldsymbol{C}_1 & \boldsymbol{B}_1^{-1}\boldsymbol{a}\\ \boldsymbol{0} & a_{nn}-\boldsymbol{b}\boldsymbol{C}_1^{-1}\boldsymbol{B}_1^{-1}\boldsymbol{a}\end{pmatrix}$$

所以，对于 n，命题为真. 由数学归纳法原理，对一切正整数 n，命题为真.
必要性 从 $\boldsymbol{A}=\boldsymbol{B}\boldsymbol{C}$ 有

$$\boldsymbol{A}=\begin{pmatrix}\boldsymbol{B}_1 & \boldsymbol{0}\\ \boldsymbol{B}_2 & \boldsymbol{B}_3\end{pmatrix}\begin{pmatrix}\boldsymbol{C}_1 & \boldsymbol{C}_2\\ \boldsymbol{0} & \boldsymbol{C}_3\end{pmatrix}$$

其中，$\boldsymbol{B}_1,\boldsymbol{C}_1$ 为 k 级矩阵，$|\boldsymbol{B}_1\boldsymbol{C}_1|=|\boldsymbol{B}_1||\boldsymbol{C}_1|\neq0$ 是 $\boldsymbol{A}$ 的 k 阶顺序主子式，$k\in\{1,\cdots,n-1\}$. $|\boldsymbol{A}|=|\boldsymbol{B}||\boldsymbol{C}|\neq0$.

A.5 特征值与特征向量

A.5.1 矩阵的特征值与特征向量

1. **解** 因为 $\boldsymbol{A},\boldsymbol{B}$ 分别为下三角形、上三角形矩阵，又因为上下三角形矩阵的特征值为其对角元，因此 $\boldsymbol{A},\boldsymbol{B}$ 的特征值均为 3, 1.

   令
$$\boldsymbol{C}=\boldsymbol{A}+\boldsymbol{B}=\begin{pmatrix}4&1\\1&4\end{pmatrix}$$
   有
$$\det(\boldsymbol{C}-\lambda\boldsymbol{I})=\begin{vmatrix}4-\lambda&1\\1&4-\lambda\end{vmatrix}=(\lambda-3)(\lambda-5)$$
   故 $\boldsymbol{A}+\boldsymbol{B}$ 的特征值为 3, 5.

2. **解**

   (a) $\boldsymbol{A},\boldsymbol{B}$ 的特征值为 $\lambda_1=1,\lambda_2=1$.
$$\boldsymbol{AB}=\begin{pmatrix}1&0\\1&1\end{pmatrix}\begin{pmatrix}1&2\\0&1\end{pmatrix}=\begin{pmatrix}1&2\\1&3\end{pmatrix}$$
$$\boldsymbol{BA}=\begin{pmatrix}1&2\\0&1\end{pmatrix}\begin{pmatrix}1&0\\1&1\end{pmatrix}=\begin{pmatrix}3&2\\1&1\end{pmatrix}$$
   则
$$\det(\boldsymbol{AB}-\lambda\boldsymbol{I})=\begin{vmatrix}1-\lambda&2\\1&3-\lambda\end{vmatrix}=\lambda^2-4\lambda+1$$
$$\det(\boldsymbol{BA}-\lambda\boldsymbol{I})=\begin{vmatrix}3-\lambda&2\\1&1-\lambda\end{vmatrix}=\lambda^2-4\lambda+1$$
   故 $\boldsymbol{AB},\boldsymbol{BA}$ 的特征值为 $\lambda_1=2-\sqrt{3},\lambda_2=2+\sqrt{3}$.

   (b) 否.

   (c) 是. 注：$\boldsymbol{AB},\boldsymbol{BA}$ 具有相同的非零特征值. 当 $\boldsymbol{A},\boldsymbol{B}$ 为方阵时，$\boldsymbol{AB},\boldsymbol{BA}$ 有完全相同的特征值. 证明可见本节 16 题.

3. **解** $\boldsymbol{U}$ 的特征值是 $\boldsymbol{A}$ 的主元（因为 $\boldsymbol{U}$ 为上三角形矩阵，对角元为 $\boldsymbol{A}$ 的主元）. $\boldsymbol{L}$ 的特征值均为 1（因为 $\boldsymbol{L}$ 为对角元均为 1 的下三角形矩阵）. $\boldsymbol{A}$ 的特征值与 $\boldsymbol{U}$ 的特征值（$\boldsymbol{A}$ 的主元）不同.

4. **证明** 设 $\boldsymbol{Ax}=\lambda\boldsymbol{x}(\boldsymbol{x}\neq\boldsymbol{0})$.

   (a) $\boldsymbol{A}^2\boldsymbol{x}=\boldsymbol{A}(\boldsymbol{Ax})=\boldsymbol{A}(\lambda\boldsymbol{x})=\lambda(\boldsymbol{Ax})=\lambda^2\boldsymbol{x}$，即 $\boldsymbol{A}^2\boldsymbol{x}=\lambda^2\boldsymbol{x}$，故 λ^2 是 $\boldsymbol{A}^2$ 的特征值.

（b） $\boldsymbol{x}=\boldsymbol{A}^{-1}\boldsymbol{A}\boldsymbol{x}=\boldsymbol{A}^{-1}(\lambda\boldsymbol{x})=\lambda\boldsymbol{A}^{-1}\boldsymbol{x}$，即 $\boldsymbol{A}^{-1}\boldsymbol{x}=\lambda^{-1}\boldsymbol{x}$，故 λ^{-1} 是 $\boldsymbol{A}^{-1}$ 的特征值.

（c） $(\boldsymbol{A}+\boldsymbol{I})\boldsymbol{x}=\boldsymbol{A}\boldsymbol{x}+\boldsymbol{x}=\lambda\boldsymbol{x}+\boldsymbol{x}=(\lambda+1)\boldsymbol{x}$，即 $(\boldsymbol{A}+\boldsymbol{I})\boldsymbol{x}=(\lambda+1)\boldsymbol{x}$，故 $(\lambda+1)$ 是 $(\boldsymbol{A}+\boldsymbol{I})$ 的特征值.

注：若有 $\boldsymbol{A}\boldsymbol{x}=\lambda\boldsymbol{x}(\boldsymbol{x}\neq\boldsymbol{0})$，则有当 $\boldsymbol{A}$ 可逆时，$\boldsymbol{A}^{-1}\boldsymbol{x}=\lambda^{-1}\boldsymbol{x}$；当 $f(\cdot)$ 为多项式函数时，$f(\boldsymbol{A})\boldsymbol{x}=f(\lambda)\boldsymbol{x}$.

5. **解** 根据 $\boldsymbol{P}\boldsymbol{x}=\lambda\boldsymbol{x}$，且 $\boldsymbol{P}\boldsymbol{x}$ 为 $\boldsymbol{x}$ 在 $C(\boldsymbol{P})$ 上的投影，所以投影矩阵的特征值只可能为 $0,1$. 又 $\operatorname{tr}(\boldsymbol{P})=0.2+0.8+1=2=\sum\limits_{i=1}^{3}\lambda_i$，故 $\boldsymbol{P}$ 的特征值为 $1,1,0$. 解 $\boldsymbol{P}\boldsymbol{x}=0$，得 $\lambda_1=0$ 的特征向量为 $(2,-1,0)$. $\dim C(\boldsymbol{P})=2$，所以 $\lambda_2=1$ 的特征向量为 $C(\boldsymbol{P})$ 的基 $(0.2,0.4,0),(0,0,1)$.

6. **证明** 设 $\boldsymbol{A}$ 为 n 阶方阵.

$$\det(\boldsymbol{A}-\lambda\boldsymbol{I})=(\lambda_1-\lambda)(\lambda_2-\lambda)\cdots(\lambda_n-\lambda)$$

令 $\lambda=0$，则 $\det(\boldsymbol{A})=\lambda_1\lambda_2\cdots\lambda_n$.

7. **解**

（a） $\operatorname{rank}(\boldsymbol{B})=2$，$\operatorname{tr}(\boldsymbol{B})=\sum\limits_{i=1}^{3}\lambda_i=0+1+2=3$.

（b） $\det(\boldsymbol{B}^{\mathrm{T}}\boldsymbol{B})=\det(\boldsymbol{B}^{\mathrm{T}})\det(\boldsymbol{B})=(\det(\boldsymbol{B}))^2=\left(\prod\limits_{i=1}^{3}\lambda_i\right)^2=0$.

（c） 参考本节第 4 题的结论：

由题知 $\boldsymbol{B}$ 的特征值为 $0,1,2$，则 $\boldsymbol{B}^2+\boldsymbol{I}$ 的特征值为 $0^2+1,1^2+1,2^2+1$，即为 $1,2,5$.

则 $(\boldsymbol{B}^2+\boldsymbol{I})^{-1}$ 的特征值为 $1,\dfrac{1}{2},\dfrac{1}{5}$.

8. **解**

$$\det(\boldsymbol{A}-\lambda\boldsymbol{I})=\begin{vmatrix}\boldsymbol{B}-\lambda\boldsymbol{I} & \boldsymbol{C}\\ \boldsymbol{0} & \boldsymbol{D}-\lambda\boldsymbol{I}\end{vmatrix}=\det(\boldsymbol{B}-\lambda\boldsymbol{I})\det(\boldsymbol{D}-\lambda\boldsymbol{I})$$

故 $\boldsymbol{A}$ 的特征值为 $\boldsymbol{B},\boldsymbol{D}$ 特征值的并集，为 $1,2,5,7$.

9. **解** 对 $\boldsymbol{A}$，$\boldsymbol{A}$ 为上三角矩阵，其特征值为 $1,4,6$.

对 $\boldsymbol{B}$，

$$\det(\boldsymbol{B})=\begin{vmatrix}-\lambda & 0 & 1\\ 0 & 2-\lambda & 0\\ 3 & 0 & -\lambda\end{vmatrix}=(2-\lambda)(\lambda^2-3)$$

故 $\boldsymbol{B}$ 的特征值为 $2,\pm\sqrt{3}$.

对 $\boldsymbol{C}$，因为 $|\boldsymbol{C}|=0$，所以 $\boldsymbol{C}$ 的特征值必有 $\lambda_1=0$. 因为 $\dim N(\boldsymbol{C})=2$，所以 $\lambda_1=0$ 的代数重数至少为 2. 因为 $\operatorname{tr}(\boldsymbol{C})=6$，所以 $\lambda_1=\lambda_2=0,\lambda_3=6$. 或者，可以计算 $\det(\boldsymbol{C}-\lambda\boldsymbol{I})=\lambda^3-6\lambda^2$，故 $\boldsymbol{C}$ 的特征值为 $0,0,6$.

注：秩为 1 的 n 阶方阵 $\boldsymbol{A}$（如本题中的矩阵 $\boldsymbol{C}$），其特征方程为 $\det(\boldsymbol{A}-\lambda\boldsymbol{I}) = \lambda^n - \operatorname{tr}(\boldsymbol{A})\lambda^{n-1}$，则其特征值为 $\lambda_1=\lambda_2=\cdots=\lambda_{n-1}=0, \lambda_n=\operatorname{tr}(\boldsymbol{A})$.

10. **解** 由题知，$\boldsymbol{Au}=\boldsymbol{0}, \boldsymbol{Av}=3\boldsymbol{v}, \boldsymbol{Aw}=5\boldsymbol{w}$.

（a） 由于 $\boldsymbol{A}$ 存在 3 个线性无关的特征向量，故 $\boldsymbol{A}$ 可以进行对角化. 且 $\operatorname{rank}(\boldsymbol{A})$ 等于非零特征值的个数，即 $\operatorname{rank}(\boldsymbol{A})=2$（见 5.2 节）. 则 $\dim(N(\boldsymbol{A}))=3-\operatorname{rank}(\boldsymbol{A})=1$，又 $\boldsymbol{Au}=0$，故 $N(\boldsymbol{A})$ 的一组基为 $\boldsymbol{u}$. 因为 $\dim(C(\boldsymbol{A}))=\operatorname{rank}(\boldsymbol{A})=2$，又 $\boldsymbol{Av}, \boldsymbol{Aw}$ 即为 $\boldsymbol{A}$ 的列空间中的两个线性无关的向量，故 $C(\boldsymbol{A})$ 的一组基为 $\boldsymbol{v}, \boldsymbol{w}$.

（b） $\boldsymbol{A}\left(\dfrac{1}{3}\boldsymbol{v}\right)=\boldsymbol{v}, \boldsymbol{A}\left(\dfrac{1}{5}\boldsymbol{w}\right)=\boldsymbol{w}$. 则 $\boldsymbol{A}\left(\dfrac{1}{3}\boldsymbol{v}+\dfrac{1}{5}\boldsymbol{w}\right)=\boldsymbol{v}+\boldsymbol{w}$，故 $\boldsymbol{Ax}=\boldsymbol{v}+\boldsymbol{w}$ 的一个特解为 $\dfrac{1}{3}\boldsymbol{v}+\dfrac{1}{5}\boldsymbol{w}$. 又由 (a) 知，$\boldsymbol{Ax}=0$ 的解空间为 $k\boldsymbol{u}, k\in\mathbb{R}$. 则 $\boldsymbol{Ax}=\boldsymbol{v}+\boldsymbol{w}$ 的解空间为 $\left\{\boldsymbol{x}:\boldsymbol{x}=\dfrac{1}{3}\boldsymbol{v}+\dfrac{1}{5}\boldsymbol{w}+k\boldsymbol{u}, k\in\mathbb{R}\right\}$.

（c） 由（a）知，$C(\boldsymbol{A})$ 的一组基为 $\boldsymbol{v}, \boldsymbol{w}$，则 $C(\boldsymbol{A})$ 中的向量可表示为 $k_1\boldsymbol{v}+k_2\boldsymbol{w}, k_1, k_2\in\mathbb{R}$. 但 $\boldsymbol{u}$ 与 $\boldsymbol{v}, \boldsymbol{w}$ 线性无关，故 $\boldsymbol{u}$ 不可表示为 $\boldsymbol{v}, \boldsymbol{w}$ 的线性组合. 故 $\boldsymbol{u}$ 不在 $C(\boldsymbol{A})$ 中，即 $\boldsymbol{Ax}=\boldsymbol{u}$ 无解.

11. **证明** 因为 $\boldsymbol{Au}=(\boldsymbol{uv}^{\mathrm{T}})\boldsymbol{u}=\boldsymbol{u}(\boldsymbol{v}^{\mathrm{T}}\boldsymbol{u})=(\boldsymbol{v}^{\mathrm{T}}\boldsymbol{u})\boldsymbol{u}$，其中 $\boldsymbol{v}^{\mathrm{T}}\boldsymbol{u}$ 为常数，则 $\boldsymbol{u}$ 是 $\boldsymbol{A}$ 对应特征值 $\boldsymbol{v}^{\mathrm{T}}\boldsymbol{u}$ 的一个特征向量.

由于 $\operatorname{rank}(\boldsymbol{A})=1$，根据本节第 9 题可知，$\boldsymbol{A}$ 的特征值为 $\lambda_1=0, \lambda_2=\operatorname{tr}(\boldsymbol{A})=\boldsymbol{v}^{\mathrm{T}}\boldsymbol{u}$.

则有 $\lambda_1+\lambda_2=\boldsymbol{v}^{\mathrm{T}}\boldsymbol{u}=v_1u_1+v_2u_2$.

12. **解** $\det(\boldsymbol{P}-\lambda\boldsymbol{I})=1-\lambda^4$.

故 $\boldsymbol{P}$ 的特征值为 $\lambda_1=1, \lambda_2=-1, \lambda_3=\mathrm{i}, \lambda_4=-\mathrm{i}$.

对 $\lambda_1=1$，解 $(\boldsymbol{A}-\boldsymbol{I})\boldsymbol{x}=\boldsymbol{0}$，解得特征向量为 $(1,1,1,1)$.

对 $\lambda_2=-1$，解 $(\boldsymbol{A}+\boldsymbol{I})\boldsymbol{x}=\boldsymbol{0}$，解得特征向量为 $(1,-1,1,-1)$.

对 $\lambda_3=\mathrm{i}$，解 $(\boldsymbol{A}-\mathrm{i}\boldsymbol{I})\boldsymbol{x}=\boldsymbol{0}$，解得特征向量为 $(1,\mathrm{i},\mathrm{i}^2,\mathrm{i}^3)$.

对 $\lambda_4=-\mathrm{i}$，解 $(\boldsymbol{A}+\mathrm{i}\boldsymbol{I})\boldsymbol{x}=\boldsymbol{0}$，解得特征向量为 $(1,-\mathrm{i},(-\mathrm{i})^2,(-\mathrm{i})^3)$.

13. **解** 由于 $\boldsymbol{A}^3=\boldsymbol{I}$，可得到 $\lambda^3=1$，即有 $(\lambda-1)(\lambda^2+\lambda+1)=0$，则 $\boldsymbol{A}$ 的特征值只可能为 $1, \dfrac{-1\pm\sqrt{3}\mathrm{i}}{2}$. 又因为

$$A=\begin{pmatrix}\cos\theta & -\sin\theta\\ \sin\theta & \cos\theta\end{pmatrix}$$

进而 $\det(\boldsymbol{A})=\cos^2\theta+\sin^2\theta=1=\lambda_1\lambda_2$. 故 $\boldsymbol{A}$ 的特征值为 $\dfrac{-1\pm\sqrt{3}\mathrm{i}}{2}$.

注：设 $f(\cdot)$ 为多项式函数，若存在 $f(\boldsymbol{A})=0$，λ 为矩阵 $\boldsymbol{A}$ 的特征值，则有 $f(\lambda)=0$.（可通过 $f(\boldsymbol{A})\boldsymbol{x}=f(\lambda)\boldsymbol{x}$ 来证明）.

14. **证明**

(a) 若 $\boldsymbol{A}$ 存在为 0 的特征值，则 $\det(\boldsymbol{A})=\prod_{i=1}^{n}\lambda_i=0$，则 $\boldsymbol{A}$ 不可逆，矛盾.

(b) 设 $\boldsymbol{A}$ 的特征值为 $\lambda_1,\lambda_2,\cdots,\lambda_n$，且 $\lambda_1=\lambda_2=\cdots=\lambda_l=\lambda_0$, 则 $\boldsymbol{A}^{-1}$ 的特征值为 $\lambda_1^{-1},\lambda_2^{-1},\cdots,\lambda_n^{-1}$，且 $\lambda_1^{-1}=\lambda_2^{-1}=\cdots=\lambda_l^{-1}=\lambda_0^{-1}$, 即 λ_0^{-1} 为 $\boldsymbol{A}^{-1}$ 的 l 重特征值.

15. **证明** 设 $\boldsymbol{A}\boldsymbol{x}=\lambda\boldsymbol{x}(\boldsymbol{x}\neq\boldsymbol{0})$.

(a) 由于 $\boldsymbol{A}$ 为正交矩阵，即有 $\boldsymbol{A}^{\mathrm{T}}\boldsymbol{A}=\boldsymbol{I}$, $(\boldsymbol{A}\boldsymbol{x})^{\mathrm{T}}\boldsymbol{A}\boldsymbol{x}=\boldsymbol{x}^{\mathrm{T}}(A^{\mathrm{T}}A)\boldsymbol{x}=\boldsymbol{x}^{\mathrm{T}}\boldsymbol{x}$. 又 $(\boldsymbol{A}\boldsymbol{x})^{\mathrm{T}}\boldsymbol{A}\boldsymbol{x}=(\lambda\boldsymbol{x})^{\mathrm{T}}(\lambda\boldsymbol{x})=\lambda^2\boldsymbol{x}^{\mathrm{T}}\boldsymbol{x}$, 故 $\lambda^2\boldsymbol{x}^{\mathrm{T}}\boldsymbol{x}=\boldsymbol{x}^{\mathrm{T}}\boldsymbol{x}$.
因为 $\boldsymbol{x}$ 为非零向量，则 $\boldsymbol{x}^{\mathrm{T}}\boldsymbol{x}>0$，故 $\lambda^2=1,\lambda=\pm1$.

(b) 因为 $\boldsymbol{A}$ 的特征值只可能为 ±1，而 $\det(\boldsymbol{A})=\prod_{i=1}^{n}\lambda_i=-1$，说明至少有一个特征值为 -1.

(c) 因为 $\boldsymbol{A}$ 的特征值只可能为 ±1，而 $\det(\boldsymbol{A})=\prod_{i=1}^{n}\lambda_i=1$，说明 $\boldsymbol{A}$ 存在偶数个特征值为 -1.
又 n 为奇数，故 $\boldsymbol{A}$ 至少存在一个特征值为 1.

16. **证明**

(a) 当 $n=s$，即 $\boldsymbol{A},\boldsymbol{B}$ 均为方阵时, 存在等式

$$\begin{pmatrix}\boldsymbol{0}&\boldsymbol{I}\\\boldsymbol{I}&\boldsymbol{0}\end{pmatrix}\begin{pmatrix}\boldsymbol{I}&\boldsymbol{B}\\\boldsymbol{A}&\lambda\boldsymbol{I}\end{pmatrix}\begin{pmatrix}\boldsymbol{0}&\boldsymbol{I}\\\boldsymbol{I}&\boldsymbol{0}\end{pmatrix}=\begin{pmatrix}\lambda\boldsymbol{I}&\boldsymbol{A}\\\boldsymbol{B}&\boldsymbol{I}\end{pmatrix}$$

两边取行列式，得到

$$\begin{vmatrix}\boldsymbol{I}&\boldsymbol{B}\\\boldsymbol{A}&\lambda\boldsymbol{I}\end{vmatrix}\begin{vmatrix}\boldsymbol{0}&\boldsymbol{I}\\\boldsymbol{I}&\boldsymbol{0}\end{vmatrix}^2=\begin{vmatrix}\boldsymbol{I}&\boldsymbol{B}\\\boldsymbol{A}&\lambda\boldsymbol{I}\end{vmatrix}=\begin{vmatrix}\lambda\boldsymbol{I}&\boldsymbol{A}\\\boldsymbol{B}&\boldsymbol{I}\end{vmatrix}$$

又

$$\begin{vmatrix}\boldsymbol{I}&\boldsymbol{B}\\\boldsymbol{A}&\lambda\boldsymbol{I}\end{vmatrix}=\left|\lambda\boldsymbol{I}-\boldsymbol{A}\boldsymbol{B}\right|,\quad\begin{vmatrix}\lambda\boldsymbol{I}&\boldsymbol{A}\\\boldsymbol{B}&\boldsymbol{I}\end{vmatrix}=\left|\lambda\boldsymbol{I}-\boldsymbol{B}\boldsymbol{A}\right|$$

故 $\left|\lambda\boldsymbol{I}-\boldsymbol{A}\boldsymbol{B}\right|=\left|\lambda\boldsymbol{I}-\boldsymbol{B}\boldsymbol{A}\right|$，即 $\boldsymbol{A}\boldsymbol{B},\boldsymbol{B}\boldsymbol{A}$ 的特征方程完全相同.

当 $n\neq s$ 时，不妨设 $s>n$. 令 $\boldsymbol{A}_1=(\boldsymbol{A}\quad\boldsymbol{0}_{s\times(s-n)}),\boldsymbol{B}_1=\begin{pmatrix}\boldsymbol{B}\\\boldsymbol{0}_{(s-n)\times s}\end{pmatrix}$, $\boldsymbol{A}_1,\boldsymbol{B}_1$ 为 s 阶方阵, 则 $\left|\lambda\boldsymbol{I}_s-\boldsymbol{A}_1\boldsymbol{B}_1\right|=\left|\lambda\boldsymbol{I}_s-\boldsymbol{B}_1\boldsymbol{A}_1\right|$.
又

$$\boldsymbol{A}_1\boldsymbol{B}_1=\boldsymbol{A}\boldsymbol{B},\boldsymbol{B}_1\boldsymbol{A}_1=\begin{pmatrix}\boldsymbol{B}\boldsymbol{A}&\boldsymbol{0}\\\boldsymbol{0}&\boldsymbol{0}\end{pmatrix}$$

因此

$$\left|\lambda\boldsymbol{I}_s-\boldsymbol{A}\boldsymbol{B}\right|=\left|\lambda\boldsymbol{I}_s-\boldsymbol{A}_1\boldsymbol{B}_1\right|=\left|\lambda\boldsymbol{I}_s-\boldsymbol{B}_1\boldsymbol{A}_1\right|=\begin{vmatrix}\lambda\boldsymbol{I}_n-\boldsymbol{B}\boldsymbol{A}&\boldsymbol{0}\\\boldsymbol{0}&\lambda\boldsymbol{I}_{s-n}\end{vmatrix}$$

$$= \left|\lambda \boldsymbol{I}_n - \boldsymbol{BA}\right| \left|\lambda \boldsymbol{I}_{s-n}\right| = \lambda^{s-n} \left|\lambda \boldsymbol{I}_n - \boldsymbol{BA}\right|$$

即 $\lambda^n \left|\lambda \boldsymbol{I}_s - \boldsymbol{AB}\right| = \lambda^s \left|\lambda \boldsymbol{I}_n - \boldsymbol{BA}\right|$. 故有 $\boldsymbol{AB}, \boldsymbol{BA}$ 有相同的非零特征值且重数相同.

（b） 设 $\boldsymbol{ABx} = \lambda_0 \boldsymbol{x}$，则有 $\boldsymbol{BA}(\boldsymbol{Bx}) = \lambda_0(\boldsymbol{Bx})$.

17. **解** 设

$$\boldsymbol{C} = \begin{pmatrix} c_0 & c_1 & c_2 & \cdots & c_{n-1} \\ c_{n-1} & c_0 & c_1 & \cdots & c_{n-2} \\ \vdots & \vdots & \vdots & & \vdots \\ c_1 & c_2 & c_3 & \cdots & c_0 \end{pmatrix} = \sum_{i=0}^{n-1} c_i \boldsymbol{A}^i = f(\boldsymbol{A})$$

即 $\boldsymbol{C}$ 的每一行由它的上一行循环右移得到，第一行由最后一行循环右移得到. 其中 $\boldsymbol{A}$ 为基本循环矩阵，

$$\boldsymbol{A} = \begin{pmatrix} 0 & 1 & 0 & \cdots & 0 & 0 \\ 0 & 0 & 1 & \cdots & 0 & 0 \\ \vdots & \vdots & \vdots & & \vdots & \vdots \\ 0 & 0 & 0 & \cdots & 0 & 1 \\ 1 & 0 & 0 & \cdots & 0 & 0 \end{pmatrix}$$

由于 $\boldsymbol{C} = f(\boldsymbol{A})$，设 $\boldsymbol{Ax} = \lambda \boldsymbol{x}(\boldsymbol{x} \neq 0)$，则 $\boldsymbol{Cx} = f(\lambda)\boldsymbol{x}$，即可由 $\boldsymbol{A}$ 的特征值、特征向量得到 $\boldsymbol{C}$ 的特征值、特征向量.

由于 $\det(\boldsymbol{A} - \lambda \boldsymbol{I}) = 1 - \lambda^n$，$\boldsymbol{A}$ 的特征值为

$$\lambda_k^{(\boldsymbol{A})} = \cos\frac{2k\pi}{n} + i\sin\frac{2k\pi}{n} = e^{i\frac{2k\pi}{n}}$$

对应的特征向量为

$$\boldsymbol{x}_k^{(\boldsymbol{A})} = (1, \lambda_k, \lambda_i^2, \cdots, \lambda_k^{n-1}),$$

其中 $k = 1, \cdots, n$. $\boldsymbol{C}$ 的特征值为 $\lambda_k^{(\boldsymbol{C})} = f(\lambda_k^{(\boldsymbol{A})})$，对应的特征向量为 $\boldsymbol{x}_k^{(\boldsymbol{C})} = \boldsymbol{x}_k^{(\boldsymbol{A})}$，其中 $k = 1, \cdots, n$.

A.5.2　矩阵的对角化

1. **解**

（a） 由于第一个 $\boldsymbol{A}$ 为上三角形矩阵，则 $\boldsymbol{A}$ 的特征值为 1,3，对应的特征向量为 $(1,0), (1,1)$.

即有

$$\boldsymbol{A} = \boldsymbol{X\Lambda X}^{-1} = \begin{pmatrix} 1 & 1 \\ 0 & 1 \end{pmatrix} \begin{pmatrix} 1 & \\ & 3 \end{pmatrix} \begin{pmatrix} 1 & 1 \\ 0 & 1 \end{pmatrix}^{-1}$$

对第二个 $\boldsymbol{A}$,

$$\det(\boldsymbol{A}-\lambda\boldsymbol{I})=\begin{vmatrix}1-\lambda & 1\\ 3 & 3-\lambda\end{vmatrix}=\lambda(\lambda-4)$$

则 $\boldsymbol{A}$ 的特征值为 $0,4$，对应的特征向量为 $(1,-1),(1,3)$.
即

$$\boldsymbol{A}=\boldsymbol{X\Lambda X}^{-1}=\begin{pmatrix}1 & 1\\ -1 & 3\end{pmatrix}\begin{pmatrix}0 & \\ & 4\end{pmatrix}\begin{pmatrix}1 & 1\\ -1 & 3\end{pmatrix}^{-1}$$

（b） $\boldsymbol{A}^3=(\boldsymbol{X\Lambda X}^{-1})(\boldsymbol{X\Lambda X}^{-1})(\boldsymbol{X\Lambda X}^{-1})=\boldsymbol{X\Lambda}(\boldsymbol{X}^{-1}\boldsymbol{X})\boldsymbol{\Lambda}(\boldsymbol{X}^{-1}\boldsymbol{X})\boldsymbol{\Lambda X}^{-1}=\boldsymbol{X\Lambda}^3\boldsymbol{X}^{-1}$

$\boldsymbol{A}^{-1}=(\boldsymbol{X\Lambda X}^{-1})^{-1}=\boldsymbol{X\Lambda}^{-1}\boldsymbol{X}^{-1}$

2. **解** 假设对角化 $\boldsymbol{A}=\boldsymbol{X\Lambda X}^{-1}$，其中 $\boldsymbol{\Lambda}$ 的对角元为 $\boldsymbol{A}$ 的特征值，$\boldsymbol{X}$ 的列为 $\boldsymbol{A}$ 的特征向量. 设 $\boldsymbol{Ax}=\lambda\boldsymbol{x}$，根据 $(\boldsymbol{A}+2\boldsymbol{I})\boldsymbol{x}=(\lambda+2)\boldsymbol{x}$ 可知，$\boldsymbol{A}+2\boldsymbol{I}$ 的特征值为 $\boldsymbol{\Lambda}+2\boldsymbol{I}$ 的对角元，特征向量仍为 $\boldsymbol{X}$ 中的列. 验证：$\boldsymbol{X}(\boldsymbol{\Lambda}+2\boldsymbol{I})\boldsymbol{X}^{-1}=\boldsymbol{X\Lambda X}^{-1}+\boldsymbol{X}(2\boldsymbol{I})\boldsymbol{X}^{-1}=\boldsymbol{A}+2\boldsymbol{I}$.
3. **解** $\lambda=1$ 的特征向量在 $(\boldsymbol{A}-\boldsymbol{I})\boldsymbol{X}=\boldsymbol{0}$ 的解空间中.
由 $\boldsymbol{A}^2=\boldsymbol{A}$ 知，$(\boldsymbol{A}-\boldsymbol{I})A=\boldsymbol{0}$, 则 $\boldsymbol{A}$ 的列空间包含 $\lambda=1$ 的特征向量.
$\lambda=0$ 的特征向量在 $\boldsymbol{AX}=\boldsymbol{0}$ 的解空间中，则 $\boldsymbol{A}$ 的核空间包含 $\lambda=0$ 的特征向量.
4. **证明** $\boldsymbol{A}$ 的特征值为 $\lambda_1=\mathrm{e}^{\mathrm{i}\theta},\lambda_2=\mathrm{e}^{-\mathrm{i}\theta}$，对应的特征向量为 $(1,-\mathrm{i}),(1,\mathrm{i})$.
则

$$\boldsymbol{A}=\boldsymbol{X\Lambda X}^{-1}=\begin{pmatrix}1 & 1\\ -\mathrm{i} & \mathrm{i}\end{pmatrix}\begin{pmatrix}\mathrm{e}^{\mathrm{i}\theta} & \\ & \mathrm{e}^{-\mathrm{i}\theta}\end{pmatrix}\begin{pmatrix}1 & 1\\ -\mathrm{i} & \mathrm{i}\end{pmatrix}^{-1}$$

$$\begin{aligned}\boldsymbol{A}^n=\boldsymbol{X\Lambda}^n\boldsymbol{X}^{-1}&=\begin{pmatrix}1 & 1\\ -\mathrm{i} & \mathrm{i}\end{pmatrix}\begin{pmatrix}\mathrm{e}^{\mathrm{i}n\theta} & \\ & \mathrm{e}^{-\mathrm{i}n\theta}\end{pmatrix}\begin{pmatrix}1 & 1\\ -\mathrm{i} & \mathrm{i}\end{pmatrix}^{-1}\\ &=\begin{pmatrix}1 & 1\\ -\mathrm{i} & \mathrm{i}\end{pmatrix}\begin{pmatrix}\mathrm{e}^{\mathrm{i}n\theta} & \\ & \mathrm{e}^{-\mathrm{i}n\theta}\end{pmatrix}\begin{pmatrix}1 & \mathrm{i}\\ 1 & -\mathrm{i}\end{pmatrix}\frac{1}{2}\\ &=\begin{pmatrix}\mathrm{e}^{\mathrm{i}n\theta}+\mathrm{e}^{-\mathrm{i}n\theta} & \mathrm{i}(\mathrm{e}^{\mathrm{i}n\theta}-\mathrm{e}^{-\mathrm{i}n\theta})\\ -\mathrm{i}(\mathrm{e}^{\mathrm{i}n\theta}-\mathrm{e}^{-\mathrm{i}n\theta}) & \mathrm{e}^{\mathrm{i}n\theta}+\mathrm{e}^{-\mathrm{i}n\theta}\end{pmatrix}\frac{1}{2}=\begin{pmatrix}\cos n\theta & -\sin n\theta\\ \sin n\theta & \cos n\theta\end{pmatrix}\end{aligned}$$

5. **解** $\boldsymbol{B}$ 为使 $\boldsymbol{A}_2\boldsymbol{A}_1\sim\boldsymbol{A}_1\boldsymbol{A}_2$ 的相似变换矩阵，当 $\boldsymbol{B}=\boldsymbol{A}_2$ 时，$\boldsymbol{A}_2\boldsymbol{A}_1=\boldsymbol{B}(\boldsymbol{A}_1\boldsymbol{A}_2)\boldsymbol{B}^{-1}$.
6. **解** 设 $\boldsymbol{A}$ 为 n 阶方阵. 根据相似的定义，$\boldsymbol{A}\sim\boldsymbol{\Lambda}$ 意味着 $\boldsymbol{A}$ 可对角化. 对角化的充要条件有：
（a） $\boldsymbol{A}$ 有 n 个线性无关的特征向量；
（b） $\boldsymbol{A}$ 属于不同特征值的特征子空间的维数之和为 n；
（c） $\boldsymbol{A}$ 的每个特征值的几何重数等于代数重数.

$\boldsymbol{B}$ 为 $\boldsymbol{A}$ 的特征向量列构成的可逆矩阵，$\boldsymbol{A}$ 必须有 n 个线性无关的特征向量.

7. **证明** 见上节 16题. 或者如下：因为

$$\underbrace{\begin{pmatrix} \boldsymbol{I} & -\boldsymbol{A} \\ \boldsymbol{0} & \boldsymbol{I} \end{pmatrix}}_{\boldsymbol{D}^{-1}} \underbrace{\begin{pmatrix} \boldsymbol{AB} & \boldsymbol{0} \\ \boldsymbol{B} & \boldsymbol{0} \end{pmatrix}}_{\boldsymbol{E}} \underbrace{\begin{pmatrix} \boldsymbol{I} & \boldsymbol{A} \\ \boldsymbol{0} & \boldsymbol{I} \end{pmatrix}}_{\boldsymbol{D}} = \underbrace{\begin{pmatrix} \boldsymbol{0} & \boldsymbol{0} \\ \boldsymbol{B} & \boldsymbol{BA} \end{pmatrix}}_{\boldsymbol{F}}$$

所以，$\boldsymbol{E} \sim \boldsymbol{F}$，$\boldsymbol{E}, \boldsymbol{F}$ 有相同的 $m+n$ 个特征值. $\boldsymbol{E}$ 的特征值为 $\boldsymbol{AB}$ 的 m 个特征值和 n 个 0，$\boldsymbol{F}$ 的特征值为 $\boldsymbol{BA}$ 的 n 个特征值和 m 个 0. 因而 $\boldsymbol{AB}, \boldsymbol{BA}$ 所有非零的特征值相同，重数也相同，零特征值的重数相差为 $|m-n|$.

8. **解** 设 $z = a + \mathrm{i}b\ a, b \in \mathbb{R}$，则 $\bar{z} = a - \mathrm{i}b$.

$z + \bar{z} = 2a$ 总为实数，$z - \bar{z} = 2\mathrm{i}b$ 总为 0 或纯虚数.

在 $z \neq 0$ 的情形下，即 a, b 不同时为 0 时，

$$z \times \bar{z} = (a + \mathrm{i}b)(a - \mathrm{i}b) = a^2 + b^2$$

即 $z \times \bar{z}$ 总大于 0.

$$\frac{z}{\bar{z}} = \frac{a + \mathrm{i}b}{a - \mathrm{i}b} = \frac{(a + \mathrm{i}b)^2}{(a + \mathrm{i}b)(a - \mathrm{i}b)} = \frac{a^2 - b^2}{a^2 + b^2} + \mathrm{i}\frac{2ab}{a^2 + b^2}$$

故

$$\left|\frac{z}{\bar{z}}\right| = \sqrt{\left(\frac{a^2 - b^2}{a^2 + b^2}\right)^2 + \left(\frac{2ab}{a^2 + b^2}\right)^2} = \frac{a^2 + b^2}{a^2 + b^2} = 1$$

9. **解**

（a） $1 + \sqrt{3}\mathrm{i} = 2\left(\frac{1}{2} + \frac{\sqrt{3}}{2}\mathrm{i}\right) = 2\left(\cos\frac{\pi}{3} + \mathrm{i}\sin\frac{\pi}{3}\right) = 2\mathrm{e}^{\frac{\mathrm{i}\pi}{3}}$

$(1 + \sqrt{3}\mathrm{i})^2 = 4\mathrm{e}^{\frac{2\mathrm{i}\pi}{3}}$

（b） $\cos 2\theta + \mathrm{i}\sin 2\theta = \mathrm{e}^{2\mathrm{i}\theta}$

$(\cos 2\theta + \mathrm{i}\sin 2\theta)^2 = \mathrm{e}^{4\mathrm{i}\theta}$

（c） $-7\mathrm{i} = 7\left(\cos\frac{3\pi}{2} + \mathrm{i}\sin\frac{3\pi}{2}\right) = 7\mathrm{e}^{\frac{3\mathrm{i}\pi}{2}}$

$(-7\mathrm{i})^2 = 49\mathrm{e}^{3\mathrm{i}\pi} = -49$

（d） $5 - 5\mathrm{i} = 5\sqrt{2}\left(\frac{\sqrt{2}}{2} - \frac{\sqrt{2}}{2}\mathrm{i}\right) = 5\sqrt{2}\left(\cos\left(-\frac{\pi}{4}\right) + \mathrm{i}\sin\left(-\frac{\pi}{4}\right)\right) = 5\sqrt{2}\mathrm{e}^{-\frac{\mathrm{i}\pi}{4}}$

$(5 - 5\mathrm{i})^2 = 50\mathrm{e}^{-\frac{\mathrm{i}\pi}{2}}$

10. **解** $z^8 = 1$ 的根为 $\pm 1, \pm\mathrm{i}, \pm\frac{1}{\sqrt{2}} \pm \frac{\mathrm{i}}{\sqrt{2}}$.

$z = \mathrm{e}^{-\frac{\mathrm{i}\pi}{4}} = \cos\left(-\frac{\pi}{4}\right) + \mathrm{i}\sin\left(-\frac{\pi}{4}\right) = \frac{\sqrt{2}}{2} - \frac{\sqrt{2}}{2}\mathrm{i}$.

11. **解** $z^3 = 1$ 的根为 $1, \mathrm{e}^{\frac{2\mathrm{i}\pi}{3}}, \mathrm{e}^{\frac{4\mathrm{i}\pi}{3}}$.

$z^3 = -1$ 的根为 $-1, \mathrm{e}^{\frac{\mathrm{i}\pi}{3}}, \mathrm{e}^{-\frac{\mathrm{i}\pi}{3}}$.

这六个根合起来为 $z^6 = 1$ 的根.

12. **解** 由于 $e^{3i\theta}=(e^{i\theta})^3$，则 $\cos 3\theta+i\sin 3\theta=(\cos\theta+i\sin\theta)^3$. 进而

$$\cos 3\theta=\mathrm{Re}[(\cos\theta+i\sin\theta)^3]=\cos^3\theta-3\cos\theta\sin^2\theta$$

$$\sin 3\theta=\mathrm{Im}[(\cos\theta+i\sin\theta)^3]=3\cos^2\theta\sin\theta-\sin^3\theta$$

13. **证明** 设 $\boldsymbol{A}$ 是周期为 m 的 n 级矩阵，$\boldsymbol{A}\sim\boldsymbol{B}$，则 $\boldsymbol{B}=\boldsymbol{P}^{-1}\boldsymbol{A}\boldsymbol{P}$. 对于任意正整数 s，有 $\boldsymbol{B}^s=\boldsymbol{P}^{-1}\boldsymbol{A}^s\boldsymbol{P}$. 所以，$\boldsymbol{B}^m=\boldsymbol{P}^{-1}\boldsymbol{A}^m\boldsymbol{P}=\boldsymbol{P}^{-1}\boldsymbol{I}\boldsymbol{P}=\boldsymbol{I}$. 因此 $\boldsymbol{B}$ 是周期矩阵.

当 $s<m$ 时，假设 $\boldsymbol{B}^s=\boldsymbol{I}$，则 $\boldsymbol{A}^s=\boldsymbol{P}\boldsymbol{B}^s\boldsymbol{P}^{-1}=\boldsymbol{I}$，这与 $\boldsymbol{A}$ 的周期为 m 矛盾，因此，$\boldsymbol{B}$ 的周期等于 m.

14. **证明**

$$\underbrace{\begin{pmatrix}0&0&0&1\\0&0&1&0\\0&1&0&0\\1&0&0&0\end{pmatrix}}_{\boldsymbol{P}^{-1}=\boldsymbol{P}^{\mathrm{T}}}\begin{pmatrix}1&&&\\&2&&\\&&3&\\&&&4\end{pmatrix}\underbrace{\begin{pmatrix}0&0&0&1\\0&0&1&0\\0&1&0&0\\1&0&0&0\end{pmatrix}}_{\boldsymbol{P}}=\begin{pmatrix}4&&&\\&3&&\\&&2&\\&&&1\end{pmatrix}$$

15. **证明**

(a) $\boldsymbol{A}\boldsymbol{x}=\lambda_0\boldsymbol{x}\implies\boldsymbol{A}^2\boldsymbol{x}=\lambda_0^2\boldsymbol{x}$. 因为 $\boldsymbol{A}^2=\boldsymbol{A}$，所以 $\boldsymbol{A}^2\boldsymbol{x}=\boldsymbol{A}\boldsymbol{x}=\lambda_0\boldsymbol{x}\implies\lambda_0\boldsymbol{x}=\lambda_0^2\boldsymbol{x}\implies\lambda_0\in\{0,1\}$.

当 $\boldsymbol{A}=\boldsymbol{0}$ 时，$\lambda_0=0$. 当 $\boldsymbol{A}=\boldsymbol{I}$ 时，$\lambda_0=1$.

(b) 若 $r=n$，则 $\boldsymbol{A}$ 可逆，$\boldsymbol{A}^2=\boldsymbol{A}\implies\boldsymbol{A}=\boldsymbol{I}$，命题显然成立.

若 $r<n$，对于特征值 0，$\boldsymbol{A}\boldsymbol{x}=\boldsymbol{0}$ 解空间的维数为 $n-r$. 由于 $\boldsymbol{A}$ 是幂等矩阵，根据例 4.10，$\mathrm{rank}(\boldsymbol{A})+\mathrm{rank}(\boldsymbol{I}-\boldsymbol{A})=n$，从而 $\mathrm{rank}(\boldsymbol{I}-\boldsymbol{A})=n-r$. 对于特征值 1，$(\boldsymbol{I}-\boldsymbol{A})\boldsymbol{x}=\boldsymbol{0}$ 解空间的维数为 r. 因而特征子空间的维数之和为 n，幂等矩阵一定可以对角化，对角元中有 r 个 1，$n-r$ 个 0：

$$\boldsymbol{A}\sim\underbrace{\begin{pmatrix}\boldsymbol{I}_r&\boldsymbol{0}\\\boldsymbol{0}&\boldsymbol{0}\end{pmatrix}}_{\boldsymbol{\Lambda}}$$

(c) $\mathrm{tr}(\boldsymbol{A})=\mathrm{tr}(\boldsymbol{\Lambda})=r=\mathrm{rank}(\boldsymbol{A})$.

16. **证明**

(a) 假设幂零指数为 l，即 $\boldsymbol{A}^l=\boldsymbol{0}$, 则 $|\boldsymbol{A}|^l=0\implies|\boldsymbol{A}|=0$，所以 0 是一个特征值.

假设 λ_0 是特征值，则 $\boldsymbol{A}\boldsymbol{x}=\lambda_0\boldsymbol{x}\implies\boldsymbol{A}^l\boldsymbol{x}=\lambda_0^l\boldsymbol{x}\implies\lambda_0^l\boldsymbol{x}=\boldsymbol{0}\implies\lambda_0=0$. 所以唯一的特征值是 0.

(b) 设 $\boldsymbol{A}\neq 0,\mathrm{rank}(\boldsymbol{A})=r>0$，$\boldsymbol{A}\boldsymbol{x}=\boldsymbol{0}$ 的特征子空间的维数为 $n-r$，这也是总的特征子空间的维数，$n-r<n$，故无法找到 n 个线性无关的特征向量，因而非零幂零矩阵无法进行对角化.

17. **证明** 根据上节习题 17，循环矩阵 $\boldsymbol{C}$ 有 n 个不同的特征值 $1,\xi,\cdots,\xi^{n-1}$，其中 $\xi=\mathrm{e}^{\frac{2\pi\mathrm{i}}{n}}$. 令

$$\boldsymbol{P}=\begin{pmatrix}1 & 1 & \cdots & 1\\ 1 & \xi & \cdots & \xi^{n-1}\\ 1 & \xi^2 & \cdots & \xi^{2(n-1)}\\ \vdots & \vdots & & \vdots\\ 1 & \xi^{n-1} & \cdots & \xi^{(n-1)(n-1)}\end{pmatrix}$$

则

$$\boldsymbol{P}^{-1}\boldsymbol{C}\boldsymbol{P}=\begin{pmatrix}1 & & & \\ & \xi & & \\ & & \ddots & \\ & & & \xi^{n-1}\end{pmatrix}.$$

18. **证明**

（a） 上三角形矩阵的特征多项式为 $\det(\boldsymbol{A}-\lambda\boldsymbol{I})=(a_{11}-\lambda)\cdots(a_{nn}-\lambda)$，故其特征值为对角元，如果对角元两两不等，则相应的特征向量线性无关，矩阵可以对角化.

（b） 唯一的特征值为 a_{11}，$(\boldsymbol{A}-a_{11}\boldsymbol{I})\boldsymbol{x}=\boldsymbol{0}$ 的特征子空间维数为 $n-\operatorname{rank}(\boldsymbol{A}-a_{11}\boldsymbol{I})<n$, 因此 $\boldsymbol{A}$ 不能对角化.

A.5.3 对称矩阵的对角化与二次型

1. **解** $\boldsymbol{A}$ 的特征多项式为 $(\lambda-3)^3(\lambda-7)$，特征值 $\lambda=3$ 的特征向量为（解方程组 $(\boldsymbol{A}-3\boldsymbol{I})\boldsymbol{x}=\boldsymbol{0}$）$\boldsymbol{x}_1=(1,1,0,0),\boldsymbol{x}_2=(1,0,1,0),\boldsymbol{x}_3=(1,0,0,-1)$. 把它们 Gram-Schmidt 正交化得到：$\boldsymbol{z}_1=\left(\frac{\sqrt{2}}{2},\frac{\sqrt{2}}{2},0,0\right)$，$\boldsymbol{z}_2=\left(\frac{\sqrt{6}}{6},-\frac{\sqrt{6}}{6},\frac{\sqrt{6}}{3},0\right)$，$\boldsymbol{z}_3=\left(\frac{\sqrt{3}}{6},-\frac{\sqrt{3}}{6},-\frac{\sqrt{3}}{6},-\frac{\sqrt{3}}{2}\right)$.

解方程组 $(\boldsymbol{A}-7\boldsymbol{I})\boldsymbol{x}=\boldsymbol{0}$ 得到第四个特征向量 $\boldsymbol{z}_4=\left(\frac{1}{2},-\frac{1}{2},-\frac{1}{2},\frac{1}{2}\right)$.

令 $\boldsymbol{Q}=(\boldsymbol{z}_1\ \boldsymbol{z}_2\ \boldsymbol{z}_3\ \boldsymbol{z}_4)$，则 $\boldsymbol{Q}^{-1}\boldsymbol{A}\boldsymbol{Q}=\begin{pmatrix}3 & & & \\ & 3 & & \\ & & 3 & \\ & & & 7\end{pmatrix}$.

2. **证明** 幂零矩阵的特征值只有零，根据 $\boldsymbol{A}=\boldsymbol{Q}\boldsymbol{0}\boldsymbol{Q}^{-1}$ 有 $\boldsymbol{A}=\boldsymbol{0}$.

3. **证明** 设 λ 是 $\boldsymbol{A}^{\mathrm{T}}\boldsymbol{A}$ 的特征值，则 $\boldsymbol{A}^{\mathrm{T}}\boldsymbol{A}\boldsymbol{x}=\lambda\boldsymbol{x}\implies\boldsymbol{x}^{\mathrm{T}}\boldsymbol{A}^{\mathrm{T}}\boldsymbol{A}\boldsymbol{x}=\lambda\boldsymbol{x}^{\mathrm{T}}\boldsymbol{x}$. 因为 $\boldsymbol{x}^{\mathrm{T}}\boldsymbol{x}>0$，所以 $\lambda=\frac{||A\boldsymbol{x}||^2}{||\boldsymbol{x}||}\geqslant 0$，当 $\boldsymbol{A}\boldsymbol{x}=\boldsymbol{0}$ 时取等号.

4. **解** 二次型的矩阵为

$$\boldsymbol{A}=\begin{pmatrix}1&-2&0\\-2&2&-2\\0&-2&3\end{pmatrix}$$

对 $\boldsymbol{A}$ 进行对角化

$$\boldsymbol{A}=\underbrace{\begin{pmatrix}-\frac{2}{3}&\frac{1}{3}&\frac{2}{3}\\\frac{1}{3}&-\frac{2}{3}&\frac{2}{3}\\\frac{2}{3}&\frac{2}{3}&\frac{1}{3}\end{pmatrix}}_{\boldsymbol{Q}}\underbrace{\begin{pmatrix}2&&\\&5&\\&&-1\end{pmatrix}}_{\boldsymbol{\Lambda}}\underbrace{\begin{pmatrix}-\frac{2}{3}&\frac{1}{3}&\frac{2}{3}\\\frac{1}{3}&-\frac{2}{3}&\frac{2}{3}\\\frac{2}{3}&\frac{2}{3}&\frac{1}{3}\end{pmatrix}^{\mathrm{T}}}_{\boldsymbol{Q}^{\mathrm{T}}}$$

二次型的标准形为 $f(x,y,z)=\boldsymbol{x}^{\mathrm{T}}\boldsymbol{A}\boldsymbol{x}=(\boldsymbol{Q}^{\mathrm{T}}\boldsymbol{x})^{\mathrm{T}}\boldsymbol{\Lambda}(\boldsymbol{Q}^{\mathrm{T}}\boldsymbol{x})=2a^2+5b^2-c^2$, 其中

$$(a,b,c)=\boldsymbol{Q}^{\mathrm{T}}(x,y,z)=\left(-\frac{2}{3}x+\frac{1}{3}y+\frac{2}{3}z,\frac{1}{3}x-\frac{2}{3}y+\frac{2}{3}z,\frac{2}{3}x+\frac{2}{3}y+\frac{1}{3}z\right).$$

所以，对 (x,y,z) 进行非退化线性替换（正交替换）为 $(x,y,z)=\boldsymbol{Q}(a,b,c)$.

5. **解**

$$\begin{pmatrix}1&1&-1\\1&2&0\\-1&0&-1\\1&0&0\\0&1&0\\0&0&1\end{pmatrix}\xRightarrow{r_2-r_1}\begin{pmatrix}1&1&-1\\0&1&1\\-1&0&-1\\1&0&0\\0&1&0\\0&0&1\end{pmatrix}\xRightarrow{c_2-c_1}\begin{pmatrix}1&0&-1\\0&1&1\\-1&1&-1\\1&-1&0\\0&1&0\\0&0&1\end{pmatrix}$$

$$\xRightarrow{r_3+r_1}\begin{pmatrix}1&0&-1\\0&1&1\\0&1&-2\\1&-1&0\\0&1&0\\0&0&1\end{pmatrix}\xRightarrow{c_3+c_1}\begin{pmatrix}1&0&0\\0&1&1\\0&1&-2\\1&-1&1\\0&1&0\\0&0&1\end{pmatrix}$$

$$\xRightarrow{r_3-r_2}\begin{pmatrix}1&0&0\\0&1&1\\0&0&-3\\1&-1&1\\0&1&0\\0&0&1\end{pmatrix}\xRightarrow{c_3-c_2}\begin{pmatrix}1&0&0\\0&1&0\\0&0&-3\\1&-1&2\\0&1&-1\\0&0&1\end{pmatrix}$$

所以

$$\underbrace{\begin{pmatrix} 1 & 0 & 0 \\ -1 & 1 & 0 \\ 2 & -1 & 1 \end{pmatrix}}_{\boldsymbol{B}^{\mathrm{T}}}\underbrace{\begin{pmatrix} 1 & 1 & -1 \\ 1 & 2 & 0 \\ -1 & 0 & -1 \end{pmatrix}}_{\boldsymbol{A}}\underbrace{\begin{pmatrix} 1 & -1 & 2 \\ 0 & 1 & -1 \\ 0 & 0 & 1 \end{pmatrix}}_{\boldsymbol{B}}=\underbrace{\begin{pmatrix} 1 & 0 & 0 \\ 0 & 1 & 0 \\ 0 & 0 & -3 \end{pmatrix}}_{\boldsymbol{\Lambda}}$$

所做的非线性替换是 $\boldsymbol{x}=\boldsymbol{B}\boldsymbol{y}=(y_1-y_2+2y_3, y_2-y_3, y_3)$.

$$f(x_1,x_2,y_2)=y_1^2+y_2^2-3y_3^2.$$

注：以上不是正交替换.

6. **证明** **必要性** $\boldsymbol{x}^{\mathrm{T}}\boldsymbol{A}\boldsymbol{x}=(\boldsymbol{x}^{\mathrm{T}}\boldsymbol{A}\boldsymbol{x})^{\mathrm{T}}=\boldsymbol{x}^{\mathrm{T}}\boldsymbol{A}^{\mathrm{T}}\boldsymbol{x}=-\boldsymbol{x}^{\mathrm{T}}\boldsymbol{A}\boldsymbol{x} \implies \boldsymbol{x}^{\mathrm{T}}\boldsymbol{A}\boldsymbol{x}=0.$

充分性 设 $\boldsymbol{A}$ 的列向量组为 $\boldsymbol{a}_1,\cdots,\boldsymbol{a}_n$. 由已知条件得：

$$0=\boldsymbol{e}_i^{\mathrm{T}}\boldsymbol{A}\boldsymbol{e}_i=\boldsymbol{e}_i^{\mathrm{T}}\boldsymbol{a}_i=a_{ii}, i=1,\cdots,n,$$

$$0=(\boldsymbol{e}_i+\boldsymbol{e}_j)^{\mathrm{T}}\boldsymbol{A}(\boldsymbol{e}_i+\boldsymbol{e}_j)=(\boldsymbol{e}_i^{\mathrm{T}}+\boldsymbol{e}_j^{\mathrm{T}})(\boldsymbol{a}_i+\boldsymbol{a}_j)=a_{ii}+a_{ij}+a_{ji}+a_{jj} \implies a_{ij}+a_{ji}=0.$$

因此，$\boldsymbol{A}$ 是斜对称矩阵.

7. **证明**

$$由于\underbrace{\begin{pmatrix} \boldsymbol{I}_r & \boldsymbol{0} \\ -\boldsymbol{A}_2^{\mathrm{T}}\boldsymbol{A}_1^{-1} & \boldsymbol{I}_{n-r} \end{pmatrix}}_{\boldsymbol{B}^{\mathrm{T}}}\underbrace{\begin{pmatrix} \boldsymbol{A}_1 & \boldsymbol{A}_2 \\ \boldsymbol{A}_2^{\mathrm{T}} & \boldsymbol{A}_4 \end{pmatrix}}_{\boldsymbol{A}}\underbrace{\begin{pmatrix} \boldsymbol{I}_r & -\boldsymbol{A}_1^{-1}\boldsymbol{A}_2 \\ \boldsymbol{0} & \boldsymbol{I}_{n-r} \end{pmatrix}}_{\boldsymbol{B}}=\underbrace{\begin{pmatrix} \boldsymbol{A}_1 & \boldsymbol{0} \\ \boldsymbol{0} & \boldsymbol{A}_4-\boldsymbol{A}_2^{\mathrm{T}}\boldsymbol{A}_1^{-1}\boldsymbol{A}_2 \end{pmatrix}}_{\boldsymbol{C}}$$

$$故\boldsymbol{A}\simeq\begin{pmatrix} \boldsymbol{A}_1 & \boldsymbol{0} \\ \boldsymbol{0} & \boldsymbol{A}_4-\boldsymbol{A}_2^{\mathrm{T}}\boldsymbol{A}_1^{-1}\boldsymbol{A}_2 \end{pmatrix}, \quad |\boldsymbol{A}|=|\boldsymbol{A}_1||\boldsymbol{A}_4-\boldsymbol{A}_2^{\mathrm{T}}\boldsymbol{A}_1^{-1}\boldsymbol{A}_2|.$$

8. **证明** 任意对称矩阵都可以对角化 $\boldsymbol{Q}^{\mathrm{T}}\boldsymbol{A}\boldsymbol{Q}=\boldsymbol{\Lambda}$. 任取向量 $\boldsymbol{x}\in\mathbb{R}^n$，设 $\boldsymbol{Q}^{\mathrm{T}}\boldsymbol{x}=(b_1,\cdots,b_n)$，则

$$\boldsymbol{x}^{\mathrm{T}}\boldsymbol{A}\boldsymbol{x}=\boldsymbol{x}^{\mathrm{T}}\boldsymbol{Q}\boldsymbol{\Lambda}\boldsymbol{Q}^{\mathrm{T}}\boldsymbol{x}=(\boldsymbol{Q}^{\mathrm{T}}\boldsymbol{x})^{\mathrm{T}}\boldsymbol{\Lambda}(\boldsymbol{Q}^{\mathrm{T}}\boldsymbol{x})=\lambda_1b_1^2+\cdots+\lambda_nb_n^2.$$

所以

$$\boldsymbol{x}^{\mathrm{T}}\boldsymbol{A}\boldsymbol{x}\leqslant\lambda_1(b_1^2+\cdots+b_n^2)=\lambda_1||\boldsymbol{Q}^{\mathrm{T}}\boldsymbol{x}||^2=\lambda_1||\boldsymbol{x}||^2,$$

同理

$$\boldsymbol{x}^{\mathrm{T}}\boldsymbol{A}\boldsymbol{x}\geqslant\lambda_n||\boldsymbol{x}||^2.$$

因此，

$$\lambda_n\leqslant\frac{\boldsymbol{x}^{\mathrm{T}}\boldsymbol{A}\boldsymbol{x}}{||\boldsymbol{x}||^2}\leqslant\lambda_1.$$

9. **证明** 利用上题结论，取 $\boldsymbol{x}=\boldsymbol{e}_i$，有 $\boldsymbol{e}_i^{\mathrm{T}}\boldsymbol{A}\boldsymbol{e}_i=a_{ii}$，且 $||\boldsymbol{e}_i||=1$，则 $\lambda_n\leqslant a_{ii}\leqslant\lambda_1$.

10. **解** 三个二次型的矩阵分别为

$$\boldsymbol{A}=\begin{pmatrix}1&0&0\\0&0&-0.5\\0&-0.5&0\end{pmatrix},\quad \boldsymbol{B}=\begin{pmatrix}0&0.5&0\\0.5&0&0\\0&0&-1\end{pmatrix},\quad \boldsymbol{C}=\begin{pmatrix}0&0.5&0\\0.5&0&0\\0&0&1\end{pmatrix}$$

三个矩阵的秩为 3，都为满秩，故零不是特征值.

矩阵 $\boldsymbol{A}$ 的一个特征值为 1，且迹为 1，故还有一个特征值为正，一个为负，正惯性指数为 2. 矩阵 $\boldsymbol{B}$ 的一个特征值为 -1，且迹为 -1，故还有一个特征值为正，一个为负，正惯性指数为 1. 矩阵 $\boldsymbol{C}$ 的一个特征值为 1，且迹为 1，故还有一个特征值为正，一个为负，正惯性指数为 2.

所以 f_1,f_3 等价，f_2 与 f_1,f_3 都不等价.

11. **解** 设 $\boldsymbol{A}$ 的正惯性指数为 p，秩为 r，则 $-\boldsymbol{A}$ 的正惯性指数为 $r-p$，秩为 r. 因为它们在同一个合同类，正惯性指数是合同不变量，故 $r-p=p\implies 2p=r$. 因而符号差为 0，秩为 $2p$.

12. **解**

$$\boldsymbol{\Lambda}=\begin{pmatrix}10&0\\0&-5\end{pmatrix},\quad \boldsymbol{Q}=\begin{pmatrix}\dfrac{1}{\sqrt{5}}&\dfrac{2}{\sqrt{5}}\\\dfrac{2}{\sqrt{5}}&-\dfrac{1}{\sqrt{5}}\end{pmatrix}$$

$$\boldsymbol{Q}^{\mathrm{T}}\boldsymbol{A}\boldsymbol{Q}=\boldsymbol{\Lambda}.$$

13. **解** $\lambda^3=0\implies\lambda=0$ 即所有特征值为零，前面我们证明了幂零矩阵的特征值为零. 例如 $\boldsymbol{A}=\begin{pmatrix}0&0\\1&0\end{pmatrix}$，$\boldsymbol{A}^3=0$. 如果 $\boldsymbol{A}$ 是对称矩阵，则 $\boldsymbol{A}=\boldsymbol{Q}\boldsymbol{0}\boldsymbol{Q}^{\mathrm{T}}=\boldsymbol{0}$.

14. **解** 易知，$\boldsymbol{A}$ 的特征向量为 $\lambda_1=2,\lambda_2=4$，对应的单位特征向量为 $\boldsymbol{x}_1=(1/\sqrt{2},-1/\sqrt{2}),\boldsymbol{x}_2=(1/\sqrt{2},1/\sqrt{2})$. 所以，$\boldsymbol{A}$ 的对角化为

$$\boldsymbol{A}=\boldsymbol{Q}\boldsymbol{\Lambda}\boldsymbol{Q}^{\mathrm{T}}=\begin{pmatrix}\dfrac{1}{\sqrt{2}}&\dfrac{1}{\sqrt{2}}\\-\dfrac{1}{\sqrt{2}}&\dfrac{1}{\sqrt{2}}\end{pmatrix}\begin{pmatrix}4&0\\0&2\end{pmatrix}\begin{pmatrix}\dfrac{1}{\sqrt{2}}&-\dfrac{1}{\sqrt{2}}\\\dfrac{1}{\sqrt{2}}&\dfrac{1}{\sqrt{2}}\end{pmatrix}$$

$$\boldsymbol{A}=\lambda_1\boldsymbol{x}_1\boldsymbol{x}_1^{\mathrm{T}}+\lambda_2\boldsymbol{x}_2\boldsymbol{x}_2^{\mathrm{T}}=2\begin{pmatrix}0.5&-0.5\\-0.5&0.5\end{pmatrix}+4\begin{pmatrix}0.5&0.5\\0.5&0.5\end{pmatrix}$$

易知，$\boldsymbol{B}$ 的特征向量为 $\lambda_1=0,\lambda_2=4$，对应的单位特征向量为 $\boldsymbol{x}_1=(0.8,-0.6)$，$\boldsymbol{x}_2=(0.6,0.8)$. 所以，$\boldsymbol{B}$ 的对角化为

$$\boldsymbol{B}=\boldsymbol{Q}\boldsymbol{\Lambda}\boldsymbol{Q}^{\mathrm{T}}=\begin{pmatrix}0.8&0.6\\-0.6&0.8\end{pmatrix}\begin{pmatrix}0&0\\0&25\end{pmatrix}\begin{pmatrix}0.8&-0.6\\0.6&0.8\end{pmatrix}$$

$$\boldsymbol{B}=\lambda_1\boldsymbol{x}_1\boldsymbol{x}_1^{\mathrm{T}}+\lambda_2\boldsymbol{x}_2\boldsymbol{x}_2^{\mathrm{T}}=0\begin{pmatrix}0.64&-0.48\\-0.48&0.36\end{pmatrix}+25\begin{pmatrix}0.36&0.48\\0.48&0.64\end{pmatrix}$$

15. **解** 因为 $\boldsymbol{M}$ 是反对称矩阵，故其特征值的实部为零. 又因为 $\boldsymbol{M}$ 是正交矩阵，故其特征值的模长为 1. 因为 $\boldsymbol{M}$ 的迹为零，且复特征值共轭成对，所以 $\boldsymbol{M}$ 的特征值为 $\mathrm{i}, \mathrm{i}, -\mathrm{i}, -\mathrm{i}$.
16. **解** 因为 $\boldsymbol{S}$ 可逆，则特征值对角矩阵 $\boldsymbol{\Lambda}$ 可逆，

$$\boldsymbol{S} = \boldsymbol{Q\Lambda Q}^{\mathrm{T}} \implies \boldsymbol{S}^{-1} = \boldsymbol{Q\Lambda}^{-1}\boldsymbol{Q}^{\mathrm{T}},$$

易知，$(\boldsymbol{S}^{-1})^{\mathrm{T}} = \boldsymbol{S}^{-1}$，所以可逆对称矩阵的逆矩阵也是对称的.
17. **解** A：可逆矩阵、正交矩阵、置换矩阵、可对角化矩阵.
B：投影矩阵，可对角化矩阵.
18. **证明**

$$\det(\boldsymbol{A}^{\mathrm{T}}) = \det(\boldsymbol{A}) = \det(-\boldsymbol{A}) = (-1)^n \det(\boldsymbol{A})$$

若 n 为偶数，则 $\det(\boldsymbol{A}) = \det(\boldsymbol{A})$. 若 n 为奇数，则 $\det(\boldsymbol{A}) = -\det(\boldsymbol{A}) \implies \det(\boldsymbol{A}) = 0$. 此种方法无法证明该命题.
我们已经证明反对称矩阵的特征值的实部为 0，且特征值共轭成对出现. 如果特征值中有 0，则 $\det(\boldsymbol{A}) = 0$. 如果特征值中无 0，则 $\det(\boldsymbol{A}) = \lambda_1\lambda_2\cdots\lambda_n = b_1\mathrm{i}(-b_1\mathrm{i})b_2\mathrm{i}(-b_2\mathrm{i})\cdots > 0$. 所以，反对称矩阵的行列式非负.

A.5.4　正定矩阵与正定二次型

1. **证明** 首先，证明 $\boldsymbol{A}^{-1}$ 为对称矩阵. 由于 $\boldsymbol{A}$ 为正定矩阵，则 $\boldsymbol{A}$ 为对称矩阵，即有 $\boldsymbol{A}^{\mathrm{T}} = \boldsymbol{A}$. 则 $(\boldsymbol{A}^{-1})^{\mathrm{T}} = (\boldsymbol{A}^{\mathrm{T}})^{-1} = \boldsymbol{A}^{-1}$，故 $\boldsymbol{A}^{-1}$ 为对称矩阵. 接着，证明 $\boldsymbol{A}^{-1}$ 为正定矩阵. 由于 $\boldsymbol{A}$ 为正定矩阵，则有对 $\forall \boldsymbol{x} \in \mathbb{R}(\boldsymbol{x} \neq \boldsymbol{0})$，$\boldsymbol{x}^{\mathrm{T}}\boldsymbol{A}\boldsymbol{x} > 0$. 则 $\boldsymbol{x}^{\mathrm{T}}\boldsymbol{A}^{-1}\boldsymbol{x} = \boldsymbol{x}^{\mathrm{T}}\boldsymbol{A}^{-1}(\boldsymbol{A}\boldsymbol{A}^{-1})\boldsymbol{x} = \boldsymbol{x}^{\mathrm{T}}(\boldsymbol{A}^{-1})^{\mathrm{T}}\boldsymbol{A}\boldsymbol{A}^{-1}\boldsymbol{x} = (\boldsymbol{A}^{-1}\boldsymbol{x})^{\mathrm{T}}\boldsymbol{A}(\boldsymbol{A}^{-1}\boldsymbol{x}) > 0$，且有 $\boldsymbol{A}^{-1}\boldsymbol{x} \neq \boldsymbol{0}$，故 $\boldsymbol{A}^{-1}$ 为正定矩阵.
2. **解** 第一个二次型对应的矩阵为

$$\boldsymbol{A}_1 = \begin{pmatrix} 4 & 2 & 0 \\ 2 & 5 & -2 \\ 0 & -2 & 6 \end{pmatrix}$$

则 $\boldsymbol{A}_1$ 的 $1,2,3$ 阶顺序主子式依次为 $4,16,80$，均大于 0. 故 $\boldsymbol{A}_1$ 为正定矩阵，即第一个二次型正定.
第二个二次型对应的矩阵为

$$\boldsymbol{A}_2 = \begin{pmatrix} 1 & 2 & 0 \\ 2 & 2 & 1 \\ 0 & 1 & -3 \end{pmatrix}$$

则 $\boldsymbol{A}_2$ 的 2 阶顺序主子式为 -2，小于 0. 故 $\boldsymbol{A}_2$ 不是正定矩阵，即第二个二次型非正定.

3. **证明** 需要证明 n 阶正定矩阵 $\boldsymbol{A}$ 的主对角线元素为正值. 由于 $\boldsymbol{A}$ 为正定矩阵, 则存在列满秩矩阵 $\boldsymbol{B}$, 使得 $\boldsymbol{A}=\boldsymbol{B}^{\boldsymbol{H}}\boldsymbol{B}$. 可知 $\boldsymbol{A}$ 的主对角线元素 $a_{jj}=\sum\limits_{i=1}^{n}|b_{ij}|^2\geqslant 0$. 若 $\boldsymbol{A}$ 主对角线元素为 0, 则 $\boldsymbol{B}$ 有一整列全为 0, 这与 $\boldsymbol{B}$ 列满秩矛盾. 故 n 阶正定矩阵 $\boldsymbol{A}$ 的主对角线元素为正值, 即证得 n 元实二次型为正定的必要条件是, 它的 n 个平方项的系数全是正的.

反过来则不一定, 例如

$$\boldsymbol{A}=\begin{pmatrix}1&2\\2&1\end{pmatrix}$$

此时, $\boldsymbol{A}$ 的主对角线全为正值, 但不是正定矩阵.

4. **证明** **必要性** 若 $\boldsymbol{A}$ 为 n 级实正定矩阵, 则 $\boldsymbol{A}$ 为实对称矩阵, $\boldsymbol{A}$ 可正交对角化. 即存在 $k_1,k_2,\cdots,k_n>0$ 与正交阵 $\boldsymbol{Q}$, 使得

$$\boldsymbol{A}=\boldsymbol{Q}\begin{pmatrix}k_1&&&\\&k_2&&\\&&\ddots&\\&&&k_n\end{pmatrix}$$

$$\boldsymbol{Q}^{\mathrm{T}}=\left(\begin{pmatrix}\sqrt{k_1}&&&\\&\sqrt{k_2}&&\\&&\ddots&\\&&&\sqrt{k_n}\end{pmatrix}\boldsymbol{Q}^{\mathrm{T}}\right)^{\mathrm{T}}\begin{pmatrix}\sqrt{k_1}&&&\\&\sqrt{k_2}&&\\&&\ddots&\\&&&\sqrt{k_n}\end{pmatrix}\boldsymbol{Q}^{\mathrm{T}}$$

只需令 $\boldsymbol{C}=\begin{pmatrix}\sqrt{k_1}&&&\\&\sqrt{k_2}&&\\&&\ddots&\\&&&\sqrt{k_n}\end{pmatrix}\boldsymbol{Q}^{\mathrm{T}}$, 即有 $\boldsymbol{A}=\boldsymbol{C}^{\mathrm{T}}\boldsymbol{C}$, 且 $\boldsymbol{C}$ 可逆.

充分性 由于 $\boldsymbol{A}=\boldsymbol{C}^{\mathrm{T}}\boldsymbol{C}$, 则对 $\forall\boldsymbol{x}\neq\boldsymbol{0}$, 有

$$\boldsymbol{x}^{\mathrm{T}}\boldsymbol{A}\boldsymbol{x}=\boldsymbol{x}^{\mathrm{T}}\boldsymbol{C}^{\mathrm{T}}\boldsymbol{C}\boldsymbol{x}=(\boldsymbol{C}\boldsymbol{x})^{\mathrm{T}}(\boldsymbol{C}\boldsymbol{x})=\|\boldsymbol{C}\boldsymbol{x}\|^2\geqslant 0$$

若 $\|\boldsymbol{C}\boldsymbol{x}\|^2=0$, 则 $\boldsymbol{C}\boldsymbol{x}=0$, 又 $\boldsymbol{C}$ 为可逆矩阵, 则 $\boldsymbol{x}=\boldsymbol{0}$, 矛盾. 故 $\boldsymbol{x}^{\mathrm{T}}\boldsymbol{A}\boldsymbol{x}>0$, $\boldsymbol{A}$ 为正定矩阵.

5. **证明** 由题知

$$\boldsymbol{A}=\begin{pmatrix}n-1&-1&\cdots&-1\\-1&n-1&\cdots&-1\\\vdots&\vdots&&\vdots\\-1&-1&\cdots&n-1\end{pmatrix}$$

即 $\boldsymbol{A}=n\boldsymbol{I}-\boldsymbol{M}$，其中 $\boldsymbol{M}$ 为$n\times n$ 的全 1 矩阵. 由 5.1 节习题 9 可知，$\boldsymbol{M}$ 的特征值是 n，0（$n-1$ 重），因而 $\boldsymbol{A}$ 的特征值是 0，n（$n-1$ 重），$\boldsymbol{A}$ 为半正定矩阵. 所以，对于 $\forall \boldsymbol{x}=(x_1,x_2,\cdots,x_n)\neq 0$，有

$$\boldsymbol{x}^{\mathrm{T}}\boldsymbol{A}\boldsymbol{x}=\boldsymbol{x}^{\mathrm{T}}(n\boldsymbol{I}-\boldsymbol{M})\boldsymbol{x}=n\boldsymbol{x}^{\mathrm{T}}\boldsymbol{x}-\boldsymbol{x}^{\mathrm{T}}\boldsymbol{M}\boldsymbol{x}=n\sum_{i=1}^{n}x_i^2-\left(\sum_{i=1}^{n}x_i\right)^2\geqslant 0.$$

6. **证明** **必要性** 若 $\boldsymbol{A}$ 为 n 阶实半正定矩阵，则 $\boldsymbol{A}$ 为实对称矩阵，$\boldsymbol{A}$ 可正交对角化. 即存在 $k_1,k_2,\cdots,k_n\geqslant 0$ 与正交阵 $\boldsymbol{Q}$，使得

$$\boldsymbol{A}=\boldsymbol{Q}\begin{pmatrix}k_1 & & & \\ & k_2 & & \\ & & \ddots & \\ & & & k_n\end{pmatrix}$$

$$\boldsymbol{Q}^{\mathrm{T}}=\left(\boldsymbol{Q}\begin{pmatrix}\sqrt{k_1} & & & \\ & \sqrt{k_2} & & \\ & & \ddots & \\ & & & \sqrt{k_n}\end{pmatrix}\boldsymbol{Q}^{\mathrm{T}}\right)\left(\boldsymbol{Q}\begin{pmatrix}\sqrt{k_1} & & & \\ & \sqrt{k_2} & & \\ & & \ddots & \\ & & & \sqrt{k_n}\end{pmatrix}\boldsymbol{Q}^{\mathrm{T}}\right)$$

只需令 $\boldsymbol{C}=\boldsymbol{Q}\begin{pmatrix}\sqrt{k_1} & & & \\ & \sqrt{k_2} & & \\ & & \ddots & \\ & & & \sqrt{k_n}\end{pmatrix}\boldsymbol{Q}^{\mathrm{T}}$，即有 $\boldsymbol{A}=\boldsymbol{C}^2$，且 $\boldsymbol{C}$ 为实对称矩阵.

充分性 由于 $\boldsymbol{A}=\boldsymbol{C}^2$，则对 $\forall\boldsymbol{x}\neq\boldsymbol{0}$，有

$$\boldsymbol{x}^{\mathrm{T}}\boldsymbol{A}\boldsymbol{x}=\boldsymbol{x}^{\mathrm{T}}\boldsymbol{C}^2\boldsymbol{x}=\boldsymbol{x}^{\mathrm{T}}\boldsymbol{C}^{\mathrm{T}}\boldsymbol{C}\boldsymbol{x}=(\boldsymbol{C}\boldsymbol{x})^{\mathrm{T}}(\boldsymbol{C}\boldsymbol{x})=\|\boldsymbol{C}\boldsymbol{x}\|^2\geqslant 0$$

故 $\boldsymbol{A}$ 为半正定矩阵.

7. **解** 若 2 阶矩阵存在 2 个正特征值，即该矩阵为正定矩阵，故我们可以通过判定正定矩阵的方法来进行分析.
根据矩阵的顺序主子式大小情况，只有 $\boldsymbol{S}_4$ 为正定矩阵，即只有 $\boldsymbol{S}_4$ 有两个正特征值.

8. **解** 由题知：

$$\boldsymbol{S}=\begin{pmatrix}4 & -4 & 8\\ -4 & 4 & -8\\ 8 & -8 & 16\end{pmatrix}$$

$\boldsymbol{S}$ 的主元为 4，$\operatorname{rank}(\boldsymbol{S})=1$，特征值为 $24,0,0$，$\det(\boldsymbol{S})=0$.

9. **解** 由题知：

$$\boldsymbol{S}=\begin{pmatrix}2&-1&0\\-1&2&-1\\0&-1&2\end{pmatrix}\quad \boldsymbol{T}=\begin{pmatrix}2&-1&-1\\-1&2&-1\\-1&-1&2\end{pmatrix}$$

对 $\boldsymbol{S}$ 而言，可知 $\boldsymbol{S}$ 的 $1,2,3$ 阶顺序主子式分别为 $2,3,4$，均大于 0，故 $\boldsymbol{S}$ 为正定矩阵.

对 $\boldsymbol{T}$ 而言，可知 $\boldsymbol{T}$ 的特征值非负，故 $\boldsymbol{T}$ 为半正定矩阵. 或者，易知 $\boldsymbol{x}^{\mathrm{T}}\boldsymbol{T}\boldsymbol{x}=(x_1-x_2)^2+(x_1-x_3)^2+(x_2-x_3)^2\geqslant 0$，当 $x_1=x_2=x_3$ 时，取等号. 故 $\boldsymbol{T}$ 为半正定矩阵.

10. **解** 当 $\boldsymbol{x}=(0,1,0)$ 时，有 $\boldsymbol{x}^{\mathrm{T}}\boldsymbol{S}\boldsymbol{x}=0$. 即说明 $\boldsymbol{S}$ 不是正定矩阵.

11. **证明** 若 $\boldsymbol{P}$ 为投影矩阵，则有 $\boldsymbol{P}^{\mathrm{T}}=\boldsymbol{P},\boldsymbol{P}^2=\boldsymbol{P}$. 若 $\boldsymbol{P}$ 可逆，则对 $\boldsymbol{P}^2=\boldsymbol{P}$ 两边同时乘以 $\boldsymbol{P}^{-1}$，得到 $\boldsymbol{P}=\boldsymbol{I}$. 即除 $\boldsymbol{P}=\boldsymbol{I}$ 之外的投影矩阵都不可逆. 又正定矩阵的特征值都大于 0，故正定矩阵一定可逆.

故唯一正定的投影矩阵是 $\boldsymbol{P}=\boldsymbol{I}$.

12. **解** 等式左边的二次型为 $ax^2+2bxy+cy^2$，等式右边的标准形为 $a\left(x+\dfrac{b}{a}y\right)^2+\dfrac{ac-b^2}{a}y^2$.

13. **解**

$$\det(\boldsymbol{S})=\begin{vmatrix}\cos\theta&-\sin\theta\\\sin\theta&\cos\theta\end{vmatrix}\begin{vmatrix}2&0\\0&5\end{vmatrix}\begin{vmatrix}\cos\theta&\sin\theta\\-\sin\theta&\cos\theta\end{vmatrix}=\begin{vmatrix}2&0\\0&5\end{vmatrix}=10$$

$\boldsymbol{S}$ 的特征值为 $2,5$，对应的特征向量为 $(\cos\theta,\sin\theta),(-\sin\theta,\cos\theta)$. 由于特征值都为正值，故 $\boldsymbol{S}$ 为正定矩阵.

14. **解** 当 $\boldsymbol{S},\boldsymbol{T}$ 为对称正定矩阵时，有 $(\boldsymbol{S}\boldsymbol{T})^{\mathrm{T}}=\boldsymbol{T}^{\mathrm{T}}\boldsymbol{S}^{\mathrm{T}}=\boldsymbol{T}\boldsymbol{S}$，但不一定等于 $\boldsymbol{S}\boldsymbol{T}$，即 $\boldsymbol{S}\boldsymbol{T}$ 不一定为对称矩阵.

例如，当

$$\boldsymbol{S}=\begin{pmatrix}2&-1&0\\-1&2&-1\\0&-1&2\end{pmatrix}\quad \boldsymbol{T}=\begin{pmatrix}4&2&0\\2&5&-2\\0&-2&6\end{pmatrix}$$

此时 $\boldsymbol{S},\boldsymbol{T}$ 为正定矩阵，有

$$\boldsymbol{S}\boldsymbol{T}=\begin{pmatrix}6&-1&2\\0&10&-10\\-2&-9&14\end{pmatrix}$$

$\boldsymbol{S}\boldsymbol{T}$ 不是对称矩阵.

对 $\forall\boldsymbol{x}\neq\boldsymbol{0}$，$\boldsymbol{S}\boldsymbol{T}\boldsymbol{x}=\lambda\boldsymbol{x}$ 两边同时乘以 $(\boldsymbol{T}\boldsymbol{x})^{\mathrm{T}}$，得到 $(\boldsymbol{T}\boldsymbol{x})^{\mathrm{T}}\boldsymbol{S}\boldsymbol{T}\boldsymbol{x}=(\boldsymbol{T}\boldsymbol{x})^{\mathrm{T}}\lambda\boldsymbol{x}$.

即

$$\lambda=\frac{(\boldsymbol{T}\boldsymbol{x})^{\mathrm{T}}\boldsymbol{S}\boldsymbol{T}\boldsymbol{x}}{(\boldsymbol{T}\boldsymbol{x})^{\mathrm{T}}\boldsymbol{x}}=\frac{(\boldsymbol{T}\boldsymbol{x})^{\mathrm{T}}\boldsymbol{S}(\boldsymbol{T}\boldsymbol{x})}{\boldsymbol{x}^{\mathrm{T}}\boldsymbol{T}\boldsymbol{x}}$$

因为 $\boldsymbol{T}$ 为正定矩阵，故 $\boldsymbol{x}^{\mathrm{T}}\boldsymbol{T}\boldsymbol{x}>0$. 因为 $\boldsymbol{S}$ 为正定矩阵，故 $(\boldsymbol{T}\boldsymbol{x})^{\mathrm{T}}\boldsymbol{S}(\boldsymbol{T}\boldsymbol{x})>0$，且 $\boldsymbol{T}\boldsymbol{x}\neq\mathbf{0}$. 若 $\boldsymbol{T}\boldsymbol{x}=\mathbf{0}$，又 $\boldsymbol{T}$ 为可逆矩阵（正定矩阵一定可逆），则 $\boldsymbol{x}=\mathbf{0}$，矛盾. 故

$$\lambda=\frac{(\boldsymbol{T}\boldsymbol{x})^{\mathrm{T}}\boldsymbol{S}(\boldsymbol{T}\boldsymbol{x})}{\boldsymbol{x}^{\mathrm{T}}\boldsymbol{T}\boldsymbol{x}}>0$$

15. **证明** 首先，证明 $\boldsymbol{S}$ 为对称矩阵. 因为 $\boldsymbol{C}$ 为正定矩阵，则 $\boldsymbol{C}$ 为对称矩阵，则 $\boldsymbol{S}^{\mathrm{T}}=(\boldsymbol{A}^{\mathrm{T}}\boldsymbol{C}\boldsymbol{A})^{\mathrm{T}}=\boldsymbol{A}^{\mathrm{T}}\boldsymbol{C}^{\mathrm{T}}\boldsymbol{A}=\boldsymbol{A}^{\mathrm{T}}\boldsymbol{C}\boldsymbol{A}=\boldsymbol{S}$，故 $\boldsymbol{S}$ 为对称矩阵.
接着，证明 $\boldsymbol{S}$ 为正定矩阵. 对 $\forall\boldsymbol{x}\neq\mathbf{0}$，有 $\boldsymbol{x}^{\mathrm{T}}\boldsymbol{S}\boldsymbol{x}=\boldsymbol{x}^{\mathrm{T}}\boldsymbol{A}^{\mathrm{T}}\boldsymbol{C}\boldsymbol{A}\boldsymbol{x}=(\boldsymbol{A}\boldsymbol{x})^{\mathrm{T}}\boldsymbol{C}(\boldsymbol{A}\boldsymbol{x})$. 又 $\boldsymbol{A}\boldsymbol{x}\neq\mathbf{0}$，因为若 $\boldsymbol{A}\boldsymbol{x}=\mathbf{0}$，且 $\boldsymbol{A}$ 中各列线性无关，则 $\boldsymbol{A}\boldsymbol{x}=\mathbf{0}$ 只有零解，这与 $\boldsymbol{x}\neq\mathbf{0}$ 矛盾. 因为 $\boldsymbol{C}$ 为正定矩阵，则 $\boldsymbol{x}^{\mathrm{T}}\boldsymbol{S}\boldsymbol{x}>0$，故 $\boldsymbol{S}$ 为正定矩阵.

16. **解**

（a） 矩阵 $\lambda_1\boldsymbol{I}-\boldsymbol{S}$ 的特征值为 $0,\lambda_1-\lambda_2,\cdots,\lambda_1-\lambda_n$，可知所有特征值都大于或等于 0，故 $\lambda_1\boldsymbol{I}-\boldsymbol{S}$ 为半正定矩阵.

（b） 要证 $\lambda_1\boldsymbol{x}^{\mathrm{T}}\boldsymbol{x}\geqslant\boldsymbol{x}^{\mathrm{T}}\boldsymbol{S}\boldsymbol{x}$，即证 $\boldsymbol{x}^{\mathrm{T}}(\lambda_1\boldsymbol{I}-\boldsymbol{S})\boldsymbol{x}\geqslant 0$. 当 $\boldsymbol{x}\neq\mathbf{0}$ 时，因为在 (a) 中可知 $\lambda_1\boldsymbol{I}-\boldsymbol{S}$ 为半正定矩阵，故 $\boldsymbol{x}^{\mathrm{T}}(\lambda_1\boldsymbol{I}-\boldsymbol{S})\boldsymbol{x}\geqslant 0$. 当 $\boldsymbol{x}=\mathbf{0}$ 时，易知 $\boldsymbol{x}^{\mathrm{T}}(\lambda_1\boldsymbol{I}-\boldsymbol{S})\boldsymbol{x}\geqslant 0$ 成立. 综上，证得对于任意向量 $\boldsymbol{x}$，有 $\lambda_1\boldsymbol{x}^{\mathrm{T}}\boldsymbol{x}\geqslant\boldsymbol{x}^{\mathrm{T}}\boldsymbol{S}\boldsymbol{x}$.

（c） 由 (b) 可知，

$$\frac{\boldsymbol{x}^{\mathrm{T}}\boldsymbol{S}\boldsymbol{x}}{\boldsymbol{x}^{\mathrm{T}}\boldsymbol{x}}\geqslant\lambda_1$$

故 $\boldsymbol{x}^{\mathrm{T}}\boldsymbol{S}\boldsymbol{x}/\boldsymbol{x}^{\mathrm{T}}\boldsymbol{x}$ 的最大值为 λ_1.

附录 B　相关概念和软件使用

B.1　相关概念

数域

数域需要对加、减、乘、除这四种运算封闭.

定义 B.1（数域）　复数集的一个子集 F 如果满足以下两点，那么称 F 是一个数域.

1. $0,1 \in F$;
2. $a,b \in F \implies a \pm b, ab \in F$, $a,b \in F, b \neq 0 \implies \dfrac{a}{b} \in F$.

有理数集 $\mathbb{Q}$，实数集 $\mathbb{R}$，复数集 $\mathbb{C}$ 都为数域. 整数集 $\mathbb{Z}$ 不是数域.

定理 B.1　有理数域 $\mathbb{Q}$ 是最小的数域，任意数域都包含有理数域. 复数域 $\mathbb{C}$ 是最大的数域.

n 元排列

定义 B.2　n 个不同的正整数的一个全排列称为一个 n 元排列，一共有 $n!$ 个全排列.

例如，正整数 1,2,3 形成的 3 元排列包括

$$123,\ 132,\ 213,\ 231,\ 312, 321$$

定义 B.3　在 n 元排列 $a_1a_2\cdots a_n$ 中，从左到右任取一对数 a_ia_j, $i<j$，如果 $a_i<a_j$，称这一对数构成一个顺序，否则称构成一个逆序. 一个 n 元排列中逆序的总数称为逆序数，记作 $\tau(a_1\cdots a_n)$. 逆序数为奇数的排列称为奇排列，逆序数为偶数的排列称为偶排列.

例如，$\tau(12\cdots n)=0$ 是偶排列，$\tau(2143)=2$ 是偶排列.

定义 B.4　把排列中两个数字的位置互换，其他数字保持位置不变，这样的变换称为对换.

定理 B.2　对换改变 n 元排列的奇偶性.

例如，把偶排列 2143 的 1 和 3 互换位置，得到奇排列 2341. 这样的对换记作 $(1,3)$.

定理 B.3　任意 n 元排列与排列 $123\cdots n$ 可以经过一系列对换互变，对换的次数与这个 n 元排列有相同的奇偶性.

映射

定义 B.5　设 $\mathcal{X}$ 和 $\mathcal{Y}$ 是两个集合，如果存在一个对应法则 f，使得集合 $\mathcal{X}$ 中的每个元素 x，都有集合 $\mathcal{Y}$ 中唯一确定的元素 y 与它对应，那么称 f 是集合 $\mathcal{X}$ 到 $\mathcal{Y}$ 的一个映射，记作

$$f:\mathcal{X}\to\mathcal{Y}, x\mapsto y=f(x),$$

其中 y 称为 x 在 f 下的象，x 称为 y 在 f 下的一个原象. $\mathcal{X}$ 称为映射 f 的定义域，$\mathcal{Y}$ 称为 f 的陪域. $\mathcal{X}$ 的所有元素在 f 下的象组成的集合叫作 f 的值域或 f 的象，记作 $f(\mathcal{X})$ 或 $\mathrm{Im}f$

$$f(\mathcal{X})=\{f(x):x\in\mathcal{X}\}=\{y\in\mathcal{Y}:\exists x\in\mathcal{X}\ 使得 f(x)=y\}.$$

陪域 $\mathcal{Y}$ 中的元素 y 在映射 f 下的所有原象组成的集合称为 y 在 f 下的原象集，记作 $f^{-1}(y)$.

定义 B.6　集合 $\mathcal{X}$ 到自身的一个映射，称为 $\mathcal{X}$ 上的一个变换.

集合 $\mathcal{X}$ 到数集的一个映射，称为 $\mathcal{X}$ 上的一个函数.

定义 B.7　映射 $f:\mathcal{X}\to\mathcal{X}$ 如果把 $\mathcal{X}$ 中每一个元素对应到它自身 $f(x)=x$，那么称 f 是恒等映射，或者恒等变换，记作 $1_{\mathcal{X}}$.

定义 B.8　相继施行映射 $g:\mathcal{X}\to\mathcal{Y}$，$f:\mathcal{Y}\to\mathcal{Z}$，得到 $\mathcal{X}\to\mathcal{Z}$ 的一个映射，称为 f,g 的乘积或者合成，记作 fg，即：

$$(fg)(x)=f(g(x)),\ \forall x\in\mathcal{X}.$$

定理 B.4　对于任意一个映射 $f:\mathcal{X}\to\mathcal{Y}$，有

$$f1_{\mathcal{X}}=f,\quad 1_{\mathcal{Y}}f=f.$$

定义 B.9　如果 $f(\mathcal{X})=\mathcal{Y}$，称 f 是满射.

如果 $x_1,x_2\in\mathcal{X}, x_1\neq x_2\implies f(x_1)\neq f(x_2)$，称 f 是单射.

如果 f 既是满射又是单射，称 f 是双射，或者称 f 是 $\mathcal{X}\to\mathcal{Y}$ 的一个一一对应.

定义 B.10　设 $f:\mathcal{X}\to\mathcal{Y}$，如果存在一个映射 $g:\mathcal{Y}\to\mathcal{X}$，使得

$$fg=1_{\mathcal{Y}},\quad gf=1_{\mathcal{X}}$$

那么称映射 f 是可逆的，此时称 g 是 f 的一个逆映射，记作 $g=f^{-1}$.

定理 B.5 如果 f 是可逆的，那么它的逆映射是唯一的. 可逆的充要条件是 f 为双射.

定义 B.11 数域 $\mathbb{F}$ 上的向量空间 F^n 到 F^m 的一个映射

$$T: F^n \to F^m,\quad \boldsymbol{x} \in F^n \mapsto T(\boldsymbol{x}) \in F^m$$

如果 T 保持向量加法和标量乘法，那么称这个映射是 F^n 到 F^m 的一个线性映射:

1. $T(\boldsymbol{u}+\boldsymbol{v}) = T(\boldsymbol{u}) + T(\boldsymbol{v})$，$\forall \boldsymbol{u}, \boldsymbol{v} \in F^n$.
2. $T(c\boldsymbol{u}) = cT(\boldsymbol{u})$，$\forall \boldsymbol{u} \in F^n, \forall c \in F$.

定义 B.12 设 T 是 K^n 到 K^m 的一个映射，K^n 的一个子集

$$\{\boldsymbol{x} \in K^n : T(\boldsymbol{x}) = \boldsymbol{0}\}$$

称为映射 T 的核，记作 $\mathrm{Ker}\ T$.

如果 T 是线性映射，则核是子空间，简称核空间.

多项式方程的根

多项式方程是指多项式函数构成的方程. 给定多项式 $P = a_0 + a_1X + \cdots + a_nX^n$ ，则对应的多项式函数可以构造方程:

$$f_P(x) = a_0 + a_1x + \cdots + a_nx^n = 0.$$

如果某个 $r \in \mathbb{R}$ 使得多项式方程 $f_P(r) = 0$，那么就称 r 为多项式方程的解，或多项式函数的一个**根或零点**. 多项式函数的根与多项式有如下关系：如果某个 $r \in \mathbb{R}$ 是多项式函数 f_P 的一个根，那么一次多项式 $X - r$ 整除多项式 P，也就是说存在多项式 Q，使得 $P = (X - r)Q$ ；反之亦然. 如果存在正整数 $k > 1$，使得 $P = (X - r)^kQ$，那么称 r 是多项式函数的一个 k **重根**.

多项式的根是否存在，以及根的数目取决于指定的根所在的域. 代数基本定理说明，n 次多项式函数必定有 n 个根（包括了重根的情况）. 另外可以证明，奇数次实系数多项式在实数域内至少有一个根.

等价关系与集合的划分

定义 B.13 设 V, W 是两个集合，则集合

$$\{(v, w) : v \in V, w \in W\}$$

称为 V, W 的笛卡儿积，记作 $V \times W$. 如果两元素 (v_1, w_1) 与 (v_2, w_2) 中相应成分相等，即 $v_1 = v_2, w_1 = w_2$，则称两元素相等.

定义 B.14 设 V 是一个非空集合，$V \times V$ 的一个子集 W 叫作 V 上的一个二元关系. 如果 $(a,b) \in W$，那么称 a,b 有 W 关系，记作 aWb 或者 $a \sim b$；如果 $(a,b) \notin W$，那么称 a,b 没有 W 关系.

定义 B.15 集合 V 上的一个二元关系 "$\sim$"，如果对于 $\forall a,b,c \in V$ 有以下性质，则称 "$\sim$" 是 V 上的一个等价关系：

1. 反身性：$a \sim a$；
2. 对称性：$a \sim b \implies b \sim a$；
3. 传递性：$a \sim b, b \sim c \implies a \sim c$.

定义 B.16 设 "$\sim$" 是集合 V 上的一个等价关系，$a \in V$，令

$$\bar{a} = \{v \in V : v \sim a\}$$

称 $\bar{a}$ 是由 a 确定的等价类.

定理 B.6 对于 V 上的一个等价关系，任取 $a,b \in V$，则 $\bar{a} = \bar{b}$ 或者 $\bar{a} \cap \bar{b} = \varnothing$.

定义 B.17 如果集合 V 是一些非空子集 $V_i, i \in I$ 的并集，并且其中任意两个子集无交集，那么称集合 $\{V_i : i \in I\}$ 是 V 的一个划分，记作 $\pi(V)$，称 I 为指标集.

定理 B.7 设 "$\sim$" 是集合 V 上的一个等价关系，则所有等价类组成的集合是 V 的一个划分，记作 $\pi_\sim(V)$. 该划分也称为 V 对于关系 "$\sim$" 的商集，记作 $V/\sim$.

B.2 Julia

在本课程中，我们使用 Julia 作为计算工具. 线性代数的很多理论有非常重要的应用，学习线性代数除了锻炼抽象思维，还要锻炼应用能力. 我们使用 Julia 主要进行了如下计算：

1. 解线性方程组、$\boldsymbol{LU}$ 分解；
2. 求矩阵的逆；
3. Gram-Schmidt 正交化、$\boldsymbol{QR}$ 分解；
4. 计算行列式；
5. 奇异值分解；
6. 特征值、特征向量计算；
7. 矩阵对角化、$\boldsymbol{X\Lambda X}^{-1}$ 分解.

Julia 安装与预设

Julia 本身包含了很多包，同时它还支持调用 Python 和 R 包，实现更多的科学计算、数据分析. 在安装环节需要注意设置国内镜像，Julia 有些包直接从 git 仓库下载编译安装，网络不稳定时可能需要借助 VPN，或者尝试在不同时间段安装. Julia 可以使

用 Jupyter 交互界面，建立 ipynotebook，可以使代码输出结果融为一体，提高代码的可解读性. Julia 同 Python、R 类似，是一种高级编程语言，同时它又能达到 C 语言的计算效率.

目前，最丰富的数据分析的包是在 Python 库中，而对于 Python 计算环境，通常使用 conda 管理. 所以，为了充分利用 Julia，通常建立 conda 环境，该环境包含常用的 Python 数据分析包. 然后，让 Julia 通过 PyCall 包与之建立联系，这样可以从 Julia 直接调用 Python 命令. 在 startup.jl 文件中加入下面两行，使 Julia 从国内镜像下载包，并使用指定的 Python 环境. startup.jl 放在 ‘ /.julia/config/startup.jl’

```
ENV["JULIA_PKG_SERVER"]="https://mirrors.bfsu.edu.cn/julia/static"
ENV["PYTHON"]=raw"F:\miniconda3\envs\julia-py\python.exe"
```

Julia 代码

读者可以参考 https://github.com/mitmath/1806，它包含了我们这门课的主要代码.

索　引

其他

参 考 文 献

[1] 丘维声. 高等代数：上册 [M]. 2 版. 北京: 清华大学出版社, 2019.

[2] STRANG G. Introduction to linear algebra: fifth edition[M]. 影印版. 北京: 清华大学出版社, 2019.

[3] AXLER S. Linear algebra done right [M]. 3rd ed. New York: Springer International Publishing, 2015.